化学工业出版社“十四五”普通高等教育规划教材

有机化学

孙淑敏 主编

化学工业出版社

·北京·

内容简介

全书共分 15 个章节，主要包括：绪论，烷烃，烯烃、炔烃和二烯烃，芳烃，立体化学，卤代烃，有机化合物的波谱分析，醇、酚和醚，醛、酮和醌，羧酸和羧酸衍生物，含氮有机化合物，杂环化合物，糖类化合物，蛋白质和核酸，周环反应等。本书强化官能团的构效规律，重点阐明重要反应的基本原理，突出有机化学的实际应用。为适应学科发展需求，提高命名系统的国际化和规范化，本书采用最新《有机化合物命名原则》（2017）命名有机化合物。本书主要针对学时在 60～100 的普通高等院校工科的教学需要，也可作为相关专业的教学用书或学习参考书。

图书在版编目（CIP）数据

有机化学 / 孙淑敏主编. -- 北京 : 化学工业出版社, 2025. 6. --（化学工业出版社“十四五”普通高等教育规划教材）. -- ISBN 978-7-122-48435-2

Ⅰ. O62

中国国家版本馆 CIP 数据核字第 2025WC5113 号

责任编辑：李　琰
文字编辑：杨玉倩
责任校对：宋　夏
装帧设计：关　飞

出版发行：化学工业出版社
（北京市东城区青年湖南街 13 号　邮政编码 100011）
印　　装：大厂回族自治县聚鑫印刷有限责任公司
787mm×1092mm　1/16　印张 24　字数 586 千字
2026 年 1 月北京第 1 版第 1 次印刷

购书咨询：010-64518888　　售后服务：010-64518899
网　　址：http://www.cip.com.cn
凡购买本书，如有缺损质量问题，本社销售中心负责调换。

定　　价：59.80 元

前言

本教材是为普通高等院校工科学生编写的有机化学教科书，是根据教育部高等学校化学专业教学指导委员会教学指导意见的要求编写的。

基于普通本科院校工科学生的学习能力和化工、能源、材料、环境、食品、烟草等专业的要求，编者遵循知识通俗易懂、难度由浅入深、便于教师讲授和学生自学的原则进行编写。本教材注重将基础知识和生产实际、最新科研成果进行结合，从而培养学生解决实际问题的能力和创新思维。

本教材的编写力求体现以下特色：

① 充分运用有机化学理论对有机化合物结构和有机化学反应进行解释，仔细阐释有机化合物结构与其性质的构效关系。

② 采用 2017 版《有机化合物命名原则》，增加专业术语和常用有机化合物的英文标注，提高命名系统的国际化和规范化。

③ 课后习题采取少而精的原则，根据科研成果设计一些习题，培养学生的创新能力和思维；设计一些开放性问题，组织学生分组完成，培养学生的协同能力。

④ 为了便于学生自学和复习，本教材提供重要知识点的讲解视频，可扫码查看。

本教材按特性基团体系讲授各类化合物的命名、结构、性质和合成方法。教学内容主要包括：绪论，烷烃，烯烃、炔烃和二烯烃，芳烃，立体化学，卤代烃，有机化合物的波谱分析，醇、酚和醚，醛、酮和醌，羧酸及其衍生物，含氮有机化合物，杂环化合物，糖类化合物，蛋白质和核酸，周环反应等。

本书由孙淑敏担任主编，由王培远、汪洋、高聪丽及孔华杰担任副主编。孙淑敏编写了第 1、4、9 章，高聪丽编写了第 2、7、10 章，王培远编写了第 3、11、15 章，孔华杰编写了第 5、8、14 章，汪洋编写了第 6、12、13 章。全书由孙淑敏统稿，由王培远审稿。在本教材的编写过程中，参阅了国内外一些比较好的教材，得到了郑州轻工业大学的大力支持，在此一并感谢。

由于编者水平有限，书中难免有不足之处，教材的特色还有待进一步凝练，希望各位专家和同行批评指正。

编者

2025 年 4 月

目录

第6章 卤代烃 109

第 7 章　有机化合物的波谱分析　142

第 8 章　醇、酚和醚　163

第9章 醛、酮和醌 196

第 10 章　羧酸和羧酸衍生物　220

第12章 杂环化合物 283

第13章 糖类化合物 302

第 14 章　蛋白质和核酸　325

第 15 章　周环反应　351

第1章
绪 论

课件

1.1 有机化学和有机化合物

有机化学（organic chemistry）是研究有机化合物（organic compound）的组成、结构、性质、制备及变化规律的一门科学。

从元素组成看，所有的有机化合物都含有碳，所以1848年葛梅林（L. Gmelin）将有机化合物定义为含碳的化合物，将有机化学定义为研究碳的化学。后来，肖莱马（C. Schorlemmer）提出碳的四个价键除各自相连外，其余的都与氢相连，于是有了烃（hydrocarbon）的概念，而其他含碳化合物都是由其他元素取代烃中的氢衍生出来的，故烃及其衍生物被称为有机化合物，有机化学则被定义为研究烃及其衍生物的科学，这一概念沿用至今。

有机化合物与人类生活息息相关。人类需要的三大营养物质，即糖类、脂肪、蛋白质都是有机化合物；人类赖以生存的能源物质，如石油、天然气和煤炭中含有多种有机化合物；用于预防和治疗人类和各种动植物疾病的药物的有效成分大多是有机化合物。近年来，随着新型能源材料的发展，具有光敏性质的有机化合物作为半导体材料还被用于有机太阳能电池等新能源领域。有机化合物包罗万象，研究有机化合物的有机化学是核心的基础学科之一，是许多学科如能源化学、高分子化学、环境化学、生命化学、药物化学、食品化学等的基础。

1.2 有机化学的发展史

人类对有机化学和有机化合物的认识是随着科学和技术的进步逐步发展的。人类使用有机化合物的历史很悠久，据我国《周礼》记载，早在周朝就有了制醋和酿酒的作坊。中国古代还从天然物质中提取出一些较纯的有机化合物，如没食子酸、乌头碱、甘露醇等。在1769—1785年间，许多纯的有机酸被提取出来，如酒石酸、柠檬酸、乳酸和尿酸等。

虽然大量的天然有机化合物被提取和利用，但人类对它们的组成却一无所知。拉瓦锡（A. L. Lavoisier）首次利用燃烧的方法对这些物质的组成进行了研究。他将有机物放在一个装有氧或空气的玻璃钟罩内进行燃烧，发现有二氧化碳和水生成，这说明这些物质中都存在碳和氢；有些有机物在没有空气的情况下也产生二氧化碳和水，这说明这些物质中存在碳、氢和氧；有些有机物的燃烧产物中还含有氮，所以人们认为这些物质主要由碳、氢、氧和氮组成。这些物质的组成和性质与发现于矿物中的物质有明显的区别，且这些物质主要来自动植物。因此，1777 年瑞典化学家贝格曼（T. O. Bergman）将这些从动植物体内得到的物质称为有机化合物（organic compound，有机物），以区别于矿物质的无机化合物（inorganic compound，无机物）。1806 年，瑞典贝采利乌斯（J. J. Berzelius）在教材中首先使用“有机化学”这个名词。当时的有机化合物都是由生物体内取得的，因此人们认为有机物只能在有机体内受生命力的作用才能产生出来，不能由人工方法合成，这就是以贝采利乌斯为代表的“生命力”学说。这种思想曾牢固地统治着有机化学界，阻碍了有机化学的发展。

1828 年，德国化学家维勒（F. Wöhler）在实验室里蒸发无机化合物氰酸铵水溶液时得到了尿素。这是人类第一次由无机化合物人工合成了有机化合物，也有力地证明了有机化合物是可以人工合成的。但因为当时氰酸铵不能由无机物制备，所以这一发现并未被贝采利乌斯等科学家承认。直到更多的有机物被合成出来，如 1845 年柯尔柏（H. Kolbe）合成了醋酸、1854 年柏赛罗（M. Berthelot）合成了油脂，“生命力”学说才被彻底否定了。

19 世纪初，维勒（F. Wöhler）和李比希（J. von Leibig）先后发现了异氰酸银和雷酸银，并发现这两种物质具有相同的分子式，且都由 C、N、O、Ag 各一个原子组成，但其物理、化学性质完全不同。后来，贝采利乌斯发现这种现象在有机化学中十分常见，他就把这种分子式相同而结构不同的现象称为同分异构现象（isomerism），把两个或两个以上具有相同分子式的物质称为同分异构体。他认为同分异构现象是由分子中各个原子结合的方式不同导致的，分子中原子相互连接的方式和次序称为构造（constitution）。自此，人们面临着如何确定这些物质的构造的问题。

1858 年，德国化学家凯库勒（F. A. Kekule）和英国科学家库珀（A. S. Couper）分别独立提出了“碳原子是四价的”和“碳原子之间可以连接成链”的学说。凯库勒认为每一种原子都有一定的化合力，并把这种力称为“automicity”，其按意译应为“原子化合力”或“原子力”，后人称之为化合价（valence）。由于在已知的化合物里，一个氢原子只能与一个其他的原子结合，氢就被选作价的单位，因此氢是一价的、碳是四价的、氧是二价的。凯库勒和库珀提出的“碳原子是四价的”和“碳原子之间可以连接成链”的两个基本原则，不但解决了分子中各原子结合的问题，也阐明了异构现象，从而成为有机化学结构理论的基础。

凯库勒等的原始的经典结构理论仅仅提出了分子中各个原子的化合价、数目、种类和关系等问题，限于当时的科学水平，未涉及整个分子的立体形象。然而，越来越多的现象不能从中得到解释，比如按照经典结构理论，分子在一个平面上，由于二氯甲烷中两个氢原子和两个氯原子排列关系不同，可以得到两个异构体，但实践证明二氯甲烷只有一个，并无异构体。为了解决这类问题，荷兰化学家范特霍夫（J. H. van't Hoff）和法国化学家勒贝尔（J. A. Lebel）开创了从立体观点来研究有机化合物的立体化学（stereochemistry）。他们认为，分子是个三维实体，碳的四个价键在空间是对称的，分别指向正四面体的四个顶点，碳原子则位于正四面体的中心。当碳原子与四个不同的基团或原子相连且分子整体不对称时，就产生一对异构体，它们是实物与镜像的关系，称为对映异构体，这两个分子在空间不能完全重合，就像人类的左右手一样，故称为手性分子。他们的学说为研究所有分子开辟了一个新的领域，即立体化学。

碳原子的四面体模型完全是由有机化学的实践和推理得出来的结论，它成功地解释了许多以前不理解的现象。在这个模型提出多年以后，由于 X 射线衍射分析方法的进步，准确地测定了碳原子的四面体结构，从而证实了这个模型的正确性。至此，经典的有机结构理论基本建立起来了。

从1858年价键学说的建立到1916年价键的电子理论的引入，这一时期被称为经典有机化学时期。在此期间，有机化学在结构测定、分类及反应方面取得了很大的进展，但价键只是化学家从实践经验得出的一种概念，对其本质仍一无所知。1916年，美国物理学家路易斯（G. N. Lewis）在其他物理学家发现电子并阐明原子结构的基础上提出价键的电子理论。该理论认为，各原子外层电子的相互作用是导致各原子结合在一起的原因。相互作用的外层电子如从一个原子转移至另一个原子，则形成离子键；两个原子如果共用外层电子，则形成共价键。通过电子的转移或共用，相互作用的原子的外层电子都得到惰性气体的电子构型。

价键的电子理论创立标志着现代有机化学的到来。但价键的电子理论只能用来表示两个原子相互作用而形成的共价键，即分子中的价电子是被定域在一定的化学键的两个原子核区域内运动的，因此对单、双键交替出现的多原子分子形成的共价键就无法形象地表示。由美国物理化学家马利肯（R. S. Mulliken）等创立的分子轨道理论对这些问题进行了令人满意的解释，该理论进一步阐明了共价键的本质和电子结构。

现代测试技术的进步使人们对有机化学的认识进一步深入，更多的理论被提出。1931年德国化学家休克尔（E. Hückel）用简单分子轨道法计算了单环多烯的π电子能级，从而提出了判断芳香性的休克尔规则，解释了有机化学中长期令人困惑的芳香性问题。1951年，日本量子化学家福井谦一提出了前线轨道理论；1965年，美国量子化学家霍夫曼和有机化学家伍德沃德提出了分子轨道对称守恒原理。这两个理论把分子轨道理论直接应用于化学反应研究中，并做出突出贡献。为此，福井谦一与霍夫曼两人共同获得了1981年的诺贝尔化学奖。1965年，中国科学家多学科联袂，首次用化学方法合成了具有生物活性的蛋白质——结晶牛胰岛素，这是世界上第一个人工合成的蛋白质，标志着人类在探索生命奥秘的征途上向前跨进了重要的一步。1981年，我国科学家又合成了生命遗传物质——酵母丙氨酸转移核糖核酸，它的分子量约是牛胰岛素的四倍，结构比胰岛素复杂得多。

在过去的100多年间，有机化学从实验方法到基础理论都取得了巨大的进步，并显示出巨大的活力。世界上每年新合成的化合物中约70%为有机化合物。这些有机化合物被应用于材料、能源、医药、农业、食品等领域，直接或间接地为人类服务。

1.3　有机化合物的特点

有机化合物的组成和性质与无机化合物相比有较大的差异，有机化合物一般具有以下特征：数量庞大，分子组成复杂。由于碳原子之间可以相互连接形成一系列含碳原子数不同的开链化合物和环状化合物，碳原子数相同的物质还存在同分异构体。碳原子还可与氢、氧、硫、氮、卤素、磷、金属原子等成键，形成各种有机物。已知的有机化合物已超8000万种，其数量远超无机物。其主要有以下特点：

① 易燃烧。有机化合物一般都含有碳、氢两种元素，所以除少数有机化合物外，大多数有机化合物易燃烧，生成二氧化碳和水，同时放出大量热量。有机化合物是重要的能源材料，如石油、天然气等。

② 熔、沸点低。有机化合物分子之间主要靠分子间力作用，结合较弱，常温下一般为气体、液体或低熔点的固体。大多数有机物的熔点在400℃以下。

③ 难溶于水、易溶于有机溶剂。有机化合物一般是共价型化合物，极性很小或无极性。根据相似相溶原理，大多数有机化合物难溶于极性的水中，而易溶于极性小或无极性的有机溶剂。

④ 反应速率慢，副反应多，产物复杂。有机反应大多是分子间的反应。反应过程包括旧键的断裂和新键的形成，所以反应速率比较慢，一般需要几个小时，甚至几十小时才能完成。有机化合物的分子大多是由多个原子结合而成的复杂分子，所以在有机反应中，反应往往不局限于分子的某一固定部位，可以在不同部位同时发生反应，得到多种产物。在有机化学反应中，除了生成主要产物外，还常常有副产物生成。由于反应复杂，在书写有机反应方程式时常采用箭头，而不用等号，有的还需要在箭头上表示出反应的必要条件。一般只写出主要的反应及其产物。反应方程式一般并不严格要求配平，只是在计算理论产率时才要求配平。

上述有机化合物的特点都是与典型无机化合物相比较而言的，不是它的绝对标志。

1.4 有机化合物的结构理论

组成有机化合物的基本元素之一是碳，碳处于元素周期表的第二周期第ⅣA 族的位置，其核外有 6 个电子，其核外电子排布式为 $1s^22s^22p^2$。根据八隅体规则（八电子规则），碳原子倾向于使其价壳层中具有 8 个电子，拥有惰性气体的电子结构，从而达到相对更稳定的状态。碳的价电子数为 4，其主要通过与其他原子共用电子对而获得八隅体结构，即通过共价键成键。因此，要了解有机化合物的结构，必须先了解有机化合物的共价键。在学习共价键之前，先简单介绍一下原子轨道和核外电子排布规律。

量子力学认为原子中每个稳态电子的运动状态都可以用一个单电子的波函数 $\phi(x,y,z)$ 来描述，ϕ 又称为原子轨道。波函数平方（ϕ^2）的物理意义是在原子核周围的小体积（单位体积）之内电子出现的概率，即概率密度。假如计算很多这种距离不同的小体积之内的电子出现的概率，用密度不同的点来表示数值的大小，并把这些点放在与之相对应的小体积之内，就得到了电子云的图案。例如，1s 轨道就是以原子核为中心的球体，其方便的表示方法是界面法，即在界面内电子出现的概率最大，如占总概率的 90%或 95%。

2s 轨道和 1s 轨道一样，也是球形对称的，但比 1s 轨道大，能量也比 1s 轨道高。2s 轨道有一个球节面，在图 1-1 中用虚线表示。

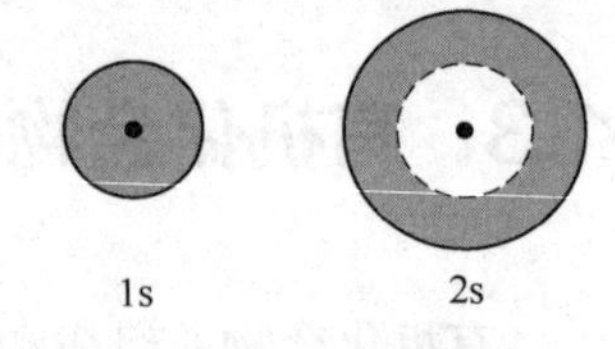

图 1-1 s 轨道（界面图）

2p 轨道有 3 个能量相同的 p_x、p_y 和 p_z 轨道，这 3 个轨道彼此互相垂直，分别在 x、y、z 轴上，呈哑铃形的立体形状，它们由两瓣组成，原子核在两瓣中间。2p 轨道的能量较 2s 轨道高，图 1-2 是 2p 轨道的三个轨道的示意图。哑铃形轨道的坐标为零处，是原子核所在之处。

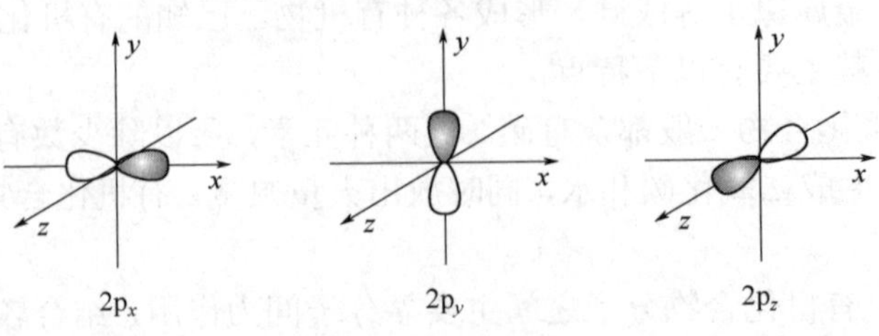

图 1-2 2p 轨道

原子核核外电子的排布有一定规律，即

① 每个轨道最多容纳两个电子，且自旋相反配对，即泡利不相容原理。

② 电子尽可能占据能量最低的轨道，即能量最低原理。

③ 有几个简并轨道而又无足够的电子填充时，几个简并轨道必须逐一地被各填充一个自旋平行的电子后，才能容纳第二个电子，即洪特规则。

1.4.1 价键理论

价键理论认为，共价键的形成可以看作原子轨道的重叠或电子配对的结果。原子轨道重叠后，在两个原子核间的电子云密度较大，因而降低了两核之间的电子排斥力，增加了两核对电子的吸引力，使整个体系的能量降低，形成稳定的共价键。价键理论的理论要点如下：

① 定域性。自旋相反的两个电子绕核高速运动，成键的电子只定域于成键的两个原子之间。

② 饱和性。一般情况下，原子的价键数目等于它的未成键的电子数。当未成键的一个电子与另一个电子配对之后，就不能再与第三个电子配对了。

③ 方向性。两个电子的原子轨道重叠成键时，重叠部分的大小决定共价键的牢固程度。原子轨道（p、d 轨道）在空间具有一定的方向性，只有当它以某一方向互相接近时，才能使原子轨道得到最大的重叠，从而使生成分子的能量得到最大程度的降低，形成稳定的分子。

1.4.2 杂化轨道理论

在甲烷分子中存在四个相同的碳氢共价键，这是用上述价键理论无法解释的。为了解释这一现象，1931 年鲍林提出了杂化轨道理论。杂化是指在形成分子时，由于原子间的相互影响，若干不同类型而能量相近的原子轨道混合起来，重新组成一组新轨道的过程。杂化所形成的新轨道称为杂化轨道。杂化轨道理论认为，碳原子在成键的过程中首先要吸收一定的能量，使 2s 轨道的一个电子跃迁到 2p 空轨道中，形成激发态的碳原子。激发态的碳原子有四个单电子，因此碳原子可以是四价的。但这并不能解释甲烷的四个碳氢键是等同的，因此，杂化理论又认为：碳原子在成键时，四个原子轨道可以“杂化”形成四个能量相等的新轨道，即杂化轨道。杂化轨道的能量稍高于 2s 轨道而稍低于 2p 轨道。杂化轨道的数目等于参与杂化的原子轨道的数目。

碳原子轨道的杂化有三种形式：sp^3 杂化、sp^2 杂化和 sp 杂化。

（1）sp^3 杂化

由一个 2s 轨道和三个 2p 轨道杂化形成的四个能量相等的新轨道，称为 sp^3 杂化轨道，形成过程如图 1-3 所示。

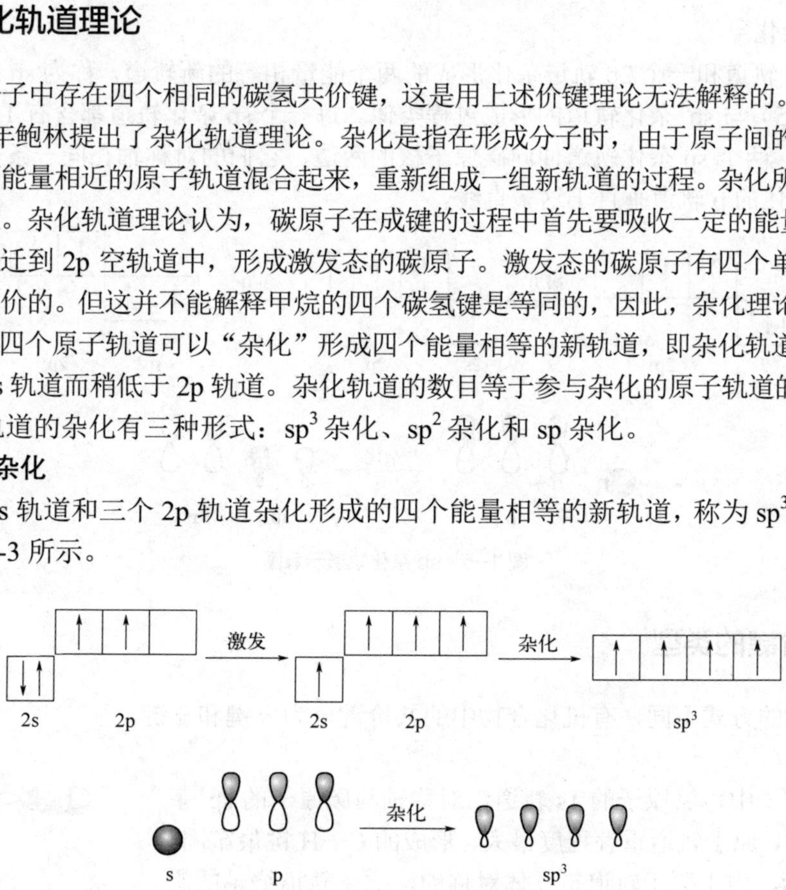

图 1-3 sp^3 杂化轨道示意图

sp^3 杂化轨道的形状如图 1-3 所示，它的能量既不同于 2s 轨道，也不同于 2p 轨道，每一个 sp^3 杂化轨道都含有 1/4 的 s 成分和 3/4 的 p 成分。根据电子互斥原则，它是有方向性的，四个 sp^3 杂化轨道呈正四面体分布，轨道对称轴之间的夹角均为 109°28′。

（2）sp^2 杂化

由一个 s 轨道和两个 p 轨道杂化形成的三个能量相等的新轨道，称为 sp^2 杂化轨道，形成过程（图 1-4）与 sp^3 杂化轨道的形成过程类似。每一个 sp^2 杂化轨道都含有 1/3 的 s 成分和 2/3 的 p 成分。sp^2 杂化轨道对电子的吸引力大于 sp^3 杂化轨道。根据电子互斥原则，三个 sp^2 杂化轨道在同一个平面上，相互之间的夹角为 120°。余下一个未参加杂化的 p 轨道垂直于三个 sp^2 杂化轨道所在的平面。

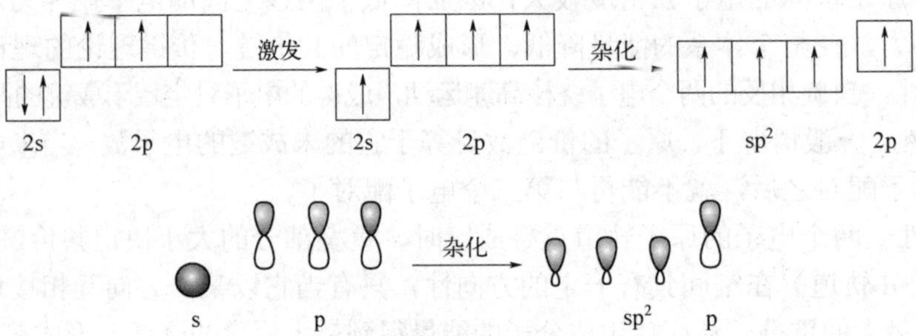

图 1-4　sp^2 杂化轨道示意图

（3）sp 杂化

由一个 2s 轨道和一个 2p 轨道杂化形成的两个能量相等的新轨道，称为 sp 杂化轨道，形成过程（图 1-5）与 sp^3 杂化轨道的形成过程类似。每一个 sp 杂化轨道都含有 1/2 的 s 成分和 1/2 的 p 成分。两个 sp 杂化轨道伸向碳原子核的两边，它们的对称轴在同一条直线上，余下两个未参加杂化的 p 轨道垂直于这条直线。

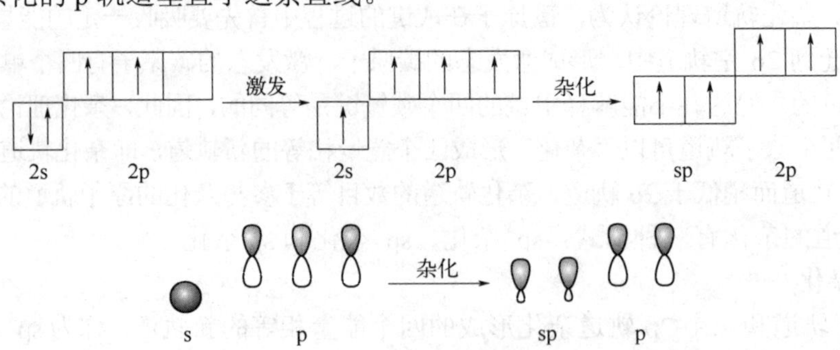

图 1-5　sp 杂化轨道示意图

1.4.3　共价键的类型

按照成键的方式不同，有机化合物中的共价键分为 σ 键和 π 键。

（1）σ 键

在甲烷分子中，氢原子的 1s 轨道沿对称轴与碳原子的 sp^3 杂化轨道重叠时，原子轨道重叠程度最大，形成的 C—H 键最牢固。如图 1-6 所示，由于原子轨道是立体对称的，原子轨道绕轴的旋转不影响成键，因而这种方式形成的键可以自由旋转。这种沿着

图 1-6　σ 键（a）和 π 键（b）

对称轴的方向以“头碰头”的方式相互重叠形成的键称为σ键。构成σ键的电子称为σ电子，一个σ键可容纳两个σ电子。σ键的特点：电子云近似圆柱形分布且可以旋转。甲烷分子中，四个σ键中每两者之间的夹角为109°28′，分子构型为四面体型。

（2）π键

在乙烯分子中，两个碳原子均采取 sp^2 杂化，未杂化的两个 p 轨道可“肩并肩”平行重叠成键，这种键称为π键。构成π键的电子称为π电子。π键特点：电子云重叠程度不及σ键，必须与σ键共存，不能自由旋转。具有π键的化合物一般都比较活泼。

1.4.4 分子轨道理论

分子轨道理论又称分子轨道法（molecular orbital theory）或MO法，是现代共价键理论之一。它于1932年由美国化学家马利肯（R. S. Mulliken）及德国物理学家洪特（F. Hund）提出，是一种描述多原子分子中电子所处状态的方法。

分子轨道理论的要点：从分子的整体性来讨论分子的结构，认为原子形成分子后，电子不再属于个别的原子轨道，而是属于整个分子的分子轨道；分子轨道是多中心的；分子轨道由原子轨道组合而成；在分子中，电子填充分子轨道的原则也服从能量最低原理、泡利不相容原理和洪特规则。

分子轨道波函数（ψ）可由分子中原子轨道波函数（ϕ）线性组合得到。有几个原子轨道，就可以组合成几个分子轨道。如两个原子轨道组合成两个分子轨道，则其中一个分子轨道由两个原子轨道相加组成，另一个分子轨道由两个原子轨道相减组成：

$$\psi_1 = \phi_1 + \phi_2$$

$$\psi_2 = \phi_1 - \phi_2$$

ψ_1、ψ_2 分别表示两个分子轨道的波函数，ϕ_1、ϕ_2 分别表示两个原子轨道的波函数。

在分子轨道 ψ_1 中，两个原子轨道的波函数的符号相同，它们相加得到的分子轨道的能量较原来的原子轨道能量低，有利于成键，称为成键轨道，用 ψ 表示。在分子轨道 ψ_2 中，两个原子轨道相减得到的分子轨道的能量较原来的原子轨道能量高，不利于成键，称为反键轨道，用 ψ^* 表示。以氢分子的分子轨道为例：两个氢原子的1s轨道组成一个成键轨道（σ_{1s}）和一个反键轨道（σ_{1s}^*），其示意图如图1-7所示。

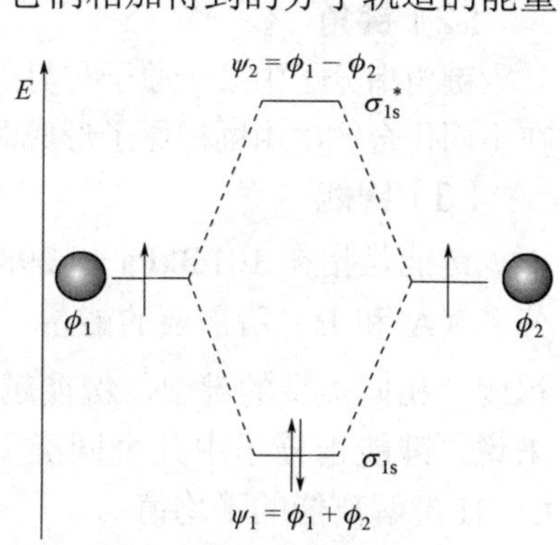

图1-7 氢分子轨道示意图

原子轨道组成分子轨道必须满足一定条件：

① 只有能级相同或相近的原子轨道才能有效地组合成分子轨道。

② 只有原子轨道相互重叠程度最大，才能使形成的分子轨道最稳定。

③ 只有对称性相同（即相位相同，或说对称性匹配）的原子轨道才能组合成分子轨道。

分子轨道和原子轨道的主要区别在于：

① 在原子中，电子的运动只受1个原子核的作用，原子轨道是单核系统；而在分子中，电子则在所有原子核势场作用下运动，分子轨道是多核系统。

② 原子轨道的名称用 s，p，d…符号表示，而分子轨道的名称则相应地用 σ，π，δ…符号表示。

目前对共价键的描述，常用的是价键理论和分子轨道理论。价键理论是从“形成共价键的电子只处于形成共价键的两原子之间”的定域观点出发的，而分子轨道理论则是以“形成共价键的电子是分布在整个分子之中”的离域观点为基础的。虽然离域的描述更为确切，但定域描述比较直观形象，因此现在仍较多使用价键理论，分子轨道理论通常用来描述离域体系。

1.4.5 共价键的键参数

共价键的重要性质表现在键长、键角、键能、偶极矩等物理参数上，这些参数可由现代物理方法测定。

（1）键长

形成共价键的两个原子之间存在一定的吸引力和排斥力，这两种力使原子核之间保持一定的距离，这个距离称为键长（bond length），单位可用 nm 或 pm 表示（1nm=1000pm）。因为共价键在分子中不是孤立的，而是受其他键的影响的，所以同一化学键在不同分子中或同一分子中的键长不同。表 1-1 列出了常见化学键的键长。

表 1-1 常见化学键的键长

化合物	共价键	键长/nm	化合物	共价键	键长/nm	化合物	共价键	键长/nm	化合物	共价键	键长/nm
甲烷	C—H	0.109	烷烃	C—C	0.154	三甲胺	C—N	0.147	氟甲烷	C—F	0.142
乙烯	C—H	0.107	烯烃	C═C	0.134	尿素	C—N	0.137	氯甲烷	C—Cl	0.177
乙炔	C—H	0.105	炔烃	C≡C	0.120	乙腈	C≡N	0.115	溴甲烷	C—Br	0.194
苯	C—H	0.108	乙苯	C—C	0.139	甲醚	C—O	0.144	碘甲烷	C—I	0.213
硫脲	C═S	0.164	丙烯	C—C	0.150	甲醛	C═O	0.121	氯乙烷	C—Cl	0.169

（2）键角

键角指分子中某一原子与另外两个原子形成的两个共价键之间的夹角，即键轴之间的夹角。在不同化合物中由同样原子形成的键角不一定相同，这是由于分子中各原子或基团相互影响。

（3）键能

键能是指在 101.3kPa 和 298K 下，使 1mol 理想气体双原子分子（AB）解离成中性气态分子（A 和 B）所需要的能量，也叫解离能，其单位是 $kJ \cdot mol^{-1}$。键能可表示化学键牢固的程度，相同类型的键中，键能越大，表明两个原子结合越牢固，即键越稳定。对多原子分子来说，键能指分子中几个同类型键的解离能的平均值，比如甲烷中 C—H 键的键能是四个 C—H 键解离能的平均值。

（4）偶极矩

电负性不同的原子（不同种原子）形成的共价键称为极性键。在分子中，电负性较大的原子对共用电子对有较大的吸引力，因而带有部分负电荷，而电负性较小的原子则带部分正电荷，即在两原子之间电子对的分布不平均，使正电荷中心与负电荷中心不能重合，因而形成偶极。极性共价键在有机化合物中较为普遍。键能极性大小主要取决于成键两原子的电负性之差。电负性是元素的原子在化合物中吸引电子的能力的标度。元素电负性数值越大，表示其原子在化合物中吸引电子的能力越强；反之，元素电负性数值越小，相应原子在化合物中吸引电子的能力越弱（稀有气体原子除外）。对于由两个相同原子形成的共价键，可以认为成键电子云均匀地分布在两核之间，这样的共价键没有极性，为非极性共价键。

共价键的极性大小用键矩，即键的偶极矩（μ）表示，键矩等于正、负电荷中心的距离（d）与正或负电荷（q）的乘积，单位是 D（Debye，德拜）。

键矩是一个矢量，有方向性，通常规定由正到负，用符号"$+\!\!\longrightarrow$"表示，箭头指向带负电荷的一端，如：$CH_3 +\!\!\longrightarrow Cl$。

多原子分子各键的键矩向量和就是该分子的偶极矩。甲烷和四氯化碳是对称分子，各键矩向量和为零，故为非极性分子。氯甲烷分子中 C—Cl 键的键矩未被抵消，μ=1.94D，为极性分子。所以，键的极性和分子的极性是不相同的。

1.4.6 共价键的断裂

化学反应的发生过程实际上就是旧键的断裂和新键的生成过程。根据化学键断裂和形成方式的不同，可将有机反应分为三种类型：自由基反应、离子型反应、协同反应。

有机化合物大多是共价化合物，以碳原子和其他非碳原子 X 之间的共价键的断裂为例，共价键的断裂方式有两种：均裂和异裂。

（1）均裂

均裂指成键的一对电子平均分给两个原子或原子团。

$$C:X \longrightarrow C\cdot + X\cdot$$

C·和 X·称为自由基，或称为游离基。例如：$\cdot CH_3$ 称为甲基自由基。经过均裂生成自由基的反应称为自由基反应，此反应一般在光、热作用下进行。

（2）异裂

异裂指成键的一对电子保留在一个原子上。异裂生成正离子和负离子，有两种异裂：

$$\underset{\text{碳正离子}}{C:X \longrightarrow C^+ + :X^-} \qquad \underset{\text{碳负离子}}{C:X \longrightarrow :C^- + X^+}$$

例如：CH_3^+ 叫甲基正离子。经过异裂生成离子的反应称为离子型反应，此反应一般在酸、碱或极性试剂作用下进行。离子型反应根据反应试剂的类型可分为亲电反应和亲核反应。

协同反应不同于自由基反应和离子型反应，反应过程中旧键的断裂和新键的生成是同时发生的，且不生成活性中间体。

1.5 有机化合物的分类和特性基团

有机化合物数目庞大，对其进行科学的分类对于学习和研究有机化合物是十分必要的。有机化合物的分类方法主要有两种，一种按分子的骨架进行分类，另一种是按分子所含的原子或特性基团（或官能团）分类。通常是将两种方法结合起来进行分类的。

最简单的一大类有机化合物，是只含有碳和氢两种元素的化合物，称为碳氢化合物，简称烃（hydrocarbon）。烃类化合物包括烷烃、烯烃、炔烃和芳香烃。根据分子中碳架结构的不同，烃类化合物又可分为开链烃和环烃。开链烃又被称为脂肪烃，其原因是这类有机物最早从脂肪中提取。环烃包括脂环烃和芳香烃（芳烃）。例如，丙烷、丙烯和丙炔都属于脂肪烃，但又分别属于烷烃、烯烃和炔烃；环己烷和苯是环烃，前者是脂环烃，后者为芳香烃。

有些环烃的碳环上的一个或多个碳原子被其他原子（如 N、O、S）替代，得到的化合物为杂环化合物，如四氢呋喃、环氧乙烷、吡咯、呋喃等。其中吡咯、呋喃具有芳香性，称为芳杂环化合物。

烃分子中的氢原子被其他原子或基团取代生成烃类的衍生物。取代的原子或基团将影响化合物的性质，这些原子或基团称为特性基团。如乙醇分子可看成是羟基取代乙烷分子上的 H，羟基就是乙醇分子的特性基团。含有相同特性基团的分子具有相似的性质，所以按特性基团分类有机物，能够比较容易地掌握每一类有机化合物的性质。表 1-2 列出常见的特性基团的结构、名称以及相应化合物类型和代表化合物。

表 1-2 常见的特性基团的结构、名称以及相应化合物类型、代表化合物

结构	名称	相应化合物类型	代表化合物
$>C=C<$	烯基	烯烃	$H_2C=CH_2$
$-C\equiv C-$	炔基	炔烃	$HC\equiv CH$
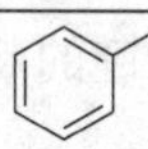	苯基	芳香烃	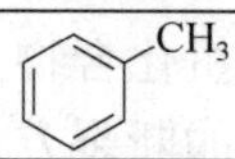
—X(F, Cl, Br, I)	卤素	卤代烃	CH_3CH_2Cl
—OH	羟基	醇，酚	CH_3CH_2OH 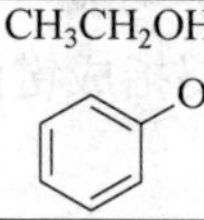
—OR	烷氧基	醚	$CH_3CH_2OCH_2CH_3$
—O—O—	过氧基	过氧化物	*t*-BuOOH
—SR	巯基	硫醇，硫酚	CH_3CH_2SH 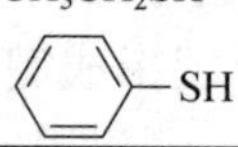
—S—S—	二硫基	二硫醚	CH_3SSCH_3
$>C=O$	羰基	醛，酮	$H_3C-C(=O)-H$；$H_3C-C(=O)-CH_3$
$-C(=O)-OH$	羧基	酸	$H_3C-C(=O)-OH$
$-C(=O)-X$	酰卤基	酰卤	$H_3C-C(=O)-Cl$
$-C(=O)-O-C(=O)-$	酸酐基	酸酐	$H_3C-C(=O)-O-C(=O)-CH_3$
$-C(=O)-NH_2$	酰胺基	酰胺	$H_3C-C(=O)-NH_2$
$-C\equiv N$	氰基	腈	$H_3C-C\equiv N$
$-S(=O)_2-OH$	磺基	磺酸	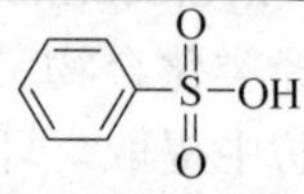

1.6 有机化学中的酸碱理论

有机化学中的酸碱理论的发展历程反映了化学研究从宏观性质到微观本质的深化过程。早期的酸碱概念可追溯至 17 世纪波义耳通过指示剂实验提出的定义。18 世纪，拉瓦锡曾提出“酸必须含氧”的观点，但后被戴维证明的卤化氢等不含氧物质也具有酸性而推翻。1887 年，瑞典化学家阿仑尼乌斯提出酸碱电离理论，定义酸为在水溶液中电离产生H^+的物质，碱为电离产生OH^-的物质，酸碱反应的本质是H^+与OH^-结合生成水。该理论首次从电离角度解释了酸碱本质，但局限于水溶液体系。

1923 年，丹麦化学家布朗斯特和英国化学家劳里提出质子理论，将酸定义为质子（H^+）给体，碱为质子受体，并建立共轭酸碱对的概念。该理论突破水溶液限制，适用于气相和非水体系，但无法解释不含质子物质的酸碱行为。同年，美国化学家路易斯提出更广义的电子理论，认为酸是电子对受体，碱是电子对给体。该理论可解释 BF_3与 NH_3等非质子体系的酸碱反应，将酸碱范围扩展至所有化学反应。

1963 年，皮尔逊提出软硬酸碱理论，基于原子极化性将酸碱分为“硬”和“软”，总结“硬亲硬、软亲软”的配位规律。现代酸碱理论在有机化学中有广泛应用，包括解释有机物酸碱性、分析反应机理、指导有机合成与催化以及预测选择性等。酸碱理论的发展呈现从具体到抽象、从水溶液到非水体系、从质子到电子的扩展过程，各理论相互补充，共同构成了现代化学理解酸碱现象的理论基础。

1.7 有机化学的发展

有机化学发展迅速，并与其他学科相互交叉，产生了多个分支学科，如天然有机化学、有机合成化学、物理有机化学、金属有机化学、生物有机化学等。

（1）天然有机化学

大自然创造的各种有机物为人类的生存和发展提供了有力的支撑，认识和研究天然有机化合物是有机化学的任务之一。通过对天然产物的研究，发现了一大批具有生物活性的有机物，其中有一些发展为治疗疾病的药物。如从植物紫杉树皮中提取的紫杉醇是一种抗癌药物，它可用于治疗卵巢癌和乳腺癌；从民间抗疟草药黄花蒿中提取了青蒿素，它可用于治疗疟疾。

（2）有机合成化学

有机合成化学是最具创造性的研究方向之一。早在 1828 年，尿素就被合成出来，之后醋酸、各种糖类化合物被合成出来。在 1850—1900 年，以从煤焦油中得到的芳香族化合物为原料，合成了成千上万的药品（如阿司匹林）、香料、染料和炸药等。20 世纪初，基于对分子结构和药理作用的深入研究，药物合成迅速发展，并成为有机合成的一个重要领域。1909 年，埃尔利希（P. Ehrlich）合成出治疗梅毒的特效药物“砷凡纳明”。1933—1935 年，杜马克（G. Domagk）合成出“百浪多息”，它是磺胺类药物的前身，对传染病有惊人的疗效。此后，一系列的磺胺类药物、抗生素被合成出来，用于保卫人类健康。

合成橡胶、合成塑料和合成纤维三大有机材料的发明是 20 世纪中期合成化学的骄傲，它为人类的衣、食、住、行提供了必不可少的材料。这一领域发展为一个新的学科——高分子化学。有机化学合成的新试剂、新反应、新方法、新技术的研究也是有机合成化学研究的重点之一。

（3）物理有机化学

物理有机化学主要研究反应机理，加深对有机反应的理解，从而通过合理改变反应条件达到提高合成效率的目的。此外，物理有机化学还研究化学键的成键特征、键能、有机化合物的结构与性质的关系。

随着量子化学的发展，1952年福井谦一提出了前线轨道理论，该理论认为，分子的许多性质是主要由最高占据分子轨道（HOMO）和最低未占据分子轨道（LUMO）在化学反应中起主导作用的，这一理论成功地解释了一系列化学反应问题。1965年，伍德沃德（R. B. Woodward）和霍夫曼（R. Hofmann）以前线轨道理论为工具，讨论了周环反应的立体选择性规律，判断和预测了一些周环反应的可行性和产物的立体构型，把量子力学由静态发展为动态，从而提出了分子轨道对称守恒原理。这一原理被认为是认识化学反应发展史上的一个里程碑。

（4）金属有机化学

金属有机化学是有机化学和无机化学交叉的一门课程，主要研究含有M—C键的物质（即金属有机化合物）的化学反应、合成等各种问题。最早的金属有机化合物是1827年由丹麦药剂师Zeise用乙醇和氯铂酸盐反应而合成的。1849年由富兰克林（E. Frankland）在偶然的机会中合成的二乙基锌在格氏（Grignard）试剂发现前一直作为重要的烷基化试剂使用。1901年格林尼亚（V. Grignard）发现了格氏试剂，并于1912年获得诺贝尔化学奖。在此后的半个世纪里，金属有机化合物二茂铁、Ziegler-Natta催化剂、Wittig试剂等被研发出来，打破了无机化学与有机化学的界限，并把有机合成化学及高分子化学发展到一个新的水平。

（5）生物有机化学

生物有机化学是有机化学和生物化学的交叉领域，是将有机化学研究的理论和方法向生命科学渗透的学科，它负责在分子水平上研究生物过程的化学本质，主要分析生物分子（如蛋白质、核酸）的结构、性质、合成，以及酶和酶促有机反应的具体机理。生物有机化学是有机化学研究中最为热门的子领域之一。

20世纪初有机化学家就开始研究单糖、血红素、叶绿素、维生素等小分子的化学结构与合成，其后开始向生物大分子，即蛋白质和核酸进军。他们首先建立了蛋白质结晶、分离纯化方法，并在此基础上利用研究小分子的结构理论研究大分子的结构，取得一系列突破。例如，开发蛋白质类结晶技术、蛋白质电泳分离技术和多聚酶链式反应技术。1953年提出的DNA分子双螺旋结构模型，对于生命科学有划时代的意义。有机化学家对蛋白质和核酸的研究不仅使生物化学迅速发展，而且由此诞生了结构生物学和分子生物学，并导致后来围绕基因的一系列研究。20世纪中期，化学和生物学一起攻克遗传信息分子结构与功能的关系问题，使生命科学的研究轨迹进入以基因组成、结构和功能为核心的新阶段。

1.8 如何学习有机化学

有机化合物结构的复杂性和有机反应的多样性往往导致初学者无所适从。通过有机化合物的分类可以看出它们的结构是有规律可循的，这些结构所导致的物理、化学性质和反应也是有规律的，在学习过程中要注意理解、记忆和应用。

首先要理解物质的结构、成键方式、分子内电子的排布等；然后在理解的基础上进行必要的记忆，要记住各类物质的结构特点及相应的特征反应；最后与生产、生活中的有机化学相联系，利用有机化学基本理论解决实际问题。

第 2 章

烷烃

课件

分子中只含有碳、氢两种元素的化合物称为烃。烃按照碳、氢原子连接方式的不同分为烷烃、烯烃、炔烃和环烷烃、环烯烃、环炔烃以及苯环等芳香烃化合物。烃可以从石油原油中通过直接精馏提纯或者加工处理后得到，是合成其他一切有机化合物的本源。烃分子中的原子或原子团被其他原子或原子团取代后产生一系列新的化合物，如卤代烃、醇、酚、羧酸等。

2.1 烷烃的分类

烷烃分为链烷烃和环烷烃，其中结构分子式为 C_nH_{2n+2}（n 为 1, 2, 3⋯）的开链结构为链烷烃；分子式为 C_nH_{2n}（n 为 1, 2, 3⋯）的单环状结构为单环烷烃。单环烷烃的分子式与同碳数的烯烃相同，互为同分异构体。按环的大小，单环烷烃又分为：小环（三元环、四元环）、普通环（五元环、六元环、七元环）、中环（八至十一元环）和大环（十二元环以上）。含有两个或两个以上环的烷烃称为多环烷烃。多环烷烃中共用同一个碳原子的称为螺环烷烃，共用两个或多个碳原子的称为桥环烷烃。

2.2 烷烃的构造异构

从石油和天然气中提取得到的甲烷、乙烷、丙烷、丁烷、戊烷等，分子式分别为 CH_4、C_2H_6、C_3H_8、C_4H_{10}、C_5H_{12} 等，将分子间相差 CH_2 或 CH_2 整数倍的一系列化合物称为同系物，同系物分子间化学键相似。随着分子碳原子数增加，碳氢原子连接方式增多，出现分子式相同而结构不同（即同分异构）的现象。由分子中各原子的连接方式和连接顺序不同而产生的异构现象称为构造异构，构造异构体的数目随着烷烃碳原子数的增多而显著增大，如表 2-1 所示。

表 2-1 烷烃构造异构体的数目

碳原子数	构造异构体数目
4	2
5	3
6	5

续表

碳原子数	构造异构体数目
7	9
8	18
9	35
10	75
15	4347
20	366319

2.3 烷烃的命名

烷烃的命名

国际纯粹与应用化学联合会（International Union of Pure and Applied Chemistry，IUPAC）对有机化合物的命名建立了一套系统命名法，称为 IUPAC 命名原则。IUPAC 命名法是世界最权威的化学命名准则，被各国化学界广泛使用。中国化学会在 IUPAC 命名原则的基础上结合汉语言文字特点，于 1983 年出版了《有机化学命名原则》（1980），2017 年再次修订了此命名原则。本教材命名方法遵从 2017 版《有机化学命名原则》。

以正戊烷、异戊烷、新戊烷为例，戊烷不同构造异构体分子中的五个碳原子和氢原子所处的化学环境略有不同，不同化学环境的碳原子和氢原子的性质也略有不同。

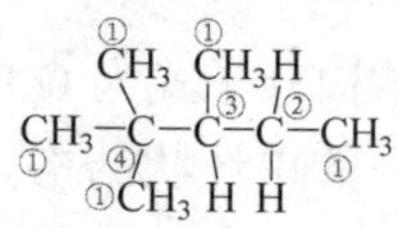

尽管随着碳原子数增多，烷烃种类和数量变得更为庞杂，但是这些烷烃分子结构中只包含四种不同的饱和碳，因此将碳和氢进行了以下分类：

① 只与一个碳原子相连的碳称为伯碳（也称为一级碳，用 1ºC 表示），与伯碳相连的氢称为伯氢（也称为一级氢，用 1ºH 表示）。

② 与两个碳原子相连的碳称为仲碳（也称为二级碳，用 2ºC 表示），与仲碳相连的氢称为仲氢（也称为二级氢，用 2ºH 表示）。

③ 与三个碳原子相连的碳称为叔碳（也称为三级碳，用 3ºC 表示），与叔碳相连的氢称为叔氢（也称为三级氢，用 3ºH 表示）。

④ 与四个碳原子相连的碳称为季碳（也称为四级碳，用 4ºC 表示）。

将烷烃（alkane）分子（C_nH_{2n+2}）中去掉一个氢原子后剩下的基团称为烷基（alkyl），烷基分子式为—C_nH_{2n+1}。表 2-2 列出一些常见烷基的命名。

表 2-2　一些常见烷基的命名

烷烃	相应的烷基	普通命名法	IUPAC 命名法
		中文名称（英文名称，缩写）	中文名称（英文名称，缩写）
甲烷 CH_4	CH_3—	甲基（methyl，Me）	甲基（methyl，Me）
乙烷 CH_3CH_3	CH_3CH_2—	乙基（ethyl，Et）	乙基（ethyl，Et）

续表

烷烃	相应的烷基	普通命名法	IUPAC 命名法
		中文名称（英文名称，缩写）	中文名称（英文名称，缩写）
丙烷 $CH_3CH_2CH_3$	$CH_3CH_2CH_2—$	(正)丙基（*n*-propyl，*n*-Pr）	丙基（propyl，Pr）
	$CH_3\underset{\vert}{C}HCH_3$	异丙基（isopropyl，*i*-Pr）	1-甲基乙基（1-methylethyl）
(正)丁烷 $CH_3(CH_2)_2CH_3$	$CH_3CH_2CH_2CH_2—$	(正)丁基（*n*-butyl，*n*-Bu）	丁基（butyl，Bu）
	$CH_3CH_2\underset{\vert}{C}HCH_3$	仲丁基（*sec*-butyl，*s*-Bu）	1-甲(基)丙基（1-methylpropyl）
异丁烷 $CH_3\underset{\substack{\vert\\CH_3}}{C}HCH_3$	$CH_3\underset{\substack{\vert\\CH_3}}{C}HCH_2—$	异丁基（isobutyl，*i*-Bu）	2-甲基丙基（2-methylpropyl）
	$CH_3\overset{\vert}{\underset{\substack{\vert\\CH_3}}{C}}CH_3$	叔丁基（*tert*-butyl，*t*-Bu）	1,1-二甲基乙基（1,1-dimethylethyl）
（正）戊烷 $CH_3(CH_2)_3CH_3$	$CH_3CH_2CH_2CH_2CH_2—$	(正)戊基（*n*-pentyl）	戊基（*n*-pentyl）
	$CH_3CH_2CH_2\underset{\vert}{C}HCH_3$	—	1-甲基丁基（1-methylbutyl）
	$CH_3CH_2\underset{\vert}{C}HCH_2CH_3$	—	1-乙基丙基（1-ethylpropyl）
	$CH_3\underset{\substack{\vert\\CH_3}}{C}HCHCH_2—$	异戊基（*iso*-penty）	3-甲基丁基（3-methylbutyl）
异戊烷 $CH_3\underset{\substack{\vert\\CH_3}}{C}HCH_2CH_3$	$CH_3\underset{\substack{\vert\\CH_3}}{C}H\overset{\vert}{C}HCH_3$	—	1,2-二甲基丙基（1,2-dimethylpropyl）
	$CH_3\overset{\vert}{\underset{\substack{\vert\\CH_3}}{C}}CH_2CH_3$	三级戊基或叔戊基（*tert*-pentyl）	1,1-二甲基丙基（1,1-dimethylpropyl）
	$—CH_2\underset{\substack{\vert\\CH_3}}{C}HCH_2CH_3$	—	2-甲基丁基（2-methybutyl）
新戊烷 $CH_3\overset{\substack{CH_3\\\vert}}{\underset{\substack{\vert\\CH_3}}{C}}CH_3$	$CH_3\overset{\substack{CH_3\\\vert}}{\underset{\substack{\vert\\CH_3}}{C}}CH_2—$	新戊基（neopenty）	2,2-二甲基丙基（2,2-dimethylpropy）

注：1．括号中的正字可以省略。

2．在英文命名时，“正”用“*n*-”表示，“异”用“*iso*-或 *i*-”表示，“新”用“*neo*-”表示；“仲”用词头“*sec*-（或 *s*-）”表示，“叔”用词头“*tert*-（或 *t*-）”表示。

2.3.1 直链烷烃的命名

不带有任何支链的链烷烃称为直链烷烃（*n*-alkane），常以“正”表示直链烷烃，直链烷烃上有多少个碳原子就称为正某烷。对于碳原子数在十以下的直链烷烃，常以天干地支中的甲、乙、丙、丁、戊、己、庚、辛、壬、癸表示碳原子数目，如正戊烷、正己烷等。碳原子数超过十，常用数字表示，如正十二烷等。表 2-3 列出了一些正烷烃的中、英文名称。2017 版《有机化学命名原则》的系统命名法中所涉及的顺序规则以取代基英文名称的首字母按照 26 个英文字母顺序排序，因此表 2-3 中的烷烃英文名称要求熟记。

表 2-3 一些烷烃的命名

构造式	中文名	英文名	构造式	中文名	英文名
CH_4	甲烷	methane	$CH_3(CH_2)_{16}CH_3$	(正)十八烷	*n*-octadecane
CH_3CH_3	乙烷	ethane	$CH_3(CH_2)_{17}CH_3$	(正)十九烷	*n*-nonadecane
$CH_3CH_2CH_3$	丙烷	propane	$CH_3(CH_2)_{18}CH_3$	(正)二十烷	*n*-eicosane
$CH_3(CH_2)_2CH_3$	(正)丁烷	*n*-butane	$CH_3(CH_2)_{19}CH_3$	(正)二十一烷	*n*-heneicosane
$CH_3(CH_2)_3CH_3$	(正)戊烷	*n*-pentane	$CH_3(CH_2)_{20}CH_3$	(正)二十二烷	*n*-docosane
$CH_3(CH_2)_4CH_3$	(正)己烷	*n*-hexane	$CH_3(CH_2)_{28}CH_3$	(正)三十烷	*n*-triacontane
$CH_3(CH_2)_5CH_3$	(正)庚烷	*n*-heptane	$CH_3(CH_2)_{29}CH_3$	(正)三十一烷	*n*-hentriacontane
$CH_3(CH_2)_6CH_3$	(正)辛烷	*n*-octane	$CH_3(CH_2)_{30}CH_3$	(正)三十二烷	*n*-dotriacontane
$CH_3(CH_2)_7CH_3$	(正)壬烷	*n*-nonane	$CH_3(CH_2)_{38}CH_3$	(E)四十烷	*n*-tetracortane
$CH_3(CH_2)_8CH_3$	(正)癸烷	*n*-decane	$CH_3(CH_2)_{48}CH_3$	(正)五十烷	*n*-pentacuntane
$CH_3(CH_2)_9CH_3$	(正)十一烷	*n*-undecane	$CH_3(CH_2)_{58}CH_3$	(正)六十烷	*n*-hexacontane
$CH_3(CH_2)_{10}CH_3$	(正)十二烷	*n*-dodecane	$CH_3(CH_2)_{68}CH_3$	(正)七十烷	*n*-heptacontane
$CH_3(CH_2)_{11}CH_3$	(正)十三烷	*n*-tridecane	$CH_3(CH_2)_{78}CH_3$	(正)八十烷	*n*-octacontane
$CH_3(CH_2)_{12}CH_3$	(正)十四烷	*n*-tetradecane	$CH_3(CH_2)_{88}CH_3$	(正)九十烷	*n*-nonacontane
$CH_3(CH_2)_{13}CH_3$	(正)十五烷	*n*-pentadecane	$CH_3(CH_2)_{98}CH_3$	(正)一百烷	*n*-hectane
$CH_3(CH_2)_{14}CH_3$	(正)十六烷	*n*-hexadecane	$CH_3(CH_2)_{132}CH_3$	(正)一百三十四烷	*n*-tetratriacontahectane
$CH_3(CH_2)_{15}CH_3$	(正)十七烷	*n*-heptadecane			

2.3.2 支链烷烃的命名

有支链的链烷烃称为支链烷烃。

2.3.2.1 系统命名法

系统命名法的步骤如下：

① 确定主链。选取碳原子数最多的链作为主链，支链作为取代基。当存在多个碳原子数相同的最长碳链时，选取支链取代基数目最多的最长碳链作为主链。若仍无法确认主链，则依次按照支链取代基位次小优先、支链取代基英文首字母靠前的位次小优先等原则确定主链。根据主链所含碳原子的数目，称为“某烷”。

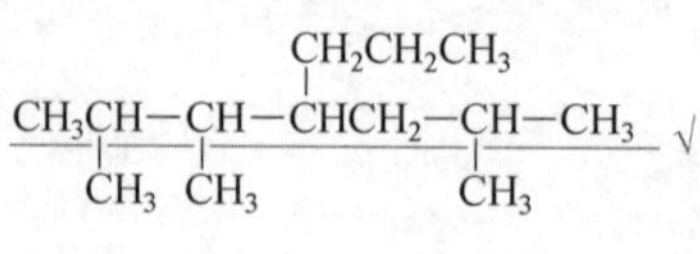

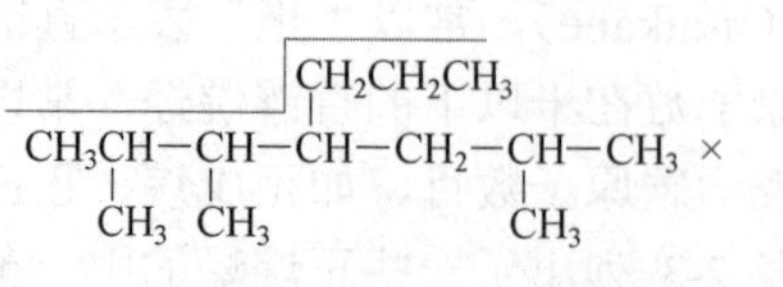

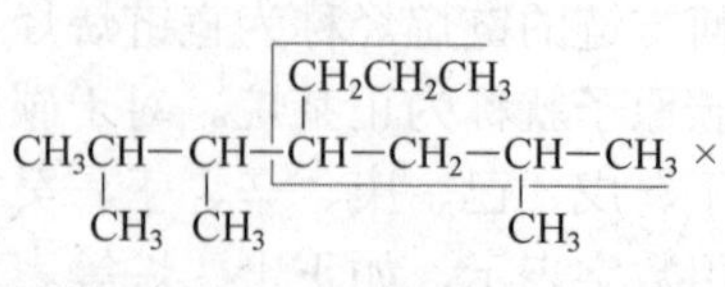

② 编号。从靠支链取代基近的一端开始对主链上的碳进行编号（用阿拉伯数字表示）；当主链编号有几种可能时，应以取代基的英文名称的首字母按 26 个英文字母顺序（a，b，c， d，e，f，g，…）排序，且给首字母排列在前的取代基较小的编号。

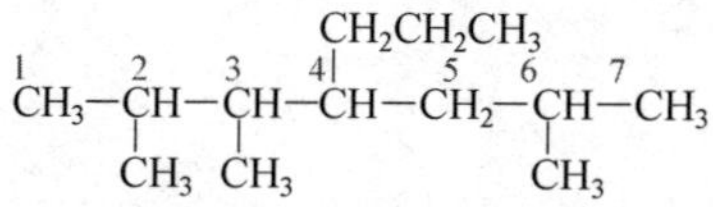

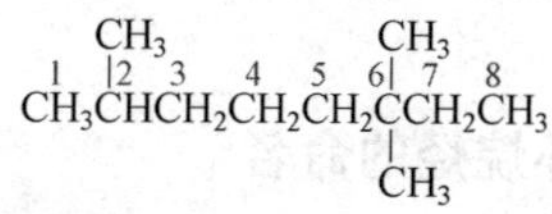

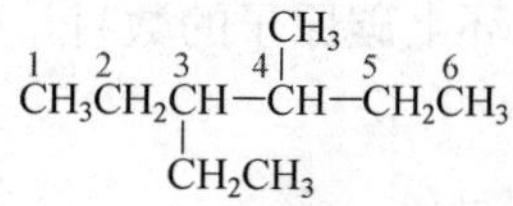

③ 书写。将取代基的名称写在主链名称之前，用主链上碳原子的编号表示取代基与主链相邻的碳原子所在的位置，编号写在取代基名称之前，编号和取代基之间用短横线“-”隔开。当含有几个不同的取代基时，以取代基的英文名称按首字母顺序排序，并尽可能给予靠前的取代基以小的编号。当含有多个相同的取代基时，相同的取代基合并，用二、三、四、五、六、七等表示相同取代基的数目，并逐个标明其所在位次，位次之间用逗号“,”分开；在英文名称中，使用 di，tri，tetra，peta，hexta，hepta 等字根表示取代基数目，但这些字根不参与取代基的排序。此外，英文名称中，斜体字部分［如 *n*-（正）、*cis*-（顺）、*trans*-（反）、*tert*-（叔）］不参与排序，如叔丁基（*tert*-butyl）从字母 b 开始排序。

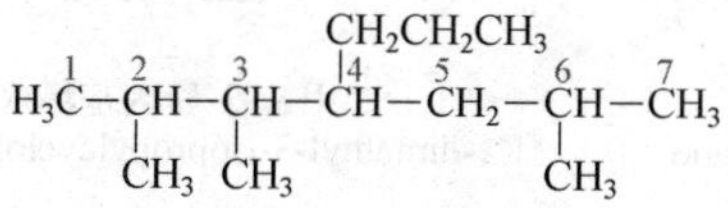

2,3,6-三甲基-4-丙基庚烷
2,3,6-trimethyl-4-propylheptane

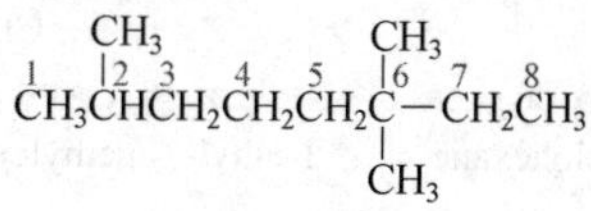

2,6,6-三甲基辛烷
2,6,6-trimethyloctane

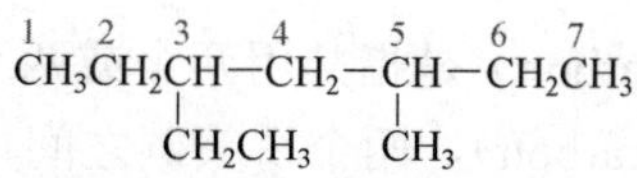

3-乙基-5-甲基庚烷
3-ethyl-5-methylheptane

2.3.2.2 普通命名法和衍生物命名法

普通命名法也称为习惯命名法，普通命名法中对直链烷烃的命名与系统命名法一致。支链烷烃用普通命名法命名时，常用正、异、新等作为前缀放在总碳原子数前面来区分不同的构造异构体。“异”表示在直链烷烃一端的第二个碳原子上有且只有一个甲基，如异戊烷、异辛烷等。“新”表示在直链烷烃一端的第二个碳原子上有且只有两个甲基，如新戊烷、新己烷等。普通命名法适用于简单化合物，碳原子数超过 5 时，普通命名法不能很好地反映出分子的结构信息。

衍生物命名法以含有取代基最多的碳原子为甲烷的碳原子，以与该碳原子相连的基团全部作为甲烷四个氢原子的取代基，例如：

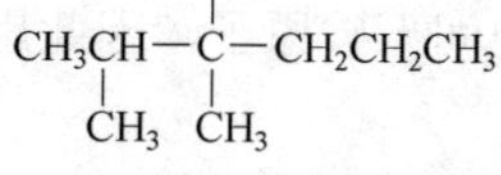

二甲基正丙基异丙基甲烷

2.3.3 环烷烃的命名

环烷烃的命名

2.3.3.1 单环烷烃的命名

对于单环烷烃的命名，根据环上碳原子的数目，确定为环某烷，其英文名称只需在相应的烷烃英文名前加 cyclo，如：

环丙烷
cyclopropane

环丁烷
cyclobutane

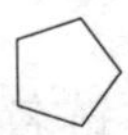
环戊烷
cyclopentane

环己烷
cyclohexane

环上有取代基时，若取代基较简单，则以环烷烃作为母体，按取代基位次最低系列规则，对环上碳原子进行编号；若按以上规则编号，出现多个可能，则使取代基英文名称首字母靠前的基团位次尽可能小，如：

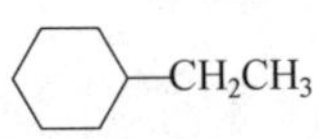

乙基环己烷
ethylcyclohexane

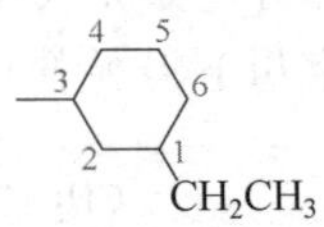

1-乙基-3-甲基环己烷
1-ethyl-3-methylcyclohexane

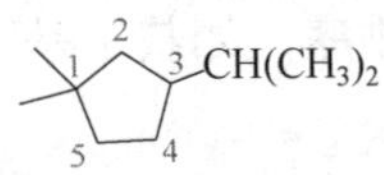

1,1-二甲基-3-异丙基环戊烷
1,1-dimethyl-3-isopropylcyclopentane

2.3.3.2 桥环烷烃的命名

桥环烷烃（bridged hydrocarbon）是指共用两个或两个以上碳原子的多环烷烃。共用的碳原子称为桥头碳（bridgehead carbon），两个桥头碳之间可以是碳链，也可以是一个单键，称为桥。对桥环烷烃命名时，首先要确定环数，将桥环烷烃变为开链化合物时，要断裂碳环的化学键，根据断开碳环化学键的次数即可确定环数。例如，需断两次的桥环烷烃称为二环（bicyclo），需断三次的桥环烷烃称三环（ricyclo）等。然后将桥头碳之间的碳原子数（不包括桥头碳）按由多到少的顺序列在方括号内，数字之间在右下角用圆点隔开。最后写上根据成环的碳原子数（包括桥头碳在内）而确定的母体烃的名称。

如桥环烃上有取代基，则列在整个名称的前面。桥环烃的编号从第一个桥头碳开始，沿最长的桥编到第二个桥头碳，再沿次长的桥回到第一个桥头碳，接着按桥渐短的次序将其余的桥编号。如编号可以选择，则使取代基的位次尽可能最小。

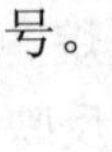
二环[1.1.0]烷
bicyclo[1.1.0]butane

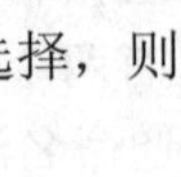
二环[3.2.1]辛烷
bicyclo[3.2.1]octane

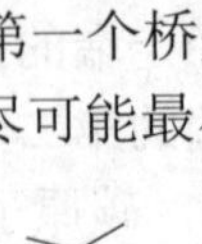
2,7,7-三甲基二环[2.2.1]庚烷
2,7,7-trimethylbicyclo[2.2.1]heptane

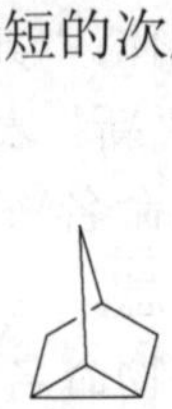
三环$[2.2.1.0^{2,6}]$庚烷
tricyclo$[2.2.1.0^{2,6}]$heptane

如上式三环烃中，在 2-，6-位中间无碳原子，因此用 0 表示，在 0 的右上角标明位次，位次中间用逗号隔开。

对于一些结构复杂的桥环烷烃化合物，常用俗名。

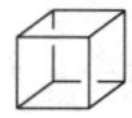

立方烷
cubane

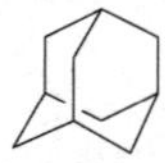

金刚烷
adamantane

2.3.3.3 螺环烷烃的命名

螺环烷烃（spirocyelic hydrocarbon）是指单环之间共用一个碳原子的多环烷烃。共用的碳原子称为螺原子（spiro atom）。螺环的编号是从螺原子上的小环开始的，由第一个环顺序编到第二个环。命名时先写词头螺；再在方括号内按编号顺序写出除螺原子外的环碳原子数，数字之间用圆点隔开；最后写出包括螺原子在内的碳原子数的烷烃名称。如有取代基，在编号时应使取代基位次最小，取代基位次及名称列在整个名称的最前面。

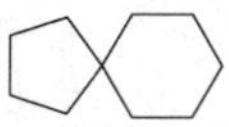

螺[4.5]癸烷
spiro[4.5]decane

螺[5.5]十一烷
spiro[5.5]undecane

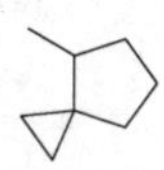

4-甲基螺[2.4]庚烷
4-methylspiro[2.4]heptane

螺[5.5]十一烷分子对称，可合并命名，称为螺[二环己烷](spirobicyclohexane)。

2.4 烷烃的结构

2.4.1 碳碳 σ 单键和碳氢 σ 单键的形成及其特性

除甲烷外，大部分烷烃分子都由碳碳 σ 单键和碳氢 σ 单键组成。σ 键是由成键原子轨道或杂化轨道以“头碰头”的方式进行最大程度重叠而形成的共价键。其特点包括：成键电子云分布在两原子核之间，键能大，不易断裂；成键电子云沿键轴对称分布，成键原子可绕 σ 键轴 360° 自由旋转而不改变两成键原子间电子云的重叠情况。

近代物理方法研究证明，甲烷是正四面体结构，四个氢原子位于正四面体的四个顶点，如图 2-1 所示。杂化轨道理论认为，甲烷分子中的碳原子采取 sp^3 杂化，每个 sp^3 杂化轨道上分布一个电子，其主要分布在四面体的四个顶点处，来自四个氢原子的 1s 轨道的四个单电子分别从四面体的四个顶点方向靠近碳原子，与碳原子的四个 sp^3 杂化轨道形成四个碳氢 σ 单键，每个碳氢 σ 单键含有两个自旋方向相反的电子，四个碳氢 σ 单键之间的夹角互为 109° 28′。

乙烷、丙烷、丁烷及其他烷烃分子中的碳原子也都采取 sp^3 杂化。如图 2-2 所示，在乙烷分子中碳原子和碳原子、碳原子和氢原子之间也都通过碳原子的 sp^3 杂化轨道与碳原子的 sp^3 杂化轨道或碳原子的 sp^3 杂化轨道与氢原子的 1s 轨道轴向重叠的方式形成碳碳 σ 单键和碳氢 σ 单键，碳碳键和碳氢键的键长分别约为 0.154nm 和 0.11nm。

由于饱和碳的 sp^3 杂化轨道之间的键角是 109° 28′，因此含三个或三个以上碳原子的烷烃碳链都是锯齿形的。实验证明，气态或液态的三个或三个以上碳原子的烷烃，由于 σ 键的自由旋转而形成多种曲折形式，在结晶状态时，烷烃的碳链排列整齐，且呈锯齿状，如图 2-3 所示。

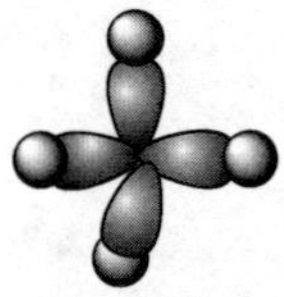

图 2-1　由 sp^3 杂化碳原子与氢原子形成的甲烷

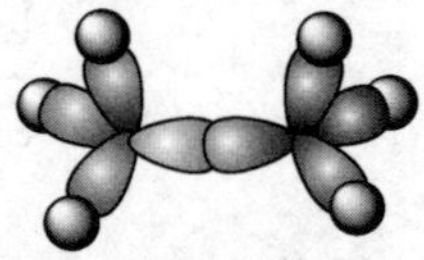

图 2-2　由两个 sp^3 杂化碳原子形成的乙烷

(a) 球棍模型　　(b) 比例模型

图 2-3　丁烷的球棍模型和比例模型

烷烃的构象

2.4.2　链烷烃的构象

由于分子 σ 键的自由旋转，分子中各原子或原子团在空间中产生不同的排列方式，这种特定的排列方式称为构象（conformation）。由单键自由旋转形成的不同构象称为构象异构体（conformational isomer）。构象异构体的分子组成及分子中原子或基团之间相互连接的顺序及方式是相同的，即它们的分子构造式相同，但分子中原子或原子团在空间的相对位置不同，所以构象异构属于立体异构范畴。

2.4.2.1　乙烷的构象

在乙烷分子中，如果使一个甲基固定，而使另一个甲基绕碳碳单键旋转，则两个甲基中氢原子在三维空间的相对位置将会不断改变，产生许多不同的空间异构体，即不同的构象。由于旋转角可以无穷小，故乙烷分子有无穷多个构象。乙烷的极限构象有重叠式和交叉式两种，当两个碳上的氢原子彼此相距最近时，形成的构象称为重叠式构象；当两个碳上的氢原子彼此相距最远时，形成的构象称为交叉式构象。构象的表示方法有三种：立体透射式、锯架式和纽曼（Newman）投影式。

（1）立体透射式

立体透射式中，由实线化学键连接的原子在纸面上，由虚线相连的原子伸向纸面后方，由楔形线相连的原子指向纸面前方（眼睛）。

（2）锯架式

锯架式是沿碳碳单键的键轴斜 45° 方向从前一个碳原子看向后一个碳原子，每个碳原子上的其他三个单键夹角均为 120°。

（3）Newman 投影式

从碳碳单键的延线上观察 Newman 投影式时，两个碳原子在投影式中处于重叠位置，用  表示距离观察者较近的碳原子（三条线的交点）及其上的三个键（三条线），用  表示距离观察者较远的碳原子（圆圈）及其上的三个键（三条线），每一个碳原子上的三个键在投影式中互呈 120°。

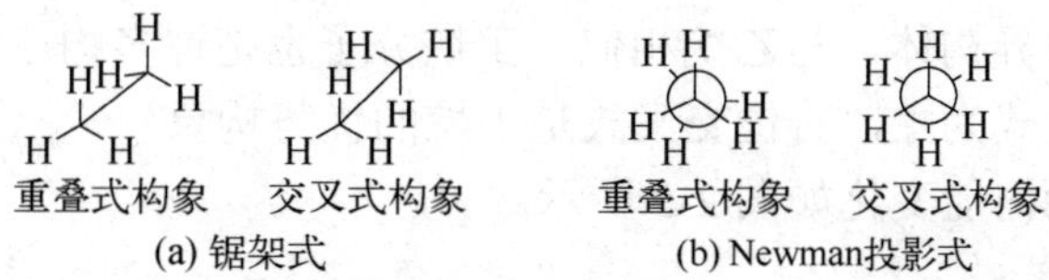

乙烷的各种构象中，重叠式构象中的两个碳原子上的碳氢键相距最近，彼此之间的排斥力最大，且两个碳上的氢原子处于对应重叠，距离也最近，因此两个氢原子之间也有排斥力。这种排斥力使重叠式构象内能最高，稳定性最差。交叉式构象中的两个碳原子上的碳氢键相距最远，彼此之间的电子对排斥最小，且两个碳原子上的氢相距最远，相互间排斥力也最小，所以交叉式构象内能最低，稳定性最强。这种能量最低的稳定构象称为优势构象。重叠式构象比交叉式构象能量高 12.6kJ·mol^{-1}。此能量差称为能垒，其他构象的能量介于这两者之间，如图 2-4 所示。

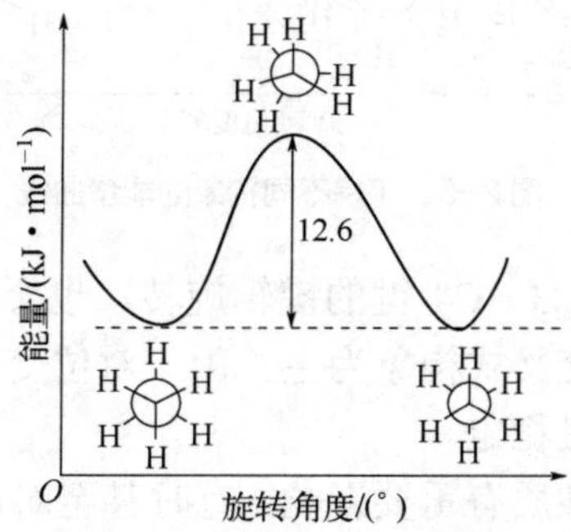

图 2-4　乙烷不同构象的能量曲线

由于不同构象的内能不同，所以一个交叉式构象必须克服一定的能垒才能完成，可见，所谓的 σ 键的自由旋转，并不是完全自由的。不过，乙烷分子在室温下因热运动相互碰撞而产生的能量足以克服 12.6kJ·mol^{-1} 的能垒，所以，在室温下，通常乙烷是各种构象不断变化的动态平衡体，只是交叉式构象出现的概率较大。由于乙烷分子在某一构象停留的时间很短（$<10^{-6}$s），不能把某一构象分离出来。借助 X 射线衍射、电偶极矩和光谱的研究，可以确定优势构象的存在。

2.4.2.2　丁烷的构象

丁烷可以看作是乙烷分子中的两个碳原子上各有一个氢原子分别被一个甲基取代的化合物，当沿 C2—C3 键的键轴旋转 360° 时，每转 60°，可以得到一种有代表性的构象，从而产生四种不同的极限构象。

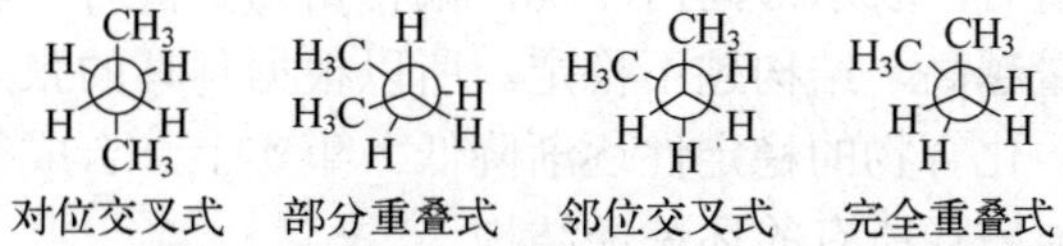

丁烷的四种典型构象的内能高低为：完全重叠式>部分重叠式>邻位交叉式>对位交叉式。完全重叠式的内能最高，是丁烷的最不稳定构象，原因是完全重叠式构象的扭转张力和处于重叠位置的两个甲基之间的非键张力都最大。但是，这些构象之间的能量差别不大，因此在室温下不能分离出构象异构体。与乙烷相似，丁烷分子也是许多构象的动态平衡混合体系，但在室温时以对位交叉式为主，对位交叉式是丁烷的优势构象。

丁烷的各种构象的内能变化如图 2-5 所示。

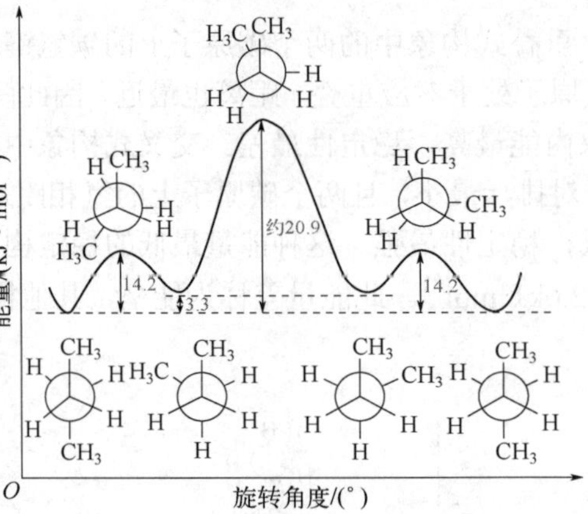

图 2-5　丁烷不同构象的能量曲线

丁烷中，沿 C1—C2 键或 C3—C4 键的键轴旋转，也会产生一系列不同构象。对于其他链烷烃，它们通常以最稳定的交叉式构象为主。由于对位交叉式构象是最稳定的，所以 3 个碳以上的烷烃的碳链以锯齿形最稳定。

构象对有机化合物的理化性质有重要影响，有时甚至对反应性能起着决定性的作用，特别是在蛋白质的性质及酶的生物活性等方面具有重要意义。

环烷烃的构象

2.4.3　环烷烃的构象

尽管环烷烃的碳也都采取 sp^3 杂化，但假如杂化碳原子之间以及杂化碳原子与氢原子之间都沿着 sp^3 杂化轨道轴向重叠成键，则与环烷烃所对应的碳碳单键之间的内角有所出入。

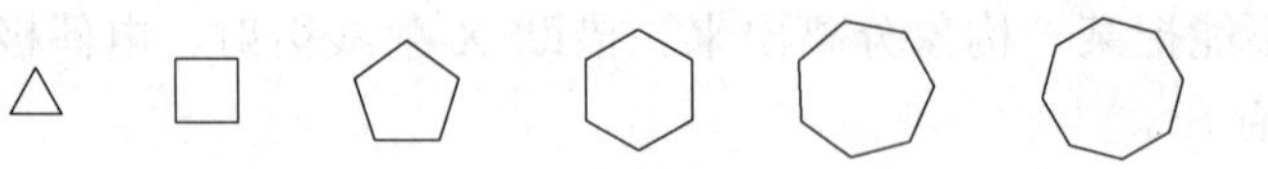

偏转角：　+29°44′　+9°44′　+0°44′　−5°16′　−10°3′　−12°46′

1885 年，德国化学家拜耳提出以偏转角[偏转角= (109°28′−正多边形的内角)/2]来表示不同环烷烃中 C—C—C 键角与正常的 sp^3 杂化轨道成键键角（109°28′）的偏离程度。拜耳认为，当键角偏离正常键角时，会产生一种恢复正常键角的力量，即化合物内部产生的张力，也称为角张力。偏转角为正值时，表示键向内屈挠；偏转角为负值时，表示键向外屈挠。角张力越大，所对应的结构能量越高，结构越不稳定。所以根据拜耳的张力学说，五元环最稳定，随着环数的进一步增大，化合物的稳定性逐渐降低。事实上，合成得到的大环化合物都是稳定的，即拜耳学说并不能解释所有的环烷烃结构。

摩尔燃烧热是指 1mol 有机化合物完全燃烧生成二氧化碳和水所放出的热量。摩尔燃烧热的大小反映了分子能级的高低，是判断有机化合物结构稳定性的依据之一。开链烷烃的摩尔燃烧热与所含碳原子和氢原子的数量有关，一般碳链每增加一个—CH_2—，其摩尔燃烧热增加 659kJ·mol^{-1}。生活中小型汽车多用轻型汽油（短链烷烃）作燃料，燃烧充分；重型挂车多采用柴油（长链烷烃）作燃料，动力足。环烷烃可以看作若干个—CH_2—单元连接起来的有机化合物，如果取—CH_2—单元的平均燃烧热，其燃烧热应与分子中所含—CH_2—单元的个数呈线性关系。通过燃烧热计算，发现环丙烷、环丁烷、环戊烷单个—CH_2—的燃烧热依次减小，说明环越小，能级越高，越不稳定。从环己烷开始，不同碳数环烷烃的单个—CH_2—的燃烧热趋近于常数，说明大环烷烃与五元环一样，结构上都是稳定的。环烷烃的稳定性与环上碳原子的数目有关。根据表 2-4，环烷烃分子中，环丙烷单个—CH_2—的燃烧热最大，最不稳定；其次是环丁烷；环戊烷比较稳定；环己烷单个—CH_2—燃烧热最小，最稳定。

表 2-4　一些环烷烃的摩尔燃烧热

名称	成环碳数	摩尔燃烧热/（kJ·mol^{-1}）	—CH_2—的摩尔燃烧热/（kJ·mol^{-1}）	名称	成环碳数	摩尔燃烧热/（kJ·mol^{-1}）	—CH_2—的摩尔燃烧热/（kJ·mol^{-1}）
环丙烷	3	2091	697	环辛烷	8	5310	664
环丁烷	4	2744	686	环壬烷	9	5981	665
环戊烷	5	3320	664	环癸烷	10	6636	664
环己烷	6	3952	659	环十五烷	15	9885	659
环庚烷	7	4637	662	开链烷烃			659

2.4.3.1　环丙烷的构象

价键理论认为，环丙烷中成环的碳原子没有沿着 sp^3 杂化轨道的轴向进行最大程度重叠形成碳碳键，这也是其结构不稳定的原因。环丙烷结构中，两个碳原子的 sp^3 杂化轨道的对称轴不能在一条直线上，而是以弯曲的方式进行重叠，形成弯曲的 σ 键，如图 2-6 所示。

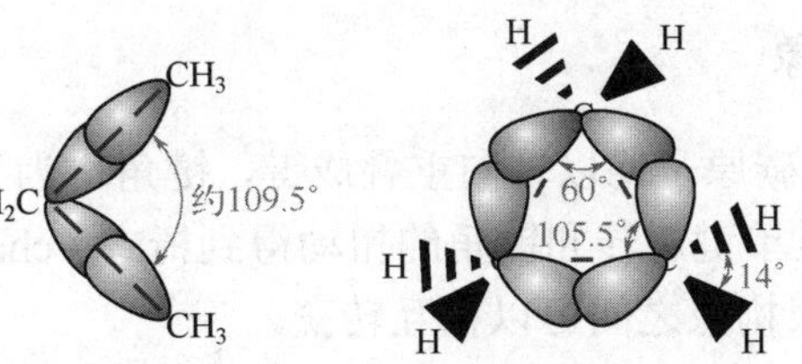

图 2-6　丙烷与环丙烷分子中碳碳键原子轨道重叠情况

环丙烷的弯曲键结构也在低温单晶 X 射线衍射的电子密度图和量子力学的理论计算中得到证实，依据实验数据，环丙烷分子中的 C—C 键是弯曲的 σ 键，碳原子核之间的距离为 0.152nm[比正常烷烃中的 C—C 键（0.154nm）短 0.02nm]；形成 C—C 键的同一碳原子的两个 sp^3 杂化轨道之间的夹角为 105.5°，比正常的 sp^3 杂化轨道夹角（109°28′）小，但仍与三元环内角 60°之间存在较大差距。因此，环丙烷弯曲的 C—C σ 键容易断裂而发生开环反应，其结构的稳定性比开链的丙烷差很多。环丙烷环外的 H—C—H 键角为 114°，大于丙烷中相应的 H—C—H 键角(109°28′)。有研究认为，在环丙烷分子内，碳原子的杂化轨道是不等性 sp^3 杂化，构成的弯曲的 C—C σ 键具有较多的 p 轨道成分，弯曲重叠后使键不牢固而容易断裂；而环外与氢原子成键的碳原子的 sp^3 杂化轨道有更多的 s 轨道成分，s 成分越多，所对应碳原子的电负性越强，碳原子上氢的酸性就越强。事实证明，环丙烷的酸性确实比丙烷的酸性强。

2.4.3.2　环丁烷的构象

除环丙烷外，环丁烷以上的环烷烃均不在同一个平面内。与环丙烷类似，环丁烷结构中也存在角张力，环丁烷 sp^3 杂化的碳原子之间也采取弯曲重叠的方式形成弯曲键，但弯曲程度较环丙烷小，所以环丁烷较环丙烷稳定一些。除角张力外，环丁烷结构中的碳原子之间为避免相邻碳原子的 C—H 键相互重叠而产生扭转张力。单晶 X 射线衍射发现环丁烷上的四个碳原子以蝴蝶形式分布在两个平面上（平面夹角约 25°），位于两翼的碳原子上下摆动。

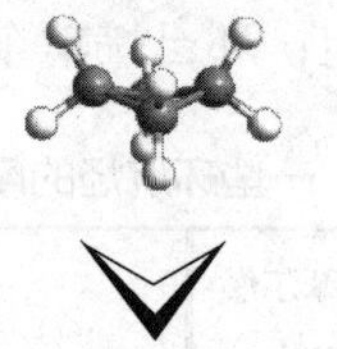

蝴蝶型

2.4.3.3　环戊烷的构象

自环戊烷开始，成环碳原子基本可以保持正常的键角（109°28′），结构中不再有角张力和弯曲键，但仍存在一定的扭转张力。单晶 X 射线衍射证明，环戊烷上的五个碳原子有信封式和半椅式两种构象，其中信封式构象更稳定一些。

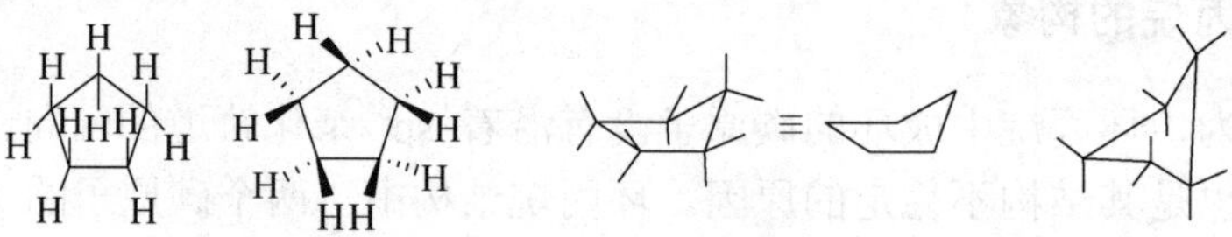

平面型　　　　信封型　　　　半椅型

2.4.3.4　环己烷的构象

环己烷的六个 sp^3 杂化碳原子均以轴向重叠成键，键角均为正常的 109°28′。六个碳原子不在同一平面上，可以通过单键旋转和键角的扭动得到椅式（chair form）和船式（boat form）两种极限构象，此两种极限构象之间可以相互转变。

（1）椅式构象

环己烷的椅式构象可以用锯架式和 Newman 式表示如下：

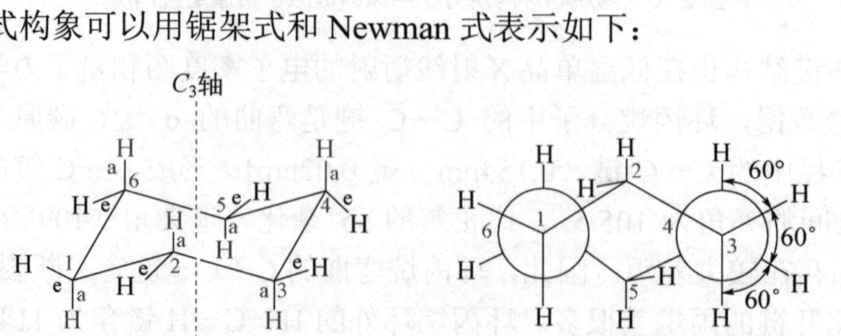

锯架式　　　　Newman式

椅式构象中的碳原子分别位于两个平行的平面（向下的三个碳原子 C1、C3、C5 位于一个平面，向上的三个碳原子 C2、C4、C6 位于一个平面），两个平面的间距为 50pm。椅式构象中存在一个对称轴 C_3，该对称轴通过分子中心与两个平面垂直。环己烷椅式构象中的 12 个氢原子大致可分为两类：一类是六个碳氢键与 C_3 对称轴垂直，伸向环外，称为平伏键

(equatorial bond，简称 e 键)；一类是六个碳氢键与 C_3 对称轴平行，称为直立键（axial bond，简称 a 键)。椅式构象中所有相邻的两个碳原子的碳氢键都保持邻位交叉的状态，整个分子有 6 个邻位交叉构象，故六个 e 键中，三个略向下延伸（与平面约呈 19°)，三个略向上延伸；六个 a 键中，三个直立向上，三个直立向下。环己烷的椅式构象中，碳碳单键的键长和键角都与正常的碳碳单键和 sp^3 杂化碳的键角相符，不存在因键长和键角变形引起的内能的升高。构象中，两个向上或两个向下的直立碳氢键的氢原子之间的距离为 251pm，两个相连碳上的平伏键的氢原子之间的距离为 249pm，相邻碳上直立键与平伏键的氢原子相距 250pm，均大于两个氢原子的半径之和，所以氢原子之间不存在范德华斥力。

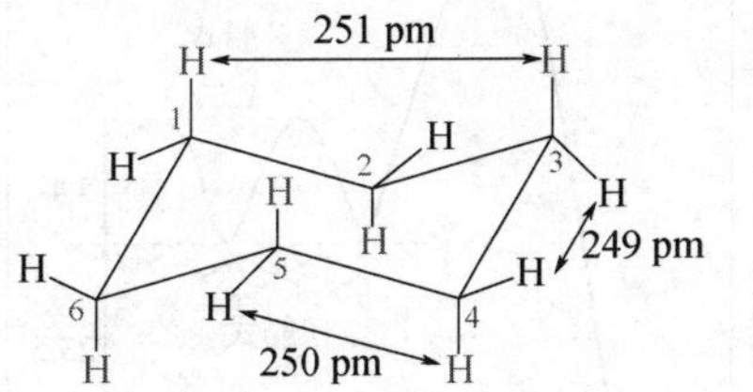

（2）船式构象

船式构象中，位于船底的四个碳原子，即 C2、C3、C5、C6 位于一个平面上，C1 和 C4 位于船头位置。C2 和 C3 以及 C5 和 C6 的碳氢键是邻位完全重叠式状态，存在扭转张力；而位于 C1 和 C4 上向内延伸的碳氢键相距较近（0.18nm)，小于两个氢原子的范德华半径之和（0.24nm)，故两个氢原子间存在范德华斥力。扭转张力和范德华斥力的存在，使船式构象稳定性不如椅式构象（能量相差约 $30kJ \cdot mol^{-1}$)。因此，在自然状态下，环己烷以椅式构象为主，椅式构象是环己烷的优势构象。

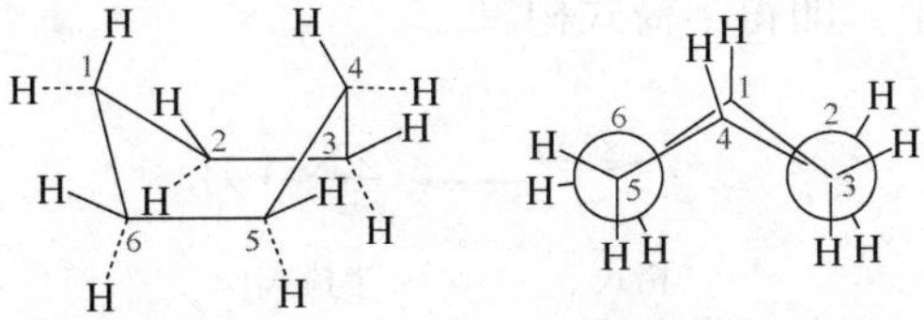
锯架式　　纽曼式

由于环己烷的碳链是封闭的，成环的碳碳单键围绕键轴的自由旋转必然会牵制相邻原子化学键的变动，故构象中直立向上的碳氢键不可能通过碳碳键的旋转而变成直立向下的，而是从原来的直立向上变成平伏向上，或从原来的平伏向下变成直立向下，即可以从一个椅式构象通过碳碳键的旋转变成另一个椅式构象。

（3）环己烷各种构象的能量关系图

椅式构象和船式构象只是环己烷的两个极限构象，室温下，环己烷的六个碳原子由于碳碳单键的旋转，产生无数个构象异构体。

从环己烷各种构象的能量关系图，即图 2-7 可以看出：环己烷有两个稳定构象，一个是椅式构象，另一个是扭船式构象（skew boat conformation)。假如把船式构象船底的两对碳原子稍微转一转，使 C3、C6 转下去，C2、C5 重新转上来，这时可以看到 C1、C4 上的氢原子离得远一点了，而 C3、C6 上的氢原子则离得近一点了。当这两对氢原子的距离相等时，停止转动，此时原来呈重叠式的两对碳原子（C2 和 C3、C5 和 C6）就变为不完全重叠式的了。在整个分子中，每对碳原子的构象既不是全重叠，也不是全交叉，而是一个低能量的构象，此构象被称为扭船式（twist form）：

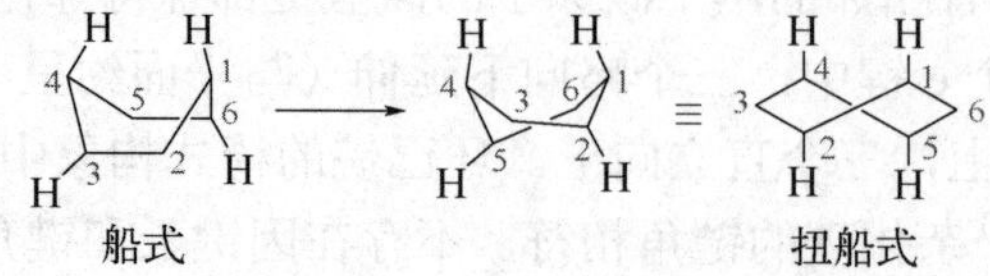

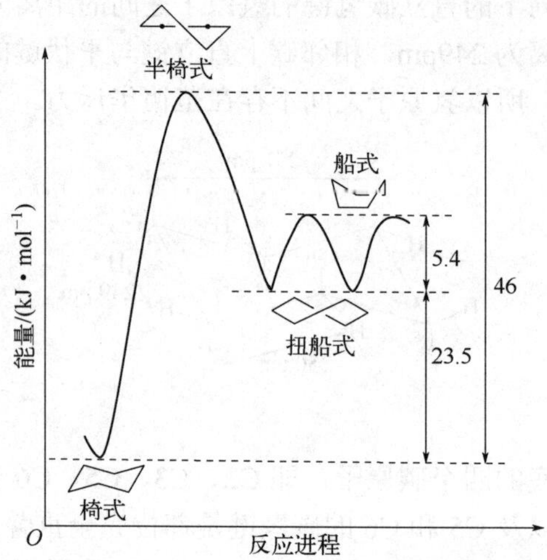

图 2-7　环己烷中各种构象的能量关系图

扭船式比椅式不稳定（能量差=23.5kJ·mol^{-1}）。由稳定的椅式构象转变为扭船式构象，要经过一个势能最高的不稳定的半椅式构象。把椅式构象中的 C3 转上去、C2 转下来，使 C1、C2、C3、C4 在一个平面上，即得半椅式构象。

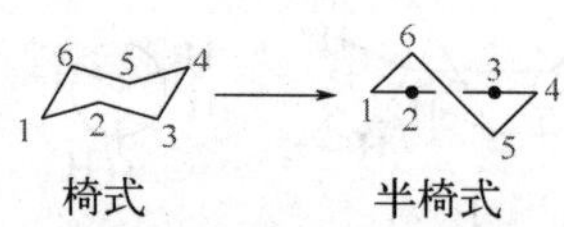

半椅式比椅式不稳定（能量差=46kJ·mol^{-1}），比扭船式也不稳定（能量差=22.5kJ·mol^{-1}）。由于由一个椅式构象变为另一个椅式构象只需 46kJ·mol^{-1}，在室温就可以越过这个能垒，因此试图分离这些构象异构体时，失败是可以理解的。椅式由于比船式稳定（能量差=28.9kJ·mol^{-1}），也比扭船式稳定（能量差=23.5kJ·mol^{-1}），故在平衡体系中占据更大的比例。

2.4.3.5　取代环己烷的构象

取代环己烷的稳定性

（1）一取代环己烷的构象

一取代环己烷有两种椅式构象。一种是取代基位于椅式构象的直立键上，另一种是取代基位于椅式构象的平伏键上。以 1-甲基环己烷为例：

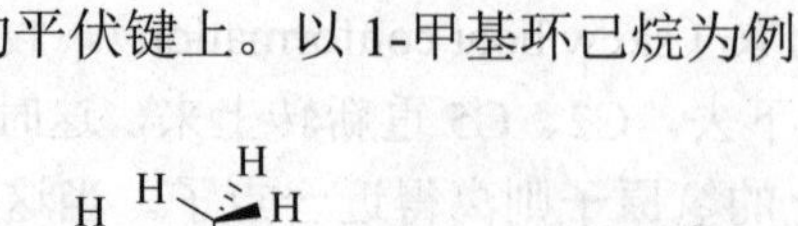

正常环己烷中 1,3-位两直立键的氢原子与氢原子核间的距离为 250pm，与两个氢原子的 van der Waals 半径相当，因此不存在相互的排斥力。1-甲基环己烷中，甲基位于直立键上后，甲基的 van der Waals 半径较大，甲基与 C3、C5 的氢原子核有范德华斥力，使甲基位于直立键上的构象能量较高而不稳定；甲基位于平伏键时，甲基与 C3、C5 均处于对位交叉的位置，即两个较大的基团相距较远，位于平伏键上的甲基与 C3、C5 的氢原子之间不存在非键张力，故取代基位于平伏键上的构象比较稳定。一取代环己烷中，取代基位于环己烷椅式构象的平伏键上时比较稳定。例如，1-甲基环己烷中甲基位于环己烷椅式构象的平伏键的构象占 95%。取代基越大，取代基位于平伏键的概率越大。叔丁基环己烷中，叔丁基位于环己烷椅式构象的平伏键上的构象占 99.99%。

（2）二取代环己烷的构象

一般来说，环上连有两个不同的取代基时，大的取代基（如叔丁基）优先处于平伏键上。多取代的环己烷中，取代基处于平伏键的个数越多，构象越稳定。

2.5 烷烃的物理性质

有机化合物的物理性质是指有机化合物没有经过化学变化或没有发生化学反应而表现出来的性质，通常指状态（固体、液体或者粉末等）、沸点、熔点、相对密度、溶解度、折射率和波谱性质等。纯物质的物理性质在一定条件下是固定的，称为物理常数。物理常数的测定，不仅可用于有机化合物种类的鉴定和纯度检测，而且在有机合成的分离和提纯等具体策略的制定中也具有非常重要的指导意义。一般同系物中各化合物的物理常数随分子量的增加而呈现有规律的变化。

（1）状态

烷烃分子中只含有碳碳单键和碳氢单键，由于碳原子和氢原子的电负性（碳原子为 2.5，氢原子为 2.2）相差不大，因此烷烃分子一般没有或仅有较弱的极性，分子间的相互作用力主要是运动过程中产生的瞬间偶极矩引起的色散力和分子间的范德华力。这些力的大小与分子中的原子数目和分子间的接触面积有关，分子中原子数目越多，分子间距离越小，色散力和范德华力越大。色散力和范德华力比化学键的键能小两个数量级，是非常微弱的力。

室温下，甲烷、乙烷、丙烷和丁烷均为气体；随着碳原子数增加，烷烃开始以液体（碳原子数在 5～16 的烷烃）或固体（碳原子数为 17 及以上的烷烃）的形式存在。

（2）沸点

正烷烃的沸点取决于分子间引力的大小。分子间引力越大，分子热运动由液态变成气态（即达到沸腾）所需的能量越大，沸点越高。所以，直链烷烃随分子量的增加，其沸点相应升高，即直链烷烃的沸点随碳原子数的增加而升高。在碳原子数目相同的烷烃异构体中，直链烷烃的沸点比支链的沸点高，支链越多，沸点越低。因为支链越多，支链的空间阻碍越大，分子间接触越少，分子间作用力越小，故沸点越低。

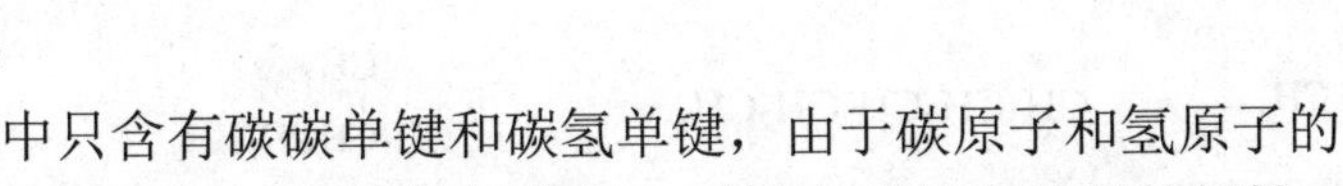

沸点/℃　36　28　9.5

（3）熔点

熔点与沸点相似，熔点的高低也是由分子间的作用力不同造成的。熔点不仅取决于分子的大小，还取决于分子在晶体及在固体晶格中的填充情况。分子的对称性越高，分子在晶格中排列得越紧密，分子间作用力越大，熔点越高。直链烷烃的熔点随分子量的增加而升高，但含奇数碳原子的直链烷烃和含偶数碳原子的直链烷烃分别构成两条熔点曲线，偶数的曲线在上面，奇数的曲线在下面，两条曲线随着分子量的增加逐渐趋于一致（图 2-8）。这是因为烷烃碳链在晶体时呈锯齿形，在奇数碳链中，两端甲基处于同一侧，而在偶数碳链中，两端甲基处于相反的位置。因此，偶数碳链比奇数碳链具有较高的对称性，在晶体中排列得更紧密，分子间的作用力更大，熔点也就更高一些。

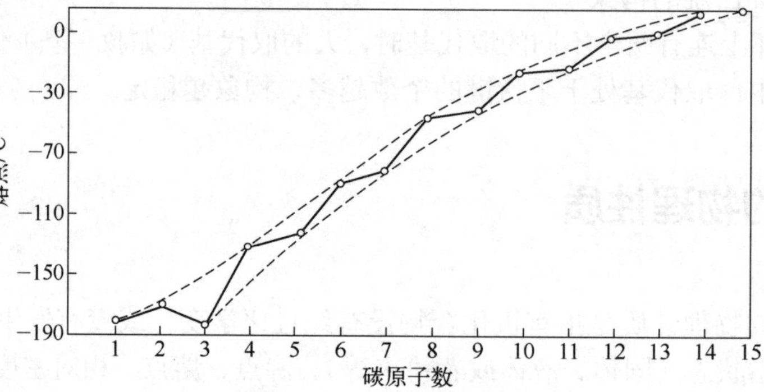

图 2-8　直链烷烃的熔点与分子中含碳原子数的关系

在有支链的烷烃中，当分子量相同时，一般支链烷烃的熔点比直链烷烃熔点低，但当支链增加到能引起分子具有高度对称性时，其熔点会升高，甚至高于直链烷烃。例如：

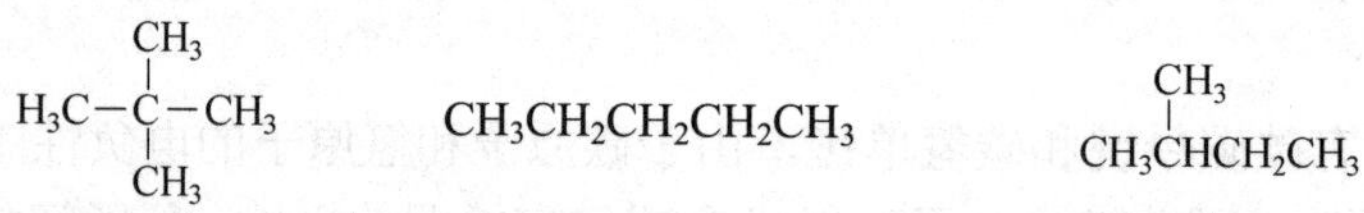

熔点/℃　　−17　　−130　　−160

（4）相对密度

相对密度的大小也与分子间引力的大小有关。分子间引力增大，分子间距离减小，相对密度增大。因此，烷烃的相对密度也是随着分子量的增加而增大，但都小于 1。相同碳数的烷烃的支链越多，其相对密度越小。例如：

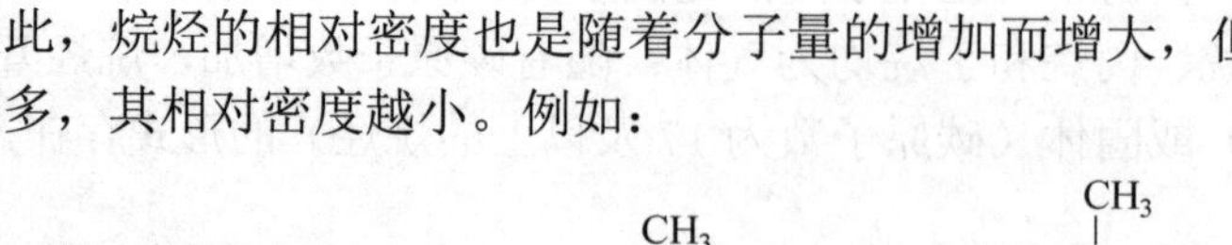

d_4^{20}　　0.6263　　0.6201　　0.6135

（5）溶解度

烷烃是非极性化合物，在各类溶剂中的溶解度符合相似相溶的规律，即烷烃不溶于水，易溶于四氯化碳、苯和乙醚等有机溶剂。烷烃在非极性溶剂中的溶解度比在极性有机溶剂中的大。溶解过程实际上是溶质分子和溶剂分子之间的相互吸引替代了溶剂分子之间和溶质分子之间相互吸引的过程。当溶剂分子之间、溶质分子之间以及溶剂分子与溶质分子之间的相互吸引力相近时，它们就易于互溶。烷烃难溶于水，是因为水分子之间的吸引力大，而水分子与烷烃分子之间的吸引力小，用水与烷烃分子间较弱的吸引力拆开水分子之间较强的吸引力几乎是不可能的。而烷烃能溶于四氯化碳，是因为烷烃分子之间的吸引力与烷烃与四氯化碳之间的吸引力相近。

2.6 烷烃的化学性质

烷烃的化学性质–卤代反应

烷烃分子中只含有沿 sp^3 轨道轴向重叠的碳碳单键和碳氢单键，成键电子位于原子核中心，非常稳定。碳原子和氢原子的电负性差异较小，碳碳单键是非极性共价键，碳氢单键是不易极化的弱极性共价键。烷烃分子中不存在极化的正、负电荷中心，故烷烃在室温下化学性质稳定，与强酸（浓硫酸、浓硝酸）、强碱（氢氧化钠）、强氧化剂（重铬酸钾、高锰酸钾等）、强还原剂（浓盐酸等）均不反应，也不易与亲核试剂和亲电试剂反应。烷烃常被用作反应溶剂和柱色谱淋洗剂。烷烃的稳定性是相对的，当达到一定条件时，烷烃的共价键也可以发生断裂，从而发生一些反应。

2.6.1 烷烃的卤化反应

分子中的原子或原子团被其他原子或原子团取代的反应称为取代反应。由自由基引发的取代反应称为自由基取代反应。

2.6.1.1 甲烷的氯化反应事实

烷烃分子中的氢原子被卤原子取代的反应称为烷烃的卤化反应。烷烃的卤化反应主要为氯化和溴化；氟化反应过于激烈，难以控制；碘化反应较慢，无实际意义。实验发现，甲烷和氯单质在室温避光混合时，并不发生反应；加热到 250℃或者光照后，才开始发生反应，光照后立即采取避光措施，反应仍可继续；反应体系中如果含有少量氧气，反应会推迟或延缓发生；反应产物中除一氯甲烷、二氯甲烷、三氯甲烷和四氯化碳外，还有少量的乙烷和氯乙烷。

2.6.1.2 甲烷的氯化反应机理

反应机理，也称反应历程，是原料通过化学反应变成产物的全过程。反应历程实际上是根据现有实验事实做出的理论假设。根据反应历程，可以选择最适当的反应条件，以得到较高的产率。通过对有机反应历程的研究，也可以找出在表面上看似没有关系的反应之间的内在联系和规律性。反应机理是有机化学理论的重要组成部分。

基于甲烷氯化反应的事实，认为甲烷的氯化反应为自由基取代反应机理，该机理主要包括三个阶段：链引发、链传递和链终止。

① 链引发。在光照或加热下，氯单质吸收能量，均裂成两个具有未成对电子的氯自由基。自由基是电中性的，多数只有瞬间寿命，是活性中间体的一种。

$$\mathrm{Cl-Cl} \xrightarrow[\text{或}\Delta]{h\nu} 2\,\mathrm{Cl}\cdot \qquad \Delta H = +242.7\ \mathrm{kJ\cdot mol^{-1}} \tag{1}$$

② 链传递。氯自由基非常活泼，它得到一个电子后形成稳定的八隅体结构，故氯自由基很快与甲烷发生碰撞，得到一个氢原子而形成氯化氢，同时产生一个甲基自由基。甲基自由

基也很活泼，它继续与氯单质碰撞，并夺取一个氯原子后形成一氯甲烷，同时产生一个新的氯自由基。重复这两个反应，甲烷可以完全转化为一氯甲烷。

$$\cdot Cl+H:CH_3 \longrightarrow \cdot CH_3+HCl \qquad \Delta H=+7.5kJ\cdot mol^{-1} \tag{2}$$

$$\cdot CH_3+Cl—Cl \longrightarrow CH_3Cl+Cl\cdot \qquad \Delta H=-112.9kJ\cdot mol^{-1} \tag{3}$$

此外，新的氯自由基也可以与一氯甲烷碰撞产生一氯甲基自由基，一氯甲基自由基与氯单质反应生成二氯甲烷和氯自由基；氯自由基与二氯甲烷和三氯甲烷碰撞并反应后可生成三氯甲烷和四氯化碳。

③ 链终止。反应中自由基两两结合，不能产生新的自由基，反应终止。

$$\cdot Cl+\cdot Cl \longrightarrow Cl_2 \tag{4}$$

$$\cdot CH_3+\cdot CH_3 \longrightarrow CH_3CH_3 \tag{5}$$

$$\cdot CH_3+\cdot Cl \longrightarrow CH_3Cl \tag{6}$$

自由基非常活泼，只能短暂存在，自由基反应一般在气相或非极性溶剂中进行。反应体系中的氧气与甲基自由基结合生成活性很低的过氧化甲基自由基，会减慢或停止甲烷的氯化反应，常用的自由基抑制剂有对苯二酚和硝基甲烷等。

2.6.1.3 甲烷氯化反应过程中的能量变化

甲烷氯代反应的能量变化

化学反应的本质是旧键断裂和新键生成（少数一步分解反应只包括化学键的断裂）的过程。断裂一个共价键需要吸收能量，形成一个共价键要放出能量。因此，化学反应过程必然伴随着能量的变化。对任何一个化学反应，其能量的变化都是一个重要的问题，因为能量的变化在很大程度上可以决定反应进行的速率，以及反应发生的可能性。

为了更好理解甲烷氯化的反应历程，对甲烷氯化反应过程中的能量变化进行了研究。理论上，室温下稳定的氯单质需要吸收 $242.7kJ\cdot mol^{-1}$ 的能量才能发生均裂，形成两个活泼的氯自由基，而活泼的氯自由基与甲烷的反应仅需 $+7.5kJ\cdot mol^{-1}$ 的能量（但实际上要 $16.7kJ\cdot mol^{-1}$ 的活化能）。甲基自由基与氯单质反应生成一氯甲烷和氯自由基时，摩尔焓变为 $-112.9kJ\cdot mol^{-1}$，是放热反应，放出的大量热足以供应自由基取代反应所需要的热量，因此，光照后立即采取避光措施，反应仍可继续。

以上是从反应的始态和反应的终态，即反应热来推测反应的可能性的，并不能反映过程中能量连续变化的情况。1935 年，A. G. Eyring 和 M. Polany 等人在统计热力学和量子力学的基础上提出了过渡态理论。该理论认为，从反应物分子变成生成物分子，中间一定要经过一个能量较高的过渡态，即活化络合物。过渡态活化络合物中，旧键尚未断裂，新键尚未形成，它是反应过程中内能最高的状态。该活化络合物能量的高低很大程度上决定了反应进行的快慢以及反应实际上是否能够发生。反应物与过渡态活化络合物之间的能量差称为反应的活化能。活化能的高低决定了反应是否容易发生以及反应物的反应活性大小。活化能的高低主要取决于与过渡态能量相近的活性中间体的稳定性。烷烃氯化反应过程中生成的自由基活性中间体越稳定，即相应的过渡态能量越低，所需活化能越小，反应越易发生。化学反应中，从反应物到产物是一个逐渐过渡的过程，反应体系的能量也连续变化。从甲烷氯化反应的能量曲线（图 2-9）可以看出，过渡态 2，即 $[CH_3\cdots Cl\cdots Cl]^+$ 的能量（$E_{a_2}=+8.3kJ\cdot mol^{-1}$）低于过渡态 1，即$[Cl\cdots H\cdots CH_3]^{\ne}$的能量($E_{a_1}$=+16.7kJ·mol^{-1})，所需活化能也较小。所以甲烷氯化的第一步是速控步，是决定反应速率的步骤。

反应活性中间体与过渡态活化络合物不同，活性中间体指的是像甲基自由基以及碳正离子等非常活泼的物质，只能在体系中短暂存在，大多数活性中间体都不能被分离出来，但可以用直接或间接的方法证明它们的存在。过渡态活化络合物是一个从反应物到产物的中间状态，目前还无法通过实验证明它的客观存在，更不能分离得到。从能量曲线上看，过渡态处于能量的高点，是反应发生必须具备的最低能量；而活性中间体是极不稳定的，但从能量上看，还是略低于过渡态的能量，位于能量曲线上升的地方。

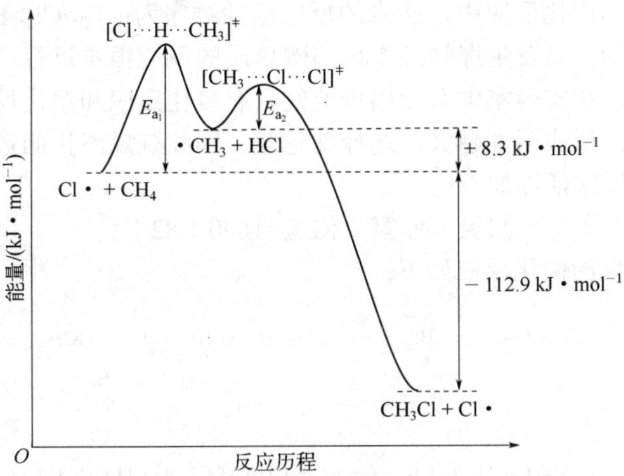

图 2-9　氯自由基与甲烷反应生成氯甲烷的反应能量曲线图

不同氢及不同卤素的自由基取代反应活性差异

2.6.1.4　烷烃卤化反应的规律

（1）氢的反应活性

随着烷烃碳原子数的增加，烷烃中出现伯氢、仲氢和叔氢，相应氢原子的数目也逐渐增加，不同结构的烷烃与卤素发生卤化反应的产物变得复杂。以丙烷氯化为例，丙烷中伯氢与仲氢的比例为 6∶2，每一个氢原子均有被氯原子取代的可能，不同位置取代的一氯丙烷含量按氢原子种类应为 1-氯丙烷∶2-氯丙烷=3∶1；而实验事实却证明，不同位置取代的一氯丙烷含量为 1-氯丙烷∶2-氯丙烷=45%∶55%，即丙烷中伯氢与仲氢的反应性并不相同。伯氢与仲氢的活性之比为(45÷6)∶(55÷2)≈1∶4，即烷烃的氯化反应中仲氢的反应活性为伯氢的 4 倍。为了研究伯氢与叔氢的反应活性差异，又对异丁烷的氯化反应进行了实验分析。通过实验，发现一氯异丁烷产物中，2-甲基氯丙烷与 2-氯-2-甲基丙烷的含量比为 64%∶36%，则异丁烷中叔氢与伯氢的活性之比为(36÷1)∶(64÷9)≈5∶1，即烷烃的氯化反应中叔氢的反应活性是伯氢的 5 倍。不同类型氢原子氯化的活性比为：叔氢∶仲氢∶伯氢=5∶4∶1。氢原子被氯化的难易次序（由易到难）为：叔氢>仲氢>伯氢。不同种类氢原子的活性差异可以从碳氢键解离能的大小以及自由基稳定性两个方面进行解释。碳氢键解离能越小，旧键断裂所需能量越小，反应就越易发生，反应活性就越大。丙烷伯氢、仲氢以及异丁烷叔氢的碳氢键的解离能依次为 410kJ·mol^{-1}、397.5kJ·mol^{-1}、380.7kJ·mol^{-1}。氯化反应的活性中间体，即烷基自由基越稳定，反应发生所需要的活化能越小，反应越易发生。烷基自由基的稳定性顺序如下：叔碳自由基>仲碳自由基>伯碳自由基>甲基自由基。

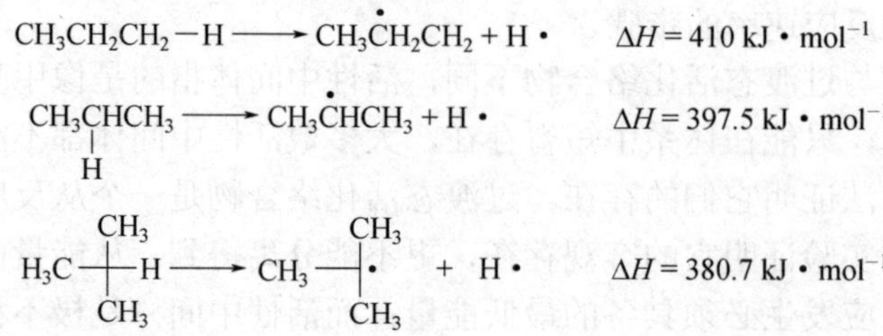

（2）卤素的反应活性和选择性

不同卤素与烷烃的卤化反应中，卤素的反应活性顺序为：F_2>Cl_2>Br_2>I_2。氟与烷烃的反应过于剧烈且难以控制，易发生爆炸；烷烃与碘单质的反应很难进行，碘代烷烃一般不通过自由基取代反应制备。在实验室中有应用价值的只有氯化反应和溴化反应，烷烃的卤化反应中，氯的活性比溴大，反应活性越大，选择性越差，因此烷烃溴化的选择性比氯化高。溴化反应中不同种类氢的反应活性如下：

叔氢∶仲氢∶伯氢=1600∶82∶1

丙烷与2-甲基丙烷的卤化反应如下：

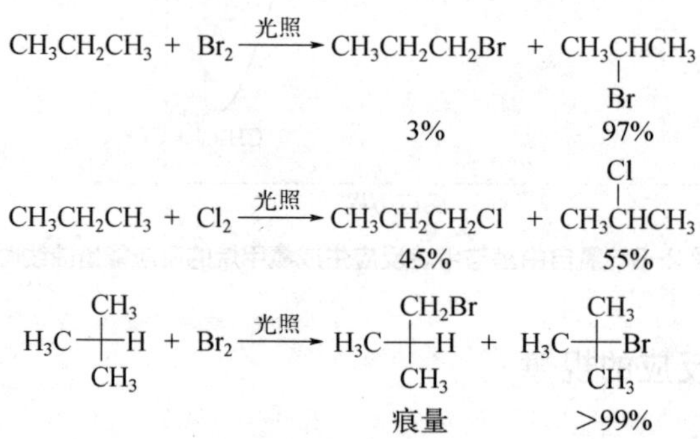

2.6.2 烷烃的异构

化合物从一种异构体通过结构重组变成另外一种异构体的反应，称为异构化反应（isomerization reaction）。在适当催化剂、压力或加热情况下，多数直链烷烃或环烷烃均可以发生异构化反应。

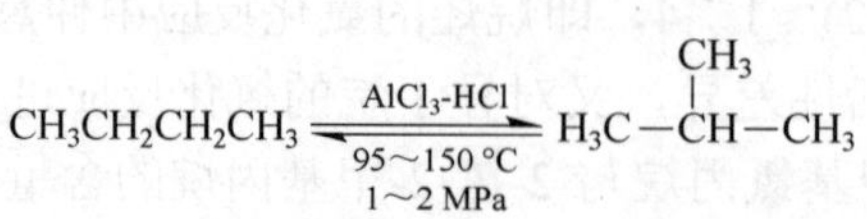

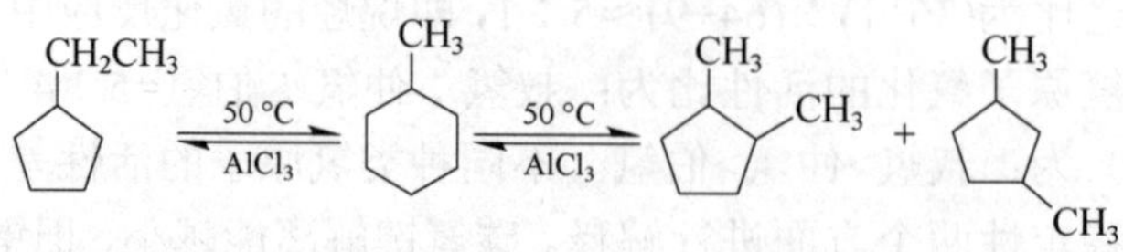

汽油产品中所含的主要是烷烃、烯烃、环烷烃和芳香烃等碳氢化合物，其燃烧性能和它的成分相关，以异辛烷值来衡量。直链烷烃的燃烧性能最差，而支链烷烃和烯烃以及芳香烃是比较理想的成分。直链烷烃通过异构化变成支链烷烃，可以提高汽油中支链烷烃的比例，从而提高汽油品质。表示汽油抗爆性的辛烷值就是以异辛烷（作为抗爆性优良的标准）和正庚烷（作为抗爆性低劣的标准）为基准的。

辛烷值是汽油抗爆性的指标，汽油的辛烷值越大，抗爆性越好，质量越高。规定异辛烷（2,2,4-三甲基戊烷）的辛烷值为 100，正庚烷的辛烷值为 0。将汽油试样与异辛烷和正庚烷的混合物进行对比，抗爆性与油品相等的混合物中所含异辛烷的百分数，即为该油品的辛烷值。

2.6.3 烷烃的裂解

烷烃和环烷烃在惰性气氛下高温热分解的反应称为裂解反应。烷烃裂解反应的实质就是碳碳键和碳氢键的断裂。相比于碳氢键（键能为 $414kJ\cdot mol^{-1}$），碳碳键更易断裂（键能为 $347kJ\cdot mol^{-1}$）。烷烃裂解主要是长碳链烷烃裂化分解成短链的烷烃、烯烃和氢气，但同时也伴随其他异构化反应的发生（如环化、芳香化、缩合、聚合等），产物通常比较复杂。

$$CH_3CH_2CH_2CH_3 \xrightarrow{500\ ^\circ C} \begin{cases} CH_4 + C_3H_6 \\ CH_3CH_3 + C_2H_4 \\ C_4H_8 + H_2 \end{cases}$$

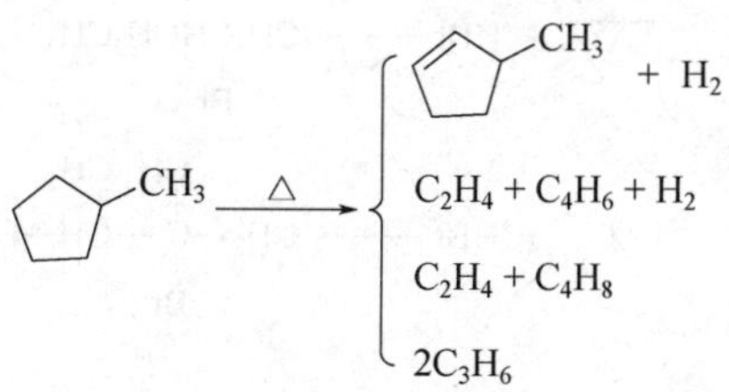

高沸点烷烃通过高温裂解提高汽油、柴油等油品的产量和质量，也可以通过进一步深度裂解（高于 700℃）转化成低沸点的乙烯、丙烯、丁烯等重要的化工原料。

2.6.4 小环烷烃的加成

不同于开链烷烃，环丙烷和环丁烷中的弯曲碳碳单键，在扭转张力和角张力作用下，容易断开发生加成开环反应。

2.6.4.1 催化加氢反应

环丙烷和环丁烷在催化剂作用下与氢气反应，开环加氢生成开链烷烃，其开环加氢反应活性与环的大小有关。

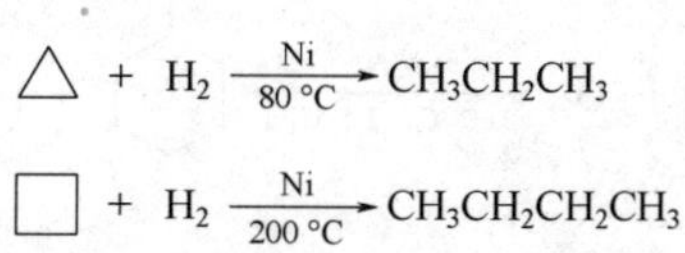

环丁烷比环丙烷稳定，其开环加氢反应需要更高的温度才能进行。环戊烷更稳定，需要催化活性更好的贵金属作催化剂才能发生开环加氢反应。

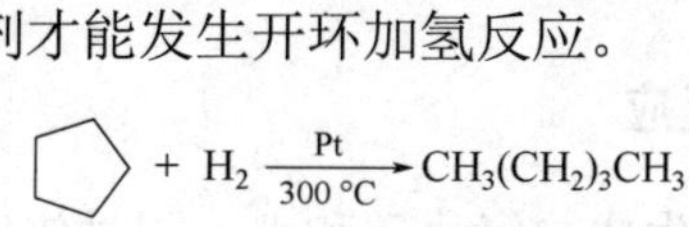

环己烷及更高级的环烷烃则很难发生开环加氢反应。

2.6.4.2　与卤素的加成反应

环丙烷在室温下可以和卤素发生加成开环反应，生成开链化合物。

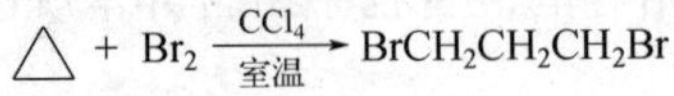

环丁烷要在加热条件下才能和卤素加成。

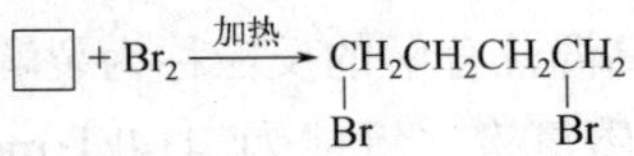

环戊烷及更高级的环烷烃，其性质与开链烷烃相似，与溴只发生取代反应而不发生加成反应。

2.6.4.3　与氢卤酸的加成反应

环丙烷的烷基衍生物与氢卤酸加成时，在环上取代最少和取代最多的碳碳单键处断开，氢加到含氢较多的碳上去。

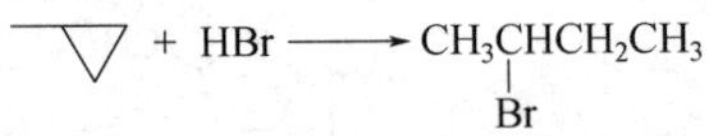

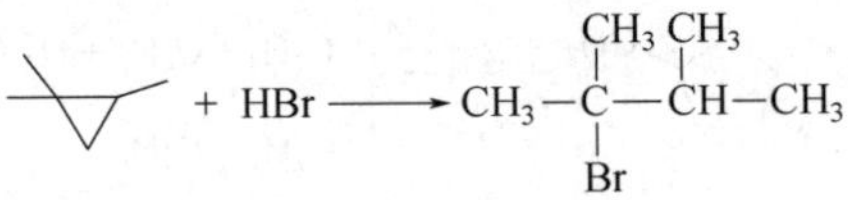

2.6.5　烷烃的氧化

2.6.5.1　环烷烃的氧化

环烷烃在室温下难以被氧化，和一般的氧化剂（如酸性高锰酸钾等）不反应。可用酸性高锰酸钾溶液来区别烯烃和环丙烷衍生物。

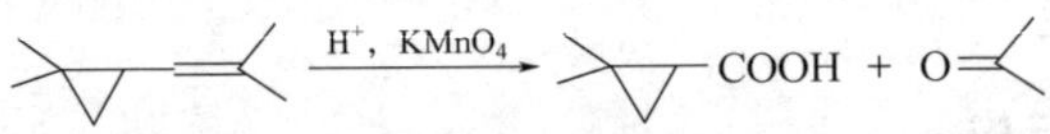

环烷烃在加热条件下和强氧化剂作用，或在催化剂存在下用空气氧化，可以生成各种氧化产物。

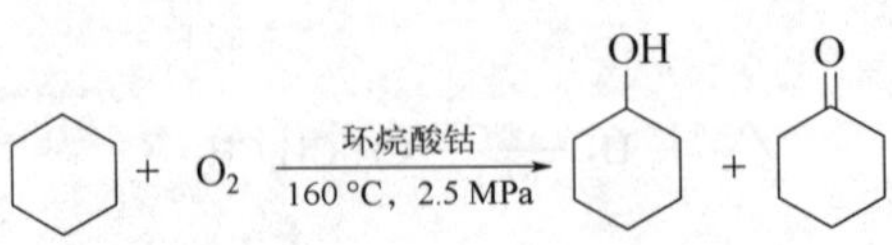

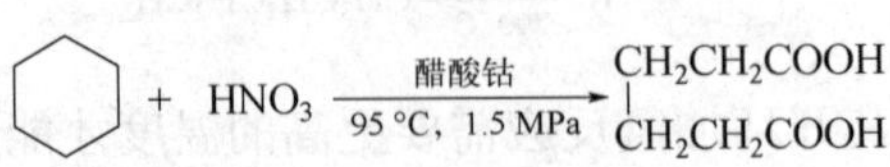

2.6.5.2　烷烃的其他氧化反应

烷烃在空气中完全燃烧后，生成二氧化碳和水，同时放出大量的热，因此它是人类生命活动中的重要燃料，如天然气（甲烷）、汽油、柴油等。

$$CH_4 + O_2 \longrightarrow CO_2 + H_2O \quad \Delta H = -891\ \mathrm{kJ \cdot mol^{-1}}$$
$$C_2H_6 + O_2 \longrightarrow CO_2 + H_2O \quad \Delta H = -1560.8\ \mathrm{kJ \cdot mol^{-1}}$$

标准状态下，1mol 烷烃完全燃烧生成二氧化碳和水时所放出的热量称为燃烧热（heat of combustion，以 ΔH 表示）。燃烧热可以通过实验测定，它是重要的化学热力学数据。

气态的低级烷烃（C_1～C_6）与空气混合至特定比例时，遇到火花会发生爆炸。空气中混有甲烷，遇到火花就会发生爆炸，这是因为短时间内产生的大量热不能迅速消散。因瓦斯含有大量甲烷，故称之为“瓦斯爆炸”。甲烷的爆炸极限为 5.53%～14%。

不同于无机化学中氧化还原反应必有电子的得失，有机化学中引入氧原子或脱去氢原子即为氧化，引入氢原子或脱去氧原子即为还原。石化行业分为石油和化工两部分，原油经过精馏后，没有被加以利用的长链烷烃可以通过催化氧化的方式，在烷烃中引入氧，使长链烷烃发生断裂，生成碳原子数较少的含氧有机物（如醇、酮、酸等）。

$$R-R' + O_2 \longrightarrow R-OH + R'-OH$$
$$RCH_2CH_2R' + O_2 \xrightarrow[110\ ^\circ C]{MnO_2} RCOOH + R'COOH$$

习题

1．命名下列化合物。

（1）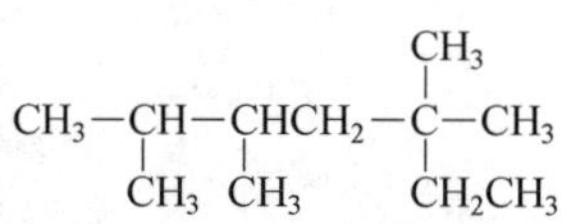

（2）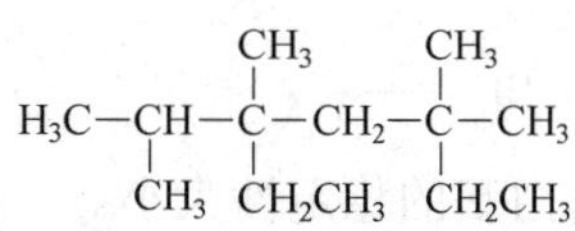

（3）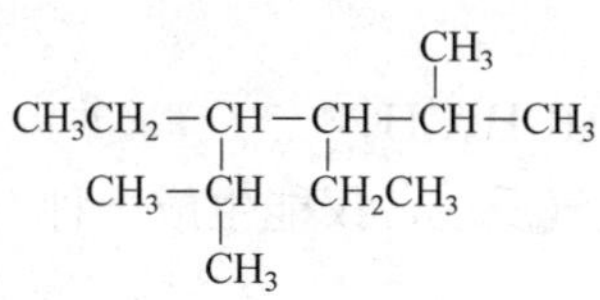

（4）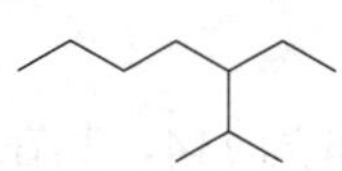

（5）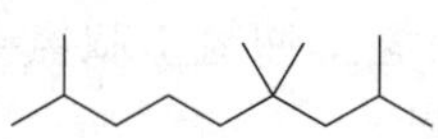

（6）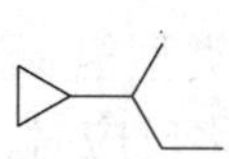

（7）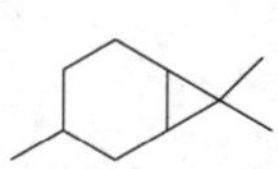

（8）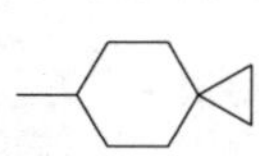

2．对下列化合物的沸点进行排序，并解释原因。

（1）正庚烷　（2）正己烷　（3）2-甲基戊烷　（4）2,2-二甲基丁烷　（5）正癸烷

3．写出下列化合物的构造式，如果名称与系统命名原则不符，请予以更正。

（1）2-甲基丁烷

（2）丁基环丙烷

（3）甲基乙基丙基甲烷

（4）2-叔丁基-4,5-二甲基己烷

（5）1,5,5-三甲基-3-乙基己烷

4．试以C2—C3的单键为轴旋转，画出2-甲基丁烷的各种典型构象，并指出哪个最稳定。

5．写出下列化合物的优势构象。

（1）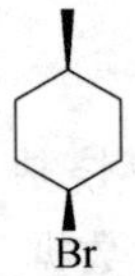 （2）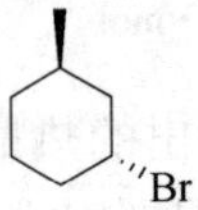 （3）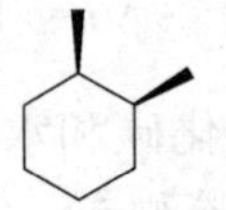

6．将下列Newman投影式改为锯架式，或将锯架式改为Newman投影式。

（1）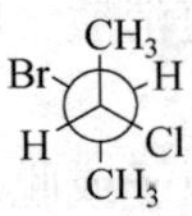 （2）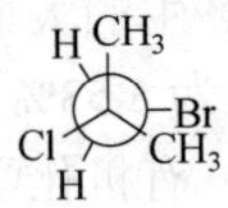 （3）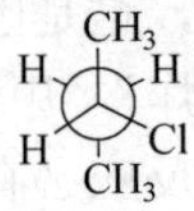

（4）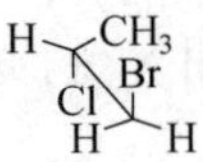 （5）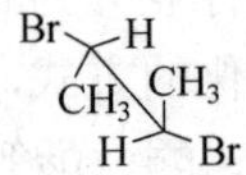 （6）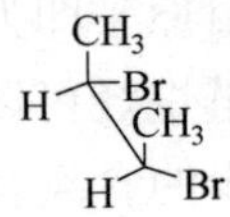

7．不查表，将下列化合物的沸点按从大到小的次序排列。

（1）正庚烷，正己烷，2-甲基戊烷，2,2-二甲基丁烷，正癸烷

（2）丙烷，环丙烷，正丁烷，环丁烷，环戊烷，环己烷，正己烷，正戊烷

（3）2,3-二甲基戊烷，正庚烷，2-甲基庚烷，正戊烷，2-甲基己烷

8．写出下列反应的主要产物。

（1）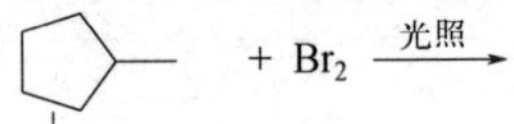

（2）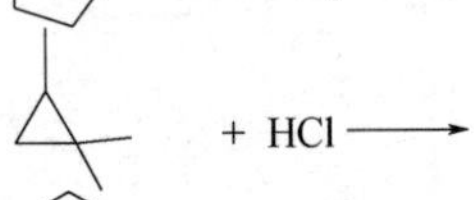

（3）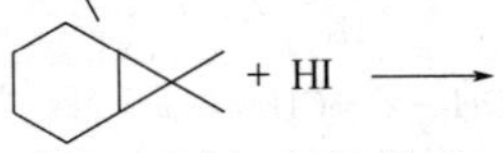

9．比较下列自由基的稳定性大小。

（1）$CH_3\dot{C}HCH(CH_3)_2$ （2）$\dot{C}H_3$

（3）$CH_3CH_2\dot{C}(CH_3)_2$ （4）$(CH_3)_2CHCH_2\dot{C}H_2$

10．某饱和烷烃的分子量为114，其在光照条件下与氯气反应，仅能生成一种一氯代物，试推出其结构式。

11．如果烷烃溴化时，不同类型氢原子溴化的相对活性为伯氢∶仲氢∶叔氢=1∶80∶1600，试预测2-甲基丙烷发生溴化反应时，各种一溴代产物的含量。

第 3 章

烯烃、炔烃和二烯烃

课件

分子中含有碳碳双键(C═C)或三键(C≡C)的烃类化合物称为不饱和烃（unsaturated hydrocarbon），不饱和烃中有双键的叫烯，是氢原子稀少的意思；有三键的为炔，是氢原子缺乏的意思。除此之外还有芳香烃，如苯。不饱和烃的双键和三键不太牢固，比较容易断裂，易发生亲电取代反应和亲电加成反应。含有碳碳双键的是烯烃，包括单烯烃、二烯烃和多烯烃；含有碳碳三键的是炔烃。不饱和烃还可根据碳架结构的不同分为不饱和链烃和不饱和环烃。本章主要介绍烯烃（alkene）、炔烃（alkyne）及二烯烃（alkadiene）。

Ⅰ 烯烃

烯烃（alkene）是一类含有碳碳双键(C═C)的不饱和烃。由于单烯烃比相应烷烃少两个氢原子，故名烯烃，其通式为 C_nH_{2n}。碳碳双键又叫烯键，是烯烃的官能团。含相同碳原子数的烯烃和单环环烷烃互为构造异构体。自然界中很多物质都含有碳碳双键，如花生油、芝麻油、豆油、菜籽油等植物油的分子中含多个双键。烯烃还是现代有机化工的基础原料，其应用贯穿塑料、合成纤维、合成橡胶、医药、农业等多个关键领域，对国民经济和日常生活具有不可替代的作用。

3.1 烯烃的结构

烯烃的结构

乙烯是最简单的烯烃，分子式为 C_2H_4。乙烯分子中，碳原子的价电子采取 sp^2 杂化形式。形成乙烯时，两个碳原子各自以一个 sp^2 杂化轨道沿键轴方向以“头碰头”方式重叠形成一个碳碳 σ 键；再各自以两个 sp^2 杂化轨道与两个氢原子的 1s 轨道形成两个碳氢 σ 键，这五个键处于同一平面，如图 3-1 所示。每个碳原子余下的未参与杂化的 2p 轨道的对称轴均垂直于乙烯分子所在的平面，即它们互相平行，可以“肩并肩”的方式侧面重叠，形成碳碳之间的第二个键——π 键。π 键的成键方式决定它不能像 σ 键那样绕键轴自由旋转，因为旋转会导致两个 p 轨道离开平行状态，而不能达到最大程度的重叠。由此可见，碳碳双键的两个键并不等同，其中 σ 键的电子云呈轴对称，重叠程度大，键能较高；而 π 键电子云分布于分子平面的上方和下方，电子云呈平面对称，重叠程度低。π 键比 σ 键弱，成为烯烃分子中的薄弱环节。同时，在整个分子中，电子向外暴露的态势非常突出，易受到缺电子试剂的进攻，发生亲电加成反应。这即烯烃比烷烃活泼的原因。

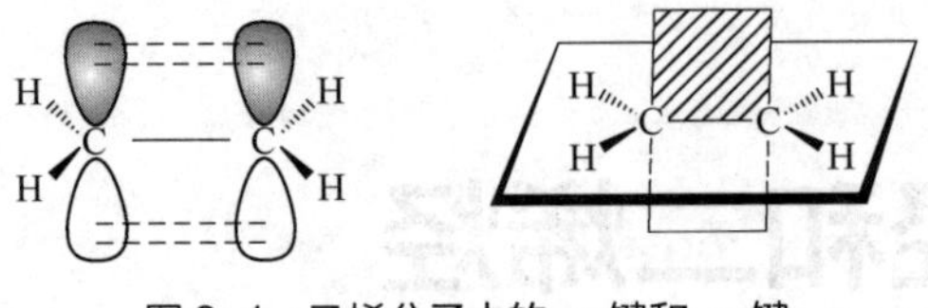

图 3-1　乙烯分子中的 π 键和 σ 键

近代物理方法研究结果证实乙烯为平面分子，H—C—C 的键角为 121.7°，接近 120°，碳碳双键的键长为 0.134nm。

3.2　烯烃的异构和命名

烯烃的命名

3.2.1　烯烃的异构

（1）构造异构

烯烃含有双键，使烯烃的同分异构现象较烷烃复杂得多。C_4 以上的烯烃除了有碳架异构以外，还有双键位置不同引起的位置异构。例如：丁烯存在三种构造异构体，丁-1-烯与丁-2-烯为官能团位置异构，丁-1-烯与 2-甲基丙烯为碳架异构。此外，单烯烃和碳原子数目相同的环烷烃亦互为构造异构，如丁烯、环丁烷和甲基环丙烷互为构造异构。

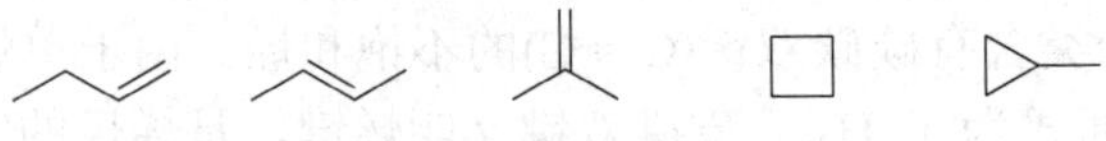

丁-1-烯　丁-2-烯　2-甲基丙烯　环丁烷　甲基环丙烷

（2）顺反异构

碳碳双键由一个 σ 键和一个 π 键组成，由于 π 键是通过侧面重叠形成的，故双键碳原子不能再以碳碳 σ 键为轴自由旋转，因此当两个双键碳原子各连两个不同的基团时，这四个基团就有两种不同的空间排列方式，产生顺反异构体。两个相同基团在双键同侧时称为顺式异构体；反之，两个相同基团在双键异侧时称为反式异构体。如顺丁-2-烯和反丁-2-烯是顺反异构体（*cis-trans* isomer）。

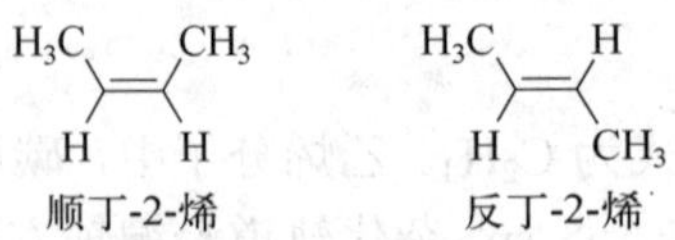

顺丁-2-烯　反丁-2-烯

cis-but-2-ene　*trans*-but-2-ene

3.2.2　烯烃的命名

通常只有少数简单烯烃用习惯名称，如乙烯、丙烯、异丙烯等。而对于大多数烯烃，一般采用系统命名法。

（1）烯烃的系统命名法

优先选择最长碳链为主链，其次选择含有最多双键数目的链为主链。按照主链中的碳原子数称为“某”烯。如主链中含有双键，则从最靠近双键的一端开始，依次用阿拉伯数字标出每个碳原子的编号；如含有多个双键，则使每一个双键位次最低。表示双键位次用阿拉伯数字，写在“烯”之前，并用英文连字号“-”隔开；把支链当作取代基，其表示方法与烷烃相同，且在双键编号最小的前提下，尽可能使取代基的编号最小。例如：

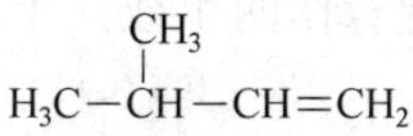

3-甲基丁-1-烯
3-methylbut-1-ene

5-甲基庚-2-烯
5-methylhept-2-ene

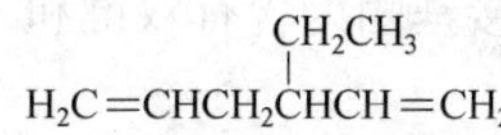

3-乙基己-1,5-二烯
3-ethylhexa-1,5-diene

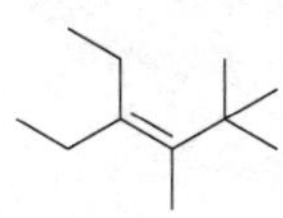

4-乙基-2,2,3-三甲基己-3-烯
4-ethyl-2,2,3-trimethylhex-3-ene

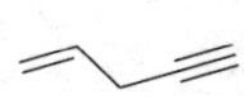

戊-1-烯-4-炔
pent-1-en-4-yne

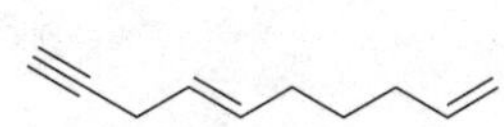

癸-4,9-二烯-1-炔
deca-4,9-dien-1-yne

(2) 烯烃的 *Z*/*E* 命名法

有顺反异构的烯烃，命名时将其结构用“顺/反”表示出来，写在名称前面。如果是多烯烃，每个双键的构型都要标明，前面的构型表示编号较小的双键构型，后面的则表示编号较大的双键构型。例如：

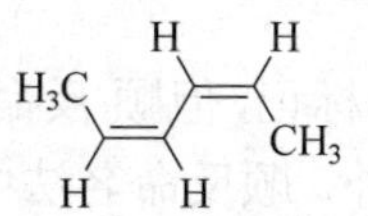

顺, 顺己-2, 4-二烯
cis, *cis*-hexa-2,4-diene

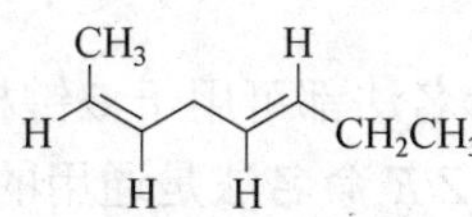

顺, 反辛-2, 5-二烯
cis, *trans*-octa-2,5-diene

对于双键两端碳原子上所连的四个原子或原子团不相同的烯烃，则不能用顺/反来标注双键的构型，应该依据次序规则（sequence rule）对四个基团进行排序，然后用 *Z*/*E* 命名法来标记其构型。如果每一个双键碳原子上次序优先的原子或原子团处于双键的同侧，则为 *Z*（德文 zusammen，相同的意思）构型；如果在两侧，则为 *E*（entgegen，相反的意思）构型。若烯烃双键碳上基团的优先顺序为 a>b，且 c>d，则 a、c 处于双键同侧的为 *Z* 构型，a、c 处于双键异侧的为 *E* 构型。

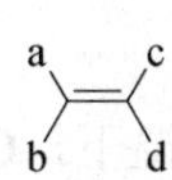

*Z*构型

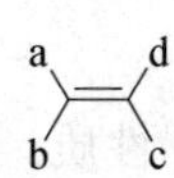

*E*构型

“次序规则”的要点如下：

将与双键碳原子相连的原子按其原子序数（或原子量）大小排列，原子序数（或原子量）大的优先于原子序数（或原子量）小的。几种常见原子的优先次序为：

$$I > Br > Cl > S > P > F > O > N > C > H$$

与双键碳原子相连的为原子团时，首先比较与双键碳原子直接相连的原子的原子序数。若与双键直接相连的原子的原子序数相同，则比较原子团中依次相连的第二个、第三个……第 *n* 个原子的原子序数来确定原子团的大小次序。例如，$—CH_3$ 和 $—CH_2CH_3$ 比较，与双键碳原子直接相连的原子都是碳原子，但是甲基中与碳原子相连的都是氢原子（H、H、H），而乙基中与第一个碳相连的是一个碳原子和两个氢原子（C、H、H），显然，乙基大于甲基。其他一些常见烷基的优先次序为：$—C(CH_3)_3$ > $—CH(CH_3)CH_2CH_2CH_3$ > $—CH(CH_3)_2$ > $—CH_2CH(CH_3)_2$ > $—CH_2CH_2CH(CH_3)_2$ > $—CH_2CH_2CH_2CH_2CH_3$ > $—CH_2CH_2CH_2CH_3$ > $—CH_2CH_2CH_3$ > $—CH_2CH_3$ > $—CH_3$。

当连接基团为含有双键和三键的基团时，可把双键或三键看作两个或三个单键。例如：

$—CH=CH_2$可看作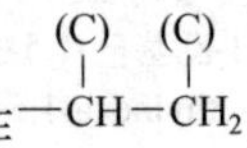；$—CH=O$可看作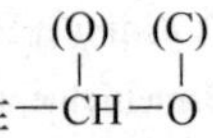；$—C≡CH$可看作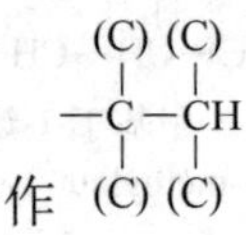；$—C≡N$可看作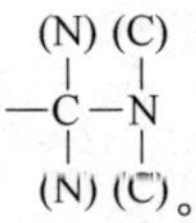。

由此可见，与双键碳原子相连的基团不管多复杂，只要掌握上述规则，就可以用 *Z*/*E* 命名法标记出异构体的构象。例如：

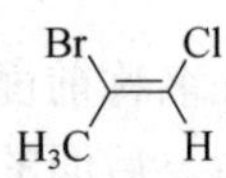

(*Z*)-2-溴-1-氯丙-1-烯

(*Z*)-2-bromo-1-chloroprop-1-ene

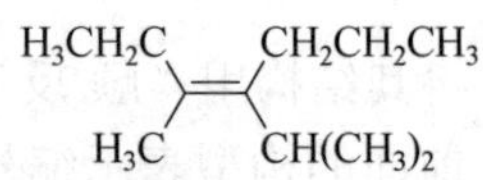

(*E*)-4-异丙基-3-甲基庚-3-烯

(*E*)-4-isopropyl-3-methylhept-3-ene

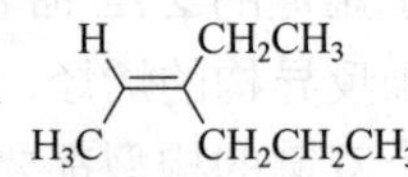

(*Z*)-3-乙基己-2-烯

(*Z*)-3-ethylhex-2-ene

顺/反命名法和 *Z*/*E* 命名法都可用于双键构型的标记，但顺/反命名法只适用于两个双键碳上有一对相同基团时，而 *Z*/*E* 命名法是通用的。此外，顺反命名法中的顺式不一定是 Z 构型，反式不一定是 *E* 构型。例如：

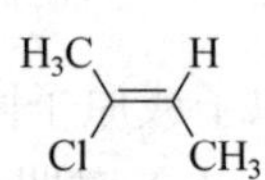

顺/反命名法：反 2-氯丁-2-烯；*trans*-2-chlorobut-2-ene

Z/*E* 命名法：(*Z*)-2-氯丁-2-烯；(*Z*)-2-chlorobut-2-ene

3.3 烯烃的物理性质

烯烃和烷烃具有基本相似的物理性质。在室温下，C_2～C_4 的烯烃为气体，C_5～C_{16} 的烯烃为液体，高级烯烃为固体。它们都不溶于水，易溶于非极性有机溶剂（如四氯化碳、苯等）。烯烃密度比水小，但比相应的烷烃略大。与烷烃类似，烯烃沸点随碳原子数的增加而升高。顺、反异构体中，顺式异构体的极性比反式异构体的极性大，所以顺式异构体的沸点较反式高，但顺式异构体对称性较低，故熔点较低（表 3-1）。

表 3-1　常见烯烃物理性质

中文名称（英文名称）	结构式	沸点/℃	熔点/℃
乙烯（ethene）	$CH_2=CH_2$	−103.7	−169
丙-1-烯（prop-1-ene）	$CH_3CH=CH_2$	−47.4	−185.2
丁-1-烯（but-1-ene）	$CH_3CH_2CH=CH_2$	−6.3	−184.3

续表

中文名称（英文名称）	结构式	沸点/℃	熔点/℃
顺丁-2-烯（*cis*-but-2-ene）	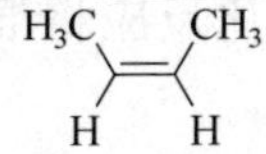	3.7	−138.9
反丁-2-烯（*trans*-but-2-ene）	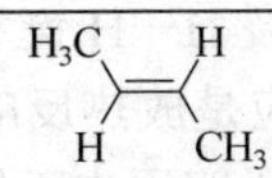	0.9	−106.5
2-甲基丙-1-烯（2-methylprop-1-ene）	$(CH_3)_2C=CH_2$	−6.9	−140.3
戊-1-烯（pent-1-ene）	$CH_3CH_2CH_2CH=CH_2$	30	−138
顺戊-2-烯（*cis*-pent-2-ene）	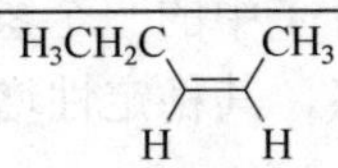	36.9	−151.4
反戊-2-烯（*trans*-pent-2-ene）	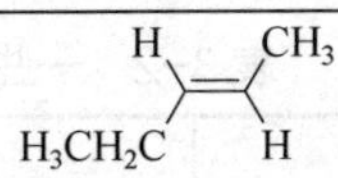	36.4	−136

3.4 烯烃的化学性质

烯烃比烷烃活泼得多。它的活泼性主要体现在碳碳双键上，这主要是因为碳碳双键由一个σ键和一个π键组成，其中π键较弱且其电子云易极化，容易被打开，易发生一系列的化学反应。

3.4.1 烯烃的加成反应

烯烃在发生加成反应时，试剂加到烯烃双键的两个碳原子上，使π键断裂，形成两个新的σ键，即在双键碳原子上各加一个原子或基团。

3.4.1.1 烯烃的催化加氢

在催化剂的作用下，烯烃与分子氢发生加成反应生成烷烃，此反应称为催化氢化或催化加氢。例如：

$$R-CH=CH_2+H_2\xrightarrow{\text{催化剂}}R-CH_2-CH_3$$

常用的催化剂有铂、钯和镍，其中铂的催化性能最好，镍的最差。但因铂价格昂贵，一般采用镍催化剂，通常把镍制成骨架镍[又称雷尼（Raney）镍]，以提高其催化性能。

烯烃加氢的机理还不太清楚。一般认为，氢和烯烃都被吸附在催化剂的表面，催化剂使氢分子发生键的均裂，形成活泼的氢原子，同时也使烯烃的π键松弛。活化的烯烃和氢原子（游离基）结合生成烷烃，从催化剂表面解吸出来。氢的加成多数是顺式加成。金属催化剂在烯烃加氢过程中的作用是削弱烯烃中的π键及氢分子的共价键强度，从而降低反应的活化能，使反应在适当的温度下快速进行。

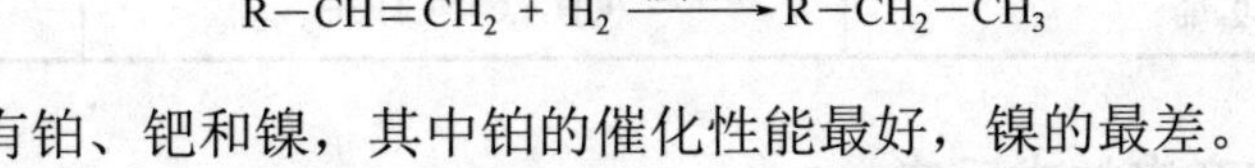

催化加氢在工业上应用广泛。例如，石油裂化后得到的粗汽油中常含有少量的烯烃，这些烯烃易发生氧化、聚合而影响油品质量，而且烯烃在燃烧时容易燃烧不充分而产生黑烟，污染环境。可以通过催化氢化反应将混杂其中的少量烯烃还原为烷烃，从而提高油品的品质。

烯烃的氢化反应中，通常断裂 H—H 键和 π 键所消耗的能量比形成两个 C—H σ 键所放出的能量少，因此，多数氢化反应是放热反应。1mol 不饱和烃氢化时所放出的净热量称为氢化热。不饱和烃的氢化热越高，说明原来不饱和烃分子的内能越高，该不饱和烃的相对稳定性越低。因此，利用氢化热可以获得不饱和烃相对稳定性的信息。部分烯烃的氢化热如表 3-2 所示。从表中可以看出，乙烯分子中的一个氢原子被一个烷基取代后，其氢化热升高。随着烯烃双键上烷基取代数目的增多，其稳定性增加。

表 3-2　一些烯烃的氢化热

名称	结构式	氢化热 $\Delta H/(kJ\cdot mol^{-1})$
乙烯	$CH_2{=}CH_2$	−128.9
丙烯	$CH_3CH{=}CH_2$	−125.2
丁-1-烯	$CH_3CH_2CH{=}CH_2$	−126.8
顺丁-2-烯	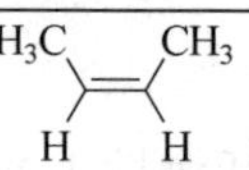	−119.7
反丁-2-烯	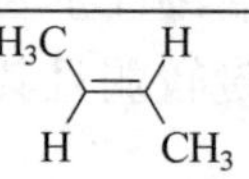	−115.5
2-甲基丙-1-烯	$(CH_3)_2C{=}CH_2$	−118.8
戊-1-烯	$CH_3CH_2CH_2CH{=}CH_2$	−125.9
顺戊-2-烯	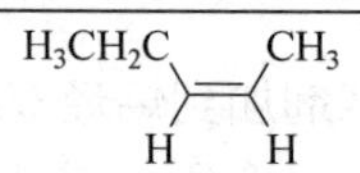	−119.7
反戊-2-烯	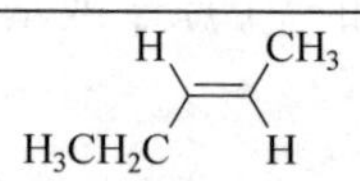	−115.5
2-甲基丁-1-烯	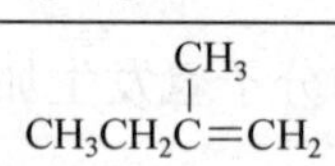	−119.2
3-甲基丁-1-烯	$CH_3CH(CH_3)CH{=}CH_2$	−126.8
2-甲基丁-2-烯	$(CH_3)_2C{=}CHCH_3$	−112.5

3.4.1.2　烯烃的亲电加成反应

烯烃的 C═C 键容易被亲电试剂（一般为缺电子或带空轨道的原子或原子团）进攻而发生加成反应。由亲电试剂进攻引起的加成反应称为亲电加成反应。

（1）烯烃与卤素的加成

烯烃与氯或溴加成生成邻二卤代烃，反应在常温下就可以迅速、定量进行，是制备邻二卤代物的最好方法。

乙烯与氯加成生成的 1,2-二氯乙烷是很好的溶剂及重要的工业原料，由它可制氯乙烯，氯乙烯是合成塑料聚氯乙烯的原料。

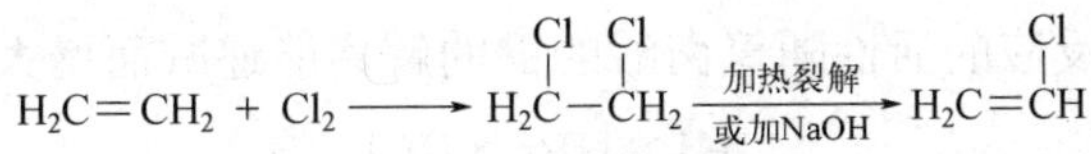

乙烯与溴加成反应现象明显，溴的红棕色迅速褪去，生成无色的1,2-二溴乙烷。实验室常利用溴的四氯化碳溶液与烯烃作用来检验有机化合物分子中是否含有C═C键。例如：

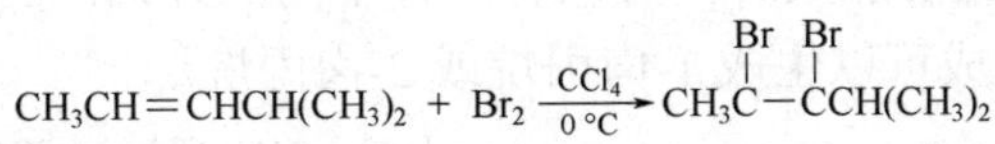

氟与烯烃反应时强烈放热，引起C═C键断裂，无法得到预期的加成产物；而碘难以与烯烃发生加成反应。卤素与烯烃加成活性顺序为：F > Cl > Br ≫ I。

卤素与烯烃加成，形成二卤化物。为了研究这两个卤原子是同时加上去的，还是分两步加上去的，将乙烯通入含氯化钠的溴水溶液中，所得产物除预期的1,2-二溴乙烷外，还有1-溴-2-氯乙烷及2-溴乙醇。

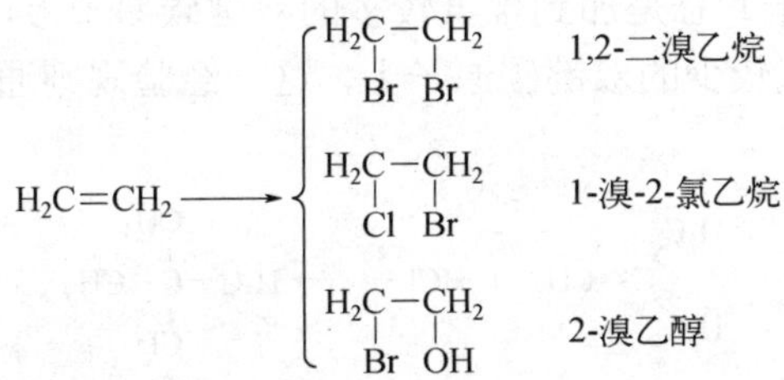

烯烃的亲电加成反应历程

如果加成是一步进行，即两个溴原子是同时加上去的，则产物只有 1,2-二溴乙烷。现产物中有1-溴-2-氯乙烷及2-溴乙醇，说明反应是分步进行的。许多实验结果表明，溴与烯烃的加成反应是通过三元环状正离子的亲电加成历程，分两步进行的。

第一步，当溴分子与烯烃接近时，受烯烃π电子的影响，溴分子中的σ键发生极化，靠近π键的溴原子带有部分正电荷，而离π键较远的溴原子带有部分负电荷。随后π键打开与带正电荷的溴原子形成C—Br σ键；同时，该溴原子用一对未共用电子与双键的另一个碳原子结合，生成一个环状溴𬭩正离子中间体和一个溴负离子。这一步反应较慢，是决定反应速率的一步。特别需要指出的是，溴𬭩正离子比其相应的开链的碳正离子要稳定得多，因为在溴𬭩正离子中，两个碳原子和溴原子的价电子数都是8个（满足八电子规则）。

第二步，溴负离子从背面进攻溴𬭩正离子的两个碳原子之一，生成邻二溴化物。这一步反应是离子之间的反应，速率较快。

两步反应的总结果是Br^+和Br^-由碳碳双键的两侧分别加到两个双键碳原子上，这种加成方式称为反式加成，如下所示：

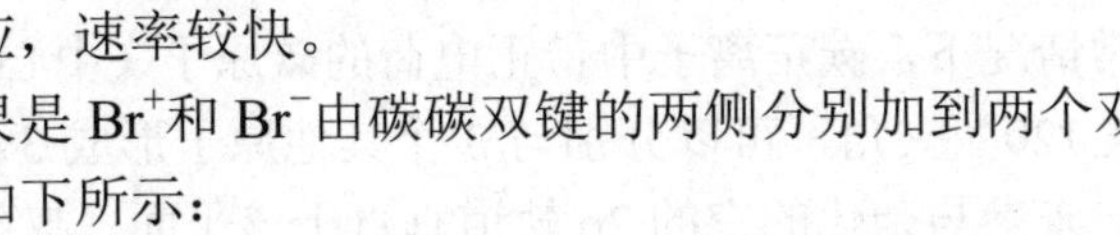

烯烃与溴的加成反应由于生成了三元环状正离子中间体，所以是共价键异裂的离子型反应。反应的速控步涉及缺电子的溴原子对π键的进攻，因而也是亲电加成反应。

（2）烯烃与氢卤酸的加成——Markovnikov 规则

烯烃很容易与卤化氢或浓的氢卤酸发生加成反应，生成相应的一卤代烃。

马氏规则的解释

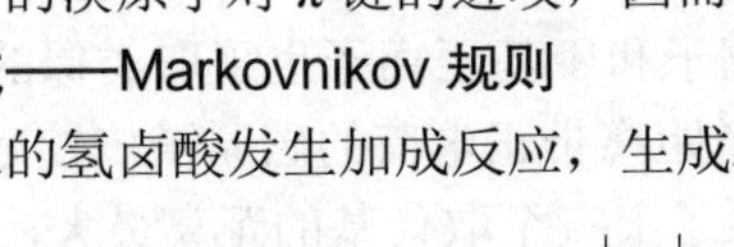

HX = HCl, HBr, HI

在氢卤酸中，加成反应的活性随氢卤酸的键的解离能递减而增大，即

$$HI > HBr > HCl$$

乙烯是一个对称的分子，它与氢卤酸进行加成反应时只生成一种产物。当不对称的烯烃（如 R—CH═CH$_2$）与氢卤酸加成时，可以有两种不同的方式，因而生成两种异构体产物。例如，丙-1-烯和氢卤酸加成可以生成 1-卤丙烷或 2-卤丙烷。

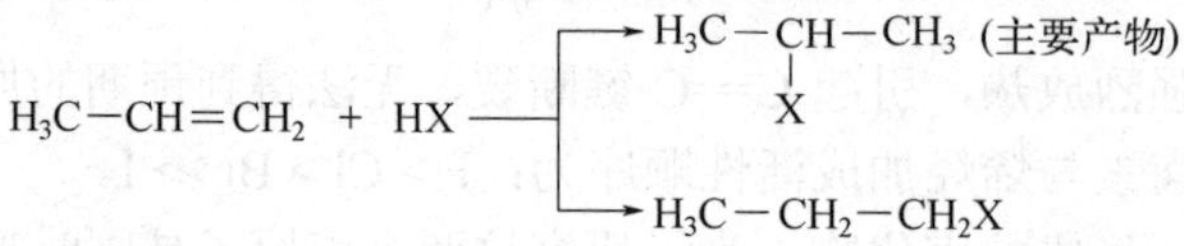

俄国化学家马尔科夫尼科夫（Markovnikov）基于烯烃加成反应的实验结果发现，在一个不对称的极性试剂（如卤化氢）与不对称烯烃的加成反应中，不对称极性试剂中的正离子或带正电荷的部分（如氢离子）总是加到含氢较多的双键碳原子上，而负离子或带负电荷的部分（如卤离子）则加到含氢较少的双键碳原子上，这一经验规则通常称为 Markovnikov 规则，简称马氏规则。例如：

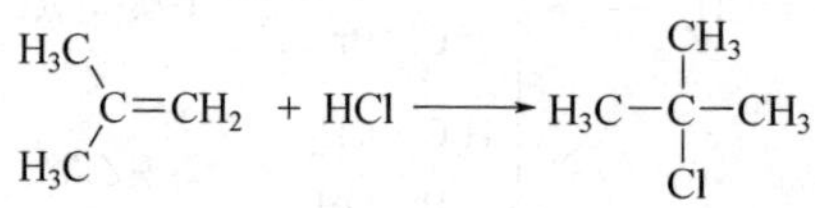

该结果是由其反应机理决定的。烯烃与 HX 的加成是经碳正离子机理的亲电加成反应，其反应机理如下：

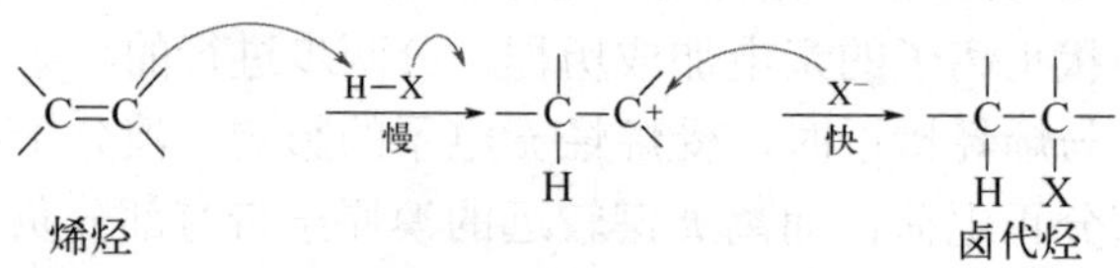

HX = HCl、HBr、HI

质子首先从 HX 转移到烯烃（Lewis 碱）上，进行亲电加成，产生碳正离子（Lewis 酸）中间体，后者很快与卤负离子（Lewis 碱）结合，生成卤代烃。其中，碳正离子中间体生成的一步是反应的速控步，决定整个反应的速率和产物结构。

碳正离子是亲电加成反应的关键中间体，了解其结构与稳定性对于判断反应的难易及反应的取向至关重要。在通常情况下，碳正离子中带正电荷的碳原子（中心碳原子）采取 sp^2 杂化，三个 sp^2 杂化轨道相互呈 120° 夹角，可以分别与 3 个其他原子形成 3 个 σ 键，中心碳原子与三个 σ 键构成一个平面，未参与杂化的空的 2p 轨道垂直于该平面。叔丁基正离子的结构如下：

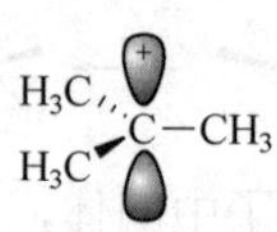

叔丁基正离子的结构

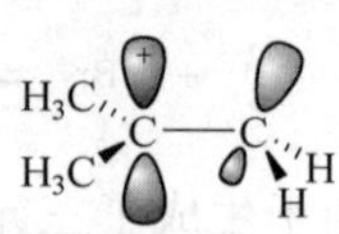

超共轭效应

其他叔碳正离子、仲碳正离子和甲基正离子也采取类似的结构。碳正离子采取这种 sp^2 杂化结构的原因是，空的 2p 轨道距离带正电荷的碳原子核较远，成键的 σ 电子对之间的距离最大，偶极排斥最小，中心碳原子上三个取代基的距离最大，非键张力最小。在叔丁基正离子中，三个甲基碳原子都是 sp^3 杂化，而 sp^3 杂化的碳原子的电负性比 sp^2 杂化的中心碳原子的电负性小，因而甲基是给电子基团，具有给电子的诱导效应（+*I* 效应）。三个甲基的+*I* 效应，降低了中心碳原子的正电荷密度，因而，叔丁基正离子是比较稳定的碳正离子。其他烷

基也具有$+I$效应，有利于碳正离子稳定。此外，叔丁基正离子的α位有9个C—H σ键，可以与其空的p轨道发生σ-p超共轭。超共轭效应对叔丁基正离子的稳定性起着关键作用。参与超共轭的C—H σ键越多，则正电荷的分散程度越大，碳正离子越稳定。碳正离子的稳定性由大到小的顺序是$3°C^+ > 2°C^+ > 1°C^+ > \overset{+}{C}H_3$。

某些烯烃同氢卤酸的加成有一些特殊的现象。例如，3,3-二甲基丁-1-烯与HCl加成，预期得到3-氯-2,2-二甲基丁烷，但实际上加成的主要产物是2-氯-2,3-二甲基丁烷。

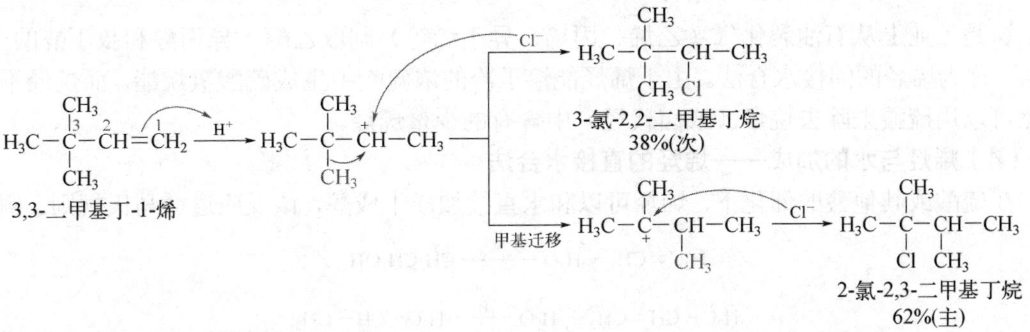

从上述反应历程可以看出，反应第一步时氢离子加在C1上形成仲碳正离子，使与C2相邻的C3上的甲基受到正电荷的吸引。为了减小空间拥挤，甲基带着一对电子迁移到C2上，而C3形成一个新的叔碳正离子，新形成的叔碳正离子比原有的仲碳正离子稳定。这个新的叔碳正离子结合氯负离子形成主要产物2-氯-2,3-二甲基丁烷。这种邻近原子之间的迁移称为1,2-迁移，通常把这种基团的迁移称为重排。一般在生成碳正离子中间体的反应中，相邻有拥挤基团且有生成更稳定碳正离子的可能时，这种1,2-重排均可发生。氢也可带着一对电子发生类似碳的重排，例如：

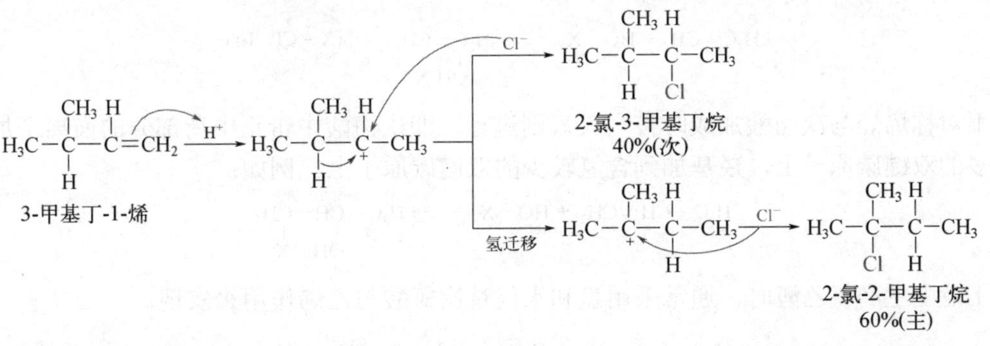

后来人们研究发现，马氏规则在双键亲电加成反应中的使用是有条件的，即双键一端需连有给电子基团。而当连有吸电子基团时，结果相反。如丙烯腈与亲电试剂反应时，由于氰基的强吸电子效应通过双键传递，双键电子云偏向氰基所在碳，而双键另一端的碳的电子云密度降低，因此亲电试剂进攻时更易攻击含氢较少的碳。

$$NC-CH{=}CH_2 + HCl \longrightarrow NC-CH_2-CH_2-Cl$$

（3）烯烃与硫酸的加成——烯烃的间接水合法

烯烃和冷的浓硫酸反应，生成通式为$ROSO_3H$的化合物，称为硫酸氢烷酯。硫酸氢烷酯容易水解生成相应的醇。

$$H_2C{=}CH_2 \xrightarrow{98\%\ H_2SO_4} CH_3CH_2OSO_3H \xrightarrow[\text{加热}]{H_2O} CH_3CH_2OH + H_2SO_4$$

不对称烯烃与硫酸进行加成反应时与HX相似，也遵循马氏规则，用此方法合成的醇，除乙烯外均为仲醇与叔醇。例如：

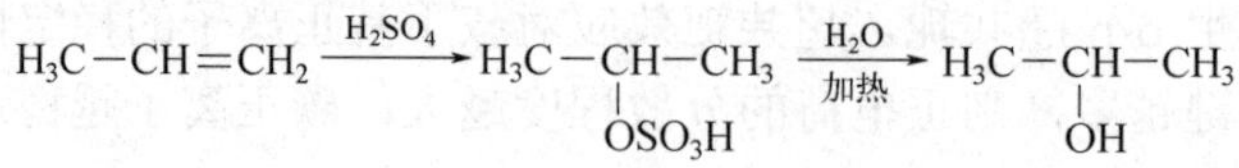

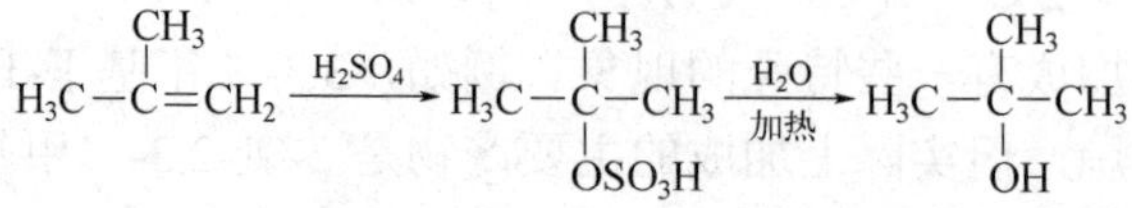

这是工业上从石油裂化气（乙烯、丙烯、异丁烯等）制取乙醇、异丙醇和叔丁醇的一种方法，称为烯烃的间接水合法。由于烯烃能溶于冷的浓硫酸中生成硫酸氢烷酯，而烷烃不能，因此可以用硫酸来除去烷烃（或卤代烃）中含有的少量烯烃。

（4）烯烃与水的加成——烯烃的直接水合法

在硫酸或其他酸的催化下，烯烃可以和水直接加成生成醇，该反应遵循马氏规则。例如：

$$H_2C{=}CH_2 + H_2O \xrightarrow{H_2SO_4} CH_3CH_2OH$$

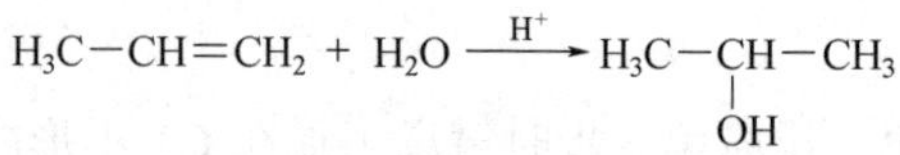

以上反应是工业上生产乙醇、丙-2-醇等低级醇的一种方法，称为烯烃的直接水合法。

（5）烯烃与次卤酸的加成

次卤酸是弱酸，很难电离出 H^+，在烯烃与次卤酸的加成反应时，其加成方式和强酸与烯烃的加成方式不同。在次卤酸中，由于氧原子的电负性大于氯和溴的电负性，故反应时通过极化的 HO←X 对双键加成。

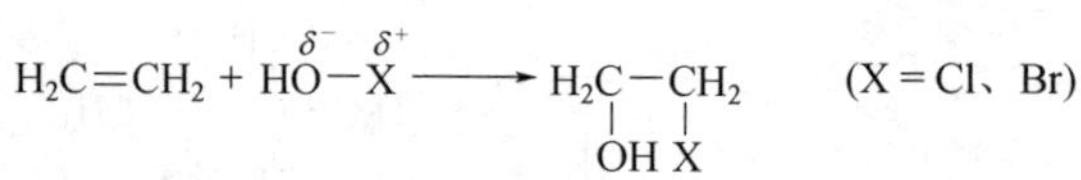

不对称烯烃与次卤酸加成时按马氏规则进行，即次卤酸中带正电荷部分的卤离子加到含氢较多的双键碳原子上，羟基加到含氢较少的双键碳原子上。例如：

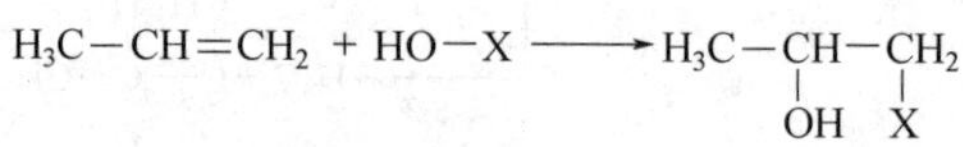

工业上生产氯乙醇时，通常采用氯和水代替次氯酸与乙烯作用来实现。

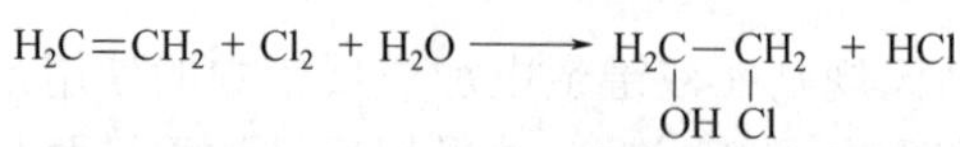

3.4.1.3 烯烃的硼氢化-氧化反应

乙硼烷（B_2H_6）是甲硼烷的二聚体，反应时乙硼烷在醚溶液中解离成甲硼烷（BH_3）。然后甲硼烷与烯烃反应，其中的氢呈负电性（氢的电负性比硼大），硼则呈正电性。在和不对称烯烃加成时，硼加到含氢较多的一端，所生成的烷基硼化合物不用分离，直接在碱的存在下用过氧化氢氧化即得到醇。总的结果相当于给烯烃双键加上一分子水，加成的区域选择性从形式上讲应该是反马氏规则的。

$$CH_3CH{=}CH_2 \xrightarrow{B_2H_6} (CH_3CH_2CH_2)_3B \xrightarrow{H_2O_2/OH^-} CH_3CH_2CH_2OH$$

硼氢化-氧化反应具有这样鲜明的特点，与硼烷的性质及反应的历程有关。

① 硼氢化反应。对于硼氢化的取向，它受电子效应和空间因素的影响。从电子效应分析：硼的电负性（2.0）比氢的电负性（2.1）略小，所以氢原子带部分负电荷，而硼原子带部分正电荷；又因为硼原子最外层只有 6 个电子，有空的 2p 轨道，因此它是路易斯酸，有接受 π 电子的能力，具有亲电性。从空间效应的影响来看：硼是试剂中体积较大的部分，而氢的体积较小。综合两方面的因素，在加成时硼原子接近含氢较多的双键碳原子（烯烃中位阻较小的一边），与烯烃中的 π 电子结合，这类似于质子（H^+）对烯烃的加成；失去 π 电子的烯烃在过渡态形成过程中发展出部分正电荷，进而与略带负电荷的氢结合，形成一个四元环的过渡态。

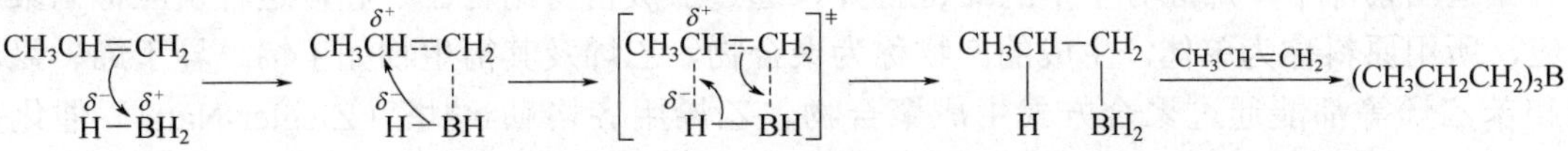

从反应历程中可见，硼原子和氢原子是从烯烃的同侧加上去的，称为顺式加成。

② 氧化反应。氧化重排是一个协同过程，因此碳原子的构型保持不变，其顺式加成的立体化学结果不受影响。

$$HOOH + OH^- \longrightarrow HOO^-$$

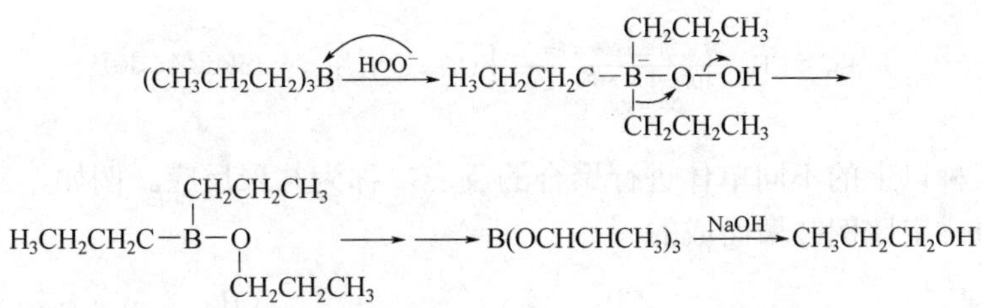

烯烃的硼氢化-氧化过程中没有独立的碳正离子生成，不发生重排。该方法可用于制备所需的某些特定立体结构的醇。

3.4.1.4 烯烃的自由基加成反应

卤化氢对烯烃的亲电加成是按照马氏规则进行的。但是，在有过氧化物存在的条件下，HBr 对烯烃的加成取向与马氏规则相反，如 HBr 对丁-1-烯的加成。

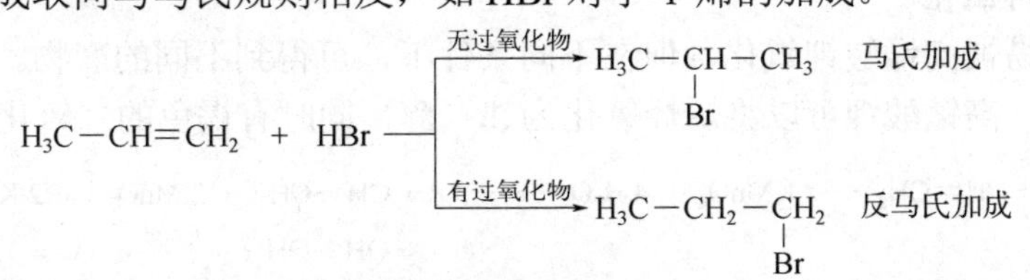

这种因过氧化物存在而引起的溴化氢加成的反马氏取向，称为过氧化物效应。过氧化物中存在过氧链—O—O—，其不稳定，很容易均裂形成自由基。自由基的存在引发了自由基反应，使反应按自由基历程进行。

链引发：

(1) $R-O-O-R \longrightarrow 2RO\cdot$

(2) $2RO\cdot + H-Br \longrightarrow ROH + Br\cdot$

链传递：

(3) $Br\cdot + H_3C-CH=CH_2 \longrightarrow H_3C-\dot{C}H-CH_2Br$

(4) $H_3C-\dot{C}H-CH_2Br + H-Br \longrightarrow H_3C-CH_2-CH_2Br + Br\cdot$

链终止：

(5) $Br\cdot + H_3C-\dot{C}H-CH_2Br \longrightarrow H_3C-CHBr-CH_2Br$

溴化氢存在过氧化物效应，而氯化氢和碘化氢则无过氧化物效应。因为氯化氢中 H—Cl 键牢固，其中的氢不能被自由基夺取而产生氯自由基，所以不能引发自由基反应；H—I 键虽弱，容易生成碘自由基，但碘的自由基活性较低，很难与碳碳双键加成，所以不能进行链传递反应。

3.4.2 烯烃的聚合与共聚反应

在适当条件下，烯烃分子中的 π 键打开，通过加成自身结合在一起，这种反应称为聚合反应，所用原料称为单体，生成的产物称为聚合物。乙烯及其衍生物如丁烯、异丁烯、氯乙烯和苯乙烯等都能通过聚合方式生成聚合物。乙烯用齐格勒-纳塔（Ziegler-Natta）催化剂 $TiCl_4$-$Al(C_2H_5)_3$ 可以在低压下聚合生成低压聚乙烯，或在高压下聚合生成高压聚乙烯。聚乙烯是无色、无味、无臭、无毒的蜡状固体，具有较好的化学稳定性和电绝缘性，是日常生活中广泛使用的一种热塑性塑料。

$$n\,H_2C{=}CH_2 \xrightarrow[1\ \text{MPa},\ 60\sim75\ ^\circ\text{C}]{TiCl_4,\ Al(C_2H_5)_3} \left[\!-CH_2-CH_2-\!\right]_n \quad \text{(低压聚乙烯)}$$

$$n\,H_2C{=}CH_2 \xrightarrow[100\sim150\ \text{MPa},\ 200\sim300\ ^\circ\text{C}]{\text{微量氧或过氧化物}} \left[\!-CH_2-CH_2-\!\right]_n \quad \text{(高压聚乙烯)}$$

有两种或两种以上的不同单体进行聚合的反应，称为共聚反应。例如，乙丙橡胶就是由乙烯和丙烯按照一定比例共聚而成的。

$$n\,H_2C{=}CH_2 + n\,\underset{}{\overset{CH_3}{\overset{|}{H}C}}{=}CH_2 \longrightarrow \left[\!-CH_2-CH_2-\overset{CH_3}{\overset{|}{C}H}-CH_2-\!\right]_n$$

3.4.3 烯烃的氧化反应

烯烃的氧化反应比较复杂，随着氧化剂和反应条件的变化，得到的氧化产物也不尽相同。

（1）高锰酸钾氧化

烯烃比较容易被高锰酸钾氧化，但在不同条件下，可得到不同的产物。在低温、弱碱性或中性水溶液中，高锰酸钾可以将烯烃氧化为邻二醇，同时有褐色的二氧化锰沉淀生成。

$$3\,R-CH{=}CH_2 + 2\,KMnO_4 + 4\,H_2O \longrightarrow 3\,R-\underset{OH}{\underset{|}{C}H}-\underset{OH}{\underset{|}{C}H_2} + 2\,MnO_2\downarrow + 2\,KOH$$

邻位二醇

此反应难以控制，二元醇的产率不高，但可用来检验不饱和键的存在。实际上，此反应用于鉴定时，常在酸性条件下进行，应观察的现象是：混合液的紫色褪去变成肉色或无色的透明溶液（Mn^{2+}浓度小，近于无色）。由于此反应中烯烃的双键断裂，生成羧酸或酮，此反应可用于推测烯烃的结构。

$$R-CH{=}CH_2 \xrightarrow[H_2SO_4]{KMnO_4} RCOOH + CO_2\uparrow$$

$$\begin{matrix}R^1\\ R^2\end{matrix}\!\!>\!C{=}CHR^3 \xrightarrow[H_2SO_4]{KMnO_4} \begin{matrix}R^1\\ R^2\end{matrix}\!\!>\!C{=}O + R^3COOH$$

（2）臭氧氧化反应

臭氧是氧化能力略强于氧气的氧化剂，将其通入烯烃中，臭氧迅速地定量氧化烯烃，形成环状加成产物——臭氧化物。臭氧化物不稳定，容易发生爆炸，因此一般不分离，而是直接在溶液中进行水解，生成醛、酮。由于水解同时产生的过氧化氢可将生成的醛部分氧化为酸，因而如果希望得到醛，则应在水解时加入还原剂锌粉以防止氧化。

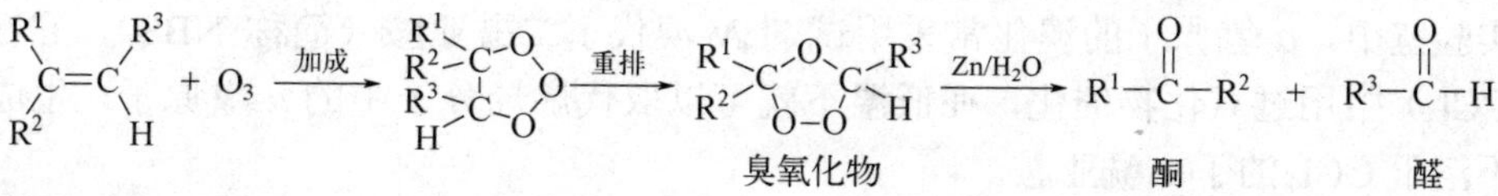

（3）环氧化反应

烯烃可以在较温和的条件下被过氧酸氧化成环氧乙烷及同系物，该反应被称为环氧化反应。例如：

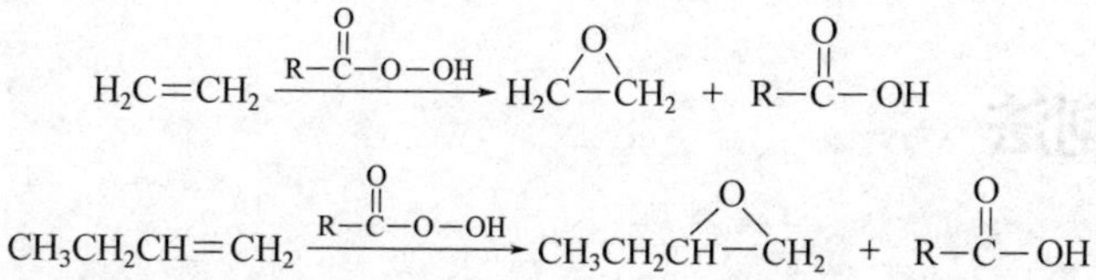

环氧化反应是氧原子对碳碳双键的顺式亲电加成反应，带有取代基的烯烃具有完全的立体选择性，且多取代的双键更容易被氧化。常用的过氧酸有过氧甲酸、过氧乙酸、过氧苯甲酸、过氧间氯苯甲酸、过氧三氟乙酸等。

3.4.4 烯烃 α-氢原子的反应

烯烃的性质集中表现在双键的加成上。而在烯烃分子中，与 C═C 键直接相连的碳原子被称为 α-碳原子，与烯烃 α-碳原子相连的氢原子被称为 α-氢原子。α-氢原子受双键的影响变得比较活泼。在高温下把丙烯和氯气混合，气相中并不发生加成反应，而是发生 α-氢原子的取代反应，生成 3-氯丙-1-烯。

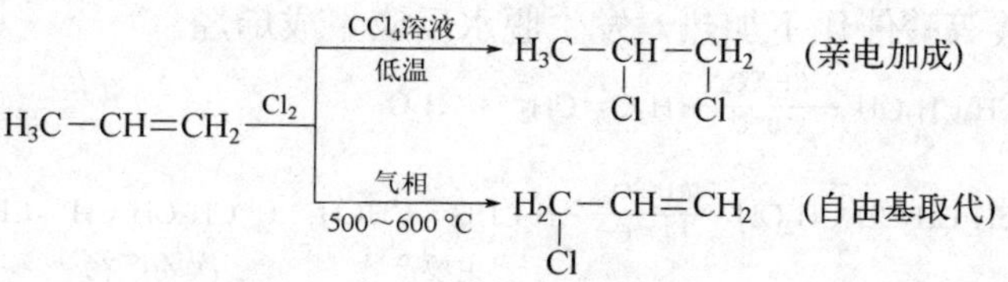

烯烃在高温下发生的取代反应是一个自由基取代反应，反应具有较强的选择性，即取代总是发生在与碳碳双键相连的烯丙位的碳上。其原因在于烯丙基自由基比丙烯基自由基稳定得多，它（解离能为 360kJ·mol^{-1}）甚至比叔丁基自由基（解离能为 381kJ·mol^{-1}）还稳定。乙烯基自由基（解离能 435kJ·mol^{-1}）的稳定性较差，接近甲基的均裂能。因此，自由基稳定性的顺序应为：

烯丙基型自由基> 3° 自由基> 2° 自由基>1° 自由基> ·CH_3≈乙烯型自由基

从结构上看，烯丙基自由基的 p 轨道与 π 键平行，轨道之间有较大的重叠，形成 π 电子离域，从而使单电子分散在三个碳原子上，且主要分散在 C1 和 C3 上，有较大的稳定作用。这种电子的离域称为 p-π 共轭。一般来说，共轭效应比超共轭效应影响大。

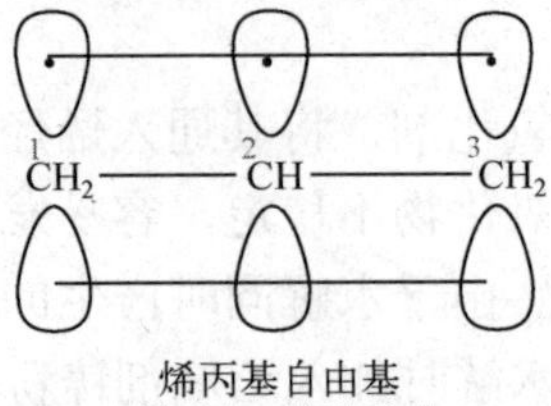

烯丙基自由基
p轨道与π轨道重叠

在实验室中，α-氢原子的溴化常采用试剂 *N*-溴代丁二酰亚胺（简称 NBS），它在无水溶剂（如 CCl_4）中用过氧化物催化，在低温下就可以取代烯烃分子中的 α-氢原子，生成 α-溴代烯烃和不溶于 CCl_4 的丁二酰亚胺。

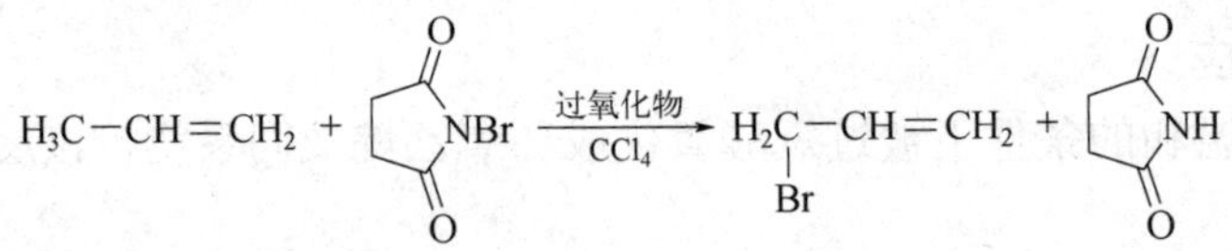

3.5 烯烃的制法

3.5.1 烯烃的工业来源

低级烯烃，如乙烯、丙烯、丁烯等都是重要的基本有机化工原料，它们除了少部分从炼厂气和油田气得到外，绝大部分是通过石油在 700～1000℃下高温裂解而获得的，因此石油是烯烃重要的工业来源。

3.5.2 烯烃的实验室制法

烯烃重要的实验室制法是醇脱水和卤代烃脱卤化氢。

（1）醇脱水

醇在硫酸、磷酸等酸催化下加热，发生脱水反应生成烯烃。

$$CH_3CH_2OH \xrightarrow[170\,^\circ C]{浓H_2SO_4} H_2C{=}CH_2 + H_2O$$

$$CH_3CH_2CH_2CH_2OH \xrightarrow[140\,^\circ C]{浓H_2SO_4} \underset{主要产物}{H_3CHC{=}CHCH_3} + \underset{次要产物}{CH_3CH_2CH{=}CH_2}$$

醇羟基上的孤对电子结合质子，形成𬭩盐，𬭩盐脱水得到碳正离子，碳正离子脱去邻位碳上的质子成烯。醇脱水经历了碳正离子中间体过程，由于伯碳正离子不稳定，其重排成较稳定的仲碳正离子，进而脱质子得到较稳定的烯烃。

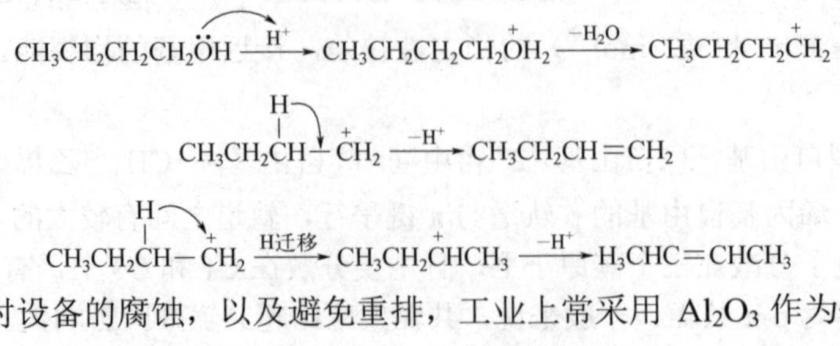

为了减少酸对设备的腐蚀，以及避免重排，工业上常采用 Al_2O_3 作为催化剂，在较高温

度下气相脱水，制备烯烃。例如：

$$CH_3CH_2CH_2CH_2OH \xrightarrow[350\sim400\ ^\circ C]{Al_2O_3} \underset{100\%}{CH_3CH_2CH=CH_2}$$

（2）卤代烃脱卤化氢

卤代烃与强碱（如氢氧化钾）共热消除卤素及 β 位上的氢，生成烯烃。反应中一分子卤代烃消除一分子酸。卤代烃脱卤化氢主要生成双键上烷基较多的烯烃。

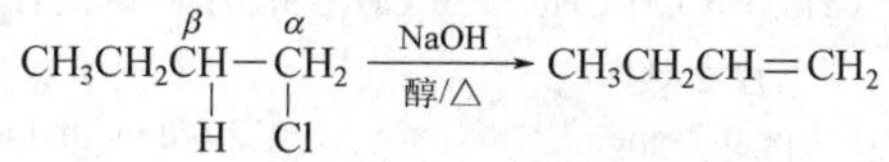

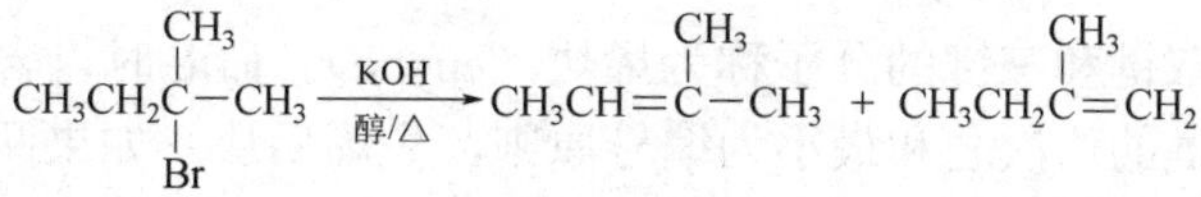

Ⅱ 炔烃

分子中含有碳碳三键的烃称为炔烃（alkyne），其通式是 C_nH_{2n-2}，也是不饱和烃，比相应的烷烃少四个氢，不饱和度是 2。

3.6 炔烃的结构

乙炔（acetylene）是最简单的炔烃，分子式为 C_2H_2，结构式为 HC≡CH。乙炔中的碳为 sp 杂化，两个碳各以一个 sp 杂化轨道互相重叠，形成一个 C—C σ 键。每个碳又各以一个 sp 杂化轨道分别与氢的 1s 轨道重叠，形成两个 C—H σ 键。分子中四个原子处于一条直线上。

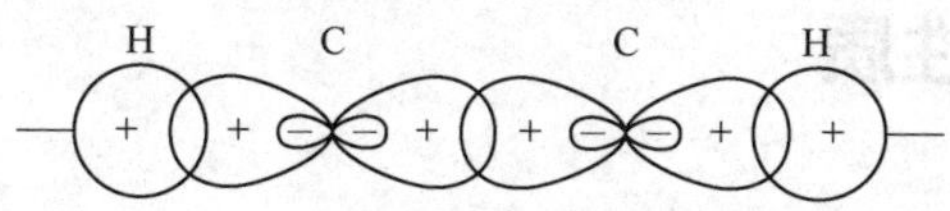

每个碳剩下的两个 p 轨道除轴互相垂直外，还与 sp 杂化轨道的对称轴互相垂直。因此，四个 p 轨道可在各自的侧面平行重叠，形成两个互相垂直的 π 键。π 电子云围绕连核的直线，形成一个中空的圆柱体。乙炔的碳碳三键是由一个较强的 σ 键及两个较弱的 π 键组成的。该碳碳三键的键能（$839kJ\cdot mol^{-1}$）比碳碳双键（$614kJ\cdot mol^{-1}$）及碳碳单键（$347kJ\cdot mol^{-1}$）的键能大。乙炔的碳碳三键的键长为 0.121nm，碳氢键键长为 0.108nm。

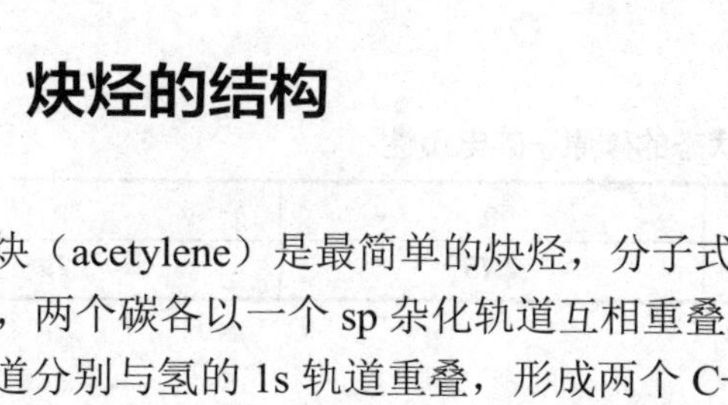

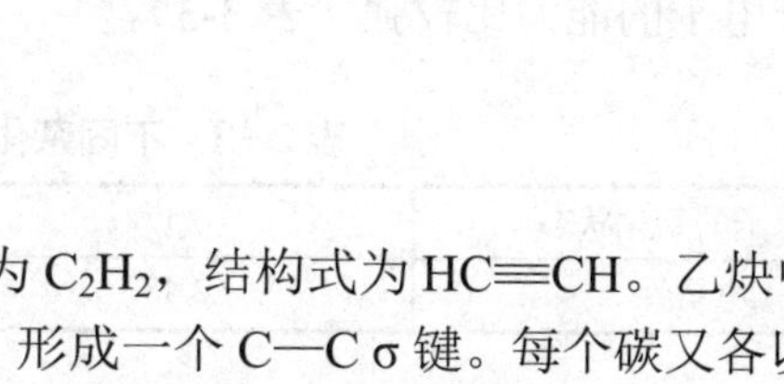

3.7 炔烃的命名

炔烃的系统命名法规则与烯烃的相似，用“炔”代替母体中的“烯”。例如：

$HC\equiv CCH_3$	$CH_3C\equiv CCH_2CH_3$	$CH_3CH(CH_3)C\equiv CCH_2CH(CH_3)CH_2CH_3$
丙-1-炔	戊-2-炔	2,6-二甲基辛-3-炔
prop-1-yne	pent-2-yne	2,6-dimethyloct-3-yne

分子中同时含有双键和三键的分子称为烯炔（enyne）。命名时以含双键和三键最长的链为主链，使双键和三键的位次之和最小为编号原则，先烯后炔。如果两个编号相同，则使双键具有最小的位次。例如：

$CH_3CH=CH-C\equiv CH$	$CH_3C\equiv C-CH=CH_2$	$H_2C=CH-CH_2-C\equiv CH$
戊-3-烯-1-炔	戊-1-烯-3-炔	戊-1-烯-4-炔
pent-3-en-1-yne	pent-1-en-3-yne	pent-1-en-4-yne

由于碳碳三键碳原子 sp 杂化轨道中的 s 轨道成分（1/2 s 成分）比双键碳原子 sp^2 杂化轨道中的 s 轨道成分（1/3 s 成分）和单键碳原子 sp^3 杂化轨道中的 s 轨道成分（1/4 s 成分）都大，因而 sp 杂化轨道具有较强的电负性，成键电子更靠近碳原子核而键长缩短，sp 杂化的碳原子结合电子的能力比较强（表 3-3）。

表 3-3　不同杂化状态的碳原子的电负性

碳原子的杂化状态	sp^3	sp^2	sp
电负性	2.48	2.75	3.29

3.8 炔烃的物理性质

炔烃的物理性质和烷烃及烯烃的相似，也是低极性的化合物，在水中的溶解度很小，但易溶于石油醚、四氯化碳、苯等有机溶剂。常温常压下，C_2～C_4 的炔烃是气体，C_5～C_{15} 的炔烃是液体，C_{16} 以上的炔烃是固体。炔烃的沸点、熔点和密度等都随分子中碳原子数的增加而升高。炔烃的沸点比含相同碳原子的烯烃和烷烃高，并且三键在中间的炔烃比三键在末端的炔烃的沸点和熔点都高（表 3-4）。

表 3-4　一些炔烃、烯烃和烷烃的物理参数

名称	结构式	沸点/℃	熔点/℃	相对密度（d_4^{20}）
乙炔(acetylene)	$CH\equiv CH$	−83	−82	0.618
乙烯(ethylene)	$CH_2=CH_2$	−103.7	−169	0.610
乙烷(ethane)	CH_3-CH_3	−89	−172	0.546
丙炔(propyne)	$CH_3C\equiv CH$	−23	−102	0.671

续表

名称	结构式	沸点/℃	熔点/℃	相对密度（d_4^{20}）
丙烯(propylene)	$CH_3CH{=}CH_2$	−47.4	−185.2	0.610
丙烷(propane)	$CH_3CH_2CH_3$	−42	−187	0.582
丁-1-炔(but-1-yne)	$CH_3CH_2C{\equiv}CH$	+9	−122	0.668
丁-1-烯(but-1-ene)	$CH_3CH_2CH{=}CH_2$	−6.3	−184.3	0.626
丁烷(butane)	$CH_3CH_2CH_2CH_3$	−0.5	−135	0.579
丁-2-炔(but-2-yne)	$CH_3C{\equiv}CCH_3$	+27	−24	0.694

3.9 炔烃的化学反应

炔烃具有不饱和的碳碳三键，能发生与烯烃类似的催化加氢、亲电加成、氧化和聚合等反应。与烯烃不同的是，炔烃还能与某些试剂（如 CH_3OH、HCN、CH_3COOH 等）发生亲核加成反应。此外，由于碳碳三键的影响，三键碳原子上的氢具有明显的酸性。

3.9.1 炔烃的催化加氢和还原反应

（1）炔烃的催化加氢

在金属催化剂如铂、钯或镍的催化下，炔烃与氢发生加成反应得到烷烃，其反应历程与烯烃的催化氢化类似。反应一般不能停留在烯烃阶段，最终产物主要为烷烃。

$$R-C\equiv C-R \xrightarrow[\text{Pt、Pd或Ni}]{H_2} R-CH=CH-R \xrightarrow[\text{Pt、Pd或Ni}]{H_2} R-CH_2-CH_2-R$$

为使反应停留在烯烃阶段，可采用活性较低的林德拉（Lindlar）催化剂。Lindlar 催化剂是把钯沉积在碳酸钙上并用醋酸铅处理，使钯部分中毒以降低其活性而制备的；也可用硫酸钡作载体，加入喹啉以达到同样的效果。这种催化剂可使炔烃加氢停留在生成烯烃的阶段，且立体选择性很强。碳碳三键不在碳链末端的炔烃的加氢主要生成顺式烯烃。

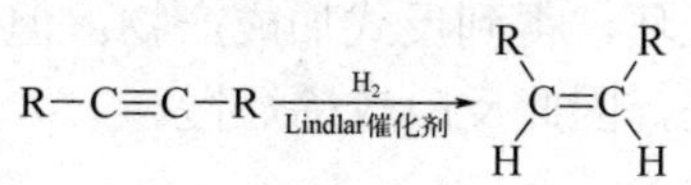

顺式烯烃

（2）炔烃的还原反应

三键不在碳链末端的炔烃在液氨中用金属锂或钠还原，得到反式的烯烃。例如：

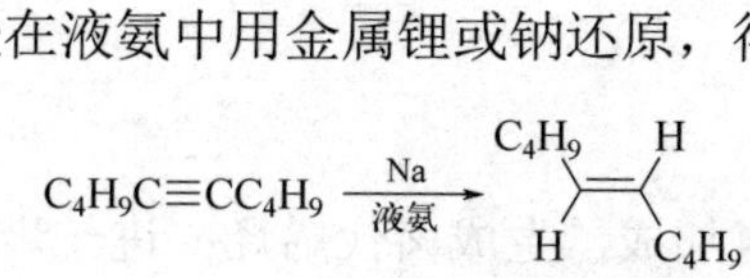

反-癸-5-烯

反应一开始，炔从钠接受一个电子，生成负离子自由基（radical anion）。负离子自由基有很强的碱性，可从氨中夺取一个质子转变为乙烯型自由基（vinyl radical）。乙烯型自由基有两种构型，这两种构型可迅速互变，但反式较稳定，因此主要以反式存在。活泼的自由基从金属钠中夺取一个电子，生成较稳定的反式乙烯型负离子（vinyl anion）。乙烯负离子是很强的碱，立即夺取氨中的氢，转变为反式的烯烃。

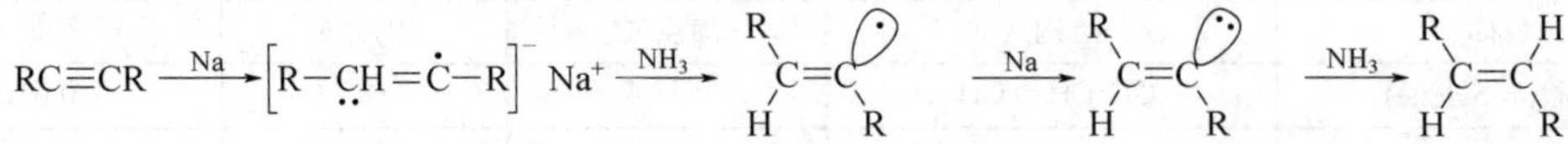

负离子自由基　反式乙烯型自由基　反式乙烯型负离子　反式烯烃

凡是在几种可能生成的立体异构体中，主要生成其中一种异构体的反应，称为立体选择性反应。炔烃用 Lindlar 催化剂催化氢化和在液氨中用金属钠还原就是典型的立体选择性反应。

3.9.2　炔烃的亲电加成反应

炔烃与烯烃一样，可以进行亲电加成反应，但它的亲电加成活性比烯烃的小一些。例如，烯炔与卤化氢的加成首先发生在双键上。

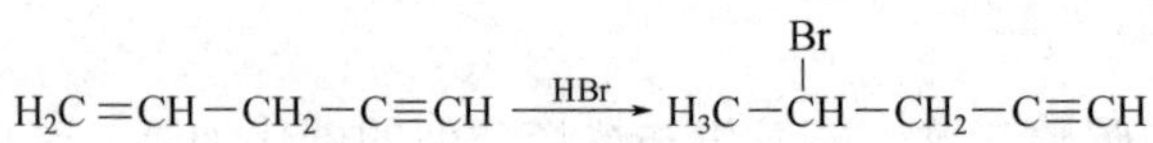

戊-1-烯-4-炔　4-溴戊-1-炔

这是由于炔烃加成形成的烯基碳正离子的稳定性较差。这种烯基碳正离子的空 p 轨道与 π 键的 p 轨道相互垂直，无法与 π 键共轭，也无法与三键上另一个碳的 σ 键超共轭，只能和取代烷基上的 σ 键超共轭，所以此碳正离子与相应的烯烃加成形成的烷基碳正离子中间体相比，稳定性较差。

（1）炔烃和卤素的加成

炔烃与卤素加成首先生成卤代烯烃，再生成卤代烃。但卤素的吸电子作用往往使第二步加成比第一步困难。如果控制反应条件，可使反应停留在一分子加成产物阶段。用溴加成能产生快速的颜色变化，这可以用于检验炔烃中碳碳三键的存在。

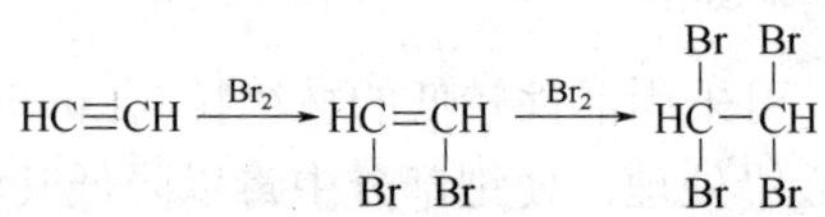

乙炔　1,2-二溴乙烯　1,1,2,2-四溴乙烷

炔烃与卤素加成的反应历程与烯烃类似，首先加上一个卤正离子，形成三元环的中间体，然后卤素负离子从反面进攻三元环，得到反式加成产物。但炔烃形成的三元环中间体有较大的张力，稳定性较烯烃中间体差，因此反应较烯烃慢。

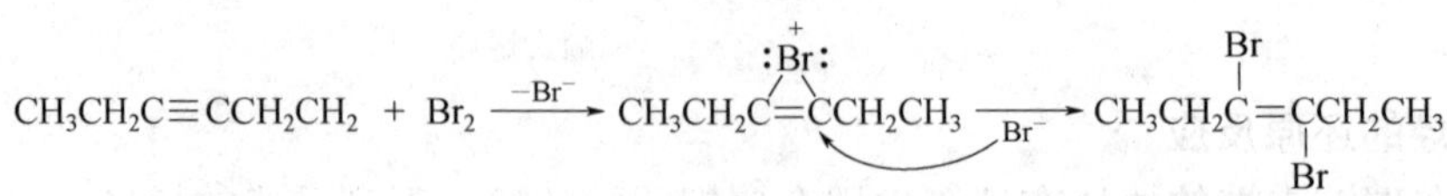

己-3-炔　(*E*)-3,4-二溴己-3-烯

（2）炔烃和卤化氢的加成

炔烃与等物质的量的卤化氢加成，生成卤代烯烃；进一步加成形成偕二卤代物（偕表示两个卤素连在同一个碳原子上）。此加成反应符合马氏规则。

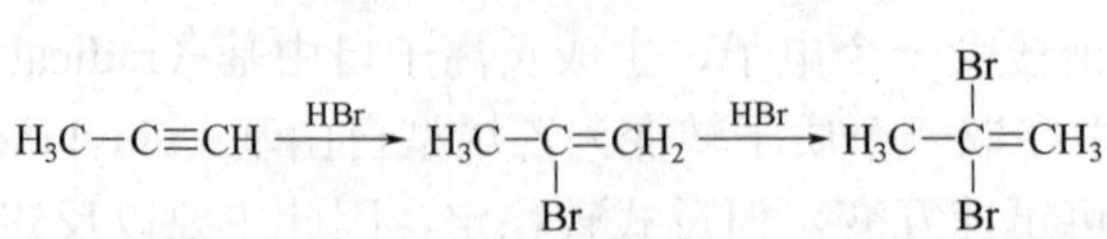

丙炔　2-溴丙烯　2,2-二溴丙烷

上述反应可控制在一分子加成产物的阶段。如果使用催化剂，可以加快炔烃和卤化氢加成的速率。例如，乙炔与氯化氢在亚汞盐的催化下加成可得到氯乙烯，继续加成可以生成偕二氯代烷。这是工业上生产氯乙烯单体的重要反应。

$$HC{\equiv}CH \xrightarrow[150\sim160\ ^\circ C]{HCl,\ HgCl} H_2C{=}CH{-}Cl \xrightarrow{HCl,\ HgCl} H_3C{-}CHCl_2$$

需要指出的是，炔烃与溴化氢在过氧化物的存在下加成时，也有过氧化物效应，即加成的方式也是反马氏加成。例如：

$$\underset{\text{丙炔}}{H_3C{-}C{\equiv}CH} + HBr \xrightarrow{\text{过氧化物}} \underset{\text{1-溴丙烯}}{H_3C{-}CH{=}CHBr}$$

（3）炔烃和水的加成

炔烃与水的加成需要在硫酸汞-硫酸的催化下进行。例如，水对乙炔加成时先形成一种不稳定的中间产物——乙烯醇，它很快就转化为较稳定的酮式产物——乙醛。因此，水对炔烃的加成涉及两个步骤，即水先加成到碳碳三键上，随后发生分子内重排。在一般条件下，两种异构体可以迅速地相互转变的现象称为互变异构现象。

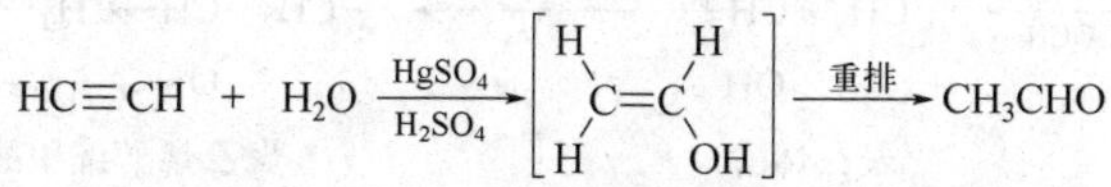

乙烯醇　　　　乙醛

炔烃与水加成遵循马氏规则，只有乙炔与水加成生成乙醛，其他炔烃与水加成都生成相应的酮。

$$CH_3C{\equiv}CH + H_2O \xrightarrow[H_2SO_4]{HgSO_4} CH_3\overset{\overset{O}{\|}}{C}CH_3$$

3.9.3 炔烃的亲核加成反应

炔烃能与醇、氢氰酸、乙酸这一类试剂进行亲核加成，而简单的烯烃却不能。

在碱的催化下，炔烃和醇发生加成反应。例如，乙炔和甲醇在一定条件下生成甲基乙烯基醚。甲基乙烯基醚是制造涂料、清漆、增塑剂和黏合剂的原料。

$$HC{\equiv}CH + CH_3OH \xrightarrow[\substack{160\sim165\ ^\circ C \\ 2\sim2.2\ MPa}]{KOH(20\%)} H_2C{=}CH{-}OCH_3$$

上述反应中，甲醇在碱溶液中解离出的甲氧基负离子用一对电子与炔烃三键的一个碳共享，使三键碳上的一对电子集中到另一个三键碳原子上，生成一个碳负离子中间体，然后碳负离子中间体与另一分子甲醇作用，获得一个质子而生成甲基乙烯基醚。

$$CH_3OH + KOH \rightleftharpoons CH_3O^-K^+ + H_2O$$

$$HC{\equiv}CH + CH_3O^- \longrightarrow CH_3OCH{=}CH^- \xrightarrow{CH_3OH} CH_3OCH{=}CH_2 + CH_3O^-$$

反应表明，由于 CH_3O^- 能够供给电子，有亲近正电荷的倾向，所以具有亲核性。由亲核试剂进攻引起的加成反应称为亲核加成反应。虽然炔烃进行亲电加成比烯烃困难，但进行亲核加成比烯烃容易。这是由于亲核试剂加到三键碳原子上所生成的负离子（乙烯基负离子）比亲核试剂加到双键碳原子上所生成的负离子（乙基负离子）稳定。

乙炔在氯化铵-氯化亚铜水溶液中可与氢氰酸加成得到丙烯腈。丙烯腈是合成人造羊毛（腈纶）和塑料的重要原料。

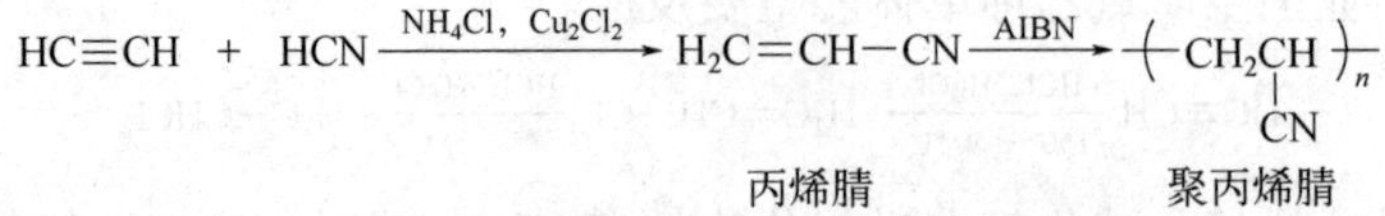

乙炔在醋酸锌催化下与醋酸加成，生成醋酸乙烯酯。醋酸乙烯酯可聚合成聚醋酸乙烯酯，市售的乳胶黏合剂就是主要由聚醋酸乙烯酯制得的。聚醋酸乙烯酯可醇解成聚乙烯醇，后者是现在常用胶水的主要成分。聚乙烯醇再与甲醛缩合，可制得聚乙烯醇缩甲醛（维纶）。

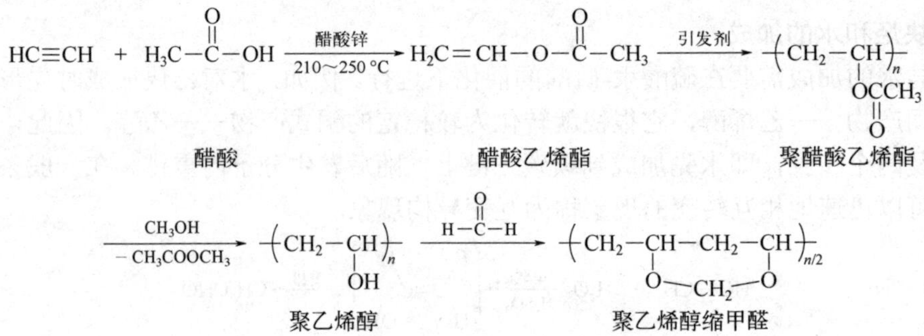

3.9.4 炔烃的氧化反应

炔烃可被高锰酸钾、臭氧等氧化剂氧化，生成羧酸或二氧化碳。例如，把乙炔通入高锰酸钾溶液中时，碳碳三键发生断裂，乙炔被氧化成二氧化碳和水，同时高锰酸钾溶液的颜色褪去。此反应在碱性介质中析出棕褐色的二氧化锰沉淀，在酸性介质中使溶液变为肉色（Mn^{2+}的颜色）或近于无色，因此这个反应常用来检验碳碳三键的存在。例如：

$$RC\equiv CH \xrightarrow[H^+或OH^-]{K_2MnO_4} R-COOH + CO_2$$

臭氧也能氧化炔烃，水解后得到羧酸。根据酸的结构，可确定三键的位置。

$$RC\equiv CR' \xrightarrow[2)\ H_2O]{1)\ O_3} R-COOH + R'-COOH$$

3.9.5 炔烃的聚合反应

乙炔可以发生聚合反应，条件不同，聚合生成的产物不同。它可二聚成乙烯基乙炔，三聚成苯或二乙烯基乙炔，四聚成环辛四烯。

$$2\ HC\equiv CH \xrightarrow[NH_4Cl]{Cu_2Cl_2} H_2C=CH-C\equiv CH$$

$$3\ HC\equiv CH \xrightarrow[NH_4Cl]{Cu_2Cl_2} H_2C=CH-C\equiv C-CH=CH_2$$

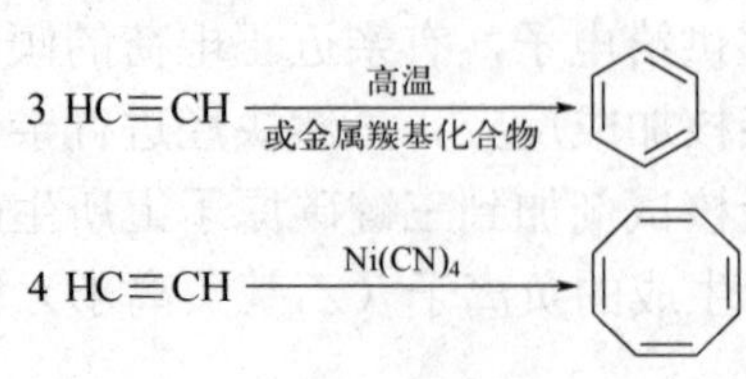

3.9.6 端基炔的反应

乙炔以及单取代的乙炔含有连在三键碳原子上的氢原子，受三键的影响，这种氢原子具有一定的酸性（pK_a=25），在适当的条件下容易被某些金属原子取代，生成金属炔化物。

$$2\,HC\equiv CH + 2\,Na \xrightarrow{110\,^\circ C} 2\,HC\equiv C^-Na^+ + H_2$$

$$HC\equiv CH + NaNH_2 \xrightarrow{液态氨} HC\equiv C^-Na^+ + NH_3$$

$$RC\equiv CH + NaNH_2 \xrightarrow{液态氨} RC\equiv C^-Na^+ + NH_3$$

金属炔化物的形成说明与三键碳原子相连的氢原子的酸性强于与双键碳原子或单键原子相连的氢原子的酸性。三键中的碳原子以 sp 杂化轨道与氢原子成键，sp 杂化轨道中的 s 成分要比 sp^2 和 sp^3杂化轨道中的 s 成分多，因其有较强的电负性（见表 3-3），所以电子更靠近碳原子，这样就使 C—H 键的极性增大，容易解离出质子并形成相对稳定的碳负离子。乙炔的酸性既不能使石蕊试纸变红，又没有酸味，它只有很小的失去氢离子的倾向。生成的炔化钠是很活泼的亲核试剂，它可以和伯卤代烃作用，生成高级炔烃。

$$RC\equiv C^-Na^+ + R'CH_2X \longrightarrow RC\equiv C-CH_2R' + NaX \quad (X = Cl, Br, I)$$

端基炔氢呈酸性的另一个例子是端基炔氢能与某些重金属离子反应，生成不溶性的炔化物。例如把乙炔或单取代的乙炔通入硝酸银的氨溶液时，析出白色的炔化银沉淀；通入氯化亚铜的氨溶液时，析出红棕色的炔化亚铜沉淀。

$$HC\equiv CH + 2\,Ag(NH_3)NO_3 \longrightarrow AgC\equiv CAg\downarrow + 2\,NH_4NO_3 + 2\,NH_3$$

$$RC\equiv CH + Ag(NH_3)NO_3 \longrightarrow RC\equiv CAg\downarrow + NH_4NO_3 + NH_3$$

$$HC\equiv CH + 2\,Cu(NH_3)Cl \longrightarrow CuC\equiv CCu\downarrow + 2\,NH_4Cl + 2\,NH_3$$

$$RC\equiv CH + Cu(NH_3)Cl \longrightarrow RC\equiv CCu\downarrow + NH_4Cl + NH_3$$

此反应可用于端基炔烃的检验。银和铜的炔化物在水中很稳定，但干燥时受热或经撞击易发生爆炸，因此检验完毕后，需用硝酸（温热）或浓盐酸处理使它破坏或分解，以免发生危险。

3.10 炔烃的制法

3.10.1 炔烃的工业来源

乙炔是工业上最重要的炔烃。自然界中没有乙炔存在，它通常用电石水解法制备。电石是碳化钙的俗名。

$$CaC_2 + H_2O \longrightarrow Ca(OH)_2 + HC\equiv CH$$

3.10.2 炔烃的实验室制法

（1）二卤代烃脱卤化氢

1,2-卤代烃用强碱（如 KOH）的醇溶液脱去一个分子的卤化氢比较容易，这是制备不饱和卤代烯烃的一种有用的方法。在温和条件下，脱卤化氢的反应会停留在烯烃这一产物的阶段，所以常需要使用热的氢氧化钾或氢氧化钠的醇溶液，或用更强的碱（如 $NaNH_2$）处理才能形成炔烃。

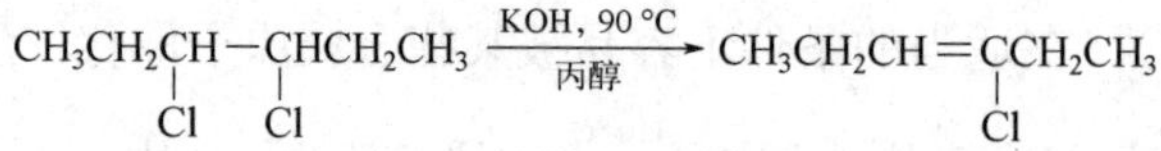

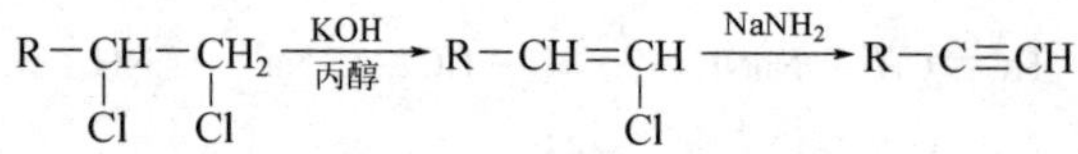

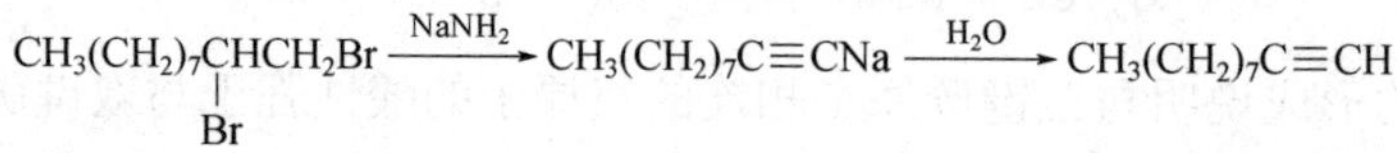

（2）炔烃烷基化

末端炔氢被金属取代，形成的炔基负离子可与卤代烃 R—X 进行取代反应，结果是形成新的碳碳键，使一个低级炔烃转变成高级炔烃。

$$HC\equiv CH \xrightarrow[2)\ CH_3CH_2Br]{1)\ NaNH_2} HC\equiv CCH_2CH_3 \xrightarrow[2)\ CH_3Br]{1)\ NaNH_2} H_3CC\equiv CCH_2CH_3$$

Ⅲ 二烯烃

3.11 二烯烃的分类和命名

3.11.1 二烯烃的分类

二烯烃是分子中含有两个碳碳双键的烯烃，根据分子中两个碳碳双键的相对位置的不同，可分为三类。

① 累积二烯烃（cumulative diene）。两个双键集中在一个碳原子上。最简单的累积二烯烃是丙二烯($CH_2═C═CH_2$)。该烯烃分子中间的碳为 sp 杂化，三个碳原子在一条直线上，两边碳为 sp^2杂化，它们的 p 轨道分别与中间碳原子两个互相垂直的 p 轨道重叠，形成两个互相垂直的 π 键，两个亚甲基位于互相垂直的平面上。

② 共轭二烯烃（conjugated diene）。是指分子中双键和单键相互交替的二烯，即含有 $>C=CH(R)-CH(R)=C<$ 结构的二烯烃。所谓“共轭”，就是指单键、双键相互交替。最简单的共轭二烯烃是丁-1,3-二烯（$CH_2=CH-CH=CH_2$）。

③ 孤立二烯烃（isolated diene）。分子中的两个碳碳双键之间被两个或两个以上的单键隔开。双键被多个单键分开，它们之间互不发生影响，因此孤立二烯烃（双烯）的性质与一般烯烃的相似。

3.11.2 二烯烃的命名

二烯烃的命名与单烯烃相似，不同的是在“烯”字的前面加个“二”字，并且标明两个双键的位次。双键位次以代数和最小为原则。例如：

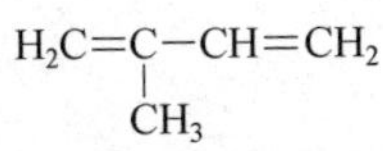

2-甲基丁-1,3-二烯
2-methylbuta-1,3-diene

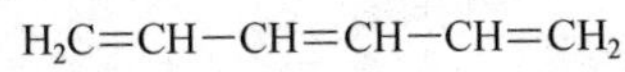

己-1,3,5-三烯
hexa-1,3,5-triene

二烯烃的顺反异构体的构型用顺/反或 *Z*/*E* 表示。

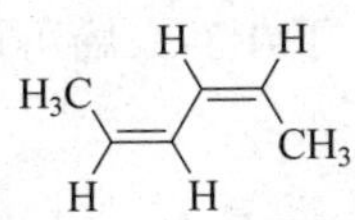

(2*Z*,4*Z*)-己-2,4-二烯
(2*Z*,4*Z*)-hexa-2,4-diene

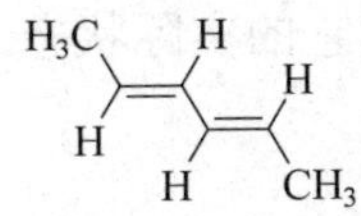

(2*E*,4*E*)-己-2,4-二烯
(2*E*,4*E*)-hexa-2,4-diene

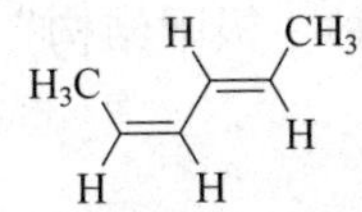

(2*Z*,4*E*)-己-2,4-二烯
(2*Z*,4*E*)-hexa-2,4-diene

3.12 共轭二烯烃的结构与共振论

共轭效应

3.12.1 共轭二烯烃的结构

最简单的共轭二烯烃是丁-1,3-二烯。在丁-1,3-二烯分子中，四个碳原子都是 sp^2 杂化的，碳、碳之间和碳、氢之间分别形成九个 σ 键，每个碳原子还有一个未杂化的 p 轨道，它们相互平行发生侧面重叠而构成 π 键，使四个碳原子的所有 σ 键都处在同一平面上。

从图 3-2 中可以看出，丁-1,3-二烯分子中的 C2 和 C3 的 p 轨道不仅分别与 C1 和 C4 的 p 轨道发生侧面重叠，而且在它们之间也发生一定程度的侧面重叠，这就使丁-1,3-二烯分子中的各个碳原子的 p 电子不是定域在两个碳核之间（定域分子轨道）的，这些电子可在四个碳原子的 p 轨道发生“运动”，即发生电子离域，形成一种大 π 键，称为离域 π 键。丁-1,3-二烯分子是由四个 p 轨道相互重叠而形成的带有四个电子的大 π 键，即 π_4^4 体系。

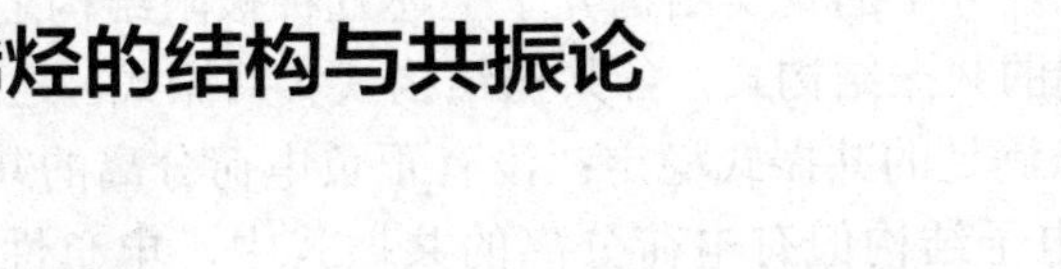

图 3-2 丁-1,3-二烯分子的共轭体系和大 π 键的构成

由此可见，丁-1,3-二烯分子中的 π 键与乙烯分子中的 π 键不同。乙烯分子中的 π 键只局限在成键的两个碳原子之间，称为定域 π 键；而丁-1,3-二烯分子中的两个 π 键上的 π 电子不

局限于成键的两个碳原子之间，而是运动于整个碳链，这样，两个 π 键就连贯重叠在一起构成一个整体，称为共轭体系。

根据量子力学计算和光谱测定的结果，丁-1,3-二烯分子中 C2 与 C3 之间的键比“普通的” C—C 键略短，键长为 0.148nm；C1 与 C2 或 C3 与 C4 之间的键比“普通”的碳碳双键略长，键长为 0.137nm。这说明丁-1,3-二烯分子中的碳碳双键和碳碳单键的键长趋于平均化。因此，丁-1,3-二烯中所有碳原子间的键都具有 π 键的性质，只是 C2 与 C3 之间的键具有的 π 键的性质要弱些。

3.12.2 共振论

丁二烯的经典价键结构 $CH_2{=}CH{-}CH{=}CH_2$ 不能表示出丁二烯分子中碳碳双键和碳碳单键趋于平均化（即 π 电子离域化）这一实际情况。通常倾向于用 20 世纪 30 年代美国著名化学家鲍林（L.C.Pauling）提出来的一种分子结构理论，即共振论来说明这样的事实，即以极限的方式用几种“极限结构”来描述它的实际状态。例如，丁-1,3-二烯可以用下面几种极限结构来表示：

$$H_2C{=}CH{-}CH{=}CH_2 \longleftrightarrow H_2C{=}CH{-}\overset{+}{C}H{-}\overset{-}{C}H_2 \longleftrightarrow H_2C{=}CH{-}\overset{-}{C}H{-}\overset{+}{C}H_2 \longleftrightarrow H_2\overset{-}{C}{-}\overset{+}{C}H{-}CH{=}CH_2$$

$$\longleftrightarrow H_2\overset{+}{C}{-}\overset{-}{C}H{-}CH{=}CH_2 \longleftrightarrow H_2\overset{+}{C}{-}CH{=}CH{-}\overset{-}{C}H_2 \longleftrightarrow H_2\overset{-}{C}{-}CH{=}CH{-}\overset{+}{C}H_2$$

共振论认为丁-1,3-二烯分子的真实结构介于上述几种极限结构之间，这种现象称为共振，这些式子称为丁-1,3-二烯的共振结构式，各共振结构式（共振式）之间用双箭头连接。其中，满足八隅体的共振式比未满足的共振式稳定；没有正负电荷分离的共振式比电荷分离的共振式稳定；在满足八隅体电子结构但有电荷分离的共振式中，电负性大的原子带负电荷、电负性小的原子带正电荷的共振式比较稳定；共振式越多，形成的共振杂化体越稳定。越是稳定的共振式，对共振杂化体的贡献越大。共振式与共振杂化体结构越接近，参与形成的共振杂化体越稳定。应该指出的是，共振结构式都是假想出来的，并不真实存在，它只是有助于表达分子实际状态即电子离域化的一种形式，不能认为分子的实际结构是通过各个极限结构的共振而产生的，也不能认为是通过双键从一个极限位置向另一个极限位置“振荡”而产生的。

烯烃的氢化热可反映出烯烃的稳定性。如果一个分子含有多个双键，对孤立烯烃来说，它的预计氢化热与实测氢化热是吻合的，其稳定性与一般烯烃相同。共轭的丁-1,3-二烯的氢化热实测值比预计值小，这意味着共轭二烯具有较低的内能，比一般烯烃稳定。

$H_2C{=}CH{-}CH_2{-}CH_3$

丁-1-烯

氢化热：$126.8\ kJ \cdot mol^{-1}$

$H_2C{=}CH{-}CH{=}CH_2$

丁-1,3-二烯

氢化热预计值：$126.8\ J \cdot mol^{-1} \times 2 = 253.6\ kJ \cdot mol^{-1}$

氢化热实测值：$238.9\ kJ \cdot mol^{-1}$

3.13 共轭二烯烃的化学反应

共轭二烯烃由于结构上的特点，除具有单烯烃的化学性质外，还具有一些特殊的性质。

3.13.1 1,2-加成和 1,4-加成反应

二烯烃分子中双键的排列方式对其化学性质影响很大。具有孤立双键的二烯烃，其化学性质与单烯烃相似；具有交替单、双键的共轭二烯烃，由于分子中两个共轭双键的相互影响，其化学性质通常与一般的单烯烃不同。例如，丁-1,3-二烯与溴在四氯化碳溶液中进行加成，得到的产物不仅有预期的 3,4-二溴丁-1-烯，还有 1,4-二溴丁-2-烯。

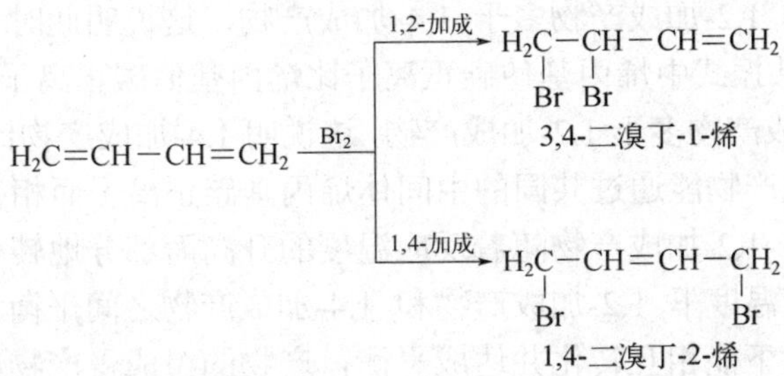

当氯化氢与丁-1,3-二烯加成时，同时得到 1,2-加成产物 3-氯丁-1-烯和 1,4-加成产物 1-氯丁-2-烯。

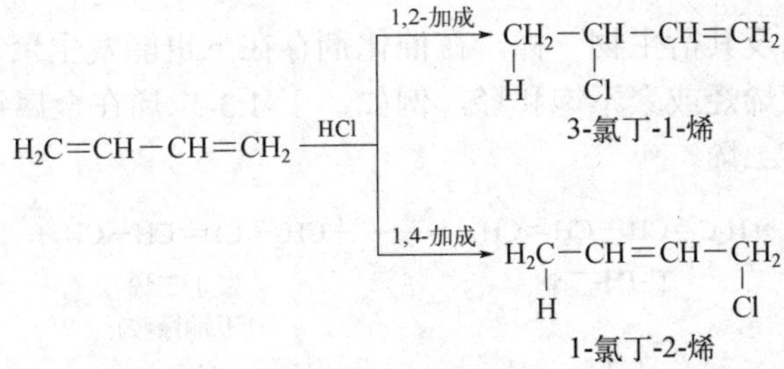

该反应第一步是加上一个质子，生成最稳定的碳正离子中间体，由于烯丙基碳正离子比伯碳正离子稳定，无论是 1,2-加成还是 1,4-加成，质子（或亲电试剂）都加在链端 C1 上生成烯丙基碳正离子。在烯丙基型碳正离子中，缺电子的碳原子与双键碳原子直接相连，从而形成一个 p-π 共轭体系，双键上的一对 π 电子向带正电荷的碳原子的空 p 轨道离域，使 C2 上的正电荷分散到 C3 和 C4 上，因此烯丙基型碳正离子是一类稳定性很好的碳正离子。根据共振论，烯丙基型碳正离子可用两种稳定的共振结构式表示如下：

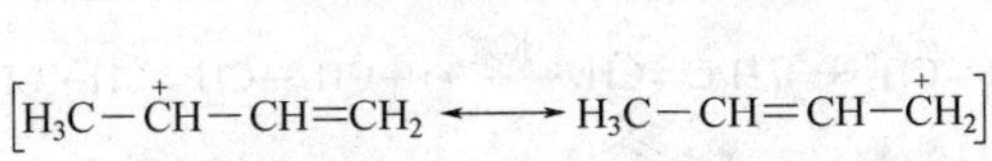

由于正电荷分布相对不均，在加成的第二步，亲核试剂又有两个位置选择，从而得到 1,2-加成产物和 1,4-加成产物。共轭二烯烃的 1,2-加成和 1,4-加成是同时发生的竞争反应，其产物的比例除与共轭二烯烃的结构有关外，还与溶剂的极性和反应的温度有关。一般来说，溶剂极性增加和反应温度升高，1,4-加成产物增加；溶剂极性减弱和反应温度降低，1,2-加成产物增加。例如，对于丁-1,3-二烯与溴化氢的加成，在较高的温度（如 40℃）时，得到的 1,4-加成产物较多；在低温（如−80℃）时，得到的 1,2-加成产物较多；在中间温度（如−20℃）时，得到中间组成的混合物。

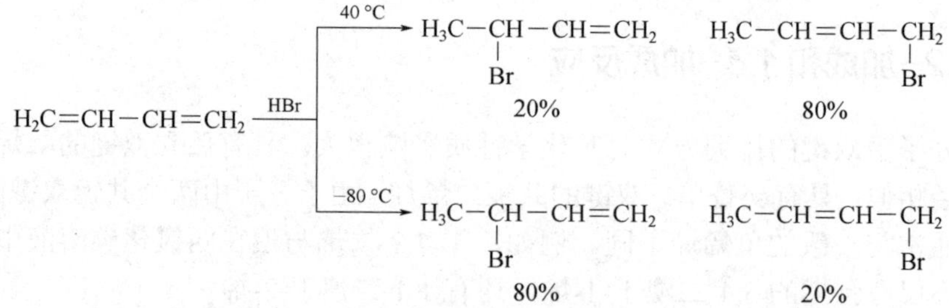

在低温时，生成的 1,2-加成产物多于 1,4-加成产物，这说明此时 1,2-加成的反应速率比 1,4-加成快，这是因为共振式中烯丙基仲碳正离子比烯丙基伯碳正离子更稳定；当反应的温度升高时，生成的 1,4-加成产物多于 1,2-加成产物，这说明 1,4-加成产物比 1,2-加成产物更稳定。在较高温度下两个加成产物能通过共同的中间体烯丙基碳正离子而相互转化，达成新的平衡，即在反应过程中生成的 1,2-加成产物随着反应温度的升高而部分地转变为比它更稳定的 1,4-加成产物，这是在较高温度下 1,2-加成产物和 1,4-加成产物之间平衡移动的结果。在这类反应中，产物在一定条件下能相互转化并达成平衡，产物的组成受产物稳定性的控制，此种现象称为热力学控制或平衡控制。

3.13.2 聚合及共聚反应

共轭二烯烃同乙烯及其衍生物一样，在催化剂存在下也能发生聚合反应，生成含有多个双键的高分子化合物聚烯烃或聚不饱和烃。例如，丁-1,3-二烯在金属钠的催化下，通过 1,4-加成方式聚合生成聚丁二烯。

$$n\,H_2C{=}CH-CH{=}CH_2 \xrightarrow{Na} \left[CH_2-CH{=}CH-CH_2\right]_n$$

丁-1,3-二烯　　　　聚丁二烯（丁钠橡胶）

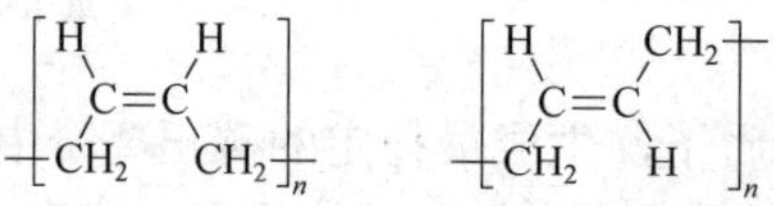

顺-1,4-聚丁二烯　　　　反-1,4-聚丁二烯

聚丁二烯链中的烯有顺式和反式两种构型。构型对聚合物的性质有很大的影响，顺式构型弹性大、强度较小，反式构型强度较大但弹性较小。聚丁二烯是一种合成橡胶，称为丁钠橡胶。合成橡胶具有比天然橡胶更耐热、耐寒和耐油等特殊性能。目前，合成橡胶品种繁多，除了由一种单体通过聚合得到均聚物外，还可以由两种以上单体通过共聚而制得共聚物。例如：

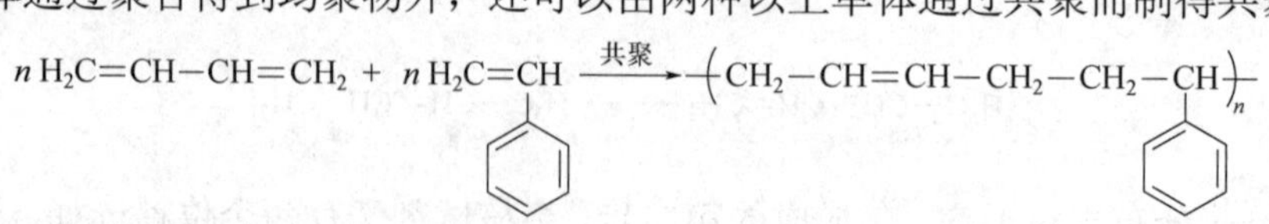

丁-1,3-二烯　　　　苯乙烯　　　　丁苯橡胶

3.13.3 狄尔斯-阿尔德（Diels-Alder）反应

共轭二烯烃在光或热的作用下与含有碳碳双键或碳碳三键的不饱和化合物发生 1,4-加成反应，生成六元环状化合物。这个反应是狄尔斯（O. Diels）和阿尔德（K. Alder）于 1928 年发现的，所以称为狄尔斯-阿尔德（Diels-Alder）反应。该反应是合成六元环的重要方法。反

应物分为两个部分，其一是共轭双烯，称为双烯体；另一个为含烯键的化合物，称为亲双烯体（dienophile），所以反应又称双烯合成。一般双烯体上有给电子基团，而亲双烯体上带有吸电子基团时，有利于反应进行。狄尔斯-阿尔德反应具有很强的区域选择性，当双烯体和亲双烯体上均有取代基时，两个取代基处于邻位或对位的产物占优势。狄尔斯-阿尔德反应是顺式（同面、同面）加成，加成产物仍保持双烯和亲双烯体原来的构型。

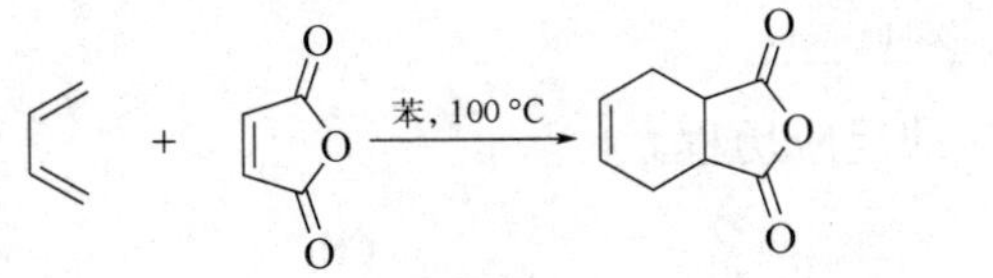

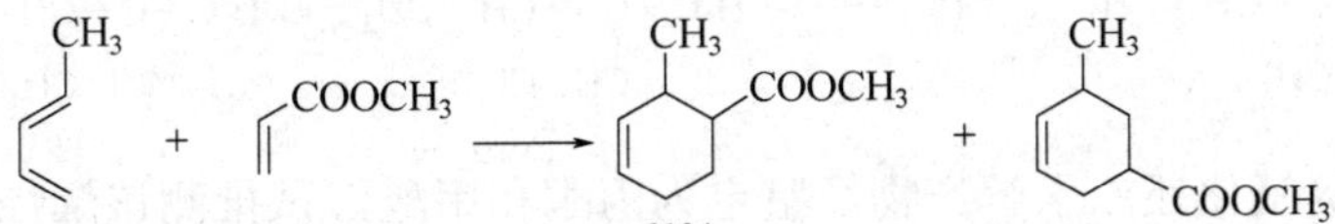

61%
邻位为主

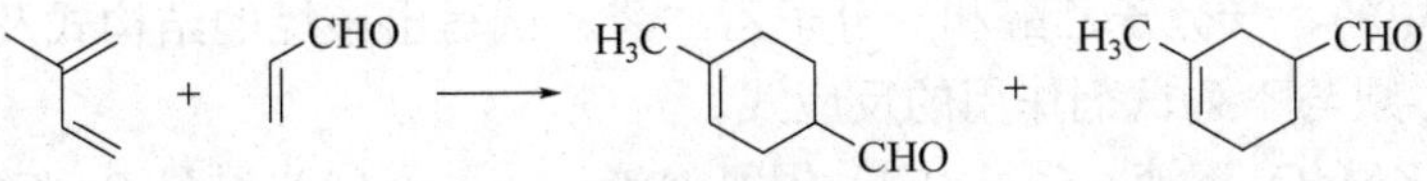

70%
对位为主

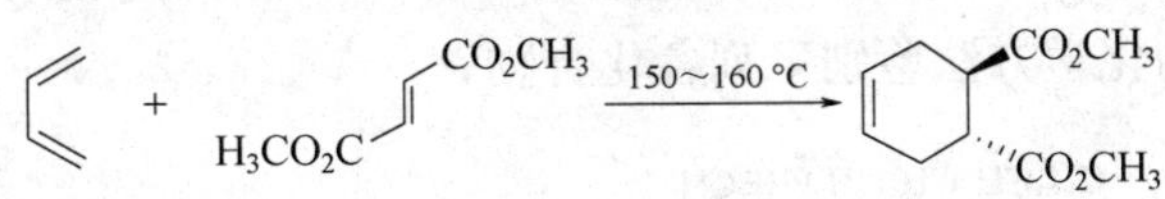

习题

1．用系统命名法命名下列化合物。

（1）$CH_3CH_2CH{=}C(CH_3)_2$　　（2）$CH_3CH(CH_2CH_3)CH{=}CHCH_3$

（3）$BrCH_2CH_2CH_2CH_2C{\equiv}CH$　　（4）$CH_3CH{=}CH{-}CH{=}CHCH_3$

2．写出下列各化合物的结构式和构型式。

（1）顺 3,4-二甲基戊-2-烯　　（2）2,3-二甲基戊-1-烯

（3）反 4,4-二甲基戊-2-烯　　（4）(*Z*)-3-甲基-4-异丙基庚-3-烯

3．用 *Z*/*E* 命名法命名下列各化合物。

（1）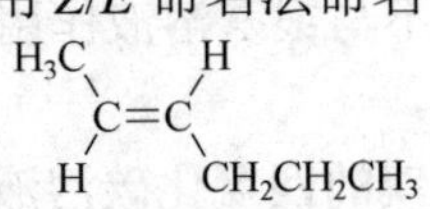

（2）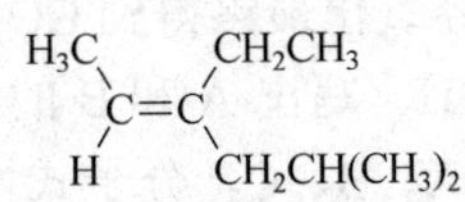

（3）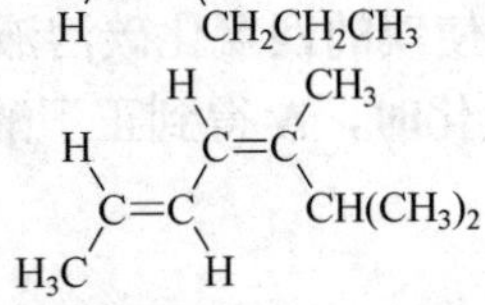

（4）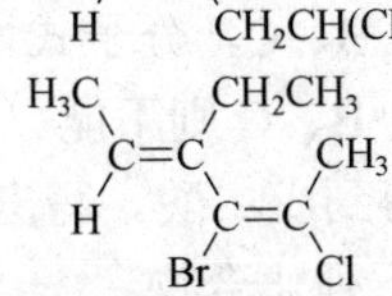

4．写出 2-甲基丁-1-烯分别在下列条件下发生反应的主要产物的结构式和名称。

（1）H_2，Pd/C　　（2）HOBr

（3）Cl_2，0℃　　（4）稀、冷 $KMnO_4$ 溶液

（5）B_2H_6，$NaOH/H_2O_2$　　（6）O_3，Zn/H_2O

（7）HBr　　　　　　　　　　　　（8）HBr/过氧化物

5．试写出下列各反应的主要产物。

（1）$CH_3CH_2CH{=}CH_2 \xrightarrow{HBr}$

（2）$CH_3CH{=}\underset{}{\overset{CH_3}{\overset{|}{C}}}{-}CH_3 \xrightarrow{HI}$

（3）$CH_3CH{=}CH_2 \xrightarrow[2)\ H_2O]{1)\ H_2SO_4}$

（4）$CH_3CH{=}CH_2 \xrightarrow{热、浓KMnO_4溶液}$

6．试写出下列反应的反应历程。

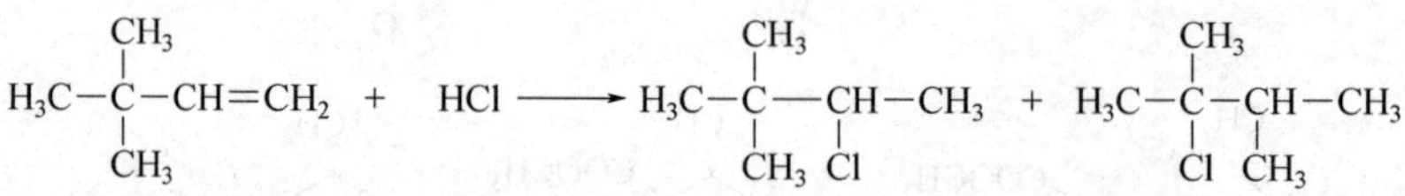

7．某烯烃的臭氧化还原水解产物经鉴定为丙酮和甲醛，试推测该烯烃的结构式。

8．一分子某烃与一分子 HBr 反应只生成一种加成产物，一分子该烃经臭氧化再还原水解则生成一分子甲醛、一分子乙醛和一分子乙二醛。试写出该烃的结构式及各步反应式。

9．写出丁-1-炔与下列试剂作用的反应式。

（1）热、浓 $KMnO_4$ 溶液　　（2）银氨溶液　　（3）过量 Br_2/CCl_4，0℃

（4）H_2SO_4，H_2O，Hg^{2+}　　（5）1mol H_2/Pt　　（6）$CuCl_2$，NH_4Cl，HCN

10．如何用简单的化学方法鉴别下列各化合物？

（1）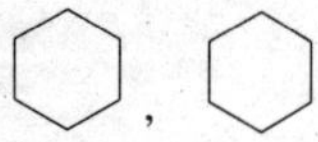，$CH_3CH_2CH_2CH_2C{\equiv}CH$

（2）$CH_3CH_2CH_2C{\equiv}CH$，$CH_3CH_2C{\equiv}CCH_3$

（3）$(CH_3)_2C{=}CH_2$，$CH_3CH_2CH_2CH_3$，

（4）$H_3C{-}CH_3$，$H_2C{=}CH_2$，$HC{\equiv}CH$

11．试推测化合物 A、B、C、D 和 E 的结构式。

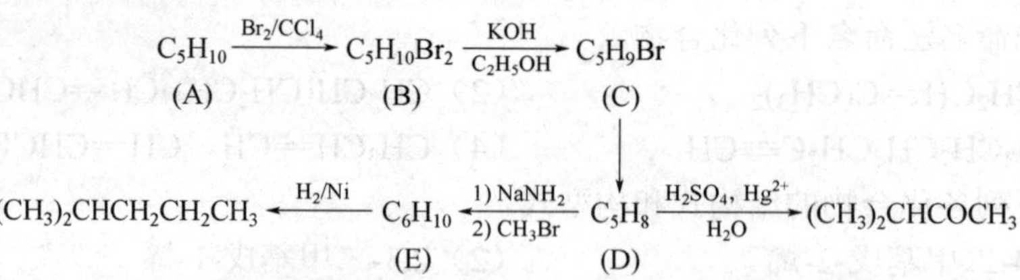

12．化合物 A 和 B 都含碳 88.9%、含氢 11.1%，且都能使 Br_2/CCl_4 溶液褪色。A 与银氨溶液作用生成沉淀；A 经氧化最终得到 CO_2 和 CH_3CH_2COOH。B 不与银氨溶液作用；氧化 B 可得 CO_2 和 HOOCCOOH。写出 A 和 B 的结构式及各步反应式。

13．有三个化合物 A、B、C，分子式均为 C_5H_8，它们都能使溴的四氯化碳溶液褪色。A 与银氨溶液作用生成沉淀，B、C 则不能。当用热的高锰酸钾氧化时，A 得到正丁酸和 CO_2，B 得到乙酸和丙酸，C 则得到戊二酸。写出 A、B、C 的结构式。

14．由指定原料合成下列化合物。

（1）由丁-1-炔和丙烯合成庚-3-烯

（2）由乙炔和丙烯合成庚-1,6-二烯-3-炔

第 4 章

芳烃

课件

在化学发展初期，人们从天然的香树脂和香精油中提取出一类碳氢化合物，它们的组成和性质与一般的脂肪族化合物明显不同，由于都具有芳香气味，就把它们称为芳香烃（aromatic hydrocarbon），简称芳烃。随着有机化学的发展，芳香性的概念也在不断地变化。研究发现，有些化合物虽然含有苯环，却没有芳香气味，有的甚至带有令人厌恶的气味；而有的化合物虽然不含有苯环，但具有含苯环化合物的共同特性。目前所称的芳香性（aromaticity）一般是指芳香化合物具有环状平面闭合共轭结构、碳碳键的键长趋于平均化而使分子具有特殊稳定性、易发生取代反应而难以发生加成反应和氧化反应等特性。

4.1 芳烃的分类、异构和命名

芳烃的命名

4.1.1 芳烃的分类

根据是否含有苯环、含有苯环的数目和连接方式的不同，可将芳烃分为如下三类：单环芳烃、多环芳烃和非苯芳烃。

① 单环芳烃。分子中只含有一个苯环的芳烃。例如：

苯

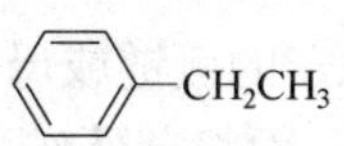

乙苯

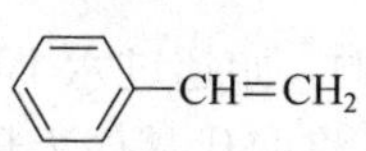

苯乙烯

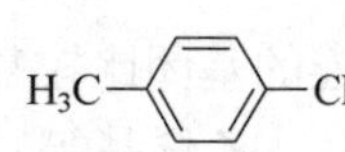

对二甲苯

② 多环芳烃。分子中含有两个或两个以上苯环的芳烃。例如：

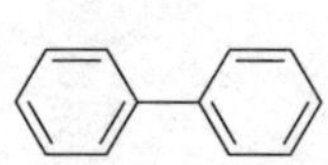
联苯

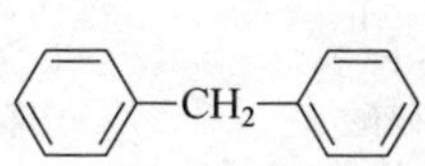

二苯甲烷

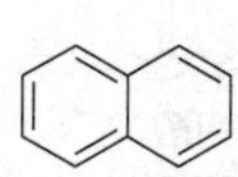
萘

③ 非苯芳烃。分子中不含苯环，但具有芳香性的碳氢化合物或芳香离子。例如：

环戊二烯负离子

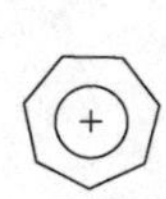
环庚三烯正离子

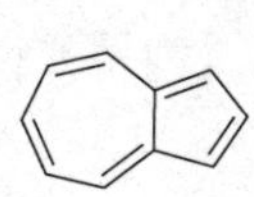
薁

4.1.2 芳烃的异构

如果不考虑侧链烃基的异构，一元（单）取代苯只有一个结构式，而二元、三元、四元取代苯各有三个异构体。例如：

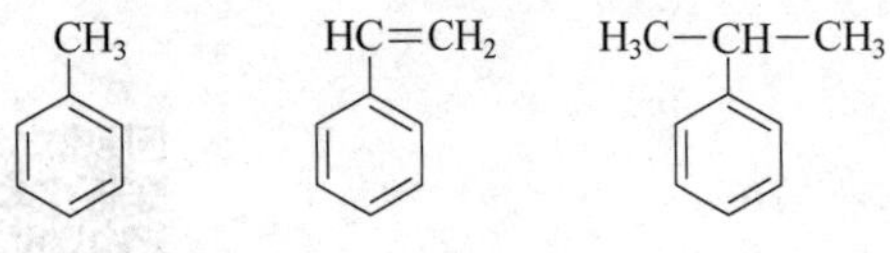

(a) 一元取代苯

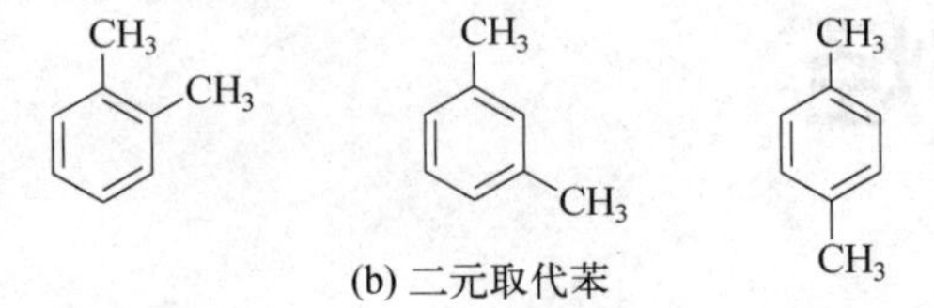

(b) 二元取代苯

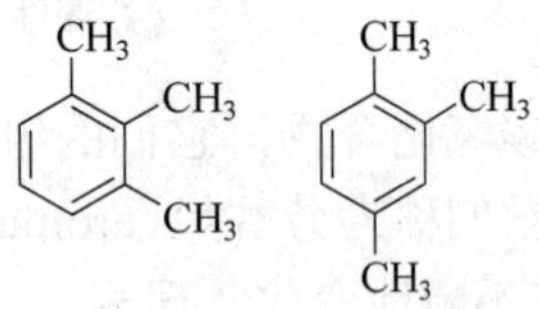

(c) 三元取代苯

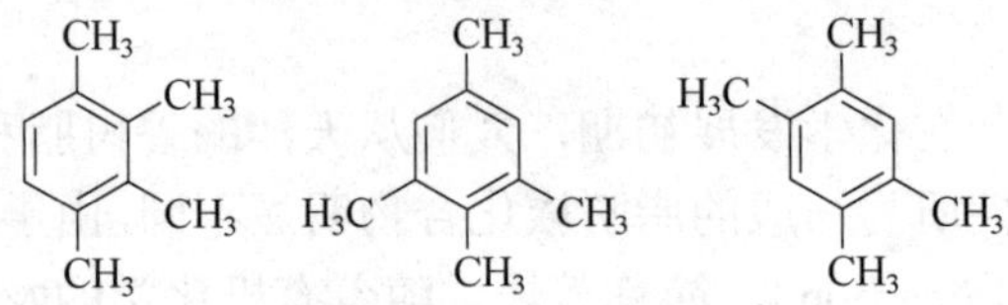

(d) 四元取代苯

苯环侧链碳原子数大于或等于 3 时，苯环侧链出现异构。例如：

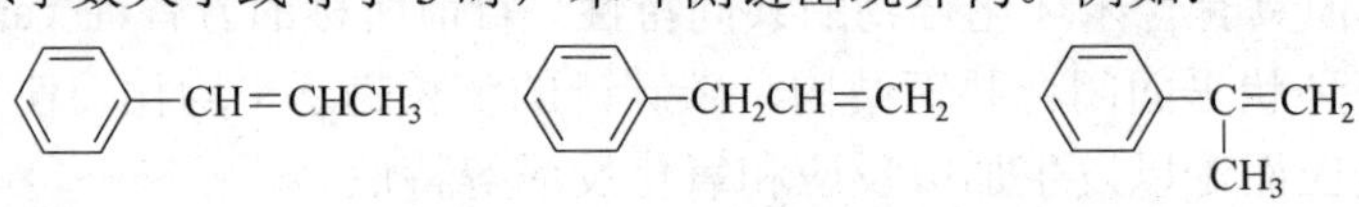

4.1.3 芳烃的命名

4.1.3.1 单取代苯

苯的一元取代物只有一种结构式，当苯环上所连的是简单烃基、硝基、卤素等基团时，常以苯环为母体，称为某某苯。例如：

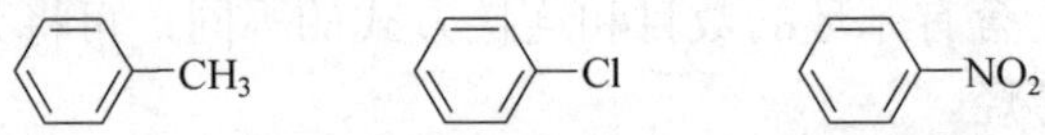

甲苯 toluene　　氯苯 chlorobenzene　　硝基苯 nitrobenzene

当与苯环相连的基团比较复杂时，如超过六个碳原子的侧链或母体官能团（羧基、磺酸基、羟基、氨基、羰基、乙烯基等），可将取代基作为母体，而将苯环作为取代基。例如：

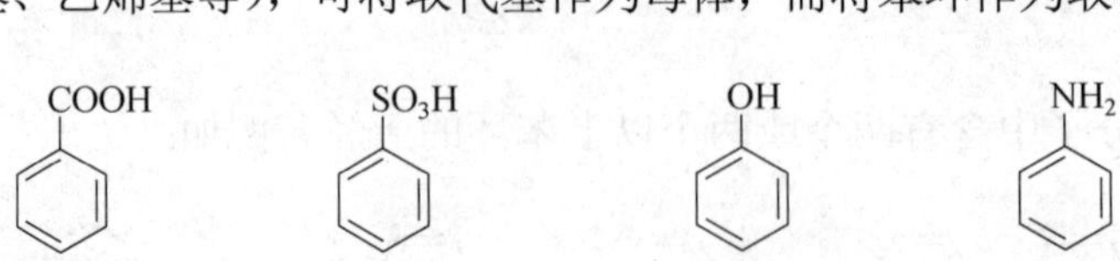

苯甲酸 benzoic acid　　苯磺酸 benzenesulfonic acid　　苯酚 phenol　　苯胺 aniline

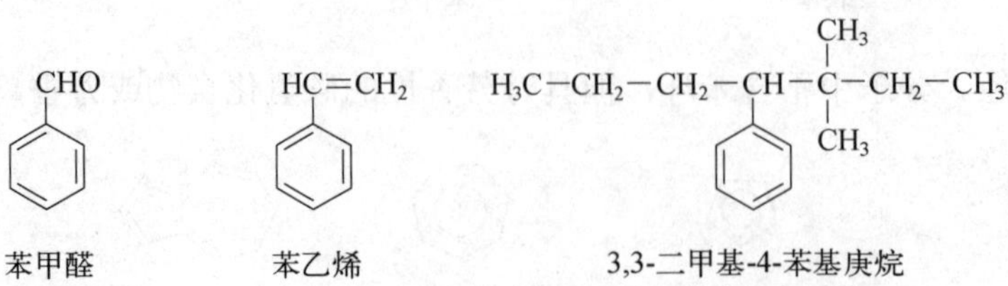

苯甲醛 benzaldehyde　　苯乙烯 styrene　　3,3-二甲基-4-苯基庚烷 3,3-dimethyl-4-phenylheptane

4.1.3.2 多取代苯

对于苯的多元取代物，取代基的位置用邻(o)、间(m)、对(p)或 2、3、4、5 等表示。特性基团的优先次序具体如下：

—COOH > —SO_3H > —SO_2NH_2 > —COOR > —COX > —$CONH_2$ > —CN > —CHO > —COR > —OH > —SH > —NH_2 > —OR> —SR > —C═C > —C≡C > —R > —X >—NO_2

多取代苯分子命名时按上面的顺序，通常排在最前面的基团作为主体基团，与苯环一起作为后缀（母体），其余基团均作为取代基，按照字母顺序命名。例如：

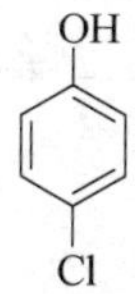

4-氯苯酚
4-chlorophenol

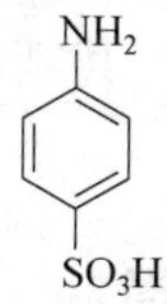

4-氨基苯磺酸
4-aminobenzenesulfonic acid

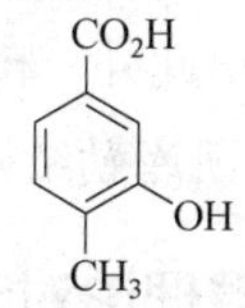

3-羟基-4-甲基苯甲酸
3-hydroxy-4-methylbenzoic acid

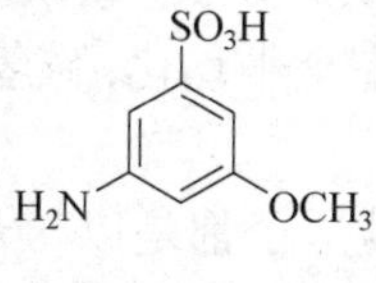

3-氨基-5-甲氧基苯磺酸
3-amino-5-methoxybenzenesulfonic acid

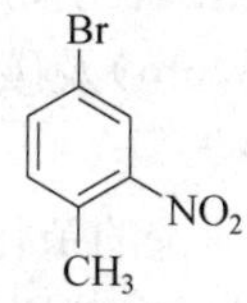

4-溴-2-硝基甲苯
4-bromo-2-nitrotoluene

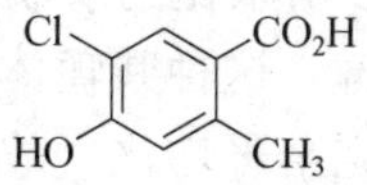

5-氯-4-羟基-2-甲基苯甲酸
5-chloro-4-hydroxy-2-methylbenzoic acid

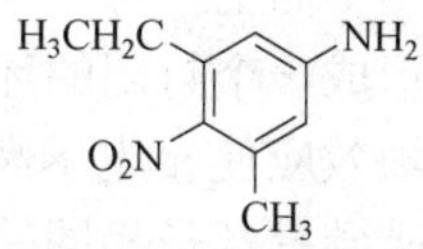

3-乙基-5-甲基-4-硝基苯胺
3-ethyl-5-methyl-4-nitroaniline

4.2 苯的结构

苯的结构

苯的分子式是 C_6H_6。从碳与氢的比例来看，苯应显示高度不饱和性，但事实上苯却并不具备不饱和烃的性质。一般情况下，苯不易发生烯烃一类的亲电加成反应，也不被高锰酸钾氧化，却易发生苯环上的取代反应，如卤化、硝化、磺化、烷基化和酰基化等，这些反应都保持了苯环的原有结构。这些性质充分说明了苯具有不同于一般不饱和化合物的性质，即不易加成、不易氧化、易取代、碳环异常稳定，这些性质总称为芳香性。苯的芳香性与苯环的特殊结构有关。

4.2.1 凯库勒结构式

1865 年，德国化学家凯库勒（F. A. Kekulév）从苯的分子式 C_6H_6 出发，根据苯的一元取代物只有一种（说明六个氢原子是等同的）的事实，提出了苯的环状结构式。他认为苯分子中的 6 个碳原子以单、双键交替形式互相连接，构成正六边形平面结构，内角为 120°，每个碳原子连接一个氢原子。该结构实际上是一个环己三烯的结构。

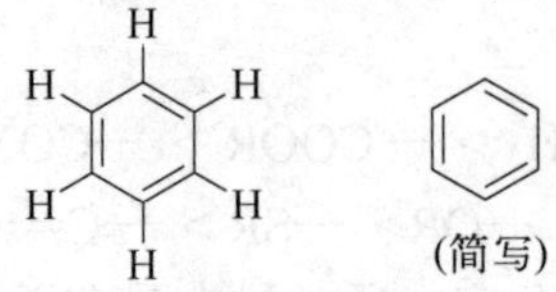

苯的凯库勒结构

根据该结构式，苯的邻位二元取代物应有两个异构体。但经过实验发现，苯的邻二取代物实际上只有一种。此外，苯具有特殊的稳定性，其氢化热比假想的环己三烯小 $152kJ \cdot mol^{-1}$。这些问题都是苯的凯库勒结构无法解释的。

4.2.2 现代价键理论对苯分子结构的解释

现代物理方法测试表明，苯是一个平面正六边形构型的分子，碳碳键的键长都是 0.140nm，介于碳碳单键（0.154nm）及碳碳双键（0.134nm）之间，完全平均化；碳氢键的键长为 0.108nm，键角都是 120°。

根据现代价键理论的杂化轨道理论，苯分子中的碳原子都是以 sp^2 杂化轨道成键的，故键角均为 120°。每一个碳原子的三个 sp^2 杂化轨道中的两个分别与相邻碳原子的 sp^2 杂化轨道重叠，形成 C—C σ 键；剩下的一个 sp^2 杂化轨道与氢原子的 1s 轨道重叠，形成 C—H σ 键，故所有原子均在同一平面上。每个碳原子还有一个未参与杂化的 p 轨道垂直于碳环平面，它们彼此侧面重叠，形成一个封闭的环状共轭离域大 π 键。这种共轭体系降低能量，使苯具有特殊的稳定性。共轭效应使 π 电子高度离域，电子云完全平均化，故苯环上的碳碳键无单、双键之分，所有的碳碳键都是相同的，故其邻位二元取代物只有一种。

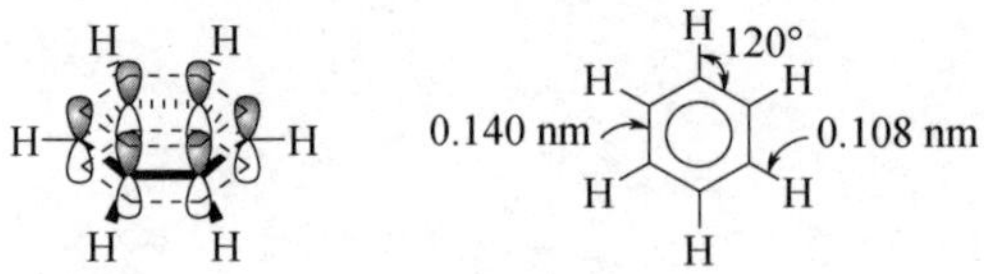

4.2.3 分子轨道理论对苯分子结构的解释

分子轨道理论认为，苯分子形成 σ 键之后，苯环 6 个碳原子的 6 个原子轨道线性组合成 6 个 π 分子轨道，分别用 ψ_1、ψ_2、ψ_3、ψ_4^*、ψ_5^*和 ψ_6^*表示（图 4-1）。组合成的 6 个分子轨道和能级如图 4-1 所示。ψ_1 没有节面，能级最低；ψ_2 和 ψ_3 各有一个节面，能级相同，称为简并轨道。ψ_1、ψ_2 和 ψ_3 的能量都比原来的原子轨道的能量低，故称为成键轨道。ψ_4^*和 ψ_5^*有两个节面，能量相同，也为简并轨道，能量较高；ψ_6^*有三个节面，能量最高。ψ_4^*、ψ_5^*和 ψ_6^*的能量都比原来的原子轨道能量高，因此称为反键轨道。参加线性组合的 6 个 p 原子轨道都带有一个电子，形成分子轨道后，6 个电子填充到 3 个能量较低的成键轨道上，其能量较原来 6 个 p 轨道上的 6 个单电子的能量低。

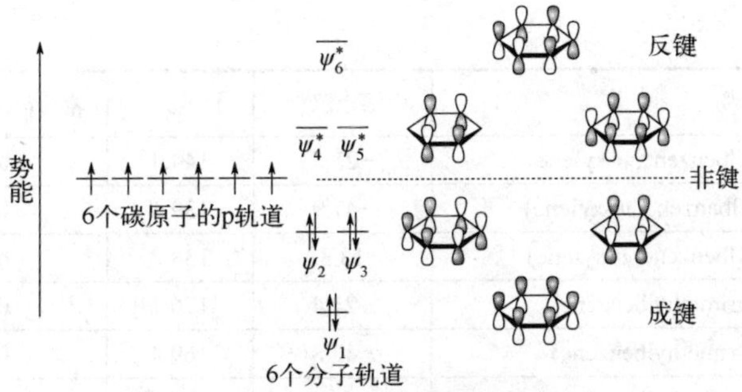

图 4-1　苯的 π 分子轨道和能级示意图

4.2.4　苯的共振结构

苯分子的相对稳定性由其共振结构来解释。苯的真实结构是其共振结构 A 和 B 的杂化体（虚实线表示该键处于单、双键之间）。

共振降低了苯分子的能量，增加了它的稳定性。苯的氢化热为 208kJ·mol^{-1}，比假定的环己三烯的氢化热（3×120kJ·mol^{-1}=360kJ·mol^{-1}）低 152kJ·mol^{-1}，这是苯分子存在共轭体系和 π 电子高度离域的结果。由此，苯具有相对稳定性，这一性质是芳香烃类化合物特有的，是芳香性的重要特征。

4.3　芳烃的物理性质

芳烃大多是有特殊气味的油状液体。苯及其同系物多数为液体，不溶于水，易溶于乙醚、四氯化碳、石油醚等非极性有机溶剂。单环芳烃的相对密度小于 1，一般在 0.8～0.9。单环芳烃有特殊的气味，其蒸气有毒，对呼吸道、中枢神经和造血器官产生损害，长期接触可能导致白血病。某些多环芳烃对人体有致癌作用。由于苯及其同系物中含碳量比较高，燃烧时火焰明亮，若空气不足，则有大量黑烟（碳氢比高，燃烧不完全，有炭生成）。苯的爆炸极限为 1.2%～8.0%（体积分数）。苯蒸气密度大于空气，易聚于地面附近，难扩散，遇火易燃烧或爆炸，危险性大。苯及其同系物分子中碳原子数相同的各种异构体的沸点很接近，如邻、间和对二甲苯的沸点分别为 144.4℃、139.1℃和 138.2℃（表 4-1）。邻二甲苯的偶极矩比较大，所以沸点比较高。可以用高效精馏塔把邻二甲苯分离出来，但很难把间、对二甲苯分开。在同分异构体中，结构对称的异构体有利于形成规整的晶体结构，因而具有较高的熔点，如邻、间、对二甲苯的熔点分别为−25.5℃、−47.9℃和 13.3℃。可用低温结晶的方法使对二甲苯分离出来。

表 4-1　苯及其常见烃类衍生物的物理性质

化合物	熔点/℃	沸点/℃	密度(20℃)/(g·mL^{-1})	折射率 n_D^{20}
苯(benzene)	5.5	80.1	0.8786	1.5001
甲苯(toluene)	−95	110.6	0.8669	1.4961

续表

化合物	熔点/℃	沸点/℃	密度(20℃)/(g·mL^{-1})	折射率 n_D^{20}
邻二甲苯(1,2-dimethylbenzene, *o*-xylene)	−25.5	144.4	0.8802	1.5055
间二甲苯(1,3-dimethylbenzene, *m*-xylene)	−47.9	139.1	0.8642	1.4972
对二甲苯(1,4-dimethylbenzene, *p*-xylene)	13.3	138.2	0.8611	1.4958
1,2,3-三甲苯(1,2,3-trimethylbenzene)	−25.4	176.1	0.8944	—
1,2,4-三甲苯(1,2,4-trimethylbenzene)	−43.8	169.4	0.8758	—
1,3,5-三甲苯(1,3,5-trimethylbenzene)	−44.7	164.7	0.8652	—
乙苯(ethylbenzene)	−95	136.2	0.8670	1.4959
丙苯(propylbenzene)	−99.5	159.2	0.8620	1.4920
丙-2-基苯(prop-2-yl-benzene)	−96	152.4	0.8618	—
丁苯(butylbenzene)	−88	183	0.8610	—
1-甲基丙基苯(1-methylpropylbenzene)	−75	173	0.8621	—
1,1-二甲基乙基苯(1,1-dimethylethylbenzene)	−57.8	169	0.8665	—
苯乙烯(phenylethylene,styrene)	−30.6	145.2	0.9060	1.5468
苯乙炔(phenylacetylene)	−44.8	142.4	0.9281	1.5485

4.4 单环芳烃的化学性质

芳烃分子是一个封闭的环状共轭体系，电子离域程度大，体系稳定，因此在一般化学反应中，芳环不开环。芳环上下被离域的 π 电子云所笼罩，属于电子给体，容易与亲电试剂发生取代反应。在特定条件下，共轭体系也可以发生加成反应生成脂环化合物。

芳环上可以带侧链。当苯环带有烷基侧链时，该芳烃具有烷烃的化学性质；当苯环带有烯基等不饱和烃基侧链时，该芳烃具有不饱和链烃的化学性质。

芳烃亲电取代历程

4.4.1 单环芳烃的亲电取代反应

苯环平面的上下方有共轭离域的大 π 键电子云，与 σ 键相比，平行重叠的电子云结合较弱，因此在反应中苯环可与缺电子的亲电试剂发生反应，这类似于烯烃中 π 键的性质。但是，苯环中的 π 电子又有别于烯烃，π 键共振形成的大 π 键使苯环具有特殊的稳定性，反应中总是保持苯环的结构。苯的结构特点决定它容易发生亲电取代反应（electrophilic substitution reaction）而不是加成反应。

苯环亲电取代反应的历程可表示如下：

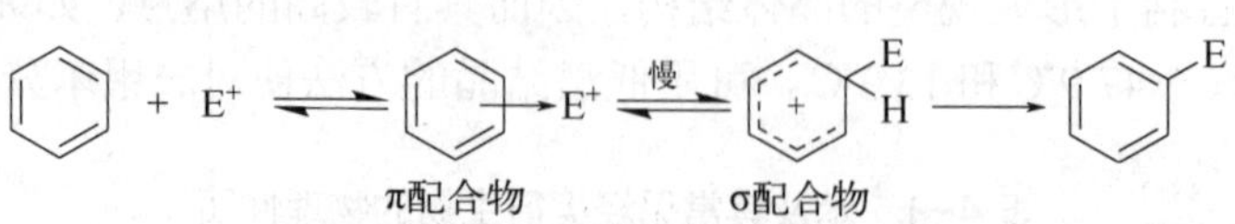

从反应历程可以看出，首先是亲电试剂 E$^+$进攻苯环，并与苯环 π 电子相互作用形成 π 配合物，这种作用很弱，所以 π 配合物仍保持苯环的结构。然后，π 配合物中的亲电试剂 E$^+$从苯环上夺取一对电子，与苯环的一个碳原子结合形成 σ 键，生成 σ 配合物（实验证明，除了

溴化反应有π配合物生成的迹象外，其他亲电取代反应一般不经过生成π配合物的步骤而直接生成σ配合物)。此时，这个碳原子的杂化状态也由 sp^2 转变为 sp^3。由于苯环原有的六个π电子中给出一对π电子，因此只剩下四个π电子，而且这四个π电子只是离域分布在五个碳原子所形成的（缺电子）π_5^4 共轭体系中的，因此生成的σ配合物已不再是原来的苯环结构，而是类碳正离子中间体。作为中间体的碳正离子的正电荷分散在五个碳原子上，比较稳定，但与苯相比，由于碳的 sp^2 杂化变成了 sp^3 杂化，破坏了苯环原有的稳定的共轭体系，失去了芳香性，因而能量升高。由苯生成活性中间体，需要跨越一个较高的能垒，故反应需要很高的活化能，反应速率比较慢，它是决定整个反应速率的步骤。而由碳正离子中间体失去质子，所需要的能量较低，反应速率很快，所以σ配合物生成后随即迅速失去一个质子，重新恢复为稳定的苯环结构，最后生成取代产物。

4.4.1.1 卤化反应

单环芳烃的卤化反应（halogenation）即苯环上的氢原子被卤素原子取代的反应。卤素与苯环上的氢原子发生取代反应的活性按氟、氯、溴、碘的顺序依次降低。氟的亲电性很强，它与苯的反应难以控制，易生成非芳香性的氟化物和焦油的混合物，因此氟代苯一般用间接的方法合成，而不通过氟和苯直接作用来合成。氯和溴在苯环上的取代反应需要在相应的卤化铁或铁的催化下进行。

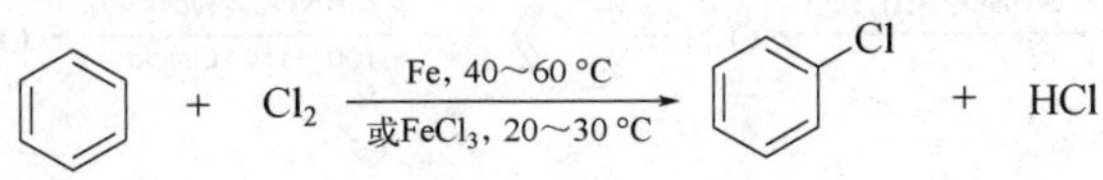

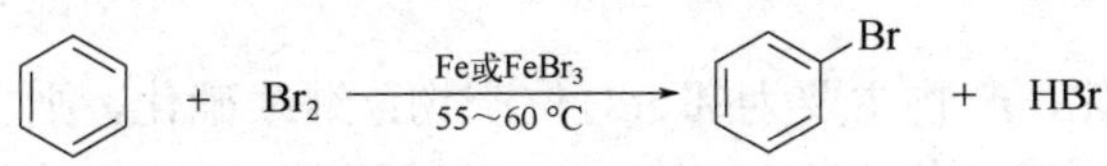

反应的机理如下：

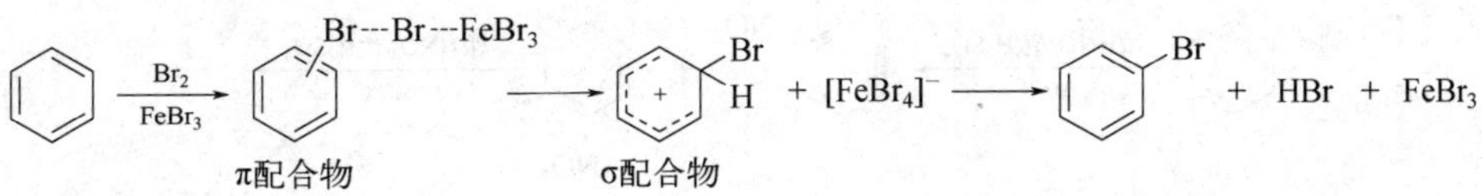

在加热条件下，卤代苯可继续与卤素作用，主要生成邻位和对位二卤代苯。

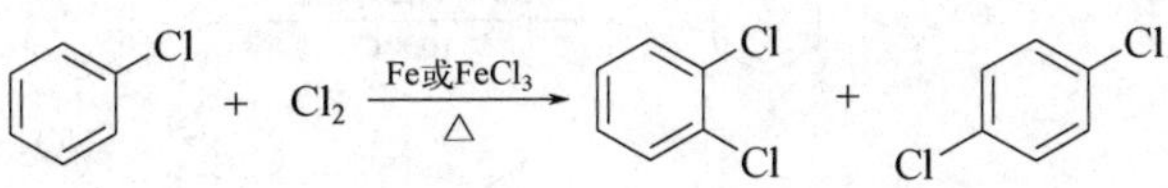

烷基苯的卤化比苯容易，也生成邻位和对位的卤代产物。例如：

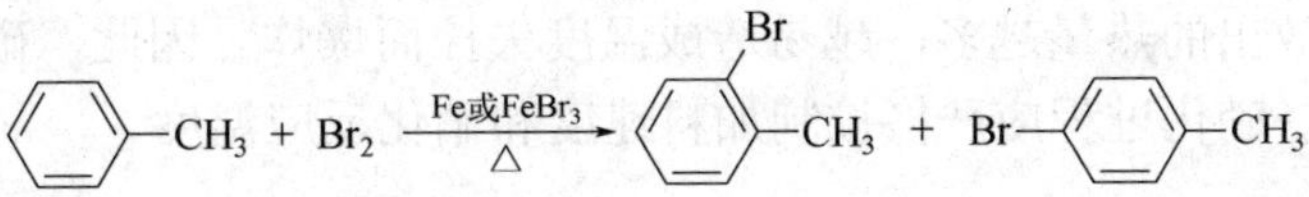

4.4.1.2 硝化反应

单环芳烃的硝化反应（nitration reaction）即苯环上的氢原子被硝基取代生成硝基苯的反应。硝化反应常用浓硫酸和浓硝酸的混合物（混酸）作为硝化剂。

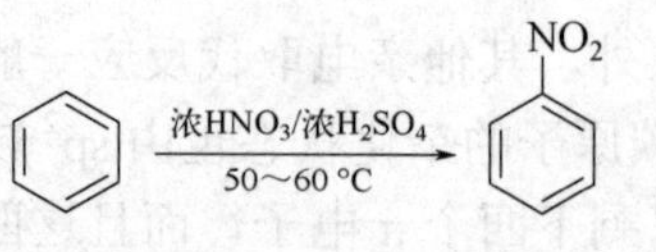

在硝化反应中，浓硫酸不仅作为脱水剂，而且作为进攻离子的硝酰正离子 NO_2^+ 也是由它与硝酸作用产生的。NO_2^+ 是一种强的亲电试剂，它可以进攻苯环，先生成 σ 配合物，然后失去一个质子而生成硝基苯。反应历程如下：

$$HONO_2 + 2H_2SO_4 \rightleftharpoons NO_2^+ + H_3O^+ + 2HSO_4^-$$

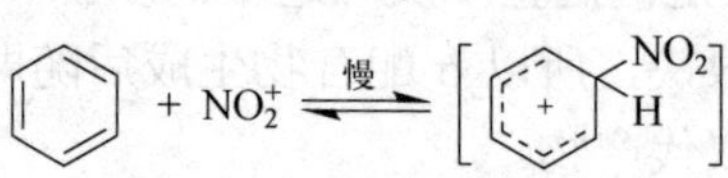

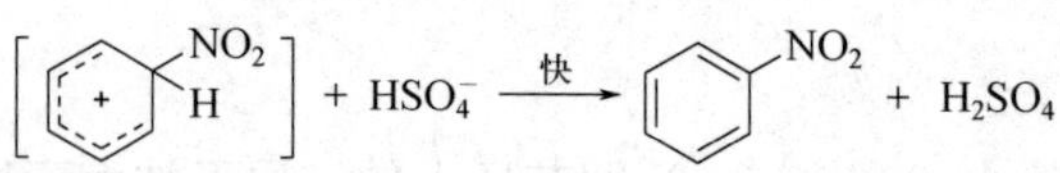

硝基苯不容易继续硝化，但是如果硝化剂过量，或反应温度更高，或反应时间更长，则引入第二个硝基，且主要生成间二硝基苯（1,3-二硝基苯）。制备多硝基苯需要用发烟硫酸和发烟硝酸等苛刻的反应试剂。

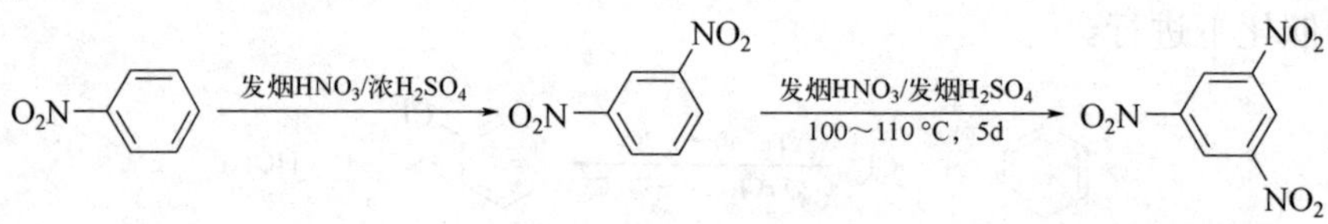

间二硝基苯　　1,3,5-三硝基苯

烷基苯比苯容易硝化，产物主要为邻、对位产物；继续硝化，则主要产物是二取代产物；在较高温度下最后可得到三取代产物。例如，三硝基甲苯（TNT）的合成：

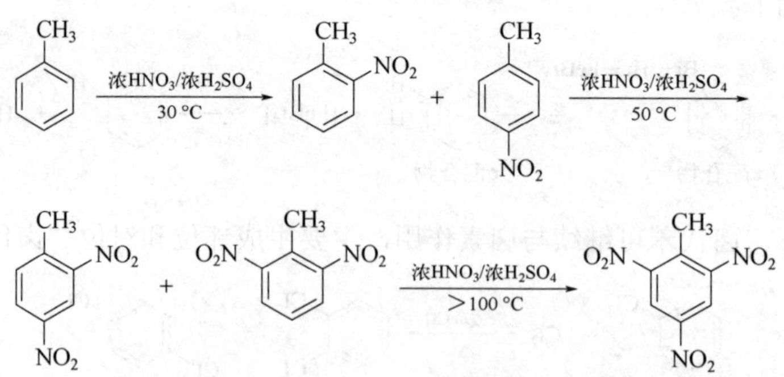

2,4,6-三硝基甲苯

芳烃的硝化反应在工业上具有重要意义。然而，硝化反应是放热反应，温度越高，硝化反应的速率越快，放出的热量越多，越易造成温度失控而爆炸。因此，硝化反应器应有良好的搅拌和冷却装置，硝化过程应严格控制加料速度和硝化反应温度。

4.4.1.3　磺化反应

单环芳烃的磺化反应（sulfonation reaction）即苯环上的氢原子被磺酸基取代的反应。磺化反应通常用浓硫酸或发烟硫酸作为磺化试剂。不同浓度的硫酸与苯反应的速率不同，浓度越高，反应越快。含三氧化硫的发烟硫酸反应最快，在常温下即可与苯发生磺化反应，生成苯磺酸。

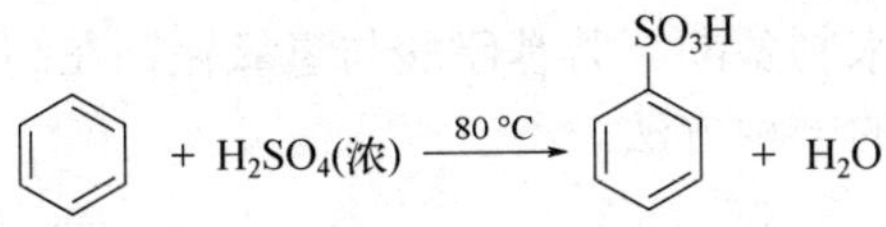

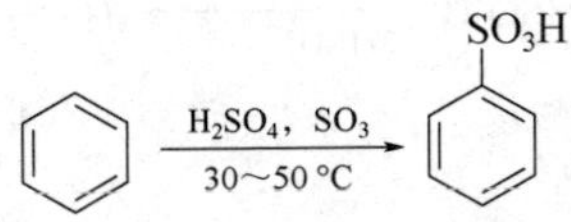

磺化反应也是亲电取代反应，一般认为磺化反应的亲电试剂是三氧化硫 SO_3。三氧化硫先被硫酸质子化；然后苯分子进攻这个亲电试剂生成 σ 配合物；最后 σ 配合物消除一个质子，形成苯磺酸。这个反应是可逆的。

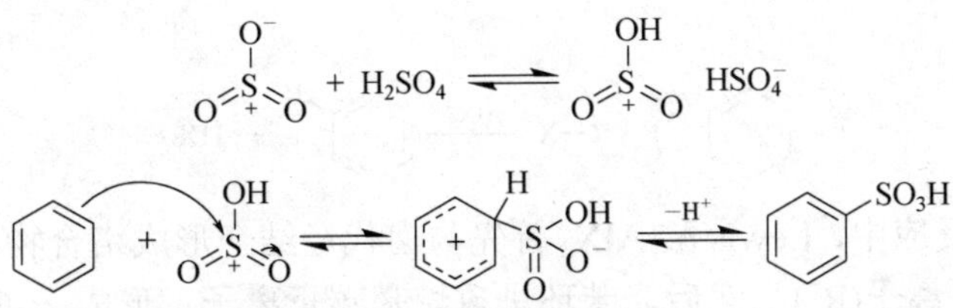

σ配合物

烷基苯的磺化比苯容易，主要得到邻、对位取代产物。反应温度不同，产物的比例不同。

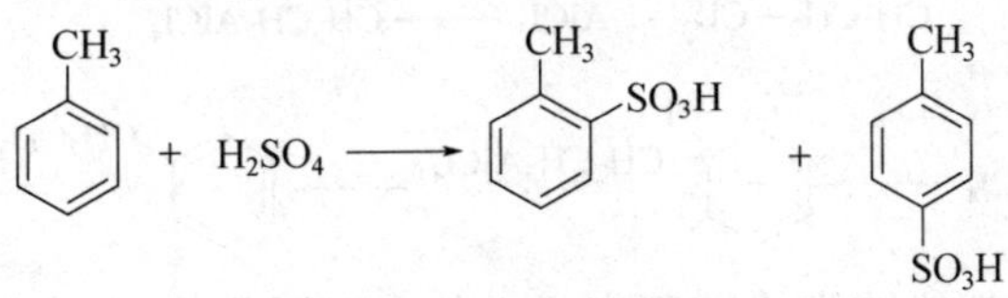

	2-甲基苯磺酸	4-甲基苯磺酸
0 °C	43%	53%
25 °C	32%	62%
100 °C	13%	79%

不同的反应温度下，邻、对位产物比例不同的现象是由磺化反应的可逆性引起的。上述反应的邻位产物由于磺酸基和甲基之间的位阻作用，势能比较高，而对位产物因没有位阻作用，势能比较低。低温时逆反应速率比较慢，两种势能不同的产物发生逆反应的速率相差比较小，所以它们在总产物中所占的比例相差也不大。高温时逆反应速率加快，势能高的产物发生逆反应的速率比势能低的产物发生逆反应的速率快得多，从而导致它们在总产物中所占比例的差值也随之增大，即高温时以对位产物为主。

与卤化和硝化反应不同，磺化反应是可逆的，生成的磺化产物与水共热，可以脱掉磺酸基。利用这一可逆的特性，在有机合成上，可以用磺酸基来占位，即先在磺化条件下将磺酸基引入苯环，待反应完毕后再脱去磺酸基。例如，在制备 2,6-二硝基甲苯时，先将甲苯磺化制备成 4-甲基苯磺酸，后者经硝化生成 4-甲基-3,5-二硝基苯磺酸，再经逆磺化反应得到 2,6-二硝基甲苯。在这个合成方法中，磺酸基起了保护基团的作用，即保护了苯环上甲基对位的 C—H 键。

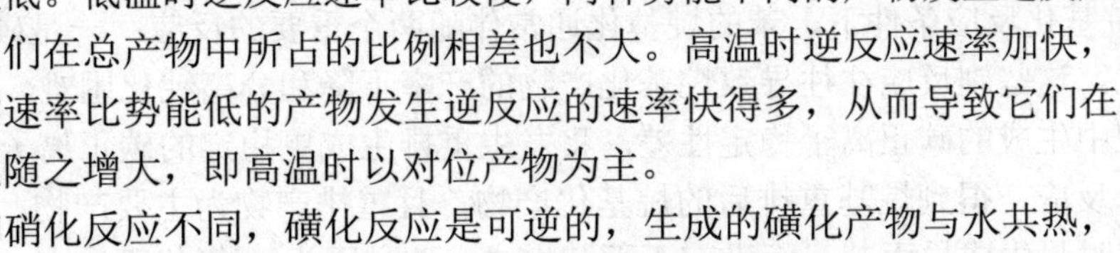

甲苯　　4-甲基苯磺酸　　4-甲基-3,5-二硝基苯磺酸　　2,6-二硝基甲苯

磺化反应的产物还可用来制备酚。芳基磺酸与氢氧化钠在高温下反应，然后经酸中和得到酚，这是制备酚类化合物的一种方法。

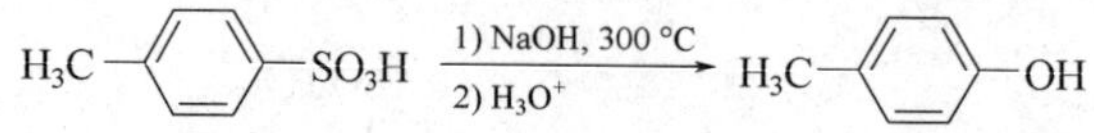

4-甲基苯磺酸　　4-甲基苯酚

4.4.1.4 傅-克（Friedel-Crafts）烷基化反应

1877 年，C. Friedel 和 J. M. Crafts 发现苯与卤代烃在三氯化铝催化下反应生成烷基苯和卤化氢，此反应称为弗里德-克拉夫茨烷基化反应（Friedel-Crafts alkylation），简称傅-克烷基化反应。

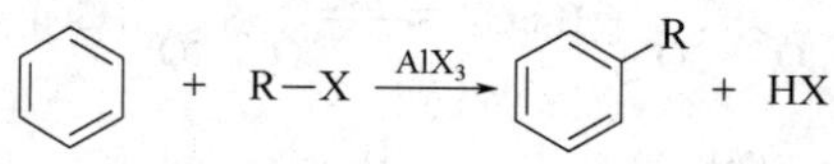

在傅-克烷基化反应中，Lewis 酸 AlX_3 首先与卤代烃结合形成络合物，从而促进 C—X 键断裂，形成烷基碳正离子(R^+)。然后，苯环进攻烷基碳正离子，形成 σ 配合物；后者脱去一个质子，得到烷基化产物。

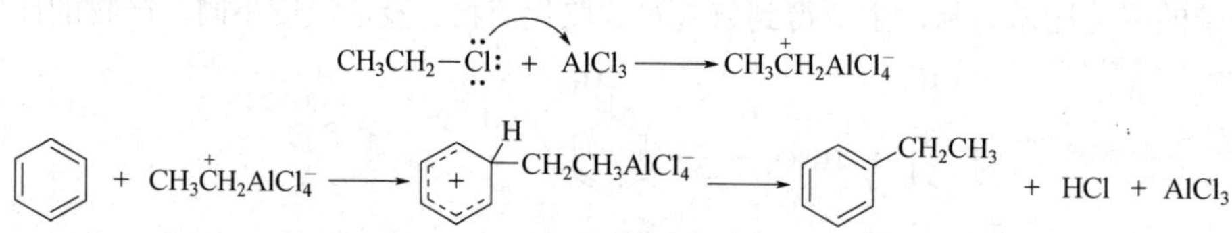

烯烃和醇在酸催化下都能够生成碳正离子，故也可用作傅-克烷基化反应中的亲电试剂。例如，苯与丙烯在 HF 存在下反应生成异丙基苯，环己醇在三氟化硼催化下生成环己基苯。

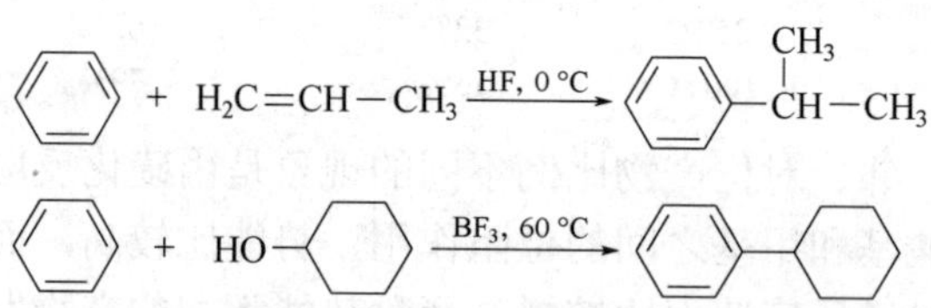

在傅-克烷基化反应条件下，苯的烷基化通常伴随两个重要的反应：一是碳正离子重排，二是多烷基化。这些副反应往往导致烷基化产物的产率下降和分离纯化困难。如果烷基化试剂在反应过程中生成的碳正离子稳定性差，将发生重排生成更稳定的碳正离子，后者再作为亲电试剂与苯反应，得到烷基重排后的烷基化产物，且重排产物为主要产物。例如，1-氯代丙烷与苯反应时只生成异丙苯，而没有正丙苯生成。这是因为 1-氯代丙烷在 $AlCl_3$ 促进下所产生的 1° 碳正离子容易发生重排，形成较稳定的 2° 碳正离子（异丙基正离子），后者作为亲电试剂与苯反应生成异丙基苯。

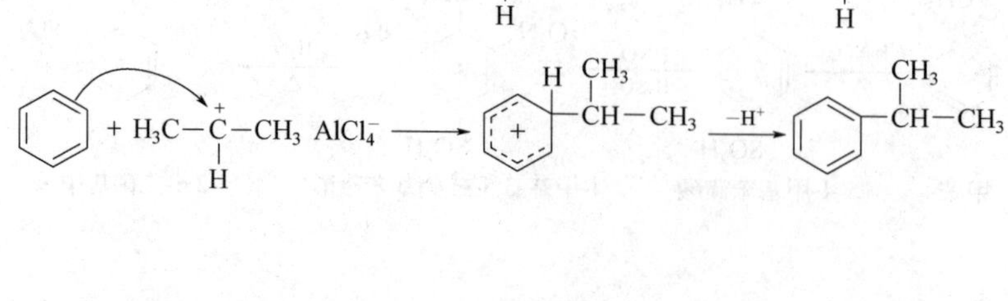

由于烷基苯比苯具有较高的反应活性，故烷基化产物可发生二次烷基化，生成多烷基化产物。例如，氯代叔丁烷与苯的烷基化主要得到二次烷基化产物，即 1,4-二叔丁基苯。

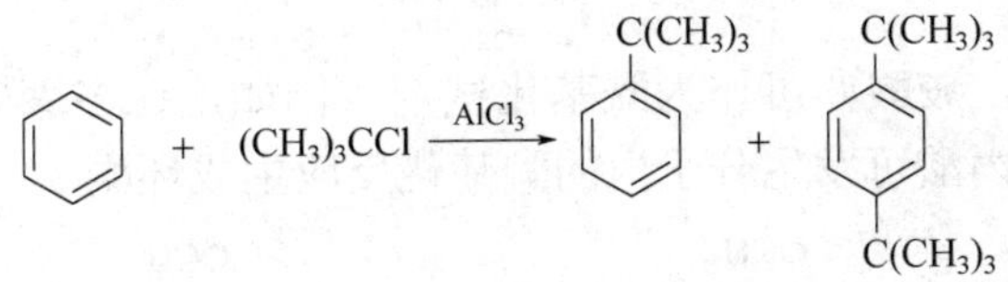

碳正离子是比较弱的亲电试剂，故当苯环上连有较强的吸电子基团（如$-\overset{+}{N}R_3$、$-NO_2$、$-CO_2H$、$-CO_2R$、—COR、$-CF_3$、$-SO_3H$ 等）时，苯环上的电子云密度大幅度降低，傅-克烷基化反应一般较难发生。苯胺类化合物通常也不能发生傅-克烷基化反应，因为它们具有碱性，可与 Lewis 酸形成盐，使氨基变成吸电子基团，导致苯环电子云密度降低。

傅-克烷基化反应是可逆的，故常伴随歧化反应发生，即一分子烷基苯增加一个烷基，另一分子烷基苯脱去一个烷基。目前工业上就是利用甲苯的歧化来生产苯和二甲苯的。

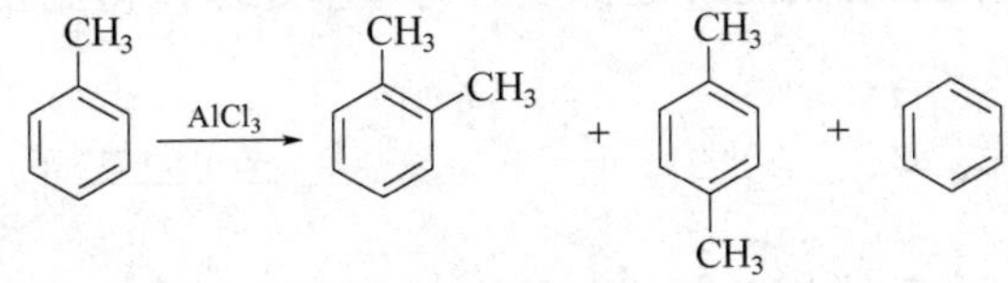

4.4.1.5 傅-克（Friedel-Crafts）酰基化反应

在 Lewis 酸作用下，苯与酰卤（RCOX）作用，在苯环上引入一个酰基，得到芳香酮，此反应称为傅-克酰基化反应（Friedel-Crafts acylation）。例如，在无水 $AlCl_3$ 存在下，苯与乙酰氯作用生成苯乙酮。

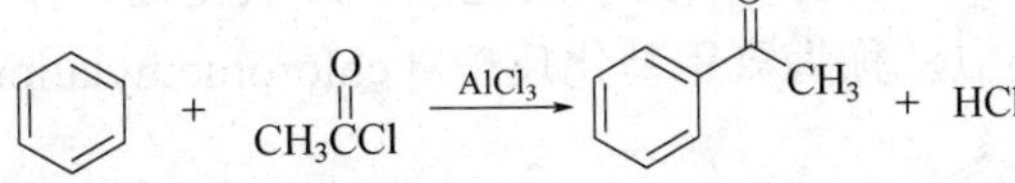

在这个反应中，首先酰氯与 Lewis 酸作用，形成酰基正离子；然后，苯环进攻酰基正离子，形成 σ 配合物；后者消除一个质子，得到酰基化产物。

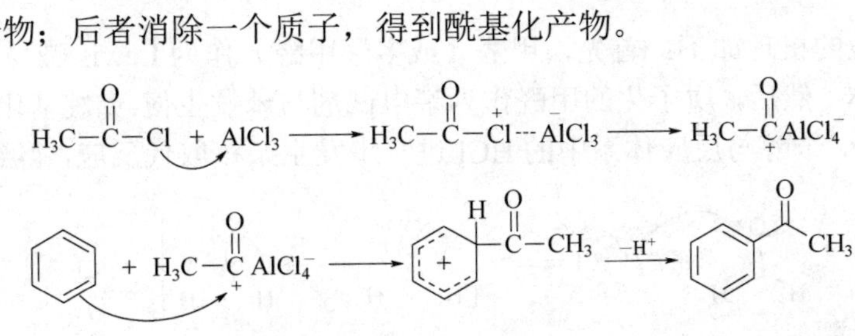

除酰卤外，酸酐$(RCO)_2O$ 也是常用的酰基化试剂。例如，苯与乙酸酐反应生成苯乙酮和乙酸。

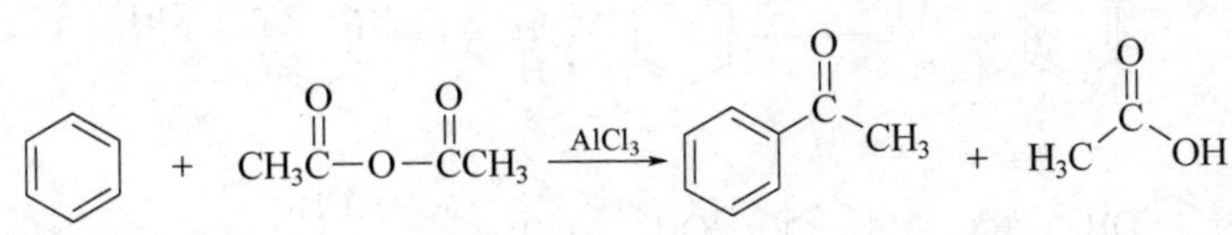

在这个反应中，$AlCl_3$ 亦可活化酸酐，形成酰基正离子。

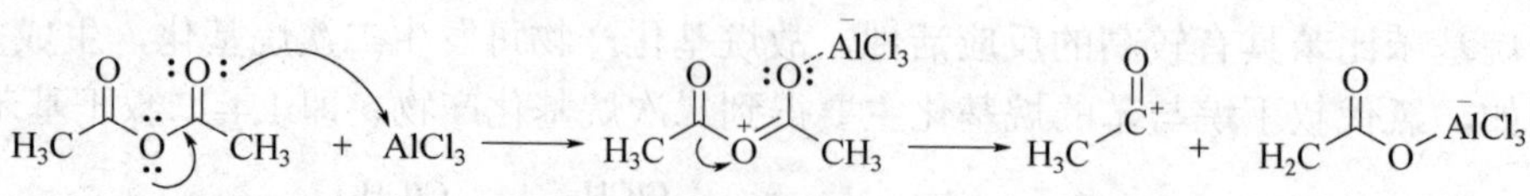

使用适当的催化剂，羧酸亦可作为酰基化试剂。例如，在多聚磷酸(PPA)存在下，3-(2-甲氧基-3,5-二甲基苯基)丙酸可发生分子内的酰基化反应生成环酮。

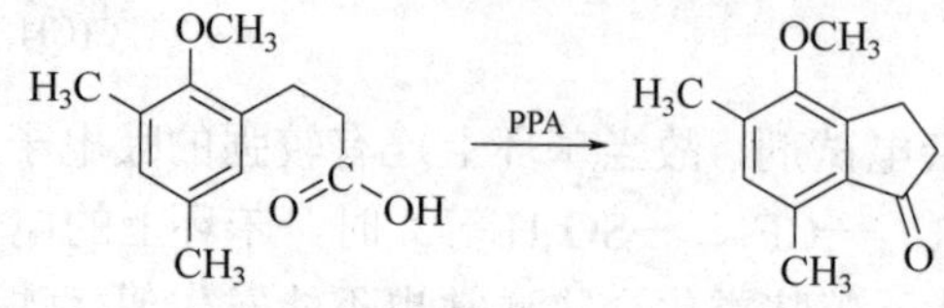

与傅-克烷基化反应不同，生成的酰基化产物分子中的酰基为吸电子基团，它能够降低苯环的电子云密度，从而使苯环钝化，避免二次酰基化。另一个与傅-克烷基化反应的不同之处是，傅-克酰基化反应不会发生重排。因此，有时为了得到不重排的正烷基苯，可以先进行傅-克酰基化反应，然后利用 Clemmensen 还原反应将羰基还原，得到正烷基苯。

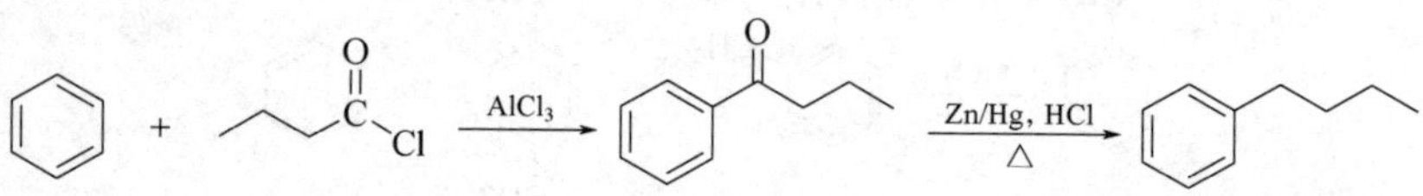

与烷基化反应相似，由于酰基正离子为弱的亲电试剂，芳环上连有较强吸电子基团（如$-\overset{+}{N}R_3$、$-NO_2$、$-CO_2H$、$-CO_2R$、$-COR$、$-CF_3$、$-SO_3H$ 等）时，芳环上的电子云密度大幅度降低，酰基化反应一般产率很低，甚至难以进行。此外，芳胺类化合物能够与 Lewis 酸形成盐，使氨基变成吸电子基团，故反应也难以进行。

4.4.1.6　氯甲基化反应

苯与甲醛和氯化氢在 Lewis 酸（如无水氯化锌、四氯化锡）作用下反应生成苄氯。这个反应与傅-克烷基化反应类似，称为氯甲基化反应（chloromethylation reaction）。

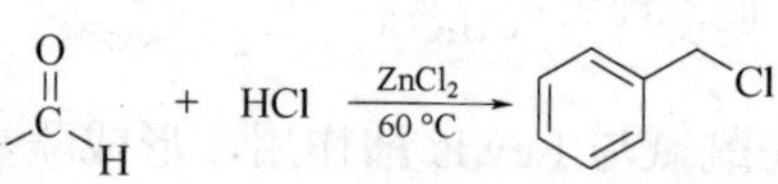

氯甲基化反应的机理如下：首先，甲醛（或多聚甲醛）作为 Lewis 碱与 HCl 作用形成质子化的甲醛中间体；然后，质子化的甲醛作为亲电试剂与苯发生傅-克烷基化反应，生成苄醇（即苯甲醇）；接着，苄醇与反应体系中的 HCl 进一步发生亲核取代反应，得到最终产物苄氯。

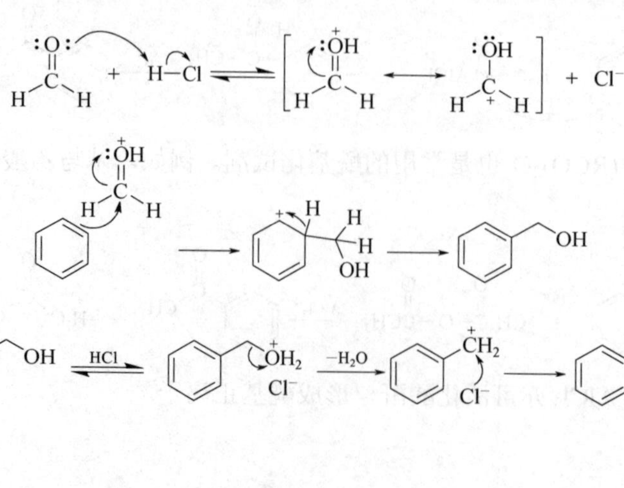

4.4.2 单环芳烃亲电取代反应的定位规律

苯环取代基的定位效应

从前面的硝化反应和磺化反应可以看到，当苯环上有一个硝基时，若继续进行硝化反应，则第二个硝基的取代反应发生在原有硝基的间位上；当苯环上有一个甲基时，无论进行硝化反应还是磺化反应，硝基或磺酸基的取代反应一般发生在原有甲基的邻位或对位上。这表明在苯环上发生亲电取代反应的过程中，苯环上已经存在的取代基对反应将要引入的新取代基在苯环上的位置是有影响的，这种影响称为苯环上已存在的取代基对将要引入的新取代基的定位效应。苯环上已经存在的取代基称为定位基。大量的实验结果表明，这种定位效应是有一定规律可循的，这就是所谓的苯环上亲电取代反应的定位规律（rule on orientation）。

4.4.2.1 定位基的分类及单取代苯的定位规律

根据单取代苯进行亲电取代反应时所引入的新取代基在苯环上的位置，可以将定位基分为两类。第一类定位基为邻/对位定位基，它们使第二个取代基主要进入它的邻位和对位（60%以上）；第二类定位基为间位定位基，它们使第二个取代基主要进入它的间位（40%以上）。

根据定位基对反应速率的影响，又可将定位基分为活化定位基和钝化定位基。在相同条件下进行相同的亲电取代反应时，若某基团的存在能使反应速率比苯的反应速率快，那么该基团就为活化定位基；反之，使反应速率比苯的反应速率慢，就为钝化定位基。第一类定位基中除卤素外都是活化定位基，第二类定位基则全为钝化定位基。具体的分类见表 4-2。

表 4-2 定位基的分类及其定位能力排序

邻/对位定位基				间位定位基	
活化	活化强度	钝化（弱）	钝化强度	钝化（强）	钝化强度
$—O^-$	强	—F	强	$—N^+R_3$	强
$—NR_2$		—Cl		$—NO_2$	
—NHR		—Br		$—CF_3$	
$—NH_2$		—I		$—CCl_3$	
—OH		$—CH_2Cl$		—CN	
—OR		—CH═CHCOOH		$—SO_3H$	
—NHCOR		$—CH═CHNO_2$	弱	—CHO	
—NHCHO				—COR	
—OCOR				—COOH	
$—CH_3$				—COOR	
$—C_6H_5$				$—CONH_2$	
$—CH═CH_2$				$—CONR_2$	
$—CR_3$	弱				弱

从表中可以看出，除了$—C_6H_5$、$—CH═CH_2$之外，第一类定位基与苯环直接相连的原子一般是饱和的，且多数有孤对电子或带负电荷。除卤素外，这类定位基均能通过给电子效应使苯环上的电子云密度升高，从而使苯环活化。因此，这些定位基为活化定位基。由这些基团取代的苯（除卤苯外），亲电取代反应活性比苯高，反应速率比苯快。对于第二类定位基来说，除了$—CF_3$、$—CCl_3$之外，这些定位基与苯环直接相连的原子一般是不饱和的，且重键

的另一端是电负性大的元素，或基团带正电荷。这类定位基均能使苯环上的电子云密度降低，使苯环钝化。因此，这些定位基为钝化定位基。由这些基团取代的苯，其亲电取代反应活性比苯低，反应速率比苯慢。卤代芳烃中卤原子的电负性比碳原子的大，表现为吸电子诱导效应。但同时卤原子上带有孤对电子的 p 轨道又与苯环的 π 键之间存在给电子的 p-π 共轭效应。电子效应的总结果是吸电子诱导效应大于给电子共轭效应，使苯环的电子云密度降低。因此，氯代苯的亲电取代反应活性比苯低。但是，因为共轭效应使苯环上氯原子的邻位和对位上的电子云密度下降得比间位少，所以氯原子是一个邻/对位定位基。

当作为邻/对位取代基的甲基上的氢原子逐渐被吸电子的氯原子取代，成为$—CH_2Cl$、$—CHCl_2$、$—CCl_3$ 基团时，电子效应就由甲基的给电子效应转化为吸电子效应，基团也由原来的弱活化基团转为钝化基团，$—CCl_3$、$—CF_3$ 甚至转化为间位定位基。

当取代基是烯基或芳基，如$—CH{=}CH_2$、$—CH{=}CHCOOH$、$—C_6H_5$ 等时，由于取代基的双键或芳环与苯环的共轭作用对反应的中间体具有稳定作用，其定位作用是邻、对位的。

4.4.2.2 二元取代苯的定位规律

当苯环上已有两个取代基时，第三个取代基进入苯环的位置由苯环上原有的两个定位基共同决定，可分为以下两种情况：

① 苯环上原有两个基团的定位作用一致，则新的基团就会被导入由两个定位基共同确定的位置上。另需考虑位阻，即位阻大的位置，取代反应不易发生。

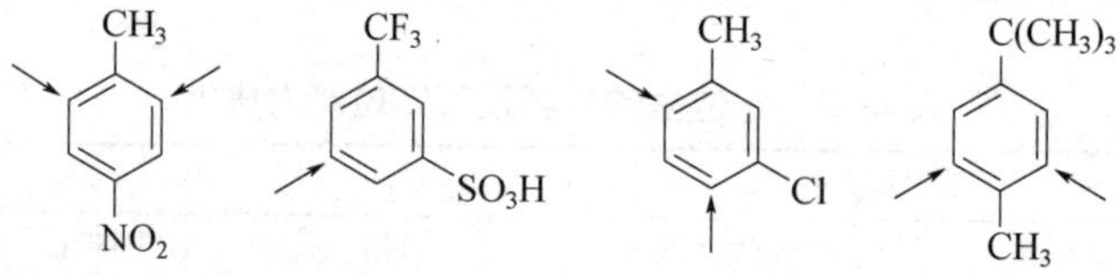

② 苯环上原有两个基团的定位作用不一致，有三种情况：

a．原有两个取代基同类时，由定位作用强的定位基确定新导入基团进入苯环的位置；

b．原有两个定位基不同类时，新导入基团进入苯环的位置由邻/对位定位基确定；

c．原有两个定位基定位作用差不多时，得到混合产物。

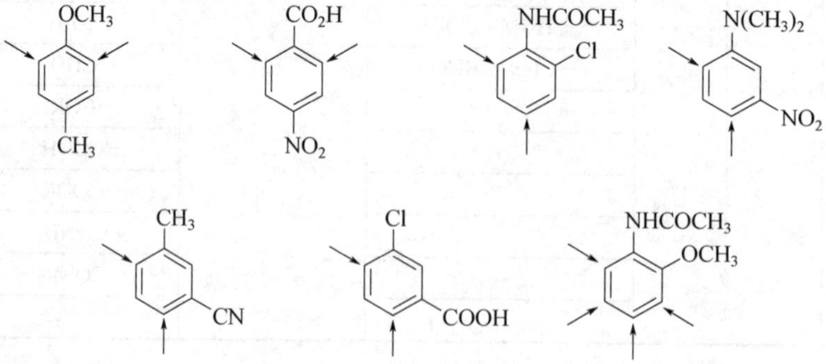

4.4.2.3 空间效应

苯环上原有定位基的空间位阻与新引入基团的空间位阻的相互作用，对新引入基团的位置也有一定的影响。例如，实验结果表明，当苯环上的定位基是邻/对位定位基时，随着定位基空间位阻的增大，空间效应也增大，产物的邻位异构体减少，对位异构体增加。

苯环上的定位基不变时，随着新引入基团的空间位阻的增大，空间效应增大，也导致产物的邻位异构体减少、对位异构体增加。

4.4.2.4　定位规律的理论解释

苯环上取代基的定位规律，可用电子效应解释，也可从亲电取代反应过程中生成的中间体 σ 配合物的稳定性来解释。

4.4.2.4.1　邻/对位定位基

（1）邻/对位活化基团

与苯环直接相连的是原子上没有孤对电子的烷基基团时，对苯环的影响是通过诱导效应和超共轭效应实现的。下面以甲基为例予以说明。

一方面，甲基上的碳原子为 sp^3 杂化，苯环上的碳原子为 sp^2 杂化，由于 sp^2 杂化轨道的 s 成分较多，电子云离核近，核对电子的吸引力大，轨道电负性也大。因此，苯环上的碳原子能吸引甲基的电子偏向苯环，使苯环上的电荷密度增加，有利于亲电取代反应。另一方面，甲基对苯环具有 σ-π 超共轭效应，能使苯环上甲基邻、对位碳原子上的电荷密度增加，有利于在甲基的邻、对位上发生亲电取代反应。另外，量子化学计算的结果也表明：甲基邻、对位碳原子上的电荷密度比间位碳原子大（以苯的碳原子电荷密度为 1 作参照）。所以烷基是活化的邻/对位定位基。

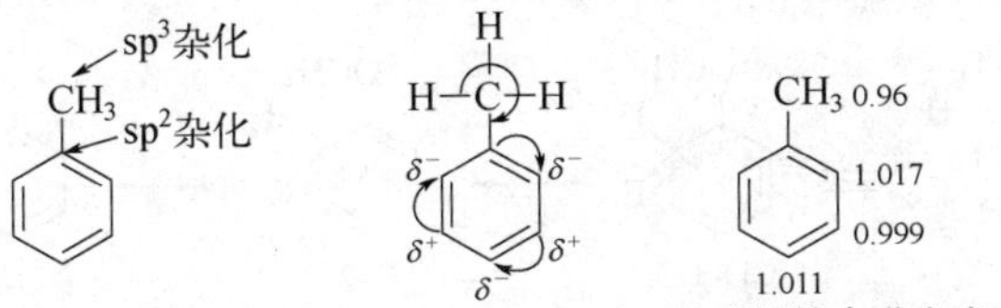

（量化计算电荷密度）

从共振论观点来看，当亲电试剂 E^+ 进攻邻位时，生成 σ 配合物 A；当亲电试剂 E^+ 进攻间位时，生成 σ 配合物 B；当亲电试剂 E^+ 进攻对位时，生成 σ 配合物 C。每种 σ 配合物又有三种共振式，其中共振式 A-1 和 C-2 中带正电荷的碳原子与具有供电子性的甲基直接相连，正电荷分散较好，能量较低，稳定性较好，是主要的参与结构式，由此形成的共振杂化体碳正离子也较稳定。而 B 的三个共振结构式都是仲碳正离子，带正电荷的碳原子不与甲基直接相连，正电荷的分散不是很好，能量较高，稳定性较差。所以，邻、对位取代产物较易形成，而生成间位取代产物较困难。

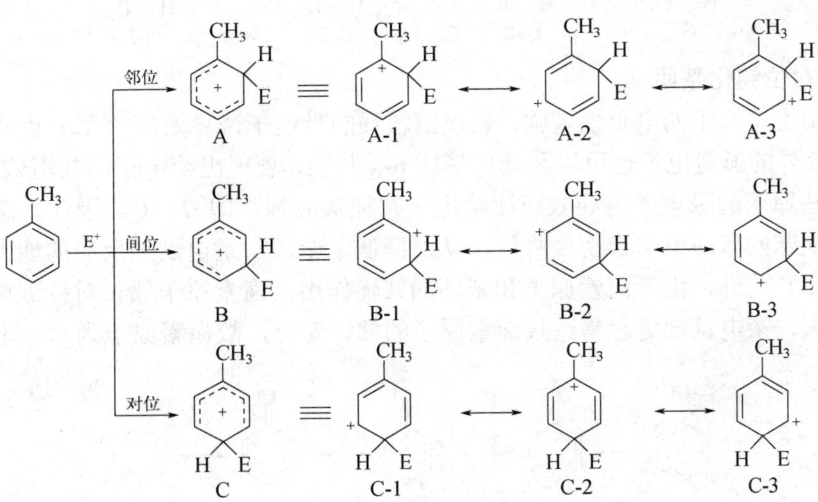

与苯环直接相连的是原子上有孤对电子的杂原子基团（如—O^-、—OH、—NH_2、—OR等）时，对苯环的影响是诱导效应和共轭效应共同作用的结果。下面以苯甲醚为例予以说明。

虽然电负性大的氧原子对苯环有负的诱导效应，但氧原子上 p 轨道的孤对电子能与苯环的共轭离域大 π 键产生共轭，对苯环产生给电子的正共轭效应，且共轭效应的影响大于诱导效应的影响，总的结果是使苯环上甲氧基邻、对位碳原子上的电荷密度增加，有利于亲电取代反应发生在甲氧基的邻、对位上。

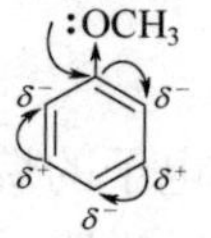

从共振论观点来看，当亲电试剂 E^+进攻邻位时，生成 σ 配合物 D；当亲电试剂 E^+进攻间位时，生成 σ 配合物 F；当亲电试剂 E^+进攻对位时，生成 σ 配合物 G。其中，共振式 D-4 和 G-4 共价键较多，而且碳原子和氧原子的最外层都已满 8 个电子，属于最稳定的共振结构式，正电荷分散较好，能量较低，稳定性较好，是主要的参与结构式，包含这些共振结构的共振杂化体碳正离子也特别稳定且容易生成，所以邻、对位取代产物较易形成。F 的三个共振结构式都是仲碳正离子，带正电荷的碳原子不与甲氧基直接相连，正电荷不能很好地分散，能量较高，稳定性较差，故生成间位取代产物较困难。

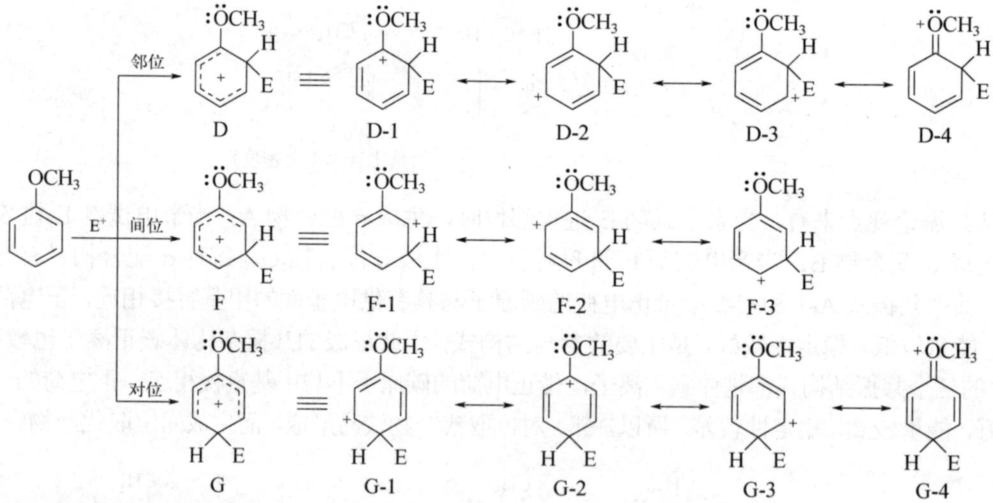

（2）邻/对位钝化基团

卤代苯中卤素原子的电负性较强，表现出较强的吸电子诱导效应（$-I$）；卤素原子直接与苯相连，其核外的孤对电子也可以和苯环形成 p-π 共轭，表现出给电子的共轭效应（$+C$）。总体上看，这些原子的吸电子诱导效应比给电子共轭效应强，即$-I>+C$。因此，总体上吸电子效应导致卤代苯的苯环电子云密度降低，从而降低了苯环与亲电试剂反应的能力，故卤素原子为钝化基团。此外，由于卤素原子和苯环的共轭作用，卤素原子邻、对位碳原子的电子云密度比间位大，亲电试剂更容易进攻卤素原子的邻、对位，故卤素原子为邻/对位定位基。

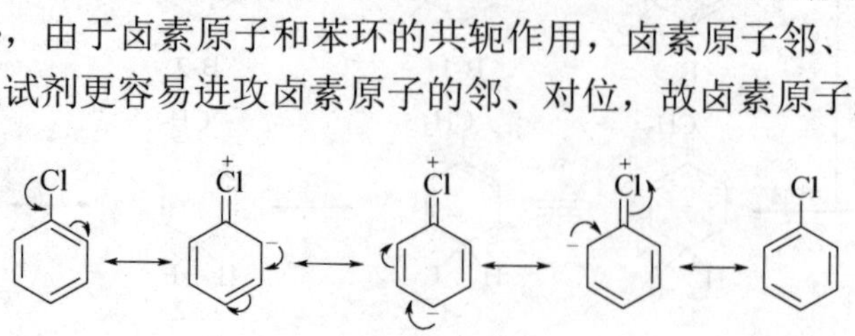

从共振论观点来看，当亲电试剂 E^+进攻邻位时，生成 σ 配合物 H；当亲电试剂 E^+进攻间位时，生成 σ 配合物 J；当亲电试剂 E^+进攻对位时，生成 σ 配合物 K。σ 配合物 J 的三个共振结构式能量较高，稳定性较差，故生成间位取代产物较困难。共振式 H-4 和 K-4 是最稳定的两种共振结构，所以邻、对位取代产物较易形成。

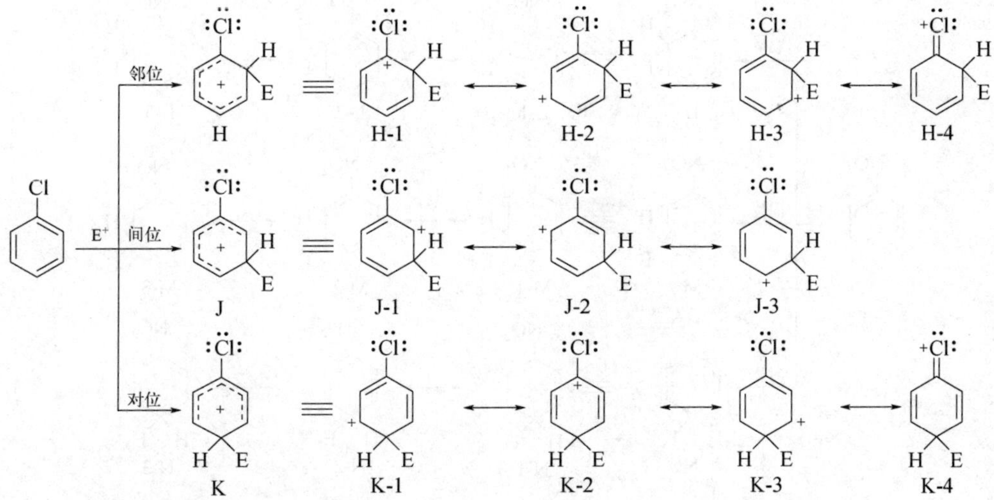

4.4.2.4.2 间位定位基

间位定位基一般对苯环具有较强的吸电子诱导效应，导致苯环钝化；同时与碳原子直接相连的原子上的 π 键与苯环的共轭离域大 π 键产生共轭，产生吸电子共轭效应（$-I$），使定位基邻、对位碳原子上的电荷密度小于间位碳原子上的电荷密度，导致亲电取代反应发生在定位基的间位上。下面以硝基苯为例予以说明。

由于硝基上的氧原子、氮原子的电负性都大于碳原子，因此硝基为强吸电子基团，对苯环产生吸电子诱导效应，使苯环钝化。同时，硝基的 π 键与苯环的共轭离域大 π 键形成 π-π 共轭，由于硝基的强吸电子作用，苯环的 π 电子向硝基偏移，产生吸电子的共轭效应。因此，诱导效应和共轭效应的总结果是硝基苯的苯环碳原子上的电荷密度小于苯的苯环碳原子上的电荷密度，但是间位碳原子上的电荷密度要大于邻、对位碳原子上的电荷密度。量子化学计算的结果也表明：硝基间位碳原子上的电荷密度比邻、对位碳原子上的电荷密度大（以苯的碳原子电荷密度为 1 作参照）。因此，亲电取代反应发生在硝基的间位上。

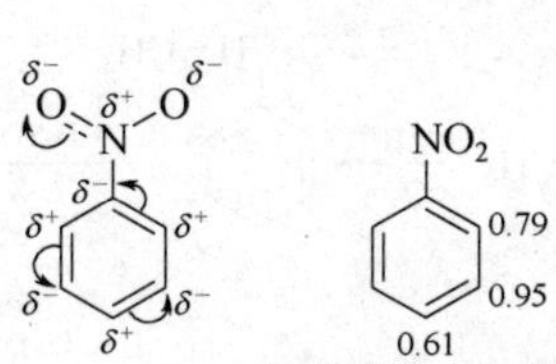

(量化计算电荷密度)

从共振论观点来看，当亲电试剂 E^+进攻邻位时，生成 σ 配合物 L；当亲电试剂 E^+进攻间位时，生成 σ 配合物 M；当亲电试剂 E^+进攻对位时，生成 σ 配合物 N。亲电试剂进攻硝基的邻位和对位所生成的碳正离子共振杂化体 L 和 N 中，存在着带正电荷的硝基氮原子和带正电荷的碳原子直接相连的共振结构式，这种结构式能量特别高，因而 L 和 N 共振杂化体都是不稳定的共振杂化体。而亲电试剂进攻硝基的间位所生成的碳正离子共振杂化体 M 中，不存在硝基和带正电荷碳原子相连的结构式。因此进攻硝基间位生成的碳正离子中间体要比进攻硝基的邻位和对位生成的碳正离子中间体能量低、稳定性好，硝基苯的亲电取代反应以间位产物为主。磺酸基、羧基、氰基、氧亚基（羰基）等与硝基类似。

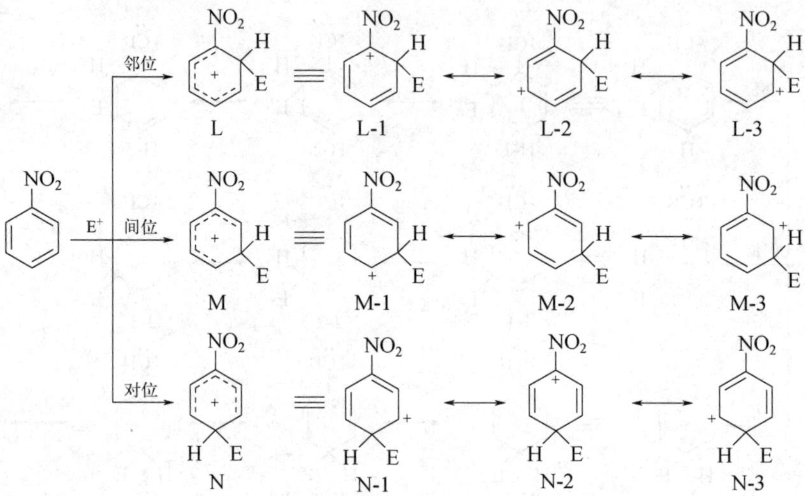

4.4.2.5　定位规律的应用

（1）预测反应主要产物

当苯环上只有一个定位基时，根据定位基的性质，可以很方便地预测出反应的主要产物。若苯环上有两个或两个以上的定位基时，根据定位基的活性和强弱，也可以预测一些反应的主要产物。

（2）指导选择合成路线

在有机合成工作中，希望以高的产率得到单一、纯净的化合物。因此，运用定位规律，有助于合理地确定取代基进入苯环的先后顺序和基团转变的时机，可以有效地减少反应步骤，降低副反应发生的概率，简化产物的分离步骤，提高反应的产率。例如，由苯开始合成 2-氯苯甲酸可以采取下列两种路线。

第一条合成路线：

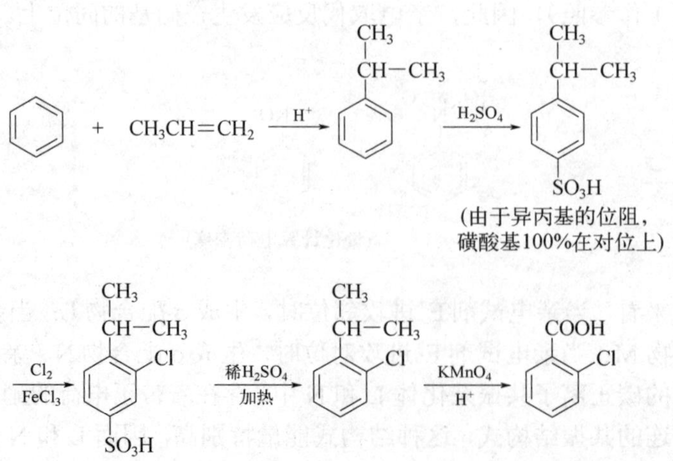

第二条合成路线：

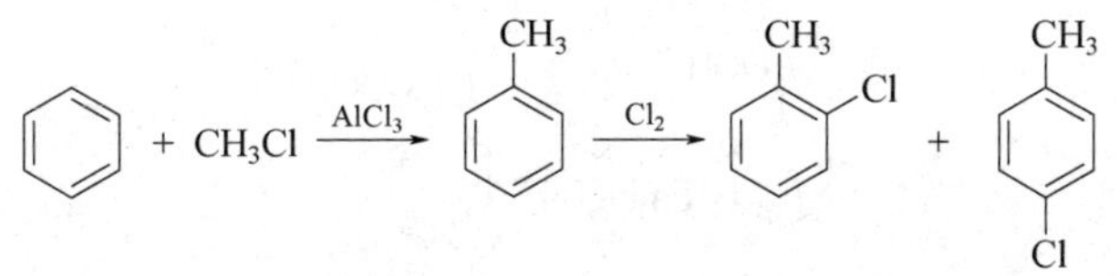

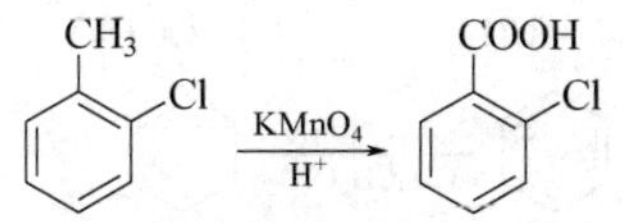

第一条合成路线虽然比第二条合成路线多了两步，但原料在氯化步骤全部以邻位方式转化，所得产物纯度较高，产率也应该比较高。第二条路线虽然比第一条合成路线少了两步，但多了一个分离步骤，分离出的对位氯代产物为副产物，造成原料、设备、能源和工时的浪费，产率与第一条合成路线相比也应该比较低。如果第二条合成路线换成丙烯作烷基化试剂，则存在空间位阻，邻氯代产物的产率会更低。因此，第一条合成路线比较合理。

又如，以甲苯为原料分别合成对硝基苯甲酸和间硝基苯甲酸时，先进行硝化反应，分离异构体后再进行氧化反应时可得到对硝基苯甲酸，改变反应次序则只能得到间硝基苯甲酸。

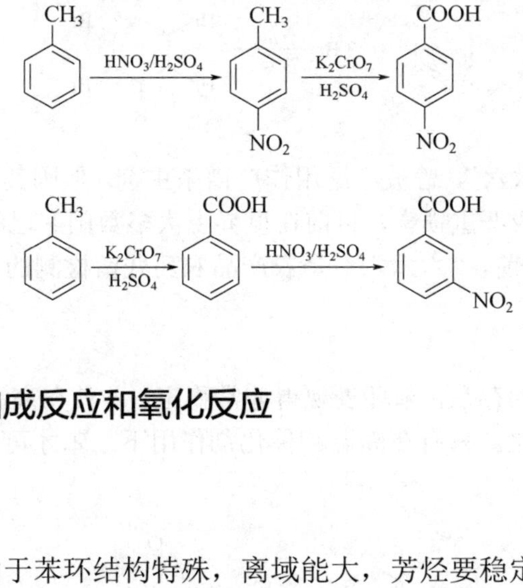

4.4.3 单环芳烃的加成反应和氧化反应

4.4.3.1 加成反应

和不饱和烃相比，由于苯环结构特殊，离域能大，芳烃要稳定得多。因此，一般情况下芳烃难以进行加成反应，只有在特殊的条件下才发生加成反应。

（1）加氢反应

在 Ni、Pt、Pd 等催化剂作用下，苯能够加氢生成环己烷。

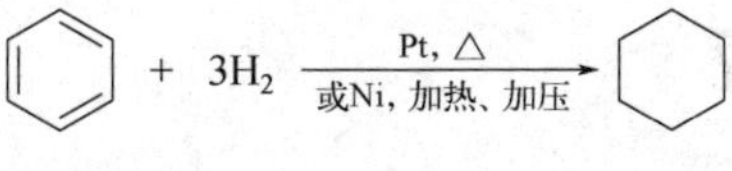

在醇的存在下，碱金属的液氨溶液使苯环发生 1,4-氢化，生成环己-1,4-二烯类化合物。该反应称为伯奇（Birch）反应，也称伯奇还原。当苯环上有吸电子基团时，苯环电子云密度降低，使苯环更易得到电子，加快反应速率；相反，苯环上有给电子基团时，苯环电子云密度升高，使苯环不容易得到电子，反应速率减慢，且氢加在 2 位、5 位上。

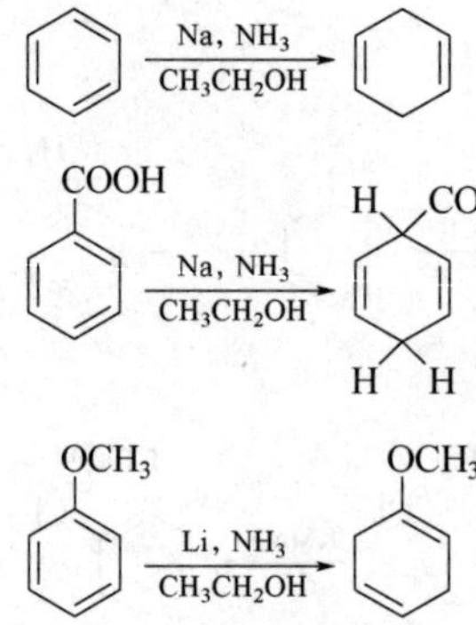

（2）加卤反应

在紫外光照射下，苯与氯反应生成六氯环己烷（1,2,3,4,5,6-六氯环己烷），这是个典型的自由基加成反应。溴也能进行类似反应，生成六溴环己烷。

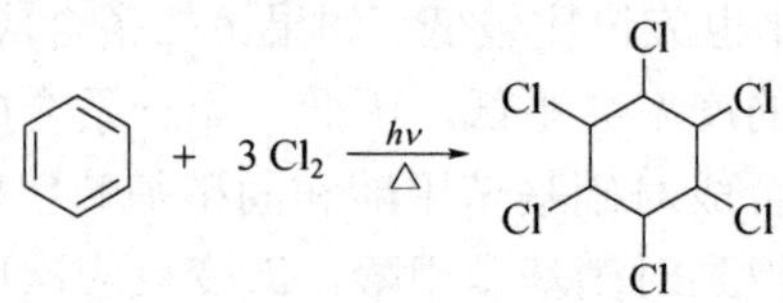

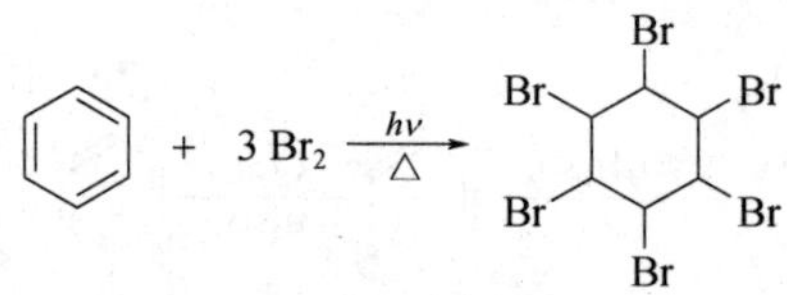

六氯环己烷俗称“六六六”，曾被广泛用作广谱杀虫剂，但因其不易在环境中分解且能在动物体内蓄积，对健康造成严重损害，目前在世界上大多数国家已经被禁用，我国也从1983年开始禁用“六六六”。目前，“六六六”是农产品农药残留检测的主要对象之一。

4.4.3.2　氧化反应

由于共轭离域大π键的存在，苯环表现得非常稳定，即使在高温下与$KMnO_4$、铬酸等强氧化剂同煮，也不会被氧化。只有在高温和催化剂作用下，苯才可能被空气氧化生成顺丁烯二酸酐。

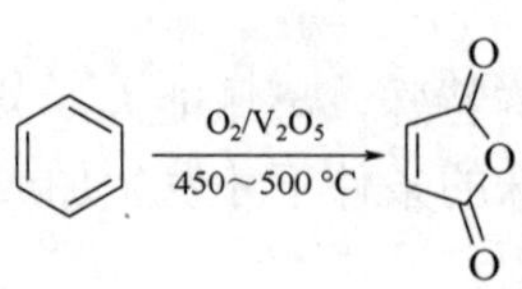

4.5　芳烃侧链的反应

4.5.1　氧化反应

苯环的侧链上有α-氢原子时，该侧链很容易被氧化，而且无论侧链是什么烷基，都被氧化成羧基；无 α-氢原子的侧链不被氧化。

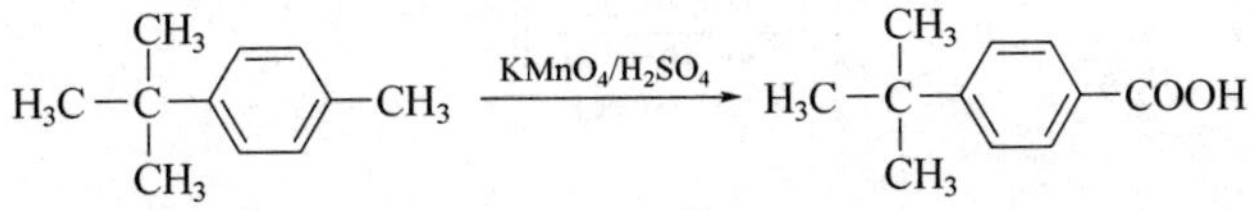

发生在苯环侧链上的氧化反应，一方面说明苯环有特别的稳定性，另一方面也说明由于苯环的影响，和苯环直接相连的 α-碳原子上的氢原子活泼性增加。因此氧化反应首先发生在 α 位，这就导致了烷基全部被氧化为羧基的情形。

4.5.2 卤化反应

烷基苯分子中的 α-氢原子受苯环的影响活性增强，在高温或光照条件下，烷基苯与卤素发生反应，在苄基位进行卤化，生成 α-氢被卤化的产物。

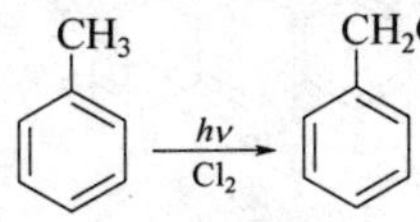

苄氯可以继续被氯化，生成苯基二氯甲烷和苯基三氯甲烷，但通过控制氯气的用量可以使苄氯为主要产物。

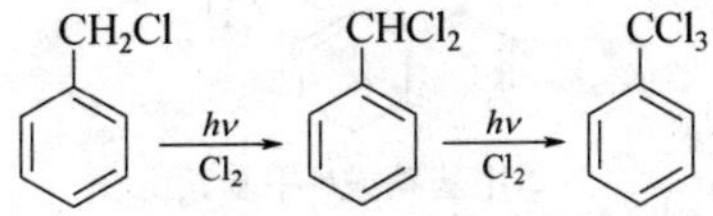

N-溴代丁二酰亚胺（NBS）也常被用作芳烃侧链 α-氢原子的溴化试剂。

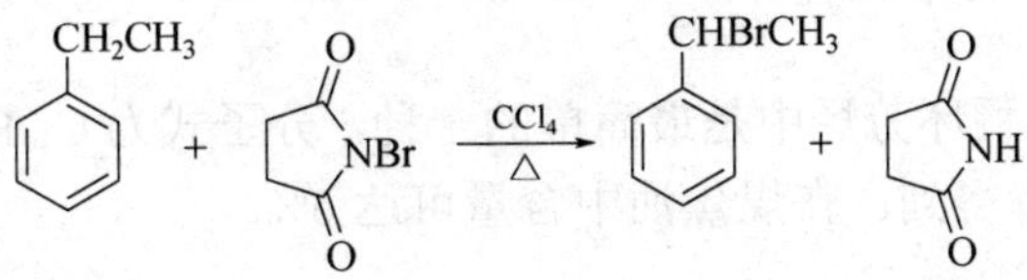

芳烃 α-氢原子的卤化反应机理与烷烃的卤化反应相似，反应也经过苄基自由基中间体过程。α-碳原子被夺去氢原子之后，由 sp^3 杂化变为 sp^2 杂化，苄基自由基的单电子位于 p 轨道上，该 p 轨道可与苯环上的共轭离域大 π 键产生共轭，使电子发生离域，从而使苄基自由基比较稳定，所以苯环侧链上的 α-氢原子易发生自由基取代反应。

4.5.3 脱氢反应

烷基芳烃可以在催化剂作用下脱氢，在 α-碳原子、β-碳原子之间形成碳碳双键。例如：

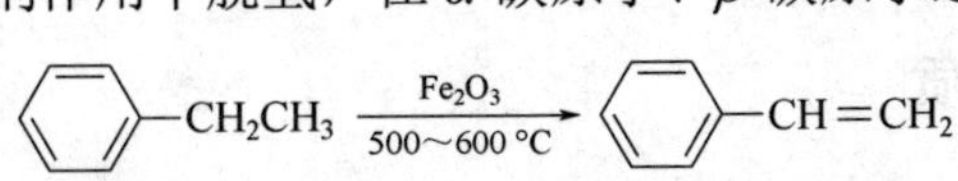

苯乙烯是合成丁苯橡胶和聚苯乙烯等高分子化合物的重要单体。

4.5.4 聚合反应

用引发剂引发，芳烃侧链的碳碳双键可以发生聚合反应制得高分子聚合物。例如：

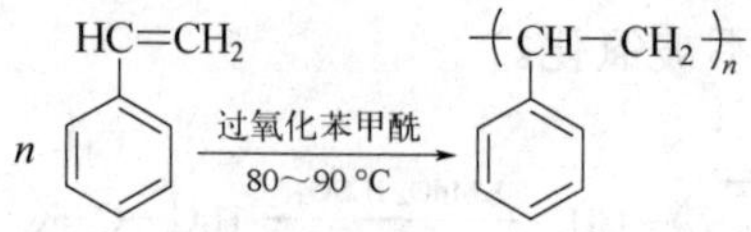

4.6 稠环芳烃

多环芳烃中联苯类芳烃和多苯代脂烃（如三苯甲烷）等的化学性质与苯相似，这里不再深入讨论。下面讨论一些重要的稠环芳烃。

两个或两个以上的苯环通过共用两个相邻碳原子稠合而成的化合物，称为稠环芳烃。稠环芳烃的母体采用单译名，芳环中各个碳原子位次也有固定编号。例如：

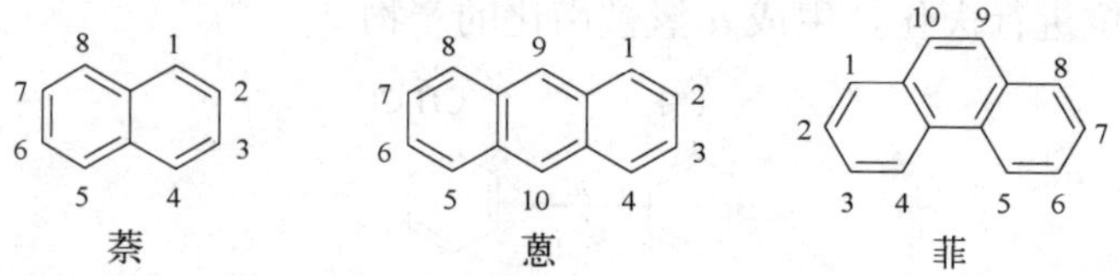

萘的 1,4,5,8 位也称为 α 位；2,3,6,7 位称为 β 位。当萘环上只有一个取代基时，位次既可用阿拉伯数字表示，也可用 α 或 β 表示。例如：

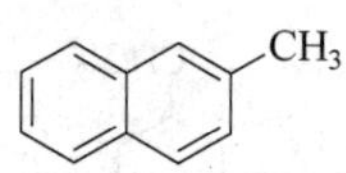

2-甲基萘或β-甲基萘

4.6.1 萘

萘（naphthalene）在稠环芳烃中是最简单的一种，分子式为 $C_{10}H_8$，是重要的化工原料之一，主要从煤焦油中提炼得到，在煤焦油中含量可达 6%。

4.6.1.1 萘的结构

萘和苯类似，是一个平面型分子。萘分子中每个碳原子以 sp^2 杂化轨道与相邻的碳原子及氢原子的原子轨道相互重叠而形成 σ 键，其中 10 个碳原子都处在同一平面上，连接成两个稠合的六元环，8 个氢原子也在同一平面上。每个碳原子还有一个 p 轨道，这些对称轴平行的 p 轨道侧面相互重叠，形成包含 10 个碳原子在内的 π 分子轨道。在基态时，10 个电子分别处在五个成键轨道上，所以萘分子中没有一般的碳碳单键，也没有一般的碳碳双键，而是具有特殊的大 π 键。由于 π 电子的离域，萘分子具有 $255kJ \cdot mol^{-1}$ 的共振能（离域能）。

4.6.1.2 萘的物理性质

萘是白色晶体，熔点为 80.5℃，沸点为 218℃，有特殊的气味，容易升华。萘不溶于水，易溶于热的乙醇及乙醚，常用作防蛀剂。萘在染料合成中应用很广，也常用于制造邻苯二甲酸酐。

4.6.1.3 萘的化学性质

从结构上来看，萘由两个苯环稠合而成，然而，它的共振能并不是苯的共振能的两倍。

从化学反应来看，萘比苯更容易发生加成和氧化反应，且萘的取代反应也比苯容易。显然，萘的芳香性没有苯的芳香性强，在其性质上表现出一定的不饱和烃类化合物的性质。

4.6.1.3.1 亲电取代反应

萘可以发生卤化、硝化、磺化等亲电取代反应。萘的 α 位活性比 β 位活性大，在亲电取代反应中一般得到 α 位取代产物。一取代萘环上原有定位基对亲电取代反应发生的位置有影响，原有取代基为邻/对位定位基时，发生同环 α 位取代；原有取代基为间位定位基时，发生异环 α 位取代。

（1）卤化反应

用三氯化铁或碘作催化剂，将氯气通入萘的苯溶液中可以得到萘的氯代产物，其主要产物为 α-氯萘。在不加催化剂的情况下，萘与溴的四氯化碳溶液一起加热回流即可得到 α-溴萘。

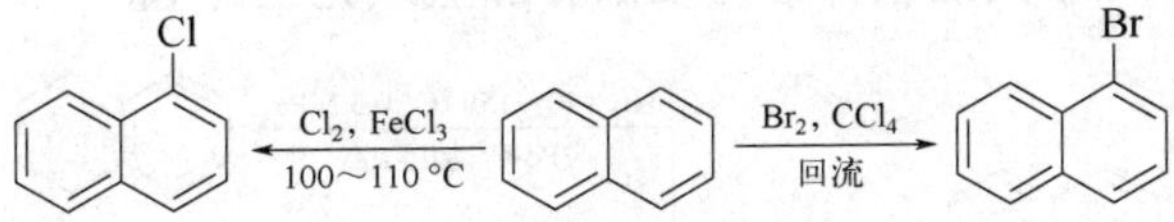

（2）硝化反应

萘的硝化反应可以用混酸作硝化试剂，在稍热条件下即可进行，与萘的氯化类似，主要生成 α-硝基萘。

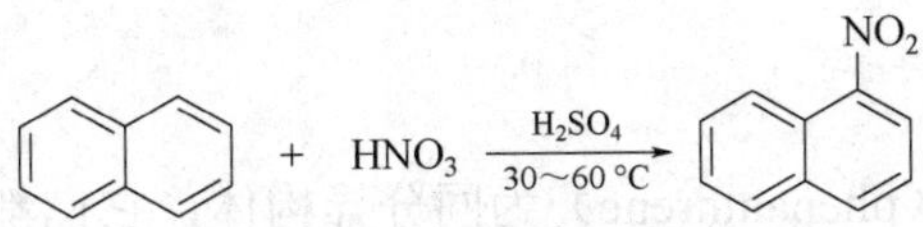

（3）磺化反应

萘的磺化反应与苯的磺化反应一样，是可逆反应。因为 α 位比 β 位活泼，所以当用浓硫酸磺化时，在 80℃以下生成 α-萘磺酸，而在较高的温度（165℃）时则主要生成 β-萘磺酸。α-萘磺酸若与硫酸共热至 165℃，则也能转变为 β-萘磺酸。

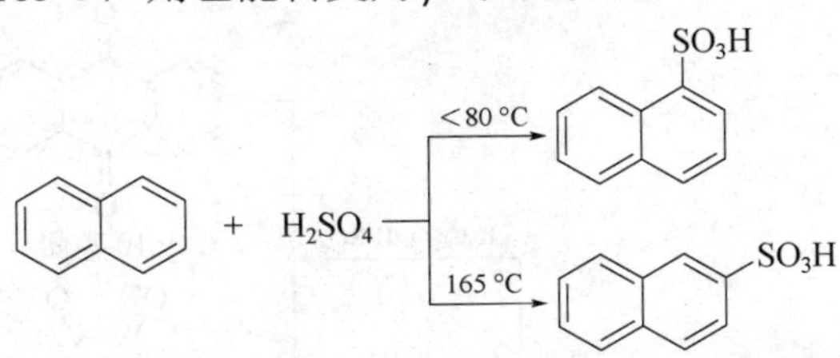

由于萘的 α 位活性比 β 位大，萘在较低温度下磺化时，反应产物主要是 α-萘磺酸，但磺酸基的体积比较大，处在异环相邻 α 位（8 位）上的氢原子的范德华半径之内，空间位阻较大，α-萘磺酸较不稳定。在较低的磺化温度下，α-萘磺酸的生成速率快，而且在低温时逆反应并不显著，α-萘磺酸生成后不易逆向转化，所以可以得到 α 位取代产物。当在较高温度下磺化时，先生成的 α-萘磺酸会发生显著的逆反应而转化为萘。β-萘磺酸没有位阻，稳定性较大，逆反应很小，高温下因 α-萘磺酸逆反应而生成的萘，就会被转化成 β-萘磺酸。因此，高温下磺化时主要得到 β-萘磺酸。

4.6.1.3.2 氧化反应

萘比苯容易被氧化。在不同氧化条件下，被氧化成不同的产物。例如，在乙酸溶液中用氧化铬对萘进行氧化，萘的一个环被氧化成醌，生成 1,4-萘醌。在更强烈的氧化条件下，萘的一个环发生破裂，生成邻苯二甲酸酐。

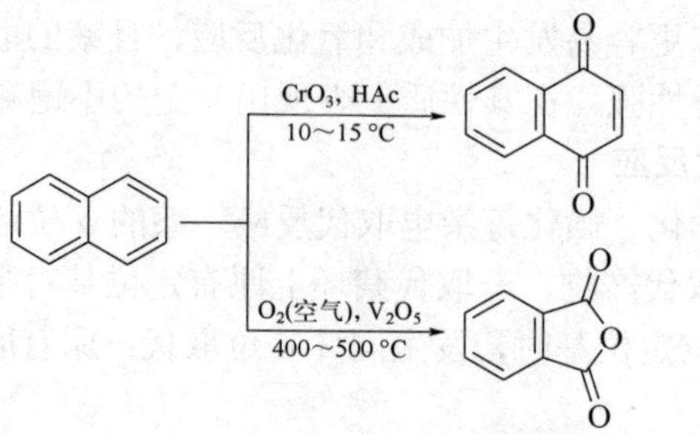

萘环上的烷基不能被氧化成羧基，而是烷基所在的萘环被氧化成萘醌或酸酐。在氧化反应时，萘的两个苯环中活性高的苯环电子云密度大，容易破裂。

4.6.1.3.3 加成反应（还原反应）

萘比苯容易加成，在不同的条件下可以部分加氢或完全加氢。

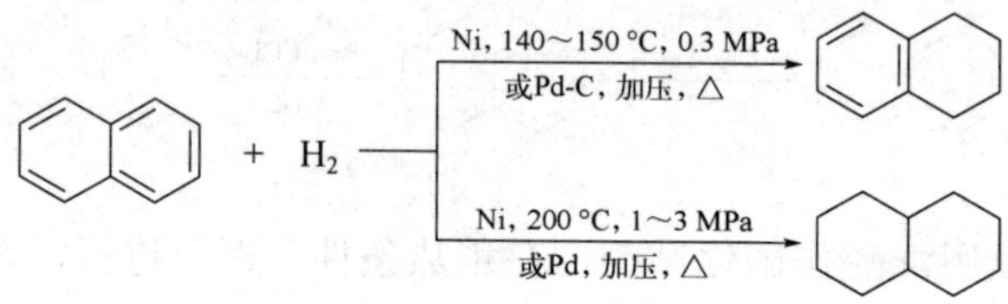

4.6.2 蒽和菲

蒽（anthracene）和菲（phenanthrene）为同分异构体，它们都是由三个苯环稠合而成的，三个苯环都在同一平面上，不同的是蒽的三个苯环在同一直线，菲却不在同一直线上。蒽和菲都存在于煤焦油中，为无色的晶体。蒽和菲都具有芳香性，它们比苯活泼，可发生加成、氧化、还原、取代等反应。试剂主要进攻 9 位和 10 位，以保持两个稳定的苯环不变。

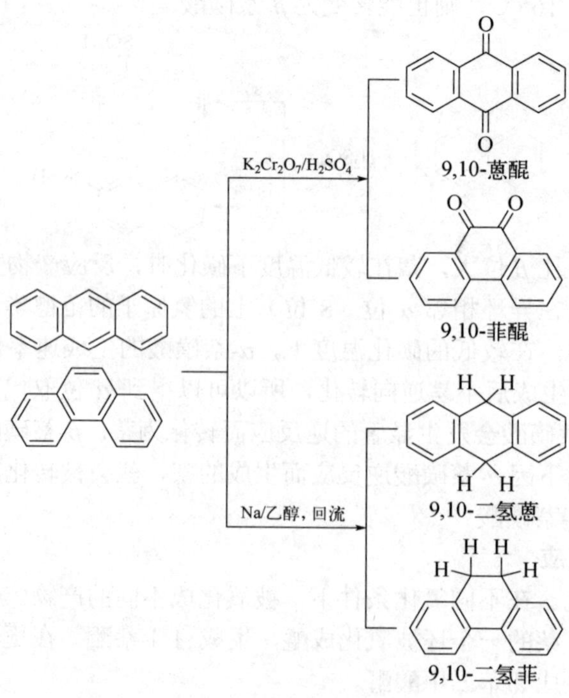

4.7 休克尔规则及非苯芳烃

4.7.1 休克尔规则

从前面讨论的芳烃可以看到，这些分子都具有环状平面结构和闭合共轭离域大π键，构成环状结构的化学键的键长趋于平均化，分子的稳定性较高，容易发生亲电取代反应而难以发生氧化反应和加成反应，这就是所谓的分子的芳香性。

为了判断具有环状结构的分子是否具有芳香性，1931 年，德国化学家休克尔（E.Hückel）用简化的分子轨道理论计算了单环多烯烃的元电子能级，提出了一个判断芳香性体系的规则。休克尔提出，单环多烯烃要有芳香性必须满足三个条件：

① 成环原子共平面或接近于平面，平面扭转不大于 0.1nm；

② 为环状闭合共轭体系；

③ 环上电子数为 $4n+2$ (n=0,1,2,…)。

这就是所谓的休克尔规则(Hückel rule)。后来发现该规则也适用于多环共轭多烯烃。例如：

6个π电子 $n=1$

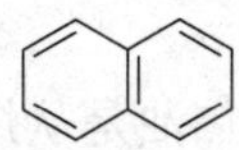

10个π电子 $n=2$

非苯芳烃

4.7.2 非苯芳烃

前面讨论过的芳香烃都是含有苯环的芳香烃，称为苯系芳烃。经过实验和量子化学计算发现，有一些构造上不含苯环结构的环状烃，也具有芳香性。这些构造上不含苯环结构，但具有芳香性的环状烃类称为非苯芳烃。它们通常是一些环状多烯，或者是具有环状多烯结构的离子。非苯芳烃也可以根据休克尔规则判断是否具有芳香性。下列化合物或离子都是具有芳香性的非苯芳烃：

2个π电子，$n=0$
环丙烯正离子

6个π电子，$n=1$
环戊二烯负离子

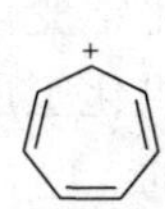

6个π电子，$n=1$
环庚三烯正离子

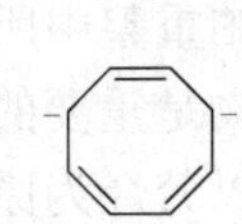

10个π电子，$n=2$
环辛四烯双负离子

其中，前三种离子的带电荷碳原子的杂化形式在原来该碳原子上的 C—H σ 键断裂后，由 sp^3 变为 sp^2，新转化成的 p 轨道与其他碳原子的 π 键共轭，碳环变为平面结构，形成环状闭合共轭离域大 π 键。环辛四烯分子中的碳原子都为 sp^2 杂化，但在带电荷以前，船头 π 键和船底 π 键不在一个平面上，而分别垂直于船头平面和船底平面；带电荷以后，环中的两个船头 π 键或两个船底 π 键断裂，各加上一个电子，碳环伸展为平面结构，所有碳原子的 p 轨道都垂直于碳环平面，从侧面相互重叠，形成环状闭合共轭离域大 π 键。

薁（azulene）是青蓝色的片状物质，熔点为 90℃，由一个五元环和一个七元环稠合而成，其成环原子拥有 10 个 π 电子，与萘相似。薁的所有碳原子均处于同一平面，符合 $4n+2$ 规则，具有芳香性。其电子离域的结果是五元环为环戊二烯负离子，具有富电子性；七元环为环庚三烯正离子，具有缺电子性；分子的偶极矩方向由七元环指向五元环。

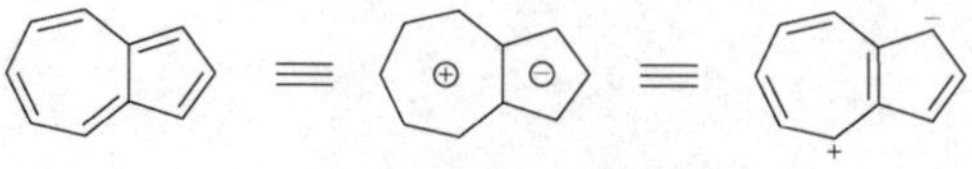

二茂铁（ferrocene）是由两个环戊二烯负离子与 Fe^{2+}形成的夹心面包型配合物。由于环戊二烯负离子具有芳香性，故二茂铁具有芳香性，可发生经典的芳烃亲电取代反应，如 Friedel-Crafts 酰基化：

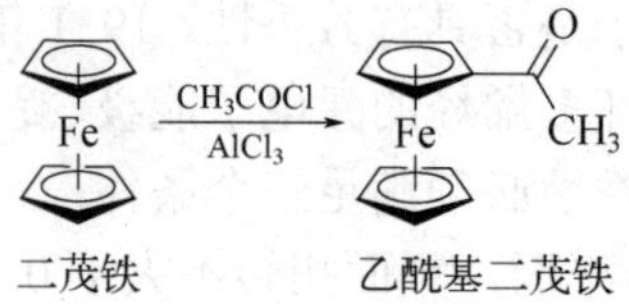

4.8 芳烃的来源、制法及应用

芳烃主要存在于煤焦油中，煤焦油是从煤的干馏过程中得到的。通过对煤焦油的分馏，收集不同温度区间的馏分，再经过精馏，可以得到不同的芳烃纯品。需要说明的是，各馏分除了芳烃之外，还包含其他化合物，如酚油中主要含有苯酚、甲酚等。

煤焦油的产率只相当于煤的 3%，煤焦油内各种芳香化合物的粗制品仅相当于煤的 0.3%。从 1t 煤中只能得到 1kg 苯、2.5kg 萘及其他芳香化合物。这远远不能满足化工生产的需要。除了煤焦油之外，石油裂解气中也含有一些芳烃，可通过收集、分馏、提纯得到，但含量也很少。

为了满足化工生产的需要，大量的芳烃主要通过石油重整得到。石油重整主要是将轻汽油馏分中含 6～8 个碳原子的烃类，在铂或钯等催化剂的作用下，于 450～500℃、约 22.5MPa 压力下进行脱氢、环化和异构化等一系列复杂的化学反应而转变为芳烃，工业上将这一过程称为铂重整，在铂重整中所发生的化学变化称为芳构化。

芳烃类化合物是重要的基本有机化工原料，绝大多数芳香类有机化合物，包括芳香类高分子材料，都是以芳烃为原料合成的。

苯是化学工业和医药工业的重要基本原料，可用来制备医药、染料、塑料、树脂、农药、合成药物、合成橡胶、合成纤维、合成洗涤剂等。甲苯是制造三硝基甲苯（TNT）、对苯二甲酸、防腐剂、染料、塑料、合成纤维等的重要原料。邻二甲苯可作为制备邻苯二甲酸酐、染料、药物、增塑剂等的原料。间二甲苯可用于染料及香料工业。对二甲苯是生产聚酯纤维（涤纶）的原料。由苯乙烯聚合制得的聚苯乙烯是一种很好的塑料，具有绝缘性、耐水性、耐腐蚀性，又具有良好的透光性和成型性，可用于制造高频绝缘材料、光学器材、日用品等。苯乙烯还大量用于与其他单体共聚。例如，与丁-1,3-二烯共聚，合成丁苯橡胶；与二乙烯苯共聚、磺化，生产离子交换树脂等。

萘曾被用作防蛀剂，但由于它对化纤类织物有溶解性，容易对衣料造成损害，且具有强烈的致癌性，现在已经被禁用。萘在苯酐、染料、农药等化学工业中也有很广泛的用途。以萘为原料生产的萘-α-乙酸是一种植物生长激素，能促使植物生根、开花、早熟、多产，且对人畜无害。四氢化萘又叫“萘满”，常温下为液体，沸点为 207.2℃；十氢化萘又叫萘烷，常温下也为液体，沸点为 191.7℃，都是良好的高沸点溶剂。蒽是制造蒽醌类染料的原料。以菲为原料制得的菲醌可用作农药。将菲醌作为杀菌拌种剂，可防治小麦锈病、红薯黑斑病等。

此外，苯和甲苯类芳烃还在化工产品中被广泛地用作溶剂。在化工产品生产和使用过程中应注意，尽量避免使用毒性较大的苯，可以选用毒性较小的甲苯代替。

习题

1．用系统命名法命名下列化合物。

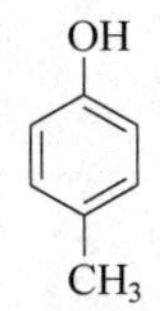 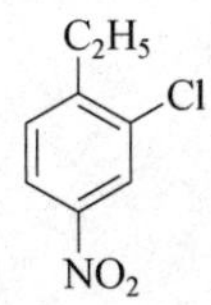 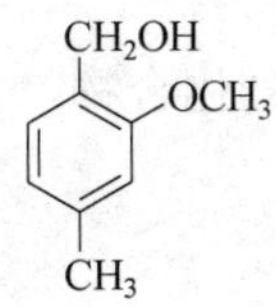 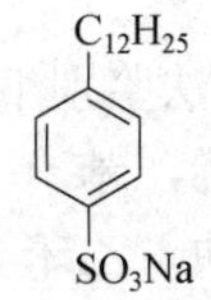

2．下列化合物发生单硝基取代的硝化反应，试用箭头表示硝基可能引入的位置。

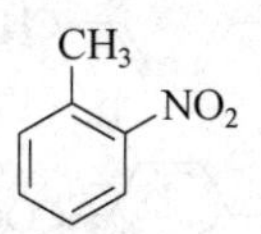 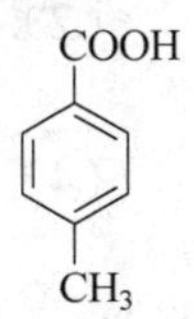 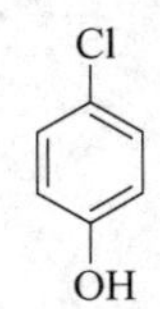

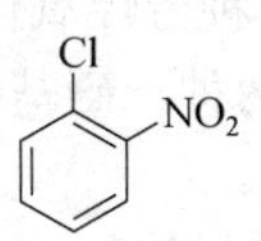 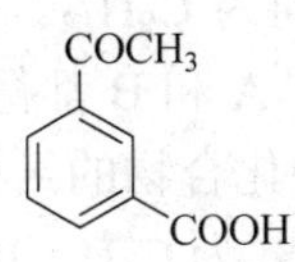 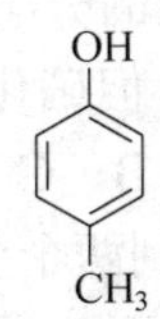

3．完成下列反应式。

（1）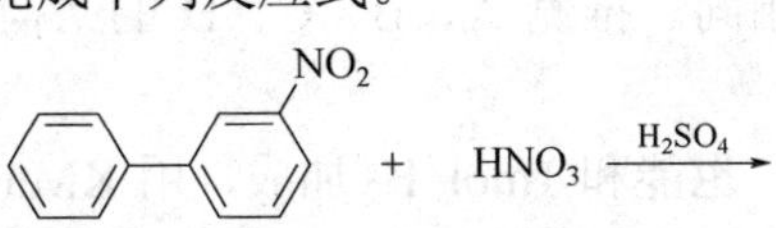

（2）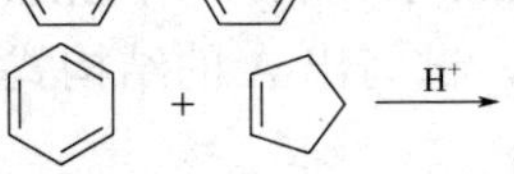

（3）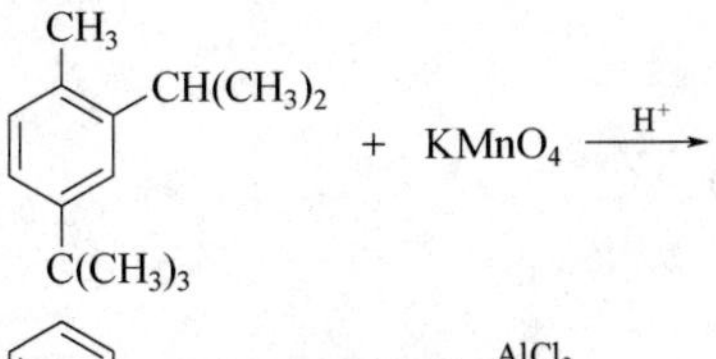

（4）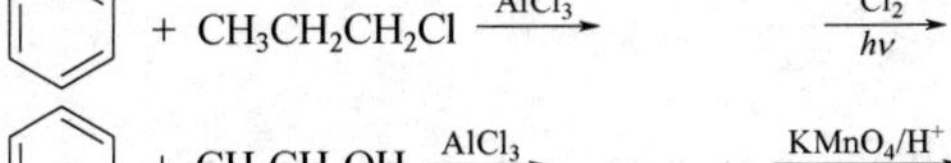

（5）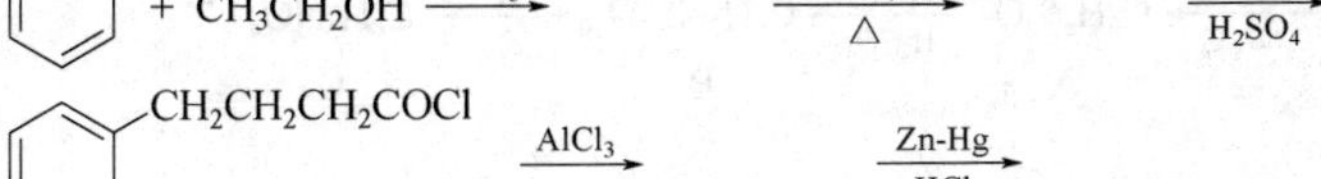

（6）

（7）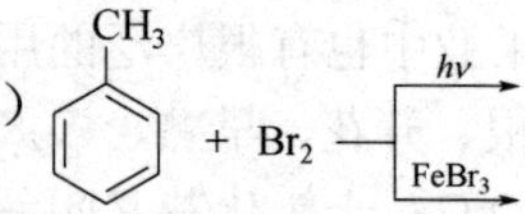

（8）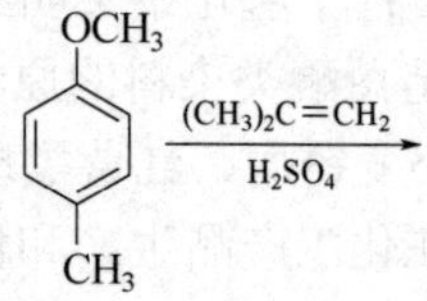

（9）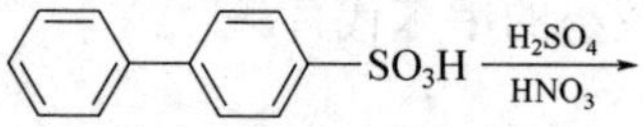

（10）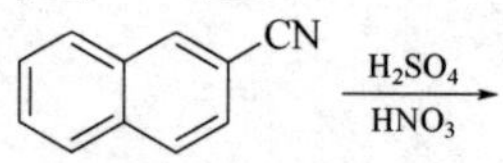

（11）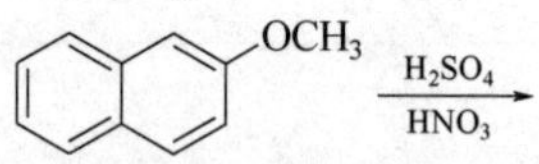

（12）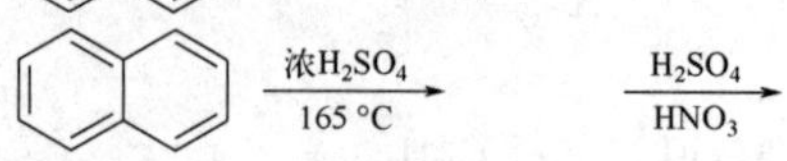

4．用简单的化学方法鉴别下列化合物。

（1）环己烷，环己烯，苯

（2）苯乙烯，苯乙炔，乙苯

5．以苯或甲苯为原料合成下列化合物，其他试剂可任意选用。

（1）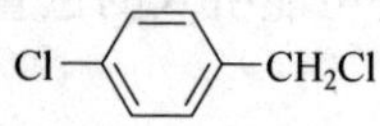　　（2）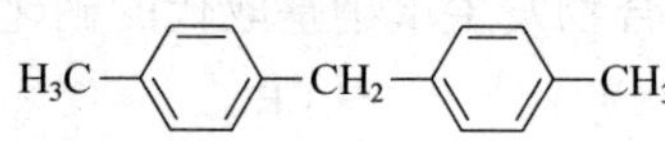

（3）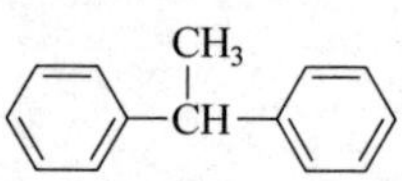　　（4）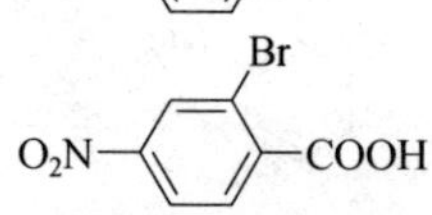

6．A、B、C 三种芳烃的分子式同为 C_9H_{12}。把三种芳烃氧化时，由 A 得一元酸，由 B 得二元酸，由 C 得三元酸。但硝化时，A 和 B 都得到两种一硝基化合物，而 C 只得到一种一硝基化合物。试推导出 A、B、C 三种化合物的结构式。

7．溴苯氯化后分离得到两个分子式为 C_6H_4ClBr 的异构体 A 和 B，将 A 溴化得到几种分子式为 $C_6H_3ClBr_2$ 的产物，而 B 经溴化得到两种分子式为 $C_6H_3ClBr_2$ 的产物 C 和 D。A 溴化后所得产物之一与 C 相同，但没有任何一种与 D 相同。推测 A、B、C、D 的结构式，写出上述各步的反应式。

8．化合物 A($C_{16}H_{16}$)能使 Br_2 的 CCl_4 溶液褪色，也能和 1mol H_2 加成，用 $KMnO_4$ 氧化得到二元羧酸 $C_6H_4(COOH)_2$，这个羧酸只能得到一个一溴代物，试写出 A 的结构式及各步反应式。

9．判断下列结构中，哪些具有芳香性。

（1）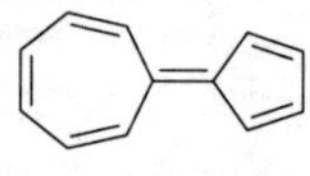　（2）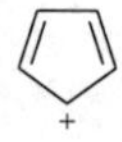　（3）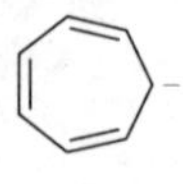　（4）

10．写出下列合成中 A～C 的结构。

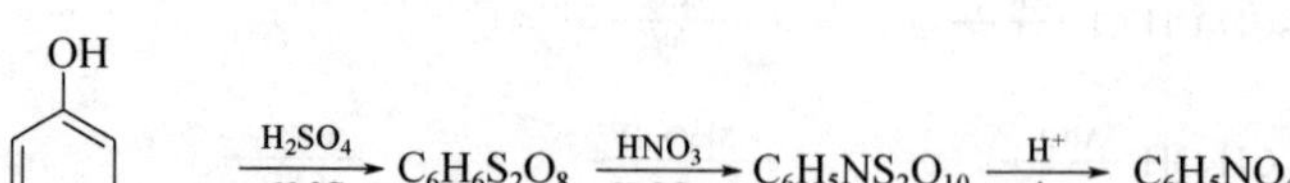

第 5 章

立体化学

课件

有机化学是以研究有机化合物分子结构和性质之间的关系为基础的，有机化合物的理化性质和生物活性与分子结构，尤其是立体结构有密切的关系。研究分子三维空间结构以及由此引起的物理性质和化学性质的变化的化学称为立体化学（stereochemistry）。立体化学从三维空间揭示分子的结构和性能。立体异构是指分子中原子间的排列顺序和连接方式相同，但在空间排列方式上彼此不同而产生的异构。

同分异构现象是有机化学中一个十分普遍的现象。它是造成有机化合物数量庞大的重要原因之一。

5.1 旋光性和手性

5.1.1 偏振光和物质的旋光性

光是一种电磁波，它是振动前进的，其振动方向垂直于光波前进的方向。普通光由各种波长的且在垂直于前进方向的各个平面内振动的光波所组成。普通光通过尼科尔（Nicol）棱镜或人造偏振片，一部分光线被阻挡，只有在与棱镜晶轴平行的平面上振动的光线才能通过（图 5-1）。这种通过棱镜后只在一个平面上振动的光称为平面偏振光（plane polarized light），简称偏振光。

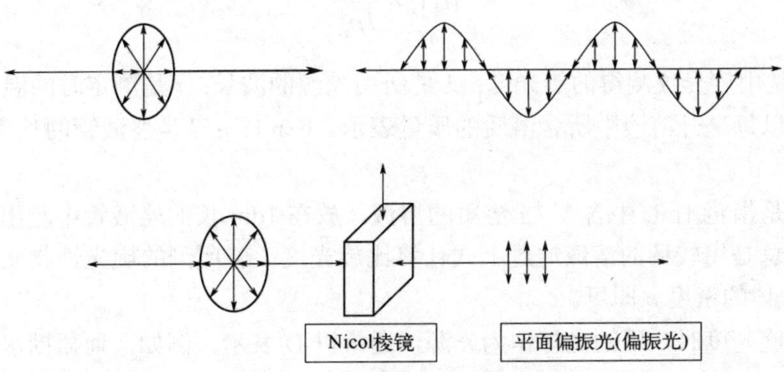

图 5-1　光的传播及偏振光示意图

若把偏振光透过一些物质（液体或溶液），其中有些物质（如水、酒精等）对偏振光不产生影响，即偏振光仍维持原来的振动平面，则这类物质称为非旋光性物质；但有些物质（如乳酸、葡萄糖等）能使偏振光的振动平面旋转一定的角度，则这类物质称为旋光性物质或光学活性物质。这种能使偏振光振动平面（偏振面）旋转的性质称为旋光性或光学活性（opticalactivity）。能使偏振光振动平面向右（顺时针方向）旋转的物质是右旋的（dextrorotatory），用（+）表示；能使偏振光振动平面向左（逆时针方向）旋转的物质是左旋的（levorotatory），用（−）表示。旋光性物质使偏振面旋转的角度称为旋光度，通常用 α 表示。

旋光性与比旋光度

5.1.2 旋光仪和旋光度

定量测定液态或溶液旋光程度的仪器叫旋光仪。旋光仪主要是由一个钠光灯和两个尼科尔棱镜组成的，在两个尼科尔棱镜之间有一个盛放样品的盛液管（图 5-2）。

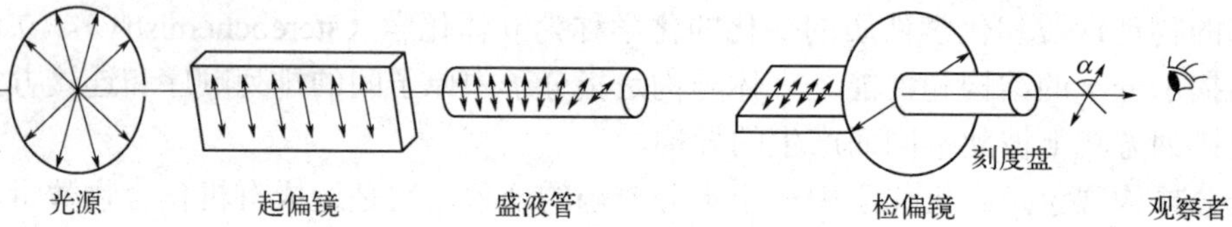

图 5-2 旋光仪工作原理图

第一个棱镜称为起偏镜，其作用是将光源发射来的光变成偏振光。第二个棱镜称为检偏镜，当偏振光通过盛有样品的盛液管后，偏振光的振动平面旋转了一定的角度，因此要将检偏镜旋转一定角度后，偏振光才能通过。检偏镜旋转的角度可由与之相连的刻度盘读出，这就是所测样品的旋光度。

5.1.3 比旋光度

旋光度的大小随测定所用溶液的浓度、盛液管的长度、温度、光波的波长及溶剂的性质等的改变而改变。但在一定的条件下，旋光度是旋光性物质的一项物理常数，通常用比旋光度(specific rotation)$[\alpha]$表示。比旋光度可以通过测得的旋光度、所用溶液的浓度和盛液管的长度，按以下公式计算：

$$[\alpha]_{\lambda}^{t} = \frac{\alpha}{l\rho_{B}}$$

式中，α 是由旋光仪测得的旋光度；λ 是所用光源的波长；t 是测定时的温度；ρ_B 是溶液的质量浓度，以每毫升溶液中所含溶质的质量表示，$g \cdot mL^{-1}$；l 是盛液管的长度，dm(1dm 等于 10cm)。

比旋光度是指将 1mL 中含有 1g 溶质的溶液，放在 1dm 长的盛液管中测出的旋光度。但实际测量时，总是用较稀的溶液通过上式计算比旋光度。若所测的旋光性物质为纯液体，只要把 ρ_B 换成液体的密度 ρ 即可。

一般测定旋光度时，用钠光灯作为光源，通常以 D 表示。例如，葡萄糖水溶液使偏振光右旋，在 20℃时用钠光灯作为光源，其比旋光度为 52.5°，可表示为$[\alpha]_{D}^{20} = +52.5°$（水）。

5.1.4 手性和对称性

手性与对映体

5.1.4.1 手性

物质的分子和它的镜像不能重合，这和人们的左、右手一样，虽互为实物与镜像，但不能彼此重合。这种特征称为手性（chirality，源自希腊文 cheir，即手的意思）。具有手性的分子称为手性分子（chiral molecule），其都具有旋光性；不具有手性的分子称为非手性分子，其无旋光性。

从肌肉中得到的乳酸能使偏振光右旋，称为右旋乳酸；葡萄糖在细菌下发酵得到的乳酸使偏振光左旋，称为左旋乳酸。通过测定，它们的比旋光度大小相等，方向相反，分别为$[\alpha]_D^{20}=+3.82°$（水）和$[\alpha]_D^{20}=-3.82°$（水）。两种乳酸的分子结构如图 5-3 所示。

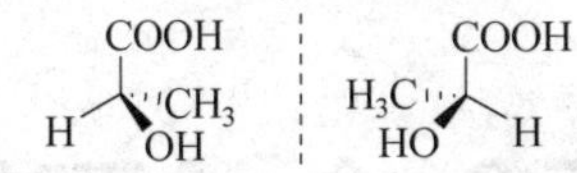

左旋乳酸 L-lactic acid　　右旋乳酸 D-lactic acid

图 5-3 乳酸的对映异构体

两个构型的乳酸分子结构互为镜像，相对映而不能重叠，这说明乳酸分子具有手性，是手性分子。这样的立体异构体称为对映异构体，简称对映体。对映体是两种不同的物质。考察分子是否具有手性的最简便而又准确的方法就是做出一对实物和镜像的模型，然后看它们是否能够完全重叠。

5.1.4.2 对称性

既然物质具有手性就有旋光性和对映异构现象，那么物质具有怎样的分子结构才能与镜像不能重合而具有手性呢？也就是说，手性分子在结构上必须具有哪些特点呢？由于分子的手性是由分子内缺少对称因素（symmetry factor）引起的，为此，要判断某一物质分子是否具有手性，必须考虑它是否缺少某些对称因素。常见的对称因素主要有对称面和对称中心。

（1）对称面

假如有一个平面可以把分子分割成两部分，而一部分正好是另一部分的镜像，这个平面就是分子的对称面（symmetric plane）。对称面用 σ 表示。例如，在 l-氯-1,l-二氟甲烷分子中，一个碳原子上连接着两个相同的基团（氟原子），其分子中有一个对称面，如图 5-4 所示。这个分子是对称的，它和它的镜像能够重合，是非手性分子（achiral molecule），因此没有对映异构体和旋光性。

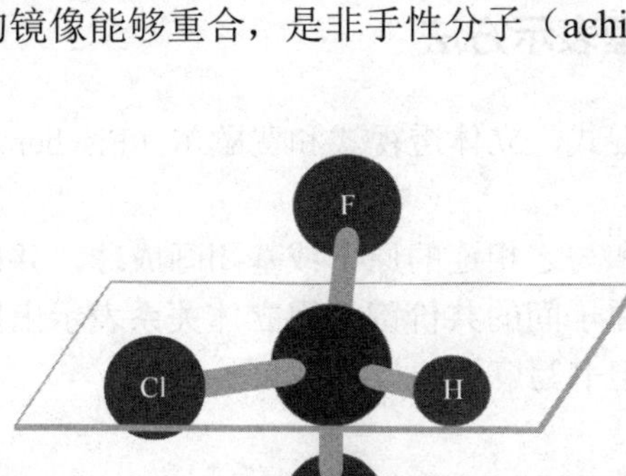

图 5-4 1-氯-1,1-二氟甲烷对称面示意图

（2）对称中心

设分子中有一点 i，通过点 i 画任何直线，如果在离点 i 等距离的直线两端有相同的原子，

则点 i 称为分子的对称中心。图 5-5 所示的分子均有一个对称中心，它的实物和镜像能够重合，分子无手性。具有对称中心的分子不具有手性，是非手性分子，因此不具有旋光性。

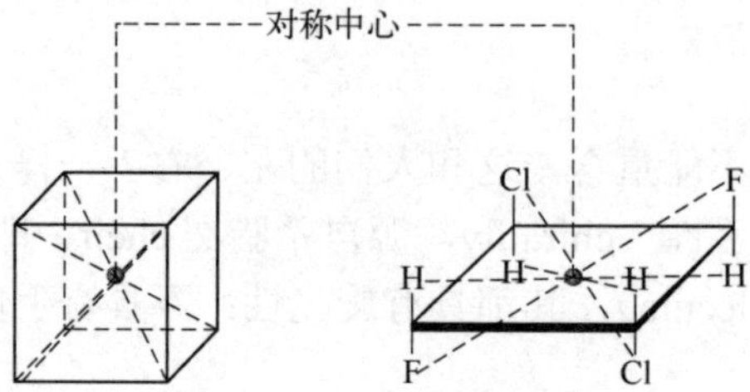

图 5-5 分子对称中心示意图

5.2 含一个不对称碳的化合物

使有机物分子具有手性的最普遍的因素是手性碳原子（chiral carbon）。和四个不相同的原子或基团相连的碳原子称为手性碳原子，并用“*”标出。例如，乳酸是含有一个手性碳原子的化合物，它有手性，因此具有旋光性，有一对对映体。

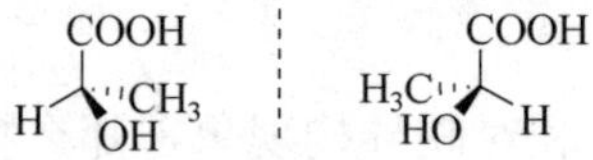

由于左旋体和右旋体的旋光度相同，而旋光方向相反，所以等量的左旋体和右旋体组成的混合体系，是没有旋光性的，这种体系称为外消旋混合物，或称外消旋体（racemate）。外消旋体一般用符号(±)或(*dl*)来表示。与其他任意两种物质的混合物不同，外消旋体常有固定的物理常数。例如，左旋乳酸、右旋乳酸的熔点均为 53℃，而外消旋体的熔点为 18℃，但它们的化学性质基本相同。在生理作用方面，外消旋体仍各自发挥其所含左旋体、右旋体的相应效能。

5.2.1 手性碳原子的构型表示方法

构型的表示方法

构型有三种表示式：球棍式、立体透视式和费歇尔（Fischer）投影式。

（1）球棍式

球棍式指把手性碳原子和与之相连的原子或基团画成球，并标出原子或基团的符号，用棍表示原子或基团与手性碳原子间的共价键，用立体关系表示出原子或基团在空间的排列关系。这种表示式清晰直观，但书写麻烦。

（2）立体透视式

立体透视式中，手性碳原子放在纸面上，与实楔相连的原子或基团表示在纸平面的前方，与虚楔相连的原子或基团表示在纸平面的后方。这种表示式也清晰直观，但书写同样麻烦。

（3）费歇尔投影式

费歇尔投影式又称十字式，它是对四面体构型进行投影得到的，十字线交叉点表示手性碳原子。费歇尔投影式在应用时规定将主碳链放在垂直方向上，其中氧化态高的在上面；上、下两个基团等程度向纸面后方倾斜，横放的另两个基团等程度伸向纸面前方，简单地说，就是“横前竖后”原则。乳酸的一对对映体的费歇尔投影式通常写作：

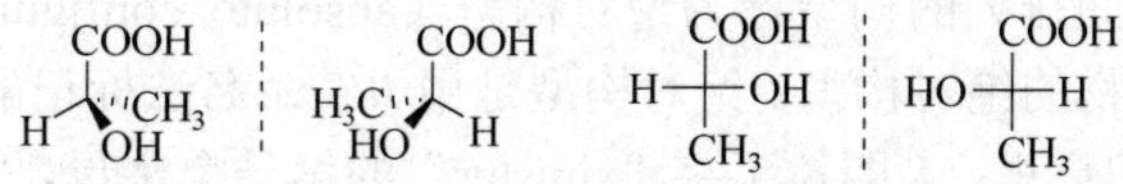

费歇尔投影式是用平面的投影式表示三维空间分子结构的方法，书写起来比球棍式和立体透视式更方便。

在使用费歇尔投影式时，要注意投影式中基团的前后关系。为此要遵循以下规则：

① 费歇尔投影式可以在纸面上旋转 180°，但不能在纸面上旋转 90°或其奇数倍，也不能离开纸面翻转 180°。

② 任意交换手性碳原子上所连的两个基团偶数次，分子构型不变；交换奇数次，将得到其对映体，即“奇”变“偶”不变。

③ 固定投影式中的一个基团，依次将另外三个基团按顺时针或逆时针方向交换位置，不会改变原化合物的构型。例如：

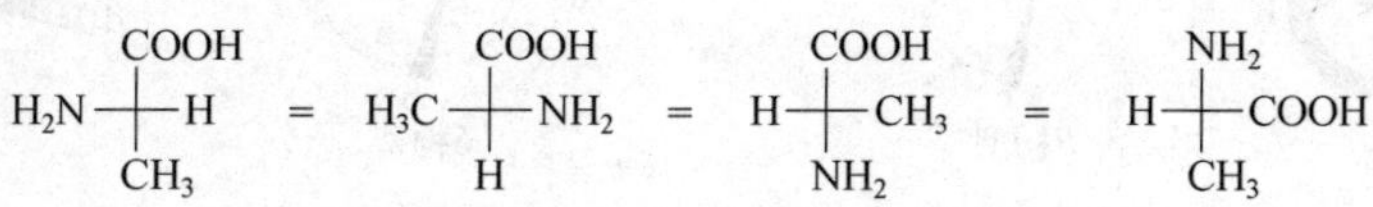

5.2.2 构型与旋光方向的标记

fischer 对结构的确定

手性碳原子构型的三种表示式可用于书面表达，但不便用于命名。因此，需要规定构型的标记。手性碳原子构型标记法有两种：相对构型法（D/L 命名法）和绝对构型法（*R*/*S* 命名法）。

5.2.2.1 相对构型法（D/L 命名法）

有机化合物的绝对构型是指分子中各个原子或基团在空间排列的真实情况。在 1951 年前，还没有适当的方法测定旋光性物质的绝对构型，只能采用相对构型来表示化合物之间的构型关联。相对构型的确定以甘油醛为标准，用 D/L 命名法表示。于是，人为规定右旋甘油醛为 D 构型，左旋甘油醛为 L 构型。它们的费歇尔投影式指定如下：

D-(+)-甘油醛　　L-(−)-甘油醛

D-(+)-glyceraldehyde　　L-(−)-glyceraldehyde

其他物质的构型以甘油醛为参照标准，在不改变中心碳构型的条件下，由 D-甘油醛构型衍生得到的化合物的构型就是 D 型的，由 L-甘油醛构型衍生得到的化合物的构型就是 L 型的。例如：由 D 型甘油醛氧化成的甘油酸是 D 型的，由 L 型甘油醛氧化成的甘油酸是 L 型的。值得注意的是，D 构型只是说明在这种化合物中，手性碳原子上原子和基团的空间排列与 D-(+)-甘油醛是同一类型的，不能代表旋光方向是相同的。构型与旋光方向是两个不同的概念，无必然联系。旋光方向须用旋光仪测量才能确定。

D/L 命名法有一定的局限性，目前适用于氨基酸和糖类的构型命名。

5.2.2.2 绝对构型法（*R*/*S* 命名法）

能真实反映分子空间排列的构型称为绝对构型（absolute configuration），可通过单晶 X 射线衍射分析判断化合物的绝对构型。绝对构型是用 *R*/*S* 命名法标记的（*R* 即拉丁字“rectus”的第一个字母，“右”的意思；*S* 即拉丁字“sinister”的第一个字母，“左”的意思）。此方法广泛适用于各类手性化合物构型的命名。1979 年 IUPAC 建议采用 *R*/*S* 命名法，其要点如下：

① 根据次序规则将手性碳原子所连的 4 个原子或基团按优先次序排列，假设 a>b>c>d。

② 将优先顺序中排在最后的原子或基团（通常是氢原子）d 放在距离视线最远处，其他原子或基团面向观察者。

③ 观察余下 3 个基团或原子由前到后的顺序，若为顺时针的，称为 *R* 构型；若为逆时针的，称为 *S* 构型，如图 5-6 所示。

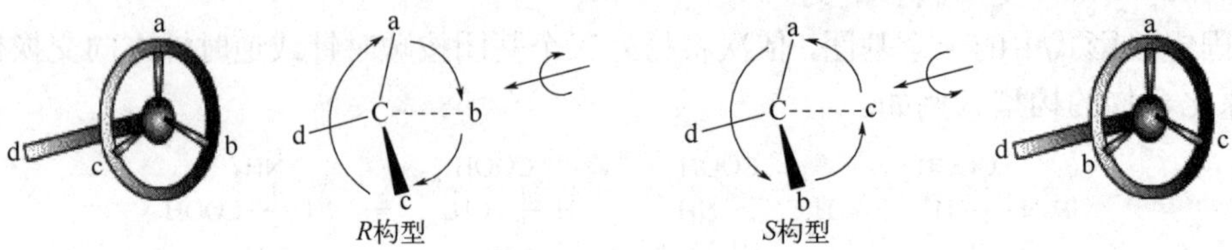

图 5-6 确定 *R* 构型、*S* 构型的方法

由 Fischer 投影式可以直接确定 *R* 构型、*S* 构型：

① 当最小基团处于竖键时，若其他原子或基团由大到小按顺时针方向排列，则为 *R* 构型；反之，为 *S* 构型。

② 当最小基团处于横键时，若其他原子或基团由大到小按顺时针方向排列，则为 *S* 构型；反之，为 *R* 构型。

例如：

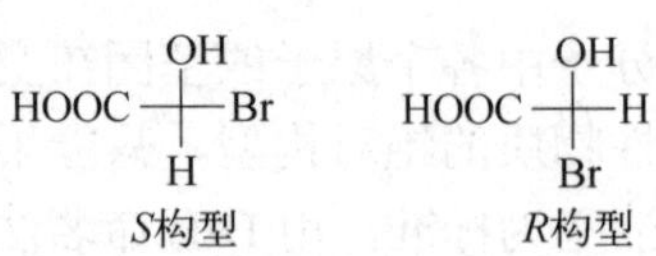

需要注意的是，对映体的旋光方向由实验测定，与 *R* 构型、*S* 构型的确定没有必然的联系。

5.3 含两个及多个不对称碳的化合物

5.3.1 含两个不同不对称碳的化合物

分子中含一个手性碳原子的化合物在空间有两种不同排列方式，因此，含两个不相同的手性碳原子的化合物应有四种不同的构型（$2^2=4$）。若有 n 个不同的手性碳时，应有 2^n 种构型。以 3-氯-2-羟基丁二酸为例，它的构型用费歇尔投影式表示如下，并用 *R* 或 *S* 标记出每个手性碳原子的构型（其原则与命名含有一个手性碳原子的分子相同）：

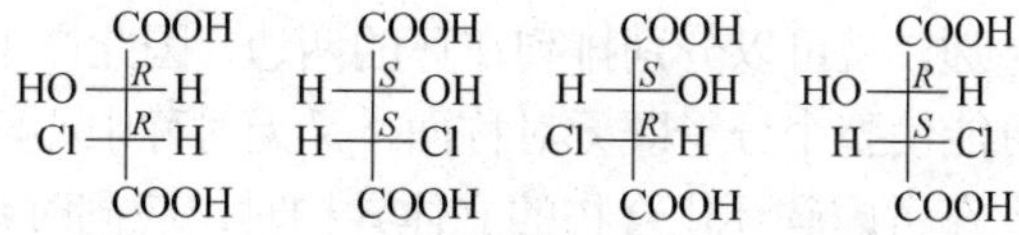

1　2　3　4

其中 1 与 2、3 与 4 为对映异构体，1 与 3 或 4 及 2 与 3 或 4 也是旋光异构体，但它们不呈实物与镜像的关系，是非对映的，称为非对映异构体，简称非对映体。非对映体的比旋光度不同，熔点、沸点、溶解度、相对密度、折射率等物理性质都不相同。非对映异构体由于具有相同的官能团，化学性质相似。但它们分子中相应原子之间的距离不完全相同，内能不同，因此与同一试剂反应的速率有差异。

5.3.2　含两个相同不对称碳的化合物

酒石酸 HOOC—CHOH—CHOH—COOH 就是含有两个相同的手性碳原子的化合物，两个手性碳原子上连接的四个基团彼此相同，即—H、—OH、—COOH 及—$\overset{\mathrm{OH}}{\overset{|}{\mathrm{C}}}$HCOOH。按照每一个手性碳原子有两种构型，可以组成以下四个分子：

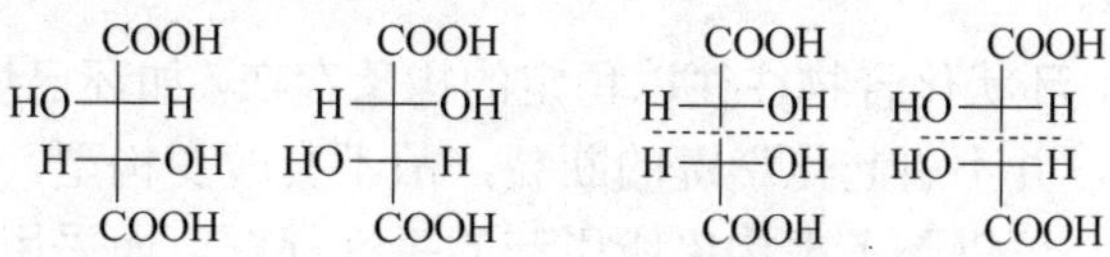

(Ⅰ) (2*S*,3*S*)　(Ⅱ) (2*R*,3*R*)　(Ⅲ) (2*R*,3*S*)　(Ⅳ) (2*S*,3*R*)

根据次序规则，手性碳原子上除—H 以外的三个基团的先后顺序应为—OH>—COOH>—$\overset{\mathrm{OH}}{\overset{|}{\mathrm{C}}}$HCOOH，按照与前面相同的方法考察分子中每一个手性碳原子上基团由先至后的走向，则(Ⅰ)的构型应为(2*R*，3*R*)、(Ⅱ)为(2*S*，3*S*)、(Ⅲ)应为(2*R*，3*S*)、(Ⅳ)为(2*S*，3*R*)。

(Ⅰ)和(Ⅱ)为一对对映异构体，(Ⅲ)和(Ⅳ)实际上是同一个化合物。在(Ⅲ)分子结构中存在对称面(图中虚线所示的位置)，因此(Ⅲ)可以用虚线将分子分成实物和镜像，没有旋光性，这种异构体称为内消旋体（mesomer）。内消旋体与外消旋体不同，内消旋体是单一分子，之所以没有旋光性是由于分子内含有平面对称性因素，即内消旋体是由两个相同而构型相反的左旋体和右旋体在同一分子内相互抵消形成的；而外消旋体是由一对对映体等量组成的混合物。酒石酸只有三种立体异构体：

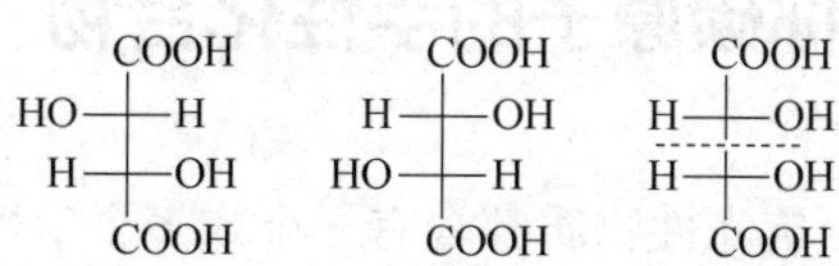

(Ⅰ) (2*S*,3*S*)　(Ⅱ) (2*R*,3*R*)　(Ⅲ) (2*R*,3*S*)

5.4　环状手性化合物

在环状化合物中，环的存在限制了碳碳单键的自由旋转，使取代基可以在环的两边排列。取代基既可以排列在环的同一边，又可以分别排列在环的两边，因此产生了顺反异构。如果环在一定的位置上连有取代基，可能使整个分子既无对称面，又无对称中心，从而使分子具有手性，于是就有对映异构现象。因此在考虑碳环化合物的立体异构时，应同时考虑顺反异构与对映异构。

1,2-二氯环戊烷有顺、反两个几何异构体，连接氯的两个碳原子，又都是手性碳原子：

顺1,2-二氯环戊烷　　　反1,2-二氯环戊烷

cis-1,2-dichlorocyclopentane　　*trans*-1,2-dichlorocyclopentane

在顺式异构体中，用虚线表示的平面可将分子分成对称的两半，所以顺式异构体无旋光性，为内消旋体；反式异构体为手性分子，所以存在一对对映异构体：

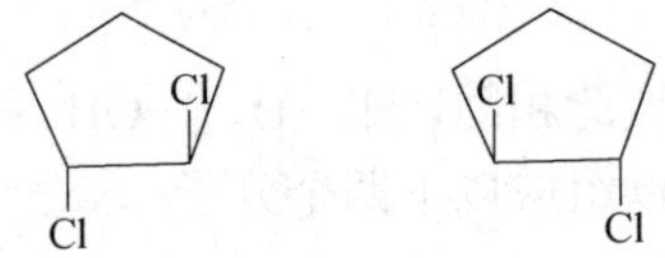

还应特别指出的是，环状化合物往往以稳定的构象存在，如环己烷主要以椅式构象存在，而构象的转变非常迅速，并不引起化学键的断裂，故不会改变构型，因此在研究环己烷等环状化合物的对映异构时，可以不考虑构象所引起的手性问题，而采用平面构型式，其结果与考虑构象时是一致的。例如，顺式和反式1,3-环己二甲酸可用下式表示：

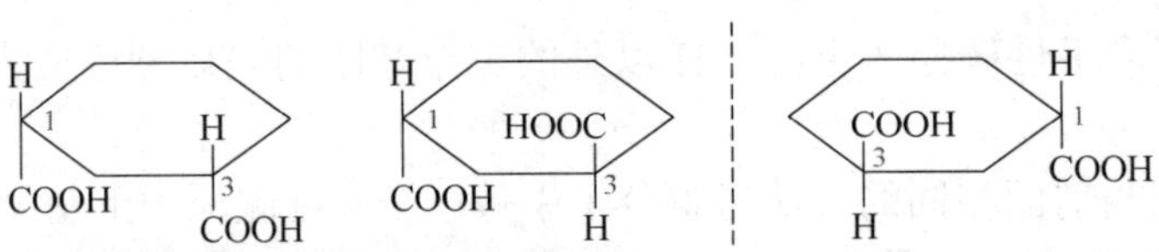

(1*R*,3*S*)　　(1*R*,3*R*)　　(1*S*,3*S*)

顺式分子中存在对称面，没有旋光性，而反式异构体与镜像不能重合，有旋光性。所以，1,3-环己二甲酸存在着顺式、反式右旋和反式左旋三种立体异构体。

如果两个羧基处在环上的1位、4位（即1,4-环己二甲酸），那么分子不论是顺式还是反式都具有通过1位、4位且垂直于环平面的对称面，所以都没有对映异构体，也没有旋光性。

非手性碳原子

5.5 其他不含不对称碳原子的手性化合物

在有机化合物中，大部分旋光性物质都含有一个或多个手性碳原子，但在有些旋光性物质的分子中，却并不含有手性碳原子。这些分子含有手性轴或手性面。

5.5.1 含手性轴的化合物

5.5.1.1 丙二烯型化合物

丙二烯型化合物的结构特点是丙二烯端基的碳为 sp^2 杂化，每一个端基碳提供一个2p轨道与中间的碳形成双键。中间的碳必须是 sp 杂化，它除与两边的基团形成一个 σ 键外，与中心碳原子相连的两个 π 键所处的平面彼此垂直。当丙二烯双键两端的碳原子上各连有两个不同取代基时，就产生了手性因素，存在着对映体。例如：

由于所连四个取代基两两处于相互垂直的平面上，分子没有对称面和对称中心，因此有手性。若用两个环来代替两个双键，则所得到的螺环化合物也应当有对映异构体；如果任何一端或两端的碳原子上连有相同的取代基，则分子中存在对称面，该分子无手性。

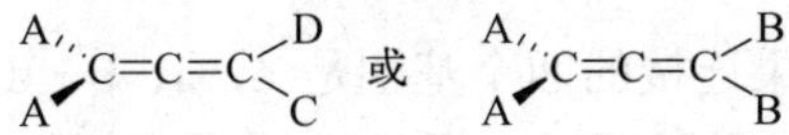

5.5.1.2 联苯型化合物

在联苯型化合物分子中，两个苯环可以围绕中间的单键旋转，如果在联苯的邻位即 2、2′和 6、6′位置上引入体积足够大的取代基，则两个苯环绕单键旋转时就要受到阻碍，以至于它们不能处在同一个平面上。只有当它们处于互相垂直的位置，才能排除这种空间位阻，进而形成稳定的分子构象。但这种稳定的构象使分子失去了对称因素，从而产生了互不重合的一对对映体，所以分子有手性。例如：

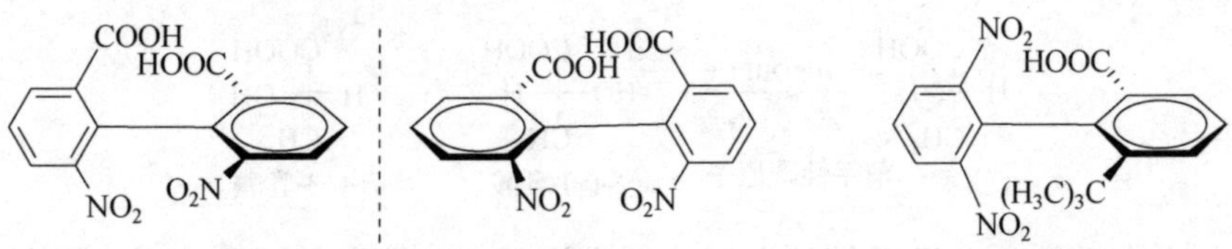

有旋光性　　　　无旋光性

与丙二烯型化合物一样，苯环上两个邻位或两个苯环的各自邻位连有相同基团时，则可以找到分子的对称面，该分子就不是手性分子。

5.5.2 含手性面的化合物

假定分子中有一平面，该分子在平面两边呈不对称排列，从而使分子具有手性，这种平面称为手性面。含手性面的化合物，其分子中既没有手性中心，也没有手性轴，但有手性。例如：

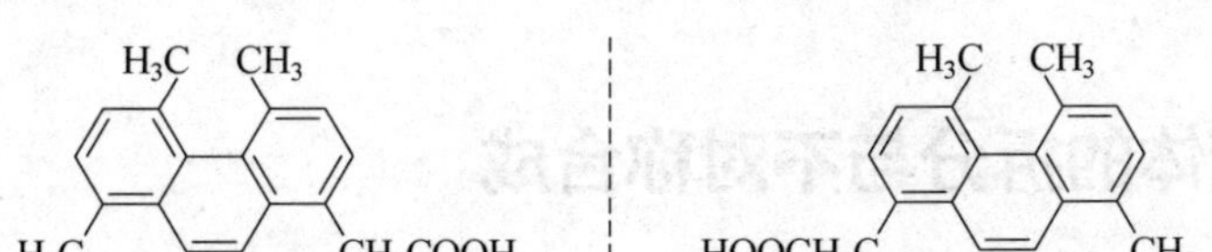

在菲的 4 位和 5 位处，存在两个体积较大的甲基基团，因它们无法被容纳在环结构所在的平面内，进而引发环的扭曲变形，致使该分子不再具有对称面和对称中心，因而产生了手性。

5.5.3 含有其他手性中心的化合物

手性中心不一定都是碳原子，其他原子如 N、P、S、Si、As 等也可以成为手性中心，它们的共价键化合物也是四面体结构的。当这些原子所连接的基团不相同时，分子没有对称面和对称中心，因此也具有旋光性。例如：

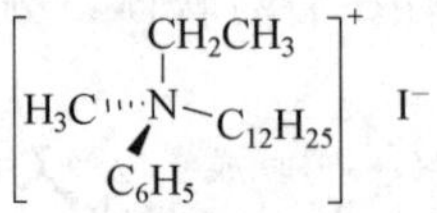

5.6 前（潜）手性碳和分子的前（潜）手性

一个 sp^3 杂化的碳原子如果连接的四个基团是 a、a、b、d，该碳原子是没有手性的，但如将其中一个 a 换成 e，该碳原子便成为手性碳原子。例如，乙醇（CH_3CH_2OH）就是具有前手性的分子，如将乙醇分子中亚甲基（$—CH_2—$）上的一个氢用氘取代，亚甲基碳原子就成为手性碳原子。

再如，对于丙酸 CH_3CH_2COOH，仅从结构简式来看，分子中的两个 *α*-氢是相同的，若用 Fischer 投影式表示，然后分别用羟基取代左边的氢或右边的氢，则无手性的 *α*-碳原子就转变成不对称碳原子，无手性的丙酸就转变成有手性的乳酸。左边的氢被羟基取代得(*S*)-(+)-乳酸，而右边的氢被羟基取代得(*R*)-(−)-乳酸。这就说明，实际上两个 *α*-氢在立体化学上是有区别的。

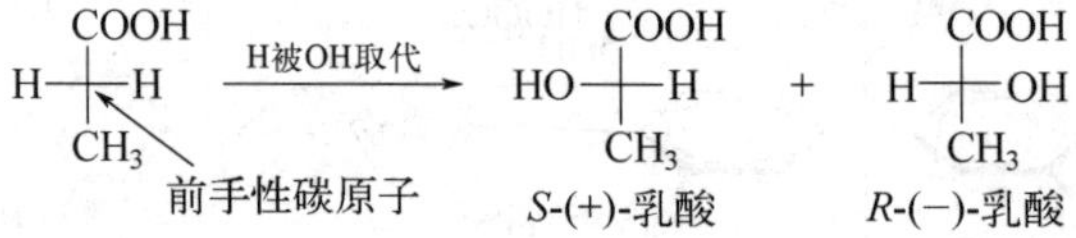

在有机化学中，将一个无手性的分子经一个原子或基团取代后失去其对称性而变成非对称手性分子的性质称为前（潜）手性（prochirality），原来对称的、无手性的分子称为前（潜）手性分子，发生变化的碳原子称为前（潜）手性碳原子或原手性碳原子。而前手性分子中一对相同的原子或基团，取代后导致 *R* 构型的称为前 *R* 某原子（或基团）(pro-*R*)，导致 *S* 构型的则称为前 *S* 某原子（或基团）(pro-*S*)。

前手性的概念在生物化学反应中非常重要，因为生物体内的反应绝大多数是酶（enzyme）催化的，而酶是有手性的生物大分子，其手性基团能识别与之作用的底物分子的 pro-*R* 或 pro-*S* 基团，所以酶催化的反应有立体专一性。

5.7 外消旋体的拆分与不对称合成

手性化合物的制备通常可以通过外消旋体的拆分和不对称合成两条途径来完成。

5.7.1 外消旋体的拆分

由非手性化合物合成手性分子时，在没有外界手性因素的影响下，得到的总是由等量的一对对映体混合的外消旋体。

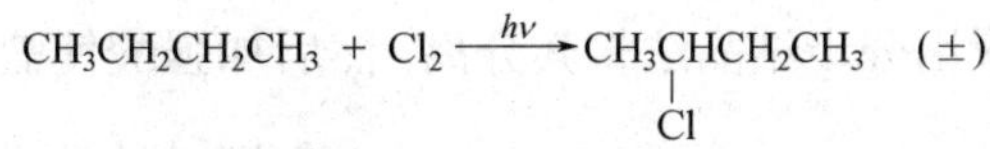

对映异构体除了旋光方向相反以外，其他的物理性质完全相同，因此要将它们拆分。外消旋体的拆分和普通混合物的分离不同。对于普通混合物的分离，可根据混合物中各组分物理性质的不同，通过蒸馏或结晶等方法将其分开。而对于由一对对映体组成的混合物，用普通的方法常无法达到目的，而必须采用其他的方法，目前用于外消旋体拆分的主要方法有机械分离法、微生物分解法、柱色谱分离法、诱导结晶法及化学反应法等。

（1）机械分离法

机械分离法是巴斯德（L. Pasteur）根据两个酒石酸钠铵的一对对映异构体的晶形不同而在显微镜下用镊子进行挑选的方法，但这个方法几乎不能应用于其他外消旋体的拆分上。

（2）微生物分解法

微生物分解法即用生物化学的方法拆分外消旋体。有机体的酶对它的底物具有非常严格的立体专一性。例如：

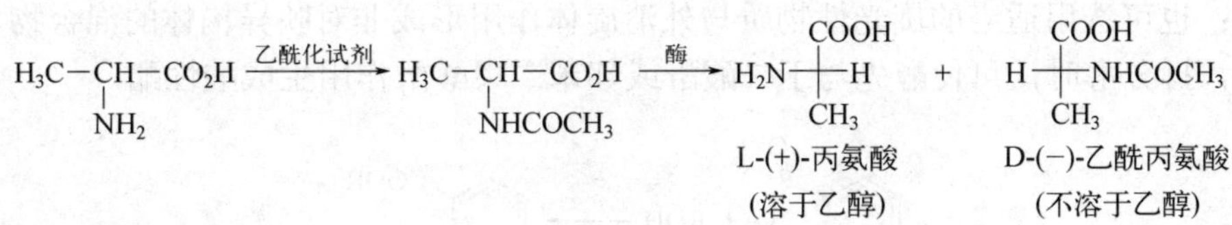

（3）柱色谱分离法

柱色谱分离法用手性的物质如淀粉、蔗糖粉或某些人工合成的手性大分子作为柱色谱的吸附剂。当外消旋的被拆分物质通过色谱柱时，可与吸附剂产生两种非对映的物质，它们在色谱柱中被吸附的程度不同，因此在用溶剂洗脱时，有的先被洗脱下来，有的后被洗脱下来，从而达到分离目的。

（4）诱导结晶法

有些产品可以用诱导结晶的方法拆分。当溶液中的一对对映异构体的其中之一稍过量时，用晶种诱导后，它就先沉淀出来。过滤后，滤液就含有过量的另一种对映异构体。升温，在滤液中加入外消旋体，冷却时，另一种对映异构体就会沉淀出来。通过这种方法，就能交替地把外消旋体分为左旋体和右旋体。

（5）化学反应法

这种方法的原理是，通过化学反应将对映体转化为非对映体，再利用非对映体的不同物理性质（如溶解度、熔点等）将其分离。将对映体转变为非对映体的试剂称为拆分剂或析解剂。采用什么样的拆分剂，应视被拆分的对映体的结构与性质而定。拆分剂应容易分别与两个对映体形成化合物，而且又容易被分解成原来的组分。不少拆分剂是由天然产物分离提取获得的。化学反应法最适用于酸或碱的外消旋体的拆分。例如，对于酸，用旋光性的碱作为拆分剂，拆分的步骤可用通式表示如下：

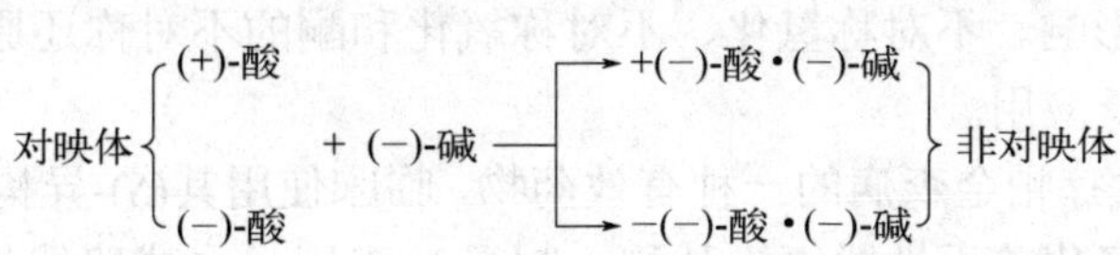

生成的非对映体可以采用分步结晶法将其分离，然后加强酸使盐分解，得到原来的对映体。

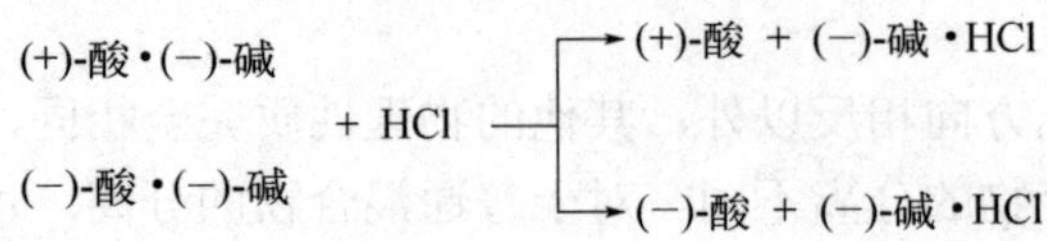

对于碱，则用旋光性的酸作为拆分剂，拆分的步骤可用通式表示如下：

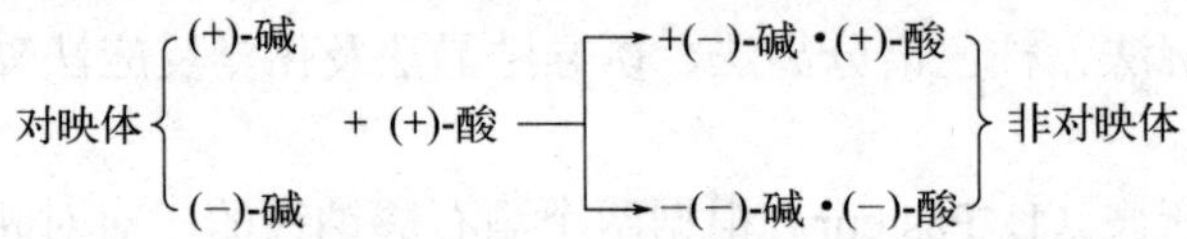

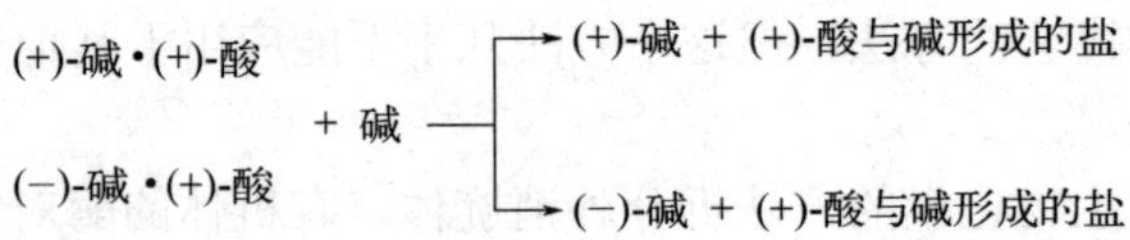

拆分既非酸又非碱的外消旋体时，可以设法在分子中引入酸性基团，然后按拆分酸的方法拆分之；也可选用适当的旋光性物质与外消旋体作用形成非对映异构体的混合物，然后分离。例如，拆分醇时，可使醇先与丁二酸酐或邻苯二甲酸酐作用生成酸性酯：

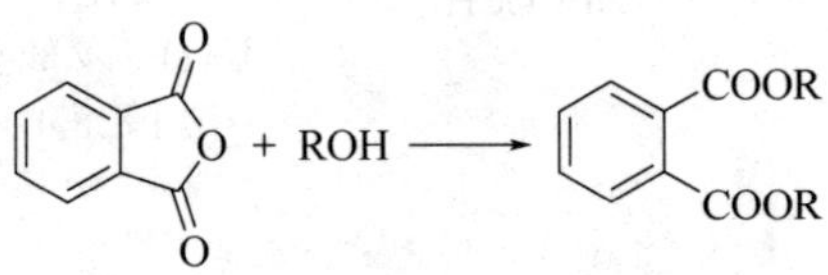

再将这种含有羧基的酯与旋光性碱作用生成非对映异构体后分离。

又如，拆分醛、酮时，可使醛、酮与如下的旋光性的肼先作用，然后分离。

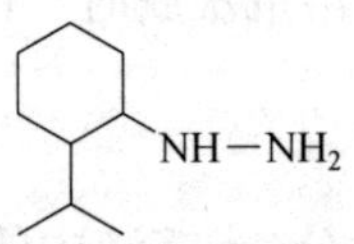

(−)-肼

5.7.2 不对称合成

拆分可以得到纯度很高的旋光异构体，但操作起来比较麻烦，最直接的方法是直接合成单个的旋光异构体。使合成的产物具有旋光性的方法，称为手性合成法。由于生成的两种对映体或非对映体的量是不相等的，手性合成也称不对称合成（asymmetric synthesis）。不对称合成原则上是要在手性环境条件下进行的。不对称合成的方法很多，如手性原料法、手性试剂法、催化不对称合成方法等，最多使用且最主要的是催化不对称合成法。

2001 年，诺贝尔化学奖授予在不对称催化领域作出杰出贡献的诺尔斯（W.S.Knowles）、野依良治（R. Noyori）和夏普莱斯（K. B. Sharpless）三位化学家，这显示出不对称催化研究在化学学科发展中的影响。不对称氢化、不对称氧化和酮的不对称还原等反应得到了广泛发展，在药物合成中广泛应用。

例如，L-多巴是治疗帕金森病的一种有效药物，临床使用其(*S*)-异构体。采用 Rh-DIPAMP 为手性催化剂，催化氢化前手性脱氢氨基酸，制得 L-多巴，合成路线如下：

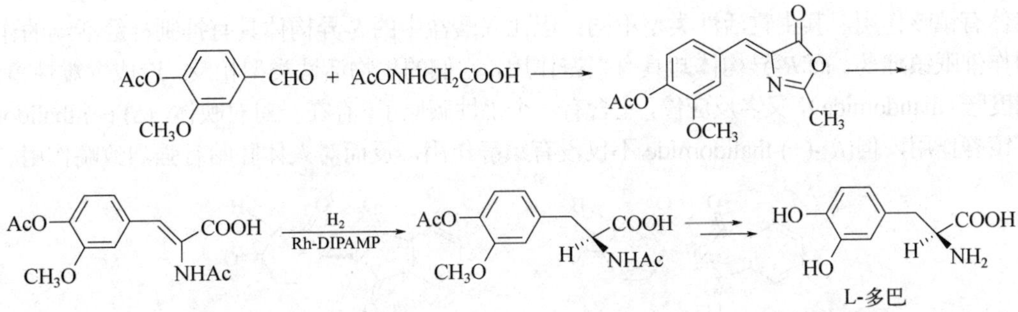

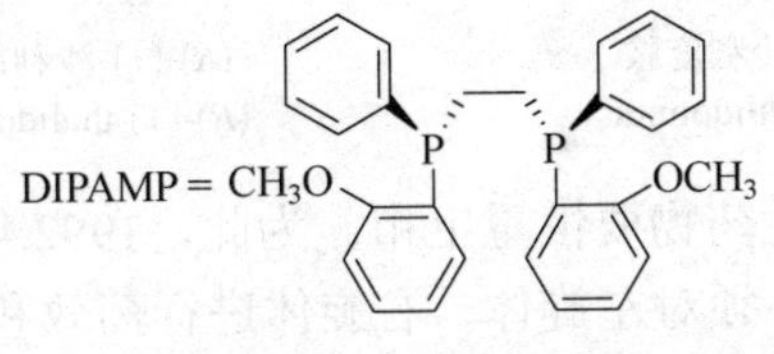

不对称合成反应中，使用合适的手性条件可使产物的光学纯度达到95%以上。

5.8 手性与药物

手性是非常普遍的，在人体（或动物体）内存在许多手性分子，有的手性分子是人体的组成成分，有的手性分子是人体内的功能分子。目前使用的药物中很大一部分也具有手性。当治疗某些疾病的药物进入人体后，由于药物分子为手性分子，药物受体一般也为手性分子（如蛋白质分子），具有疗效的手性药物分子与其受体手性部位的立体结构有互补关系，能进入受体的靶位，产生应有的生理作用，而药物分子的对映体不能进入受体的靶位。

对于手性药物而言，它们的不同立体异构体的生物活性强度存在着差异。手性药物不同旋光异构体的药理作用差异大致有以下四种类型：

① 只有一种对映体具有药理活性。例如，氨氯地平的左旋体具有治疗高血压和心绞痛的活性，而右旋体没有此活性；左氧氟沙星为*S*-构型，有抗菌作用，其对映体为*R*-构型，则无抗菌作用。

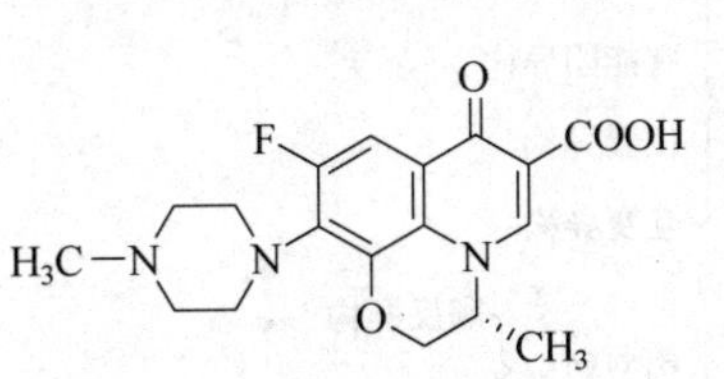

R-构型

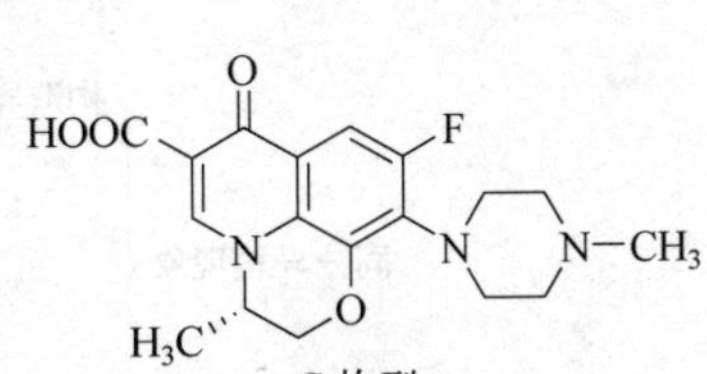

S-构型
左氧氟沙星

② 各对映体药理活性一致，但强度不同。例如，盐酸左旋咪唑片的抗胆碱作用比右旋体强4倍；消炎镇痛解热药(*S*)-布洛芬的活性比(*R*)-布洛芬强28倍；非甾体抗炎药萘普生（naproxen）的*S*-构型异构体的活性比其对映体的活性强35倍；β受体阻断剂普萘洛尔（propranolol）的两个对映异构体的体外活性相差98倍。

③ 一对对映体具有同等的或近乎同等的药理活性。例如，加替沙星（gatifloxacin）分子由于哌嗪中甲基的取代，成为手性分子，但其左旋体和右旋体的活性差别不大，因此目前临床上用的加替沙星是外消旋体。

④ 两种对映体具有不同的药理活性，甚至有毒副作用。例如，丙氧吩右旋体有镇痛作用，

左旋体有镇咳作用，其生物活性类型不同；巴比妥酸盐中的*S*-异构体具有抑制神经活动的作用，可用作催眠镇痛药，而*R*-异构体却具有兴奋作用，它们的生物活性类型相反。造成灾难性事件的沙利度胺（thalidomide），又名反应停，它含有一个手性碳原子，存在一对对映体，(*S*)-(−)-thalidomide具有镇静作用，但(*R*)-(+)-thalidomide不仅没有镇静作用，反而对人体胚胎有强烈致畸作用。

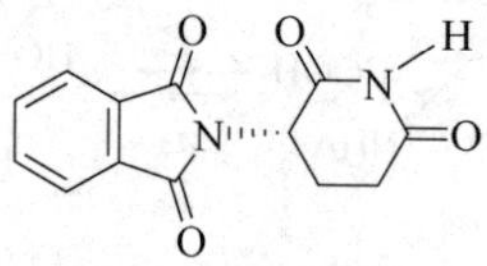

(*S*)-(−)-沙利度胺
(*S*)-(−)-thalidomide

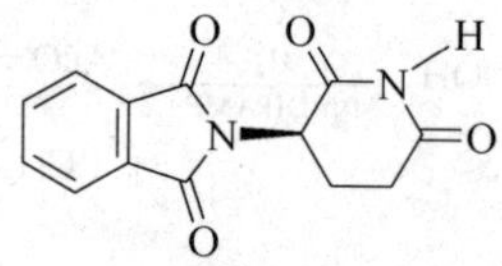

(*R*)-(+)-沙利度胺
(*R*)-(+)-thalidomide

惨痛的教训警示人们，手性药物要慎重上市。为此，1992年美国食品药物管理局规定，一种新的手性药物上市之前，必须对左旋体、右旋体进行药效和毒性实验。2006年1月我国食品药品监督管理局也出台了《手性药物药学研究技术指导原则》草案。目前手性药物的研究已成为国际新药研究的主要方向之一。随着手性药物制备技术的不断提高，以单一的旋光异构体上市的目标一定能实现。

5.9 异构现象的分类

有机化学的同分异构分为两类。一类是构造异构（constitutional isomerism），指的是分子式相同而分子中的原子或原子团相互连接顺序和方式不同引起的异构。它包括碳架异构（分为碳链异构、碳环异构）、位置异构、官能团异构和互变异构。另一类是立体异构（stereoisomerism），指的是有机化合物的分子构造式相同，而组成分子的原子或原子团在空间排列方式不同而引起的异构。它包括构型异构和构象异构。构型异构分为顺反异构与旋光异构（包括对映异构、非对映异构）。同分异构现象的分类如图5-7所示。

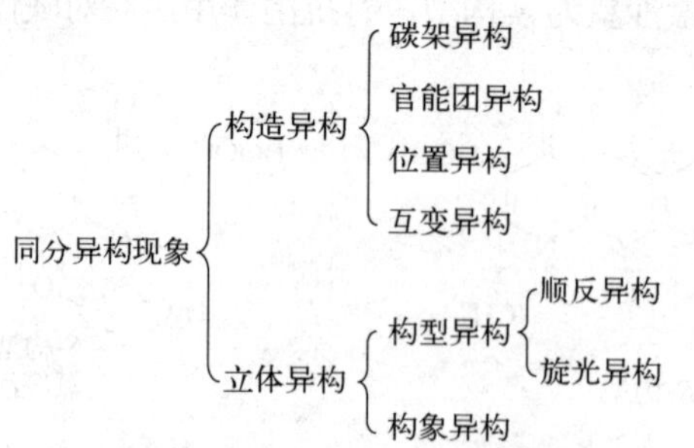

图5-7 同分异构现象的分类示意图

习题

1. 解释下列名词。

（1）比旋光度　（2）对映异构体　（3）手性分子

（4）对称面　　　　　（5）对称中心　　　　　（6）对称体

（7）外消旋体　　　　（8）内消旋体　　　　　（9）非对映体

2．判断下列说法是否正确。

（1）含有手性碳原子的分子一定是手性分子。

（2）存在对称面的分子一定是非手性分子。

（3）多取代环己烷的优势构象一定是所有取代基都位于 e 键的构象。

（4）手性分子一定具有旋光性。

（5）旋光方向与 *R*、*S* 构型有关。

（6）含有 3 个手性碳原子的化合物，其对映异构体的个数一定是 8。

3．下列化合物中哪些含有手性碳原子？请用“*”将它们标记出来。

（1）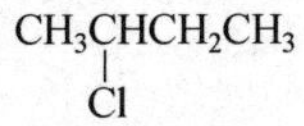　　（2）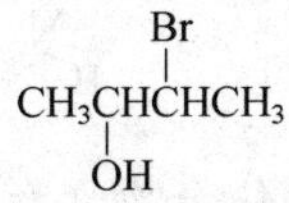

（3）$H_2NCH_2CHBrCOOH$　　（4）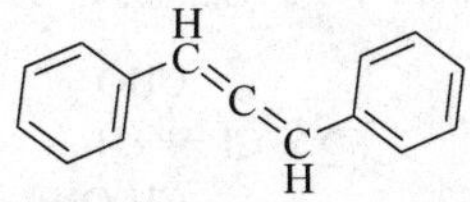

（5）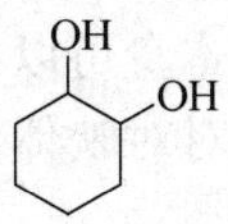　　（6）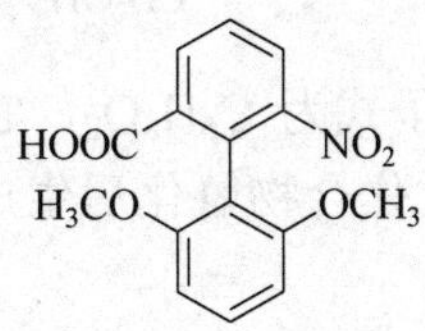

（7）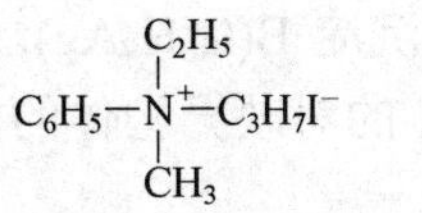　　（8）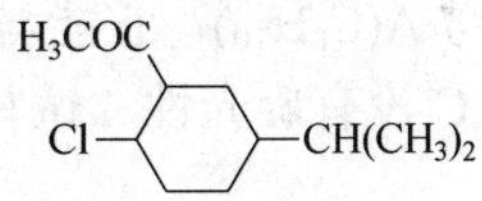

4.指出下列化合物中手性碳原子的构型。

（1）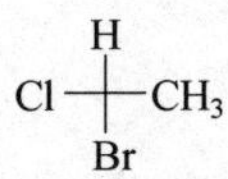　　（2）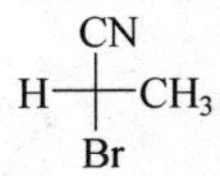

（3）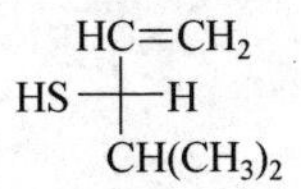　　（4）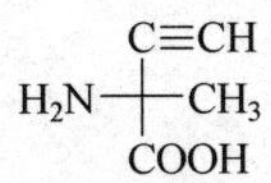

（5）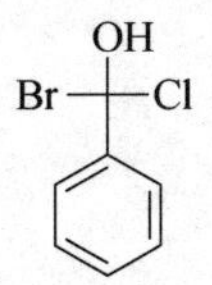　　（6）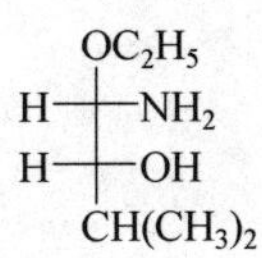

（7）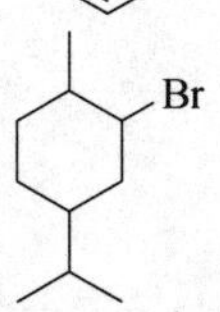　　（8）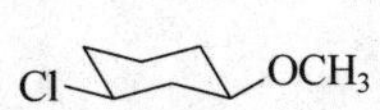

5.指出下列各组化合物之间是对映异构体关系还是为同一化合物。

（1）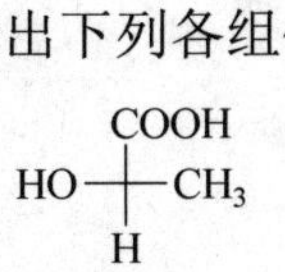　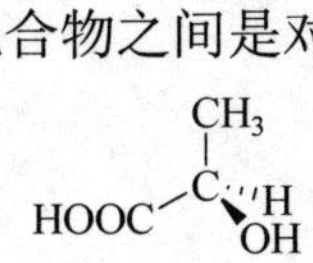　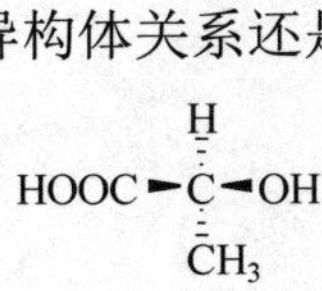　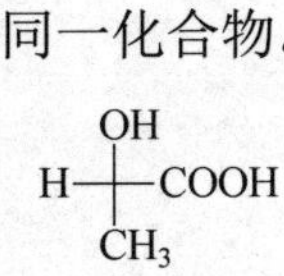

(a)　(b)　(c)　(d)

（2）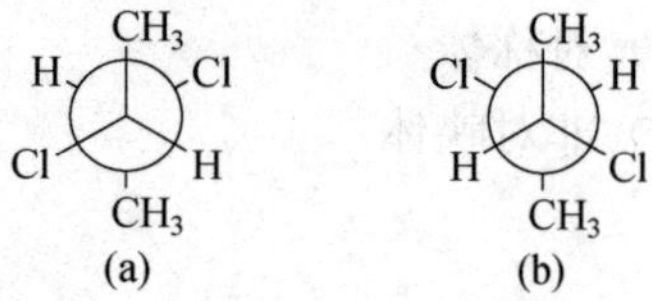

（3）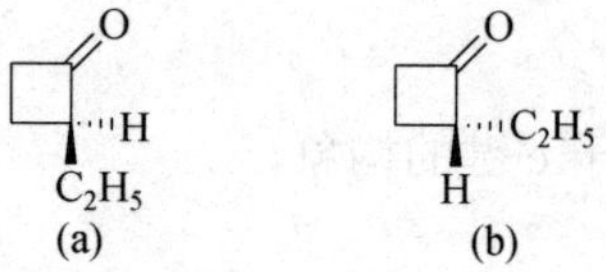

6. 将下列化合物改写成 Fischer 投影式，并用 *R*、*S* 标记其构型。

（1）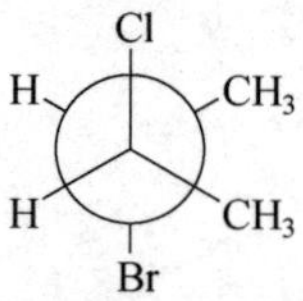　（2）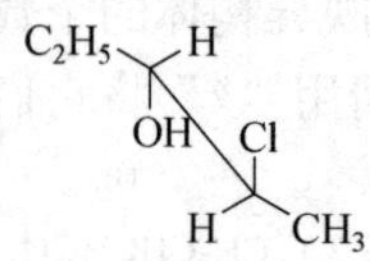

7. 用系统命名法命名下列化合物（有构型的须标明 *R*、*S* 构型）。

（1）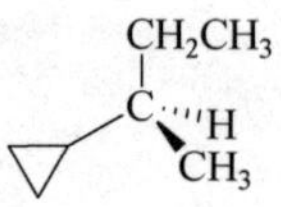　（2）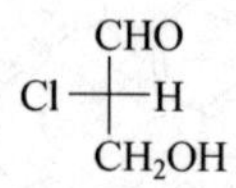　（3）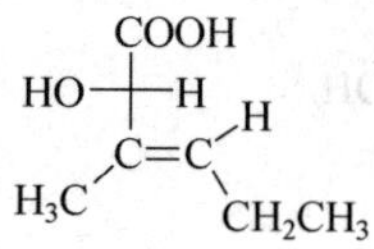　（4）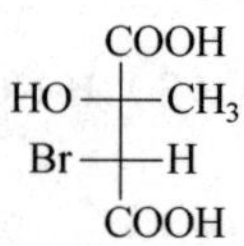

8. 有一化合物的分子式为 $C_5H_8O_2$，它和碳酸氢钠作用放出 CO_2。它本身可以存在两种构型，但都无旋光性。此化合物氢化后生成 $C_5H_{10}O_2$，后者可以分离为一对对映体。试写出原化合物的结构式。

9. 有一旋光化合物 A(C_6H_{10})，它能与银氨溶液作用生成白色沉淀 B(C_6H_9Ag)。将 A 催化加氢生成 C(C_6H_{10})，C 没有旋光性。试写出 B、C 的构造式和 A 的对映异构体的投影式，并用 *R/S* 命名法命名。

第6章

卤代烃

课件

烃分子中的一个或者多个氢原子被卤素原子取代后生成的化合物称为卤代烃（halohydrocarbon）。其中，卤素原子（亦称卤原子、卤基）—F、—Cl、—Br、—I 就是卤代烃的官能团。一卤代烃可以表示为R—X（X=F、Cl、Br、I）。二氯甲烷、三氯甲烷、二氯乙烷、氯苯等卤代烃常作为有机溶剂，广泛应用在化学工业和实验室。卤代烃是合成许多药物、农药、材料的重要原料，也是有机合成中重要的中间体，是一类重要的有机化合物。自然界中很少有卤代烃存在，仅极少数卤代烃可由较低等的微生物产生。例如，霉菌和放线菌含有卤原子连到芳环上的化合物——灰黄霉素（griseofulvin），该化合物是一个有用的抗真菌剂。

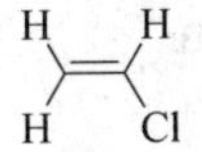

氯乙烯
(聚氯乙烯的合成单体)

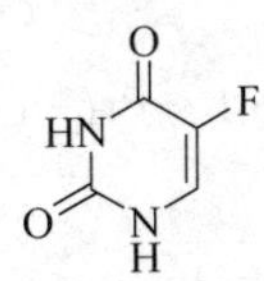

5-氟尿嘧啶
(抗肿瘤药物)

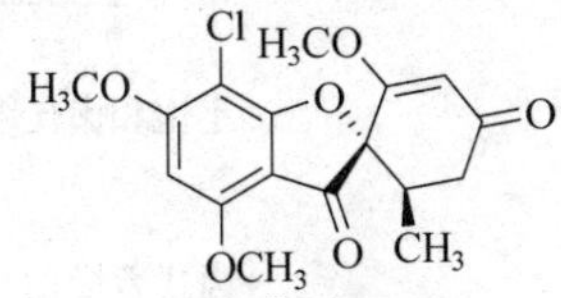

灰黄霉素
(抗真菌药物)

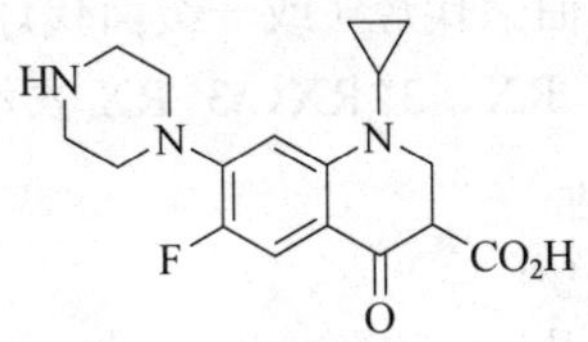

环丙沙星
(抗菌药物)

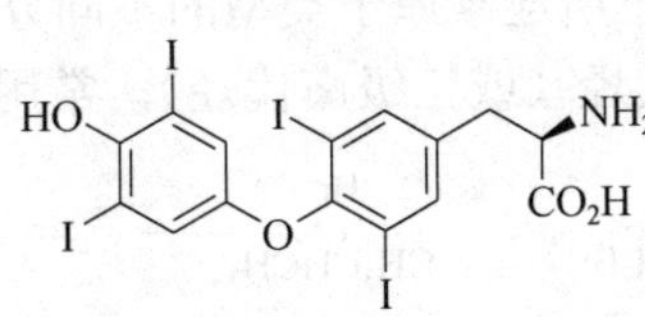

甲状腺素
(治疗甲状腺机能减退药物)

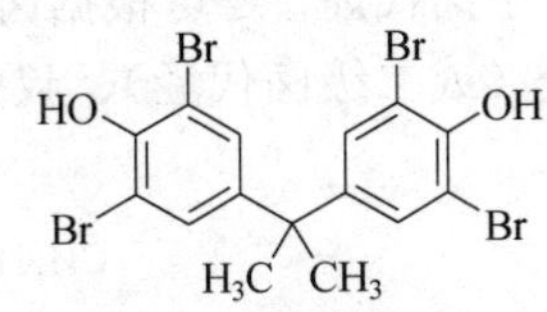

四溴双酚A
(塑料制品的阻燃剂)

在卤代烃中，氟代烃的制法、性质和用途与其他卤代烃相差较多，通常单独讨论。本章将着重讨论氯代烃和溴代烃的物理性质、化学性质，以及卤代烃参与的亲核取代反应和消除反应的机理及其影响因素。

6.1 卤代烃的结构、分类和命名

6.1.1 卤代烃的结构和分类

烃分子中的氢原子被卤素原子取代后的生成物称为卤代烃。卤代烃的通式为 R—X，其中 X 通常为 F、Cl、Br、I。

根据分子中所含卤原子的数目不同，可将卤代烃分为一卤代烃、二卤代烃和多卤代烃。在二卤代烃中，两个卤原子连在相邻的碳原子上的又称为连二卤代烃或邻二卤代烃，两个卤原子连在同一个碳原子上的称为偕二卤代烃。例如：

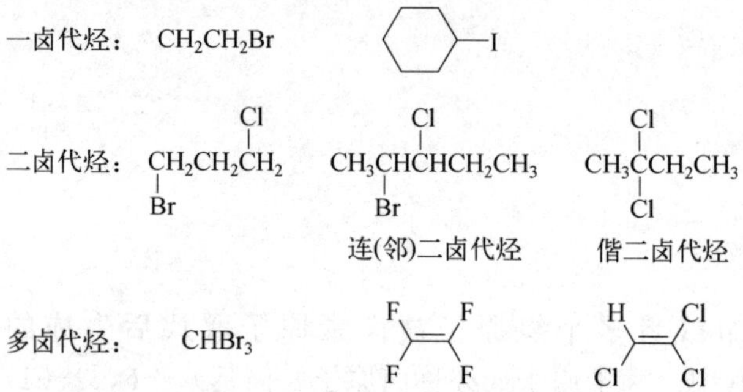

卤代烃按照卤原子种类的不同，可分为氟代烃（R—F）、氯代烃（R—Cl）、溴代烃（R—Br）和碘代烃（R—I）。

根据烃基的结构不同，可将卤代烃分为饱和卤代烃、不饱和卤代烃和卤代芳烃。例如：

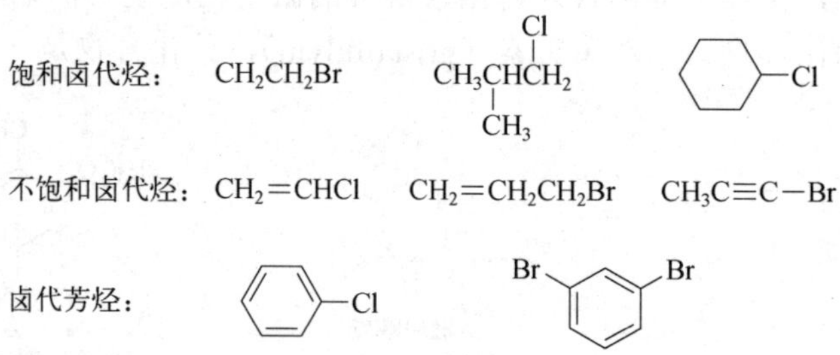

对于卤代烃，还可根据卤原子所连碳原子类型的不同分为伯卤代烃（或一级卤代烃）、仲卤代烃（或二级卤代烃）、叔卤代烃（或三级卤代烃），常用 1° RX、2° RX、3° RX 表示。

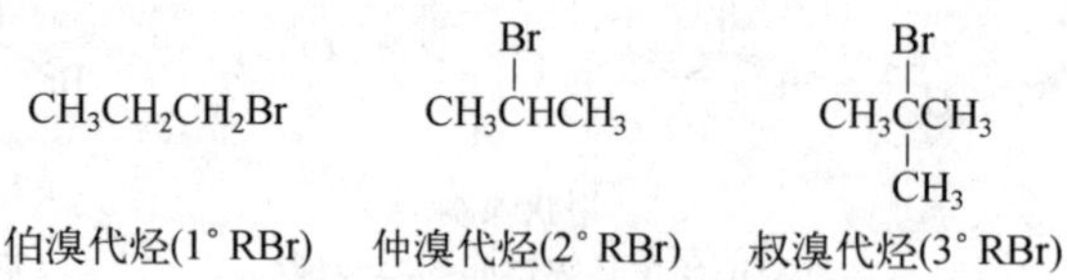

由于氯代烃、溴代烃和碘代烃的物理性质和化学性质比较接近，通常所称的卤代烃为此三类；氟代烃的性质较为特殊，常单独称为氟代烃。

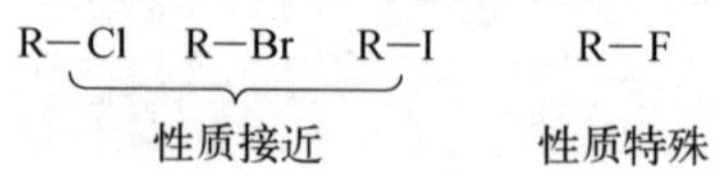

6.1.2 卤代烃的命名

卤代烃的结构

6.1.2.1 普通命名法

结构简单的卤代烃可以按卤原子相连的烃基的名称来命名，称为卤代某烃或某基卤。这种命名法称为普通命名法或习惯命名法，一般用于比较常见的几个烃基与卤原子相连的简单卤代烃的命名。例如：

$(CH_3)_2CHBr$	$C_6H_5CH_2Cl$
溴代异丙烷	氯代苄
（异丙基溴）	（苄基氯）

卤代烃的命名

6.1.2.2 系统命名法

较复杂的卤代烃按系统命名法命名。卤代烃的系统命名法以烷烃或环烷烃为母体，以卤素原子作为取代基；选取含卤素和其他官能团的最长碳链为主链；遵循最低序列规则，如果有官能团，应使优先的官能团位次最小；按照英文首字母顺序排列取代基，同类合并。

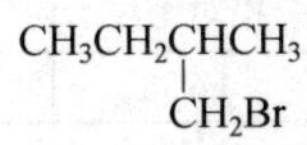

1-溴-2-甲基丁烷
1-bromo-2-methylbutane

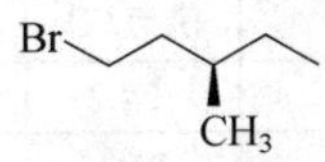

(*R*)-1-溴-3-甲基戊烷
(*R*)-1-bromo-3-methylpentane

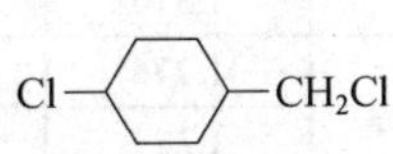

1-氯-4-氯甲基环己烷
1-chloro-4-(chloromethyl)cyclohexane

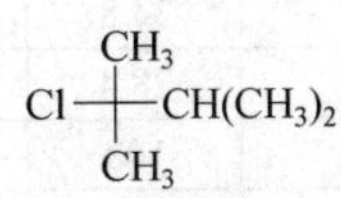

(*R*)-2-氯-2,3-二甲基丁烷
(*R*)-2-chloro-2,3-dimethylbutane

6.2 卤代烃的物理性质

在卤代烃中（氟代烃除外），氯甲烷、氯乙烷、溴甲烷、氯乙烯和溴乙烯是气体，其余均为液体或固体。除溴代烷和碘代烷由于长期放置，分解产生游离溴和碘而有颜色外，其他均无色。

一卤代烷有不愉快的气味，其蒸气有毒。氯乙烯对眼睛有刺激性，有毒，是一种致癌物（使用时应注意防护）。一卤代芳烃具有香味，但苄基卤则具有催泪性。

卤代烷的沸点与分子极性有关，极性越大，偶极-偶极作用越大，沸点越高。如果分子内极性相同，则分子量越大，van der Waals 力越大，沸点也就随之升高。烷基相同的卤代烷，沸点随着卤原子的原子序数增加而升高，即：

$$R—I > R—Br > R—Cl > R—F$$

在同分异构体中，直链分子沸点较高，支链分子的支链越多，沸点越低。氟代烷的沸点比较特殊，如甲烷的沸点为−161℃，依次引入一个、两个、三个和四个氟原子后，沸点先升高而后又降低。四氟甲烷的沸点为−128℃，其与甲烷分子量相差很大，而沸点却较接近。六氟乙烷的沸点为−79℃，而乙烷的沸点则为−88.6℃，两者沸点更接近。

所有卤代烃均不溶于水，但能溶于大多数有机溶剂，如乙醚、苯、烃等。某些卤代烃还可用作有机溶剂，如二氯甲烷、三氯甲烷（氯仿）和四氯化碳等。一氟代烃、一氯代烃比水轻，溴代烃、碘代烃比水重。分子中卤原子数目增多，密度增大。

在卤代烃分子中，随卤原子数目的增大，化合物的可燃性降低。例如，甲烷可作为燃料，氯甲烷有可燃性，二氯甲烷则不燃，而四氯化碳可作为灭火剂；氯乙烯、偏二氯乙烯可燃，而四氯乙烯则不燃。某些含氯和含溴的烃或其衍生物可作为阻燃剂，还可作为合成树脂、阻燃沥青、阻燃涂料等的添加剂。多卤代烃及多卤代烯对油污有很强的溶解能力，可用作干洗剂。

卤代烃的可极化性顺序为：R—I > R—Br > R—Cl > R—F。可极化性强的分子，在外界条件影响下，分子容易改变形状以适应反应的需要，因而 R—I、R—Br、R—Cl 都易于进行反应而转变成其他化合物。但电负性强而可极化性小的氟也有它的特点，如形成稳定的全氟化合物，其沸点与相应的烷烃接近。一些常见卤代烃的物理常数如表 6-1 所示。

表 6-1　一些常见卤代烃的物理常数

结构简式	氯代烃		溴代烃		碘代烃	
	沸点/℃	相对密度	沸点/℃	相对密度	沸点/℃	相对密度
CH_3X	−24.2	0.920	3.6	1.732	42.5	2.297
CH_3CH_2X	12.2	0.897	38.4	1.450	72.2	1.935
$CH_3CH_2CH_2X$	46.6	0.892	71.0	1.351	102.5	1.748
$(CH_3)_2CHX$	34.8	0.859	59.4	1.310	89.5	1.705
$CH_3CH_2CH_2CH_2X$	78.4	0.884	101.6	1.276	130.5	1.617
$CH_3CH_2CH_2CH_2CH_2X$	108	0.883	130	1.223	157	1.517
$CH_3CH_2CH(CH_3)X$	68.3	0.871	91.2	1.258	120	1.595
$(CH_3)_2CHCH_2X$	68.8	0.875	91.4	1.261	121	1.605
$(CH_3)_3CX$	50.7	0.840	73.1	1.222	100（分解）	—
XCH_2CH_2X	84.5	1.257	131	2.170	200	3.325
CH_2X_2	40.0	1.327	97.0	2.497	182（分解）	3.325
CHX_3	61.5	1.483	150.0	2.889	升华	4.008
CX_4	75.6	1.595	189.0	3.30	升华	4.23
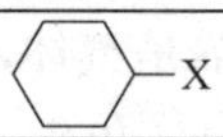	143	1.000	166.2	1.336	180（分解）	1.6244

6.3　卤代烃的亲核取代反应和消除反应

在卤代烃（RX）中，碳原子是 sp^3 杂化的，它利用一个 sp^3 杂化轨道与卤原子的 sp^3 杂化轨道重叠，形成 C—X σ 键。卤素与碳成键的 sp^3 杂化轨道中的 p 成分较多，而其他三个孤对电子占据的 sp^3 杂化轨道中 s 成分较多。一般卤代烃中 C—X 键的键长如下所示：

C—F	C—Cl	C—Br	C—I
0.139 nm	1.76 nm	0.194 nm	0.214 nm

在卤代烃中，由于卤原子的电负性大于碳原子的电负性，所以碳卤键的共用电子对偏向于卤原子，使碳带有部分正电荷，因此碳极易受到亲核试剂的进攻。亲核试剂进攻时，卤原子则带着一对电子以负离子的形式离去，这就是卤代烃的亲核取代反应。另外，卤原子的吸电子诱导效应还可通过 α-C 传递到 β-C 上，进而影响到 β-H，使其有较明显的缺电子性。在强碱作用下，含有 β-H 的卤代烃可以发生消除 HX 而生成烯烃的反应，这就是卤代烃的消除反应（也是烯烃与卤化氢亲电加成的逆反应）。

卤代烃的亲核取代反应

6.3.1 常见的亲核取代反应

带有负电荷或未共用电子对的试剂，称为亲核试剂（nucleophile reagent，常用 Nu 表示）。它们可以是离子、基团或中性分子，如 RO^-、OH^-、CN^-、ROH、H_2O、NH_3 等。由亲核试剂进攻而发生的取代反应称为亲核取代反应（nucleophilic substitution，简写为 S_N）。

$$\mathrm{R{-}X + :Nu^{\ominus} \longrightarrow R{-}Nu + X^{\ominus}}$$

$$\mathrm{R{-}X + H{-}\ddot{N}u \longrightarrow R{-}Nu + H{-}X}$$

由上式可见，卤代烃（一卤代烃常用通式 R—X 表示）分子中，卤原子的电负性大于碳原子的电负性，吸引电子的结果是 C—X 键之间的电子云偏向于卤原子，使其带部分负电荷，而碳原子带部分正电荷。因此，与卤原子相连的碳原子容易受到亲核试剂（Nu）的进攻，卤原子则带着一对键合电子以 X^-形式离去[卤离子 X^-称为离去基团（leaving group，常用 L 表示）]，最后生成取代产物。亲核取代反应是卤代烃的特征反应之一。这类反应可使卤原子转化为其他多种特性基团，在有机合成中有着广泛的应用。

（1）水解反应

卤代烃与水共热时，卤原子可被羟基取代，生成相应的醇，该反应称为卤代烃的水解反应（hydrolysis reaction）。卤代烃的水解反应是可逆反应。卤代烃水解一般进行得很慢，为了加快反应速率，使反应向生成醇的方向进行，通常用强碱（NaOH 或 KOH）的水溶液，活泼的卤代烃可用弱碱（K_2CO_3 或 Na_2CO_3）的水溶液。

$$\mathrm{R{-}X + H_2O \rightleftharpoons R{-}OH + H{-}X}$$

$$\mathrm{R{-}X + NaOH \rightleftharpoons R{-}OH + NaX}$$

一般情况下，由于醇比卤代烃更容易制得，且价格更便宜，卤代烃一般由相应的醇制得。实际上，在一些结构比较特殊或复杂的分子中，引入羟基比较困难，可通过先卤化再水解的方法来合成醇。例如：

$$\mathrm{H_2C{=}CHCH_3 \xrightarrow{Cl_2,\ \mathit{h\nu}} H_2C{=}CHCH_2{-}X \xrightarrow[H_2O]{NaOH} H_2C{=}CHCH_2{-}OH}$$

（2）醇解反应

卤代烃与醇作用，分子中卤原子被烷氧基（—OR）取代生成醚的反应称为卤代烃的醇解。与上述水解反应一样，醇解反应也是可逆的。若以醇钠的醇溶液与卤代烃反应，则以烷氧基负离子为亲核试剂与卤代烃进行的亲核取代反应可顺利完成。

$$\mathrm{R{-}X + NaOR' \longrightarrow R{-}OR' + NaX}$$

式中，若 R 与 R'相同，称为单醚；若 R 与 R'不同，称为混醚。例如：

$$\mathrm{CH_3CH_2CH_2ONa + CH_3CH_2I \longrightarrow CH_3CH_2CH_2OCH_2CH_3}$$

这种方法是制备醚，特别是混醚的好方法，此方法称为 Williamson 合成法。反应一般采用伯卤代烃，因为仲卤代烃产率较低，而叔卤代烃主要生成烯烃。对于不同的卤代烃，卤原子被取代的难易顺序为：R—I>R—Br>R—Cl≫R—F。

例如，利用 Williamson 合成法合成乙基叔丁基醚 CH_3CH_2—O—$C(CH_3)_3$。从目标化合物乙基叔丁基醚的结构可以看出，有两种拆分方式（①和②），如下式所示：

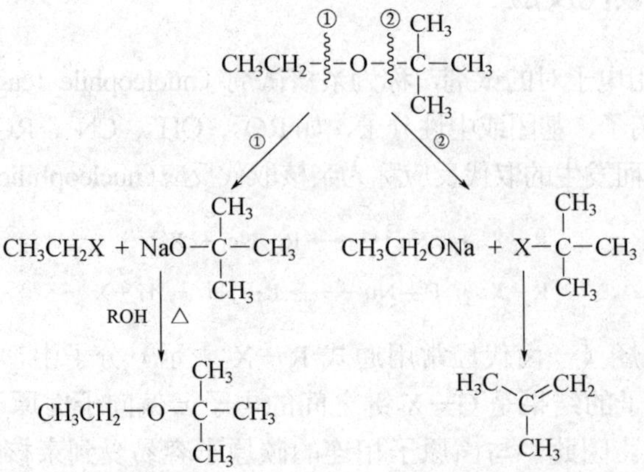

显然，采用方式①合成乙基叔丁基醚最合理，其原料为醇钠和伯卤代烃。路线②的优势反应为消除反应，这将在 6.3.4 小节中介绍。

（3）氰解反应

卤代烃与氰化钠或氰化钾在醇溶液中加热回流，使卤原子被氰基（—CN）取代生成腈（R—CN）的反应称为卤代烃的氰解。例如：

$$\mathrm{R{-}X + NaCN \xrightarrow[\triangle]{ROH} R{-}CN + Na{-}X}$$

这个反应也不适用于叔卤代烃，叔卤代烃与氰化钠的醇溶液加热时，主要产物也是烯烃。此反应在有机合成中非常有用，一方面卤代烃转变为腈后，可使分子中增加一个碳原子，这在有机合成中常用于增长碳链；另一方面，分子中引入氰基后，可以通过氰基的转变来制备其他化合物（如羧酸、酯、酰胺等）。但由于氰化钾和氰化钠有剧毒，其应用受到限制。

$$\mathrm{R{-}CN \xrightarrow[H_2O]{H^+} R{-}COOH + NH_4^+}$$

（4）氨解反应

卤代烃与氨作用，使卤原子被氨基（$-NH_2$）取代，生成伯胺（$R-NH_2$）的反应称为卤代烃的氨解。例如：

$$\mathrm{R{-}X + NH_3 \xrightarrow[\triangle]{ROH} R{-}\overset{+}{N}H_3X^- \xrightarrow{NH_3} R{-}NH_2 + \overset{+}{N}H_4X^-}$$

生成的有机胺仍然是亲核试剂，它还可与卤代烃作用生成铵盐，所以卤代烃的氨解反应是一连串反应，往往得到的是各种胺的混合物。

$$\mathrm{R{-}NH_2 \xrightarrow{R-X} R_2NH \xrightarrow{R-X} R_3N \xrightarrow{R-X} R_4\overset{+}{N}X^-}$$

伯胺是有机弱碱，它与卤化氢结合生成铵盐，因此反应中需要加入过量的氨作为碱来中和铵盐，得到游离伯胺。叔卤代烃与 NaOH、RONa、NaCN 和 NH_3 等试剂反应，主要消除一分子卤化氢生成烯烃。例如：

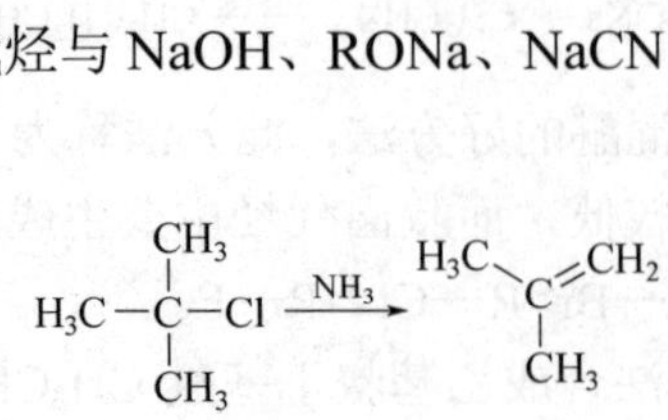

（5）与硝酸银作用

卤代烃与硝酸银的乙醇溶液作用，可生成硝酸酯和卤化银沉淀。此反应既可用来鉴别不同种类的卤代烃，如氯代烃（AgCl 为白色沉淀）、溴代烃（AgBr 为浅黄色沉淀）、碘代烃（AgI 为黄色沉淀），又可按生成沉淀的速率鉴别不同结构的卤代烃，如伯卤代烃、仲卤代烃和叔卤代烃。

$$R-X + AgNO_3 \xrightarrow{C_2H_5OH} R-ONO_2 + AgX\downarrow$$

当卤代烃中的卤原子相同，而烃基结构不同时，反应速率也不同。因此可以根据卤化银沉淀生成的快慢来推测卤代烃可能的结构。一般来讲，具有相同烃基结构的卤代烃，其反应活性次序是 R—I>R—Br>R—Cl。而卤原子相同，烃基结构不同时，反应活性次序是 3°RX>2°RX>1°RX。综合考虑，碘代烃或三级卤代烃在室温下即可与硝酸银的乙醇溶液反应生成卤化银沉淀，而一级、二级氯代烃和溴代烃则需要温热几分钟才能产生卤化银沉淀。苄基型及烯丙型卤化物的卤素非常活泼，与硝酸银的醇溶液能迅速地进行反应。而卤原子直接连接于双键及苯环上的卤化物则不易发生此反应。两个或多个卤原子连在同一个碳原子上的多卤代烃，也不发生此反应。

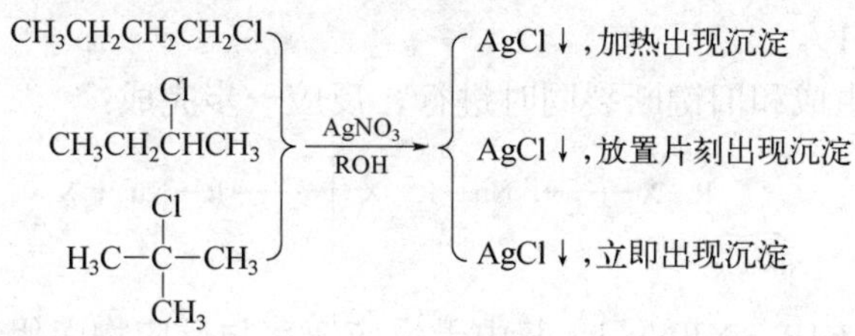

（6）与卤离子的交换反应

在丙酮或丁酮溶剂中，氯代烃和溴代烃分别与溶于其中的碘化钠反应，生成碘代烃和氯化钠或溴化钠。由于反应生成的氯化钠和溴化钠不溶于丙酮或丁酮，反应能够顺利进行。例如：

$$RCl + NaI \xrightarrow{\text{丙酮}} RI + NaCl\downarrow$$

此反应中氯（或溴）原子被碘原子取代，这种发生了两种卤素原子交换的反应，称为卤素的交换反应。氯代烃和溴代烃的反应活性顺序是：1°RX>2°RX>3°RX。此反应可用来检验氯代烃和溴代烃，还可用来在实验室制备碘代烃。通常，活泼卤代烃在几分钟内即生成沉淀，中等活性的卤代烃需温热后才生成沉淀。苯型卤代烃和乙烯型卤代烃即使加热也无沉淀产生。

卤素的交换反应是由比较便宜的氯代烃或溴代烃制备碘代烃的常用方法，该方法操作方便，产率高。

（7）与炔钠的反应

伯卤代烃与炔基钠反应生成碳链更长的炔烃。

$$R-X + R'C\equiv CNa \longrightarrow R'C\equiv CR + NaX$$

这是由低级炔烃制备高级炔烃的重要方法。与前述几个取代反应一样，所用的 R—X 必须是伯卤代烃，叔卤代烃主要生成消除反应产物。

（8）与羧酸盐的反应

羧酸根也有亲核性，当它与活泼卤代烃作用时，卤素原子被羧酸根（$RCOO^-$）取代生成酯。例如乙酸苄酯的合成：

$$PhCH_2X + CH_3COONa \longrightarrow PhCH_2OOCCH_3$$

6.3.2 亲核取代反应的机理

卤代烃的亲核取代反应是指饱和碳原子上的一个卤原子或基团被另一个带负电荷或孤对电子的原子或基团取代的过程，可用通式表示：

$$R-X + :Nu^- \longrightarrow R-Nu + X^-$$
$$R-X + H-\ddot{N}u \longrightarrow R-Nu + H-X$$

在此反应中，旧键的断裂和新键的生成有两种情况。

① 一种是旧键断裂后再生成新键，反应分两步进行：

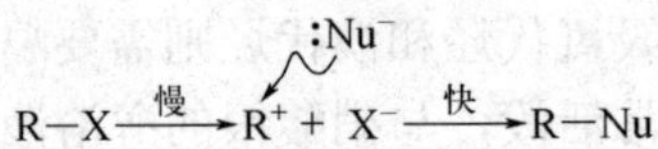

动力学研究发现，对于这类反应，$v=k_1[R—X]$，其因反应速率仅与反应物卤代烃的浓度有关，而与亲核试剂的浓度无关，所以称为单分子亲核取代反应（monomolecular nucleophilic substitution，简写为 S_N1）。

② 另一种是新键生成和旧键断裂同时进行，反应一步完成：

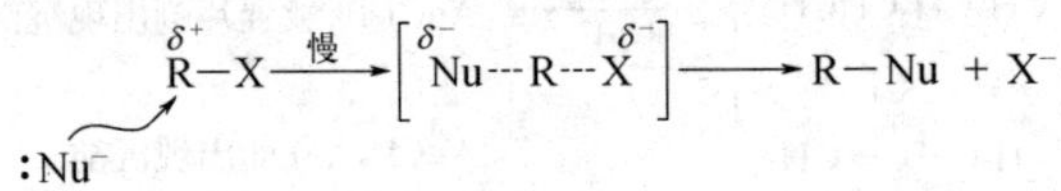

对于这类反应，$v=k_2[R—X][Nu^-]$，其由于反应速率与反应物卤代烃的浓度和亲核试剂的浓度均有关，所以称为双分子亲核取代反应（bimolecular nucleophilic substitution，简写为 S_N2）。

根据化学动力学和立体化学实验结果得出，卤代烃及其他脂肪族化合物的亲核取代反应按两种反应机理进行，即双分子亲核取代和单分子亲核取代。

6.3.2.1 单分子亲核取代反应机理（S_N1 机理）

实验证明，叔丁基溴在碱性水溶液中的水解反应主要生成叔丁醇，反应速率只与反应物的浓度变化有关，与亲核试剂的浓度无关，因此反应是分两步完成的。

第一步：

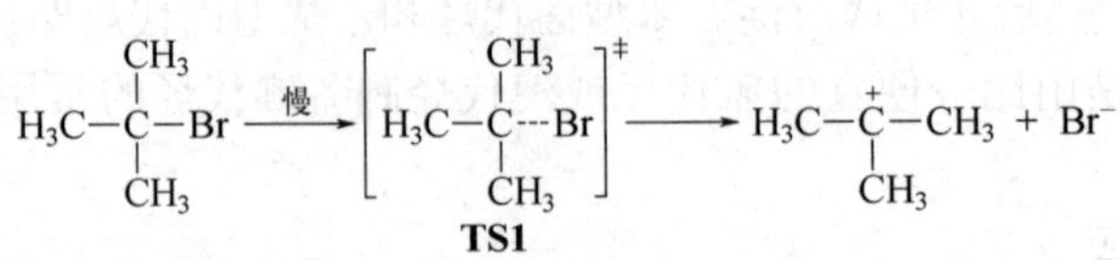

首先是叔丁基溴解离成叔丁基碳正离子和溴离子。在解离过程中，C—Br 键逐渐拉长，电子云向溴偏移，使碳上的 δ^+ 和溴上的 δ^- 逐渐增加，形成过渡态，过渡态继续解离成活性中间体叔丁基碳正离子和溴离子。

第二步：

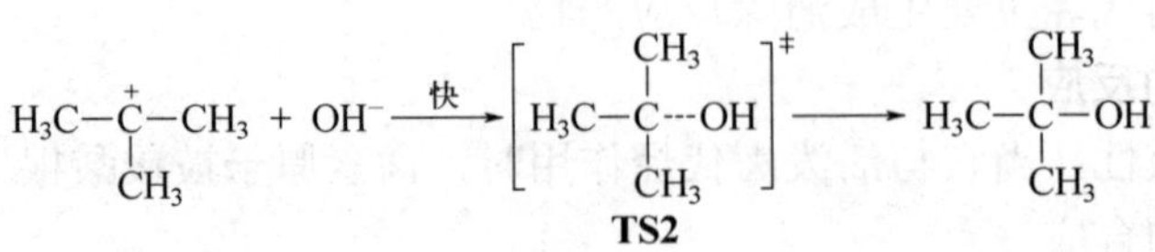

第二步是活性中间体与 OH^- 作用，生成产物叔丁醇。

整个反应的能量变化如图 6-1 所示。图中 TS1 和 TS2 分别代表两步反应的过渡态，它们都处于能量曲线的最高点——顶峰。反应活性中间体叔丁基碳正离子的能量低于两个过渡态的能量，但高于反应物和产物的能量，所以反应活性很高。由于活化能 $\Delta E_1>\Delta E_2$，因此第一步反应较慢，是决定整个反应的速控步。而第二步的活化能明显低于第一步，因此，第二步反应速率较快。叔丁基碳正离子的能量较高且有较大的活性，它与 OH^- 的结合只需较少的能量，因此，第二步反应速率较快。从活化能的大小可以判断反应的难易。

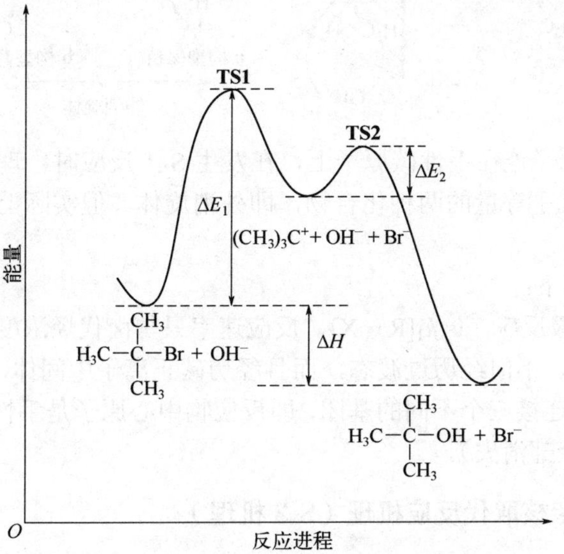

图 6-1　叔丁基溴水解反应（S_N1）的能量变化曲线

在 S_N1 反应中，第一步形成了碳正离子中间体，由于碳正离子的特性，不稳定的碳正离子总是倾向于变成较稳定的碳正离子，所以可能发生碳正离子重排。例如，新戊基溴和乙醇反应，几乎全部得到重排产物。

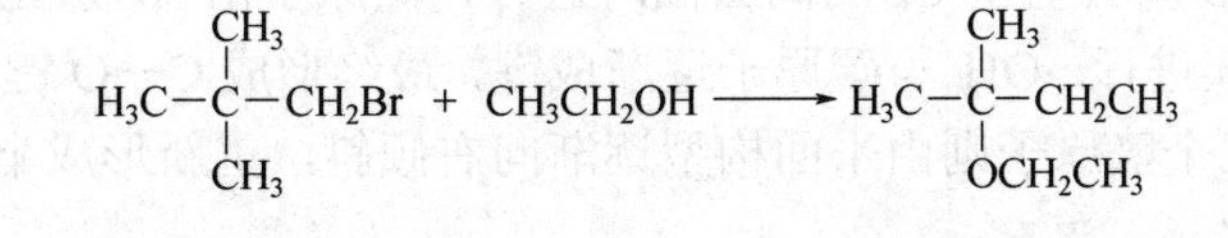

该反应是按 S_N1 历程进行的，新戊基溴首先离去溴负离子生成伯碳正离子，伯碳正离子不稳定，很容易重排为较稳定的叔碳正离子，后者再与亲核试剂（C_2H_5OH）结合，失去质子后形成重排产物。

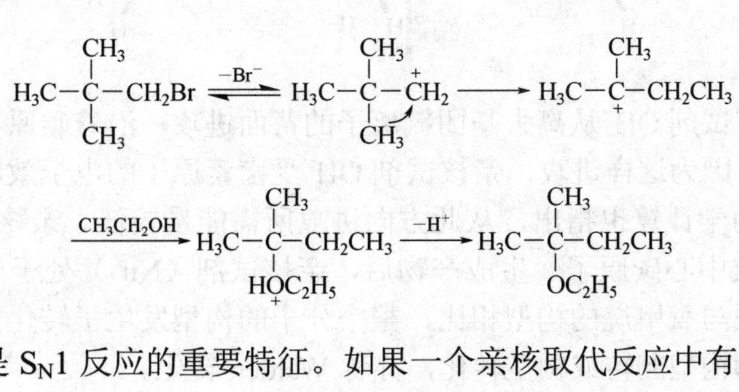

碳正离子重排是 S_N1 反应的重要特征。如果一个亲核取代反应中有重排现象，那么这个

取代反应就一定是 S_N1 反应。但是，如果一个亲核取代反应中没有重排，则不能说其一定不是 S_N1 反应，因为并不是所有的 S_N1 反应都会发生重排反应。

在 S_N1 反应的立体化学中，由于第一步反应先形成碳正离子，而碳正离子是 sp^2 杂化的，呈平面构型，所以当亲核试剂（如 OH^-）在第二步进攻碳正离子时，从平面两边进攻的概率几乎是均等的。

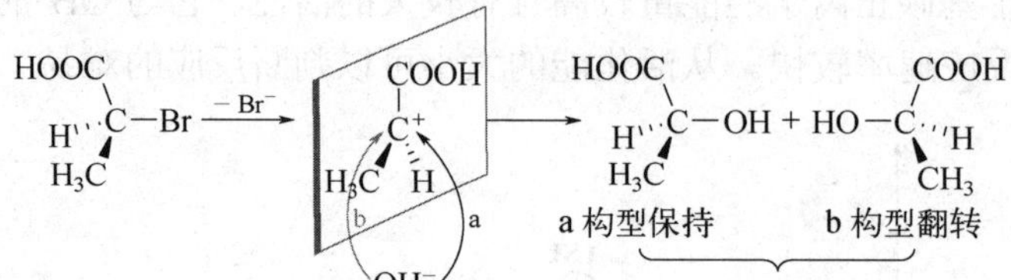

因此，如果卤素原子连在手性碳原子上，在发生 S_N1 反应时，理论上就会得到“构型保持”和“构型翻转”几乎等量的两种化合物，即外消旋体。但实际上往往只能得到部分外消旋化产物。

S_N1 反应的特点如下：

① S_N1 反应为一级反应，$v=k_1[R—X]$，反应速率只与卤代烃浓度有关；

② 反应分步进行，不但经历过渡态，而且经历碳正离子中间体，有重排现象；

③ 如果碳正离子连接三个不同的基团，即反应物中心原子是手性碳原子时，产物是外消旋体（旋光性部分或全部消失）。

6.3.2.2 双分子亲核取代反应机理（S_N2 机理）

实验表明，氯甲烷水解反应的反应速率与 CH_3Cl 和 OH^-的浓度均成正比：

$$CH_3-Cl + OH^- \xrightarrow[H_2O]{60\ ^\circ C} CH_3-OH + Cl^- \qquad v=k[CH_3Cl][OH^-]$$

这表明 CH_3Cl 和 OH^-都参与了反应。反应时，由于碳原子与氯原子之间电负性的差异，亲核试剂 OH^-的进攻和离去基团 Cl^-的离去同时进行，碳原子由 sp^3 杂化变为 sp^2 杂化，形成平面过渡态。反应继续进行，OH^-与碳原子逐渐成键，最终形成 C—O 键；C—Cl 键则逐渐减弱，最终离去 Cl^-；三个氢原子则由平面构型逐渐向右倾斜，重新形成伞形；碳原子也由 sp^2 杂化重新变成 sp^3 杂化。

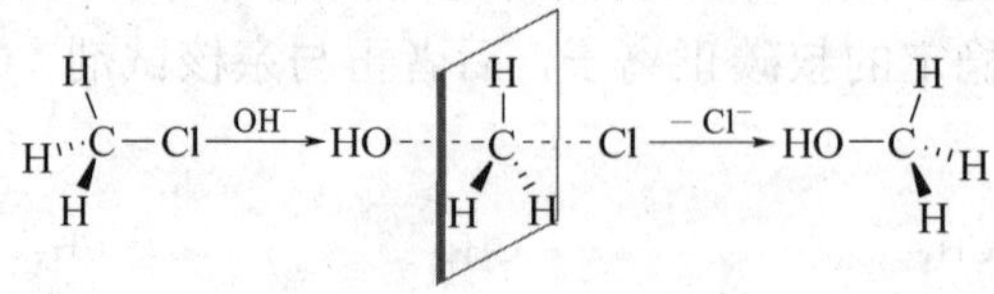

通常认为，亲核试剂 OH^-从离去基团氯离子的背面进攻，沿着碳原子与卤素原子中心连线进攻中心碳原子，因为这样进攻，亲核试剂 OH^-受卤素原子的电子效应和空间效应的影响较小。另外，量子力学计算也指出，从此方向进攻所需能量较低。亲核试剂（Nu^-）从离去基团氯离子背面进攻中心碳原子，生成产物后，亲核试剂（Nu^-）处于原来氯原子的对面，所得产物甲醇的构型与氯甲烷的构型相比，整个分子的构型发生了转化，具有与原来相反的构型，这种转化称为构型翻转或构型转化，亦称 Walden 转化。

但这种转化，只有当中心碳原子是手性碳原子时，才能观察出来。像氯甲烷的水解反应这样，反应物和亲核试剂都参与了反应速率的控制步骤的亲核取代反应，称为双分子亲核取代反应（bimolecular nucleophilic substitution，简称 S_N2）。

S_N2 反应机理的能量变化可用反应进程-能量曲线图表示，从反应过程中能量的变化也可看出，双分子亲核取代反应只有一步，见图 6-2。从图中可以看出，反应时，氯离子离开中心碳原子的同时，亲核试剂 OH^- 也与中心碳原子发生键合，其中旧键断裂所需能量的一部分可由新键形成时放出的能量供给。当旧键断裂与新键形成处于均势时，体系的能量最高，反应处于过渡态，即图中能量的最高点（HO---C---Cl）。反应继续进行，旧键完全断裂，新键逐渐形成，反应一步完成，生成了产物，体系能量下降。

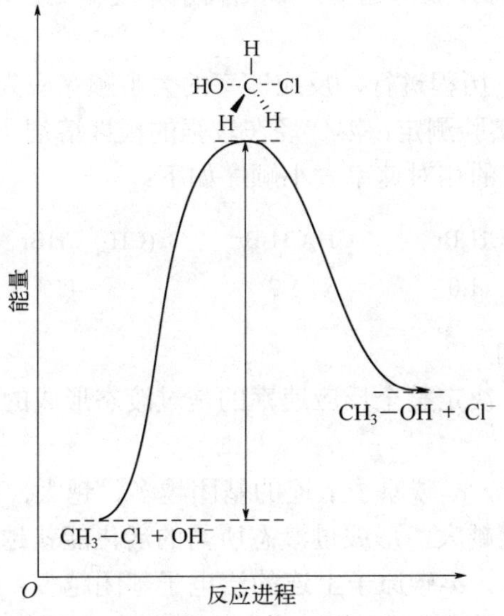

图 6-2　氯甲烷水解反应（S_N2）的能量变化曲线

S_N2 反应的特点如下：

① S_N2 反应为二级反应，$v=k[R—X][Nu^-]$，反应速率不仅与卤代烃的浓度有关，还与亲核试剂的浓度有关；

② 旧键断裂和新键生成同时进行；

③ 反应物中心原子是手性碳原子时，亲核试剂从背面进攻，产物构型翻转，即发生 Walden 转化。

6.3.3 亲核取代反应的影响因素

由上可知，亲核取代反应既可按 S_N2 机理进行，也可按 S_N1 机理进行，这究竟与哪些因素有关？实验表明，影响亲核取代反应的因素有很多，但主要因素有卤代烃的烷基结构、离去基团的离去能力、亲核试剂的进攻能力和溶剂的极性等。

6.3.3.1　烷基结构的影响

卤代烃的烷基结构对单分子亲核取代和双分子亲核取代反应的影响不同，现就两种情况，即从电子效应和空间效应两个方面分别讨论。

（1）对 S_N1 历程的影响

如果按 S_N1 历程反应，决定整个反应速率的是第一步碳正离子形成的难易。碳正离子越稳定，越易形成，反应速率就越快。

从反应物的空间效应看，*α*-碳原子上连的基团越多、越大，空间拥挤程度越大，对卤素原子的排斥力就越大，就越容易离去 X^- 形成碳正离子。

从反应物的电子效应看，烷基一般为给电子基，*α*-碳原子上连的给电子基越多，卤代烃中 *α*-碳原子上的电子云密度就越高，卤素原子就越容易带着一对成键电子离去。

从形成碳正离子后的稳定性看，由于烷基的给电子作用，*α*-碳原子上连的给电子基越多，则 *α*-碳原子上的正电荷分散得越多，碳正离子就越稳定，即有：$(CH_3)_3C^+ > (CH_3)_2CH^+ > CH_3CH_2^+ > CH_3^+$。

综上所述，如果按 S_N1 历程进行，反应速率的大小顺序应为：$(CH_3)_3C—X > (CH_3)_2CH—X > CH_3CH_2—X > CH_3—X$。实验测定，溴代烃在较强的极性溶剂（如甲酸水溶液）中水解，主要按 S_N1 历程进行，其反应的相对速率大小顺序如下：

溴代烃	CH_3Br	CH_3CH_2Br	$(CH_3)_2CHBr$	$(CH_3)_3CBr$
相对速率	1.0	1.7	45	$>10^6$

（2）对 S_N2 历程的影响

如果按 S_N2 历程反应，决定整个反应速率的是过渡态形成的难易，过渡态越容易形成，反应速率就越快。

从反应物的空间效应看，*α*-碳原子上连的基团越多、越大，拥挤程度越大，对亲核试剂进攻 *α*-碳原子的空间阻力就越大，形成过渡态所需的活化能就越大，反应就越难进行。

从反应物的电子效应看，*α*-碳原子上连的给电子基团越多，*α*-碳原子上所带的正电荷就被分散得越多，正电性越低，对亲核试剂（如 I^-）的静电吸引力就越小，形成过渡态就越难。因此，如果按 S_N2 历程进行，其反应速率顺序正好与 S_N1 历程相反。例如，四种不同的溴代烃与碘化钠在丙酮溶液中发生 S_N2 反应的相对速率如下：

溴代烃	CH_3Br	CH_3CH_2Br	$(CH_3)_2CHBr$	$(CH_3)_3CBr$
相对速率	30	1.0	0.01	0.001

综上所述，烃基对两种反应历程的反应速率影响如下：

强极性溶剂

$\longrightarrow S_N1$

$CH_3Br \quad CH_3CH_2Br \quad (CH_3)_2CHBr \quad (CH_3)_3CBr$

$S_N2 \longleftarrow$

弱极性溶剂

实际上，S_N1 和 S_N2 反应总是相互并存、相互竞争的。究竟哪个反应占主导地位，除了取决于烷基结构外，还受反应条件的影响。一般情况下，易失去卤素原子形成稳定碳正离子的叔卤代烃主要按 S_N1 历程进行；不易形成稳定碳正离子的甲基卤代烃和伯卤代烃主要按 S_N2 历程进行；对仲卤代烃的亲核取代反应来说，则两种历程同时进行。

但也有与上述不符的特殊情况。例如，对伯卤代烃来说，如果 *β*-碳原子上的氢原子被烷基取代，同样增加了过渡态的拥挤程度，也能阻碍亲核试剂的进攻，不利于过渡态的形成，

S_N2 反应的速率也明显下降。下列伯溴代烃与乙醇钠的乙醇溶液在 55℃反应，主要按 S_N2 历程进行，生成醚的相对速率如下：

$$RCH_2CH_2Br + NaOC_2H_5 \longrightarrow RCH_2CH_2OC_2H_5 + NaX$$

溴代烃	$H-CH_2CH_2Br$	$CH_3-CH_2CH_2Br$	$CH_3-CH(CH_3)CH_2Br$	$CH_3-C(CH_3)_2CH_2Br$
相对速率	100	28	3	0.00042

空间位阻较大，又不易形成碳正离子的卤代烃，既不易发生 S_N1 反应，又不易发生 S_N2 反应。例如，在桥环化合物的桥头碳原子上进行的亲核取代反应就是如此。

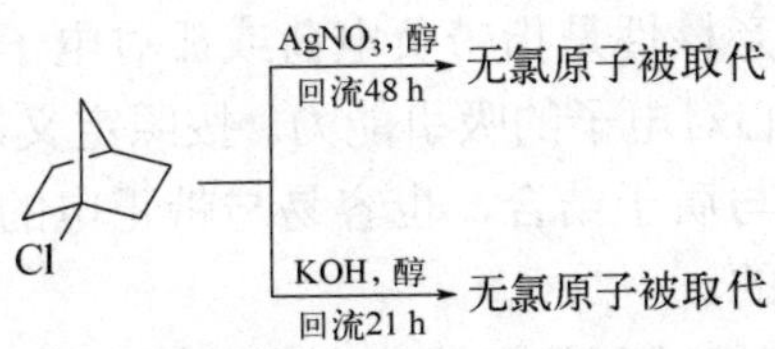

若按 S_N2 历程进行，亲核试剂从背面进攻中心碳原子，由于氯的背面是一个环，空间位阻较大，亲核试剂不能从背面进攻，所以很难按 S_N2 反应进行。若按 S_N1 历程进行，首先要离去氯负离子形成碳正离子，但由于受桥环系统牵制，桥头碳正离子不能伸展为平面构型，因此阻碍了氯的解离，取代反应也很难进行。即使生成碳正离子，由于不能伸展成平面构型，存在着较大的张力，该桥头碳正离子也是很不稳定的碳正离子，虽然它是叔碳正离子，但其稳定性比甲基碳正离子还小。

6.3.3.2 离去基团的影响

离去基团（X^-）从碳卤键中解离的活性大小，对 S_N1 和 S_N2 反应都有影响，解离的活性越大，对反应越有利。由于 S_N2 反应中形成过渡态时还有亲核试剂 Nu^-的影响，因此，离去基团对 S_N1 反应影响的程度更大一些。一些易离去基团有利于 S_N1 反应，反之，难离去基团有利于 S_N2 反应。

C—X 键的极化度大小次序为：C—I>C—Br>C—Cl>C—F。可极化度越大，在外界条件影响下就越易极化变形，化学键就越易断裂。

C—X 键的键能及解离能大小次序为：C—I<C—Br<C—Cl<C—F。键能越大，断裂所需的活化能就越高，越不容易断键，反应就越不容易进行。

在卤负离子中，碘离子是最好的离去基团，氟离子的离去能力最差。因为碘的解离能最小，同时碘原子半径最大，受核束缚小，易断键而离去。

综上所述，当烷基相同时，卤代烃发生亲核取代反应的活性强弱顺序为：R—I>R—Br>R—Cl≫R—F。

从酸碱理论看，离去基团 I^-是一个弱碱，而 F^-是一个相对较强的碱。因此，可以得出规律：离去基团的碱性越弱，就越容易带着一对电子离开中心碳原子。一些常见基团离去的难易顺序如下：

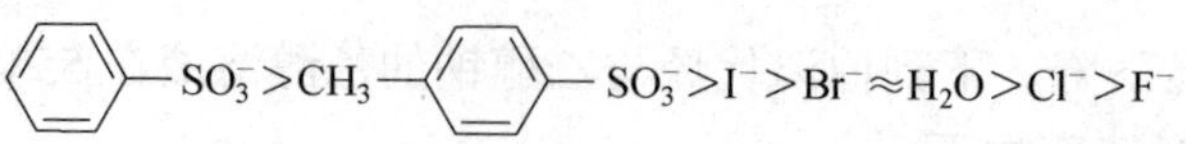

其中苯磺酸根和对甲苯磺酸根是很好的离去基团。碱性更强的碱，如 R_3C^-、R_2N^-、RO^-、HO^-不能作为离去基团发生亲核取代反应，除非在酸中质子化后才能离去，如 $R—OH_2^+$。

6.3.3.3　亲核试剂的影响

S_N1 反应机理中，卤代烃解离成碳正离子是控制反应速率的步骤，亲核试剂并不参与，故 S_N1 反应速率不受亲核试剂的影响。S_N2 反应机理中，反应速率不仅与卤代烃的浓度有关，而且与亲核试剂的浓度和亲核能力有关，强亲核试剂在碳卤键断裂前就开始进攻带正电荷的中心碳原子，所以反应按 S_N2 机理进行。所以相对而言，弱亲核试剂对 S_N1 反应有利，强亲核试剂则对 S_N2 反应有利。

通常，亲核试剂的亲核性和碱性是一致的，因为碱性是指带负电荷或孤对电子的基团与质子的结合能力，而卤代烃的亲核性是指带负电荷或孤对电子的基团与带正电荷的碳的结合能力，二者本质上都是正电中心对电子的吸引能力。按照定义，带负电荷或孤对电子的基团，既是碱，也是亲核试剂，容易与质子结合，也容易与带正电的碳结合。下面例子中，均是碱性的强弱正比于亲核性的强弱的。

① 当具有相同原子时，亲核试剂的亲核能力随碱性的增强而增强。亲核性如下：

$$C_2H_5O^- > OH^- > C_6H_5O^- > CH_3COO^- > H_2O$$

$$H_2N^- > H_3N$$

② 当亲核试剂的亲核原子是元素周期表中的同周期原子时，原子序数越大，其电负性越大，则给出电子的能力越弱，即亲核性越弱。

亲核性：

$$H_2N^- > HO^- > F^-$$

$$H_3N > H_2O$$

$$PR_3 > R_2S$$

③ 当亲核试剂的亲核原子是元素周期表中的同族原子时，在极性非质子溶剂中，碱性与亲核性一致。例如，卤素的亲核性顺序如下：

$$F^- > Cl^- > Br^- > I^-$$

此时，卤素负离子基本是裸负离子，由于 F^-的体积最小，负电荷最集中，其亲核能力最强。但是碱性和亲核性毕竟是两个不同的概念，二者之间不是永远一致的。质子的体积小，无须考虑碱的体积和空间位阻；而中心碳原子周围的基团多，体积大的亲核试剂受空间位阻的影响，不易进攻中心碳原子，由此造成碱性虽然大，但是亲核能力弱的现象。

例如，下面两个例子均可认为是受体积的影响，亲核试剂不易进攻中心碳原子，导致碱性和亲核性不一致。

① 当亲核试剂的亲核原子是元素周期表中的同族原子时，在极性质子溶剂中，试剂极化度越大，亲核性越强。例如，亲核性顺序：$I^- \gg Br^- > Cl^- > F^-$；$RS^- > RO^-$；$R_3P > R_3N$。这是因为质子溶剂在卤素负离子外形成了溶剂膜。碘离子的半径最大，所以膜最薄。另外，碘离子的极化度大，电子云容易变形，有利于突破溶剂膜，并与带正电的碳原子接触。

② 由于烷基是给电子基，所以碱性的顺序为 $(CH_3)_3CO^- > (CH_3)_2CHO^- > CH_3CH_2O^- > CH_3O^-$；但是亲核性顺序为 $(CH_3)_3CO^- < (CH_3)_2CHO^- < CH_3CH_2O^- < CH_3O^-$。这是由于体积大的试剂，与中心碳原子的结合位阻大，反应时体系能量高。

6.3.3.4 溶剂的影响

溶剂分子对反应物分子或离子的影响作用称为溶剂化效应。溶剂的极性对反应历程影响较大，通常分子或离子极性越大，越容易被极性溶剂溶剂化，体系就越稳定。当亲核取代反应在溶剂中进行时，溶剂的不同类型和极性大小对卤代烃及亲核试剂的反应活性有影响。通常极性溶剂有利于反应物的解离，因为 S_N1 反应的第一步是 R—X 的异裂，极性溶剂有利于 S_N1 反应，极性越强越有利；非极性溶剂或极性小的溶剂有利于 S_N2 反应。

$$R-X \longrightarrow \underset{\text{过渡态}}{\left[\overset{\delta^+}{R}\text{---}\overset{\delta^-}{X}\right]} \longrightarrow R^+ + X^-$$

由上式可知，S_N1 反应中过渡态的极性大于反应物，因此，极性大的溶剂对过渡态溶剂化的力量也大于反应物，这样溶剂化释放的能量也大，所以解离就能很快地进行。增加溶剂的极性能够加速卤代烃的解离，对 S_N1 历程有利。

$$R-X \xrightarrow{:Nu^-} \left[\overset{\delta^-}{Nu}\text{---}R\text{---}\overset{\delta^-}{X}\right] \longrightarrow R-Nu + X^-$$

上式表明，S_N2 反应中亲核试剂的电荷比较集中，而过渡态的电荷比较分散，也就是过渡态的极性不及亲核试剂，因此增加溶剂的极性，反而使极性大的亲核试剂溶剂化，而对 S_N2 过渡态的形成不利。因此，在 S_N2 反应中，增加溶剂的极性一般对反应不利，极性小的溶剂对 S_N2 有利。例如，对于 $C_6H_5CH_2Br$ 的水解反应，其在水中按 S_N1 历程进行，在极性较小的丙酮中则按 S_N2 历程进行。一般来说，在极性不太弱的溶剂（如含水乙醇）中，叔卤代烃的取代反应按 S_N1 历程进行；在极性不太强的溶剂（乙醇）中，伯卤代烃的取代反应按 S_N2 进行；仲卤代烃的取代反应则按两种历程进行，通常以 S_N2 为主。改变溶剂的极性和溶剂化能力，常可改变反应历程。在极性很大的溶剂（甲酸）中，伯卤代烃也按 S_N1 进行，在极性小的非质子性溶剂（无水丙酮，介电常数为 21）中，叔卤代烃也可按 S_N2 进行。

总之，影响亲核取代反应的因素很多，也很复杂，这里只作简单讨论。

6.3.4 消除反应的机理

卤代烃的消除反应

在卤代烃分子中，卤原子吸引电子的结果，不仅使 α-碳原子带部分正电荷，而且使 β-碳原子也受到一定的影响，从而使 β-碳原子带有更少量的正电荷。β-碳原子上的 C—H 键之间的电子云密度偏向于碳原子，从而使 β-氢原子表现出一定的活性，即卤素原子的吸电诱导效应的影响，使 β-氢原子比较活泼，在强碱性试剂进攻下容易离去，脱除卤化氢而生成烯烃。例如：

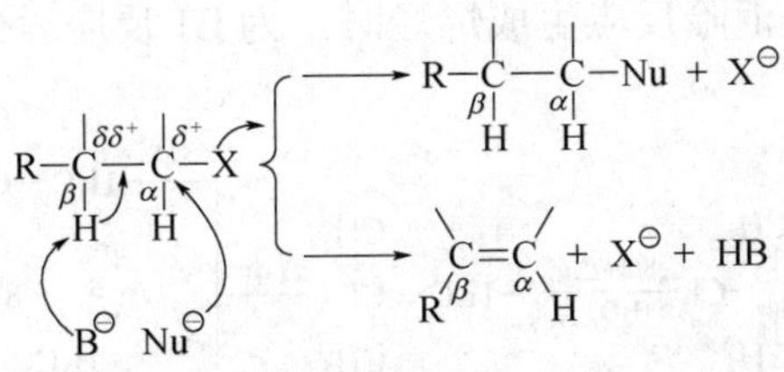

这种从一个分子中脱去两个原子或基团的反应称为消除反应（elimination reaction，简写作 E），亦称消去反应。卤代烃脱卤化氢是从相邻的两个碳原子各脱去一个原子或基团的，即

从 α-碳原子脱去卤素，从 β-碳原子上脱去氢原子，形成不饱和碳碳双键，这种脱除反应称为 α,β-消除反应，简称 β-消除，也称 1,2-消除。从上式可见，卤代烃的亲核取代和消除反应相似，反应物都是一样的，差别是试剂进攻的方向不同，所以两者总是同时进行的，它们相互竞争，此消彼长。究竟是哪种反应占优势，这要视反应物的结构和条件而定。

实验研究表明，一般情况下卤代烃的 β-消除反应机理也有两种。一种是双分子消除反应机理（bimolecular elimination，简写为 E2），指在碱的作用下 α-C—X 和 β-C—H 同时断裂，脱去 HX 生成烯烃。另一种是单分子消除反应机理（monomolecular elimination，简写为 E1），指 α-C—X 键首先断裂，生成碳正离子，然后在碱的作用下，β-C—H 键断裂生成烯烃。

6.3.4.1 单分子消除反应机理（E1 机理）

实验发现，叔卤代烃与 KOH-乙醇溶液共热时，也容易消除一分子 HX，生成烯烃。但是，动力学研究表明，其反应速率只与叔卤代烃的浓度成正比，而与碱的浓度无关，即 $v=k[R—X]$。与 S_N1 反应相似，E1 反应也是分两步进行的。首先，叔卤代烃在溶剂的作用下，解离成碳正离子，因该步要断裂 C—X 键，需要吸收较多的能量，所以反应速率比较慢。接着，碱性试剂进攻碳正离子的 β-氢原子，脱去一分子水，形成烯烃。这一步虽然也要断裂一个 C—H 键，但由于碳正离子活性较高，同时又形成两个化学键，因此该步反应的活化能较小，反应速率较快。由此可知，反应速率取决于卤代烃的浓度，故该反应称为单分子消除反应。

E1 机理如下：

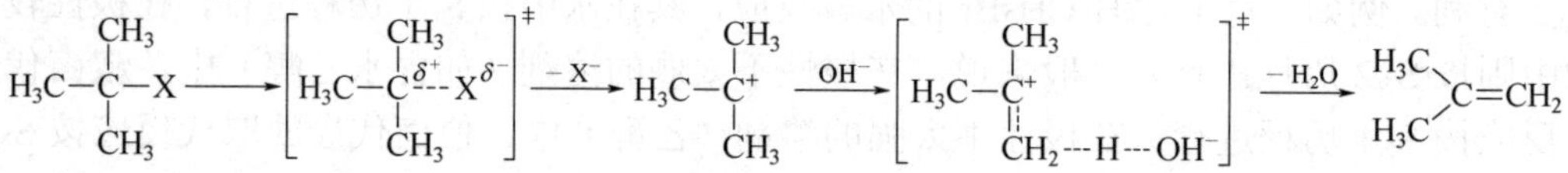

与 S_N1 相似，E1 也有重排反应发生。例如：

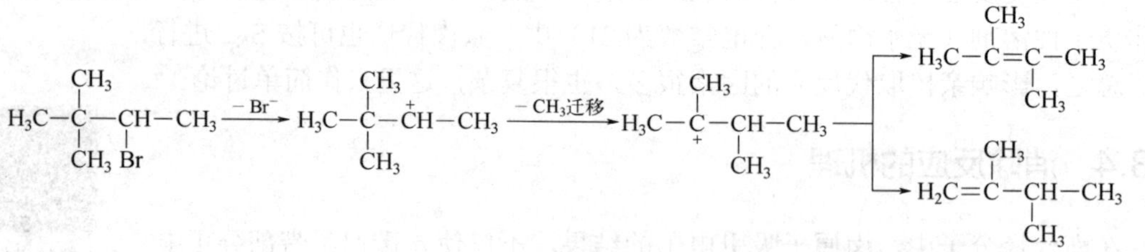

在 E1 反应过程中，卤代烃首先解离为碳正离子，因中心碳原子为 sp^2 杂化，呈平面构型，消除 β-氢原子时，无立体选择性，既可按顺式也可按反式进行，两种构型的烯烃的产率几乎相等。其他情况下，E1 反应的立体选择性取决于卤代烃结构和溶剂等影响因素。

很显然，E1 和 S_N1 常相伴而生，相互竞争，当 OH^- 进攻碳正离子生成醇时，即为 S_N1 反应；若 OH^- 进攻 β-H 发生消除反应生成烯烃时，为 E1 反应。例如：

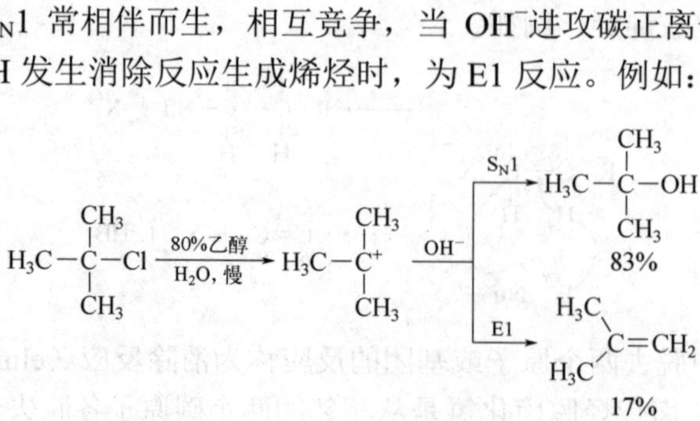

E1 反应的特点如下：

① E1 反应为两步反应，与 S_N1 互为竞争反应；

② 反应要在浓的强碱条件下进行，反应速率仅与卤代烃的浓度成正比；

③ 有碳正离子中间体生成，且有重排反应发生，这是 E1 和 S_N1 反应的重要标志；

④ 反应为顺式或反式消除。

6.3.4.2 双分子消除反应机理（E2 机理）

动力学实验表明，伯卤代烃（如溴丙烷）在乙醇溶液中与强碱（如 KOH）进行消除反应时，其反应速率与伯卤代烃和碱的浓度之积成正比，即 $v=k[R-X][OH^-]$。由于 OH^-既是强碱又是亲核试剂，与卤代烃反应时，它既可进攻 α-碳原子发生亲核取代反应，又可进攻 β-氢原子发生消除反应，因此，两反应常相伴而生，互相竞争。例如：

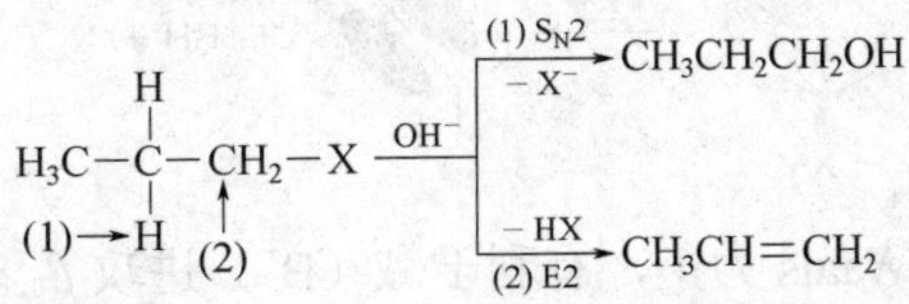

当按照（2）的 E2 反应机理进行时，OH^-逐渐接近 β-H，并与之结合，同时，卤素原子带着一对键合电子逐渐离开中心碳原子。在此期间，电子云逐渐重新分配，经过一个过渡态。反应继续进行，最后旧键完全断裂，新键完全生成，形成烯烃。

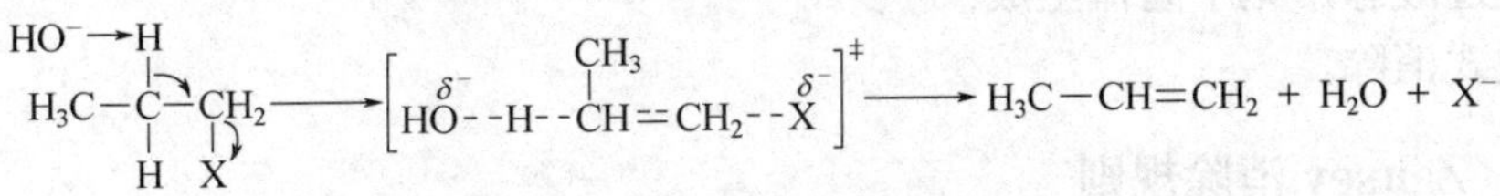

此反应一步完成，反应速率与反应物和亲核试剂的浓度成正比，故称为双分子消除反应。例如，在乙醇中，溴乙烷与乙醇钠反应除有取代产物外，还有消除产物生成。

$$CH_3CH_2O^- + H-CH_2CH_2Br \xrightarrow{C_2H_5OH} CH_2=CH_2 + Br^- \quad v=k[CH_3CH_2O^-][CH_3CH_2Br]$$

从立体化学角度看，因碳碳双键的形成和基团的离去是同时进行的，存在顺式和反式消除，其消除产物有顺反异构之分。顺式消除为 X 与 β-氢原子在同侧，反式消除为 X 与 β-氢原子在异侧。

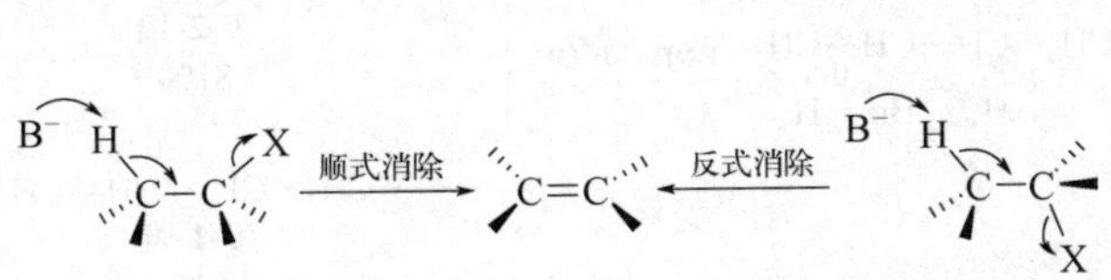

许多实验事实说明，大多数 E2 反应是反式消除（同平面-反式消除）。反式消除方式可用单键旋转受阻的卤代物的消除产物来证明。例如：

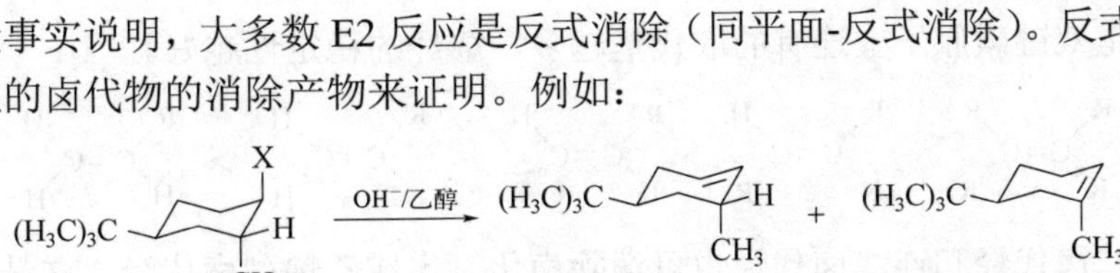

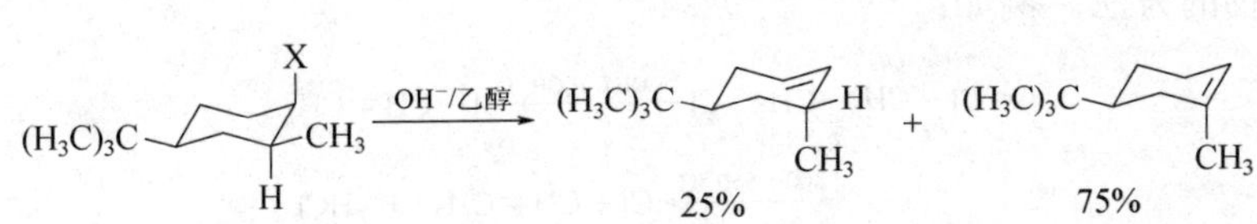

反式消除易进行，可以用 E2 历程来说明。

① 碱（B^-）与离去基团在空间相距最远，排斥力小，有利于碱进攻β-氢原子。

B^-与X的斥力小有利于过渡态的形成　　　　B^-与X的斥力大不利于过渡态的形成

② 有利于形成π键时轨道有最大的电子云重叠。

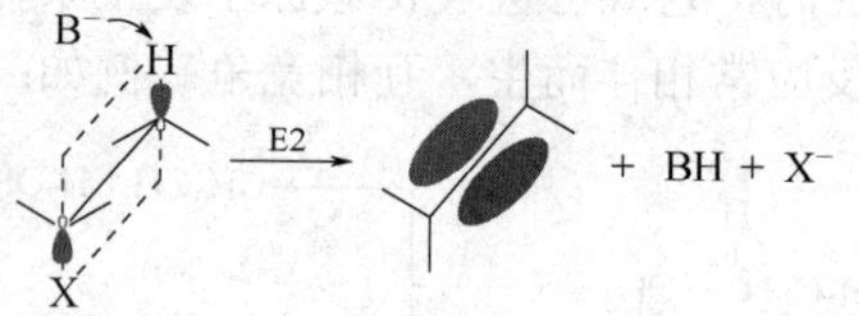

③ 反式构象的 van der Waals 力小，有利于碱（B^-）进攻β-氢原子。

E2 反应的特点如下：

① E2 为一步反应，与 S_N2 互为竞争反应；

② 反应要在浓的强碱条件下进行，反应速率与卤代烷和强碱的浓度成正比；

③ 形成过渡态，无中间体生成；

④ 为反式消除。

6.3.4.3 Zaitsev 消除规则

当卤代烃发生消除反应时，如果有不止一个β-碳原子的氢原子可供消除，则主要从含氢原子较少的β-碳原子上消除氢原子，或者说卤代烃消除卤化氢时，主要生成双键碳原子上连有较多取代基的烯烃，这是一条经验规则，称为扎依采夫（Zaitsev）消除规则，生成的烯烃产物称为 Zaitsev 烯烃。例如：

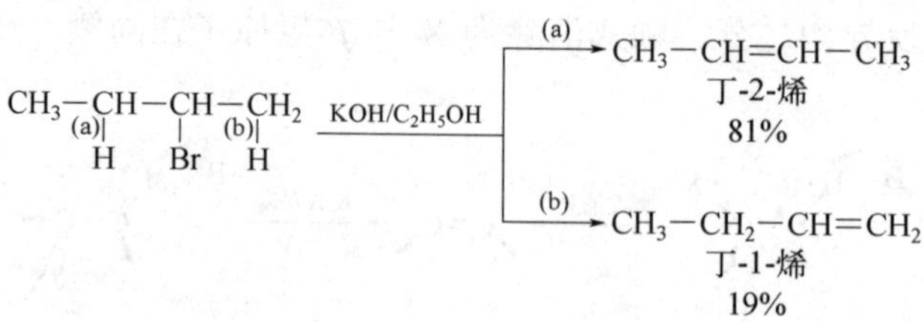

主要原因是双键碳原子上连有的取代基越多，烯烃的稳定性越好。

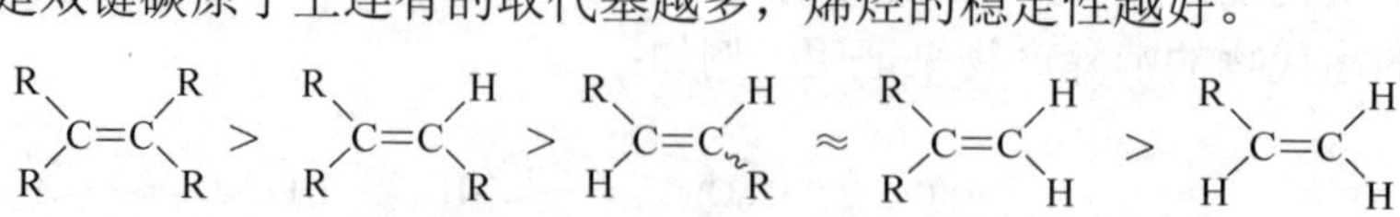

另外，偕二卤代烃和连二卤代烃也可消除卤化氢生成乙烯型卤代烃，这是制备乙烯型卤代烃及其衍生物的方法。例如：

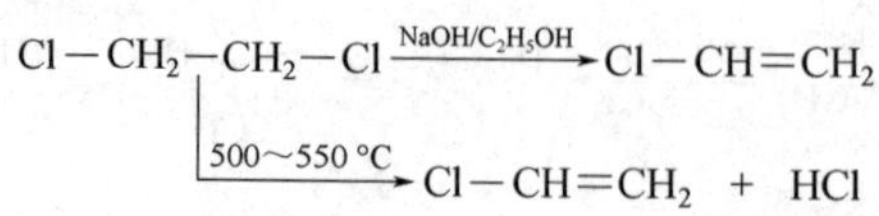

但不饱和碳上的卤原子不易发生消除反应，只有在强烈条件下才能消除卤化氢生成炔烃。例如：

$$CH_3CH_2CH{=}CHBr \xrightarrow[NH_3\,(l)]{NaNH_2} CH_3CH_2C{\equiv}CH$$

偕二卤代烃和连二卤代烃还可以消除两分子卤化氢，生成炔烃，此反应可用于制备炔烃。例如：

$$CH_3CH_2CHBrCH_2Br \xrightarrow[C_4H_9OH,\ \triangle]{KOH} CH_3C{\equiv}CH$$

需要指出的是，Zaitsev 规则的本质是生成稳定的烯烃，所以当消除其他 β-氢原子，可以生成更稳定的产物时，Zaitsev 规则会失效。例如：

① 当卤代烃分子中含有的不饱和键与新生成的双键形成共轭时，消除反应以生成稳定的共轭烯烃为主，而非生成累积二烯烃。例如：

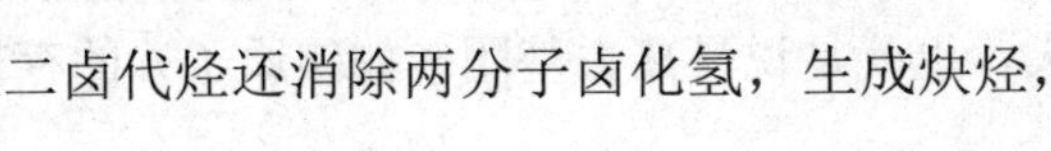

② 偕二卤代烃和连二卤代烃还消除两分子卤化氢，生成炔烃，而非生成累积二烯烃。例如：

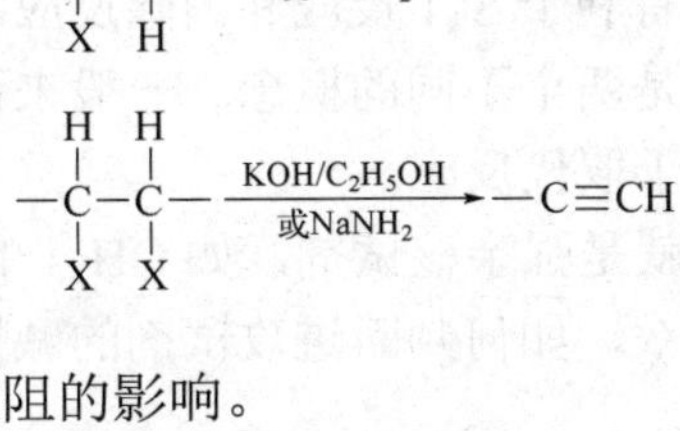

③ Zaitsev 规则还受空间位阻的影响。

a. β-H 的空间位阻增加，则生成 Zaitsev 烯烃的量减少。

b. 碱的体积增大，生成 Zaitsev 烯烃的量也减少。

6.3.4.4　二卤代烃的消除反应

邻二卤代烃与锌粉在乙酸或乙醇中反应，或与 NaI/丙酮溶液反应，脱去卤素（dehalogenation）生成烯烃。该反应在合成中可用于碳碳双键的保护，或分离提纯烯烃。例如：

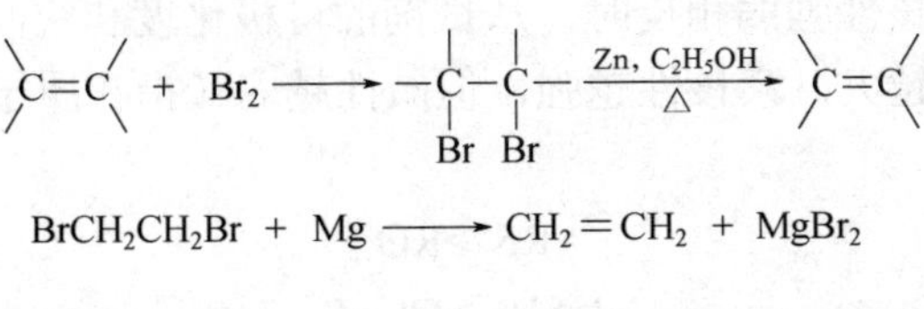

$$BrCH_2CH_2Br + Mg \longrightarrow CH_2{=}CH_2 + MgBr_2$$

另外，1,3-二卤代烃在锌粉存在下，脱去卤素成环，可用来制备环丙烷及其衍生物，产率较高。例如：

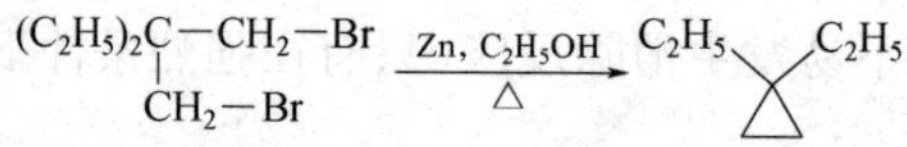

6.3.5 消除反应的影响因素

对于一个具体反应，其消除反应机理与许多因素有关，现仅对几种主要影响因素予以讨论。

（1）烷基结构的影响

烷基结构对 E1 和 E2 均有影响，而且无论按哪种机理进行反应，卤代烃的活性次序均为 3°R—X>2°R—X>1°R—X。

E1 生成碳正离子的稳定性次序是 $3°R^+>2°R^+>1°R^+$。E2 生成的烯烃分子中，双键碳原子连接的烷基越多越稳定。一般情况下，只有叔卤代烃按 E1 机理进行，伯、仲卤代烃按 E2 机理进行。

（2）卤原子的影响

由于 E1 和 E2 反应的慢步骤都涉及 C—X 键的断裂，因此，离去基团离去的难易对 E1 和 E2 均有影响。由于 E1 反应只涉及 C—X 键的断裂，因此，卤原子作为离去基团离去的难易对 E1 的影响比 E2 的大，也就是说易离去基团（如碘原子）的存在更有利于 E1 反应。

（3）试剂的影响

碱性是指试剂对质子的亲和能力。碱性越强，对质子的亲和能力就越强，发生 β-消除反应就越容易。而亲核性是指试剂对带正电荷的中心碳原子的亲和能力。亲核性越强，越有利于 S_N2 反应；亲核性越弱，则越有利于 S_N1 反应和消除反应。

可见，试剂的碱性和亲核性是两个不同的概念。一般来说，强碱、弱亲核试剂有利于消除反应，弱碱、强亲核试剂有利于取代反应。

可实际上，强碱试剂也可能就是强亲核试剂，如 OH^-。因此，用 NaOH 来水解卤代烃，往往得到醇和烯烃的混合物。那么，如何判断进攻试剂的碱性和亲核性的大小呢？可从以下几个方面来考虑。

① 当试剂的碱性和亲核性一致时，其大小可由其共轭酸的酸性强弱来比较，共轭酸的酸性越弱，进攻试剂的碱性和亲核性就越强。例如：

$$NH_2^->RO^->OH^->PhO^->RCOO^->X^-$$

$$NH_3>ROH>H_2O$$

② 中性分子的碱性和亲核性弱于其共轭碱。例如：

$$NH_2^->NH_3$$

$$OH^->H_2O$$

$$RO^->ROH$$

③ 试剂的碱性与亲核性强弱相反时，从试剂的可极化度和空间位阻大小考虑。

a. 试剂的可极化度越大，亲核性越强，但碱性越弱（指在质子极性溶剂中）。例如：

亲核性：

$$RS^->RO^-$$

$$I^->Br^->Cl^->F^-$$

碱性：

$$RS^- < RO^-$$

$$I^- < Br^- < Cl^- < F^-$$

b．试剂的空间位阻越大，亲核性越弱，但碱性越强。例如：

亲核性：

$$CH_3O^- > CH_3CH_2O^- > (CH_3)_2CHO^- > (CH_3)_3CO^-$$

碱性：

$$CH_3O^- < CH_3CH_2O^- < (CH_3)_2CHO^- < (CH_3)_3CO^-$$

综合上述几个方面的因素，在质子溶剂中，一些常见试剂的亲核能力大小顺序如下：

$$RS^- > ArS^- > CN^- \approx I^- > NH_3(RNH_2) > RO^- > HO^- > Br^- > PhO^- > Cl^- > H_2O > F^-$$

（4）溶剂的影响

溶剂的极性对于电荷比较集中的反应影响较大，由于 E1 反应首先发生的是 C—X 键的异裂，生成电荷比较集中的碳正离子和卤负离子，因此，增加溶剂的极性，有利于 E1 反应。

一般来说，增加溶剂的极性有利于取代反应，但更有利于 S_N1 反应，所以卤代烃在 KOH-H_2O 体系中，主要是生成取代产物。如果溶剂极性更强，如在甲酸水溶液中，则主要发生 S_N1 反应。相反，弱极性溶剂有利于消除反应，所以在 KOH-乙醇体系中，主要发生消除反应。在非质子极性溶剂中，因为进攻试剂的亲核性更强，所以对 S_N2 反应更有利。

（5）温度的影响

由于消除反应除了断裂 C—X 键外，还要断裂一个 C—H 键，而取代反应只需要断裂一个 C—X 键，显然，消除反应所需的活化能较高，因此，相对来说，低温有利于亲核取代反应，升高温度有利于消除反应。

6.4 不饱和卤代烃和卤代芳烃

不饱和卤代烃是双特性基团化合物，即有卤素和不饱和键。因此，不饱和卤代烃的结构和性质与这两个特性基团的相对位置有关。相对位置不同，其结构和性质会有明显的差异。芳环可看作一个不饱和特性基团，因此，把卤代芳烃和不饱和卤代烃放在一起讨论。

6.4.1 不饱和卤代烃的分类

不饱和卤代烃根据卤素和双键的相对位置不同，可分为三类。

① 乙烯型卤代烃：卤原子直接与双键碳相连的卤代烃。其通式如下：

R−CH=CH−X 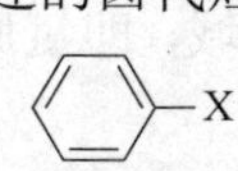

② 烯丙型卤代烃：卤原子与双键碳相隔一个饱和碳原子的卤代烃。其通式如下：

R−CH=CH−CH_2−X 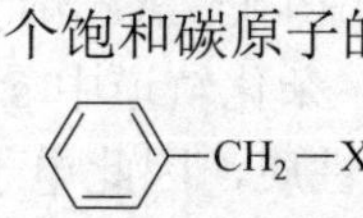

③ 孤立型卤代烯烃：卤原子与双键碳相隔两个或两个以上饱和碳原子的卤代烃。其通式如下：

R−CH=CH−$(CH_2)_n$−X 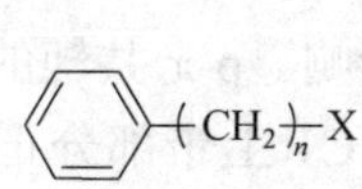 ($n \geqslant 2$)

6.4.2 不饱和卤代烃的化学活性

不饱和卤代烃的化学活性与卤素和双键的相对位置有关，距离不同，化学活性也有很大差异，其活性强弱可用 $AgNO_3$ 的乙醇溶液来鉴别，如表 6-2 所示。

表 6-2 用 $AgNO_3$ 的乙醇溶液鉴别卤代烃

项目	烯丙型	孤立型	乙烯型
结构式	$CH_2=CH-CH_2-X$ 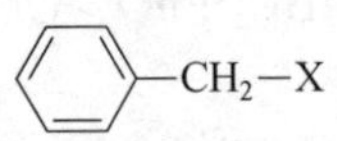	$R-CH=CH\text{+}CH_2\text{+}_nX$ 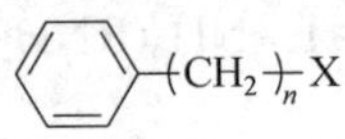 ($n\geqslant2$)	$CH_2=CH-X$ 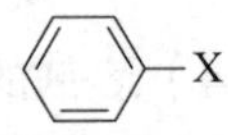
实验现象	室温下立即出现沉淀	室温下不出现沉淀，加热才出现沉淀	加热也不出现沉淀

可见，不同卤代烃出现沉淀的快慢是不同的。烯丙基卤代烃、苄基卤代烃、叔卤代烃和碘代烃中的卤素最活泼，在室温下就能和 $AgNO_3$ 的乙醇溶液迅速作用，生成 AgX 沉淀；孤立型卤代烃和伯卤代烃、仲卤代烃的活泼程度相似，一般室温下不反应，要在加热下才能发生反应生成沉淀；而乙烯型卤代烃、卤代芳烃和桥头碳上的卤素最不活泼，即使加热，也不发生反应。据此现象可判断卤代烃的类型。

6.4.3 不饱和卤代烃的化学性质

不饱和卤代烃的化学活性的差异是由其结构决定的。

6.4.3.1 乙烯型卤代烃

(1) 乙烯型卤代烃的结构

以氯乙烯 $CH_2=CH-Cl$ 为例，在氯乙烯分子中，氯原子与 sp^2 杂化碳原子相连，而氯原子的未共用电子对所处的轨道与双键 π 轨道侧面重叠，形成 p-π 共轭体系，且是多电子 p-π 共轭体系，如图 6-3 所示。

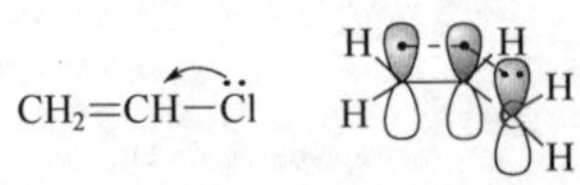

图 6-3 氯乙烯的 p-π 共轭体系

p-π 共轭的结果是使电子云离域，即氯原子上的电子云向碳原子方向偏移，使键长平均化，降低体系内能。

① p-π 共轭对 C—Cl 键的影响。氯乙烯 $CH_2=CH-Cl$ 和氯乙烷 CH_2-CH_2-Cl 相比，前者碳原子采取的是 sp^2 杂化，杂化轨道中 s 成分多，致使 C—Cl 键缩短，导致 C—Cl 键具有 π 键的成分，即有部分双键性质，因此电子云密度增加，键能加强，键长缩短，反应活性减弱，不易进行亲核取代，也不易进行消除；同样，氯乙烯也不宜作烷基化试剂，且不与硝酸银溶液反应。

② p-π 共轭对碳碳双键的影响。p-π 共轭的结果是使氯原子上 p 轨道的电子云向 π 键上流动，π 键也随之极化，从而使 C1 上带部分正电荷，C2 上带部分负电荷，亲电加成反应遵

循马氏规则。

但是，由于氯的电负性大于碳，诱导效应的结果又使电子向氯原子一端偏移，即共轭效应与诱导效应方向相反。由于$|-I|>|+C|$，总的结果是π键上的电子云密度降低，钝化双键，增加双键键长，从而减弱亲电加成活性（与乙烯相比）。

（2）乙烯型卤代烃的化学性质

性质不活泼是相对的，乙烯型卤代烃在强烈或适当条件下也能发生某些反应。例如：

① 亲核取代反应。由于在乙烯型卤代烃分子中，C—X键短而强，卤素不易被亲核试剂取代，但在特殊条件下，也能发生反应。

$$CH_2{=}CH-Br + AgOH \longrightarrow CH_2{=}CH-OH \rightleftharpoons CH_3CHO$$

② 消除反应。乙烯型卤代烃难进行消除，但在强烈的条件下，能消除HX生成炔烃，此方法可用来制备炔烃。

$$CH_3CH_2CH{=}CHBr \xrightarrow[NH_3\ (l)]{NaNH_2} CH_3CH_2C{\equiv}CH$$

$$C_6H_5CH{=}CHBr \xrightarrow[215\sim230\ ^\circ C]{KOH} C_6H_5C{\equiv}CH$$

③ 与金属的反应。乙烯型卤代烃能与金属镁反应，生成Grignard试剂。

$$CH_2{=}CH-Cl + Mg \xrightarrow[I_2]{THF} CH_2{=}CH-MgCl$$

④ 与卤化氢的反应。乙烯型卤代烃与烯烃类似，也能发生亲电加成和聚合反应，但由于电子效应的影响，碳碳双键上电子云密度降低，反应比烯烃难进行，但亲电加成仍然符合马氏规则。氯乙烯在偶氮二异丁腈作用下发生聚合反应生成聚氯乙烯。例如：

$$CH_2{=}CH-Cl + HI \longrightarrow CH_3-CHI-Cl$$

$$CH_2{=}CH-Br + HBr \xrightarrow{Hg^{2+}} CH_3-CHBr_2$$

$$n\,CH_2{=}CH-Cl \xrightarrow[60\ ^\circ C,\ 1.2\ MPa]{\text{偶氮二异丁腈}} \left[CH_2-\underset{\displaystyle Cl}{\underset{|}{CH}}\right]_n \quad \text{(工业生产氯乙烯)}$$

6.4.3.2 苯基型卤代芳烃

以氯苯为例。氯苯与$CH_2{=}CHCl$在结构上很相似，其中氯原子与苯环上sp^2杂化的碳原子直接相连，且氯原子上的未共用电子对所在轨道与苯环上的π轨道形成p-π共轭体系，如图6-4所示。

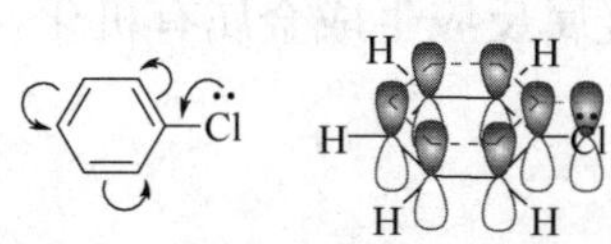

图6-4 氯苯分子的p-π共轭体系

与氯原子相连的碳原子是sp^2杂化的，s成分多于sp^3杂化，致使C—Cl键的键长缩短。p-π共轭使电子从氯原子离域到苯环上，导致C—Cl键很难断裂形成苯基正离子；另外，除了p-π共轭效应，在氯苯中同时存在着诱导效应，其与共轭效应作用方向相反，而且$|-I|>|+C|$，

结果是苯环上电子云密度降低，芳环钝化，从而使氯苯的亲电取代反应比苯难。但是，由于 p-π 共轭，芳环上氯原子的邻、对位电子云密度降低得较少，因此亲电取代反应仍然发生在氯原子的邻、对位。同时，苯环的电子效应和空间效应阻碍亲核试剂从背面进攻与卤原子相连的碳原子，使苯基型卤代芳烃不活泼，不易进行取代和消除反应，也不与硝酸银反应。但其在适当的条件下也能发生某些反应，例如在强烈的条件下，能与 NaOH、RONa、CuCN、NH_3 等发生亲核取代反应。

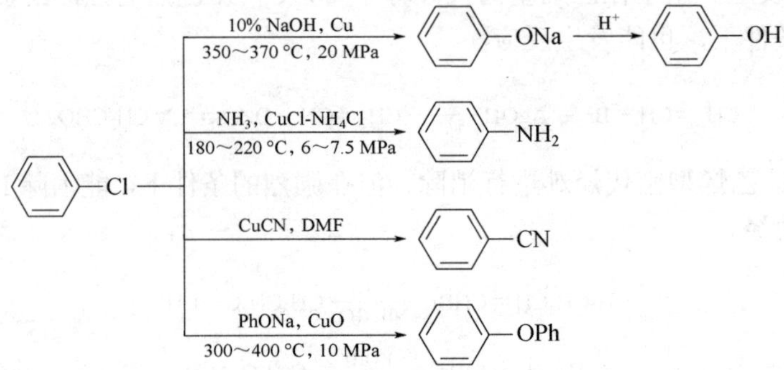

然而，当苯环的邻、对位连有强吸电子基团时，苯基型卤代芳烃的反应活性显著提高。例如氯苯的水解很难，但当邻、对位连有吸电子基团，如—NO_2 时，水解变得容易，且吸电子基越多，水解越容易。

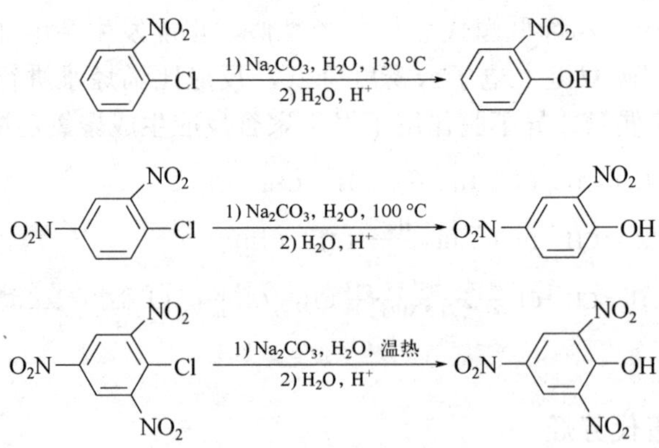

当卤原子的邻、对位连有—NR_3^+、—CN、—SO_3H、—CHO、—COR、—COOH 等吸电子基团时，卤原子的活性增加；当吸电子基处于卤原子的间位时，其对卤原子的影响较小；当苯环上连有—NH_2、—OH、—OR、—R 等给电子基团时，其对卤原子的活性起钝化作用。

此外，卤代芳烃还可与活泼金属反应生成金属有机化合物，以及发生消除反应、芳环的亲电加成等，在此不再赘述。

6.4.3.3 烯丙型卤代烃

（1）烯丙型卤代烃的结构

烯丙型卤代烃的化学性质比较活泼，很容易发生化学反应，这可从产物和过渡态的稳定性得到解释。

如果按 S_N2 历程进行，在过渡态中，双键上的 π 电子云能与正在形成的键和正在断裂的键之间发生电子云重叠，产生共轭效应。共轭的结果是使过渡态能量降低，反应活化能降低，有利于 S_N2 反应的进行。

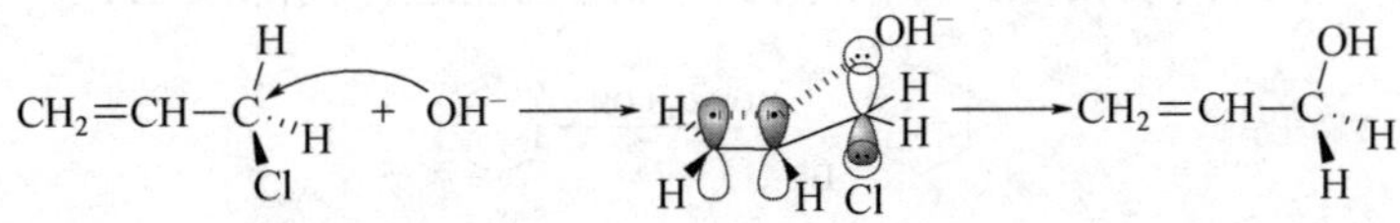

如果按 S_N1 历程进行，决定整个反应速率的是第一步，即碳正离子的形成。α-碳原子失去氯负离子后，变为 sp^2 杂化，当它空的 p 轨道与 π 键平行时，就会发生 p-π 共轭，形成 π_3^2 共轭体系，使体系电荷分散，内能降低，稳定性增加。根据“能使产物稳定的因素也能使过渡态稳定”的规律，可以看出在形成过渡态时，也已经有共轭效应存在，因而使过渡态能量降低，反应活化能减小，有利于 S_N1 反应的进行。

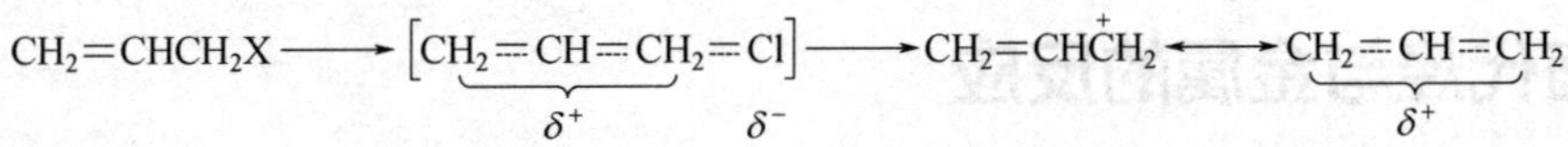

综上所述，烯丙型卤代烃无论是按 S_N1 历程进行，还是按 S_N2 历程进行，都是有利的，因此，烯丙基氯中的氯原子比较活泼，容易发生亲核取代、消除反应，并能与硝酸银溶液反应，生成卤化银沉淀，这可用来鉴别此类卤代烯烃。

（2）烯丙型卤代烃的化学性质

① 亲核取代反应。烯丙型卤代烃可与亲核试剂（如 OH^-、OR^-、CN^-、NH_3 等）发生亲核取代反应。

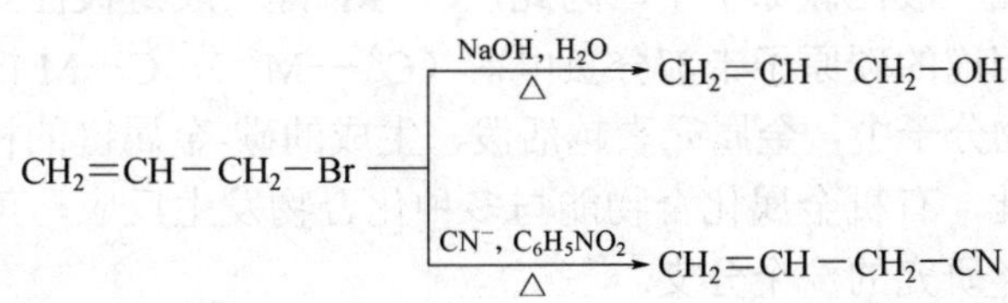

值得注意的是，某些烯丙型卤代烃发生亲核取代反应时，按 S_N1 历程进行，第一步形成的烯丙基碳正离子存在着 p-π 共轭，在这个共轭体系中，电荷不是均匀分布的，而是交替分布的，一般两端碳原子上带较多的正电荷。

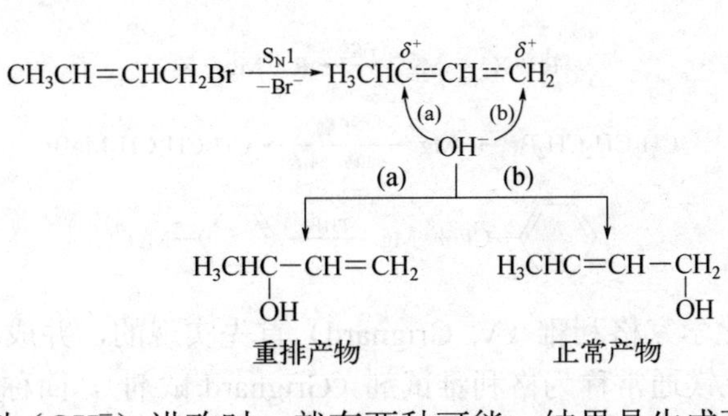

这样，当亲核试剂（OH^-）进攻时，就有两种可能，结果是生成两种异构体。在这两种异构体之间，就好像羟基和双键发生了重排一样，这种现象称为烯丙位重排。

烯丙位重排是有机化学反应中一种常见的现象。人们发现，单独加热烯丙型卤代烃（或烯丙醇）也能发生烯丙位重排。

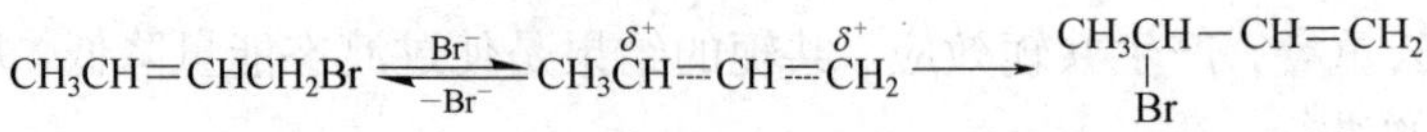

② 消除反应。与卤代烃相似，烯丙型卤代烯烃也能进行消除反应。

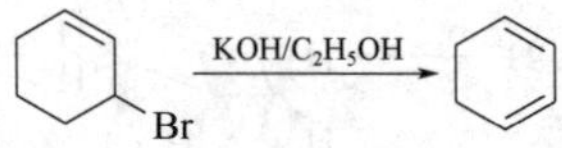

③ 与金属镁反应。烯丙型卤代烃易与金属镁反应，生成 Grignard 试剂。

④ 鉴别反应。在乙烯型卤代烯烃、烯丙型卤代烯烃、孤立型卤代烯烃中分别加入硝酸银的醇溶液，加热不反应的为乙烯型卤代烯烃，立即生成沉淀的为烯丙型卤代烯烃，过一会生成沉淀的为孤立型卤代烯烃。孤立型卤代烯烃由于碳碳双键与卤素相离较远，相互影响小，其化学性质与卤代烃和烯烃相似。

6.5 卤代烃与金属的反应

金属有机化合物

卤代烃可与多种金属（如 Li、Na、K、Mg、Zn、Cd、Al、Hg 等）作用，生成一类分子中含有 C—M（M 代表金属）键的化合物，这类含金属和有机部分的化合物，称为有机金属化合物（organometallic compounds），或称金属有机化合物，可用 R—M 表示。

$$R-X + M \longrightarrow R-M-X$$

由于金属的电负性一般比碳原子小，因此，C—M 键一般是极性共价键，金属原子带有部分正电荷，而与之相连的碳原子带部分负电荷（C^{δ^-}—M^{δ^+}），C—M 键易断裂，而显示出活泼性。有机金属化合物分子中，金属元素越活泼，生成的碳-金属键的极性就越强，碳上带有的负电荷就越多。因此，有机金属化合物能与多种化合物发生反应，可作有机试剂和催化剂等，这已成为有机化学研究的一个分支。

6.5.1 与金属镁的反应——Grignard 试剂的生成

在无水乙醚（通常称干醚或纯醚）中，卤代烃与金属镁反应，生成烷基卤代镁。例如：

$$R-X + Mg \xrightarrow{\text{干醚}} R-Mg-X$$

$$CH_3CH_2CH_2Br + Mg \xrightarrow[\text{纯醚, 回流}]{\text{干醚}} CH_3CH_2CH_2MgBr$$

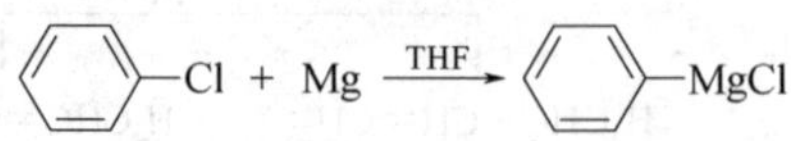

该反应是由法国化学家格利雅（V. Grignard）首先实现的，并成功地用于有机化合物的合成。因此，烷基卤化镁通常称为格利雅试剂（Grignard 试剂），简称格氏试剂。在制备格氏试剂时，卤代烃的活性顺序是：R—I>R—Br>R—Cl（R—I 由于太容易发生偶联，不常用）。格氏试剂在有机合成中是最有用和最多功能的试剂之一。格利雅也因为这一项发明而获得了 1912 年诺贝尔化学奖。Grianard 试剂的产率则是：1° R—X>2° R—X>3° R—X。因为随着 β-氢原子的增加，空间效应增大，消除副反应增加。

所用的溶剂除无水乙醚外，还有四氢呋喃、苯和其他醚，其中以乙醚和四氢呋喃最佳，因为格氏试剂能和乙醚形成稳定的配合物，并溶于乙醚中。

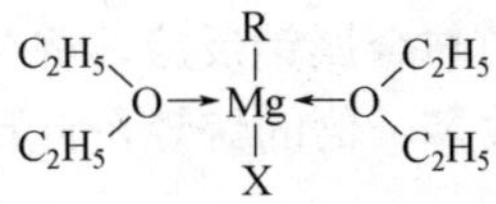

格氏试剂的结构至今还不完全清楚，一般认为是由 R_2Mg、MgX_2、RMgX 等多种成分形成的平衡体系混合物，常用 RMgX 表示。Grignard 试剂生成后一般不需要分离，可直接进行下一步反应。Grignard 试剂非常活泼，能与许多化合物反应，例如二氧化碳、环氧乙烷、醛、酮、酯等，因此在有机合成中具有广泛的用途。也正因为 Grignard 试剂的活泼性，在其制备过程中需要注意许多问题。格氏试剂可发生如下反应：

（1）与卤代烃的反应

卤代烃与金属镁反应生成 Grignard 试剂，而 Grignard 试剂又可以与卤代烃反应，生成高级烷烃，此反应在有机合成中常用来增长碳链。例如：

$$R-X + R'-Mg-X \xrightarrow{\text{干醚}} R-R' + MgX_2$$

其中，R 与 R′可以相同也可以不同。例如，由 1-溴丙烷制备正己烷，可使碳链增长一倍。

$$CH_3CH_2CH_2Br \xrightarrow[\text{Mg}]{\text{干醚}} CH_3CH_2CH_2MgBr$$

$$CH_3CH_2CH_2MgBr + CH_3CH_2CH_2Br \longrightarrow CH_3(CH_2)_4CH_3$$

（2）与活泼氢的反应

Grignard 试剂能与含有活泼氢的化合物（如酸、水、醇等）反应，生成相应的烷烃：

$$RMgX \xrightarrow{H-X} R-H + MgX_2$$

$$RMgX \xrightarrow{H-OH} R-H + Mg(OH)X$$

$$RMgX \xrightarrow{H-OR'} R-H + Mg(OR')X$$

$$RMgX \xrightarrow{H-NH_2} R-H + Mg(NH_2)X$$

$$RMgX \xrightarrow{H-C\equiv CR'} R-H + R'C\equiv C-MgX$$

（3）与含有羰基的化合物反应

Grignard 试剂能与含羰基的化合物反应，如 CO_2、RCOR'、RCOOR'等。以 CO_2 为例，格氏试剂与 CO_2 反应后，再水解，可用于制备多一个碳原子的羧酸。

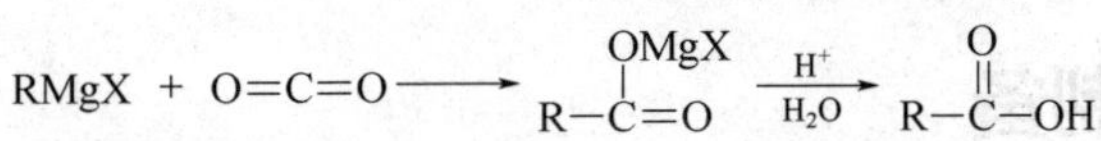

由于 Grignard 试剂的活泼性，因此在使用、制备 Grignard 试剂时应注意：不能与含有活泼氢的化合物如 H_2O、ROH 等接触，不能与 CO_2、醛、酮、醇等接触；一般现用现制，不分离；不能接触空气，因为 Grignard 试剂能慢慢吸收空气中的氧发生氧化，再经水解成为醇，必要时用 N_2 保护。例如：

$$RMgX + O_2 \longrightarrow ROMgX \xrightarrow{H_2O} ROH + Mg(OH)X$$

6.5.2 与金属钠的反应

卤代烃在无水乙醚等惰性溶剂中与金属钠反应，先生成烷基钠。烷基钠很活泼，会继续与卤代烃作用，生成比原来碳原子数多一倍的烷烃，此反应称为 Wurtz 反应。例如：

$$R-X + Na \longrightarrow R-R + NaX$$

此反应可用来由卤代烃制备含偶数个碳原子的结构对称的烷烃，一般只适用于同伯卤代烃反应。

6.5.3 与金属锂的反应

卤代烃与金属锂在非质子溶剂（无水乙醚、石油醚、苯和 THF 等惰性溶剂）中作用生成有机锂化合物。例如：

$$CH_3CH_2CH_2CH_2Br + 2Li \xrightarrow[-10\ ^\circ C]{\text{干醚}} \underset{80\%\sim90\%}{CH_3CH_2CH_2CH_2Li} + LiBr$$

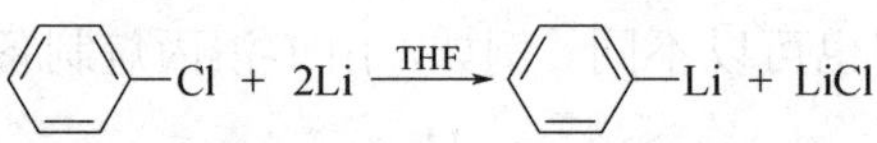

有机锂和卤化锂一般溶于反应溶剂中，通常无须分离即可用于合成反应。生成的有机锂的性质与格氏试剂很相似，但由于锂原子的电负性比镁原子小，C—Li 键比 C—Mg 键的极性更强，与之相连的碳原子带有更多的负电荷，因此有机锂反应性能比 Grignard 试剂更活泼，遇水、醇、酸等即分解，故制备和使用时都应注意。但是有机锂试剂反应时副反应较少，因此在有机合成中的应用越来越多，也逐渐受到人们的重视。

有机锂在乙醚（或四氢呋喃）溶液中与卤化亚铜（如碘化亚铜）反应，生成二烷基铜锂（溶于醚），它是性能良好的亲核试剂，与伯卤代烃反应可得到产率较好的烷烃，而仲卤代烃和叔卤代烃在反应中易发生消除反应。与伯卤代烃的反应称为 Corey-House 合成法。例如：

$$2RLi + CuI \xrightarrow{\text{乙醚}} R_2CuLi + LiI$$

$$R_2CuLi + R'X \longrightarrow R-R' + RCu + LiX$$

卤代烃与二烷基铜锂反应的活性顺序为：$CH_3X>RCH_2X>R_2CHX>R_3CX$；R—I>R—Br>R—Cl。卤代烃的烃基除烷基外，还可以是苄基、烯丙基、烯基、芳基，分子中含有—C═O、—COOH、—COOR、—$CONR_2$ 时均不受影响，且产率较好。

6.6 卤代烃的制备

6.6.1 烷烃直接卤化

烷烃在光照或高温下发生卤化反应，可以得到一卤代烷和多卤代烷的混合物。由于此混合物不易分离，多数烷烃不能用于卤代烷的制备，只有少数烷烃有制备意义。

$$CH_4 \xrightarrow[\text{或高温}]{Cl_2,\ h\nu} CH_3Cl + CH_2Cl_2 + CHCl_3 + CCl_4$$

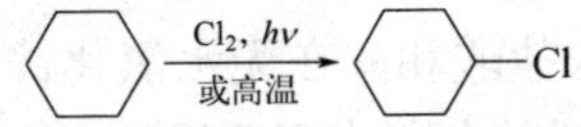

由于甲烷卤代产物不太复杂，通过分馏可以得到不同的馏分。在反应过程中，若调节原料的配比和反应条件，可使其中某种卤代烃为主要产物。

由于卤素的反应活性随原子序数增加而减弱，因此，烷烃的碘化比较困难。通常不能用烷烃的碘化制备碘代烷，碘化反应中生成的碘化氢为强还原剂，能使反应逆向进行，影响产率。但若在反应过程中加入一些氧化剂（如碘酸、硝酸、氧化汞等）使碘化氢氧化，则碘化反应能顺利进行。

$$CH_4 + I_2 \rightleftharpoons CH_3I + HI$$

$$5HI + HIO_3 \longrightarrow 3H_2O + 3I_2$$

6.6.2　不饱和烃的卤化与加成

不饱和烃与卤化氢、卤素的加成及其 α-氢原子的取代反应可用于制备卤代烃。

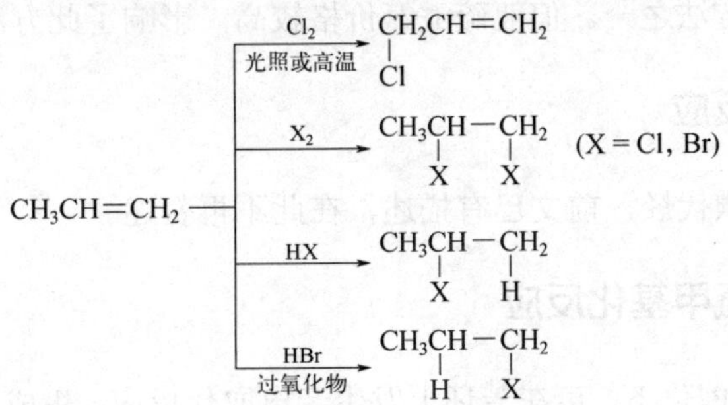

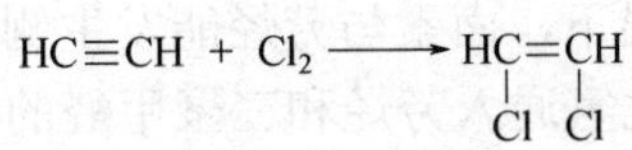

$$CH_3CH_2C\equiv CCH_2CH_3 + HCl \xrightarrow{HgCl_2,\ CH_3COOH} CH_3CH_2CH=CClCH_2CH_3$$

6.6.3　由醇制备

醇分子中的羟基可被卤素原子取代生成相应的卤代烃，常用的试剂是氢卤酸、三卤化磷、五氯化磷或亚硫酰氯（又名氯化亚砜）。

$$ROH \overset{HX}{\rightleftharpoons} RX + H_2O$$

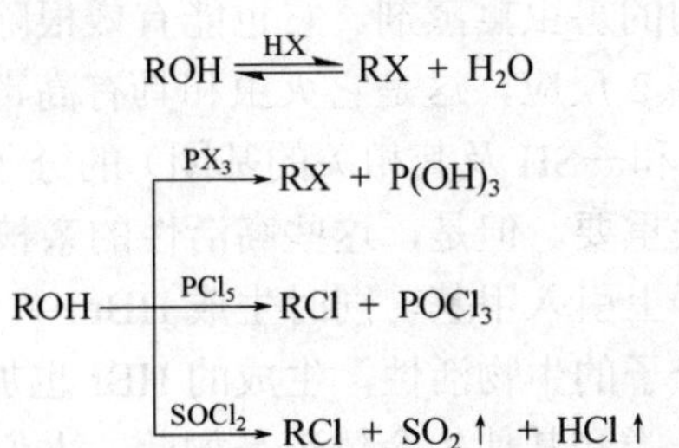

醇与氢卤酸的反应是可逆反应，在制备时，通常让某一反应物过量或除去某一生成物，使平衡向生成卤代烃的方向移动，以提高产率。无论在实验室还是在工业上，这都是制备卤

代烃最常用的方法。

因为氢卤酸的反应活性强弱顺序是 HI>HBr>HCl，所以制备三种卤代烃的方法也有所不同。在制备氯代烃时，一般是用浓盐酸和醇在无水氯化锌催化下制得。制备溴代烃时，常是将醇与氢溴酸在浓硫酸催化下（或溴化钠与浓硫酸）共热。制备碘代烃则可将恒沸氢碘酸（57%）与醇一起回流反应制得。

PX_3 与醇的反应只适用于三溴化磷和三碘化磷，这也是制备溴代烃和碘代烃常用的方法。通常所用的 PBr_3、PI_3 可不必事先制备，只要将溴或碘与赤磷加到醇中共热即可，卤素与赤磷先作用生成 PX_3，后者立即与醇作用。这样制得的碘代烃，产率一般可达 90%左右。

$$2P + 3I_2 \longrightarrow 2PI_3$$

$$ROH + PI_3 \longrightarrow RI + P(OH)_3$$

伯醇与 PCl_3 作用时，常因副反应生成亚磷酸酯而使氯代烃的产率不高，一般不超过 50%。

$$ROH + PCl_3 \longrightarrow P(OR)_3 + HCl$$

因此，一般不用 PCl_3 与伯醇制备氯代烃，而是用 PCl_5、$SOCl_2$ 与醇作用，后者反应速率快，产率高（90%左右），副产物二氧化硫和氯化氢都是气体，容易和氯代烃分离，因此是实验室制备氯代烃的常用方法之一。但亚硫酰氯价格较高，影响了此方法的工业应用。

6.6.4 卤素的置换反应

该方法常用来制备碘代烃，前文已有描述，在此不再赘述。

6.6.5 芳烃卤化与氯甲基化反应

芳烃与卤素在 FeX_3 催化下，可在芳环上发生亲电取代反应，生成卤代芳烃；如果芳环的侧链上有 α-氢原子，在光照或高温下，卤素与芳烃能发生侧链上的自由基取代反应。此外，在无水氯化锌催化下，将干燥氯化氢通入芳烃和三聚甲醛的悬浮液中，加热，可在芳环上引入氯甲基。氯甲基化反应适用于苯、烷基苯、烷氧基苯和并环芳烃，但当芳环上有强吸电子基时，反应产率很低，甚至不发生反应。详见芳烃一章的相关内容。

阅读材料

溴甲烷的困境：非常有用也非常有毒

溴甲烷（CH_3Br）是一种多用途的物质。溴甲烷的制备简单且廉价，主要用作仓库和铁路货车车厢等超大的储存空间的害虫熏蒸剂。它也能有效根除土壤及土豆和番茄等主要农作物的虫害。溴甲烷可以发生 S_N2 反应，这是它灭虫和具有高毒性的原因。生命化学高度依赖几类含有亲核基团（如—NH_2 和—SH 及其相关的基团）的分子。这些亲核基团参与的生化作用，对生物的生存和繁殖至关重要。但是，这些高活性的亲核基团易于与溴甲烷发生 S_N2 反应，反应的结果是在生物分子上引入甲基，同时生成 HBr。

该反应不仅破坏了生物分子的生物活性，生成的 HBr 也加大了对生命体的危害。因此，溴甲烷不仅对害虫有毒，对人类和其他生命体也是如此。人们处在溴甲烷环境中，会引起大量健康问题：直接接触溴甲烷会灼伤皮肤；长期接触溴甲烷会损害肾、肝和中枢神经系统；吸入高浓度的溴甲烷会导致肺组织的破坏、肺水肿，甚至死亡。工作场所的空气中，溴甲烷安全浓度的限定值为百万分之二十。在当今社会中，已经有很多像溴甲烷一样的物质被广泛应用，人们要负责任地控制和使用它们，以降低它们造成的危害。在实用性和安全性之间寻求解决办法并不容易，人们必须认真地评估人类、环境和经济之间的关系。

习题

1．写出 $C_6H_{13}Br$ 的所有同分异构体，并用系统命名法命名。

2．用系统命名法命名下列化合物，立体结构需标明其构型。

（1）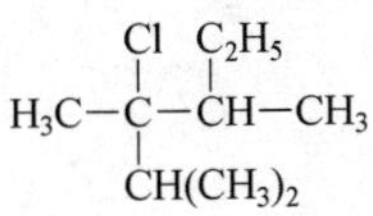

（2）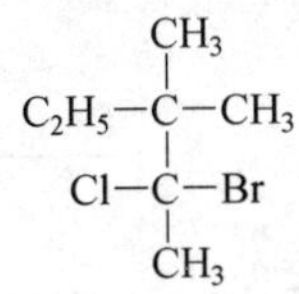

（3）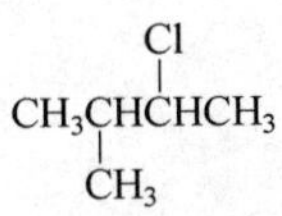

（4）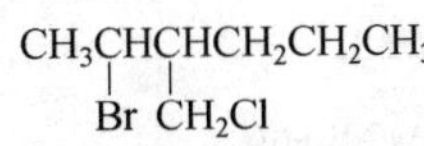

（5）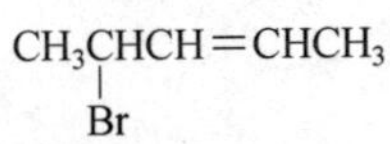

（6）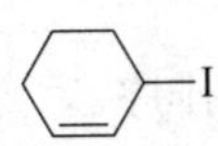

（7）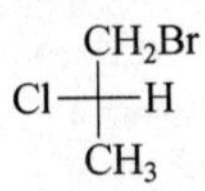

（8）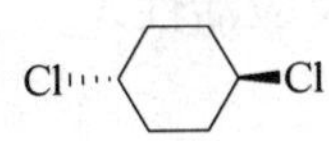

（9）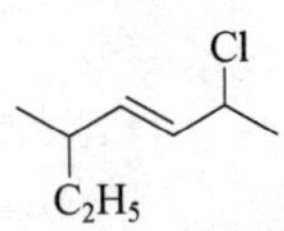

3．写出下列化合物的结构式。

（1）烯丙基氯　　（2）叔丁基溴

（3）4-溴-3-甲基环戊烯　　（4）苄基溴化镁

（5）1-溴-2-苯基乙烷　　（6）(*R*)-2-氯丁烷

4．用化学方法鉴别下列化合物。

（1）$CH_3CH{=}CHCl$，$CH_2{=}CHCH_2Cl$，$CH_3CH_2CH_2Cl$

（2）苄基氯，对氯甲苯，环己基氯，1-氯环己烯

（3）1-氯戊烷，2-溴丁烷，1-碘丙烷

5．写出 1-溴丁烷与下列试剂反应的主要产物。

（1）$NaOH/H_2O$　　（2）KOH/乙醇，△

（3）Mg/干醚　　（4）NaI/丙酮

（5）$AgNO_3$/乙醇　　（6）$CH_3C{\equiv}CNa$

（7）$NaCN/H_2O$　　（8）苯/$FeBr_3$

（9）C_2H_5ONa/H_2O　　（10）C_2H_5ONa/乙醇

（11）CH_3CO_2Ag　　（12）$NaSCH_3$

6．完成下列反应。

（1）$CH_3CH{=}CH_2 \xrightarrow{NBS}$ 　　　　　　$\xrightarrow{NaCN}$

(2) $CH_2{=}C(CH_3)_2 \xrightarrow[ROOR]{HBr}$ ______ $\xrightarrow[丙酮]{NaI}$

(3) 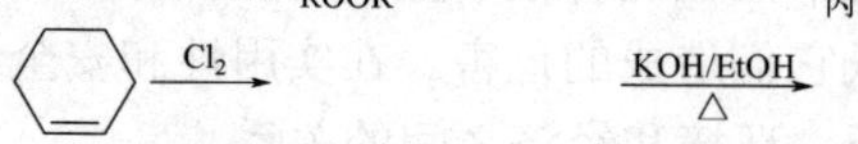

(4) 

(5) 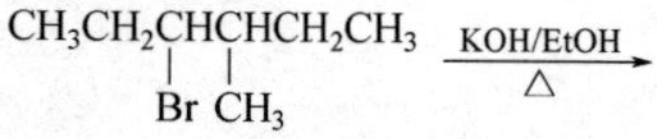

(6) 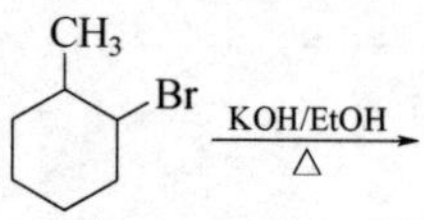

(7) 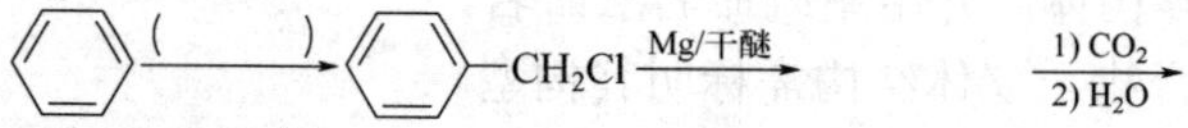

(8) $(CH_3)_3CBr \xrightarrow[EtOH]{NaCN}$

(9) 

(10) $CH_3CH_2CH_2Cl \xrightarrow[\triangle]{EtONa/EtOH}$

(11) $CH_3C{\equiv}CH \xrightarrow{NaNH_2/NH_3(l)}$ ______ $\xrightarrow{CH_3I}$

(12) 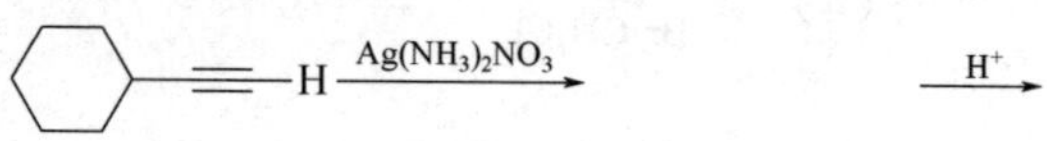

7．将下列化合物按指定性质排序。

（1）与 $AgNO_3/EtOH$ 的反应活性：

a．1-溴丁烷　　b．2-溴丁烷

c．2-溴-2-甲基丙烷　　d．3-溴-3-甲基丁-1-烯

（2）与 NaI/丙酮的反应活性：

a．3-溴丙-1-烯　　b．2-溴丙-1-烯

c．1-溴丁烷　　d．2-溴丁烷

（3）在 KOH/醇溶液中发生消除反应的活性：

a. 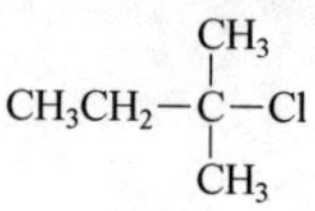　　b. 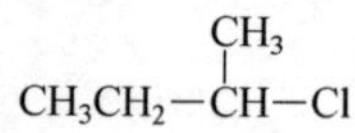

c．$CH_3CH_2CH_2CH_2Cl$

（4）与 NaCN 反应的活性：

a．$CH_3CH_2CH_2Cl$　　b．$CH_3CH_2CH_2Br$

c．$CH_3CH_2CH_2I$

（5）发生 S_N2 反应的活性：

a. 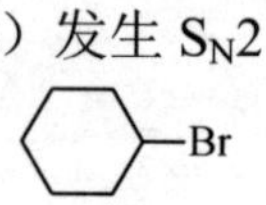　　b. 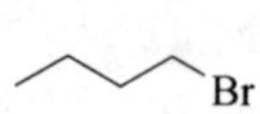

c. 　　d. 

（6）发生 S_N2 反应的活性：

a. 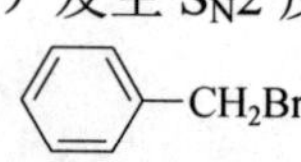　　b. 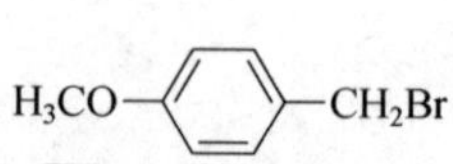

c. 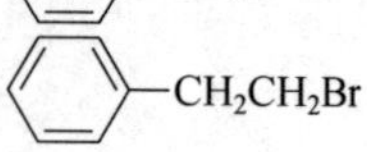　　d. 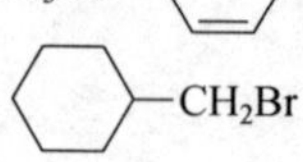

（7）发生 S_N1 反应的活性：

a. 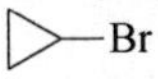

b. 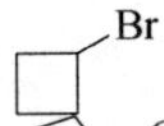

c. 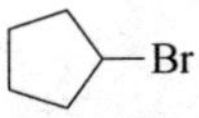

d. 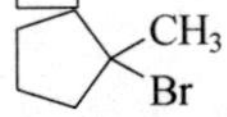

（8）发生 S_N1 反应的活性：

a. 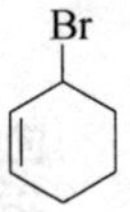

b. 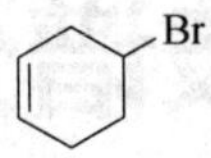

c. 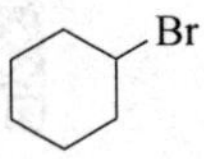

d. 

（9）发生 E1 反应的活性：

a. 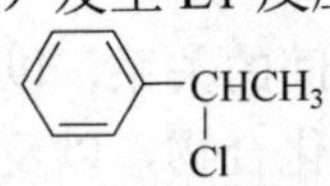

b. 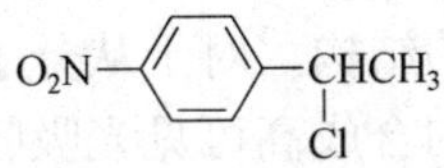

c. 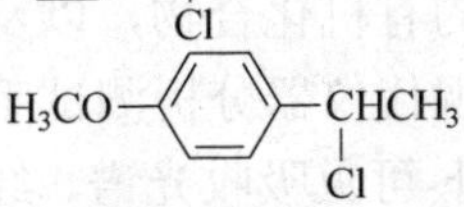

（10）发生 E2 反应的活性：

a. 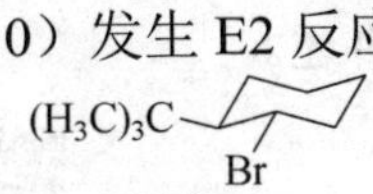

b. 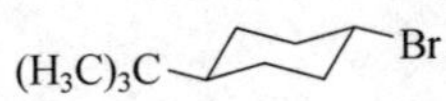

c. 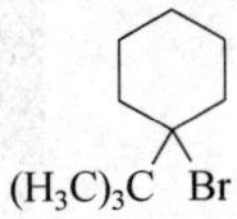

8．由指定原料和必要的无机试剂合成下列化合物。

（1）$CH_3\underset{\displaystyle Br}{\underset{|}{CH}}CH_3 \longrightarrow CH_3CH_2CH_2Br$

（2）$CH_3\underset{\displaystyle Cl}{\underset{|}{CH}}CH_3 \longrightarrow CH_3CH_2CH_2Cl$

（3）$H_2C{=}CH_2 \longrightarrow H_2C{=}CH{-}Cl$

（4）$HC{\equiv}CH \longrightarrow CH_3CH_2\underset{\displaystyle CH_3}{\underset{|}{CH}}CH_3$

（5）$HC{\equiv}CH \longrightarrow CH_3CH_2CH_2\underset{\displaystyle Cl}{\underset{|}{CH}}CH_2CH_3$

（6）$H_2C{=}CH{-}CH{=}CH_2 \longrightarrow NCCH_2CH_2CH_2CH_2CN$

（7）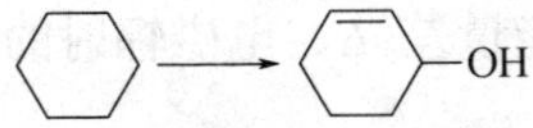

（8）$CH_3CH_2CH_2Br \longrightarrow CH_3C{\equiv}CCH_2CH_2CH_3$

9．化合物 C_4H_9Br 有 A、B、C、D 四个异构体，A 有旋光性，B、C 和 D 没有旋光性；A 在光照下进行溴化，可得到四种二溴代物；C 在相同条件下能得到三种二溴代物，且这三种二溴代物都没有旋光性；B 只能得到一种无旋光性的二溴代物；D 有四种二溴代物。试推测 A、B、C、D 的结构。

10．化合物 A（C_5H_{10}）不能使溴的四氯化碳溶液褪色，在紫外光照下与溴反应只得到一种一溴代产物 B。将 B 与 KOH 的醇溶液作用得到 C，C 经臭氧氧化再还原水解得到戊二醛。试推测化合物 A、B、C 的结构式，并写出各步反应式。

11．化合物 A（C_6H_{10}）与 Br_2/CCl_4 溶液作用生成 B，B 用 KOH 的乙醇溶液处理生成 C；C 可以与顺丁烯二酸酐发生 D-A 反应生成化合物 D；C 经臭氧氧化-还原水解得到乙二醛和 2-甲基丙二醛。试推测 A、B、C 的结构，并写出各步反应式。

第 7 章

有机化合物的波谱分析

课件

准确测定有机化合物的结构，对于从分子水平上认识结构与性能之间的关系、以性能为导向从分子和原子层面定向合成高可见光吸收和高导电等多功能的有机化合物，以及推动近代有机化学在新能源发展中的应用，具有非常重要的意义。利用现代仪器分析测试手段，仅需要微量试样就能够快速准确地表征有机化合物的分子结构。紫外-可见吸收光谱、红外吸收光谱和核磁共振谱在有机化学结构确定中应用最为广泛，以下将展开讲述。

7.1 紫外-可见吸收光谱

分子吸收光谱核电磁波类型

7.1.1 紫外-可见吸收光谱的产生

分子的热运动包括转动、振动和电子运动，相应状态分别对应不同的转动能级、振动能级和电子能级，且分子不同状态的能量是量子化的。

一定波长的光与分子相互作用并被吸收，使处于能量基态的分子吸收外界能量，发生分子能级的跃迁，由此产生的吸收光谱就是分子吸收光谱。电子能级的跃迁所需能量大致在 1～20eV（电子伏特）之间。根据量子理论，分子相邻能级间的能量差 E、电磁辐射的频率 ν 符合下面的关系式：

$$E = h\nu \tag{7-1}$$

式中，E 代表光子的能量或分子相邻能级间的能量差，J；h 代表 Planck 常量，6.63×10^{-34}J·s；ν 代表频率，Hz。

频率与波长 λ 及波数的关系为：

$$\nu = \frac{c}{\lambda} = c\sigma \tag{7-2}$$

式中，c 代表光速，3×10^{10}cm·s^{-1}；λ 代表波长，cm；σ 代表波数，表示 1cm 长度内波的数目，cm^{-1}。

分子结构不同，由低能级向高能级跃迁所吸收光的能量不同，因而可形成各自特征的分子吸收光谱，并以此来鉴别已知化合物或测定未知化合物的结构。有机化合物分子中主要有三种电子：形成单键的 σ 电子；形成双键的 π 电子；未成键的孤对电子，也称 n 电子。基态时，σ 电子和 π 电子分别处在 σ 成键轨道和 π 成键轨道上，n 电子处于非键轨道上。仅从能量的角度看，处于低能态的电子吸收合适的能量后，都可以跃迁到任一个较高能级的反键轨道上。跃迁的情况如图 7-1 所示。

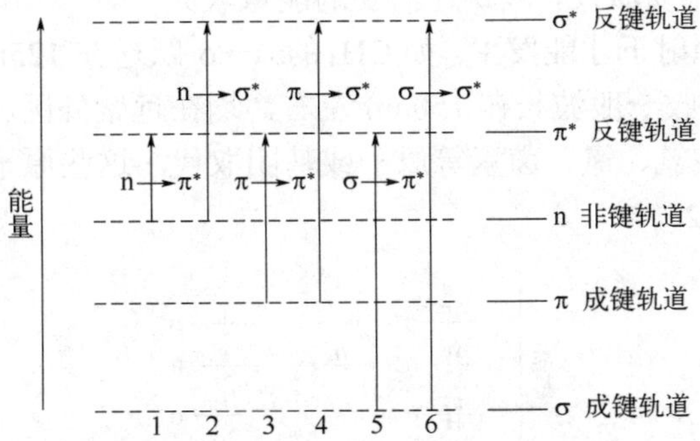

图 7-1　各种电子跃迁的相对能量

电子在不同能级间跃迁时吸收能量的大小顺序如下所示：

$$n\rightarrow\pi^*<\pi\rightarrow\pi^*<n\rightarrow\sigma^*<\pi\rightarrow\sigma^*<\sigma\rightarrow\pi^*<\sigma\rightarrow\sigma^*$$

即 $n\rightarrow\pi^*$ 的跃迁吸收能量最小。实际上，对于一个非共轭体系来讲，所有这些可能的跃迁中，只有 $n\rightarrow\pi^*$ 的跃迁能量足够小，其相应的吸收光波长在 200～800nm 范围内，即落在近紫外-可见光区。其他的跃迁能量都太大，它们的吸收光波长均在 200nm 以下，无法观察到紫外光谱。但对于共轭体系的 $\pi\rightarrow\pi^*$ 跃迁，它们的吸收光可以落在近紫外区。

烷烃分子中只含有 σ 键，根据图 7-1 可知，烷烃只能发生 $\sigma\rightarrow\sigma^*$ 的跃迁。含有不饱和键（如 C═C、C≡C、C═O、C═N 等）的化合物有 σ 键和 π 键，有可能发生 $\sigma\rightarrow\sigma^*$、$\sigma\rightarrow\pi^*$、$\pi\rightarrow\pi^*$、$\pi\rightarrow\sigma^*$ 的跃迁。分子中含有氧、卤素等原子时，因为它们含有 n 电子，还可能发生 $n\rightarrow\pi^*$、$n\rightarrow\sigma^*$ 的跃迁。

一个允许的跃迁不仅要考虑能量的因素，而且要符合动量守恒（跃迁过程中光量子的能量不转变成振动的动能）、自旋动量守恒（电子在跃迁过程中不发生自旋翻转），此外，还要受轨道对称性的制约。即使是允许的跃迁，它们的跃迁概率也是不相等的。有机分子最常见的跃迁是 $\sigma\rightarrow\sigma^*$、$\pi\rightarrow\pi^*$、$n\rightarrow\sigma^*$、$n\rightarrow\pi^*$ 的跃迁。

电子的跃迁可以分成三种类型：基态成键轨道上的电子跃迁到激发态的反键轨道，称为 N→V 跃迁，如 $\sigma\rightarrow\sigma^*$、$\pi\rightarrow\pi^*$ 的跃迁；杂原子的孤对电子向反键轨道的跃迁，称为 N→Q 跃迁，如 $n\rightarrow\sigma^*$、$n\rightarrow\pi^*$ 的跃迁；还有一种 N→R 跃迁，这是 σ 键电子逐步激发到各个高能级轨道上，最后变成分子离子的跃迁，此跃迁发生在高真空紫外的远端。

从波长很短（0.01～10nm）的 X 射线到波长较长（约 10^{12}nm）的无线电波，都属于电磁波。电磁波类型及其对应的波谱分析方法见表 7-1。

表 7-1　电磁波类型与波谱分析方法

电磁波类型	波长范围	激发能级	波谱分析方法
X 射线	0.01～10nm	内层电子	X 射线谱
远紫外线	10～200nm	σ 电子	—
紫外-可见光	200～800nm	n 电子及 π 电子	紫外-可见(UV- Vis)吸收光谱

7.1.2 各类化合物的电子跃迁

饱和烃化合物的电子跃迁　　不饱和脂肪族化合物的电子跃迁

饱和烃分子是只有 C—C 键与 C—H 键的分子，只能发生 $\sigma\rightarrow\sigma^*$跃迁，由于 σ 电子不易激发，故跃迁需要的能量较大，即必须在波长较短的辐射照射下才能发生。如 CH_4 的 $\sigma\rightarrow\sigma^*$跃迁在 125nm，乙烷的 $\sigma\rightarrow\sigma^*$跃迁在 135nm，其他饱和烃的吸收一般波长在 150nm 左右，均在远紫外区。

如果饱和烃中的氢被氧、氮、卤素等原子或基团取代，这些原子中的 n 轨道的电子可以发生 $n\rightarrow\sigma^*$跃迁，见图 7-2。

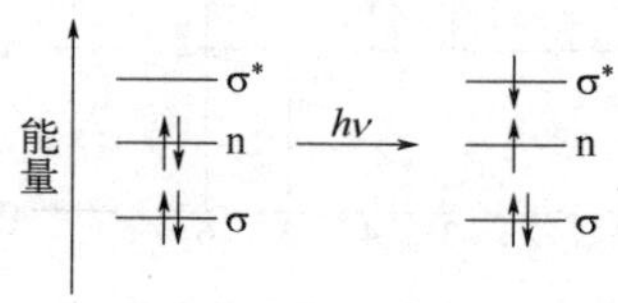

图 7-2　n→σ*的跃迁

表 7-2 列举了一些能进行 $n\rightarrow\sigma^*$跃迁的化合物。

表 7-2　一些化合物发生 n→σ*跃迁时的吸收光

化合物	CH_3Cl	CH_3OH	CH_3OCH_3	CH_3Br	CH_3NH_2	CH_3I
$\lambda_{max}(\kappa)$	172nm(弱)	183nm(150)	185nm(2520)	204nm(200)	215nm(600)	258nm(365)

注：κ 为摩尔吸光系数，也称为摩尔消光系数。

从表 7-2 可以看出，C—O（醇、醚）、C—Cl 等基团的 $n\rightarrow\sigma^*$跃迁，吸收光的波长小于 200nm，在真空紫外区；而 C—Br、C—I、C—NH_2 等基团的 $n\rightarrow\sigma^*$跃迁，吸收光的波长大于 200nm，可以在近紫外区看到不强的吸收。这些化合物在吸收光谱上的差别，主要是由于原子的电负性不同。原子的电负性强，对电子控制牢，激发电子需要的能量大，吸收光的波长短；反之，原子的电负性较弱，对电子控制不牢，激发电子需要的能量较小，可以在近紫外区出现吸收。

此外，分子的可极化性对其吸收光的波长也有一定的影响。可极化性大的，吸收光的波长也较长，$n\rightarrow\sigma^*$跃迁的 κ 值一般在几百以下。

由于饱和烃、醇、醚等在近紫外区不产生吸收，一般用紫外-可见分光光度计无法测出，因此它们在紫外光谱中常用作溶剂。

（1）$\pi\rightarrow\pi^*$跃迁

碳碳双键可以发生 $\pi\rightarrow\pi^*$跃迁，由于原子核对 π 电子的控制不如对 σ 电子牢，跃迁所需的能量较 σ 电子小，所以 $\pi\rightarrow\pi^*$跃迁的 κ 值较大，在 5000～100000 左右。但是只有一个碳碳双键的 $\pi\rightarrow\pi^*$跃迁出现在 170～200nm 处，在真空紫外吸收，用一般的分光光度计不能观察到。例如，对于乙烯的 $\pi\rightarrow\pi^*$跃迁，λ_{max}= 185nm（κ= 10000），在近紫外区不能检出。同样，C≡C 与 C≡N 等的 $\pi\rightarrow\pi^*$跃迁的吸收亦小于 200nm。

如果分子是由两个或两个以上的双键（包括三键）形成的共轭体系，π 电子处在离域的分子轨道上，与定域轨道相比，占有电子的成键轨道的最高能级与未占有电子的反键轨道的最低能级的能差减小，使 $\pi\rightarrow\pi^*$跃迁所需的能量减少，因此吸收向长波方向位移，摩尔吸光系数也随之增大。例如，丁-1,3-二烯分子中两对 π 电子填满 π_1 与 π_2 成键轨道，π_3 与 π_4 反键轨道是空的，当电子吸收了所需的光能后便会发生从 π_2 到 π_3 的跃迁，见图 7-3。

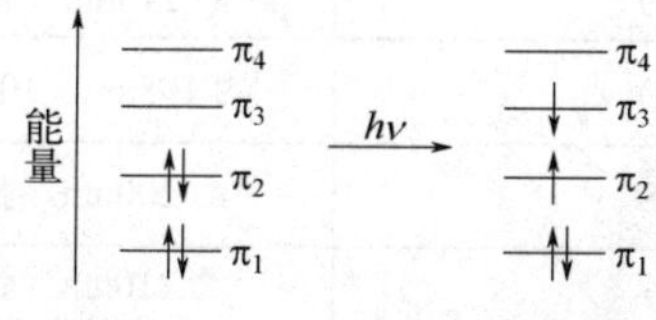

图 7-3　丁-1,3-二烯的基态与激发态

由图 7-3 可知，在这种分子中，电子可以有多种跃迁，但是在有机分子中比较重要的是能量最低的跃迁，因为这种跃迁在近紫外区。丁-1,3-二烯的能量最低跃迁是 $\pi_2\rightarrow\pi_3$ 跃迁，其 λ_{max}=217nm（κ= 21000），而其他跃迁能级相差较大，需要的能量较大，在真空紫外区。随着共轭体系逐渐增长，跃迁能级的能差逐渐变小，吸收向长波方向位移，由近紫外吸收可以转向可见光吸收（见表 7-3）。

表 7-3　多烯化合物的吸收带

化合物	双键	$\lambda_{max}(\kappa)$	颜色
乙烯	1	185nm(10000)	无色
丁二烯	2	217nm(21000)	无色
己-1,3,5-三烯	3	285nm(35000)	无色
癸五烯	5	335nm(118000)	淡黄
二氢-β-胡萝卜素	8	415nm(210000)	橙黄
番茄红素	11	470nm(185000)	红

因为共轭体系吸收带的波长在近紫外区，因此其在紫外光谱的应用上占有重要地位，这对于判断分子的结构非常有用。

（2）$n\rightarrow\pi^*$ 跃迁

有些基团存在双键和孤对电子，如 C═O、N═O、C═S、N═N 等，这些基团除了可以进行 $\pi\rightarrow\pi^*$ 跃迁，有较强的吸收外，还可进行 $n\rightarrow\pi^*$ 跃迁，这种跃迁所需能量较少，可以在近紫外区或可见光区有不太强的吸收，κ 一般在十到几百。例如，脂肪醛中 C═O 的 $\pi\rightarrow\pi^*$ 跃迁吸收约 210nm，$n\rightarrow\pi^*$ 跃迁吸收约 290nm，见图 7-4。

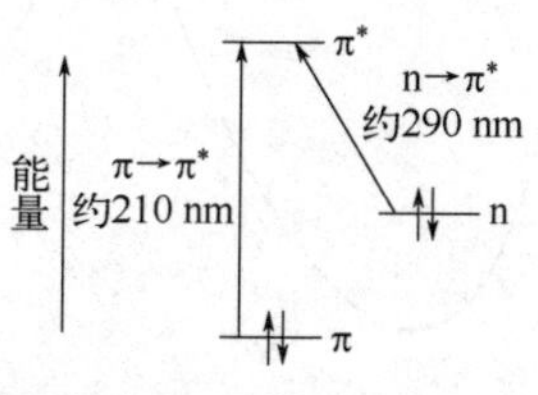

图 7-4　脂肪醛的 $\pi\rightarrow\pi^*$ 与 $n\rightarrow\pi^*$ 的跃迁

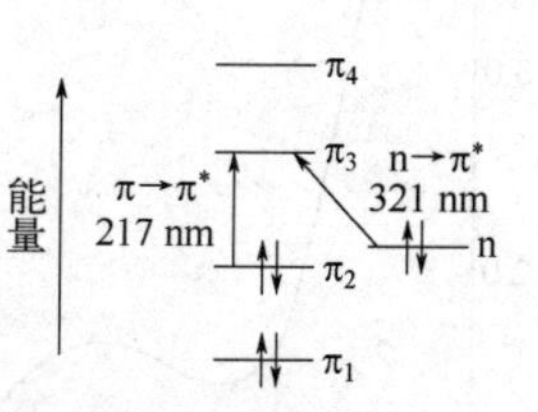

图 7-5　丁-2-烯醛的 $\pi_2\rightarrow\pi_3$ 和 $n\rightarrow\pi_3$ 的跃迁

如果这些基团与碳碳双键共轭，形成含有杂原子的共轭体系，则与 C═C—C═C 共轭类似，可以形成新的成键轨道与反键轨道，使 $\pi\rightarrow\pi^*$ 与 $n\rightarrow\pi^*$ 的跃迁能级的能差减小，吸收向长波方向位移。例如，丁-2-烯醛的 $\pi_2\rightarrow\pi_3$ 和 $n\rightarrow\pi_3$ 跃迁与脂肪醛相应的跃迁比较，吸收均向长波位移，见图 7-5。表 7-4 列举了常见的 $n\rightarrow\pi^*$ 跃迁化合物的吸收带以及不同类型共轭分子的吸收带。

表 7-4　一些化合物的 n→π*、π→π* 跃迁的吸收带

化合物	基团	π→π* 的 $\lambda_{max}(\kappa)$	n→π* 的 $\lambda_{max}(\kappa)$
醛	—CHO	约 210nm（强）	285～295（10～30）
酮	>C=O	约 195nm（1000）	270～285（10～30）
硫酮	>C=S	约 200nm（强）	约 400nm（弱）
硝基化合物	$—NO_2$	约 210nm（强）	约 270nm（10～20）
亚硝酸酯	—ONO	约 220nm（2000）	约 350nm（0～80）
硝酸酯	$—ONO_2$	—	约 270nm（10～20）
丁-2-烯醛	$CH_3CH═CHCH═O$	约 217nm（16000）	约 321nm（20）
联乙酰	O═CH—CH═O	—	约 435nm（18）
己-2,4-二烯醛	$CH_3CH═CHCH═CHCH═O$	约 263nm（27000）	—

从表 7-4 可以看出，n→π* 跃迁的 κ 很小，一般是由十到几百。κ 小的原因可以从羰基的轨道结构得到解释，见图 7-6。

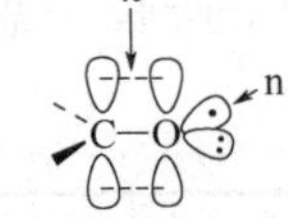

图 7-6　羰基的 π 轨道与 n 轨道

从羰基的轨道图中看到，n 轨道的电子与 π 电子集中在不同的空间区域，因此，尽管 n→π* 跃迁需要的能量较低，但由于在不同的空间，故 n 轨道的电子跃迁到 π 轨道的可能性是比较小的，产生跃迁的概率不大。由于 κ 是由电子跃迁的概率决定的，所以 n→π* 跃迁的 κ 很小，这种跃迁称为禁忌跃迁，与 π→π* 跃迁比较，κ 要小 2～3 个数量级。根据 n→π* 跃迁显示弱的吸收带，同时根据吸收位置，可以预示某些基团的存在，这在结构测定中相当有用。例如，3-甲基戊-3-烯-2-酮具有 C═C—C═O 的共轭结构，π→π* 跃迁的 λ_{max} = 229.5nm（κ= 11090，lgκ=4.04），n→π* 跃迁的 λ_{max} =310nm（κ=42，lgκ=1.62）。这两种跃迁的 κ 相差很大，因此很容易区分，同时根据吸收峰的位置，可以估量羰基的存在，见图 7-7。图 7-8 中，(ⅰ) 的 λ_{max} = 279nm(κ= 15)，这是丙酮的 n→π* 跃迁的吸收带，它的 n→π* 跃迁需要较高的能量，其吸收带在 λ_{max}≈150nm（图中未标出）；而对于(ⅱ)的吸收带，λ_{max} = 310nm，这是甲乙烯酮的 n→π* 跃迁的吸收峰，在短波处还有 π→π* 跃迁的吸收带。

芳香族化合物的电子跃迁

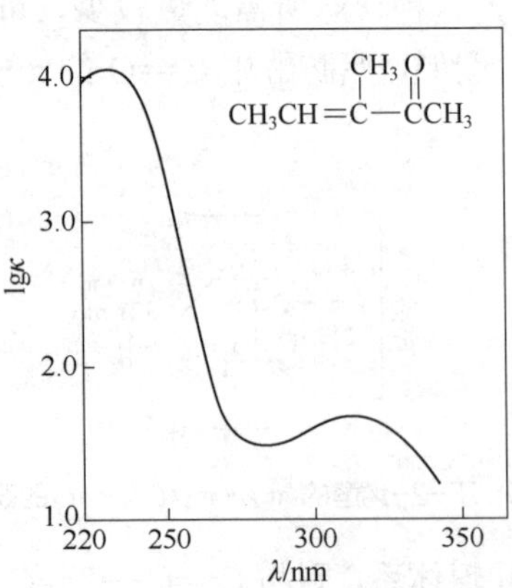

图 7-7　3-甲基戊-3-烯-2-酮的紫外吸收光谱（在乙醇中）

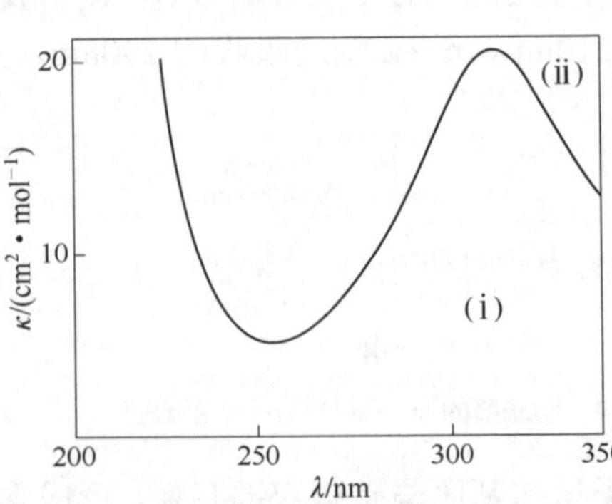

图 7-8　丙酮(i)和甲乙烯酮(ii)的紫外吸收光谱

芳香族化合物都具有环状的共轭体系，一般来讲，它们都有三个吸收带。芳香族化合物中最重要的是苯，苯的带Ⅰλ_{max}= 184nm（κ= 47000），在真空紫外区。带Ⅱλ_{max} =204nm（κ= 6900），

带Ⅲλ_{max}=255nm（κ=230）。因为电子跃迁时伴随着振动能级的跃迁，因此将带Ⅲ弱的吸收分裂成一系列的小峰，吸收最高处为一系列尖峰的中心，波长为255nm，κ为230，中间间隔为振动吸收，这种特征可用于鉴别芳香化合物。苯衍生物的带Ⅱ、带Ⅲ均在近紫外吸收，表7-5是苯衍生物的吸收带。有些基团的紫外吸收光谱与pH关系很大，例如苯胺在酸性条件下由于氮上孤对电子与质子结合，它的吸收光谱与苯环类似。

表7-5　苯衍生物的吸收带

取代基	带Ⅱ$\lambda_{max}(\kappa)$	带Ⅲ$\lambda_{max}(\kappa)$
H	204nm(6900)	255nm(230)
$-NH_3^+$	203nm(7500)	254nm(160)
$-CH_3$	206nm(7000)	261nm(225)
—I	207nm(7000)	257nm(700)
—Cl	209nm(7400)	263nm(190)
—Br	210nm(7900)	261nm(192)
—OH	210nm(6200)	270nm(1450)
$-OCH_3$	217nm(6400)	269nm(1480)
$-CO_2^-$	224nm(8700)	268nm(560)
—COOH	230nm(11600)	273nm(970)
$-NH_2$	230nm(8500)	287nm(1430)
$-O^-$	235nm(9400)	287nm(2600)
—CHO	244nm(15000)	280nm(1500)
$-CH{=}CH_2$	244nm(12000)	282nm(450)
$-NO_2$	252nm(10000)	280nm(1000)

注：以上用水、甲醇或乙醇为溶剂。

7.1.3　影响紫外光谱的因素

影响紫外光谱的因素

（1）生色团和助色团

分子中凡是能吸收某一段光波内的光子而产生跃迁的基团，就称为这一段波长的生色团（chromophore）。紫外光谱的生色团包括：碳碳共轭结构、含有杂原子的共轭结构、能进行$n\rightarrow\pi^*$跃迁的基团、能进行$n\rightarrow\sigma^*$跃迁并在近紫外区能吸收的原子或基团。

具有非键电子的原子连在双键或共轭体系上，形成非键电子与π电子的共轭，即p-π共轭。p-π共轭使电子活动范围增大，吸收向长波方向位移，并使颜色加深。这种效应称助色效应，这种基团称为助色团（auxochrome），如—OH、—OR、$-NH_2$、—NRr、—SR、卤素等均是助色团。

（2）红移现象和蓝移现象

由于取代基或溶剂的影响，最大吸收峰向长波方向移动的现象称为红移（redshift）现象。由于取代基或溶剂的影响，最大吸收峰向短波方向移动的现象称为蓝（紫）移（blueshift）现象。波长与电子跃迁前后所占据轨道的能量差成反比，因此，能引起能量差变化的因素，如共轭效应、超共轭效应、空间位阻效应及溶剂效应等都可以产生红移现象或紫移现象。将烷基引入共轭体系时，烷基中的C—H键的电子可以与共轭体系的π电子重叠，产生超共轭效应，其结果是使电子的活动范围增大，吸收峰向长波方向位移。超共轭效应增长波长的作用不是很大，但对化合物结构的鉴定还是有用的。

由于溶剂与溶质分子间形成氢键、偶极极化等的影响，溶质吸收波长也可以发生位移。例如 $\pi \to \pi^*$跃迁中，激发态比基态的极性强，因此极性溶剂对激发态的作用比基态强，可使激发态的能量降低较多，从而使基态与激发态之间的能级的能差减小，吸收向长波位移，即发生红移现象。又如 $n \to \pi^*$跃迁，在质子溶剂中，溶质氮或氧上的 n 轨道中的电子可以被质子溶剂质子化，质子化后的杂原子增加了吸电子的作用，吸引 n 轨道的电子更靠近核而降低能量，故基态分子的 n 轨道能量降低，$n \to \pi^*$跃迁时吸收的能量较前更大。这使吸收向短波位移，即发生蓝移现象，见图 7-9。

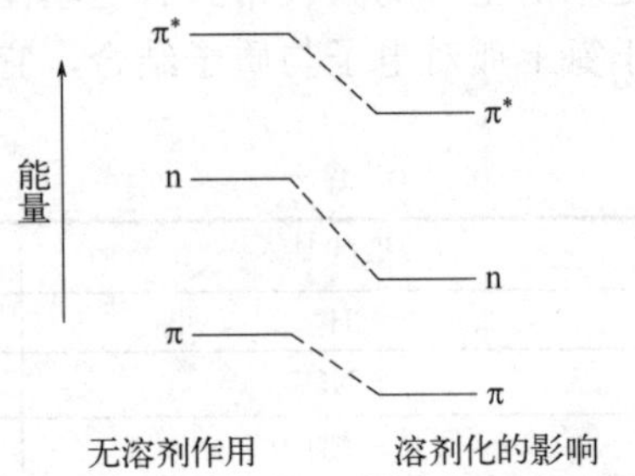

图 7-9　溶剂对溶质 $n \to \pi^*$跃迁能量的影响

由此可见，溶剂对基态、激发态与 n 态的作用是不同的，对吸收波长的影响亦不同，极性溶剂比非极性溶剂的影响大。因此，在记录吸收波长时需要写明所用的溶剂。紫外中常用的溶剂为水、甲醇、乙醇、己烷或环己烷、醚等。溶剂本身也有一定的吸收带，虽然其 κ 小，但其浓度一般比待测物的浓度大好几个数量级，因此，如果溶剂吸收带与溶质的吸收带相同或相近，将会有干扰，选择溶剂时要予以注意。

（3）增色效应和减色效应

使 κ 增加的效应称为增色效应（hyperchromic effect）。使 κ 减弱的效应称为减色效应（hypochromic effect）。κ 与电子跃迁前后所占据轨道的能差及它们相互的位置有关，轨道间能差小，处于共平面时，电子的跃迁概率较大，κ 也就较大。在分子中，相邻的生色团由于空间位阻效应而不能很好地共平面，对化合物的吸收波长及 κ 均有影响。例如，二苯乙烯由于存在双键，具有顺反异构体，反式异构体的两个苯环可以与烯的 π 键共平面，形成一个大的共轭体系，它的紫外吸收峰在 λ_{max}= 290nm（κ=27000）；而顺式异构体两个苯环在双键的一边，由于空间位阻不能很好地共平面，共轭作用不如反式的有效，它的紫外吸收峰 λ_{max}=280nm（κ=14000）。这种空间位阻使共轭体系不能很好共平面而引起的吸收波长与 κ 值的变化，在紫外吸收光谱中是一种普遍现象，在结构测定中十分有用。

7.2　红外吸收光谱

红外光谱

红外光是一种电磁波，波长在 0.78～500μm（微米）范围，可分为三个区段，见表 7-6。

表 7-6　红外光谱的分类

名称	λ/μm	σ/cm^{-1}
近红外区（泛频区）	0.78～2.5	12820～4000
中红外区（基本转动-振动区）	2.5～25	4000～400
远近红外区（骨架振动区）	25～500	400～20

在波数为 4000～400cm^{-1}（波长为 2.5～25μm）的红外光照射下，试样分子吸收红外光会发生振动能级跃迁，所测得的吸收光谱称为红外吸收光谱（infrared absorption spectrum，IR），简称红外光谱。红外光谱图通常以波数或波长为横坐标，表示吸收峰的位置；以透过率 T（以

百分数表示）为纵坐标，表示吸收强度。

每种有机化合物都有其特征的红外光谱，就像人的指纹一样。根据红外光谱图上吸收峰的位置和强度，可以判断待测化合物是否存在某些官能团。

7.2.1 分子的振动和红外吸收频率

（1）振动方程式

可以把两个成键原子间的伸缩振动近似地看成用弹簧连接的两个小球的简谐振动。根据 Hooke 定律可得其振动频率为

$$\nu = \frac{1}{2\pi}\sqrt{k\left(\frac{1}{m_1}+\frac{1}{m_2}\right)} \qquad (7\text{-}3)$$

式中，m_1 和 m_2 代表成键原子的质量，g；k 代表化学键的伸缩振动力常数，$N \cdot cm^{-1}$。

一些化学键的伸缩振动力常数见表 7-7。

表 7-7　一些化学键的伸缩振动力常数

键型	O—H	N—H	≡C—H	═C—H	—C—H	C≡N	C≡C	C═O	C═C	C—O	C—C
k/（$N \cdot cm^{-1}$）	7.7	6.4	5.9	5.1	4.8	17.7	15.6	12.1	9.6	5.4	4.5

由式（7-3）可见，键的振动频率取决于力常数（与化学键强度有关）和成键原子的质量。力常数越大（化学键越强），成键原子质量越小，则键的振动频率越高。同一类型的化学键，由于其在分子内部及外部所处环境（电子效应、氢键、空间效应、溶剂极性、聚集状态）不同，力常数并不完全相同，因此，吸收峰的位置也不尽相同。此外，只有引起分子偶极矩发生变化的振动模式才会出现红外吸收峰。例如，对称炔烃的 C≡C 和反式对称烯烃的 C═C 的伸缩振动无偶极矩变化，因此无红外吸收峰。化学键极性越强，振动时偶极矩变化越大，吸收峰越强。

（2）振动方式

分子中化学键的振动方式分为伸缩振动和弯曲振动两种类型。伸缩振动是指原子沿键轴方向伸缩，键长变化而键角不变。弯曲振动为原子垂直于化学键的振动，键角改变而键长不变。以甲叉基为例，几种振动方式如图 7-10 所示。

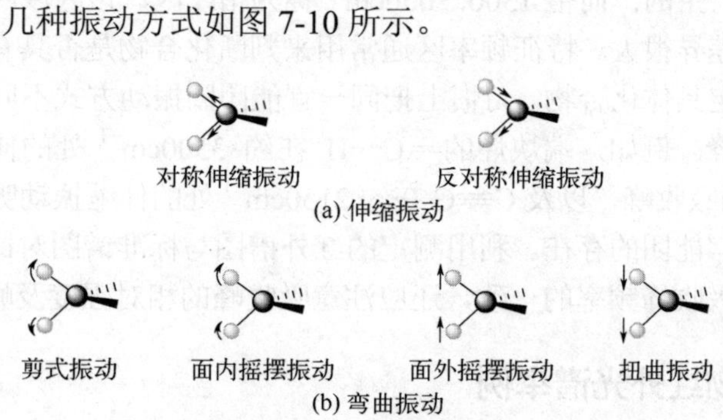

图 7-10　甲叉基的振动方式

7.2.2 有机化合物基团的特征频率

同类型化学键或官能团的吸收频率总是出现在特定波数范围内。这种能代表某基团存在

的吸收峰，称为该基团的特征吸收峰，简称特征峰，其最大吸收所对应的波数为基团的特征频率。表 7-8 列举了常见有机化合物基团的特征频率。

表 7-8　常见有机化合物基团的特征频率

振动形式	化学键类型	特征频率（化合物类型）
伸缩振动	—O—H	3600～3200cm^{-1}（醇、酚） 3600～2500cm^{-1}（羧酸）
	—N—H	3500～3300cm^{-1}（胺、亚胺，伯胺为双峰） 3350～3180cm^{-1}（伯酰胺，双峰） 3320～3060cm^{-1}（仲酰胺）
	sp C—H	3320～3310cm^{-1}（炔烃）
	sp^2 C—H	3100～3010cm^{-1}（烯烃、芳烃）
	sp^3 C—H	2950～2850cm^{-1}（烷烃）
	sp^2 C—O	1250～1200cm^{-1}（酚、羧酸）
	sp^3 C—O	1250～1150cm^{-1}（叔醇、仲烷基醚） 1125～1100cm^{-1}（仲醇、伯烷基醚） 1080～1030cm^{-1}（伯醇）
弯曲振动	sp^3 C—H 弯曲振动	1470～1430cm^{-1}（CH_3，面内摇摆） 1380～1360cm^{-1}（CH_3，剪式振动） 1485～1445cm^{-1}（CH_2，面内摇摆）
	═C—H 面外摇摆振动	995～985，915～905cm^{-1}（单取代烯） 980～960cm^{-1}（反式二取代烯） 690cm^{-1}（顺式二取代烯） 895～885cm^{-1}（同碳二取代烯） 840～790cm^{-1}（三取代烯）

振动形式	化学键类型	特征频率（化合物类型）
伸缩振动	C═C	1680～1620cm^{-1}（烯烃）
	C═O	1750～1710cm^{-1}（醛、酮） 1725～1700cm^{-1}（羧酸） 1850～1800cm^{-1}，1790～1740cm^{-1}（酸酐） 1815～1770cm^{-1}（酰卤） 1750～1730cm^{-1}（酯） 1700～1680cm^{-1}（酰胺）
	C═N	1690～1640cm^{-1}（亚胺、肟）
	—NO_2	1550～1535cm^{-1}，1370～1345cm^{-1}（硝基化合物）
	—C≡C—	2200～2100cm^{-1}（不对称炔烃）
	—C≡N	2280～2240cm^{-1}（腈）
弯曲振动	Ar—H 面外弯曲振动	770～730cm^{-1}，710～680cm^{-1}（一取代苯） 770～730cm^{-1}（1,2-二取代苯） 810～760cm^{-1}，710～690cm^{-1}（1,3-二取代苯） 840～790cm^{-1}（1,4-二取代苯）
	≡C—H 弯曲振动	660～630cm^{-1}（端位炔烃）

结构鉴定时，通常把 4000～1300cm^{-1} 称为特征频率区，因为该区域内的吸收峰主要是特征官能团的伸缩振动所产生的；而把 1300～650cm^{-1} 称为指纹区，该区域内的吸收峰通常很多，而且对于不同化合物差异很大。特征频率区通常用来判断化合物是否具有某种官能团，而指纹区通常用来区别或确定具体化合物。习惯上把同一官能团因振动方式不同而产生的不同位置的红外吸收峰称为相关峰。例如，端炔烃的≡C—H 在约 3300cm^{-1} 处的伸缩振动吸收峰和在约 650cm^{-1} 处的弯曲振动吸收峰，以及 C≡C 在约 2150cm^{-1} 处的伸缩振动吸收峰就是相关峰。相关峰有助于确定特定官能团的存在。利用测定的红外谱图与标准谱图对比可进行结构鉴定，对比谱图时不仅要注意吸收峰频率的一致，还应注意吸收峰的相对强度及峰形的基本一致。

7.2.3　有机化合物红外光谱举例

（1）烷烃

烷烃没有官能团，其红外光谱较简单。区分饱和与不饱和 C—H 键伸缩振动的分界线为 3000cm^{-1}。图 7-11 是正辛烷的红外光谱图，其中 2960～2860cm^{-1} 的强峰是甲基及甲叉基的 C—H 伸缩振动吸收峰，1467cm^{-1} 和 1380cm^{-1} 是甲叉基和甲基 C—H 的弯曲振动吸收峰，

721cm^{-1}是直链烷烃甲叉基的C—H面外摇摆振动吸收峰。如果分子中存在四个或四个以上—CH_2成直链时，就会在724～722cm^{-1}出现吸收峰。其他直链烷烃的红外光谱都与正辛烷非常相似。当分子中存在异丙基或叔丁基时，1380cm^{-1}的吸收峰常裂分为双峰，前者的两峰强度相近，后者的低波数吸收峰（较）强。

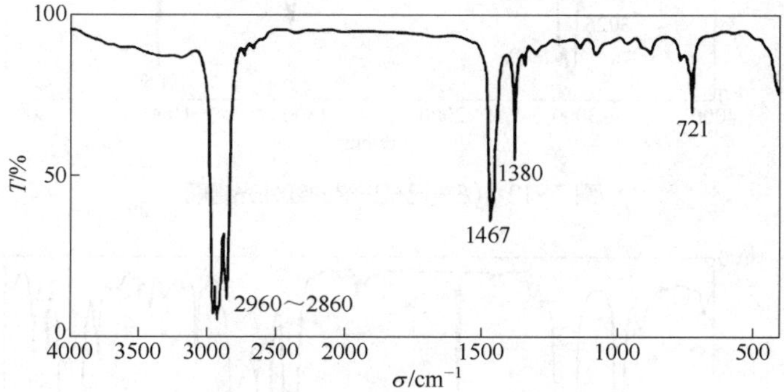

图 7-11　正辛烷的红外光谱图

（2）烯烃

烯烃═C—H的伸缩振动吸收峰比较独特，在3100～3000cm^{-1}出现中等强度的吸收峰。不对称烯烃C═C伸缩振动在1680～1620cm^{-1}有中等强度吸收峰。另外，不同取代烯烃在1000～650cm^{-1}区域的═C—H面外弯曲振动吸收峰也非常独特，见表7-8。图7-12是己-1-烯的红外光谱图，3080cm^{-1}处的吸收峰是═C—H伸缩振动峰，1642cm^{-1}吸收峰是C═C伸缩振动峰，993cm^{-1}和910cm^{-1}的两个吸收峰是单取代烯烃特征的C—H面外弯曲振动吸收峰。(*E*)-己-2-烯的红外光谱图（见图7-13）中，双键为反式二取代，═C—H面外弯曲振动在965cm^{-1}处；而(*Z*)-己-2-烯为顺式二取代，═C—H面外弯曲振动在700cm^{-1}处，二者有明显差别。

（3）炔烃

端炔烃≡C—H伸缩振动吸收峰很独特，通常出现在3300cm^{-1}附近。该吸收峰强而尖，易与醇或胺在同样位置的吸收峰相区分。不对称炔烃在2150cm^{-1}附近有中等强度的C≡C伸缩振动吸收峰。另外，端炔烃≡C—H弯曲振动吸收峰很独特，通常在630cm^{-1}处出现强而宽的吸收峰。图7-14是己-1-炔的红外光谱图。

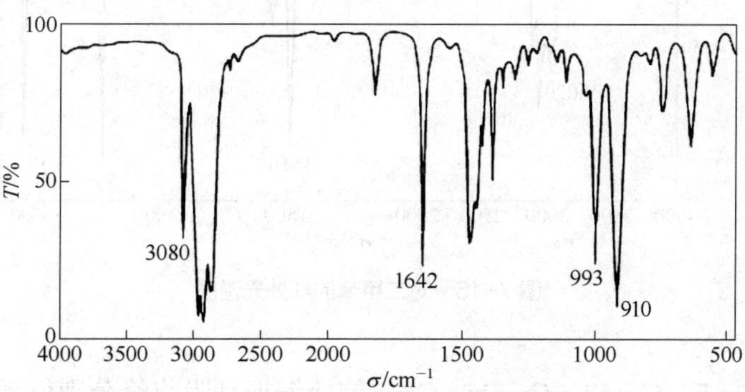

图 7-12　己-1-烯的红外光谱图

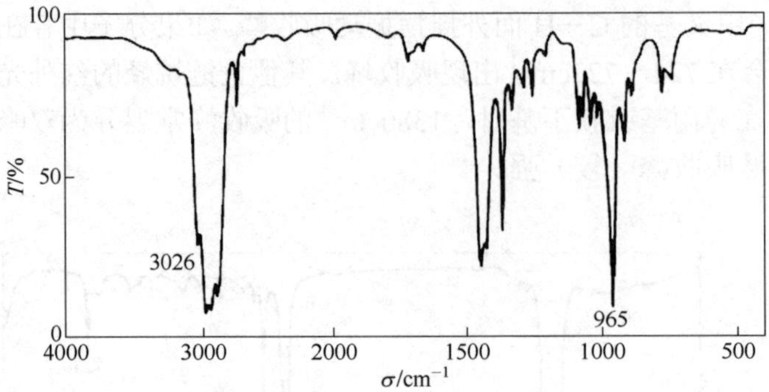

图 7-13 (*E*)-己-2-烯的红外光谱图

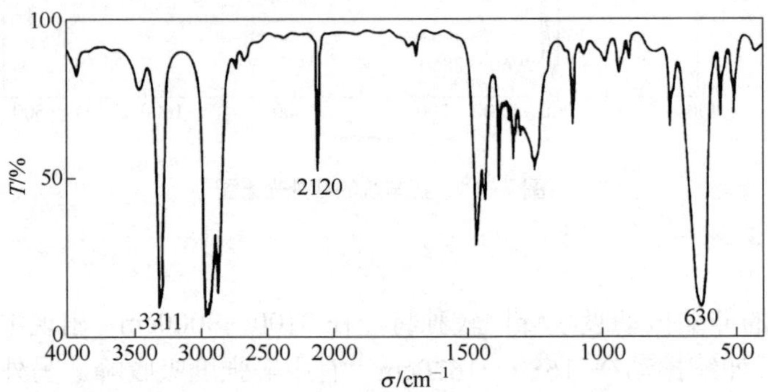

图 7-14 己-1-炔的红外光谱图

(4)芳烃

芳环的 sp^2 杂化 C—H 伸缩振动在 3100～3000cm^{-1} 有中等强度吸收峰。苯环在 1600～1450cm^{-1} 出现 1～4 个苯环的骨架伸缩振动吸收峰，其数目和强度随不同取代方式而改变。1490cm^{-1} 左右的吸收峰虽然强度可变，但通常会出现，可作为确定苯环存在的依据。

表 7-8 列出了存在不同数目相邻氢原子的 Ar—H 面外弯曲振动吸收峰，其对应着不同的取代情况。对二甲苯（见图 7-15）在苯环上存在两个相邻的氢原子，在 795cm^{-1} 处有吸收峰。以上这些 Ar—H 面外弯曲振动吸收峰都比较强，对判断苯的取代方式很有用。

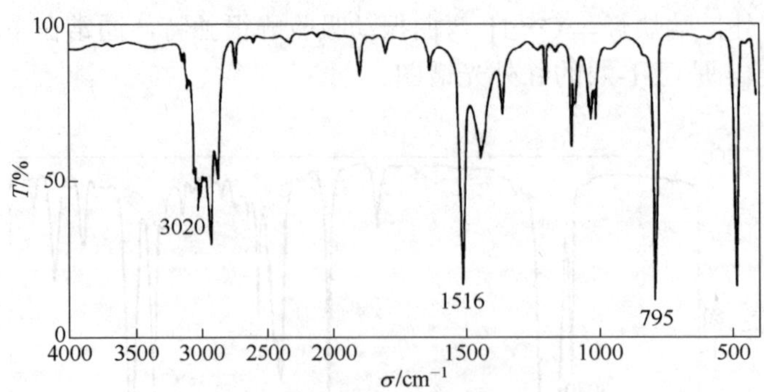

图 7-15 对二甲苯的红外光谱图

(5)卤代烃

一卤代烃的 C—F、C—Cl、C—Br、C—I 的伸缩振动吸收峰分别位于 1400～1100cm^{-1}、800～600cm^{-1}、600～500cm^{-1} 和约 500cm^{-1}，为强到中等强度吸收峰。芳卤化合物的 Ar—X

伸缩振动吸收峰频率变高，C—F 在 1300～1150cm^{-1}；C—Cl、C—Br、C—I 的伸缩振动吸收峰在 1175～1000cm^{-1}。图 7-16 为氯苯的红外光谱图，1083cm^{-1} 处的吸收峰为 C—Cl 的伸缩振动吸收峰。

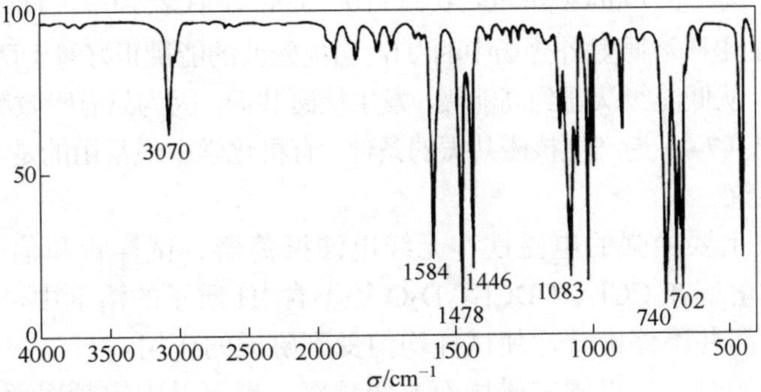

图 7-16 氯苯的红外光谱图

7.3 核磁共振谱

7.3.1 核磁共振的产生

1946 年，美国物理学家 F. Bloch 和 E. M. Purcell 发现核磁共振（nuclear magnetic resonance，缩写为 NMR）现象，他们因此获得 1952 年诺贝尔物理学奖。此后，核磁共振的研究与应用迅速发展，对有机化学、无机化学、生物化学及医学的发展起到了很大的推动作用。R.R.Ernst 因为发展了傅里叶变换 NMR 技术和二维 NMR 技术而获得 1991 年诺贝尔化学奖；K.Wüthrich 因为利用 NMR 进行生物大分子结构鉴定而获得 2002 年诺贝尔化学奖。

核磁共振是无线电波与处于磁场的分子内的自旋核相互作用，引起核自旋能级的跃迁而产生的。核磁共振谱主要提供分子中原子数目、类型乃至键合次序的信息，有时甚至可以直接确定分子的立体结构，是目前有机化学家测定分子结构的最有力工具之一。

（1）原子核的自旋与核磁共振

不同原子核的自旋状态不同，其可用自旋量子数表示。质量数为奇数的原子核的自旋量子数为半整数，其中 ^{1}H、^{13}C、^{15}N、^{19}F、^{29}Si、^{31}P 等原子核的自旋量子数为 1/2，其自旋核的电荷分布为球形，是核磁共振检测的主要研究对象。

由于原子核带正电荷，自旋量子数不为零的原子核在自旋时，会产生磁场，形成磁矩。自旋量子数为 1/2 的原子核有两种自旋方向。当有外磁场存在时，两种自旋的能级出现裂分，与外磁场方向相同的自旋原子核能量低，用 +1/2 表示；与外磁场方向相反的自旋原子核能量高，用−1/2 表示。两者的能级差为 ΔE，见图 7-17。

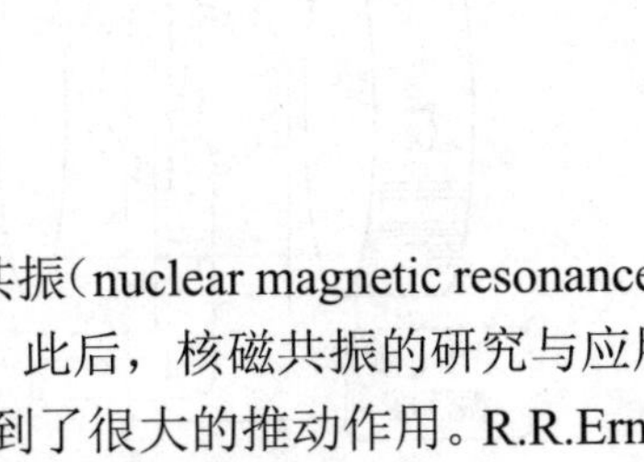

图 7-17 质子两种自旋的能级裂分与外磁场感应强度的关系

ΔE 与外磁场磁感应强度（B_0）成正比，其关系式如下：

$$\Delta E=\gamma\frac{h}{2\pi}B_0=h\nu \qquad \nu=\frac{\gamma B_0}{2\pi} \tag{7-4}$$

式中，γ 称为磁旋比，是原子核的特征常数，对于 ^1H 核（常简称为 ^1H 或质子），其值为 $2.675\times10^8T^{-1}\cdot s^{-1}$；$h$ 代表 Planck 常量，$6.63\times10^{-34}J\cdot s$；$\nu$ 代表频率，Hz。

若用一定频率的电磁波照射外磁场中的 ^1H，当电磁波的能量正好等于两个能级之差时，^1H 就吸收电磁波的能量，从低能级跃迁到高能级，发生核磁共振。因为只有吸收频率为 ν 的电磁波才能产生核磁共振，故式（7-4）为产生核磁共振的条件。有机化学中最常用的是 ^1H 和 ^{13}C 核磁共振谱。

（2）核磁共振仪

谱核磁共振仪主要由强的电磁铁、无线电波振荡器、试样管和信号接收器等组成，见图 7-18。被测试样溶解在 CCl_4、$CDCl_3$、D_2O 等不含 ^1H 质子的溶剂中，试样管在气流的吹拂下悬浮在电磁铁之间并不停旋转，使试样均匀受到磁场的作用。

测量核磁共振谱时，可以固定磁场而改变频率，也可以固定频率而改变磁场。这两种方式均为连续扫描方式，其相应仪器称为连续波核磁共振谱仪。若用固定频率的无线电波照射试样，逐渐改变磁场频率，当二者符合式（7-4）时，试样中某一磁性核（质子）即发生自旋能级跃迁。以磁感应强度为横坐标，将吸收信号记录下来，就得到图 7-19 所示的 NMR 谱。

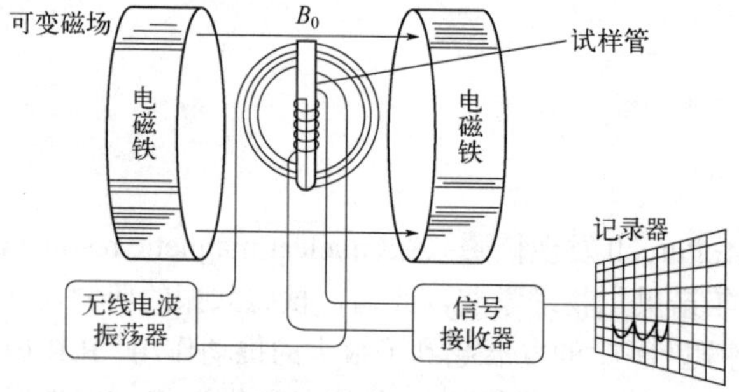

图 7-18　核磁共振示意图

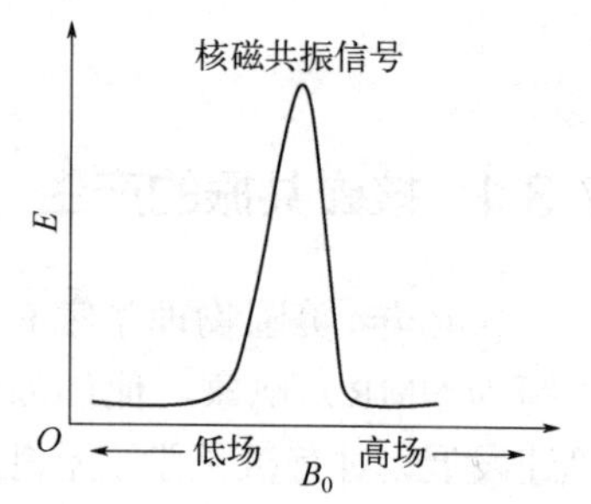

图 7-19　核磁共振谱示意图

现在普遍使用的脉冲傅里叶变换核磁共振仪，就采用固定磁场的方式。用能够覆盖所有磁性核的短脉冲（约 10^{-5}s）无线电波照射试样，让所有磁性核同时发生跃迁，信号经计算机处理即可得到脉冲傅里叶变换核磁共振谱。其最大优点是可以短时间内进行多次脉冲信号叠加，使用更少试样可以得到更清晰的谱图。

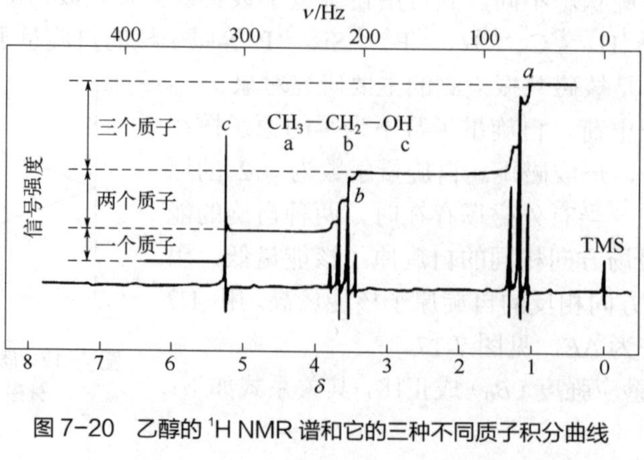

图 7-20　乙醇的 ^1H NMR 谱和它的三种不同质子积分曲线

7.3.2 ¹H 核磁共振谱

一张 NMR 谱图，通常可以给出四种重要的结构信息：化学位移、自旋裂分、偶合常数和峰面积（积分线）。图 7-20 是乙醇的核磁共振氢谱，从谱图上可以看出，乙醇的质子出现三组峰。每组峰对应着一种质子，对应的横坐标为这种质子的化学位移。从图上还可以知道每组峰是单峰还是多重峰，即是否有偶合裂分，同时还能得到偶合常数。此外，每组峰的积分面积之比代表了所对应的氢原子个数的比例，积分曲线中相邻的两条水平线间的高度差代表该处峰的积分面积。目前仪器得到的谱图中，一般在峰下方（或上方）标出每组峰的积分面积数值（实际为相对值，是与基准峰积分面积的比值）。

7.3.2.1 化学位移

核磁共振产生–仪器–化学位移

7.3.2.1.1 化学位移的产生

化学位移是由核外电子的屏蔽效应引起的。根据式（7-4），质子的共振磁感应强度只与质子的磁旋比及电磁波照射频率有关。符合共振条件时，试样中全部质子都发生共振，只产生一个单峰。这样对测定有机化合物的结构毫无意义。但实验证明，在相同频率照射下，化学环境（指质子周围电子云密度分布）不同的质子在不同的磁感应强度处会出现吸收峰。这是因为质子在分子中不是完全裸露的，而是被价电子包围的。在外加磁场作用下，核外电子在垂直于外加磁场的平面内绕核旋转，产生与外加磁场方向相反的感应磁场 B'，使质子实际感受到的磁感应强度为

$$B_{实}=B_0-B'=B_0-\sigma B_0=B_0(1-\sigma) \tag{7-5}$$

式中，σ 代表屏蔽常数。

核外电子对质子产生的这种作用称为屏蔽效应，也称抗磁屏蔽效应。质子周围电子云密度越大，屏蔽效应越大，只有增加磁感应强度才能使其发生共振吸收。反之，若感应磁场与外加磁场方向相同，质子实际感受到的磁场为外加磁场和感应磁场之和，这种作用称为去屏蔽效应，亦称顺磁屏蔽效应。此时，只有减小外加磁场的磁感应强度，才能使质子发生共振吸收。因而，质子核磁共振的条件如下：

$$\nu=\frac{\gamma}{2\pi}B_{实}=\frac{\gamma}{2\pi}B_0\left(1-\sigma\right) \tag{7-6}$$

综上所述，不同化学环境的质子，受到不同程度的屏蔽效应，因而在核磁共振谱的不同位置上出现吸收峰，这种吸收峰位置上的差异称为化学位移，不同类型质子的化学位移见表 7-9。化学位移可以用来鉴别或测定有机化合物的结构。

表 7–9 不同类型质子的化学位移

质子类型	化学位移 δ	质子类型	化学位移 δ
$RC\mathbf{H}_3$	0.9	$ArC\mathbf{H}_3$	2.3
$R_2C\mathbf{H}_2$	1.2	$RCH{=}C\mathbf{H}_2$	4.5～5.0
$R_3C\mathbf{H}$	1.5	$R_2C{=}C\mathbf{H}_2$	4.6～5.0
R_2NCH_3	2.2	$R_2C{=}CHR$	5.0～5.7
$RC\mathbf{H}_2I$	3.2	$Ar\mathbf{H}$	6.5～8.5

续表

质子类型	化学位移 δ	质子类型	化学位移 δ
RCH_2Br	3.5	RCHO	9.5～10.1
RCH_2Cl	3.7	RC≡CH	2～3
RCH_2F	4.4	$RCOOH, RSO_2H$	10～13
$ROCH_3$	3.4	ArOH	4.5～16
RCH_2OH, RCH_2OR	3.6	ROH	0.5～5.5
$RCOOCH_3$	3.7	RNH_2, R_2NH	0.6～5.0
$RCOCH_3, R_2C{=}CRCH_3$	2.1	$RCONH_2$	5.0～9.4

注：表中黑体字代表要研究的质子。

7.3.2.1.2 化学位移的表示方法

核外电子产生的感应磁场 B'非常小，只有外加磁场的百万分之几，因此要测定质子发生核磁共振的无线电波频率的精确值相当困难，而精确测量待测质子相对于标准物质（通常是四甲基硅烷，TMS）的吸收频率却比较方便。化学位移用 δ 来表示，其定义为

$$\delta = \frac{\nu_{样品} - \nu_{TMS}}{\nu_0} \times 10^6 \qquad (7\text{-}7)$$

式中，$\nu_{样品}$ 及 ν_{TMS} 分别代表样品及 TMS 的共振频率；ν_0 代表操作仪器选用的频率。

选用 TMS 为标准物主要因为它是单峰，而且屏蔽效应很大，其信号出现在高场，不会与常见化合物的 NMR 信号重叠。按 IUPAC 的建议，将 TMS 的 δ 定为零，一般化合物质子的吸收峰都在它的左边，即低场一侧，但规定它们的 δ 值为正。

7.3.2.1.3 影响化学位移的因素

化学位移来源于核外电子对核产生的屏蔽效应，因而影响电子云密度的因素都将影响化学位移，其中影响最大的是诱导效应和磁各向异性效应。

（1）电负性的影响

电负性大的基团吸电子能力强，可以使邻近质子周围的电子云密度降低，屏蔽效应随之降低，使质子共振信号移向低场，δ 增大。相反，给电子基团使邻近质子周围的电子云密度增大，屏蔽效应增强，质子共振频率移向高场，δ 减小。例如，CH_3Y 中质子的化学位移随 Y（或 Y 结构中与甲基碳原子直接相连的原子）的电负性增加而向低场位移，如表 7-10 所示。

表 7-10 CH_3Y 中质子的化学位移

CH_3Y	$CH_3Si(CH_3)_3$	CH_3CH_3	CH_3I	CH_3Br	CH_3Cl	CH_3OH	CH_3F
Y 电负性	1.8	2.5	2.6	2.8	3.0	3.5	4.0
δ	0	0.88	2.16	2.68	3.05	3.40	4.26

（2）磁各向异性效应

构成化学键的电子，在外加磁场作用下，产生一个各向异性的磁场，使处于化学键不同空间位置上的质子受到不同的屏蔽作用，即磁各向异性。处于屏蔽区域的质子信号移向高场，δ 减小；处于去屏蔽区域的质子信号则移向低场，δ 增大。

① 双键碳原子上的质子。π 电子体系在外加磁场的影响下产生环电流，如图 7-21 所

示。因为双键上质子处于 π 键环电流产生的感应磁场与外加磁场一致的区域（这个区域一般称为去屏蔽区），存在去屏蔽效应，故烯烃双键碳原子上质子的 δ 处于稍低的磁场处，δ=4.5～5.7。

② 羰基碳原子上的质子。与碳碳双键相似，在外加磁场作用下，羰基环电流产生感应磁场，如图 7-22 所示。羰基碳原子上的质子也处于去屏蔽区，存在去屏蔽效应。同时由于电负性较大的氧原子的诱导效应，—C**H**O 质子的 δ 较大（δ=9.5～10.1），在低场。

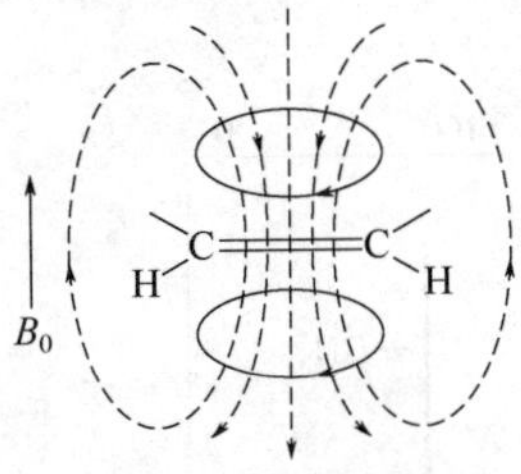

图 7-21　C═C 的磁各向异性效应

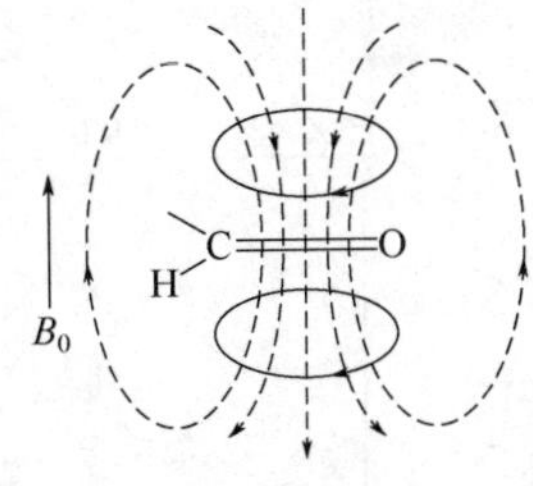

图 7-22　C═O 的磁各向异性效应

③ 三键碳原子上的质子。由于碳碳三键的 π 电子云围绕三键碳原子核连线呈筒形分布，形成筒形环电流，其产生的感应磁场在三键碳原子核连线方向，正好与外磁场方向相反。而三键碳原子上的质子正好在三键碳原子核连线上，处于屏蔽区，如图 7-23 所示，所以其受到的屏蔽效应较强。虽然炔氢是与电负性较强的 sp 杂化碳原子相连的，但其 δ 比双键碳原子上质子的 δ 低。≡C—**H** 质子信号出现在高场（δ=2.0～3.0）。

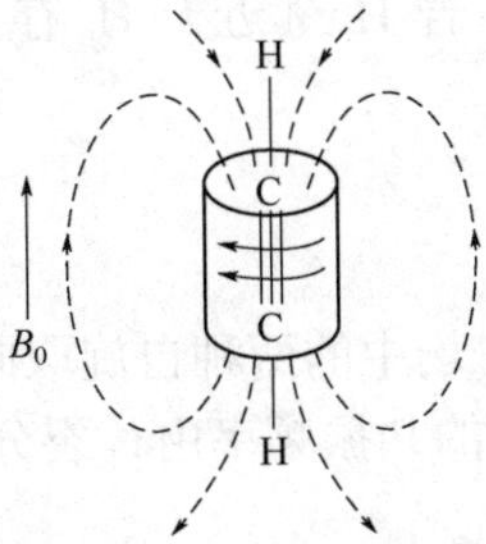

图 7-23　C≡C 的磁各向异性效应

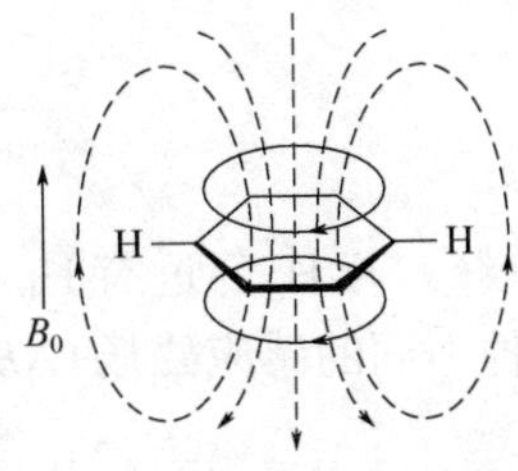

图 7-24　苯环的磁各向异性效应

④ 苯环上的质子。与 C═C 类似，苯环 π 电子云的环电流产生感应磁场，环上的质子处于此感应磁场的去屏蔽区，如图 7-24 所示，其信号峰处于低场，δ=7～8。值得注意的是，苯环上的 6 个质子在 ^{1}H NMR 中只有一个峰，δ≈7.36，说明苯的 6 个碳碳键的键长平均化，是完全等同的，这可作为苯芳香性的判据。其他芳烃的环上质子与苯显示类似的化学位移，如[18]-轮烯的环外质子 δ=8.9，处于去屏蔽区；而环内质子处于屏蔽区，δ = −1.8。

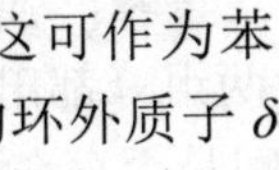

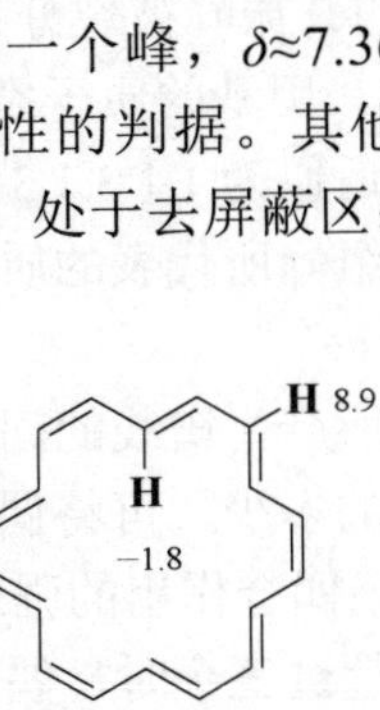

[18]-轮烯

7.3.2.2 自旋偶合与自旋裂分

自旋偶合与裂分–氢谱–碳谱

（1）自旋偶合的产生

在核磁共振谱图上，氯乙烷（见图 7-25）的甲基（—CH_3）、甲叉基（—CH_2—）共振吸收峰不是单峰，而分别为三重峰和四重峰。这种现象是由甲基和甲叉基上质子核自旋产生微弱的感应磁场引起的，这种化学环境不同的邻近原子核之间相互作用的现象称为自旋偶合，自旋偶合引起的谱线增多的现象称为自旋裂分。

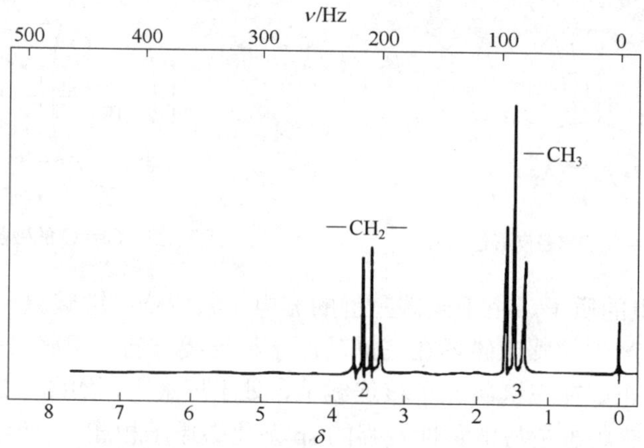

图 7-25 氯乙烷的 ^{1}H NMR

现以 H_a—C—C—H_b 为例，讨论自旋裂分的起因。若 H_a 邻近无 H_b 存在，依式（7-6），H_a 的共振频率为

$$\nu = \frac{\gamma}{2\pi} B_0 (1-\sigma) \tag{7-8}$$

共振信号为单峰。若 H_a 邻近有 H_b 存在时，H_b 在磁场中的两种自旋取向通过化学键传递到 H_a 处，产生两种不同的感应磁场$+\Delta B$ 和$-\Delta B$，使 H_a 的共振频率由 ν_1 裂分为 ν_1 和 ν_2：

$$\nu_1 = \frac{\gamma}{2\pi} B_0 (1-\sigma) + \Delta B \tag{7-9}$$

$$\nu_2 = \frac{\gamma}{2\pi} B_0 (1-\sigma) - \Delta B \tag{7-10}$$

由于 H_b 的偶合作用，H_a 的共振峰被裂分为双峰。

在氯乙烷的 ^{1}HNMR 谱中，甲基的质子裂分为三重峰，强度比近似为 1∶2∶1，甲叉基的质子裂分为四重峰，强度比近似为 1∶3∶3∶1。两组峰都出现内侧峰高于外侧峰的现象，且偶合常数相等，这是判断两组峰所代表的质子之间是否存在自旋偶合的重要依据。

（2）偶合常数

在一级谱图中，自旋裂分所产生谱线的间距称为偶合常数，一般用 J 表示，单位为 Hz。根据相互偶合质子间相隔键数的多少，可将偶合作用分为同碳偶合（^2J）、邻碳偶合（^3J）和远程偶合。偶合常数的大小表示偶合作用的强弱，其与两个作用原子核之间的相对位置有关。对饱和体系而言，相隔单键数超过三个时，偶合作用通常很小，J 趋于零。N、O 等电负性大的杂原子上的质子容易解离，能进行快速交换而通常不参与偶合，且其吸收峰易变宽。

（3）化学等同核和磁等同核

在 NMR 谱图中，化学环境相同的核具有相同的化学位移，这种化学环境相同的核称为化学等同核。例如，在氯乙烷分子中，甲基的三个质子是化学等同核，甲叉基的两个质子也是如此。分子中的一组核，若化学等同，且对组外任一核的偶合常数也都相同，则这组核称为磁等同核。例如，CH_2F_2 中的两个质子为磁等同核，因为它们不但化学等同，两个质子对每个氟原子的偶合常数也相等。而对于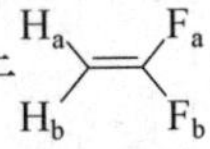中的两个质子，$^3J\ H_aF_a \neq {}^3J\ H_bF_a$，$H_a$ 与 H_b 为磁不等同核。磁等同核之间的偶合作用不产生峰的裂分，而磁不等同核之间的偶合将会产生峰的裂分。1,1-二氟乙烯的两个质子是化学等同核，但不是磁等同核，因而裂分情况比较复杂。

（4）一级谱图和 *n*+1 规律

当两组或几组磁等同核的化学位移差 $\Delta\delta$ 与其偶合常数 J 之比大于 6（即 $\Delta\delta/J>6$，这里 $\Delta\delta$ 和 J 的单位都是 Hz）时，相互之间的偶合较简单，呈现一级谱图。一级谱图特征如下：

① 偶合裂分峰的数目符合 $n+1$ 规律，n 为相邻的磁等同 ^1H 的数目；

② 各峰强度比符合二项式展开系数之比；

③ 每组峰中心为该组质子的化学位移；

④ 各裂分峰等距，裂距即为偶合常数 J。

7.3.2.3 ^1H NMR 谱图举例

谱图解析时，首先看谱图中有几组峰，由此确定化合物有几种质子，再由各组峰的积分面积确定各种质子的数目，然后根据化学位移判断质子的化学环境，最后根据裂分情况和偶合常数确定各组质子之间的相互关系。

图 7-26（a）为 1-溴丙烷的 ^1H NMR 谱图，受溴原子吸电子诱导效应的影响，C1 上 2 个质子（H_c）的信号出现在 δ=3.39 的低场；C3 上 3 个质子（H_a）远离溴原子，其化学位移仅为 1.03。受 H_b 影响，H_a 和 H_c 都裂分为三重峰；受 2 个 H_c 和 3 个 H_a 的影响，H_b 被裂分为多重峰。理论上，2 个 H_c 使 H_b 偶合裂分为三重峰，每个峰再分别被 3 个 H_a 偶合裂分为四重峰，所以 H_b 应是（2+1）（3+1）=12 重峰，但是由于偶合常数接近或峰的重叠，表观上只显示六重峰。1-溴丙烷的 ^1H NMR 数据可记为：δ 3.39 (t, 2H)，1.87 (m, 2H)，1.03 (t, 3H)。其中，t 和 m 分别表示三重峰和多重峰，单峰、双峰和四重峰则可分别用 s、d 和 q 表示。

图 7-26（b）为甲苯的 ^1H NMR 谱图，甲基上的质子也处于去屏蔽区，但受到的去屏蔽作用比苯环上质子弱，因此其信号峰 a 向低场移动不大，δ=2.36。

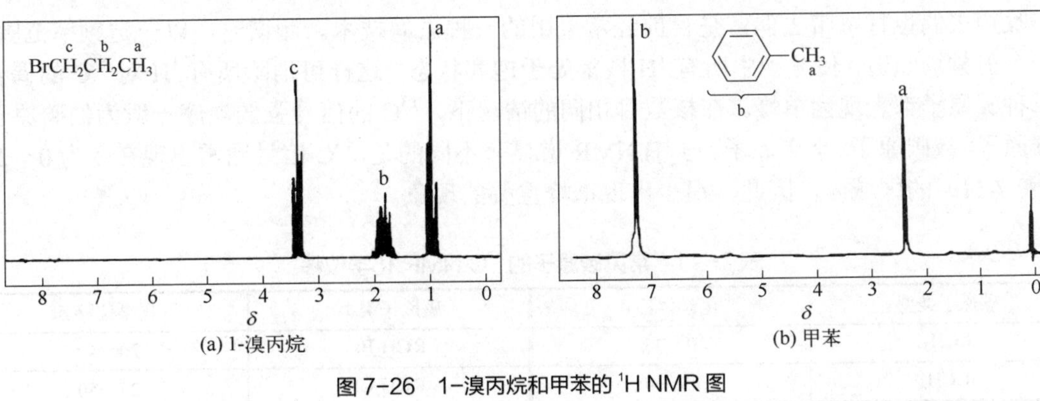

(a) 1-溴丙烷　　(b) 甲苯

图 7-26　1-溴丙烷和甲苯的 ^1H NMR 图

7.3.2.4 综合利用红外光谱和核磁共振氢谱进行结构推断举例

化合物 A 的分子式为 $C_6H_{12}O_2$，图 7-27 为其 IR 与 ^{1}H NMR 谱图，如何推断该化合物的结构？

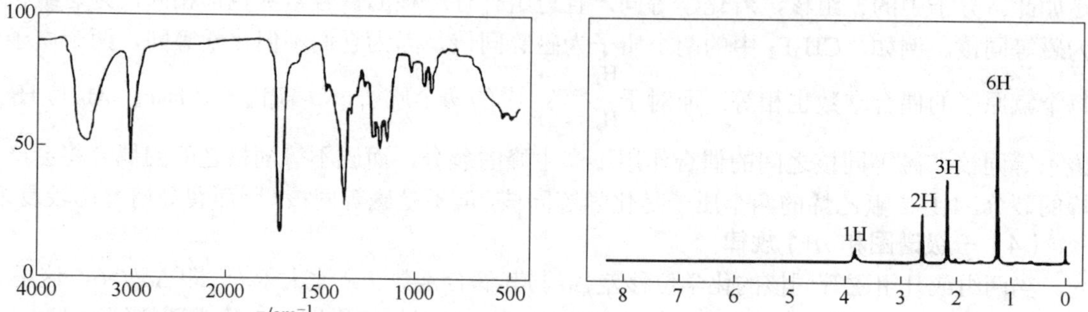

图 7-27 化合物 A 的 IR 和 ^{1}H NMR 谱图

根据化合物 A 的分子式可以推断其不饱和度为 1。其 IR 谱在 3400cm^{-1} 左右的宽峰为—OH 的伸缩振动吸收峰，1700cm^{-1} 左右为 C═O 的伸缩振动吸收峰。A 的 ^{1}H NMR 谱图在 9 以上没有吸收峰，可排除醛或者羧酸，因而推测 A 是一个含有羟基的脂肪酮。^{1}H NMR 谱中 4 个单峰代表了 4 组相互孤立的质子。根据以上分析及每组峰质子数，推出可能的结构为

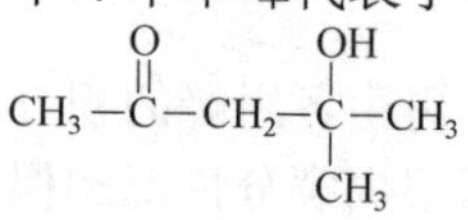

（Ⅰ）和

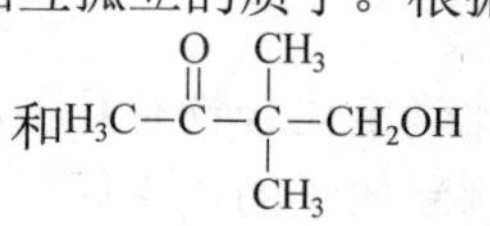

（Ⅱ）。Ⅱ中—OH 的 α-碳原子（C4）上质子的化学位移应在 3.6 附近，而 A 的 ^{1}H NMR 谱图中在此位置没有这两个质子的信号峰，只有—OH 上质子的振动峰，因此可排除Ⅱ。因此根据每组质子的化学位移推断 A 的构造式为Ⅰ。

7.3.3 ^{13}C 核磁共振谱

在鉴定复杂有机化合物结构方面，^{13}C 核磁共振谱（^{13}C NMR）比 ^{1}H 核磁共振谱具有更显著的优点。

^{13}C 与 ^{1}H 类似，也是磁性核（I=1/2）。但是 ^{13}C 的自然丰度仅为 1.1%，其磁矩也比 ^{1}H 小，因此，^{13}C 信号的灵敏度仅为 ^{1}H 的 1/5700。再加上 ^{1}H 与 ^{13}C 的偶合，使得信号更弱，^{13}C NMR 谱图也更加复杂。不过由于噪声去偶及脉冲傅里叶变换技术的成功运用，^{13}C NMR 谱的许多技术难题已经克服，^{13}C NMR 谱的应用已日趋普遍。

噪声去偶也称宽带去偶，是目前经常采用的一种去偶技术。测谱时，以一定频率范围的另一个射频场照射，使分子中所有 ^{1}H 核都处于饱和状态，这样可消除所有 ^{1}H 对 ^{13}C 的偶合，使每种碳原子都表现为单峰。在核数目相同的情况下，^{13}C 的信号强弱次序一般为伯碳原子>仲碳原子>叔碳原子>季碳原子。与 ^{1}H NMR 谱显著不同的是，^{13}C 信号通常出现在 δ 为 0～240（见表 7-11）的区域内，因此，很少出现谱峰重叠的现象。

表 7-11 常见碳原子的 ^{13}C NMR 化学位移

碳原子类型	化学位移 δ	碳原子类型	化学位移 δ
RCH_3	0～35	RCH_2Br	20～40
R_2CH_2	15～40	RCH_2Cl	25～50

续表

碳原子类型	化学位移 δ	碳原子类型	化学位移 δ
R_3**C**H	25～50	R**C**H_2NH_2	35～50
R_4**C**	30～40	R**C**H_2OH 和 R**C**H_2OR	50～65
R**C**≡CR	65～90	R**C**≡N	110～125
R_2**C**═CR_2	100～150	R**C**O_2H 和 R**C**O_2R	160～185
苯环碳	128.5	R**C**HO 和 R**C**OR	190～220

由于信号非常弱，一张清晰的 ^{13}C NMR 谱往往需要成百上千次扫描，即需要相当长的摄谱时间和相对稳定的射频场。脉冲傅里叶变换技术则采用脉冲射频场，使全部 ^{13}C 核同时被激发，并把多次脉冲所得的结果进行叠加，因此整个摄谱时间大大缩短。此外，偏共振去偶（仅保留 ^{13}C 与直接相连的 ^{1}H 的偶合，即甲基碳原子为四重峰，甲叉基碳原子为三重峰等）和无畸变极化转移增强（DEPT，让连有奇数 ^{1}H 的碳原子和连有偶数 ^{1}H 的碳原子分别出正峰和倒峰）等技术的采用，为利用 ^{13}C NMR 谱来推断被测试样的结构提供了更大的便利。图 7-28 为 2,2,4-三甲基戊-1,3-二醇的噪声去偶 ^{13}C NMR 谱，四种不同甲基的信号在 ^{1}H NMR 谱中虽然重叠在一起，但在 ^{13}C NMR 谱中则截然分开。

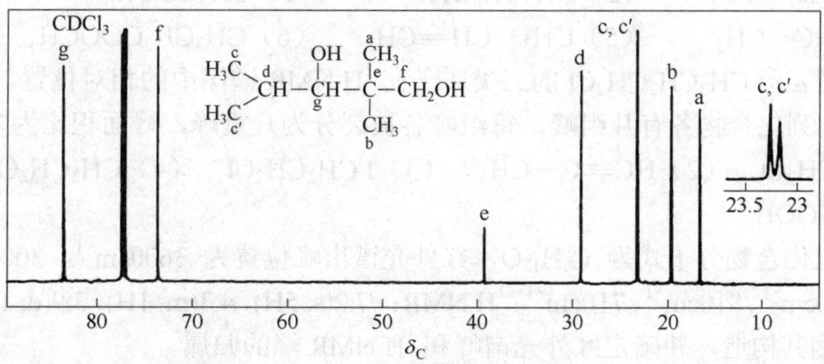

图 7-28　2,2,4-三甲基戊-1,3-二醇的噪声去偶 ^{13}C NMR 谱（$CDCl_3$，150.9MHz）

习题

1．分子中原子的振动方式有哪几种？什么样的振动才能吸收红外光从而产生红外光谱？

2．在红外光谱中，波数为 4000～1300cm^{-1} 区称为官能团区，波数为 1300～650cm^{-1} 区称为指纹区。这两个区在推断化合物结构时各起什么作用？

3．乙醇和乙二醇四氯化碳浓溶液的 IR 谱在 3350cm^{-1} 处都有一个宽的 O—H 吸收带。当用四氯化碳稀释这两种醇溶液时，乙二醇光谱的这个吸收带不变，而乙醇光谱的这个吸收带被 3600cm^{-1} 的一个尖峰替代。试解释此现象发生的原因。

4．下列四张 IR 图分别对应于苯、环己烷、氯仿和正己烷，请分别将它们归属。

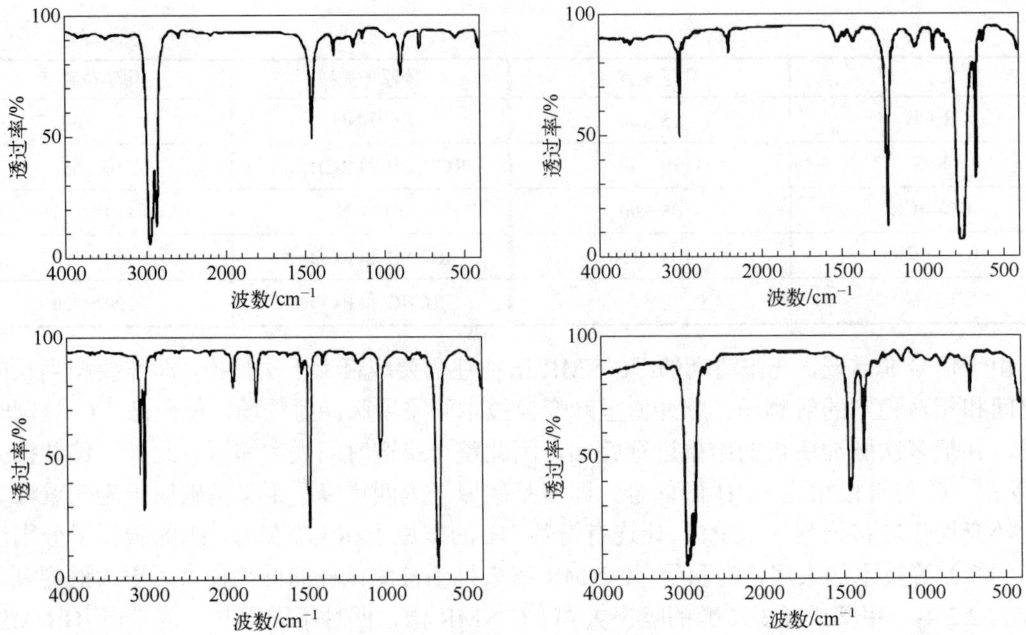

5．请将下列每个化合物的质子按化学位移值由大到小排列。

（1）$CH_3CH_2CH_2Cl$　　（2）CH_3CH_2OH　　（3）CH_3COOH

（4）$HC\equiv C-CH_3$　　（5）$CH_3-CH=CH_2$　　（6）$CH_3CH_2COOCH_3$

6．用草图表示 $CH_3CH_2CH_2Cl$ 的三类质子在 ^1H NMR 谱图中的相对位置，并简述理由。

7．说明下列化合物各有几组峰，每组峰各被裂分为几重峰，峰面积比为多少。

（1）CH_3CH_2Cl　（2）$HC\equiv C-CH_3$　（3）FCH_2CH_2Cl　（4）$CH_3CH_2COOCH_3$

（5）CH_3COOH

8．某有机化合物分子式为 $C_9H_{12}O$，红外光谱出峰位置为 3600cm^{-1}、3000～2850cm^{-1}、1500cm^{-1}、1480cm^{-1}、810cm^{-1}、710cm^{-1}。^1H NMR: δ7.2(s, 5H), 4.3(m, 1H), 3.9(d, 1H), 1.7(m,2H), 0.9(t,3H)。推测其构造，并确定红外光谱峰和 ^1H NMR 峰的归属。

9．丙烷和丙醇分别能发生什么电子跃迁？它们的跃迁吸收带分别处在什么区域？

10．将以下各化合物的紫外吸收最大吸收波长（λ_{max}）由大到小排列。

（1）$CH_2=CH_2$　　（2）$CH_2=CH-CH=CH-CH=CH_2$

（3）$CH_2=CH-CH=CH_2$　　（4）$C_6H_5-CH=CH-C_6H_5$

11．请解释什么是生色团，什么是助色团，并举例说明。

第 8 章

醇、酚和醚

课件

醇、酚、醚都是烃的含氧有机衍生物，含有相同的官能团——羟基（hydroxy，—OH），都可以看作是水分子中的氢原子被烃基取代后的衍生物；醇（alcohol）是水分子中的一个氢被脂肪烃基取代后的衍生物（R—OH），酚（phenol）是水分子中的一个氢被芳香烃基取代后的衍生物（Ar—OH），醚（ether）是水分子中的两个氢都被烃基取代后的衍生物（R—O—R′、Ar—O—Ar′或 Ar—O—R）。

Ⅰ 醇

8.1 醇的分类、命名和结构

8.1.1 醇的分类

根据分子中所含羟基的数目，醇分为一元醇和多元醇。二元及以上的醇称为多元醇。两个羟基连在同一碳原子上的化合物不稳定，这种结构会自发失水，生成结构稳定的醛、酮或者羧酸，故同碳二醇不存在。例如：

CH_3CH_2OH	H_2C-OH $\vert$ H_2C-OH	H_2C-OH $\vert$ $HC-OH$ $\vert$ H_2C-OH
乙醇(一元醇) ethanol	乙二醇(二元醇) ethylene glycol	丙三醇(三元醇) glycerol

根据分子中烃基的类别，醇分为脂肪醇（饱和醇、不饱和醇）、脂环醇和芳香醇。例如：

CH_3CH_2OH

乙醇(饱和醇)
ethanol

$CH_3CH{=}CHCH_2OH$

丁-2-烯-1-醇(不饱和醇)
butyl-2-ene-1-ol

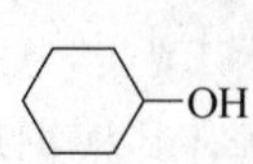

环己醇(脂环醇)
cyclohexanol

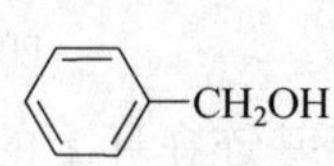

苯甲醇(芳香醇)
benzyl alcohol

根据羟基所连碳原子种类，醇分为一级醇（伯醇）、二级醇（仲醇）、三级醇（叔醇）。例如：

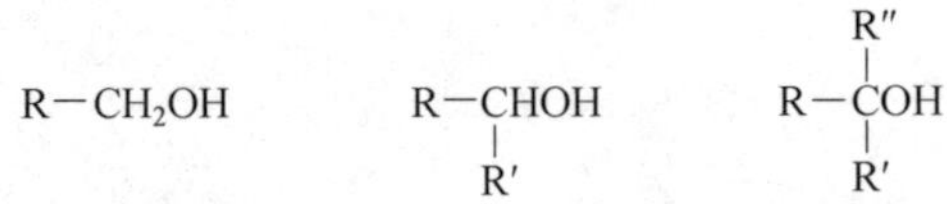

伯醇(1° 醇)　　仲醇(2° 醇)　　叔醇(3° 醇)

8.1.2 醇的命名

醇的结构和命名

(1) 习惯命名法

简单的醇可以按习惯命名法命名，即按照和羟基相连的烃基的名称后面加一“醇”字来命名 ，称为“某烃基醇”。用“正、异、新、叔、仲”等区分异构体。例如：

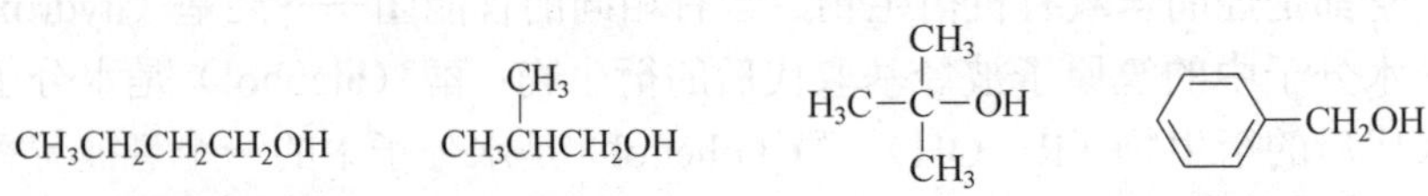

正丁醇	异丁醇	叔丁醇	苯甲醇(苄醇)
n-butyl alcohol	isobutyl alcohol	*t*-butyl alcohol	benzyl alcohol

(2) 衍生物命名法

以甲醇作为母体，把其他醇看作是甲醇的烃基衍生物来命名。对于含有多烃基的醇，衍生物命名法比较方便。例如：

$(C_2H_5)_3COH$	$(C_6H_5)_2CHOH$	$(C_6H_5)_3COH$
三乙基甲醇	二苯基甲醇	三苯基甲醇
triethylcarbinol	benzhydrol	triphenylcarbinol

(3) 系统命名法

结构复杂的醇用系统命名法命名。在没有比羟基优先的特性基团时，选择连有羟基的最长碳链作为主链，以醇为母体，从靠近连有羟基的碳原子一端开始编号，命名为“某醇”。支链的位次、名称及羟基的位次写在醇名称之前。例如：

4-甲基戊-2-醇	1-氯-5-甲基己-2-醇
4-methylpent-2-ol	1-chloro-5-methylhexe-2-ol

对于不饱和醇，选含羟基和重键（双键、三键）在内的最长碳链作为主链，编号时尽可能使羟基的位次最小，命名时要分别指出羟基和重键的位置。例如：

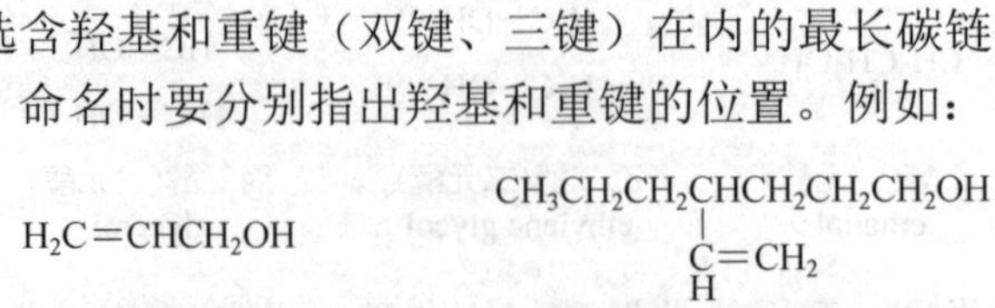

丙-2-烯-1-醇	4-正丙基己-5-烯-1-醇
propyl-2-ene-1-ol	4-n-propylhexe-5-ene-1-ol

对于羟基连在环上的脂环醇，其根据环上的碳原子的数目称为“环某醇”，如果环上还有其他取代基，则从羟基所连的碳原子开始对环进行编号，使取代基的位次尽可能小；如果羟基连在脂环醇和芳香醇的支链上，命名时把脂环基和芳基作为取代基。例如：

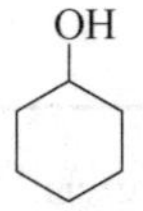

环己醇

cyclohexanol

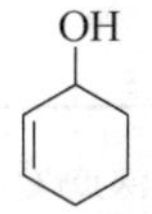

环己-2-烯-1-醇

cyclohexen-2-ene-1-ol

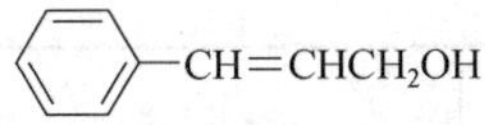

3-苯基丙-2-烯-1-醇

3-phenylpropyl-2-ene-1-ol

多元醇命名时，应选择含多个羟基的最长碳链作为主链，并把羟基的数目和位次放在醇名称之前。注意，有特定构型的醇还需标记构型。例如：

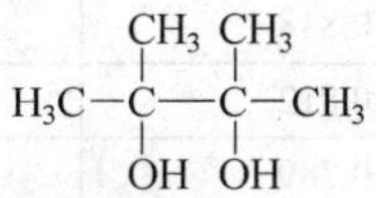

2,3-二甲基丁-2,3-二醇

2,3-dimethyl butyl-2,3-diol

cis-环戊-1,2-二醇

cis-cyclopentan-1,2-diol

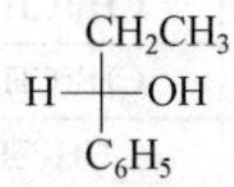

(*S*)-1-苯基丙-1-醇

(*S*)-1-phenyl propyl alcohol

8.1.3 醇的结构

醇的结构和水相似，其氧原子是 sp^3 杂化的。两对孤对电子分别占据两个 sp^3 杂化轨道，两个单电子杂化轨道分别与 C 和 H 形成两个 σ 键，H—O—C 键角接近 109°。例如，甲醇的结构可表示为：

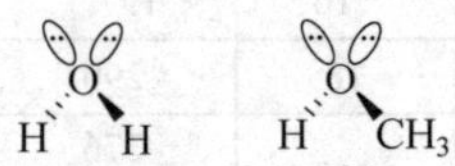

水　　甲醇

8.2 醇的物理性质与波谱特征

8.2.1 醇的物理性质

饱和的一元醇是无色的。常温常压下，C_1～C_5 的低级醇是易挥发的有刺激性气味的液体，C_6～C_{11} 的醇是黏度较大的液体，C_{12} 以上的醇常为蜡状固体。由于醇羟基是极性较强的基团，所以低级醇分子常被用作质子极性溶剂。一些常见醇的物理常数见表 8-1。

表 8-1　常见醇的物理常数

名称	结构简式	熔点/℃	沸点/℃	密度（20℃）/（g·cm^{-3}）	水中溶解度/（g·100g^{-1}）
甲醇	CH_3OH	−97	64	0.793	∞
乙醇	CH_3CH_2OH	−115	78.3	0.789	∞
正丙醇	$CH_3CH_2CH_2OH$	−126	97.2	0.804	∞
正丁醇	$CH_3CH_2CH_2CH_2OH$	−90	117.7	0.810	7.8
正戊醇	$CH_3(CH_2)_3CH_2OH$	−78	138	0.817	2.3
正己醇	$CH_3(CH_2)_4CH_2OH$	−52	156	0.819	0.6
正庚醇	$CH_3(CH_2)_5CH_2OH$	−34	176	0.822	0.2

续表

名称	结构简式	熔点/℃	沸点/℃	密度（20℃）/（g·cm^{-3}）	水中溶解度/（g·100g^{-1}）
正辛醇	$CH_3(CH_2)_6CH_2OH$	−15	195	0.825	0.052
正癸醇	$CH_3(CH_2)_8CH_2OH$	6	228	0.829	—
正十二醇	$CH_3(CH_2)_{10}CH_2OH$	24	257	0.831（在熔点时）	—
正十四醇	$CH_3(CH_2)_{12}CH_2OH$	38	160	0.824	—
正十六醇	$CH_3(CH_2)_{14}CH_2OH$	49	170	0.818	—
正十八醇	$CH_3(CH_2)_{16}CH_2OH$	58	210	0.812	不溶
异丙醇	$CH_3CHOHCH_3$	−88	82.5	0.789	∞
丁-2-醇	$CH_3CH_2CHOHCH_3$	−114	99	0.806	—
异戊醇	$(CH_3)_2CHCH_2CH_2OH$	−117	132	0.813	3
环戊醇	环-C_5H_9OH	—	140	0.949	微溶
环己醇	环-$C_6H_{11}OH$	24	161	0.962	3.8
烯丙醇	$CH_2{=}CHCH_2OH$	−129	97	0.855	∞
苯甲醇	$C_6H_5CH_2OH$	−15	205.3	1.046	—
二苯甲醇	$(C_6H_5)_2CHOH$	69	298	—	0.05
三苯甲醇	$(C_6H_5)_3COH$	162	380	1.199	—
乙二醇	CH_2OHCH_2OH	−16	197.3	1.113	∞
丙三醇	$HOCH_2CHOHCH_2OH$	18	290	1.261	∞
季戊四醇	$C(CH_2OH)_4$	260	276 (3999.6Pa)	1.050(15℃时)	—

（1）沸点

氧的电负性大于碳和氢的电负性，因此碳氧键、氢氧键都是极性键。一个醇分子羟基中的氧原子容易与另一个醇分子中的氢原子通过氢键的作用相互缔合。要将液态的醇转变为气态的醇，不仅要克服分子间的范德华力，还需要供给能量使氢键断裂，所以醇的沸点比相应的烷烃高得多。例如，甲醇的沸点比甲烷高 229℃，乙醇的沸点比乙烷高 167℃。随着碳链的增长，分子量增大，其沸点差距也越来越小，这是因为空间位阻作用使醇分子间形成氢键的能力下降。

（2）溶解度

醇分子中的氢键对溶解度也有很大的影响，含三个碳原子以下的脂肪醇和叔丁醇在 25℃以下可以与水混溶。正丁醇在水中的溶解度只有 8%左右，十二醇不溶于水。多元醇由于分子中羟基增多，与水形成氢键的能力增强，故与水混溶。例如，丙三醇有三个羟基，因此其与水混溶。

（3）密度

脂肪醇的密度大于相应的烷烃的密度，但比水的密度小。芳香醇的密度比水的密度大。

8.2.2 醇的波谱特性

（1）红外光谱

在醇的红外光谱（IR）中，主要有 C—O 及 O—H 两种化学键的特征伸缩振动吸收峰。—OH 有两个特征吸收峰，主要在 3650～3100cm^{-1} 区域。氢键未缔合的—OH 伸缩振动吸收峰的外形较尖锐，在 3650～3610cm^{-1} 区域呈现；氢键缔合的—OH 伸缩振动吸收峰的外形较宽，呈现在 3520～3100cm^{-1} 区域。

醇的 C—O 伸缩振动吸收峰一般在 1250～1030cm^{-1} 区域，一级醇出现在 1080～1030cm^{-1} 区域，二级醇在 1125～1100cm^{-1} 区域，三级醇在 1250～1150cm^{-1} 区域。例如，在图 8-1 的乙醇红外光谱中，3333cm^{-1} 为氢键缔合的—OH 伸缩振动吸收峰；1052cm^{-1} 为 C—O 伸缩振动吸收峰，这是一级醇的特征峰。

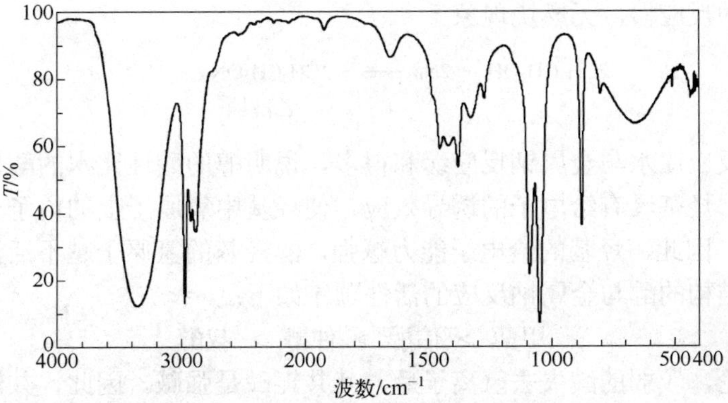

图 8-1　乙醇的红外光谱图（液膜法）

（2）核磁共振氢谱

在醇的核磁共振氢谱中，羟基的活泼氢（O—**H**）的化学位移一般出现在 0.5～5.5，由于氢键的存在，溶剂、温度、浓度对 O—**H** 的化学位移都有很大影响。加入重水，羟基峰消失。乙醇核磁共振氢谱见图 8-2。

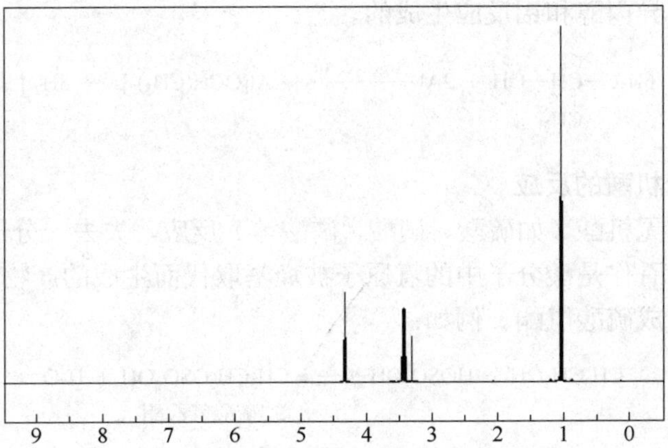

图 8-2　乙醇核磁共振氢谱

8.3　一元醇的化学性质

羟基是醇的官能团，醇的性质主要是通过羟基的性质反映出来的。O 的电负性较大，使得 C—O 键和 O—H 键都是极性键，容易断键，因此容易发生取代、消除、氧化等反应。

8.3.1 氢氧键断裂的反应

（1）醇羟基上氢的反应

醇和水结构相似，都含有羟基，具有极性共价键，也能和碱金属反应生成醇金属并放出氢气，可以利用反应中气体的生成来检验醇。例如，乙醇与金属钠反应，生成乙醇钠和氢气，但反应比钠与水的反应慢，无燃烧现象。

$$2CH_3CH_2OH + 2Na \longrightarrow \underset{\text{乙醇钠}}{2CH_3CH_2ONa} + H_2\uparrow$$

醇与金属钠反应比水与金属钠反应缓和得多，说明醇的酸性比水的酸性弱。醇羟基与富电子的烃基相连，烃基具有给电子的诱导效应，使羟基中氧原子上的电子云密度增加，降低了 O—H 的极性。因此，烃基的给电子能力越强，醇羟基的氢原子越不活泼，与金属钠的反应就越慢。不同结构的醇与金属钠反应的活性顺序如下：

甲醇 > 伯醇 > 仲醇 > 叔醇

根据酸碱理论，较弱的酸失去氢离子后，其共轭碱是强碱。因此，共轭碱烷氧基负离子的碱性顺序如下：

$$CH_3O^- < RCH_2O^- < R_2CHO^- < R_3CO^-$$

醇钠是比氢氧化钠更强的碱，遇水几乎完全水解。例如：

$$CH_3CH_2ONa + H_2O \rightleftharpoons CH_3CH_2OH + NaOH$$

其他活泼金属，如镁、铝等也能与醇反应生成相应的醇镁、醇铝。例如，异丙醇铝 $Al[OCH(CH_3)_2]_3$ 就是异丙醇和铝反应生成的。

$$6H_3C-\underset{\substack{|\\CH_3}}{CH}-OH + 2Al \xrightarrow{HgCl_2\text{或}AlCl_3} Al[OCH(CH_3)_2]_3 + 3H_2\uparrow$$

（2）醇与含氧无机酸的反应

醇可以与含氧的无机酸（如硫酸、硝酸、磷酸等）反应，失去一分子水，得到无机酸酯。从组成上看，酯可以看作是酸分子中的氢原子被烃基取代而生成的产物。

醇与硫酸反应生成硫酸氢酯。例如：

$$CH_3CH_2OH + HOSO_2OH \longrightarrow \underset{\text{硫酸氢乙酯}}{CH_3CH_2OSO_2OH} + H_2O$$

硫酸氢乙酯是酸性酯，可以和碱作用生成盐。硫酸氢乙酯在减压条件下蒸馏，可以得到硫酸二乙酯。

$$2CH_3CH_2OSO_2OH \xrightarrow{\text{减压蒸馏}} \underset{\text{硫酸二乙酯}}{CH_3CH_2OSO_2OCH_2CH_3} + H_2SO_4$$

硫酸二乙酯是有机合成中常用的乙基化试剂，有毒，使用时应注意安全。

醇与浓硝酸或发烟硝酸反应生成硝酸酯。例如：

$$CH_3OH + HONO_2 \longrightarrow \underset{\text{硝酸甲酯}}{CH_3ONO_2} + H_2O$$

最重要的硝酸酯是甘油三硝酸酯（硝化甘油）。这是一种烈性炸药，也可以用作冠状动脉扩张药来治疗心绞痛，是冠心病患者的急救药物之一。

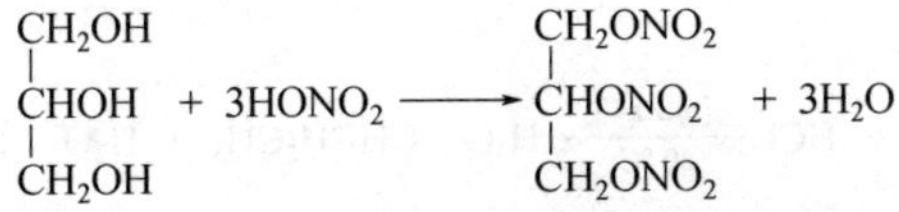

甘油三硝酸酯

醇也能与磷酸或者三氯氧磷反应生成磷酸酯。例如：

$$3n\text{-}C_4H_9OH + POCl_3 \longrightarrow (n\text{-}C_4H_9O)_3PO + 3HCl$$

磷酸三丁酯

磷酸酯在工业上的用途也很广泛，常被用作增塑剂、消泡剂、阻燃剂。磷酸三丁酯也被用于制取农药。

醇不仅能与无机酸反应生成无机酸酯，也能与有机酸作用生成有机酸酯（参见羧酸及其衍生物章节）。

8.3.2 碳氧键断裂的反应

醇和氢卤酸的反应

(1) 醇与氢卤酸的反应

醇与氢卤酸（HCl、HBr 或 HI）反应，醇羟基被卤素取代生成相应的卤代烃，这是制备卤代烃的方法之一。

$$ROH + HX \rightleftharpoons RX + H_2O$$

其反应速率与氢卤酸的种类和醇的结构都有关系。对于同一种醇来说，不同种类的氢卤酸的反应活性顺序如下：

$$HI > HBr > HCl > HF$$

对于相同的氢卤酸来说，不同结构的醇的反应活性顺序如下：

烯丙基醇或苄基醇 ＞ 叔醇 ＞ 仲醇 ＞ 伯醇 ＞ 甲醇

例如：

$$CH_3CH_2CH_2CH_2OH \xrightarrow[\triangle]{HI} CH_3CH_2CH_2CH_2I$$

$$CH_3CH_2CH_2CH_2OH \xrightarrow[\text{或}NaBr + H_2SO_4,\ \triangle]{HBr,\ H_2SO_4} CH_3CH_2CH_2CH_2Br$$

$$CH_3CH_2CH_2CH_2OH \xrightarrow[\triangle]{HCl,\ ZnCl_2} CH_3CH_2CH_2CH_2Cl$$

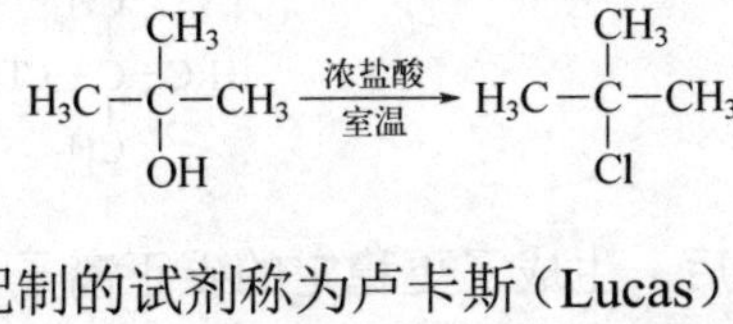

将浓盐酸与无水氯化锌配制的试剂称为卢卡斯（Lucas）试剂。在室温下，低级一元醇（C_6以下）与卢卡斯试剂作用，根据反应速率不同，可以鉴别伯醇、仲醇和叔醇。当醇的β-C 上有双键等不饱和键时，与氢卤酸反应过程中形成稳定的烯丙型碳正离子，更容易进行反应，所以可以用卢卡斯试剂进行鉴别。

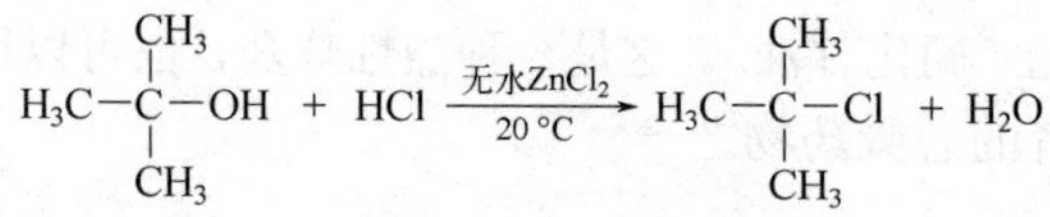

叔丁醇　　立即浑浊

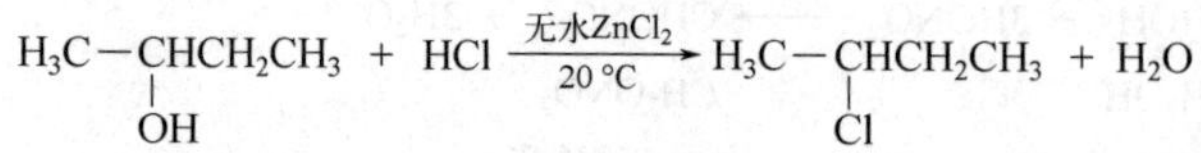

仲丁醇　　放置几分钟后浑浊

$$CH_3CH_2CH_2CH_2OH + HCl \xrightarrow[20\ ^{\circ}C]{无水ZnCl_2} 无反应$$

伯丁醇

醇和氢卤酸的反应机理主要是酸催化下的亲核取代反应。大多数伯醇是按照 S_N2 历程进行的，仲醇和叔醇主要是按照 S_N1 历程进行的。

① S_N2 机理：

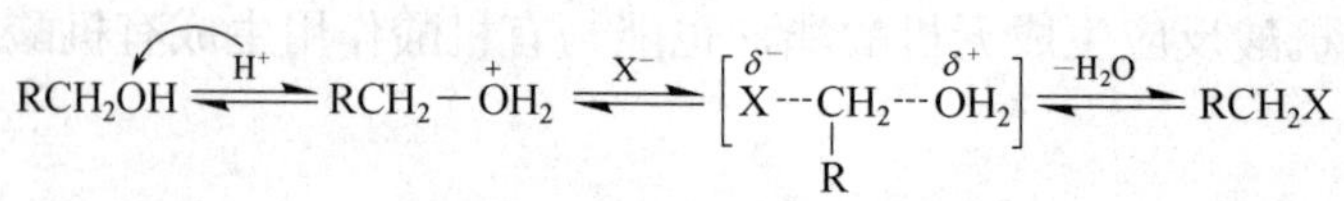

质子化的醇羟基是很好的离去基团，受到亲核试剂卤原子的作用而离去，此反应是一步完成的，没有重排产物。

② S_N1 机理：

$$R_3COH \xrightleftharpoons{H^+} R_3C-\overset{+}{O}H_2 \xrightleftharpoons{-H_2O} R_3C^+ \xrightleftharpoons{X^-} R_3CX$$

生成质子化的羟基后，先脱去一分子的水，形成较稳定的仲碳正离子或叔碳正离子，然后碳正离子和卤负离子结合生成卤代烃。因为有碳正离子的生成，所以伴随有重排产物。例如：

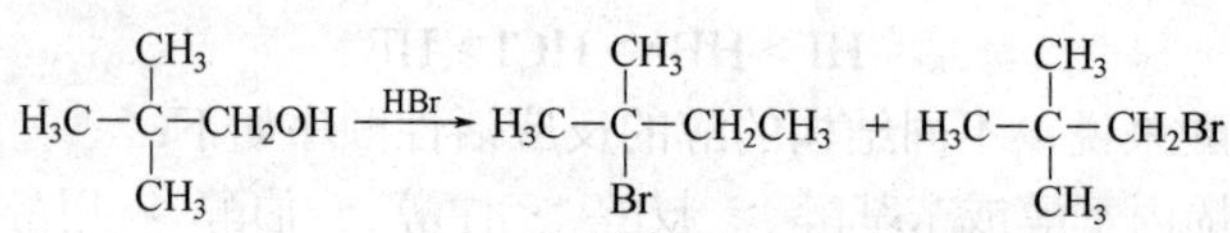

(主要产物)

其反应机理如下：

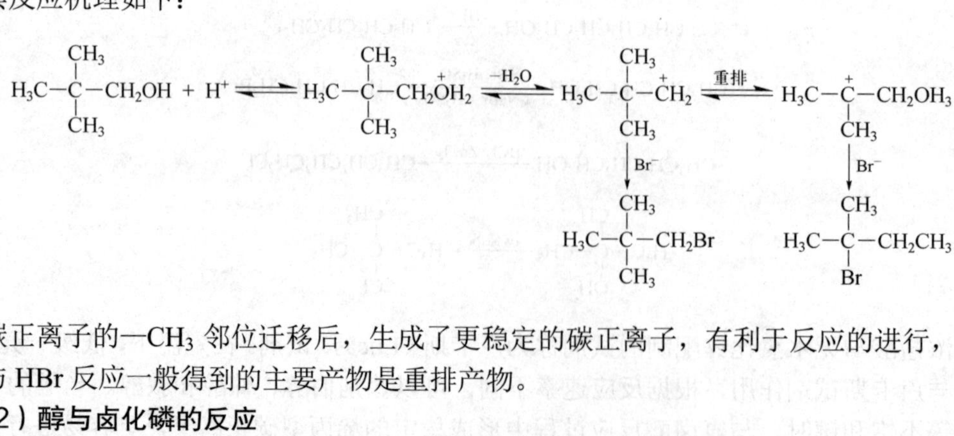

碳正离子的—CH_3 邻位迁移后，生成了更稳定的碳正离子，有利于反应的进行，所以新戊醇与 HBr 反应一般得到的主要产物是重排产物。

(2) 醇与卤化磷的反应

醇与三卤化磷反应，可以得到卤代烃而不发生重排。

$$3ROH + PX_3 \longrightarrow 3RX + P(OH)_3$$

一般用该方法制备溴代烃或碘代烃。在实际操作中，常用赤磷与溴或碘代替三卤化磷。氯代烃常用五氯化磷与醇反应制备：

$$CH_3CH_2OH + PCl_5 \longrightarrow CH_3CH_2Cl + HCl + POCl_3$$

醇与亚硫酰氯反应生成的产物产率较高，且生成的两种副产物 SO_2 和 HCl 都是气体，便于分离纯化。

$$ROH + SOCl_2 \longrightarrow RCl + HCl\uparrow + SO_2\uparrow$$

（3）醇的脱水反应

醇在不同的反应条件下，可以发生分子内脱水得到烯烃以及分子间脱水生成醚。反应温度对脱水反应的产物有很大的影响。例如：

$$CH_3CH_2OH \xrightarrow[170\ ^\circ C]{浓H_2SO_4} H_2C=CH_2 + H_2O$$

$$2CH_3CH_2OH \xrightarrow[140\ ^\circ C]{浓H_2SO_4} CH_3CH_2OCH_2CH_3 + H_2O$$

可见，低温有利于发生亲核取代反应而生成醚，高温有利于发生消除反应生成烯烃。

不同结构的醇发生分子内脱水生成烯烃的难易程度也有差别。例如：

$$CH_3CH_2OH \xrightarrow[170\ ^\circ C]{95\%\ H_2SO_4} H_2C=CH_2$$

$$CH_3CH_2CH_2CH_2OH \xrightarrow[140\ ^\circ C]{75\%\ H_2SO_4} CH_3CH=CHCH_3$$

丁-2-烯(but-2-ene)

(主要产物)

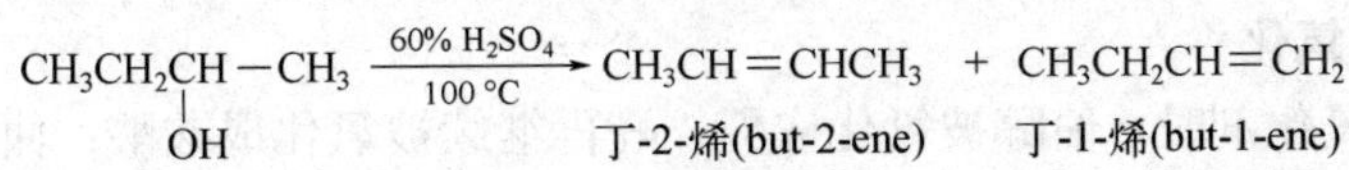

丁-2-烯(but-2-ene)　　丁-1-烯(but-1-ene)

(主要产物)　　(少量)

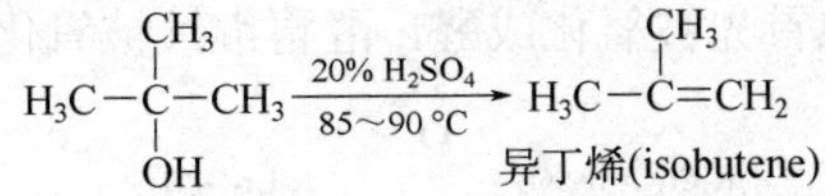

异丁烯(isobutene)

由此可知，不同结构的醇脱水生成烯烃的难易顺序为叔醇>仲醇>伯醇，且醇在酸存在下的脱水反应一般按照 S_N1 机理进行，有重排产物生成。脱水取向遵守 Zaitsev 规则，主要生成碳碳双键上烃基较多的比较稳定的烯烃。例如：

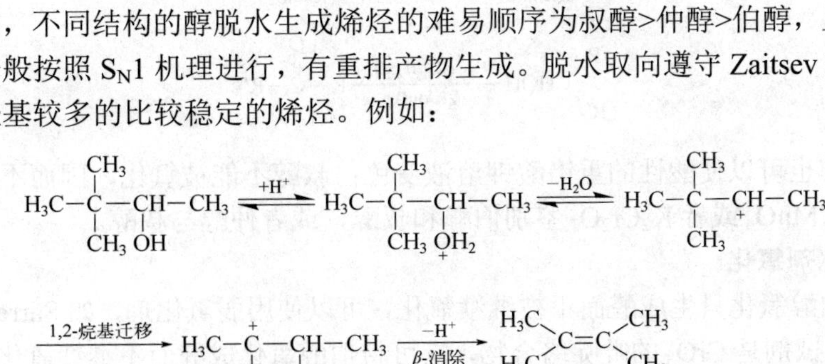

3° 碳正离子(更稳定)　　(主要产物)

如果脱水后能形成共轭体系，则优先形成共轭体系产物。例如：

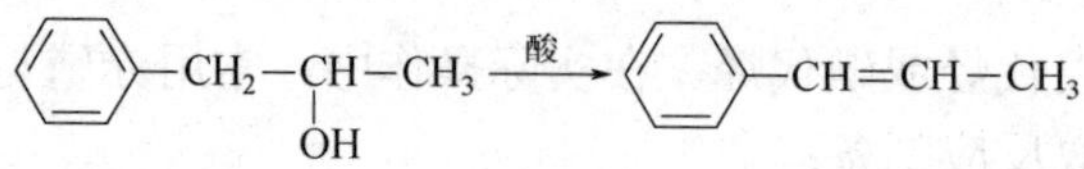

在酸催化以及相对分子内脱水较低的温度下，伯醇可以发生分子间脱水，生成醚。反应按照 S_N2 历程进行。例如：

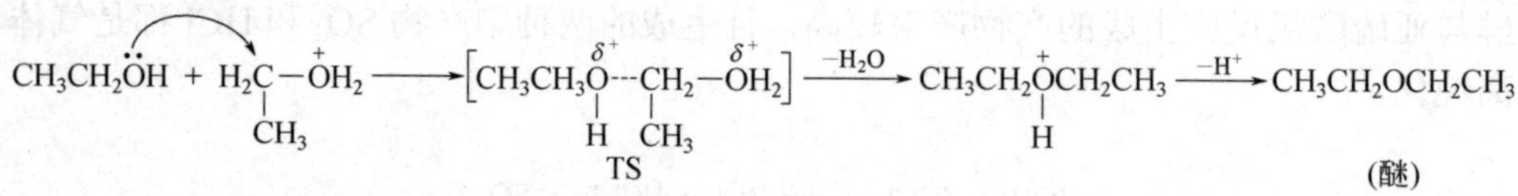

醇的两种脱水反应都是在酸的存在下进行的，二者是并存且相互竞争的反应。在较低温度下有利于发生分子间脱水，在高温下有利于发生分子内脱水。一般来说，叔醇和仲醇易于发生分子内脱水，伯醇易于发生分子间脱水。

8.3.3 氧化反应和脱氢反应

伯醇和仲醇分子中，与羟基直接相连的碳原子上的氢原子，因受到羟基的影响，比较活泼，易被氧化。叔醇与羟基相连的碳原子上没有氢原子，一般情况下不易被氧化。

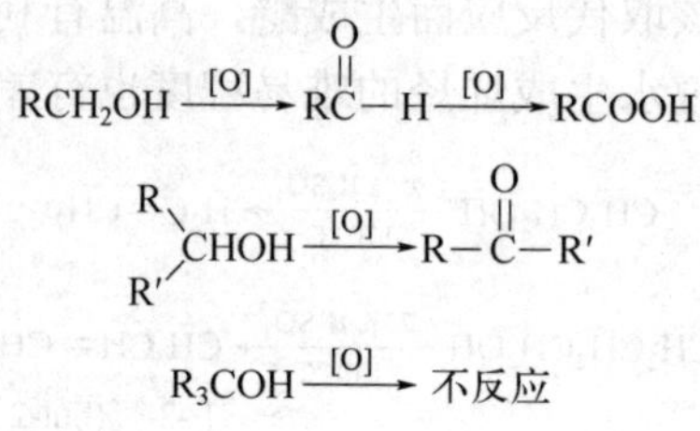

常用的氧化剂有 $KMnO_4$、MnO_2、$K_2Cr_2O_7/H_2SO_4$、CrO_3 和 $CrO_3/HOAc$ 等。

（1）强氧化剂氧化

以 $KMnO_4$ 为氧化剂时，伯醇被氧化成醛，醛再继续被氧化成羧酸；仲醇被氧化成酮。如果醇中有不饱和键，则不饱和键会断开，使高锰酸钾溶液褪色。同样，以 $K_2Cr_2O_7/H_2SO_4$ 或者 $CrO_3/HOAc$ 为氧化剂，伯醇也首先被氧化成醛，醛再继续被氧化成羧酸；仲醇被氧化成酮。

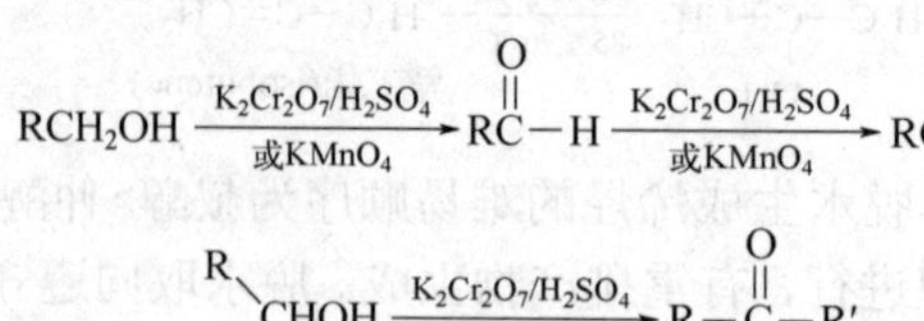

伯醇或仲醇也可以使酸性的重铬酸钾溶液变色；叔醇不能被氧化，因而不能使其变色。因此，可以用 $KMnO_4$ 或者 $K_2Cr_2O_7$ 鉴别伯醇和叔醇，或者仲醇与叔醇。

（2）弱氧化剂氧化

如果想要伯醇氧化只生成醛而不被继续氧化，可以使用弱氧化剂，如 Sarrett 试剂、Jones 试剂等。Sarrett 试剂是 CrO_3 的吡啶络合物，它可将伯醇氧化成醛而不继续氧化成羧酸；它也可将仲醇氧化成酮，同时分子中 C═C 等不饱和键不受影响。例如：

$$CH_3(CH_2)_6CH_2OH \xrightarrow[CH_2Cl_2,\ 25\ ^\circ C]{CrO_3,\ 吡啶} CH_3(CH_2)_6CHO$$

$$CH_2{=}CH-CH_2OH \xrightarrow[CH_2Cl_2,\ 25\ ^\circ C]{CrO_3,\ 吡啶} CH_2{=}CH-CHO$$

在异丙醇铝的存在下，仲醇与丙酮作用，仲醇被氧化成酮，丙酮被还原成醇，同时分子中 C═C 等不饱和键不受影响，该反应称为欧芬脑尔（Oppenauer）氧化反应。例如：

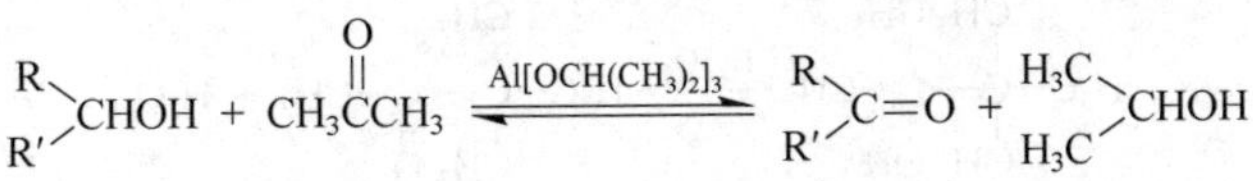

（3）催化脱氢

在催化剂活性铜条件下，伯醇、仲醇的羟基上的氢原子和邻位碳原子上的氢原子一起脱去，得到相应的醛、酮的反应称为醇的催化脱氢反应。

$$RCH_2OH \underset{300\ ^\circ C}{\overset{Cu}{\rightleftharpoons}} RCHO + H_2$$

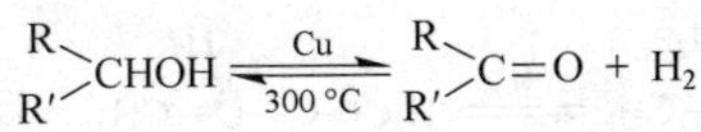

8.4 多元醇的特殊反应

多元醇可以分为二元醇、三元醇、四元醇等，由于含有多个羟基，可以形成多个氢键，所以其沸点和溶解度都比分子量相近的一元醇高。多元醇的化学性质大部分都与饱和一元醇类似，能发生一元醇的所有反应。但是由于分子内羟基的相互影响，多元醇还存在某些特殊的化学性质。

8.4.1 高碘酸或四醋酸铅氧化反应

邻二醇的两个羟基连在相邻的碳原子上，当邻二醇被高碘酸氧化时，羟基的两个碳原子的 C—C 键断裂而生成醛、酮或羧酸等羰基化合物。

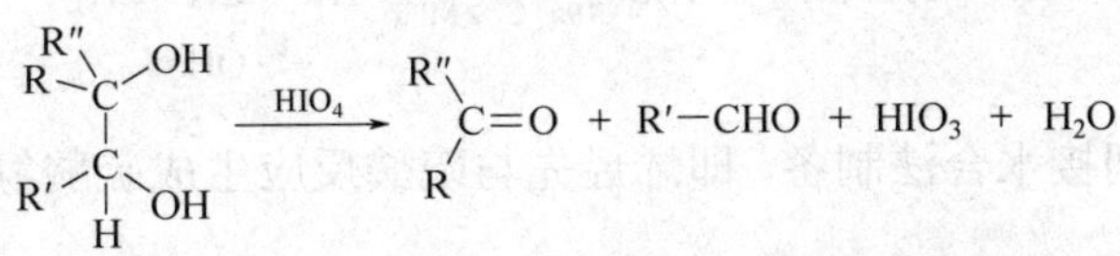

此反应是定量进行的，可以用来鉴定 1,2-二醇的含量。反应中 HIO_4 被还原成 HIO_3，若加入 $AgNO_3$，则会有 $AgIO_3$ 白色沉淀生成，由此可以判断是否发生了氧化反应。

1,3-二醇和 1,4-二醇则不发生该反应。

四醋酸铅在冰醋酸溶液中也可以氧化邻二醇，生成羰基化合物。例如：

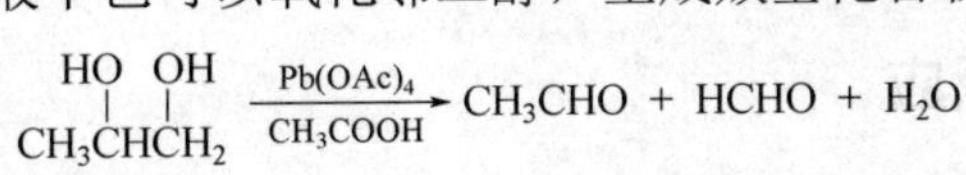

8.4.2 邻二叔醇的频哪醇重排

邻二叔醇在酸催化下，可以脱水生成频哪酮。在反应中由于烃基的转移，碳架发生了变化，因此此反应称为频哪醇重排反应。频哪醇重排反应可以制备特殊结构的酮。例如：

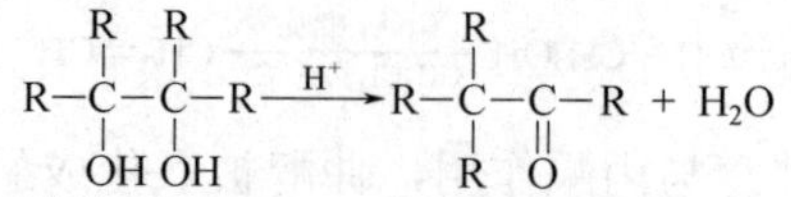

频哪醇 (pinacol)　　频哪酮 (pinacolone)

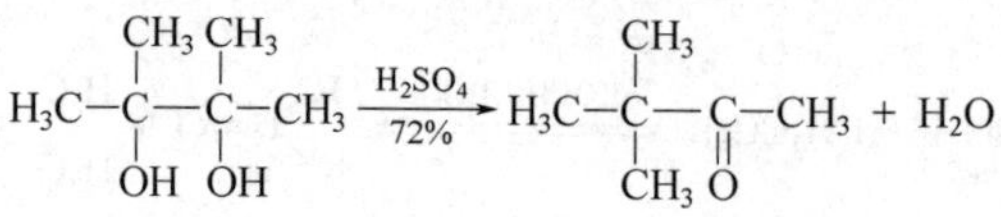

其反应机理如下：

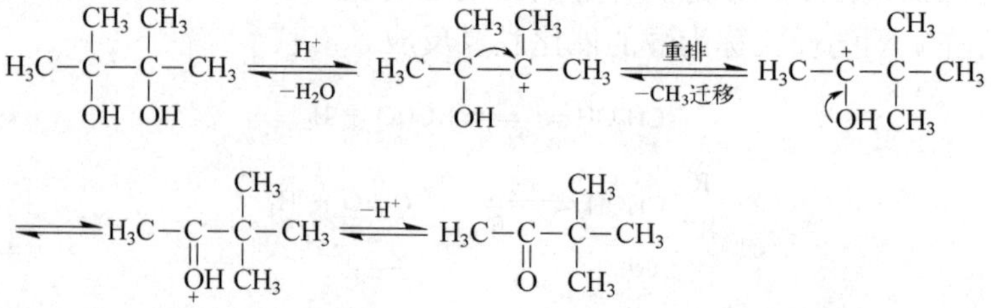

除了甲基迁移外，苯环也能迁移发生重排，重排的动力是能够生成更稳定的碳正离子。

8.5 醇的制备

8.5.1 烯烃水合法

简单的醇，如乙醇、异丙醇等，可以在酸催化下，通过直接水合制备。例如：

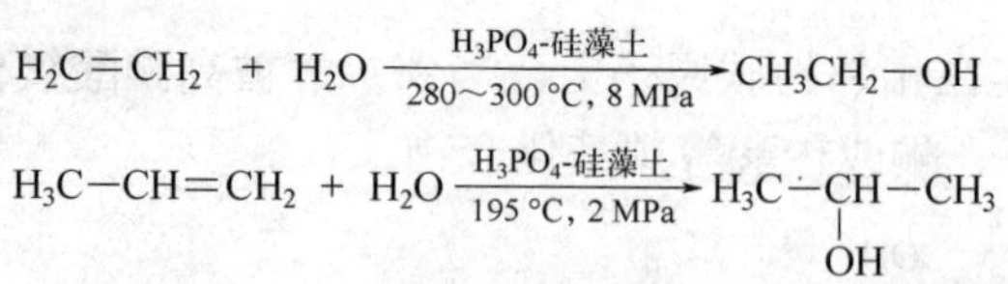

醇也可以用烯烃间接水合法制备，即烯烃先与硫酸反应生成硫酸氢酯，然后水解得到醇。例如：

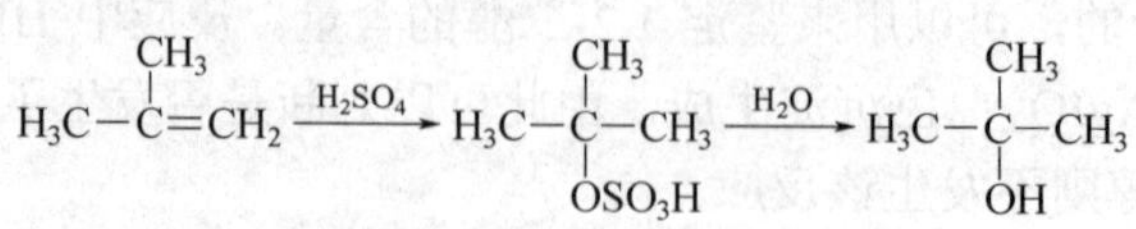

8.5.2 硼氢化-氧化反应

烯烃硼氢化-氧化反应是实验室制备伯醇的方法，该反应最大的特点是有高度的立体选择性，符合反马氏规则，没有重排产物。例如：

$$3\,R-CH=CH_2 \xrightarrow{B_2H_6} (RCH_2CH_2)_3B \xrightarrow[NaOH]{H_2O_2} 3\,RCH_2CH_2OH$$

8.5.3 卤代烃水解

卤代烃在碱性条件下水解可以得到醇，但此方法有较大的局限性，一方面醇比卤代烃更容易得到，另一方面卤代烃水解时，伴随有消除反应的竞争，产生烯烃。所以只有在相应的卤代烃容易得到，水解不存在消除反应竞争时，才用此方法。例如：

$$H_2C{=}CHCH_2Cl + H_2O \xrightarrow{Na_2CO_3} H_2C{=}CHCH_2OH + HCl$$

8.5.4 格氏试剂与醛、酮的反应

格氏试剂与不同的醛、酮作用，水解后分别得到碳链增长的伯醇、仲醇和叔醇。格氏试剂和甲醛反应得到多一个碳的伯醇，和其他醛反应得到仲醇，和酮反应得到叔醇。例如：

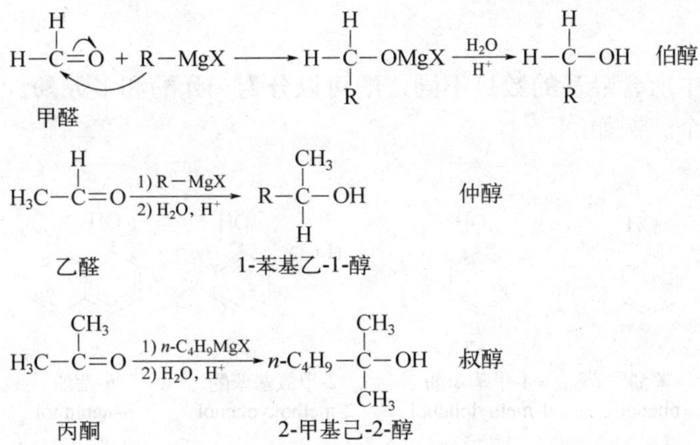

格氏试剂和环氧乙烷反应，可以生成比格氏试剂多两个碳原子的伯醇，这是增长碳链的方法之一。例如：

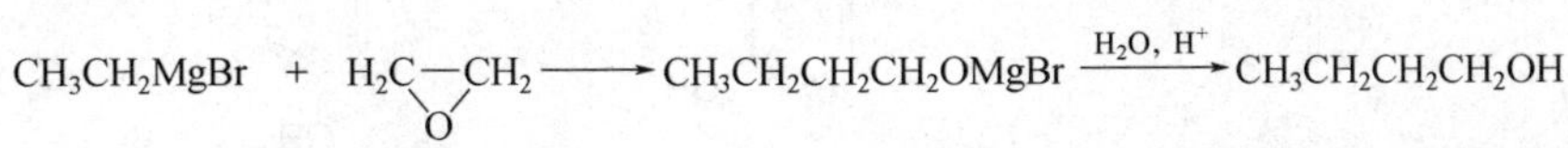

8.5.5 醛、酮、羧酸及羧酸酯的还原

醛、酮、羧酸及羧酸酯分子中都含有羰基，可以用催化氢化或在金属氢化物等的作用下还原。醛和羧酸还原得到伯醇，酮还原得到仲醇。

醛、酮和羧酸酯催化氢化常用 Pt、Ni 等催化剂，如若分子中有其他不饱和键，则一般会同时被还原。羧酸一般不易被催化氢化。例如：

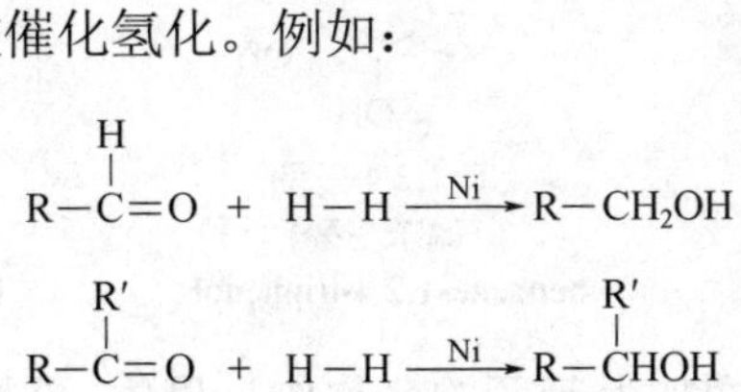

金属氢化物常用的有 $LiAlH_4$、$NaBH_4$ 等化学还原剂。$LiAlH_4$ 能还原羧酸，而 $NaBH_4$ 和

一般的还原剂不能使羧酸还原。如果分子中有不饱和基团，则一般不会被还原。例如：

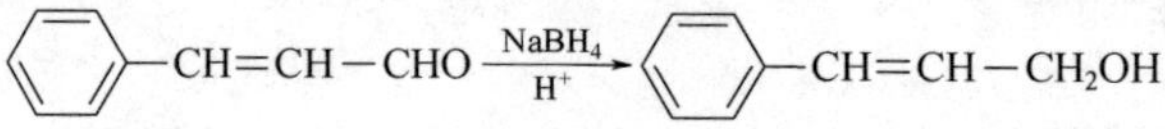

Ⅱ 酚

羟基直接连在芳环上的化合物称为酚（phenol），其通式为 ArOH。它与醇在结构上的区别就是所含的羟基是否直接与芳环相连接。

8.6 酚的分类和命名

根据酚类分子中所含羟基的数目不同，酚可以分为一元酚和多元酚。苯酚是酚类中最简单也是最重要的一个。例如：

一元酚：

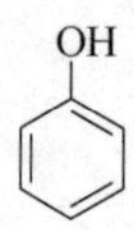

苯酚
phenol

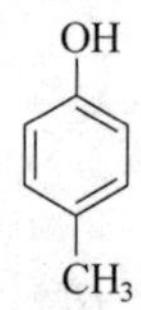

4-甲基苯酚
4-methylphenol

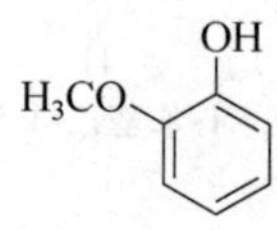

2-甲氧基苯酚
2-methoxyphenol

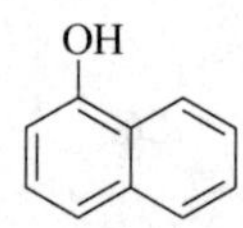

α-萘酚
α-naphthol

二元酚：

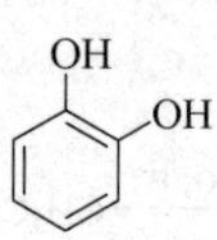

苯-1,2-二酚
(邻苯二酚)
o-dihydroxybenzene

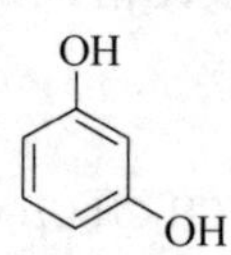

苯-1,3-二酚
(间苯二酚)
m-dihydroxybenzene

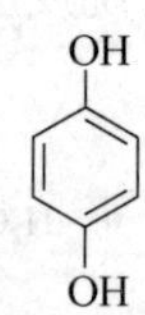

苯-1,4-二酚
(对苯二酚)
p-dihydroxybenzene

三元酚：

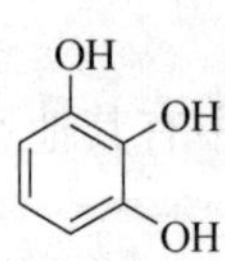

苯-1,2,3-三酚
(连苯三酚)
benzene-1,2,3-triphenol

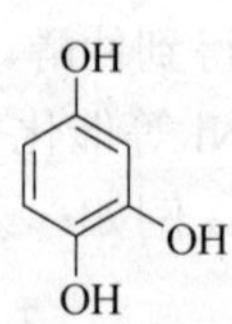

苯-1,2,4-三酚
(偏苯三酚)
benzene-1,2,4-triphenol

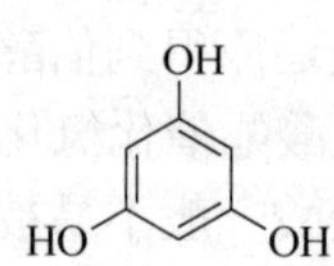

苯-1,3,5-三酚
(均苯三酚)
benzene-1,3,5-triphenol

酚的命名一般是在酚字前面加上芳环的名称作为母体，再加上其他取代基的名称和位次。特殊情况下，也可以按次序规则把羟基看作取代基来命名。例如：

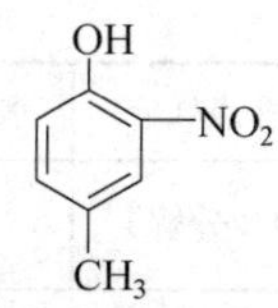

4-甲基-2-硝基苯酚
4-methyl-2-nitrophenol

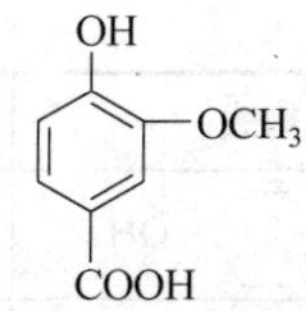

4-羟基-3-甲氧基苯甲酸
4-hydroxy-3-methoxybenzoic acid

对于羟基直接连在稠环上的化合物，命名规则与苯酚类的相似。

8.7 酚的物理性质与波谱特征

8.7.1 酚的物理性质

大多数酚类化合物一般没有颜色，在室温下为固体。久置的酚呈红色或棕色，是由于其被氧化成醌。酚分子间以及酚与水分子间可以形成氢键，所以酚类的熔点、沸点和水溶性均比分子量相近的芳烃、卤代芳烃高。酚能溶于乙醇、乙醚、苯等有机溶剂，微溶于水，随着分子中羟基数目的增多，水溶性增大。一些常见酚的物理常数见表 8-2。

表 8-2 常见酚的物理常数

名称	结构式	熔点/℃	沸点/℃	水中溶解度/($g\cdot 100g^{-1}$)	pK_a
苯酚	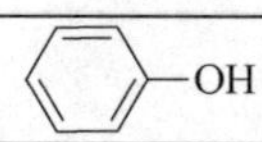	43	181	9.3	9.98
邻甲苯酚	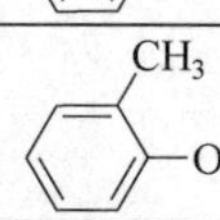	30	191	2.5	10.28
间甲苯酚	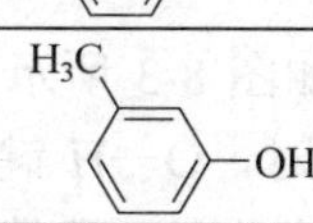	11	201	2.5	10.08
对甲苯酚	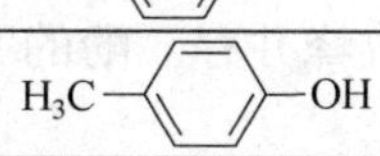	35.5	201	2.3	10.14
邻氯苯酚	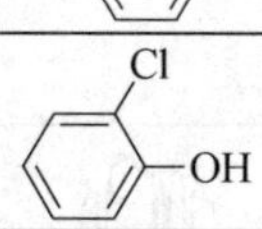	8	176	2.8	8.48
间氯苯酚	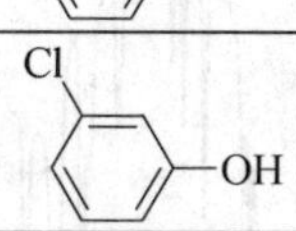	29	214	2.6	9.02
对氯苯酚	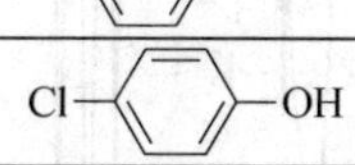	37	217	2.8	9.38
邻硝基苯酚	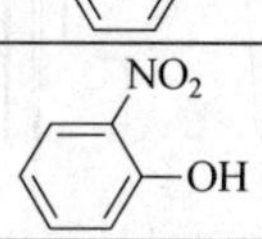	44.5	214	0.2	7.23
间硝基苯酚	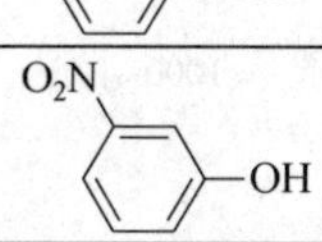	96	分解	1.4	8.40

续表

名称	结构式	熔点/℃	沸点/℃	水中溶解度/(g·100g^{-1})	pK_a
对硝基苯酚	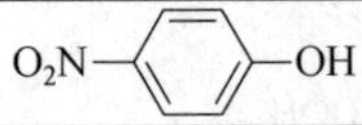	114	279（分解）	1.7	7.15
2,4-二硝基苯酚	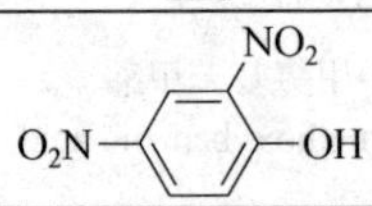	113	分解	0.56	4.00
2,4,6-三硝基苯酚	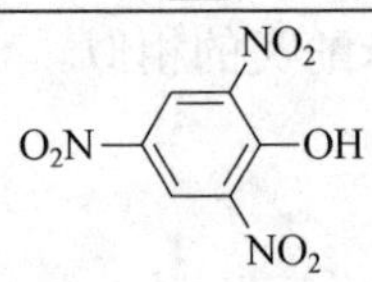	122	分解（300℃爆炸）	1.4	0.71
邻苯二酚	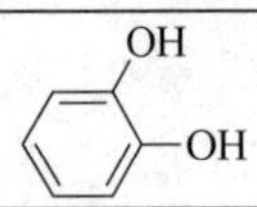	105	245	45	9.48
间苯二酚	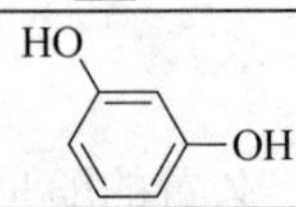	110	281	123	9.44
对苯二酚	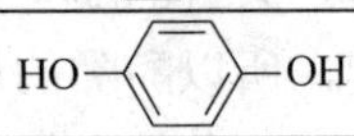	170	286	123	9.44
α-萘酚	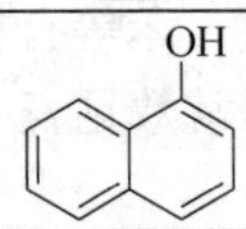	94	279	难溶	9.31
β-萘酚	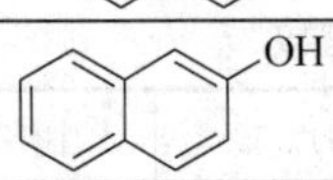	123	286	0.1	9.55

8.7.2 酚的波谱特性

（1）红外光谱

酚的红外光谱与醇的类似，有羟基的特征吸收峰。如图 8-3 所示，酚的 O—H 键伸缩振动吸收峰在 3610～3603cm^{-1} 处，峰形尖锐。酚羟基缔合时，O—H 键的伸缩振动吸收峰移向 3500～3200cm^{-1} 处，峰形较宽。多数情况下，两个吸收峰并存。酚的 C—O 键伸缩振动吸收峰在 1300～1200cm^{-1} 处，为宽而强的吸收峰。

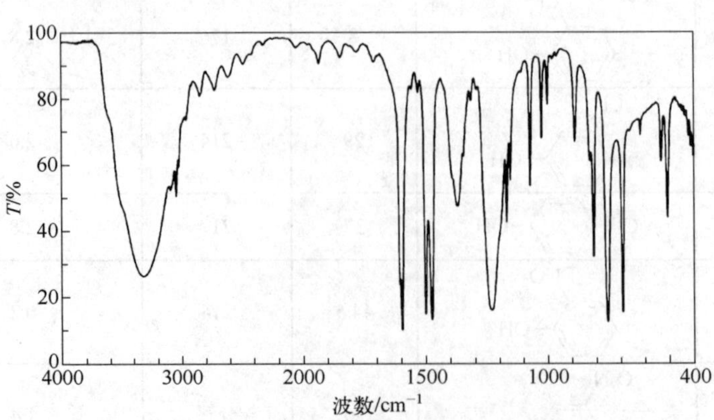

图 8-3 酚的红外光谱图

（2）核磁共振氢谱

酚羟基质子的化学位移受温度、浓度、溶剂的影响很大，一般为 4～8。

8.8 酚的化学性质

酚的化学性质

酚中官能团羟基直接连在芳环上，酚中 O 为 sp^2 杂化，和醇中氧的杂化状态不同。酚中氧原子没有参加杂化的 p 轨道和苯环大 π 键相互平行，形成 p-π 共轭体系。酚中 p-π 共轭体系的存在，导致酚的性质跟醇有不同之处。酚的反应既可以在羟基上发生，也可以在芳环上发生。

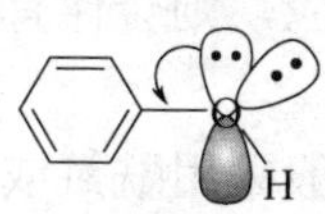

苯酚的p-π共轭

8.8.1 酚羟基的反应

（1）酸性

酚的酸性比醇强，它能溶于氢氧化钠溶液生成钠盐，而醇不能。

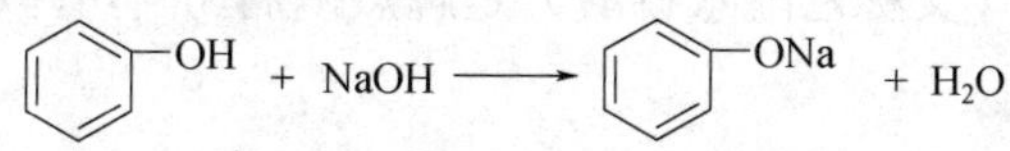

大多数酚的 pK_a 都在 10 左右，比碳酸弱。将 CO_2 通入酚钠盐的水溶液中，可以使酚重新游离出来。利用该反应可以分离、提纯酚。工业上常利用苯酚能溶于碱，而又可用酸将其游离出来的性质来处理和回收含酚废水。

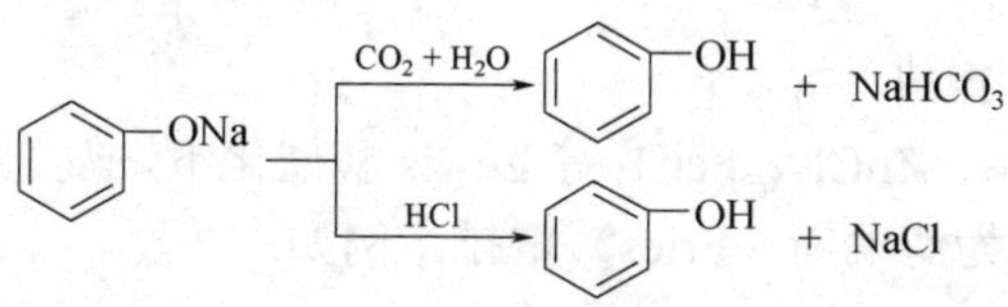

酚具有酸性是因为酚羟基中氧原子上的孤对电子与苯环大 π 键的 p-π 共轭效应使 O—H 键极化程度加大，容易解离出质子。更重要的原因是氢以质子形式离去后生成酚氧负离子，负电荷通过离域分散到整个共轭体系中，使其比酚更稳定。

酚芳环上的有不同取代基会影响酚的酸性。当苯环上连有吸电子基（如硝基）时，有利于 O—H 键减弱，质子易离去；生成的酚氧负离子也受吸电子基的影响，吸电子基使负电荷更好地离域，从而让酚氧负离子更稳定，所以酸性增强。特别是当吸电子基在羟基的邻位或对位时，影响更大。反之，当苯环上存在给电子基（如烷基）时，酚的酸性将减弱。例如：

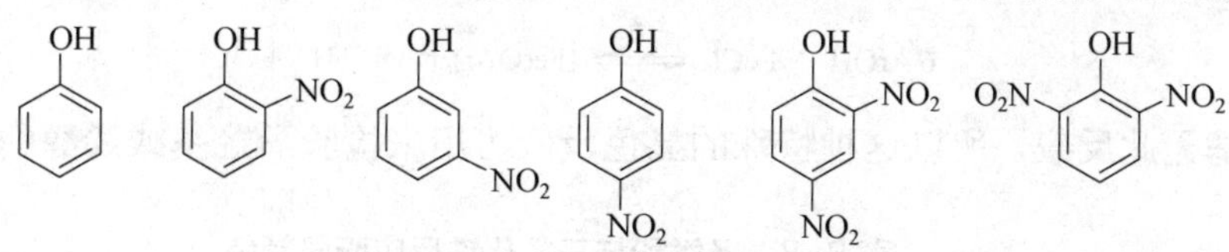

pK_a	9.98	7.23	8.40	7.15	4.00	0.17

（2）醚的生成

酚羟基氧上的 p 轨道与苯环的大 π 键形成 p-π 共轭，使碳氧键不容易断裂，因而酚羟基不能发生分子间脱水反应。通常是通过酚金属盐在碱性条件下与卤代烃作用制备醚，这一反应也称为威廉姆森（Williamson）合成反应。也常用硫酸二甲酯作烷基化试剂制备芳醚，硫酸二甲酯有剧毒，对皮肤、眼睛有刺激性，实验操作必须在通风橱中进行。例如：

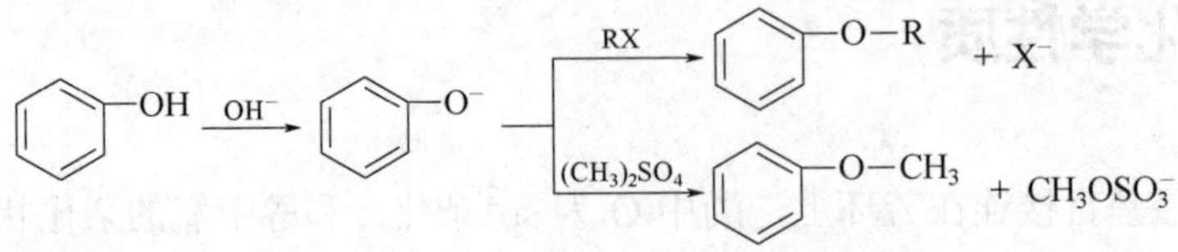

该反应机理主要是按照 S_N2 亲核取代历程进行，亲核试剂是苯氧负离子，卤代烃一般用伯卤代烃，若与仲卤代烃或叔卤代烃反应，则会伴有消除产物的生成。

（3）酯的生成

酚也可以生成酯，但比醇困难。一般采用酰氯或酸酐与酚或酚盐作用生成酚酯。例如：

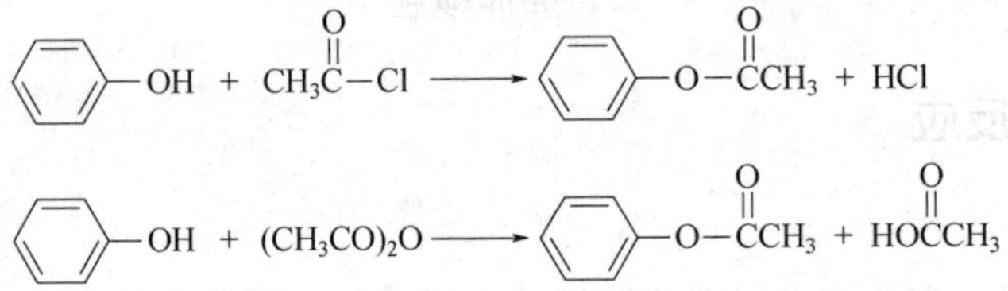

水杨酸的乙酰化产物（又称乙酰水杨酸）是解热镇痛药阿司匹林（aspirin）。阿司匹林就是利用上述反应合成的。

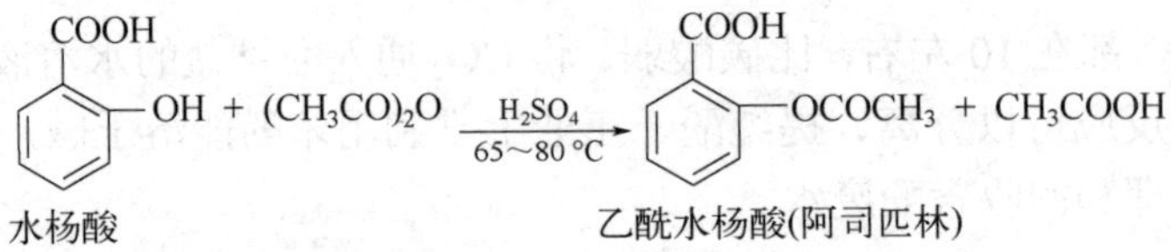

（4）傅瑞斯（Fries）重排

酚酯类化合物在 $AlCl_3$、$ZnCl_2$、$FeCl_3$ 等 Lewis 酸催化下，发生酰基重排，生成邻、对位酚、酮的混合物的反应称为傅瑞斯（Fries）重排。例如：

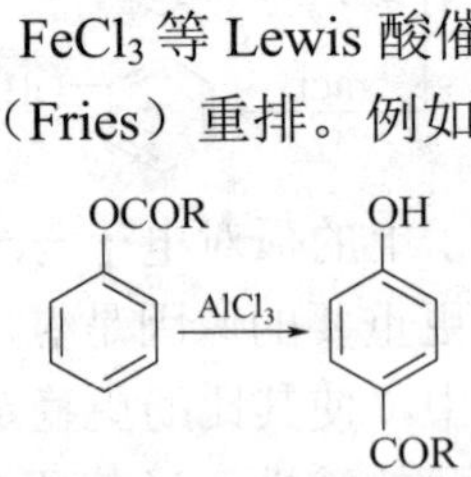

（5）与 $FeCl_3$ 的显色反应

大多数酚或烯醇类化合物能与 $FeCl_3$ 溶液发生显色反应，不同结构的酚呈现不同的颜色。一般认为反应生成了配合物，如苯酚与 $FeCl_3$ 溶液反应呈蓝紫色。

$$6\,ArOH + FeCl_3 \rightleftharpoons [Fe(OAr)_6]^{3-} + 6H^+ + 3Cl^-$$

醇羟基无此反应，所以这种特殊的显色反应可用来检验酚羟基或烯醇的存在（表 8-3）。

表 8-3　各类酚与三氯化铁反应所显颜色

酚	苯酚	对甲苯酚	间甲苯酚	对苯二酚	邻苯二酚	间苯二酚	连苯三酚	α-萘酚	β-萘酚
与 $FeCl_3$ 显色	蓝紫色	蓝色	蓝紫色	暗绿色结晶	深绿色	蓝紫色	淡棕红色	紫红色沉淀	绿色沉淀

8.8.2 酚芳环上的反应

羟基的给电子共轭效应，使苯环邻、对位的电子云密度增大，因此酚在邻、对位易于发生卤化、硝化、磺化等亲电取代反应。

（1）卤化反应

苯的卤化反应一般较难进行，需要催化剂。但是苯酚的卤化反应就容易得多。例如，在室温下，苯酚与溴水立即生成2,4,6-三溴苯酚的白色沉淀。此反应十分灵敏，即使少量的苯酚也可被检出，故可用来鉴别苯酚。

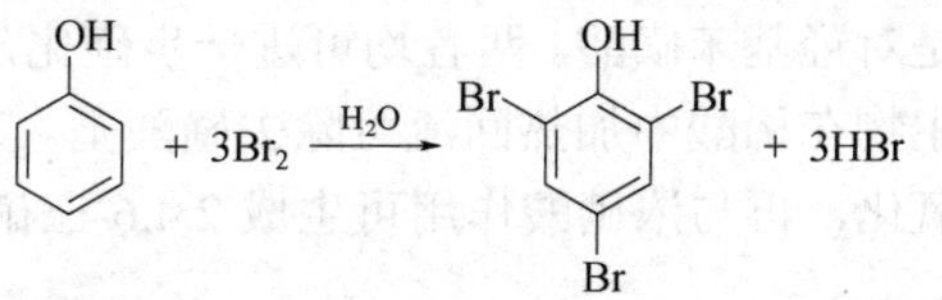

如需制一溴代苯酚，则反应要在较低的温度下，在 CS_2、CCl_4 等非极性溶剂中进行，且以对位产物为主。例如：

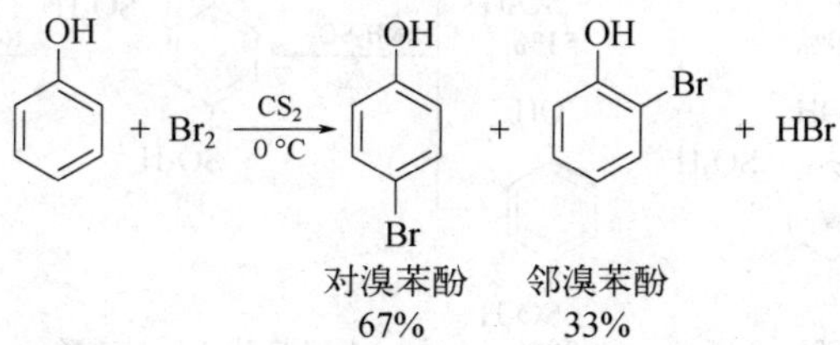

在水溶液中，当pH=10时，苯酚氯化能得到2,4,6-三氯苯酚。在三氯化铁催化下，2,4,6-三氯苯酚能进一步氯化成五氯苯酚。五氯苯酚是一种杀菌剂。

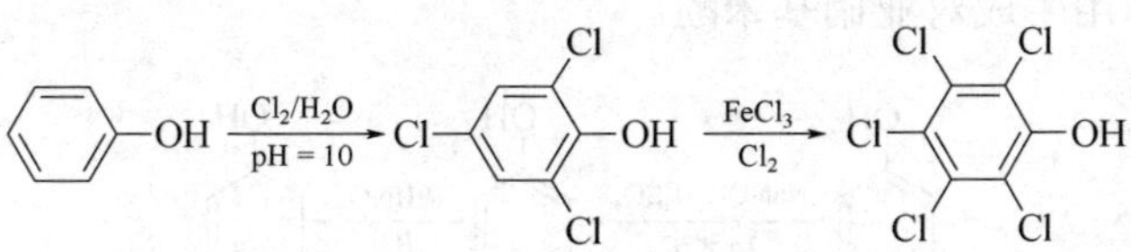

（2）硝化反应

苯酚比苯容易硝化。在室温下，苯酚与稀硝酸（20%）反应生成邻硝基苯酚和对硝基苯酚的混合物。由于苯酚容易被氧化，所以产率很低。

上述两种异构体中，邻硝基苯酚可形成较稳定的六元环分子内氢键，无法再与水缔合，也不容易形成分子间氢键，故其水溶性小、挥发性大，可随水蒸气蒸馏出来；而对硝基苯酚能通过分子间氢键相互缔合，且能与水缔合，其挥发性小，不能随水蒸气蒸出。所以二者可

通过水蒸气蒸馏法进行分离。

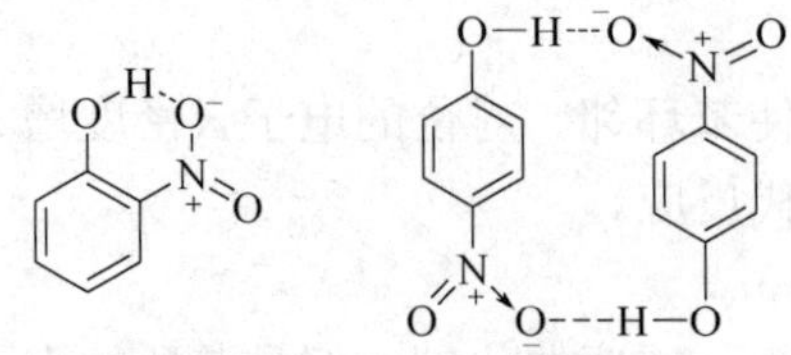

（3）磺化反应

苯酚与浓硫酸在较低温度下（15～25℃）反应，主要得到邻羟基苯磺酸；在较高温度（80～100℃）下反应，主要产物是对羟基苯磺酸。两者均可进一步磺化，得到 4-羟基苯-1,3-二磺酸。反应是可逆的，苯磺酸衍生物在稀酸中加热回流可除去磺酸基。苯酚分子中引入两个磺酸基后，苯环因钝化而不易被氧化，再与浓硝酸作用可生成 2,4,6-三硝基苯酚（苦味酸）。

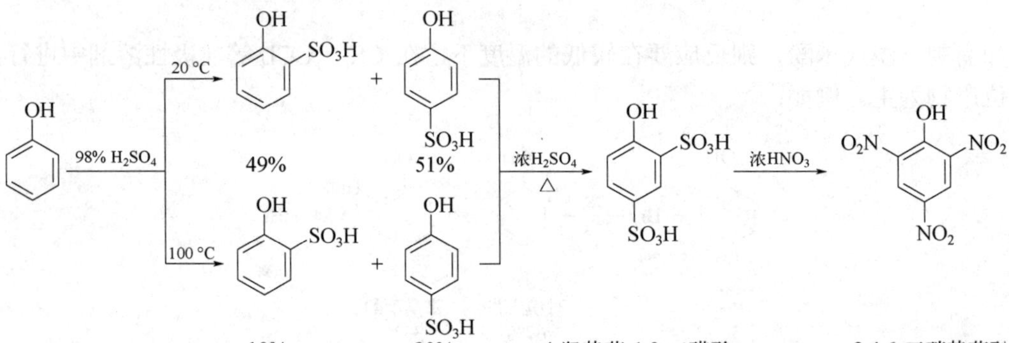

（4）亚硝化反应

苯酚和亚硝酸作用生成对亚硝基苯酚。

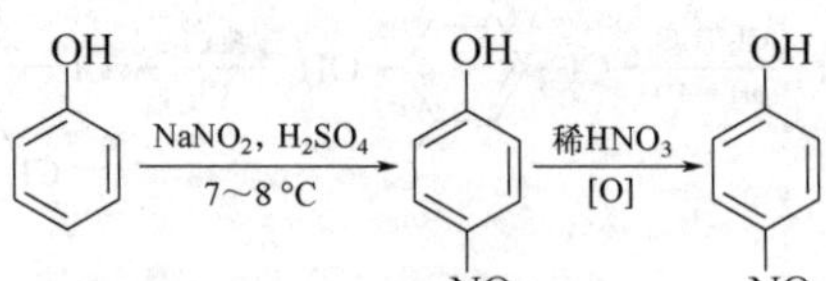

虽然 NO^+ 的亲电性较弱，但因羟基对苯环的活化，所以可以得到选择性较高的对位取代产物。对亚硝基苯酚可用稀硝酸顺利地氧化成对硝基苯酚。因此，通过苯酚亚硝化-氧化途径，能得到不含邻位异构体的对硝基苯酚。

（5）傅-克反应

由于酚羟基的影响，苯酚很容易进行傅-克反应。此反应一般不需要 $AlCl_3$ 作催化剂，因酚羟基和 $AlCl_3$ 易形成络合物 $PhOAlCl_2$，使催化剂失去催化能力而降低产率。常用催化剂有 HF、H_3PO_4、BF_3 等，产物主要是对位异构体。若对位被占据，则烷基进入邻位。烷基化反应一般是用醇或烯烃。例如：

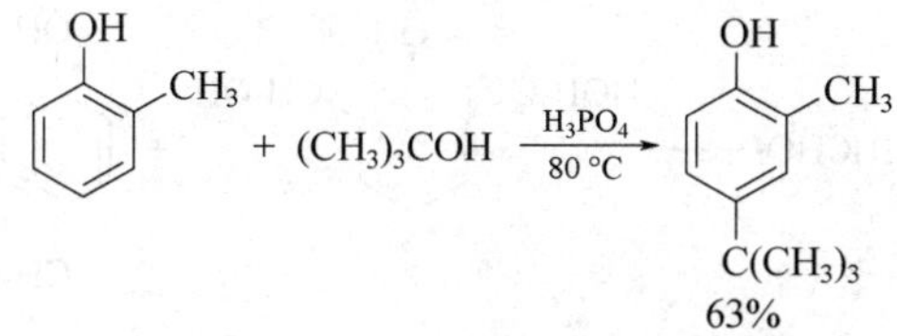

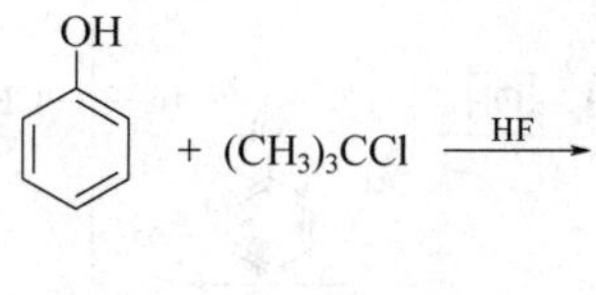

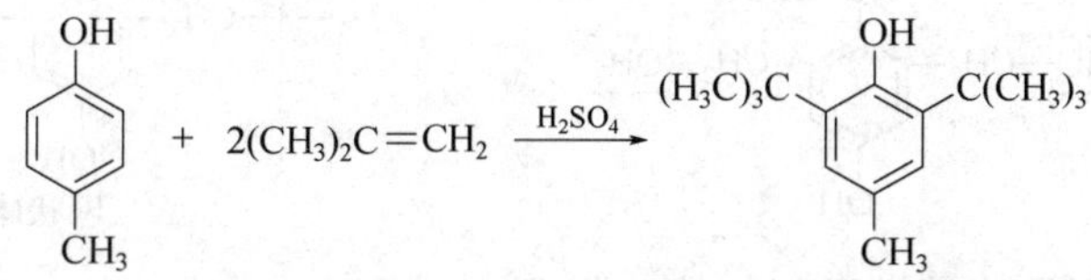

2,6-二叔丁基-4-甲基苯酚

（二六四抗氧剂）

（6）与羰基化合物的缩合反应

酚的邻、对位上的氢原子特别活泼，在酸或碱的催化下可以与甲醛、丙酮等羰基化合物进行缩合反应。酚醛树脂（phenolic resin）是由酚类化合物与醛类化合物缩聚而成的。其中，以苯酚和甲醛缩聚制得的酚醛树脂最为重要，应用最广。根据酚和醛的配比、反应条件及催化剂类型的不同，酚醛树脂的性质和用途也各不相同。苯酚在酸或碱的催化下均可与甲醛发生缩合。

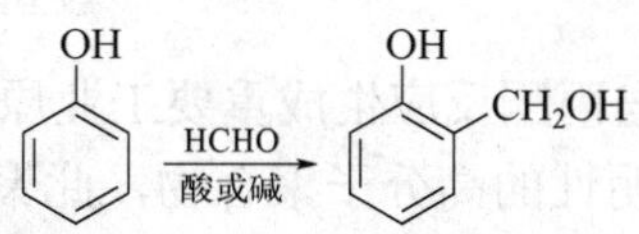

在酸催化下，甲醛先质子化，质子化后的甲醛亲电性增强，有利于发生亲电取代反应，得到邻羟甲基苯酚或对羟甲基苯酚。

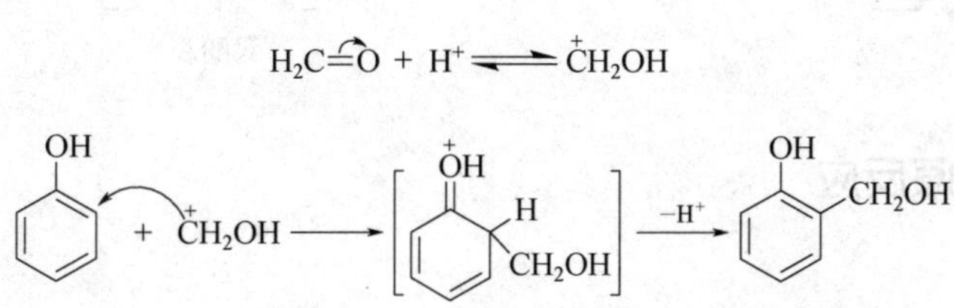

在碱催化下，苯酚先生成酚氧负离子。酚氧负离子的电子离域使羟基的邻、对位带有较多的负电荷，有利于对甲醛进行亲核加成，得到邻羟甲基苯酚或对羟甲基苯酚。

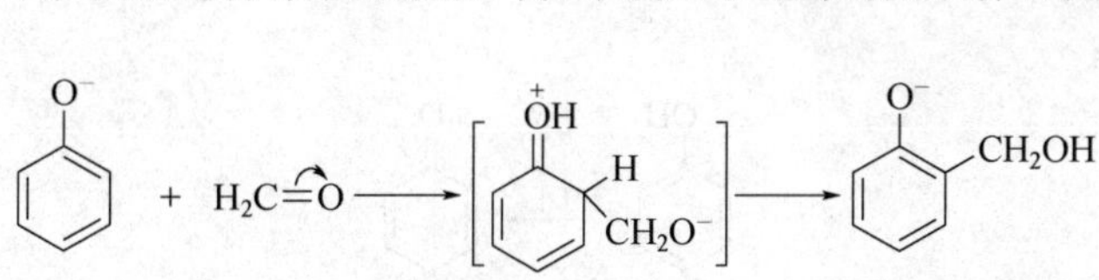

按酚和醛的用量比例不同，可得到不同结构的高分子量的酚醛树脂。甲醛过量，产物是热固性酚醛树脂（体型大分子）。

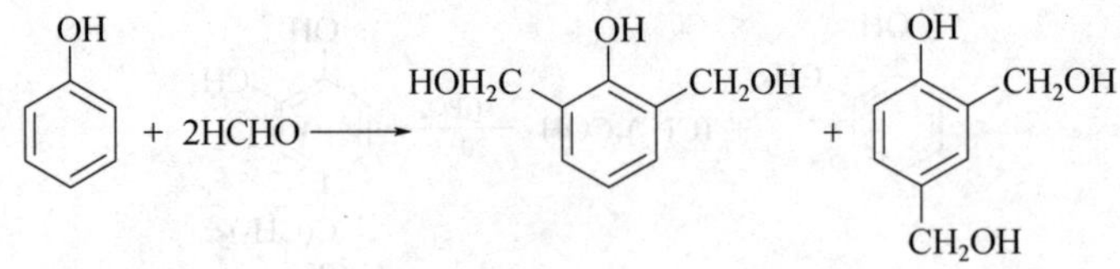

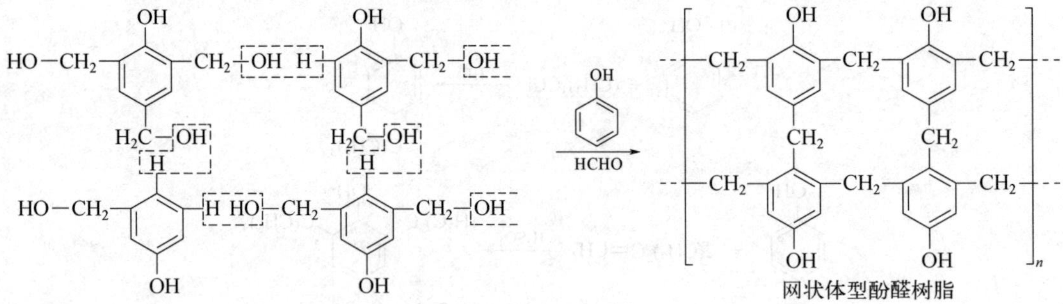

网状体型酚醛树脂

若酚过量，产物则是热塑性酚醛树脂（线型大分子）。

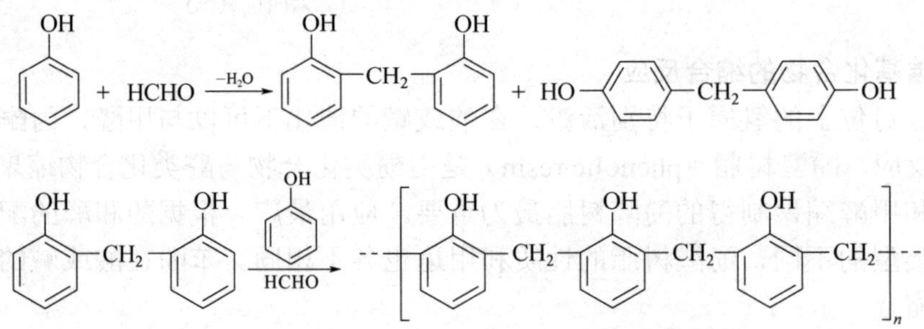

线型酚醛树脂

同样，在酸催化下，苯酚可与丙酮反应生成重要工业原料双酚 A（bisphenol A）。双酚 A 可与光气聚合生成高强度和高透明性的高分子聚合物，此聚合物常用于制作防弹玻璃。双酚 A 还可作为环氧树脂胶黏剂。

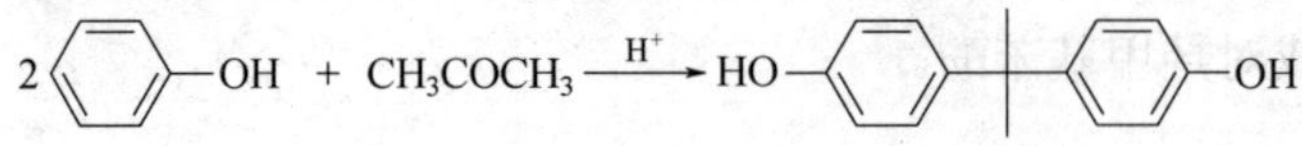

双酚A

8.8.3 氧化和还原反应

（1）氧化反应

酚羟基是强给电子基团，使酚类化合物极易被氧化。特别是在碱性条件下，氧化反应更易发生。在适当条件下可由酚的氧化反应制备醌类化合物。酚或取代酚最常见的氧化产物是 1,4-苯醌（对苯醌）。

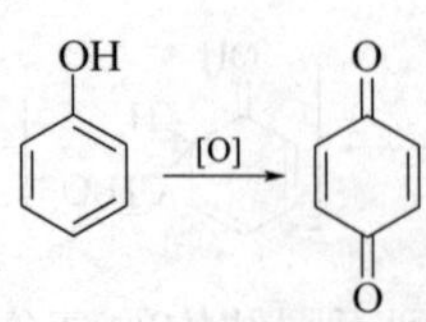

当酚的芳环上有强的给电子基团时，氧化反应更容易进行。例如，对氨基苯酚只需要三

价铁离子就能被氧化。

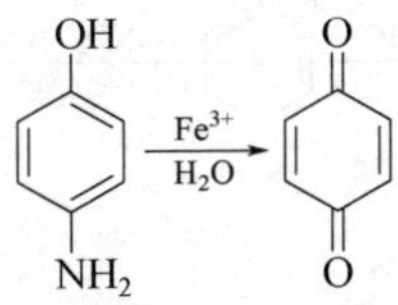

由于酚类容易被氧化，所以某些酚类化合物在食品、橡胶、塑料等工业上用作抗氧剂。例如，食品添加剂2,6-二叔丁基-4-甲基苯酚（BHT）就是一个常用的抗氧剂，俗称“抗氧246”。没食子酸丙酯也是一种常用的抗氧剂，简称“PG”。

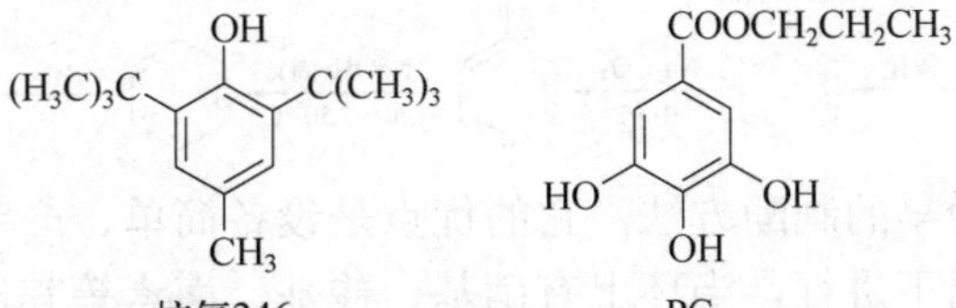

抗氧246　　　PG

（2）瑞穆尔-梯曼（Reimer-Tiemann）反应

酚类化合物在碱性溶液中与氯仿一起加热，在苯环的邻位或对位引入醛羰基的反应称为瑞穆尔-梯曼（Reimer-Tiemann）反应。此反应中，醛羰基主要进入酚羟基的邻位，当邻位有取代基时才进入对位。例如：

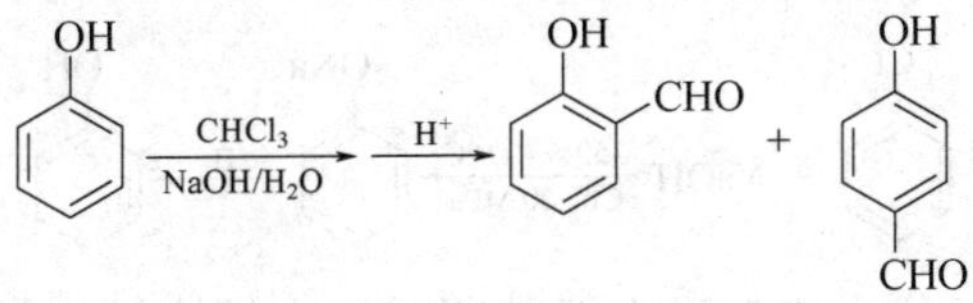

（3）还原反应

酚通过催化加氢使苯环被还原，从而得到环己醇，这是工业上制取环己醇的方法之一。例如：

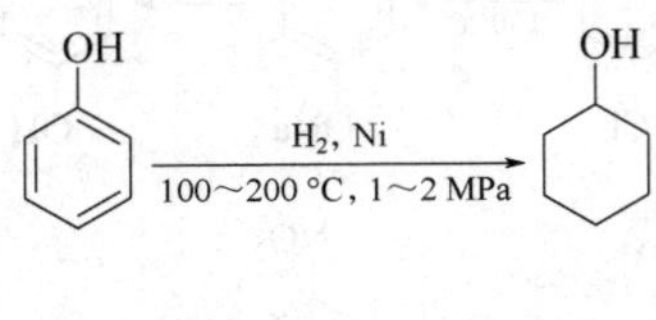

8.9 酚的制备

煤焦油分馏所得的酚油和萘油中含有28%～40%的苯酚和甲苯酚，可先经碱、酸处理，再减压蒸馏而分离，但产量有限，已远远不能满足工业需要。酚的大量生产主要是用合成法。

8.9.1 实验室制酚的方法

实验室制酚一般用重氮盐水解，芳烃经硝化、还原、重氮化得到重氮盐，再水解得到酚。这种方法比较方便，反应位置准确，产率高，且芳环上的其他基团一般不受影响。

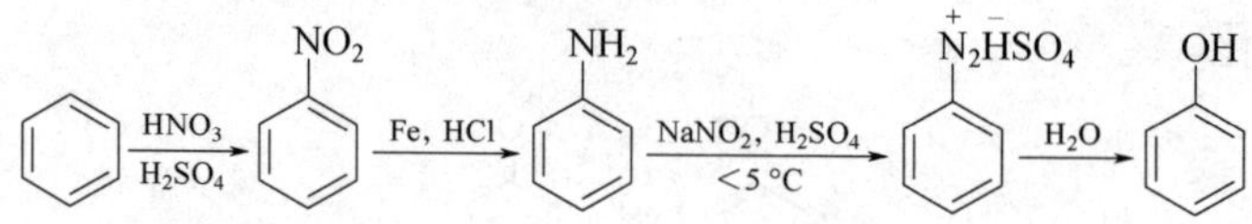

8.9.2 工业制酚的方法

（1）磺化碱熔法

将芳磺酸钠盐与氢氧化钠共熔（称为碱熔）可以得到酚钠，再经酸化即得到相应的酚。

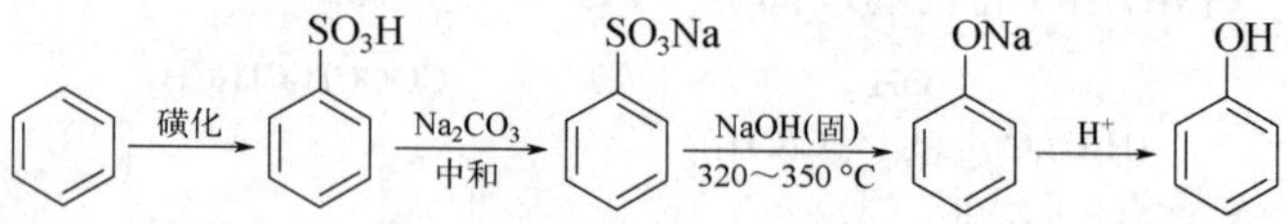

苯磺酸盐碱熔法是最早的制酚方法，它的优点是设备简单、产率高、工艺成熟，但其污染大，同时因反应在高温下进行，当环上有硝基、羧基、卤素等其他基团时，副反应多，所以此法的应用有一定的限制。

（2）氯苯水解法

卤代苯不易水解，因为卤原子直接与苯环相连，能与苯环发生共轭作用，使得碳卤键更加牢固，因此其水解需要在强烈条件和催化剂作用下才能发生。例如，氯苯在高温、高压和催化剂作用下，才可用稀碱（6%～8%）水解得苯酚钠，苯酚钠再酸化得苯酚：

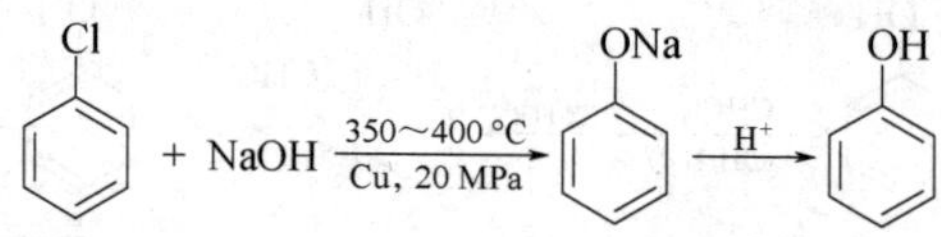

但当氯原子的邻位或对位上连有吸电子基团时，水解比较容易，不需要高压，甚至反应时可用弱碱。

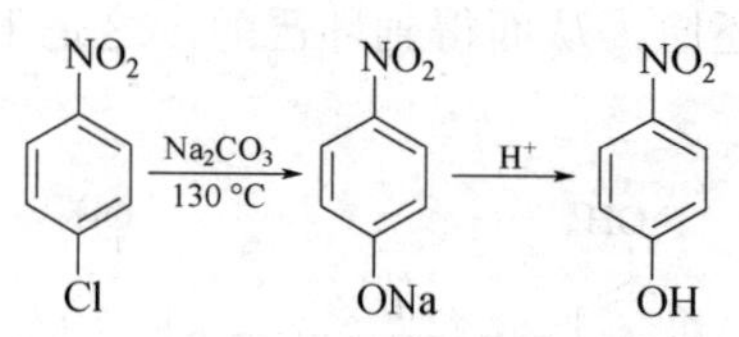

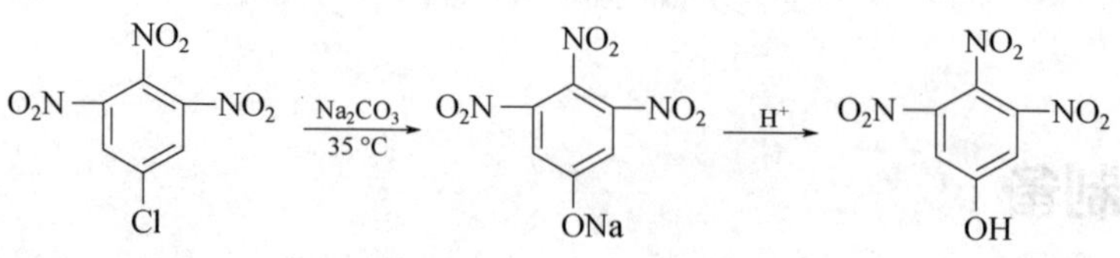

（3）异丙苯氧化法

异丙苯氧化法是由廉价的苯和丙烯经烷基化反应后得异丙苯，然后通空气氧化，再在稀酸的条件下水解得丙酮和苯酚。由于工艺过程简单，价格低廉，并能同时生产出两种基本的有机化工原料，所以目前工业上主要用此方法生产苯酚和丙酮。

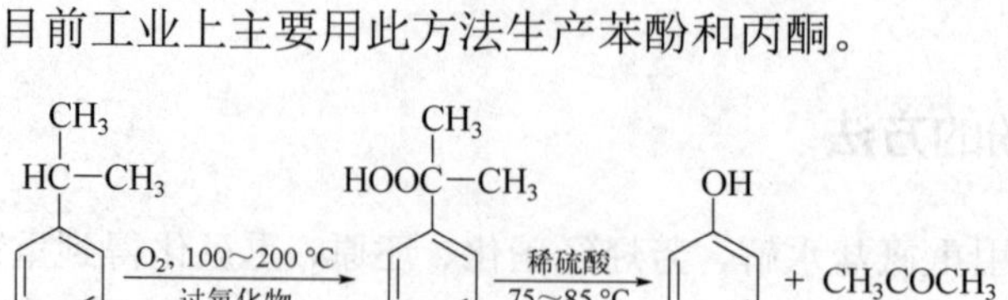

异丙苯法的优点是原料易得（从石油化工产品苯和丙烯制备），且除苯酚外还可同时得到另一种重要的化工原料——丙酮。所以它是工业上生产苯酚的最好方法，但由于反应中涉及过氧化物，对技术、设备要求较高。

Ⅲ 醚

水分子中的两个氢原子被烃基取代后得到的化合物称为醚（ether），其通式为 R—O—R′、Ar—O—R、Ar—O—Ar。通式中的—O—称为醚键。

8.10 醚的分类和命名

8.10.1 醚的分类

① 根据所连接的烃基结构不同，醚可以分为以下几种：

根据所连烃基结构的不同：
- 饱和醚：CH_3OCH_3
- 不饱和醚：$CH_3OCH=CH_2$
- 芳醚：$Ar-O-CH_3$，ArOAr
- 环醚：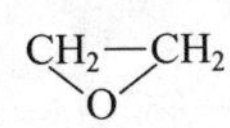
- 硫醚：CH_3-S-CH_3

② 根据醚键两端所连的烃基结构是否相同，醚可以分为简单醚和混合醚。

根据醚键两端所连烃基是否相同：
- 单醚：$C_2H_5OC_2H_5$，ArOAr
- 混醚：$CH_3OCH_2CH_3$，$ArOCH_3$

8.10.2 醚的命名

8.10.2.1 一般醚的命名

（1）习惯命名法

简单的醚常用习惯命名法去命名。对于单醚，常称为“二某基醚”，有时“二”和“基”可以省略。例如：

$CH_3CH_2OCH_2CH_3$	二乙基醚(乙醚)	diethyl ether
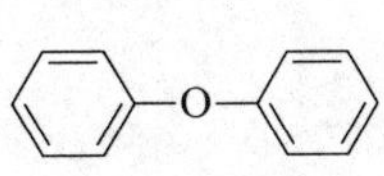	二苯基醚(二苯醚)	diphenyl ether
$CH_2=CH-O-CH=CH_2$	二乙烯基醚	divinyl ether

混醚命名时，将两个烃基按照先简单后复杂的顺序排在“醚”前，但芳基应放在烷基之前。例如：

$CH_3OCH_2CH_3$
甲基乙基醚
(甲乙醚)
methyl ethyl ether

$CH_3CH_2-O-CH=CH_2$
乙基乙烯基醚
ethyl vinyl ether

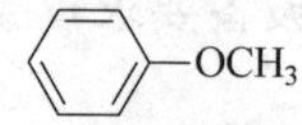
苯基甲基醚
(苯甲醚)
phenyl methyl ether

(2) 系统命名法

对于结构复杂的醚，用系统命名法命名。命名时较大的烃基作母体，剩下的 RO—作取代基。例如：

$CH_3\underset{\displaystyle OCH_3}{\underset{|}{C}}HCH_2CH_2CH_3$
2-甲氧基戊烷
2-methoxypentane

$H_3CO-CH=CHCH_2CH_3$
1-甲氧基丁-1-烯
1-methoxybutyl-1-ene

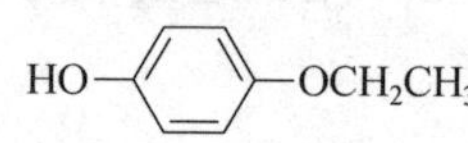
4-乙氧基苯酚
4-ethoxyphenol

8.10.2.2 环氧化合物（或内醚）的命名

环氧化合物（内醚）一般命名为环氧某烃，或者按杂环化合物命名。例如：

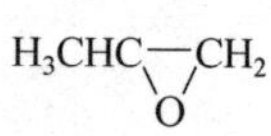
环氧丙烷
epoxypropane

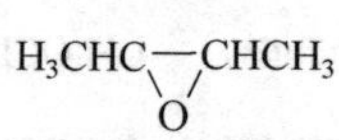
2,3-环氧丁烷
2,3-butane epoxide

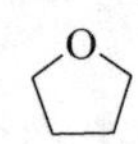
四氢呋喃
tetrahydrofuran

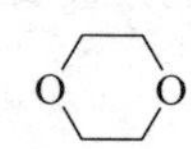
1,4-二氧六环
1,4-dioxane

8.10.2.3 冠醚的命名

冠醚的系统命名法是将冠醚命名为 x-冠-y，其中 x 表示环上的原子总数，y 表示氧原子数，x、冠、y 之间均用短横线隔开。冠醚也可以按杂环的系统命名法命名。例如：

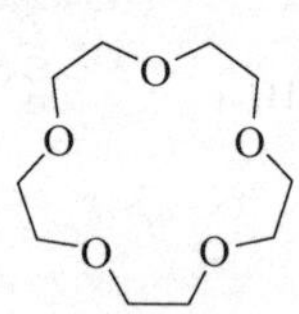
15-冠-5
15-crown-5

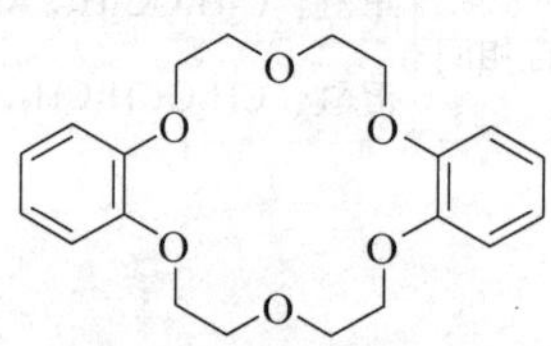
二苯基并-18-冠-6
diphenyl-18-crown-6

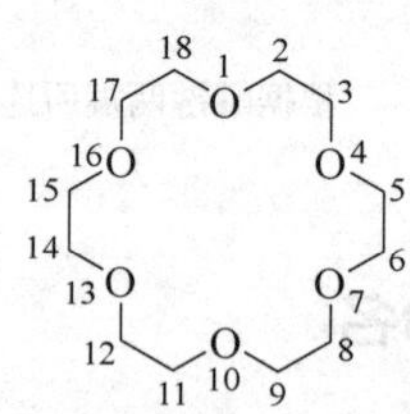
1,4,7,10,13,16-六氧杂环十八烷
1,4,7,10,13,16-hexaoxacyclooctadecane

8.11 醚的物理性质与波谱特征

8.11.1 醚的物理性质

在常温下，甲醚、甲乙醚为气体，其他大多数醚为液体。醚分子中的氧原子没有键合的

氢，分子间不能形成氢键，因此醚的沸点比相同分子量的醇低很多。醚分子中的氧原子可与水生成氢键，但氢键大都较弱，因此醚的水溶性不大，多数醚不溶于水。但四氢呋喃和 1,4-二氧六环能和水完全互溶，常用作溶剂。这是由于四氢呋喃和 1,4-二氧六环分子中氧原子裸露在外，容易和水分子中的氢原子形成氢键。虽然乙醚的碳、氧原子数和四氢呋喃的相同，但是乙醚中的氧原子“被包围”在乙醚分子中，难以和水形成氢键，所以乙醚只能微溶于水。多数有机化合物易溶于乙醚，故常用乙醚从水溶液中提取易溶于乙醚的物质。一些常见醚的物理常数见表 8-4。

表 8-4　常见醚的物理常数

名称	结构简式	熔点/℃	沸点/℃	密度(20℃) / (g·cm^{-1})
甲醚	CH_3OCH_3	−138.5	−24.9	0.661
甲乙醚	$CH_3OC_2H_5$	—	7.9	0.697
乙醚	$C_2H_5OC_2H_5$	−116.6	34.5	0.714
正丙醚	$(CH_3CH_2CH_2)O$	−122	90.1	0.736
异丙醚	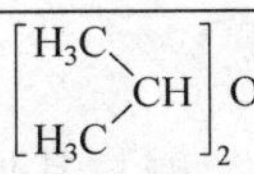	−60	6705	0.735
正丁醚	$(CH_3CH_2CH_2CH_2)_2O$	−95	141	0.768
甲丁醚	$CH_3O(CH_2)_3CH_3$	—	70	0.744
乙丁醚	$CH_3CH_2O(CH_2)_3CH_3$	—	92	0.752
乙二醇二甲醚	$CH_3OCH_2CH_2OCH_3$	—	83	0.863
乙基乙烯基醚	$CH_3CH_2OCH{=}CH_2$	—	36	0.763
二乙烯基醚	$H_2C{=}CHOCH{=}CH_2$	—	39	0.773
二烯丙基醚	$(H_2C{=}CHCH_2)_2O$	—	94	0.826
环氧乙烷	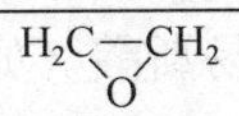	−108	10.7	0.897
四氢呋喃	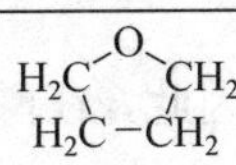	−67	65.4	0.888
1,4-二氧六环（二噁烷）	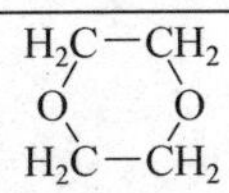	−11	101	1.034
苯甲醚	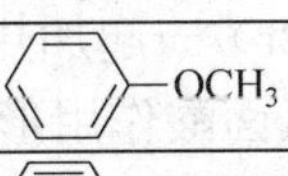	−37	154	0.994
苯乙醚	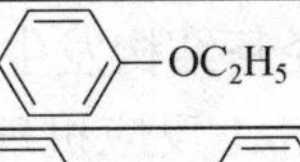	−33	172	0.97
二苯醚	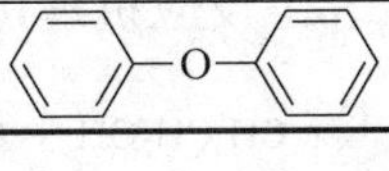	27	259	1.072

8.11.2　醚的波谱性质

醚的红外光谱特征吸收在 1300～1000cm^{-1} 有 C—O 键伸缩振动吸收。一般脂肪醚在 1150～1060cm^{-1} 处有一强的吸收峰；而芳香醚类在该区域有两个 C—O 键伸缩振动吸收峰，即由于 p-π 共轭作用，在 1270～1230cm^{-1} 有比较强的 C—O 键伸缩振动吸收峰，同时在 1050～1000cm^{-1} 有 C—O 键的对称伸缩振动吸收峰。

醚的核磁共振氢谱中，与氧原子相连的碳原子上氢的化学位移在 3.54 左右有吸收峰。

8.12 醚的化学反应

醚的化学性质

醚的氧原子两端都与烃基相连，分子的极性较小。对于脂肪醚，O 为 sp^3 杂化，C—O—C 键角接近 109°28′，而芳香醚 O 为 sp^2 杂化，C—O—C 键角接近 120°，因此醚的稳定性稍次于烷烃，是一类不活泼的化合物，常用作有机反应的溶剂。但是，醚中氧原子上未共用电子对具有一定的碱性，可以与强酸成盐。此外，醚键也可以发生断键。

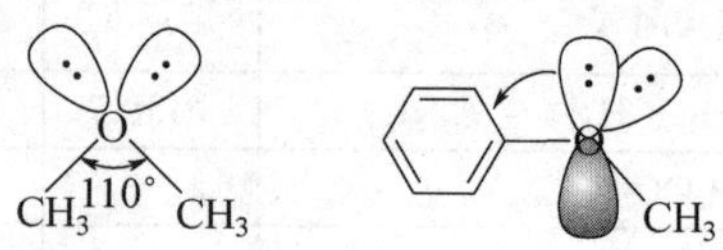

8.12.1 𬮭盐的形成

醚中的氧原子提供孤对电子，作为路易斯（Lewis）碱与其他原子或基团（Lewis 酸）结合而成的物质称为𬮭盐（oxonium salt）。醚与无机酸和 Lewis 酸能形成𬮭盐。例如：

$$R-O-R' + HCl \longrightarrow \left[R-\overset{\overset{\displaystyle H}{|}}{O}-R'\right]^+ Cl^-$$

𬮭盐

𬮭盐是弱碱强酸盐，只在低温条件下存在于浓酸中。如将其浓酸溶液稀释，则𬮭盐水解为原来的醚。因此，利用浓的强酸可把醚与烷烃或卤代烃区分开来。

醚除了能与质子酸形成𬮭盐外，还可以与其他路易斯酸（如 BF_3、$AlCl_3$、RMgX）等生成盐。

𬮭盐或配合物的生成，使醚分子中 C—O 键变弱。因此，在酸性试剂作用下，醚键会断裂。

8.12.2 醚键的断裂

醚虽然很稳定，但与浓氢卤酸（一般用 HI 或 HBr）一起加热时，醚键会发生 C—O 键断裂，生成醇和卤代烃，而醇又可以进一步与过量的氢卤酸作用形成卤代烃。醚键断裂的反应机理是：由酸与醚作用先生成𬮭盐，然后根据醚的烃基结构发生反应，当 R 为一级烷基时，按 S_N2 反应机理进行；当 R 为三级烷基时，容易按 S_N1 反应机理进行。

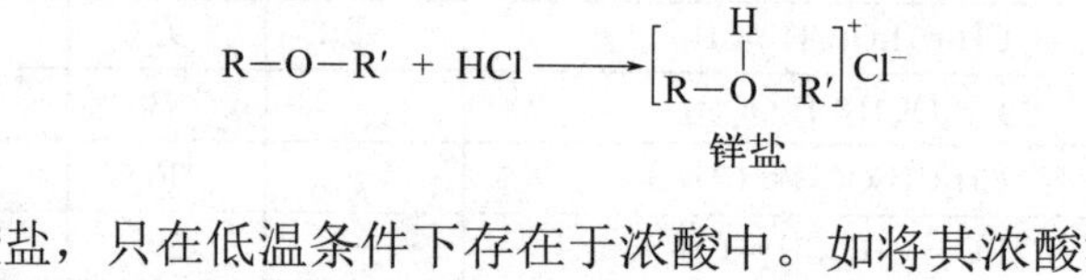

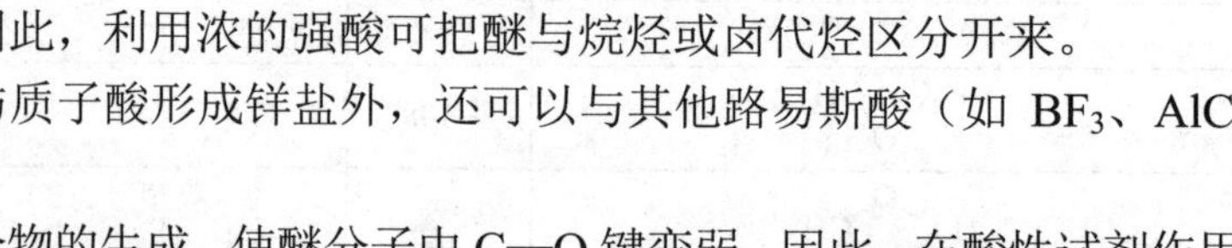

HI 常用于断裂醚键，也可用 KI/H_3PO_4 代替 HI 以断裂醚键；HBr 断裂醚键需用浓酸和较高的反应温度；HCl 断裂醚键的效果较差。所以断裂氢卤酸的活性顺序为：HI>HBr>HCl。

混合醚 C—O 键断裂的顺序为：三级烷基>二级烷基>一级烷基>甲基>芳基。由于 p-π 共轭，Ar—O 键不易断裂，醚键总是优先在脂肪烃基的一边断裂。二芳基醚很难发生断键反应。例如：

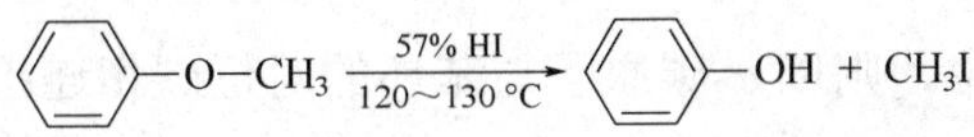

8.12.3 过氧化物的生成

醚虽然对氧化剂稳定，但长期与空气接触或经光照，α 位上的氢原子会慢慢被氧化生成不易挥发的过氧化物。醚的过氧化物有极强的爆炸性，在使用和处理醚类溶剂时要注意安全。

$$CH_3CH_2OCH_2CH_3 \xrightarrow{O_2} CH_3\underset{}{\overset{OOH}{\overset{|}{C}}}HOCH_2CH_3$$

氢过氧化乙醚

ether hydroperoxide

醚的过氧化物沸点比醚高，故蒸馏乙醚时不能蒸干，以防意外发生。在使用乙醚、四氢呋喃等醚类时，应先检验有无过氧化物存在，其方法是用淀粉-碘化钾试纸或 $FeSO_4$-KSCN 混合溶液，如果试纸变蓝或混合溶液变红，表明有过氧化物存在。

$$ROOR + 2KI + 2H_2O \longrightarrow 2ROH + 2KOH + I_2$$

$$I_2 \xrightarrow{\text{淀粉}} I_2\text{-淀粉配合物（蓝色）}$$

或

$$Fe^{2+} \xrightarrow{ROOR} Fe^{3+}$$

$$Fe^{3+} + SCN^- \longrightarrow [Fe(SCN)_6]^{3-} \text{（血红色）}$$

在醚中加入还原剂硫酸亚铁的稀硫酸（新配制的）溶液预先将醚充分洗涤，再进行蒸馏，可破坏过氧化物。也可使用氢化锂铝等还原剂除去乙醚中的过氧化物。乙醚、四氢呋喃等醚类物质贮存时，宜放置于棕色瓶中，并加入少量抗氧剂（如对苯二酚），以防止过氧化物的生成。

8.12.4 克莱森（Claisen）重排

苯基烯丙基醚在加热时，烯丙基从氧迁移到邻位碳原子上，该反应称为克莱森（Claisen）重排。

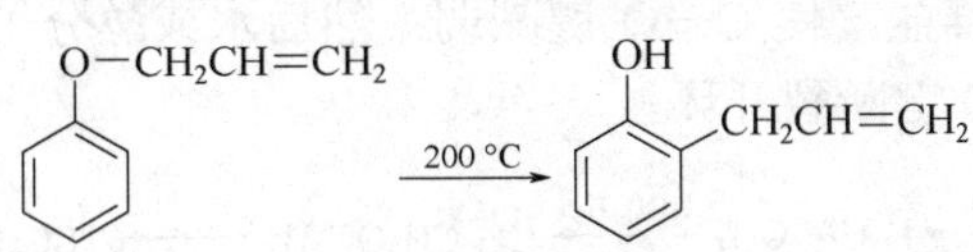

73%

如果两个邻位已被取代基所占据，则烯丙基将迁移至对位：

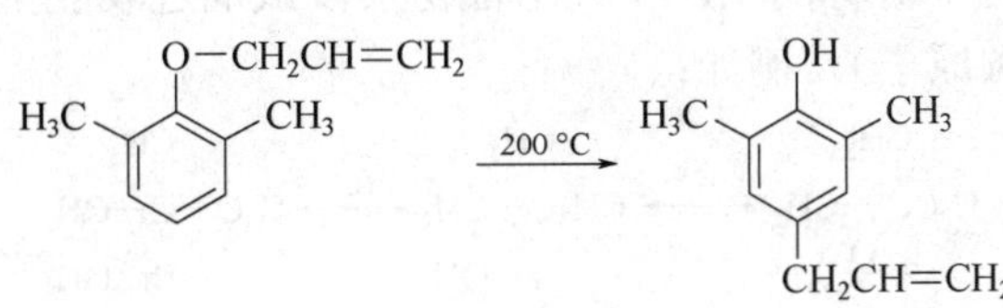

如烯丙基的 γ-碳原子上有一个氢原子被烷基取代，重排后烯丙基以该 γ-碳原子与苯环的邻位碳相连：

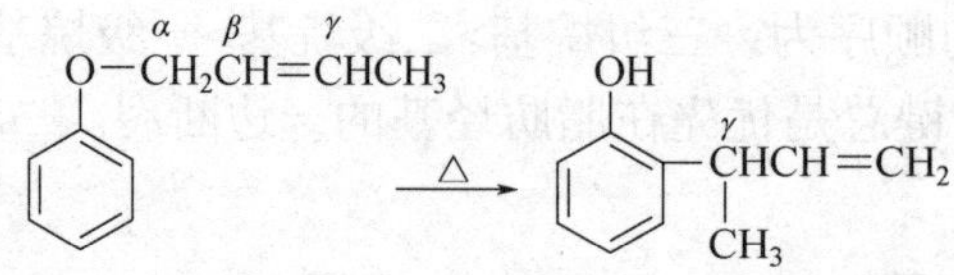

如果烯丙基迁移至对位，则以 α-碳原子与苯环的对位碳相连：

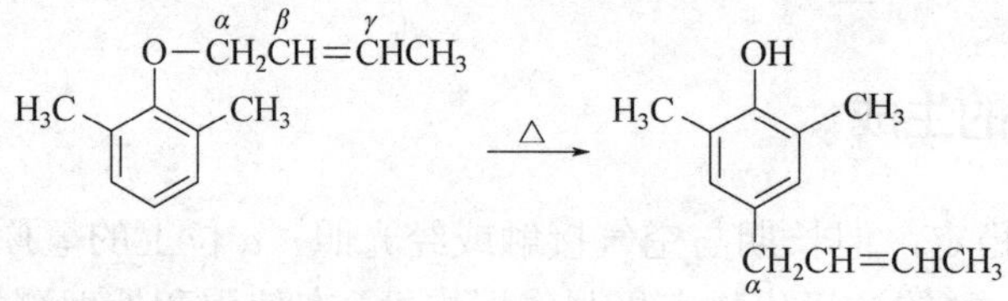

环氧乙烷的化学性质

8.12.5 1,2-环氧化合物的开环反应

环氧化合物与一般的醚不同，是一类非常活泼的化合物。其活性主要是由于三元环的张力，只有开环才可使能量降低，因此开环反应是环氧化合物的主要反应。环氧化合物可与很多活泼氢化合物，如水、醇、胺、氢卤酸等发生反应，用酸或碱作催化剂，得到邻二醇、醇醚、醇胺、卤代醇等双官能团化合物。

（1）酸性条件下的开环反应

在酸催化下，环氧乙烷与 H_2O、醇、氢卤酸、酚等反应，得到相应的开环产物。例如：

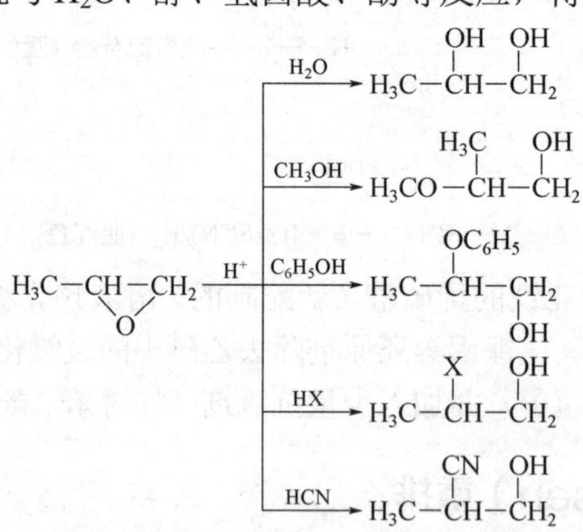

环氧乙烷在酸催化下的开环反应是单分子亲核取代反应，反应机理如下：在酸性条件下，首先氧原子质子化，生成𬭩盐，使 C—O 键减弱；然后水或醇分子等亲核试剂从反面进攻质子化的环氧乙烷，使 C—O 键断裂开环。

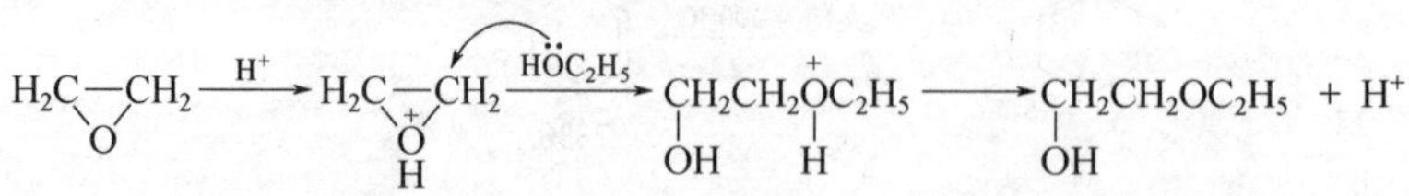

在酸性溶液中，结构不对称的 1,2-环氧化合物亲核试剂进攻能生成稳定碳正离子的碳原子（即烃基取代较多的碳原子）。例如：

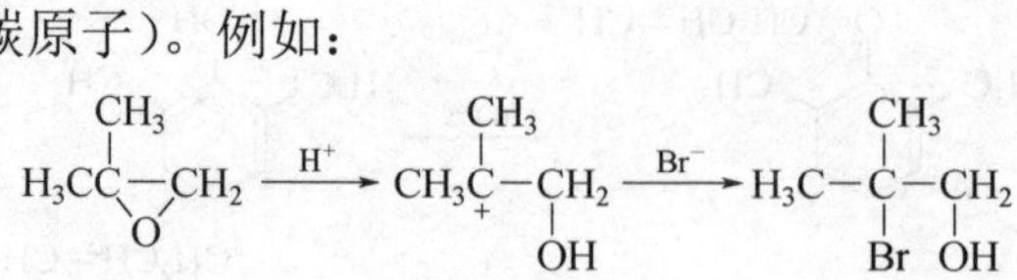

（2）碱性条件下的开环反应

在碱催化下，环氧乙烷与 NaOH、RONa、ArONa、NH_3 等反应，也能得到相应的开环产物。

环氧乙烷在碱催化下的开环反应是双分子亲核取代反应。亲核试剂首先进攻中心碳原子，经历新键的形成和旧键的断裂同时进行的过渡态。因为环氧乙烷没有被质子化，C—O 键相对牢固，不易断键，所以需要碱性、亲核性都强的试剂，如 RO^-、$C_6H_5O^-$、NH_3 等，才能发生反应。例如：

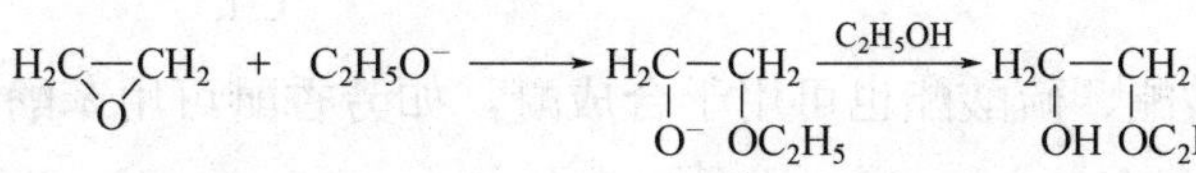

对于结构不对称的 1,2-环氧化合物在碱性溶液中的开环，亲核试剂进攻位阻较小即取代基较少的碳原子。例如：

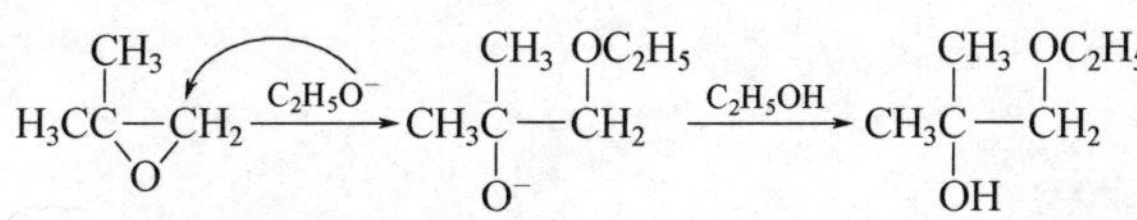

环氧乙烷除可与上述物质反应外，还可与格氏试剂反应。环氧乙烷与格氏试剂反应后，所得产物经水解可得比格氏试剂中的烷基多两个碳原子的伯醇。这是有机合成中通过一步反应增加两个碳原子的方法。

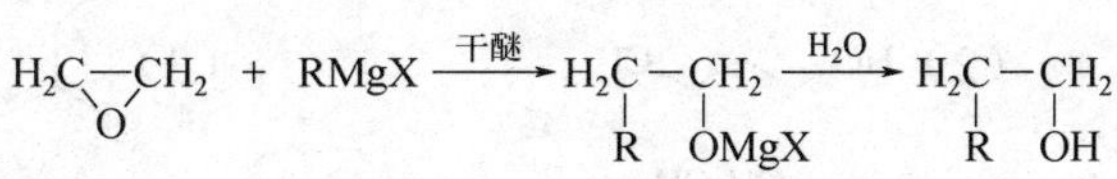

环氧乙烷与格氏试剂反应，也是典型的双分子亲核取代反应，亲核试剂进攻位阻较小即取代基较少的碳原子。

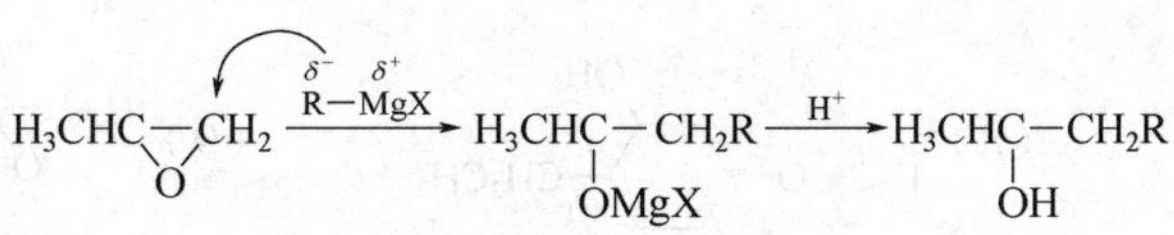

8.13 醚的制备

8.13.1 醇脱水

酸催化下，醇分子间脱水生成醚，这是制备简单醚的一般方法。该方法主要用于由低级伯醇制备单醚。仲醇也能制备醚，但产物较少；叔醇一般得到烯烃。

$$2CH_3CH_2OH \xrightarrow[140\ ^\circ C]{浓H_2SO_4} (CH_3CH_2)_2O$$

反应必须控制合适的温度，温度过高则产物为烯烃。除硫酸外，还可以用磷酸或离子交换树脂。

8.13.2 威廉姆森（Williamson）合成法

威廉姆森（Williamson）合成法是在无水条件下用卤代烃与醇钠或酚钠反应，从而得到对称或不对称的醚的方法。例如：

$$(CH_3)_3CONa + CH_3CH_2Br \longrightarrow (CH_3)_3C-O-CH_2CH_3$$

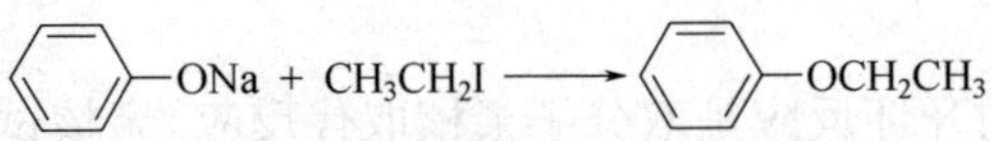

在威廉姆森（Williamson）反应中，醇钠和酚钠作为亲核试剂和卤代烷发生 S_N2 反应，但同时伴随消除反应。合成时必须选择伯卤代烷作原料，如果用叔卤代烷，则只能得到烯烃。

$$(CH_3)_3C-Br + CH_3CH_2ONa \longrightarrow H_3C-\underset{CH_3}{\underset{|}{C}}=CH_2$$

除卤代烷外，磺酸酯、硫酸酯也可用于合成醚，如芳香醚可用苯酚钠与卤代烃或硫酸酯反应制备。

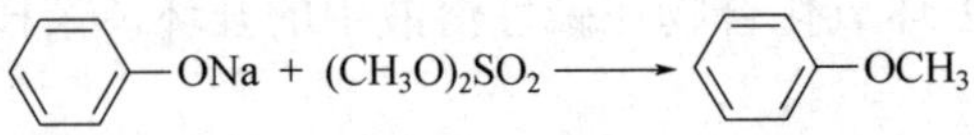

习题

1．命名下列化合物。

（1）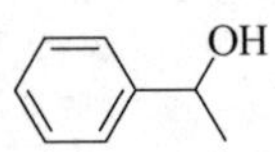
（2）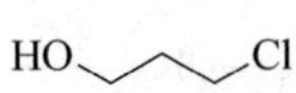
（3）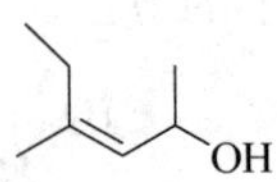

（4）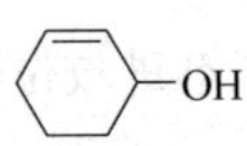
（5）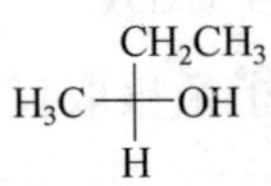
（6）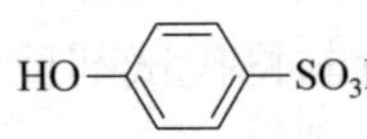

（7）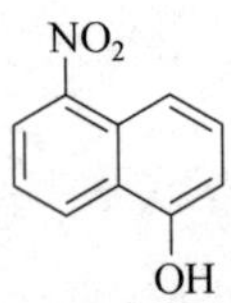
（8）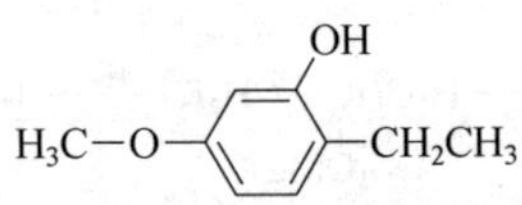
（9）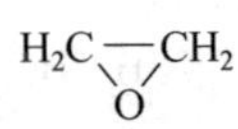

2．鉴别下列各组化合物。

（1）2-甲基丙-2-醇，丁-2-醇，丁-1-醇，$H_2C{=}CHCH_2OH$

（2）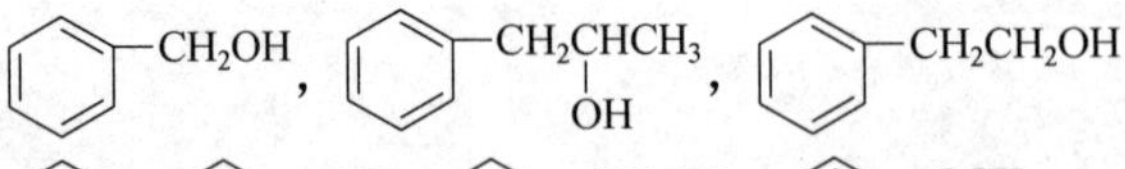

（3）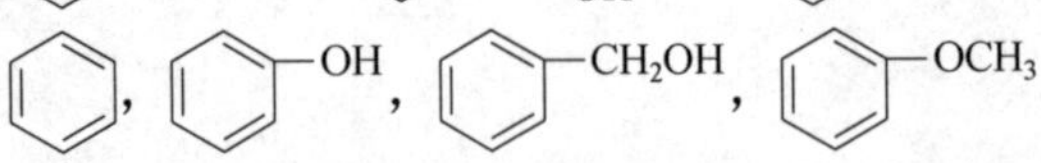

（4）苯酚，邻苯二酚，苯-1,2,3-三酚，对苯甲酚

3．用反应历程解释下列反应事实。

（1）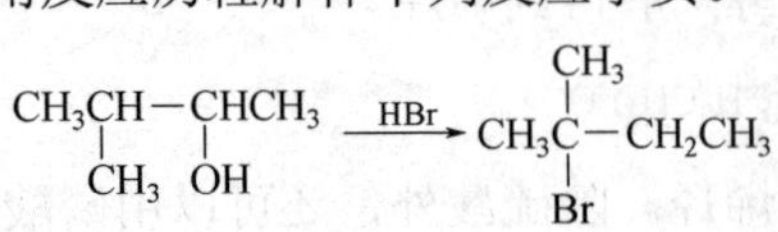

（2）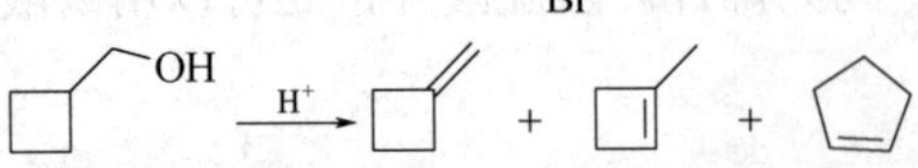

4．化合物 A（$C_5H_{11}Br$）与 NaOH 水溶液共热后生成 B（$C_5H_{11}O$）。B 具有旋光性，能和金属钠作用放出氢气，和浓硫酸共热生成 C（C_5H_{10}）。C 经臭氧化和还原剂存在下的水解，生成丙酮和乙醛。试写出 A、B、C 的结构式和有关反应式。

5．完成下列反应。

（1）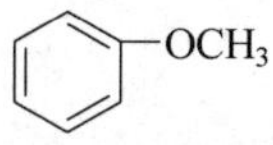 + HI ⟶

（2）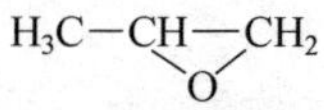 + HBr ⟶

（3）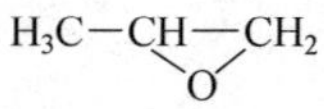 + $CH_3OH \xrightarrow{CH_3ONa}$

（4）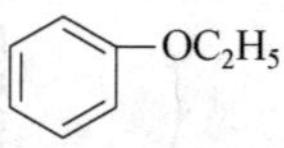 + $HNO_3 \xrightarrow{H_2SO_4}$

（5）$CH_3CH_2OCH_2CH(CH_3)_2$ + HI $\xrightarrow{\triangle}$

6．设计合成路线，写出相关反应式。

（1）$H_2C{=}CH_2$，$HC{\equiv}CH$ ⟶ 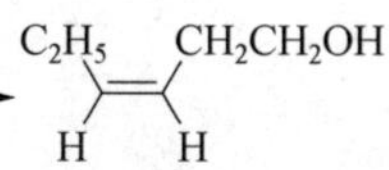

（2）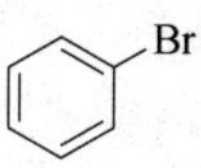 ⟶ 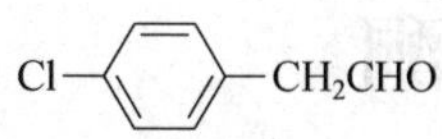

（3）乙醇 ⟶ 正丁醇

（4）苯，甲醇 ⟶ 2,4-二硝基苯甲醚

（5）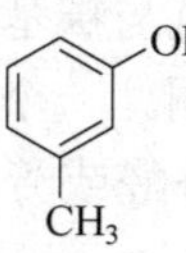 ⟶ 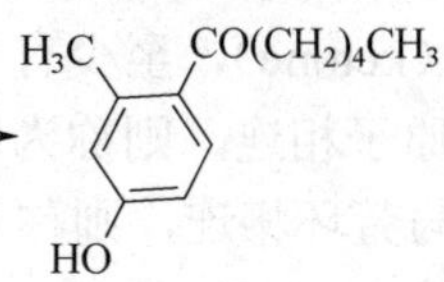

7．芳香化合物 A(C_7H_8O)不与金属钠反应，但与浓 HI 作用生成 B 和 C 两种化合物。B 能溶于 NaOH 溶液，并与 $FeCl_3$ 溶液作用显紫色。C 能与 $AgNO_3$ 溶液作用生成 AgI 沉淀。试写出 A、B、C 的结构式。

8．化合物 A（$C_5H_{12}O$）在室温下不与金属钠反应，A 与过量的热 HBr 作用生成 B 和 C。B 与湿的 Ag_2O 作用生成 D，D 与卢卡斯试剂难以发生反应。C 与湿的 Ag_2O 作用生成 E，E 与卢卡斯试剂放置一段时间有浑浊现象，E 的分子式是 C_3H_8O。D、E 与 CrO_3 反应分别得到醛 F 和酮 G。试写出 A～G 的结构式及相关反应式。

9．化合物 A（$C_8H_{16}O$）不与金属钠、NaOH 和 $KMnO_4$ 反应，而能与浓 HI 作用生成化合物B($C_7H_{14}O$)。B与浓硫酸共热生成C(C_7H_{12})，C经臭氧化、水解后得到化合物D($C_7H_{12}O_2$)。D 的 IR 谱图中，在 1700～1750cm^{-1} 处有强吸收峰；其 ^1H NMR 谱图中有两组峰，具有如下特征：一组为(1H)的三重峰（δ 为 10），另一组是(3H)的单峰（δ 为 2）。C 在过氧化物存在下与 HBr 作用得到化合物 E（$C_7H_{13}Br$），E 经水解得到 B。试写出 A 的结构式及相关反应式。

10．以苯及其他必要的有机试剂、无机试剂为原料，合成下列化合物。

（1）2-溴-4-甲基苯酚　（2）2,6-二氯苯酚（昆虫性引诱剂）　（3）苯乙醚

11．化合物 A（C_7H_8O）不溶于水、稀盐酸和 $NaHCO_3$ 水溶液，但可溶于 NaOH 水溶液。A 与溴水迅速反应生成化合物 B（$C_7H_5OBr_3$）。在碱性溶液中，A 与甲醛作用生成化合物 C，与苄氯作用生成化合物 D。试写出 A、B、C、D 的结构式。

第 9 章

醛、酮和醌

课件

Ⅰ　醛和酮

羰基（carbonyl group, —C═O）是碳原子以双键与氧原子相连的基团，醛和酮都是含有羰基的化合物。羰基碳原子上连有两个烃基的是酮（ketone），至少有一个氢与羰基碳原子相连的称为醛（aldehyde）。若两个脂肪烃基与羰基碳原子相连，则称为脂肪酮。一个脂肪烃基与羰基碳原子相连的醛，称为脂肪醛。若羰基直接与芳环相连，则称为芳香醛或芳香酮。

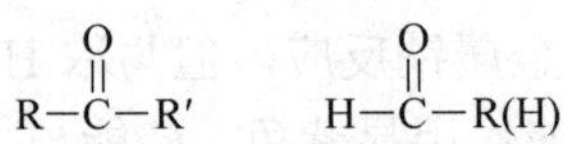

酮 ketone　　醛 aldehyde

9.1　醛和酮的结构和命名

醛酮的结构

9.1.1　醛和酮的结构

醛、酮中的羰基碳原子为 sp^2 杂化，其中一个 sp^2 杂化轨道与氧形成 σ 键，而羰基碳原子的 p 轨道与氧原子的一个 p 轨道形成 π 键。因此，醛、酮的羰基可看作一个平面，其键角接近 120°。电子辐射和光谱研究结果与杂化轨道描述是一致的。羰基中碳氧双键成键原子之间电负性的不同，使 π 电子偏向于电负性较强的氧，因此这个双键是极性不饱和键。由于成键原子电负性的影响，醛、酮分子具有一定极性，其偶极矩约为 2.3～2.8D。正是这种极性，使醛、酮具有亲核加成反应的特征。

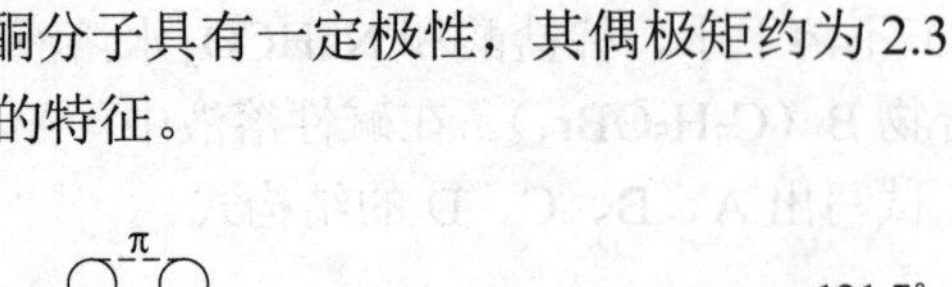

9.1.2 醛和酮的命名

醛、酮的命名原则与醇相似，母体为醛、酮，选择含有羰基的最长碳链为主链，从靠近羰基的一端开始编号。因醛羰基处在链端，其编号总是 1，可以省略；而酮羰基的位次需要标出。其他支链作为取代基表示在名称之前。例如：

3-甲基丁醛 3-methylbutanal　　戊-2-酮 pentan-2-one

芳香族以及环烷烃的醛、酮命名时，一般把脂肪链作为主链，芳环或环烷基作为取代基。羰基在环内的脂环酮称为环某酮。例如：

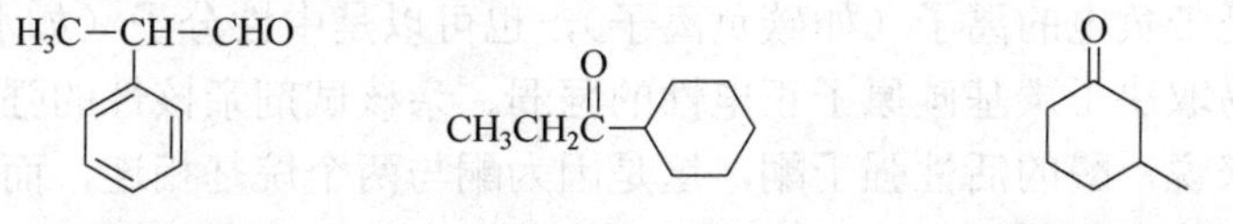

2-苯基丙醛 2-phenylpropanal　　1-环己基丙-1-酮 1-cyclohexylpropan-1-one　　3-甲基环己-1-酮 3-methylcyclohexan-1-one

9.2 醛和酮的物理性质

由于羰基具有极性，增加了分子间的吸引力，所以醛和酮的沸点比分子量相同的烷烃高。但由于羰基之间不能形成氢键，因此它们的沸点比分子量相同的醇或羧酸要低。

羰基中的氧原子可以与水分子形成分子间氢键，所以低级醛、酮可以与水混溶。但随着分子量的增加，所连烷基的疏水性逐渐超过羰基的亲水性，因此分子量较大的醛、酮不溶于水。芳香族醛、酮由于芳环的疏水性，也不溶于水。

一些常见醛、酮的物理常数列于表 9-1 中。

表 9-1　常见醛、酮的物理常数

化合物	熔点/℃	沸点/℃	相对密度(d_4^{20})	水中溶解度/(g·100g^{-1})
甲醛(formaldehyde)	−92	−21	0.815	55
乙醛(acetaldehyde)	−125	21	0.781	16
丙醛(propionaldehyde)	−81	49	0.8058	7
丁醛(*n*-butyraldehyde)	−99	76	0.8170	4
丙烯醛(acrylaldehyde)	−87	52	0.8410	30
苯甲醛(benzaldehyde)	−26	178	1.046	0.3
丙酮(acetone)	−95	56	0.7899	∞
丁-2-酮(butan-2-one)	−86	80	0.8054	26
戊-2-酮(pentan-2-one)	−78	102	0.8089	6.3
戊-3-酮(pentan-3-one)	−39	102	0.9478	5
苯乙酮(acetophenone)	21	202	1.024	不溶
二苯甲酮(benzophenone)	48	306	1.083	不溶

醛酮的亲核加成反应

9.3 醛和酮的亲核加成反应

醛、酮分子中的碳氧双键与烯烃分子中的碳碳双键有相似之处，也是由一个 σ 键和一个 π 键组成的。因此，醛、酮也像烯烃一样，能够发生一系列加成反应。但是由于氧原子的电负性较强，电子云偏向于氧原子，因此碳氧双键是极性的，并且在这个基团中碳原子与氧原子的极性不同，所以醛、酮的加成与烯烃的加成又有明显的区别。当醛、酮进行加成反应时，第一步是带有负电荷的离子或具有孤对电子的原子或分子（亲核试剂）进攻羰基的正电中心碳原子，第二步是带正电荷的部分（亲电试剂）加到羰基氧原子上。整个反应的速率由第一步亲核试剂的进攻反应决定，因此该反应称为亲核加成反应。

亲核试剂可以是带负电的离子（如碳负离子），也可以是中性分子（如水、醇等）。亲核加成反应进行的难易取决于羰基碳原子正电性的强弱、亲核试剂亲核性的强弱，以及空间位阻等因素。但总的来说，醛的活性强于酮，这是因为酮与两个烷基相连，而烷基具有给电子的作用，降低了羰基碳上的正电性；另外，酮比醛多一个烷基，具有更大的空间位阻，阻碍了亲核试剂接近羰基的碳原子。

亲核加成反应一般按两种方式进行。

① 当亲核试剂（Nu:⁻）的亲核性很强时，加成反应以下面的方式进行：

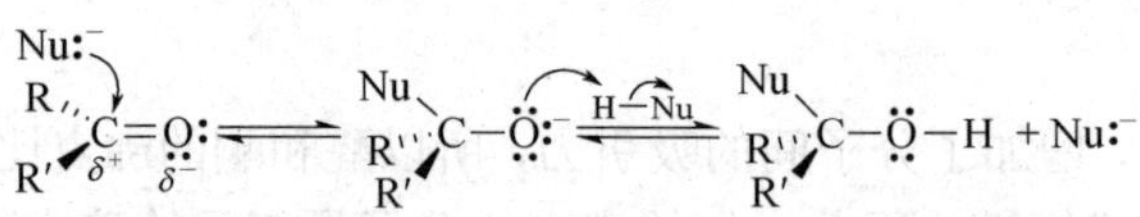

② 当亲核试剂比较弱，但存在强酸时，加成反应以下面的方式进行：

a．第一步：羰基中的氧原子上的一对孤对电子获取酸（或路易斯酸）中的一个质子，生成烯醇正离子；烯醇正离子中的碳原子比起始状态的羰基碳原子更易受到亲核试剂的进攻。

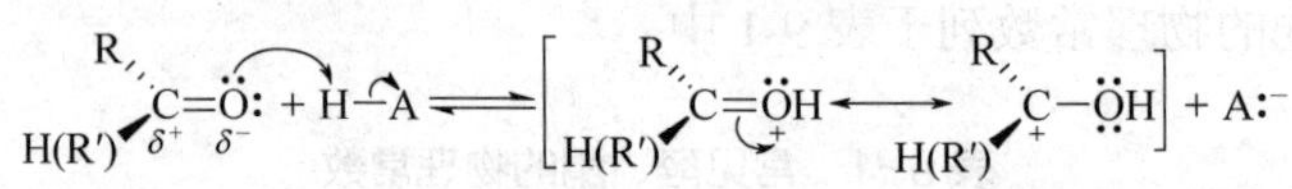

b．第二步：烯醇正离子接受亲核试剂上的孤对电子；而在第一步中产生的碱（A:⁻）移去带正电荷的质子，从而再生成酸（H—A）。

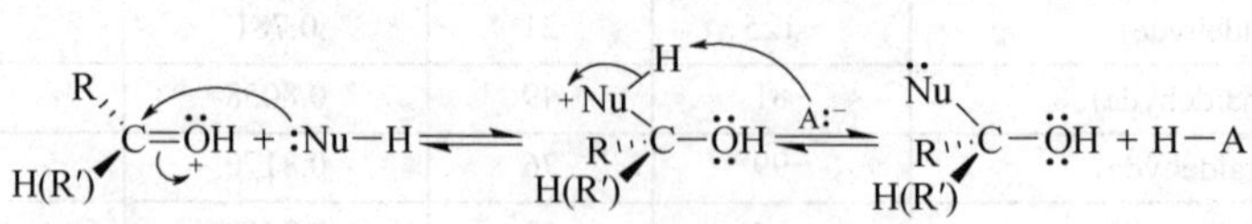

反应的第一步是酸产生一个质子加到羰基氧原子的孤对电子上，形成质子化的羰基，即氧鎓离子。氧鎓离子在受到亲核试剂进攻时表现出高度的活性，这是因为质子化的羰基比没有质子化的羰基带有更多的正电荷。

9.3.1 与醇的加成反应

在无水酸催化下，醛、酮与两分子醇反应生成缩醛或缩酮。该反应涉及一分子醇的加成、水分子的消除和第二分子醇的加成。此反应是可逆的，其中缩醛和缩酮的生成在无水酸的条件下进行，而逆反应需要在酸性水溶液中进行。

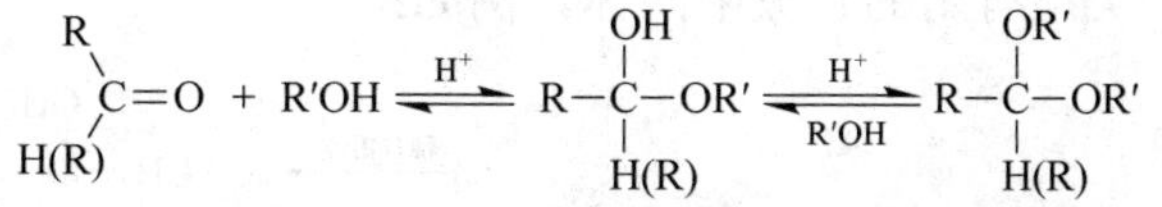

半缩醛(酮)　　缩醛(酮)

醇是中性分子，亲核性较弱，要使这个反应发生，就必须提高羰基的活性。因此，对羰基上的氧原子进行质子化，从而使羰基上碳原子的正电性增强。醇的酸催化加成反应机理如下：

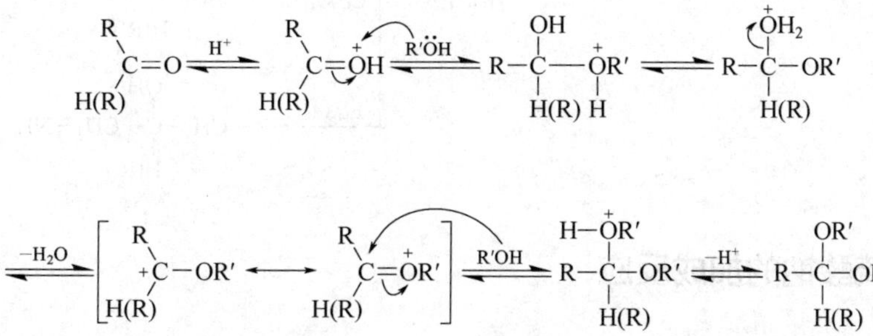

在无水状态下，缩醛和缩酮是非常稳定的。从结构上看，缩醛和缩酮可以看作同碳二元醇的醚（胞二醚），因此性质与醚相似，对碱、亲核试剂、氧化剂和还原剂都相当稳定，使得羰基被“掩蔽”起来而不与这些试剂反应。由于缩醛和缩酮的合成和水解都可高产率地进行，因此这样的特性基团可以作为醛和酮的非常好的保护基。在保护醛和酮方面，环缩醛和环缩酮的效果更好，它们可由二醇合成。二醇（如乙-1,2-二醇）与醛、酮反应时是按 1∶1 的分子数比进行的，而且比相应的普通醇所形成的缩醛和缩酮更稳定。

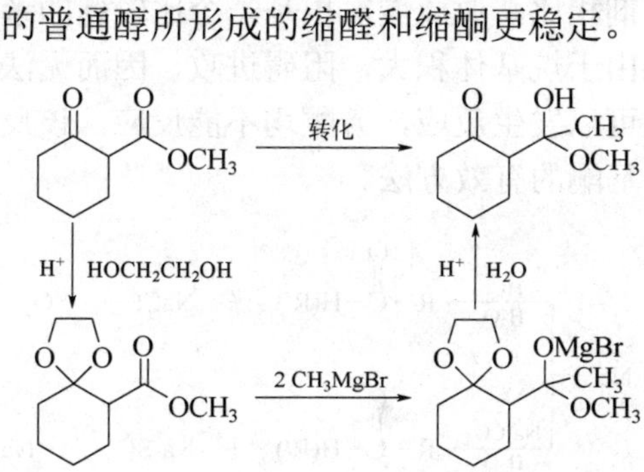

9.3.2 与氰化物的加成反应

醛酮与醇的加成

醛或酮与 HCN 或 KCN 反应可生成 α-羟基腈（又名氰醇）。CN^-是强的亲核试剂。

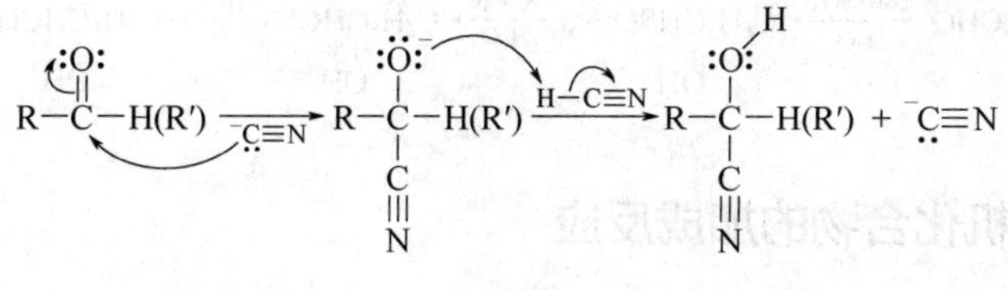

反应开始时需要$^-C\equiv N$ 来启动反应，反应的第二步又生了一个$^-C\equiv N$，因此只需要少量

的氰基负离子来启动这个反应。一旦反应启动，氰基负离子可再生并与其他酮分子继续反应。反应物如果是 HCN，可加入少量的 NaOH 来加速反应。

产物 α-羟基腈是一类很有用的合成中间体。例如：

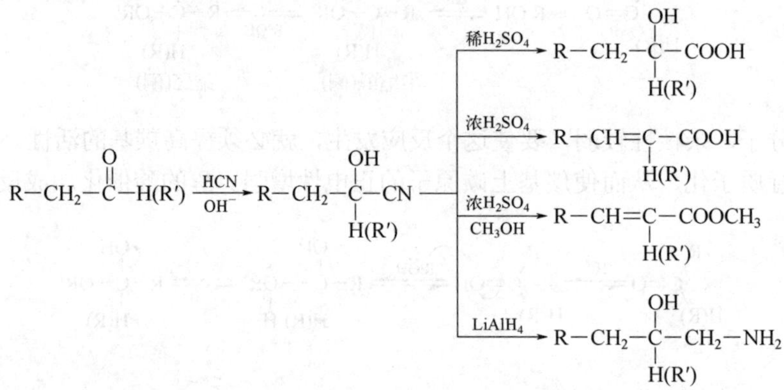

9.3.3 与亚硫酸钠的加成反应

醛和甲基酮与过量的饱和亚硫酸氢钠（$NaHSO_3$）反应生成不溶于饱和亚硫酸氢钠溶液的 α-羟基磺酸钠结晶沉淀，但该结晶溶于水。

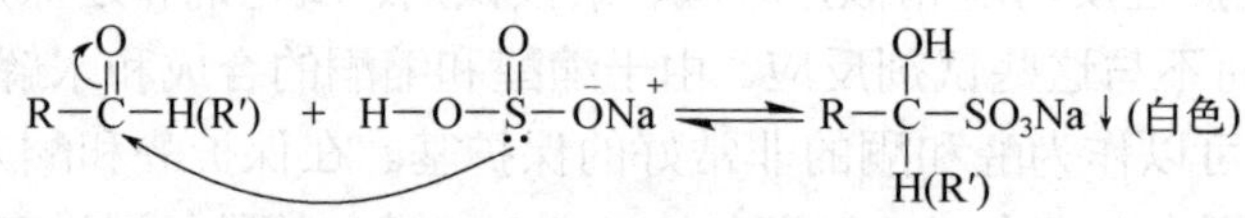

与其他带电荷的亲核试剂相比，亚硫酸氢根是一个比较弱的亲核试剂，只能与较活泼的羰基化合物反应。较大的酮由于烷基体积大，阻碍进攻，因而无法参与反应。因此，只有甲基酮以及八个碳以下的环酮可以发生反应，芳酮均不能反应。该反应是可逆的，因而是一种从其他有机物中分离醛和甲基酮的有效方法。

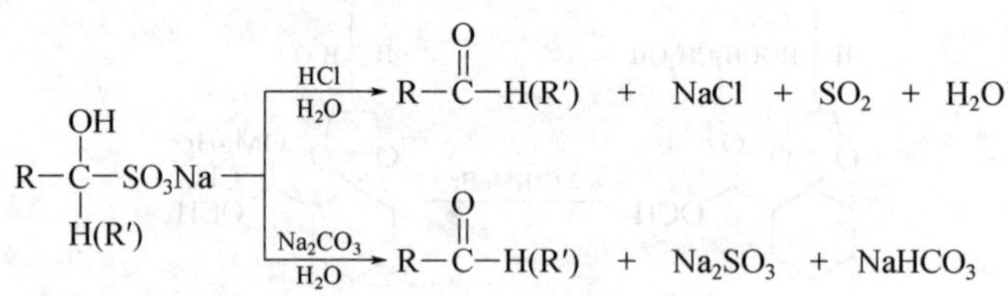

此外，还可以通过醛、酮与 $NaHSO_3$ 的加成反应制备氰醇，即先将醛、酮与 $NaHSO_3$ 加成，然后用等物质的量的 NaCN 处理。这种制备氰醇的方法可以避免直接使用毒性高的 HCN，比较安全。在这里，氰醇可进一步水解得 α-羟基羧酸。

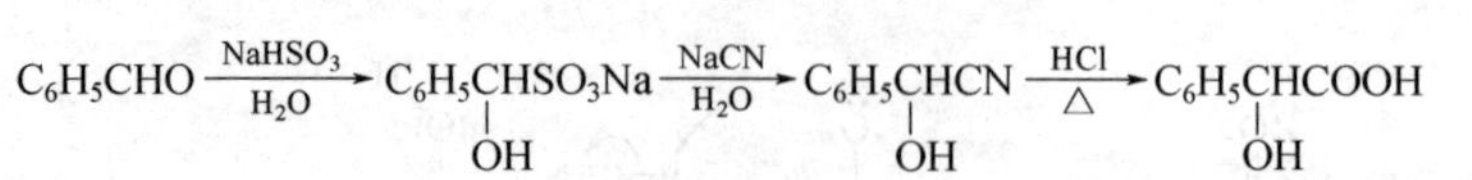

醛酮与 HCN 的加成

9.3.4 与金属有机化合物的加成反应

醛、酮可以与许多金属有机化合物如格氏试剂（RMgX）、有机锂试剂（RLi）、炔钠（RC≡CNa）

等进行亲核加成反应，制备伯、仲、叔醇。选用不同的羰基化合物就可以得到不同的醇，该反应在有机合成上有重要用途。

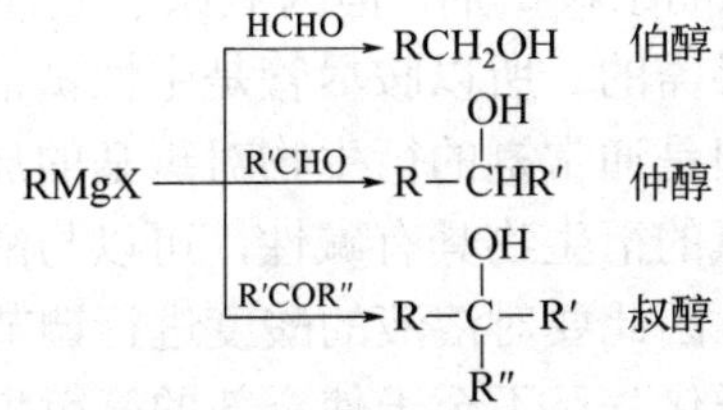

格氏试剂的亲核性很强，大多数的醛、酮都能与之反应。但当酮羰基上连有两个大的烃基时，反应比较困难，这时通常采用体积小的有机锂试剂。例如：

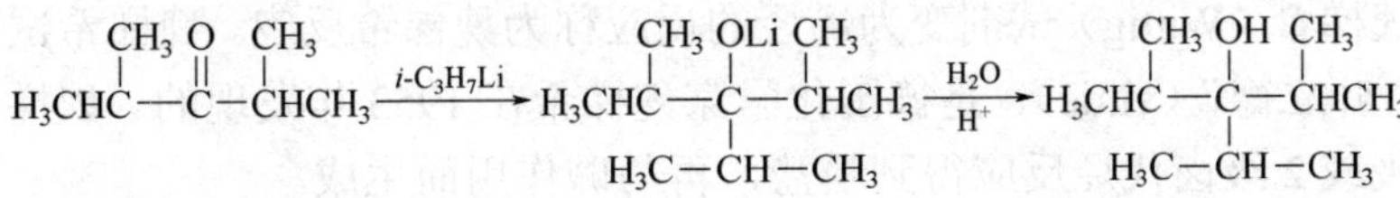

炔钠与醛、酮反应，经水解生成炔醇，例如：

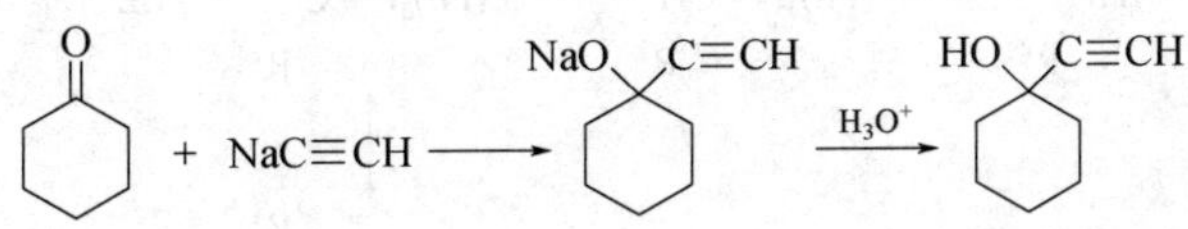

9.3.5 与氨及其衍生物的加成反应

氨及其衍生物，如羟胺（H_2NOH）、肼（H_2NNH_2）、苯肼（$H_2NNHC_6H_5$）、氨基脲（$H_2NNHCONH_2$）等分子的氮原子上有孤对电子，它们可作为亲核试剂与醛、酮发生加成反应，生成一系列的化合物。

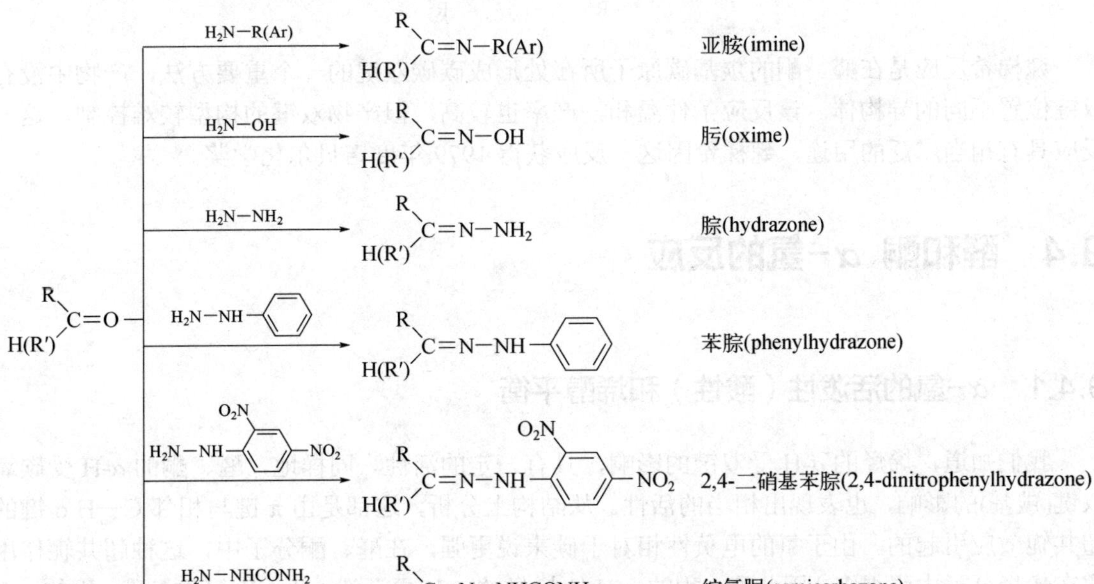

从总的反应结果来看，这些反应都可以看作缩合反应。反应的第一步是氮原子作为亲核试剂进攻羰基的亲核加成，但产物不稳定，随即失去一分子水，生成具有 C═N 结构的产物。

一般来说，中性基团是较弱的亲核试剂，但因氮原子上有孤对电子，是较好的亲核试剂。反应中存在酸催化剂，但不是必需的。所以胺尽管是中性试剂，却有足够强的亲核性，在不需要酸催化下就可进攻羰基。但是通常氨的衍生物对羰基的加成反应在弱酸催化下进行，其历程与醇对羰基的加成类似。氨的衍生物具有碱性，可以与酸成盐，由于盐中的氮原子已与质子结合，从而失去亲核能力，因此要对溶液的酸度进行调节。一般控制在 pH=5～6，此时溶液的酸度既能使部分羰基质子化，又不至于使全部的氨衍生物成盐而失去亲核能力。

9.3.6 与 Witting 试剂的加成反应

把羰基用魏梯希（Wittig）试剂变为烯烃的反应称为魏梯希反应。魏梯希试剂为膦的内鎓盐，又音译为“叶立德”（ylide），是德国化学家魏梯希在 1953 年发现的。魏梯希试剂通常由三苯基膦与 1 级或 2 级卤代烃反应得到膦盐，再与碱作用而生成。

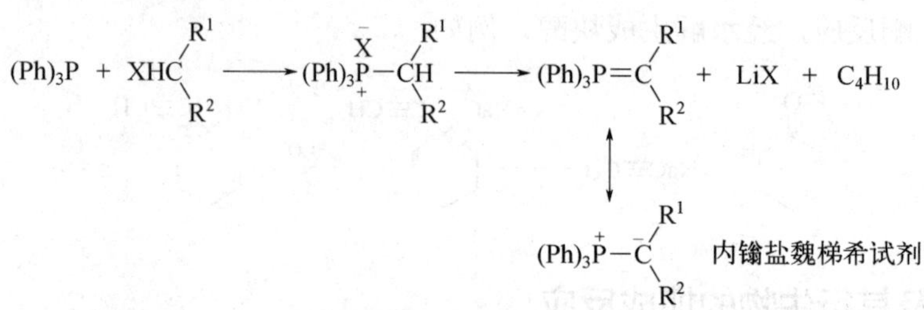

醛、酮与上述魏梯希试剂反应，便可顺利得到烯烃。

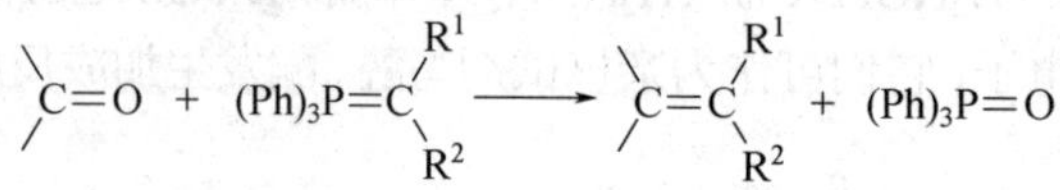

魏梯希反应是在醛、酮的羰基碳原子所在处形成碳碳双键的一个重要方法，产物中没有双键位置不同的异构体。该反应条件温和，产率也较高，但产物双键的构型较难控制。这一反应具有相当广泛的用途，魏梯希因这一反应获得 1979 年度诺贝尔化学奖。

9.4 醛和酮 α-氢的反应

9.4.1 α-氢的活泼性（酸性）和烯醇平衡

我们知道，烯烃的 α-H 受双键的影响，具有一定的活性。同样地，醛、酮的 α-H 受碳氧双键(羰基)的影响，也表现出相当的活性。从结构上分析，这都是由 π 键与相邻 C—H σ 键的超共轭效应引起的。由于氧的电负性相对于碳来说更强，在醛、酮分子中，这种超共轭作用比在烯烃分子中强得多，因此醛、酮的 α-H 比烯烃的 α-H 更活泼。由 pK_a 可知，醛、酮的 α-H 的酸性比炔氢还强。

	$H_2C=CHCH_3$	$HC\equiv CH$	$H_3C-\overset{O}{\overset{\|}{C}}-CH_3$
pK_a	约38	25	20

作为一种弱酸，醛、酮的 α-H 解离生成相应的负离子，能够通过电子离域作用得到稳定。

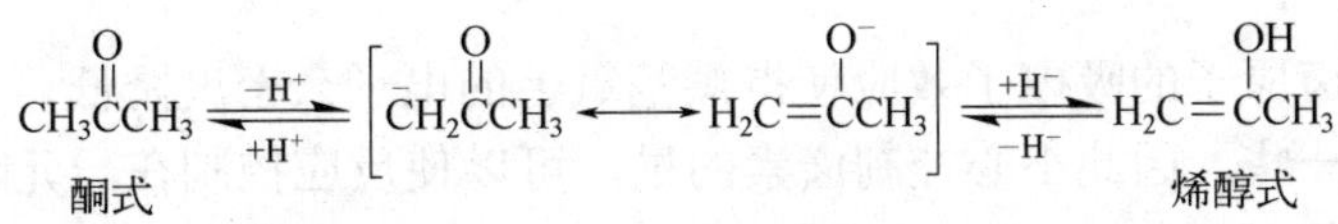

由上式可以看到，当共轭碱的 α-碳原子与质子结合时，又变回原来的酮（酮式结构）；当共轭碱的氧原子与质子结合时，生成烯醇（烯醇式结构），酮和烯醇互为异构体，它们可以通过共轭碱发生互变并达到平衡。这种现象称为互变异构。通常情况下，平衡体系中醛、酮式异构体是主要的，烯醇异构体只占很小一部分。酮或二酮的平衡体系中，烯醇式能被其他基团稳定化，烯醇式所占比例会增加（表 9-2）。

表 9-2　烯醇式在不同体系中的比例

酮式	烯醇式	烯醇式所占比例/%
$H_3C-\overset{O}{\overset{\|}{C}}-CH_3$	$H_2C=\overset{OH}{\overset{\|}{C}}-CH_3$	2.4×10^{-4}
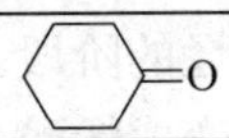	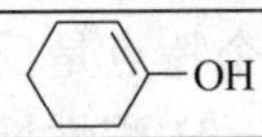	2.0×10^{-2}
$H_3C-\overset{O}{\overset{\|}{C}}-CH_2COOC_2H_5$	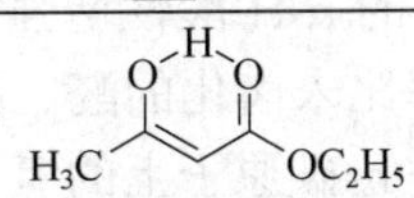	7.5
$H_3C-\overset{O}{\overset{\|}{C}}-CH_2-\overset{O}{\overset{\|}{C}}-CH_3$	$H_3C-\overset{OH}{\overset{\|}{C}}=CH-\overset{O}{\overset{\|}{C}}-CH_3$	80
$C_6H_5-\overset{O}{\overset{\|}{C}}-CH_2-\overset{O}{\overset{\|}{C}}-CH_3$	$C_6H_5-\overset{OH}{\overset{\|}{C}}=CH-\overset{O}{\overset{\|}{C}}-CH_3$	99

9.4.2　α-氢的卤化反应

在酸或碱的催化下，具有 α-氢的醛、酮与卤素作用时，α-氢易被卤素取代，且易生成多卤代产物。

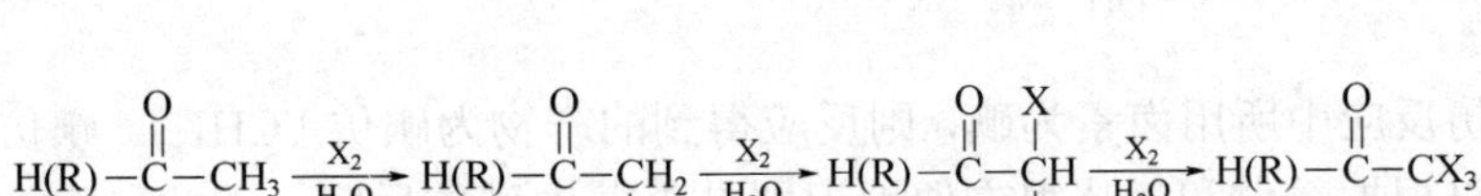

（1）酸催化卤化

醛、酮酸催化卤化时，首先发生羰基质子化，然后通过烯醇式进行卤化。首先羰基氧与质子结合，形成质子化醛、酮；再从 α-碳上解离一个质子（为碱所接受），生成烯醇。接着卤素与烯醇发生双键加成，正性卤素与 α-碳结合，最后失去质子而得到最终产物卤代酮。

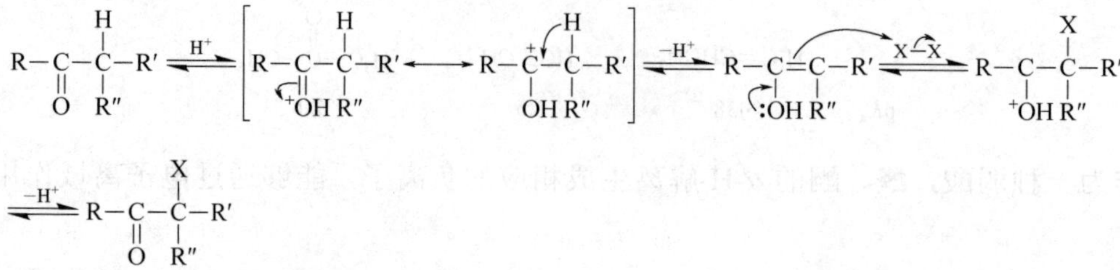

一元卤化后，卤原子的吸电子效应使得羰基氧上的电子云密度降低，再质子化形成烯醇要比未卤化时困难一些，因此小心控制卤素的量，可以使反应控制在一元阶段。

（2）碱催化卤化

碱催化卤化常用的试剂为次卤酸钠和卤素的碱溶液。首先碱缓慢地从醛、酮的α-碳原子上夺取一个质子，形成烯醇负离子（亦称烯醇盐），这是决定整个反应速率的步骤。然后烯醇负离子与卤素发生反应，生成α-卤代醛、酮。

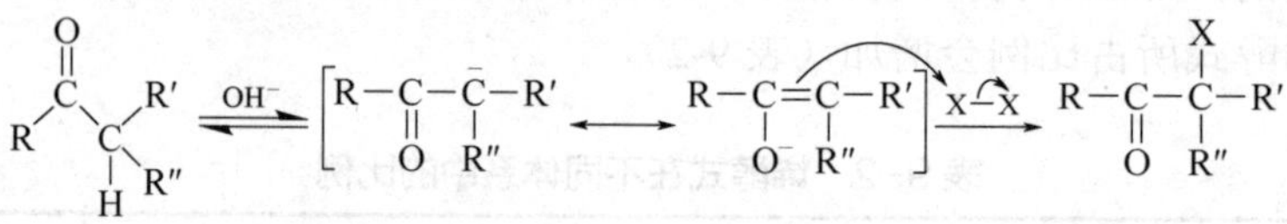

醛、酮的碱催化卤化与酸催化卤化相比，反应速率较快，这是由于在碱的协助下，醛、酮主动去夺取质子，烯醇负离子生成的速率快，而且烯醇负离子的亲核性较强，它与卤素反应非常容易。碱催化反应的另一个特点是反应很难控制在生成一卤代烃的阶段。由于卤素的吸电子作用，α-卤代醛、酮中的α-H 酸性增强，在碱的作用下更容易变成烯醇负离子，因而α-卤代醛、酮继续卤化的速率比未卤化的醛、酮的快。α-二卤代醛、酮的速率更快，即卤化一步比一步快，最后的结果是α-碳原子上的氢全部被卤素取代。含有α-甲基的醛、酮在碱溶液中与卤素反应，当α-氢原子全部被取代后，由于 3 个卤原子的吸电子效应，C—C 键电子云密度降低，羰基碳易受 OH^-进攻，因此 C—C 键断裂，形成 X_3C^-；X_3C^-得到质子，生成卤仿，此为卤仿反应。

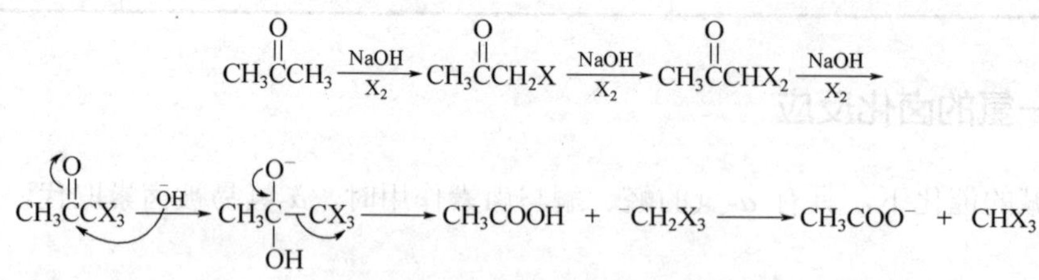

如果在卤仿反应中所用卤素为碘，则反应得到的产物为碘仿（CHI_3）。碘仿为特殊气味的黄色沉淀，可以根据颜色和气味很方便地识别是否发生碘仿反应。因此，碘仿反应常用于甲基酮的鉴别。

由于 NaOX 也是一种氧化剂，能将α-甲基醇氧化为乙醛或α-甲基酮，因此凡是具有 CH_3—CO—和 $CH_3CH(OH)$—结构单元的化合物都能发生卤仿反应。

$$CH_3CH_2OH \xrightarrow[NaOH]{I_2} CH_3CHO \xrightarrow[NaOH]{I_2} HCOONa + CHI_3\downarrow$$

$$CH_3\underset{}{\overset{OH}{\overset{|}{C}}}HCH_3 \xrightarrow[NaOH]{I_2} CH_3\overset{O}{\overset{\|}{C}}CH_3 \xrightarrow[NaOH]{I_2} CH_3COONa + CHI_3\downarrow$$

9.4.3 缩合反应

（1）羟醛缩合反应

羟醛缩合（aldol condensation）反应是两分子醛或酮的二聚反应。有 α-氢原子的醛或酮与碱作用产生烯醇负离子，烯醇负离子作为亲核试剂进攻“游离”的醛或酮，生成 β-羟基醛或 β-羟基酮。如果反应在加热条件下进行，β-羟基醛受热时容易失去一分子水，生成 α,β-不饱和醛。

$$RCH_2CHO + RCH_2CHO \xrightarrow[-H_2O]{OH^-} RCH_2\overset{OH}{\overset{|}{C}}H-\underset{R}{\underset{|}{C}}HCHO \xrightarrow{\triangle} RCH_2CH=\underset{R}{\underset{|}{C}}CHO$$

由于在反应过程中生成了羟醛化合物，并从中脱掉一分子水，所以该反应称为羟醛缩合。反应第一步中催化剂 OH^- 夺取醛分子的 α-H，形成碳负离子；第二步中碳负离子作为亲核试剂进攻另一分子醛的羰基，生成氧负离子；第三步中氧负离子从水分子中夺取质子，生成羟醛化合物；第四步中不稳定的羟醛化合物失水（微热下），得到 α,β-不饱和醛。其反应机理如下：

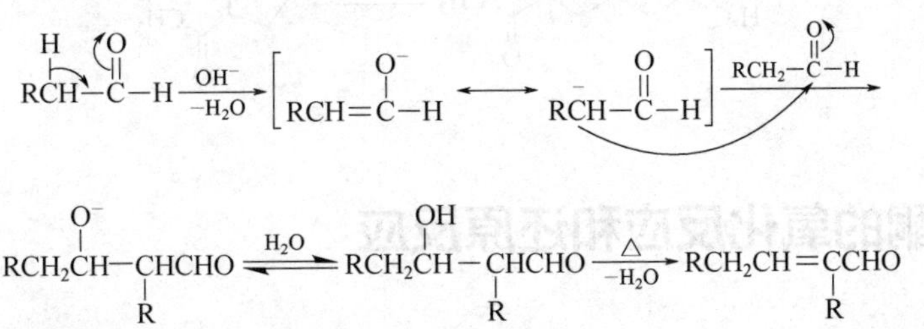

（2）交叉羟醛缩合反应

若用两种不同的含有 α-氢原子的醛在稀碱作用下进行反应，则发生交叉羟醛缩合，可生成四种产物。此反应因分离困难，实际意义不大。若采用一种不含 α-氢原子的醛与另一种含 α-氢原子的醛进行交叉羟醛缩合反应，则有一定应用价值。例如：

$$3\,HCHO + CH_3CHO \xrightarrow[55\sim65\ ^\circ C]{Ca(OH)_2} HOH_2C-\underset{CH_2OH}{\underset{|}{\overset{CH_2OH}{\overset{|}{C}}}}-CHO$$

在上述反应中，由于甲醛的羰基比较活泼，在进行交叉羟醛缩合时，能在乙醛的 α-碳原子上引入三个羟甲基。为了减少副反应，需将乙醛和碱溶液同时分别慢慢地加到甲醛溶液中，使甲醛始终过量，这样有利于交叉羟醛缩合产物，即三羟甲基乙醛的生成。它是合成季戊四醇的中间体。

（3）酮与酮的缩合反应

含有 α-氢原子的酮也能发生羟醛缩合类似的反应，但只是建立起产物和原料的平衡，反应的平衡常数较小，只能得到少量的β-羟基酮。为了使反应进行完全，必须在反应过程中不断移走产物，从而使反应向生成产物的方向移动，提高产率。例如，丙酮可以在索氏提取器中用不溶性的碱催化，进行缩合反应，产率可达70%。

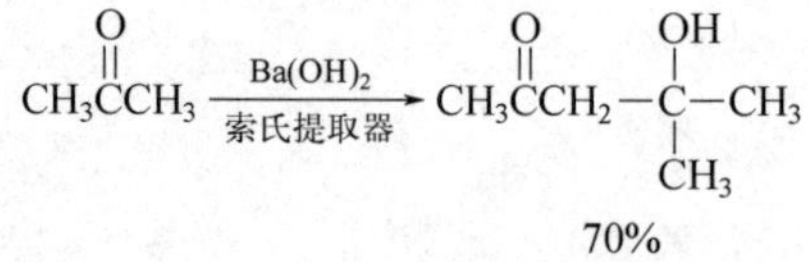

（4）醛与酮的交叉羟醛缩合反应

酮与碱作用所生成的负离子具有较强的亲核性，因而容易与醛发生交叉羟醛缩合反应。例如：

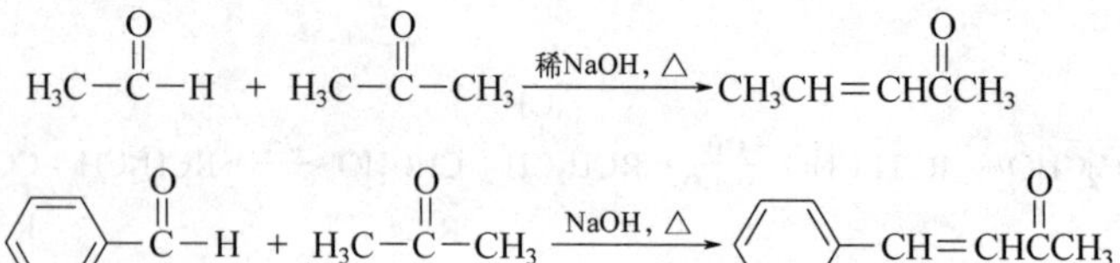

（5）分子内羟醛缩合反应

羰基化合物的分子内缩合能生成环状化合物，这可用于五、六、七元环化合物的合成。它比分子间的缩合反应更容易，而且产率高。

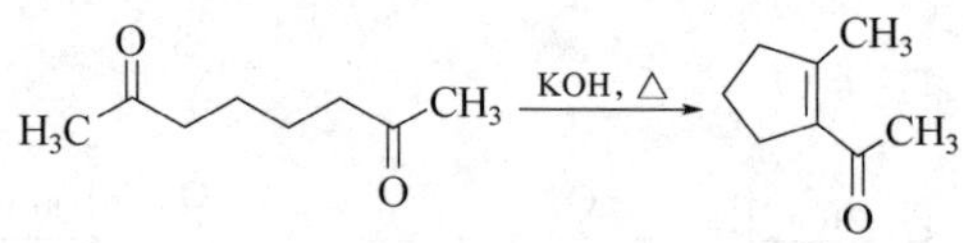

9.5 醛和酮的氧化反应和还原反应

9.5.1 醛和酮的氧化反应

（1）一般氧化

因为醛的羰基碳上有一个氢原子，所以醛比酮容易氧化，使用弱的氧化剂就能使醛氧化成同碳原子数的羧酸。而弱的氧化剂不能使酮氧化。常用的弱氧化剂是托伦斯（Tollens）试剂和费林（Fehling）试剂。

醛与托伦斯试剂（硝酸银的氨水溶液）反应，醛被氧化成为羧酸（实际上得到羧酸的铵盐），一价银离子作为氧化剂则被还原为金属银。如果反应器很干净，所析出的金属银将镀在反应器的内壁，形成银镜，所以这个反应常称为银镜反应。

$$\mathrm{RCHO} + \underset{\text{托伦斯试剂}}{2\,\mathrm{Ag(NH_3)_2OH}} \xrightarrow{\triangle} \mathrm{RCOONH_4} + \underset{\text{银镜}}{2\,\mathrm{Ag}\downarrow} + 3\,\mathrm{NH_3} + \mathrm{H_2O}$$

费林试剂是以酒石酸钾钠作为络合剂的碱性氢氧化铜溶液，其中作为氧化剂的是二价铜离子。脂肪（环）醛与费林试剂反应时，二价铜离子被还原成砖红色的氧化亚铜沉淀。但费林试剂不能将芳醛氧化成相应的酸。

$$RCHO + \underset{\text{费林试剂}}{2\,Cu(OH)_2} + NaOH \xrightarrow{\triangle} RCOONa + \underset{\text{红色沉淀}}{Cu_2O\downarrow} + 3\,H_2O$$

酮一般不与托伦斯试剂发生银镜反应，也不与费林试剂作用。由于上述两种氧化剂与醛的反应现象很明显，因而常用来鉴别醛和酮，以及脂肪(环)醛与芳香醛。这两种试剂对碳碳双键和碳碳三键不反应，而用强氧化剂如高锰酸钾氧化时，碳碳双键等也会被氧化。例如：

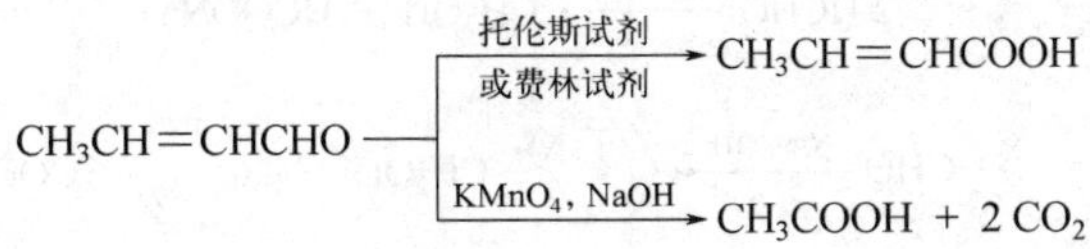

酮不易发生氧化，但在强氧化剂作用下，羰基和 α-碳原子之间的碳碳键断裂，生成低级羧酸混合物，由于生成的氧化产物复杂，此类反应一般没有合成价值。但也有个别例外，如环酮的氧化可得单一产物，具有制备价值。再如，环己酮在硝酸或高锰酸钾氧化作用下生成己二酸，这是工业上制备己二酸的方法。己二酸是生产尼龙-66 的基本原料。

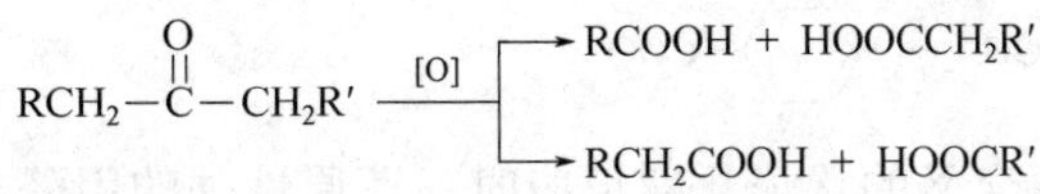

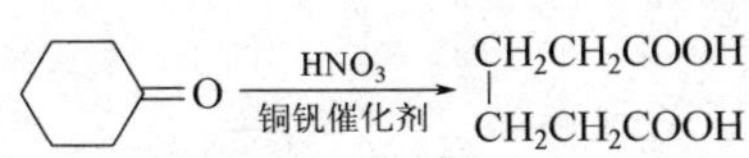

（2）过氧酸氧化

酮在过氧酸的存在下，经过氧化重排生成酯，这也是个重要的反应，称为拜尔-维利格（Baeyer-Villiger）反应。

$$R-\overset{\overset{O}{\|}}{C}-R' + R''-\overset{\overset{O}{\|}}{C}-O-OH \longrightarrow R-\overset{\overset{O}{\|}}{C}-O-R' + R''-\overset{\overset{O}{\|}}{C}-OH$$

反应机理如下：

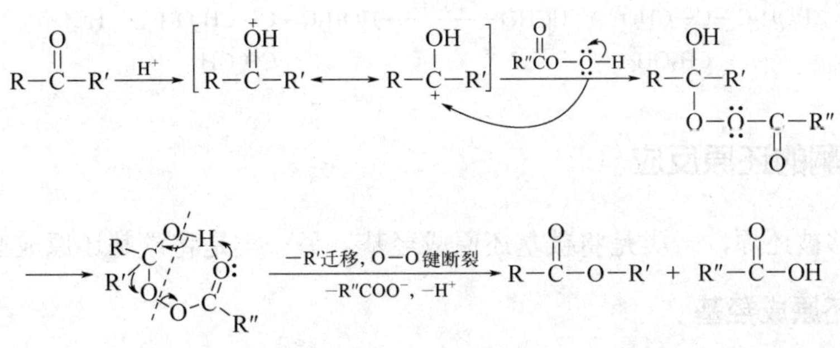

用过氧酸氧化的是酮基，不影响其碳架，因此具有合成价值。对于不对称的酮，迁移的一般规则是最富电子的烃基（更多取代的碳）优先迁移，迁移的优先次序如下：

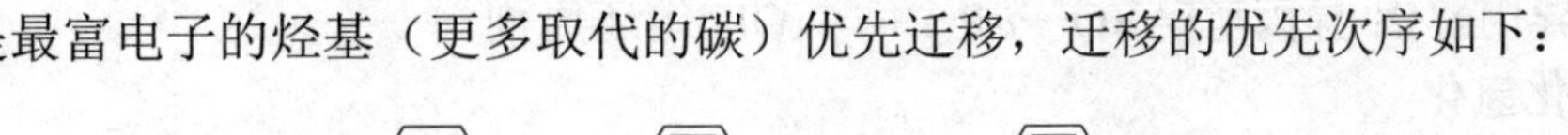

9.5.2 坎尼扎罗（Cannizzaro）反应

没有 α-氢原子的醛在强碱作用下，能发生自身的氧化和还原反应，即一分子醛被氧化成羧酸（以羧酸盐的形式存在），另一分子醛被还原成醇，称为坎尼扎罗（Cannizzaro）反应，又称歧化反应（disproportionation）。该反应是 Cannizzaro（1826—1910 年）于 1853 年首先发现的，并由此而得名。

$$2\,HCHO \xrightarrow{浓NaOH} CH_3OH + HCOONa$$

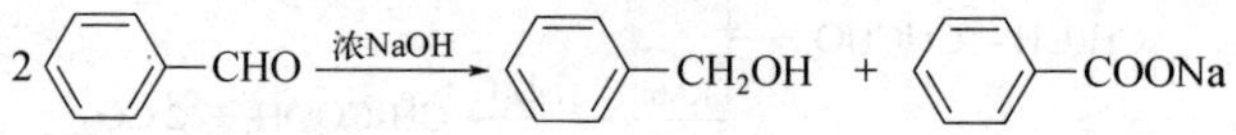

其反应机理如下：

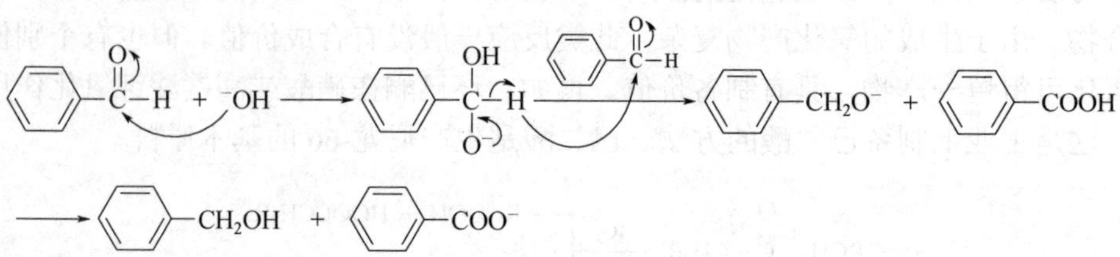

两分子不同的醛发生交叉的坎尼扎罗反应时，还原性强的甲醛易被氧化成酸，另一分子醛则被还原成醇。例如：

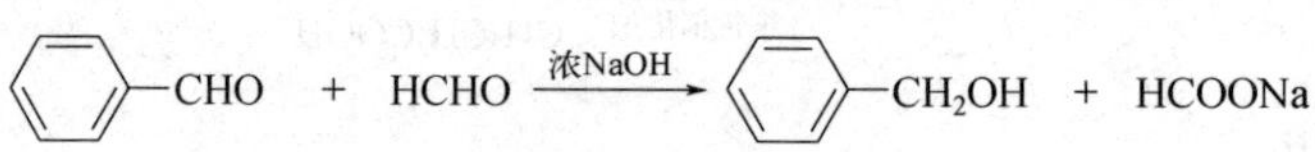

以甲醛和乙醛为原料，通过交叉羟醛缩合和交叉坎尼扎罗反应可以制备季戊四醇。季戊四醇是重要的化工原料，其硝酸酯是心血管扩张药物。

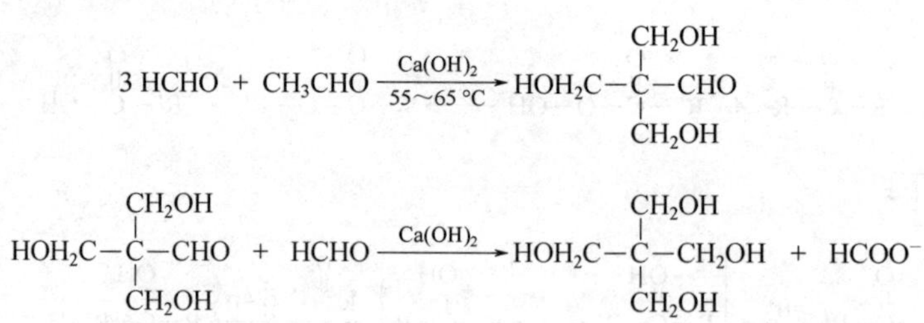

9.5.3 醛和酮的还原反应

醛、酮能够被还原，一类是将羰基还原成羟基，另一类是将羰基还原成亚甲基。

9.5.3.1 还原成羟基

将醛、酮还原成醇，可以采用催化氢化的方式或者使用硼氢化钠（$NaBH_4$）、氢化铝锂（$LiAlH_4$）、异丙醇铝-异丙醇[Al(O—*i*-Pr) + *i*-PrOH]等还原剂。

（1）催化氢化

在金属 Ni、Pt 或 Pd 存在，以及加压和加热条件下，醛或酮均可还原成醇。该反应产率高（90%～100%），但是催化剂昂贵，并且这种催化氢化也能还原碳碳双键，因此，它可以还原不饱和醛、酮，生成饱和醇。

$$\mathrm{R-\overset{\overset{\displaystyle O}{\|}}{C}-H(R') + H_2 \xrightarrow[\triangle,\ 加压]{Ni} R-\overset{\overset{\displaystyle OH}{|}}{C}H-H(R')}$$

$$\mathrm{RCH_2CH{=}CHCHO + H_2 \xrightarrow[\triangle,\ 加压]{Ni} RCH_2CH_2CH_2CH_2OH}$$

（2）用金属氢化物还原

也可以选择使用具有选择性的金属氢化物（$LiAlH_4$、$NaBH_4$）以及它们的取代物（叔丁氧基氢化铝锂等）对醛、酮羰基进行还原。

① $LiAlH_4$是强还原剂，除不还原碳碳双键（C═C）或三键（C≡C）外，羧基、酯基、氰基等其他不饱和键都可被其还原。由于$LiAlH_4$不稳定，遇水剧烈反应，通常只能在无水醚或THF溶剂中使用。

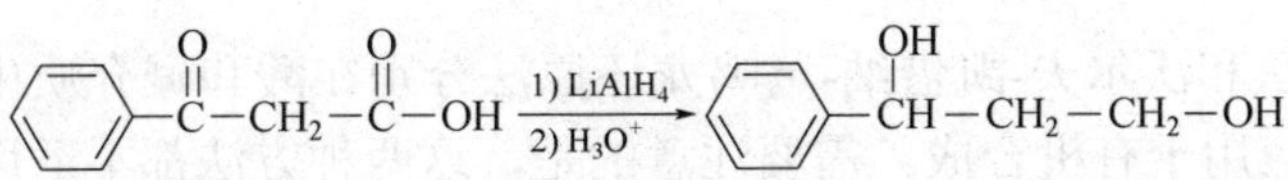

② $NaBH_4$是一种温和的还原剂，只还原醛、酮、酰卤中的羰基，不还原其他基团，也不受水、醇的影响，可在水或醇中使用。

$$\mathrm{CH_3CH{=}CHCH_2CHO \xrightarrow[2)\ 水或醇]{1)\ NaBH_4} CH_3CH{=}CHCH_2CH_2OH}$$

③ 异丙醇铝作为还原剂时反应的专一性高，只还原醛、酮的羰基。此反应是可逆反应，又称麦尔外因-庞道夫（Meerwein-Ponndorf）还原法。其逆反应称为欧芬脑尔（Oppenauer）氧化反应。

$$\mathrm{R-\overset{\overset{\displaystyle O}{\|}}{C}-H(R') \xrightarrow{Al(O-\mathit{i}-Pr)_3} R-\overset{\overset{\displaystyle OH}{|}}{C}H-H(R')}$$

黄鸣龙反应

9.5.3.2　还原成亚甲基

把醛、酮还原成烃，较常用的还原方法有两种。

（1）克莱门森（Clemmensen）还原法

醛、酮在锌汞齐和浓盐酸作用下，可被还原为烃，羰基变为亚甲基，孤立双键不受影响。

$$\mathrm{R-\overset{\overset{\displaystyle O}{\|}}{C}-H(R') \xrightarrow[\triangle]{Zn\text{-}Hg,\ 浓HCl} R-CH_2-H(R')}$$

此法也适用于还原芳香酮，是在芳环上间接引入直链烃基的方法。例如：

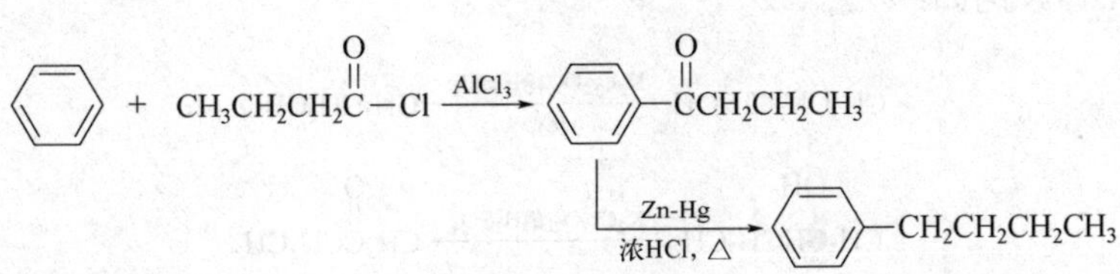

（2）沃尔夫-凯惜纳-黄鸣龙（Wolff-Kishner-黄鸣龙）还原法

将醛、酮与肼反应生成腙，然后将腙与乙醇钠在封管或高压釜中加热至 180℃，放出氮气，羰基被还原成亚甲基。此反应是 Kishner 和 Wolff 分别于 1911 年、1912 年发现的，被称为沃尔夫-凯惜纳还原法。

$$R-\overset{\overset{O}{\|}}{C}-R' \xrightarrow{\text{无水}NH_2NH_2} R-\overset{\overset{N-NH_2}{\|}}{C}-R' \xrightarrow[200\ ^\circ C,\text{加压，回流}50\sim100\ h]{KOH\text{或}C_2H_5ONa,\ C_2H_5OH} R-CH_2-R' + N_2\uparrow$$

该方法的缺点是需要高压釜和无水肼，反应时间长，产率不高。1946 年，我国化学家黄鸣龙改进了这个方法，他将无水肼改为水合肼，碱采用 NaOH，以高沸点的一缩乙二醇为溶剂一起回流。回流完成后，先蒸去水和过量的肼，再升温分解，使醛、酮还原成烃。改进后反应时间大大缩短，只需 3～5h，并且产率很高。该醛、酮还原法被称为沃尔夫-凯惜纳-黄鸣龙还原法。

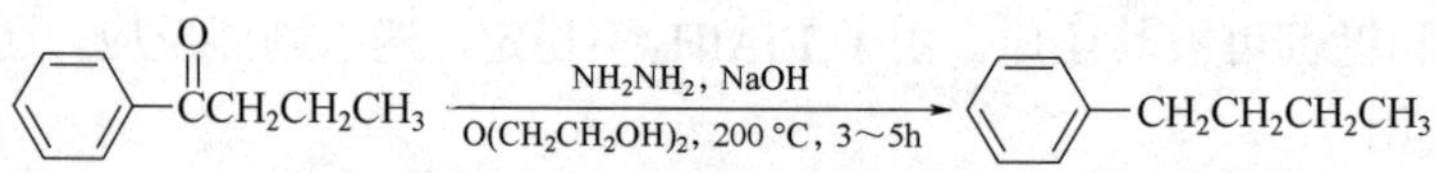

克莱门森还原法和沃尔夫-凯惜纳-黄鸣龙还原法分别在酸和碱介质中反应，两种方法可以互相补充，广泛应用于有机合成。需要注意的是，这两种方法都不适用于 α,β-不饱和羰基化合物的还原，原因是克莱门森还原法会将 α,β-不饱和羰基化合物的碳碳双键一起还原，而在沃尔夫-凯惜纳-黄鸣龙还原法中，除了生成还原产物，还会生成杂环化合物。

9.6 醛和酮的制备

9.6.1 炔烃水合制备乙醛和甲基酮

乙炔水合是工业上制备乙醛的方法之一。在汞盐存在下，炔烃与水化合生成乙醛或甲基酮。

$$HC\equiv CH + H_2O \xrightarrow[H_2SO_4]{HgSO_4} CH_3CHO$$

$$RC\equiv CH + H_2O \xrightarrow[H_2SO_4]{HgSO_4} R\overset{\overset{O}{\|}}{C}CH_3$$

9.6.2 醇的氧化和脱氢制备醛、酮

伯醇和仲醇可以通过氧化和脱氢反应制备醛和酮。常用的氧化剂有 $K_2Cr_2O_7$/稀 H_2SO_4、CrO_3/CH_3COOH 等。例如：

$$CH_3CH_2CH_2OH \xrightarrow[\triangle]{K_2Cr_2O_7/\text{稀}H_2SO_4} CH_3CH_2CHO$$

$$CH_3\underset{}{\overset{\overset{OH}{|}}{C}}HCH_2CH_3 \xrightarrow[\triangle]{K_2Cr_2O_7/\text{稀}H_2SO_4} CH_3\overset{\overset{O}{\|}}{C}CH_2CH_3$$

由伯醇制备的醛还会继续被氧化成羧酸。为防止醛的进一步氧化，必须尽快使它与氧化剂分离，或采用较弱的氧化剂或特殊的氧化剂，如 CrO_3/吡啶（Sarrett 试剂）可以使氧化很好

地控制在生成醛的阶段。

$$CH_3CH_2\underset{}{\overset{CH_3}{\overset{|}{C}}}H(CH_2)_4CH_2OH \xrightarrow[CH_2Cl_2]{CrO_3/吡啶} CH_3CH_2\overset{CH_3}{\overset{|}{C}}H(CH_2)_4CHO$$

伯醇和仲醇在活性 Cu 或 Ag、Ni 等催化剂表面进行气相脱氢反应也可以分别制备醛和酮。例如：

$$CH_3CH_2OH \underset{300\ ^\circ C}{\overset{Cu}{\rightleftharpoons}} CH_3CHO$$

$$CH_3\overset{OH}{\overset{|}{C}}HCH_3 \underset{500\ ^\circ C}{\overset{Cu}{\rightleftharpoons}} CH_3\overset{O}{\overset{\|}{C}}CH_3$$

9.6.3 偕二卤代烃水解法制备醛、酮

在酸或碱的催化下，偕二卤代烃水解生成醛、酮。由于脂肪族偕二卤代烃的制备较难，故一般不用此法制备脂肪族醛、酮。例如：

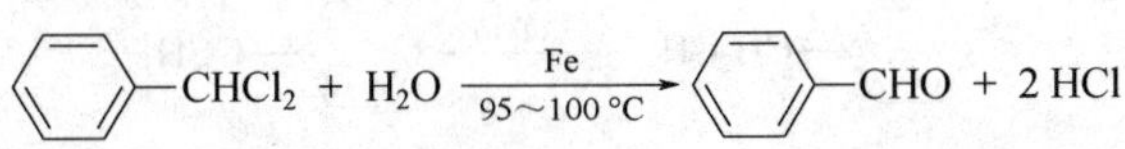

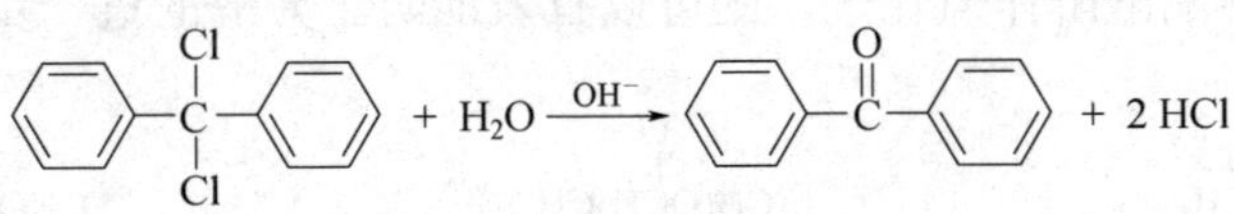

9.6.4 盖特曼-柯赫（Gattermann-Koch）甲酰化反应制备醛

CO 和 HCl 在 $AlCl_3$ 催化、高压条件下于芳环上发生甲酰化反应，生成醛。

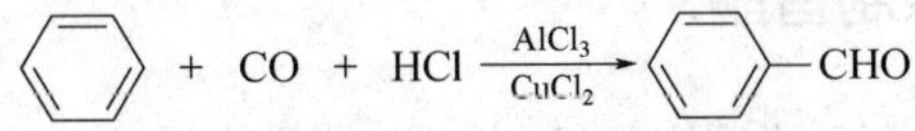

该反应称盖德曼-柯赫反应，是一种特殊的傅-克酰基化反应。如果芳环上有烃基、烷氧基，按定位规则以对位产物为主。如果芳环上带有羟基，反应效果不好；如果芳环上连有吸电子基团，则反应不发生。该反应常用于由烷基苯制备相应的芳醛。例如：

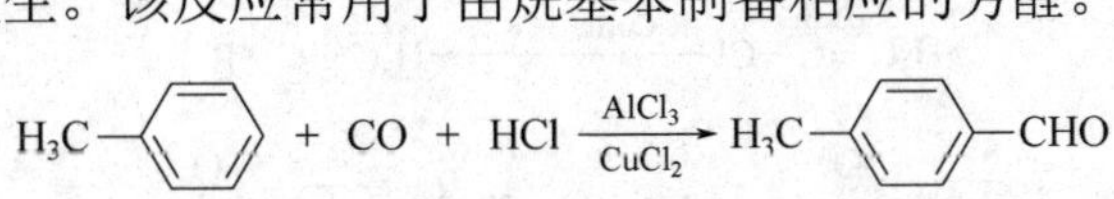

9.6.5 芳香环的傅-克酰基化反应制备芳香醛、酮

在路易斯酸的作用下，芳烃与酰卤进行傅-克酰基化反应，是制备芳酮的重要方法。该反应的优点是不发生重排，产物单一，产率高。

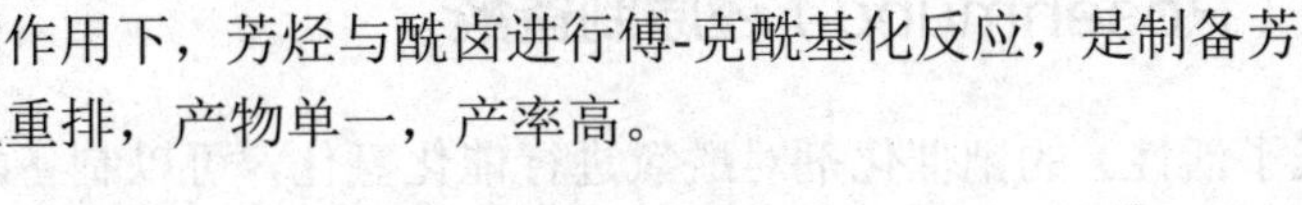

通过分子内酰基化可以制备环酮，例如：

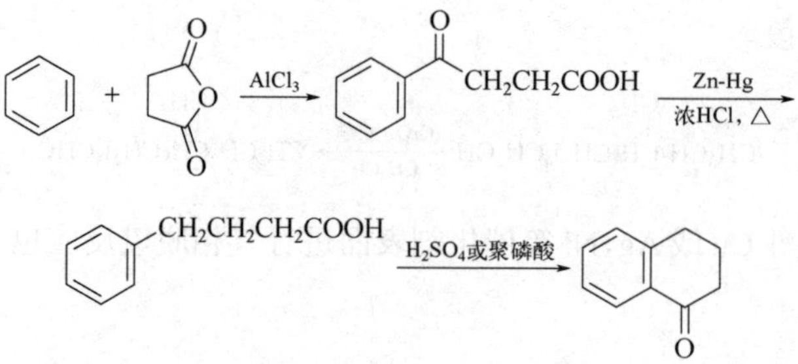

9.6.6 芳烃侧链的控制氧化制备芳醛、芳酮

芳环侧链上含有 α-氢原子的碳原子容易被氧化。控制反应条件，可以使反应停留在醛或酮的阶段，从而制备相应的芳醛、芳酮。例如：

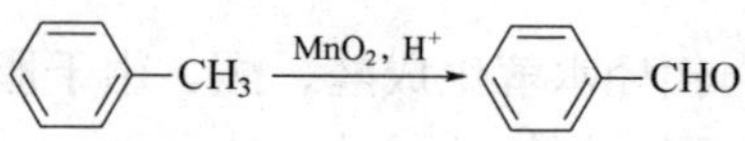

如果用三氧化铬-醋酸酐作氧化剂，则可以有效地防止芳醛的进一步氧化。

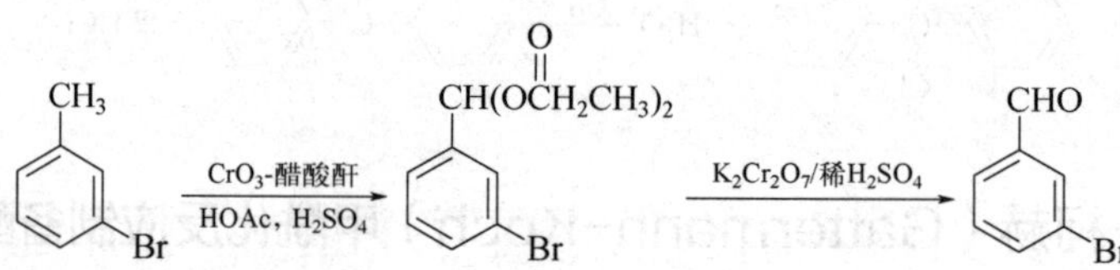

9.6.7 二烃基铜锂还原制备酮

二烃基铜锂与酰氯在低温下作用可以制备酮，此反应遵循自由基机理而非亲核取代机理。二烃基铜锂与酯、腈、卤代烃等不反应。例如：

$$H_3C-\overset{O}{\overset{\|}{C}}-Cl \xrightarrow{R_2CuLi,\ -78\ ^\circ C} H_3C-\overset{O}{\overset{\|}{C}}-R$$

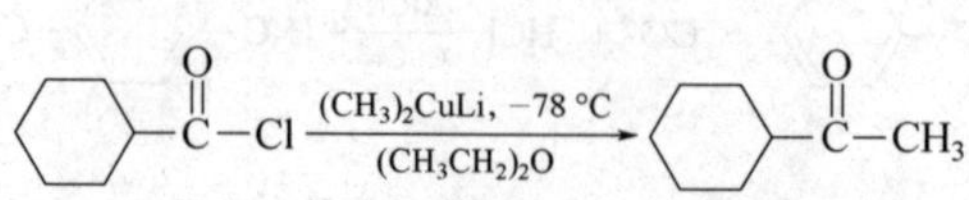

9.6.8 罗森孟德（Rosenmund）还原制备醛

用毒化了（降低了活性）的钯催化剂对酰氯进行催化氢化，可以制备醛。该反应产率高，具有很高的合成价值。

$$R-\overset{O}{\overset{\|}{C}}-Cl + H_2 \xrightarrow{Pd/BaSO_4} R-\overset{O}{\overset{\|}{C}}-H + HCl$$

9.6.9 羰基合成制备醛

烯烃与一氧化碳和氢气在高压和催化剂 $Co_2(CO)_8$ 的作用下，可生成比原烯烃多一个碳原子的醛。该法称为羰基合成法。例如：

$$CH_3CH{=}CH_2 + CO_2 + H_2 \xrightarrow[100\ ^\circ C,\ 20\sim30\ MPa]{Co_2(CO)_8} \begin{cases} CH_3CH_2CH_2CHO & (75\%) \\ CH_3\underset{}{\overset{CH_3}{\overset{|}{C}}}HCHO & (25\%) \end{cases}$$

9.7 α,β-不饱和醛、酮

9.7.1 α,β-不饱和醛、酮的结构

在分子中既含有羰基又含有碳碳双键的化合物称为不饱和羰基化合物。根据双键与羰基所处的位置，可以把不饱和羰基化合物分为三类：烯酮（RCH═C═O），α,β-不饱和醛、酮(RCH=CHCHO)，孤立不饱和醛、酮（RCH═CH(CH$_2$)$_n$CHO，n≥1）。当碳碳双键与羰基处于共轭的位置时，这类化合物称为α,β-不饱和醛、酮。

α,β-不饱和醛、酮的羰基由亲核的氧原子和亲电的碳原子组成，同时电负性较大的氧原子通过共振效应对β-碳原子产生影响，因此在分子中还有另外一个亲电的碳原子——β-碳原子。从下面的共振结构中可以看出，α,β-不饱和羰基化合物存在两个亲电中心和一个亲核中心。

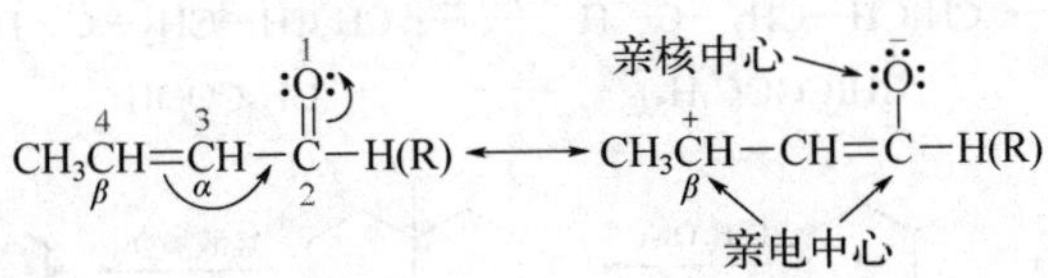

9.7.2 α,β-不饱和醛、酮的反应

由于含有两类特性基团，α,β-不饱和醛、酮不仅具有两类特性基团各自的性质，而且具有独特的包含两类特性基团的性质。这个共轭的羰基特性基团进行加成反应有两种类型。一种是只对共轭体系中的某个π键的加成，称为1,2-加成，如 Br_2 对碳碳双键的加成和 NH_2OH 对碳氧双键的加成。另一种是对整个共轭π体系的加成，称为1,4-加成或共轭加成。在这类加成反应中，极性试剂的亲核部分加到β-碳原子上，而亲电部分加到羰基的氧原子上。当亲电部分是氢原子的时候，初产物为不稳定的烯醇，其重排为稳定的醛、酮式结构，因此反应的结果也表现为对碳碳双键的1,2-加成。

（1）有机金属化合物的加成反应

有机金属化合物与α,β-不饱和醛、酮有1,2-加成和1,4-加成两种加成方式。具体以哪种方式进行，则依据不同的反应条件和进攻试剂而定。

格氏试剂和有机锂试剂以1,2-加成的方式对羰基进行亲核加成反应。

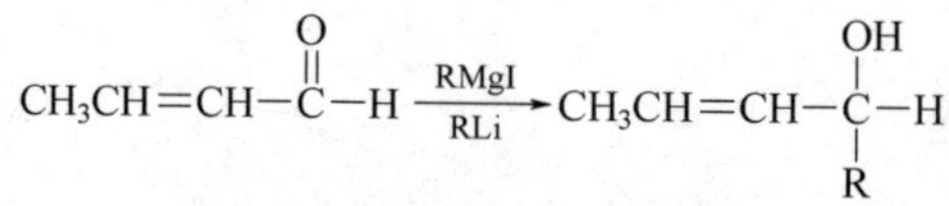

有机铜试剂（RCuLi）与 α,β-不饱和醛、酮主要发生 1,4-加成反应，在 β 位引入烷基。

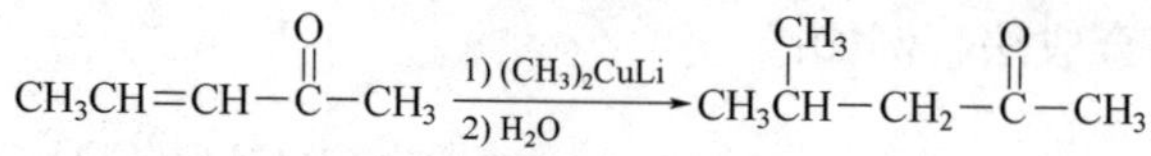

（2）迈克尔加成反应及其在合成上的应用

α,β-不饱和醛、酮与含有活泼亚甲基的化合物的共轭加成反应称为迈克尔（Michael）加成反应。

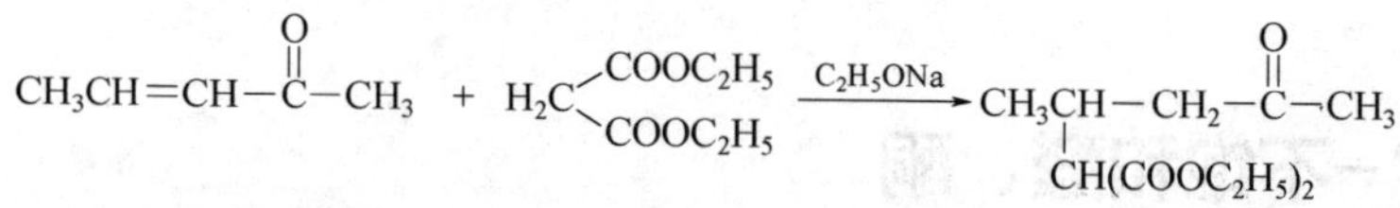

参与迈克尔加成反应的双方，一方为电子供体（碳负离子），另一方为碳负离子受体（α,β-不饱和醛、酮）。因此，凡是能提供电子供体和碳负离子受体的两种物质均能发生迈克尔加成反应。活泼亚甲基化合物、烯胺、氰乙酸酯类、酮酸酯、硝基烷类、砜类等可作为电子供体。α,β-不饱和醛、酮、酯，以及不饱和腈、不饱和硝基化合物、易于消除的曼尼希碱可作为碳负离子受体。一般来说，迈克尔加成反应需要在碱性条件下进行，醇钠（钾）、氨基钠、吡啶、三乙胺、季铵碱等均可作为催化剂。迈克尔加成反应在有机合成上有着极其重要的应用价值，可用于合成 1,5-二羰基化合物；也可和羟醛缩合反应一起进行罗宾逊环合反应，合成环状化合物。

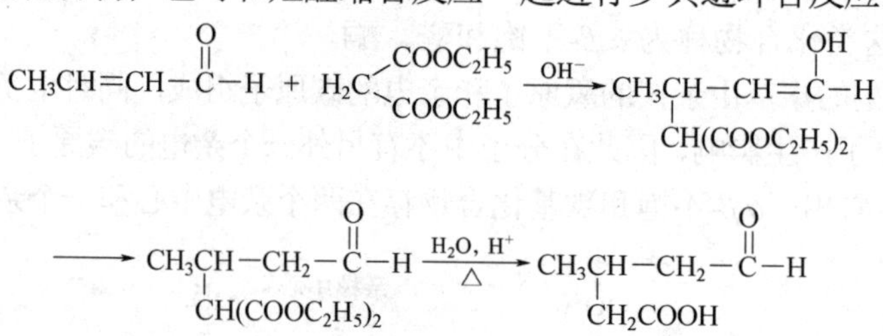

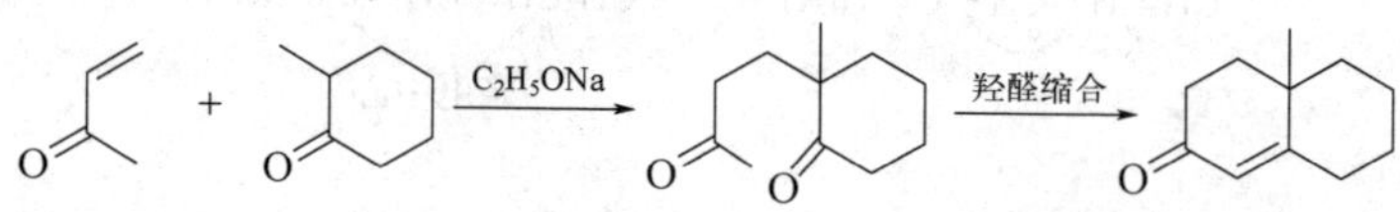

Ⅱ 醌

9.8 醌的结构和命名

醌（quinone）类化合物是指环状的共轭不饱和二酮，在醌分子中存在环己二烯二酮的特殊结构。醌是一类特殊的环酮，可由芳香化合物制备。醌主要分为苯醌、萘醌、蒽醌、菲醌四大类，其虽然是共轭环状化合物，但醌环没有芳香化合物的特性。

醌型结构主要有对位和邻位两种，不存在间位的醌型结构。

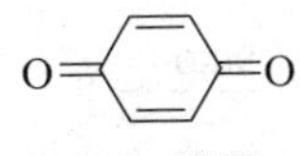

对醌型结构

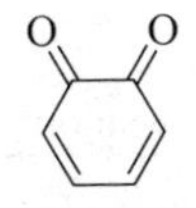

邻醌型结构

在对苯醌中，碳碳单键和碳碳双键的键长分别为0.149nm和0.132nm，这与脂肪族的单、双键键长（0.154nm和0.134nm）很接近，说明苯醌中没有芳环。

醌是作为芳烃衍生物命名的，命名时须标出羰基的位置。例如：

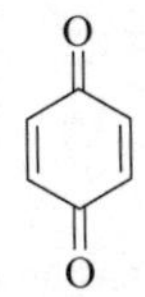

对苯醌
(1,4-苯醌)

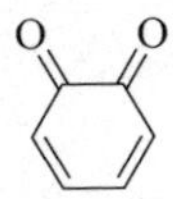

邻苯醌
(1,2-苯醌)

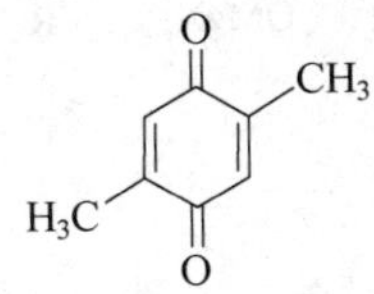

2,5-二甲基-1,4-苯醌

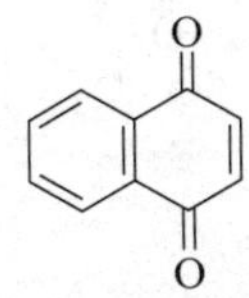

α-萘醌
(1,4-萘醌)

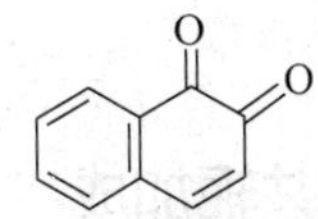

β-萘醌
(1,2-萘醌)

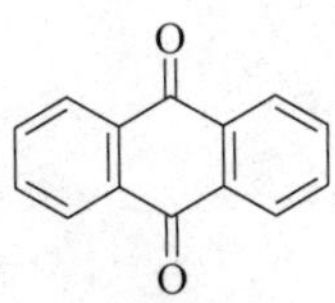

蒽醌

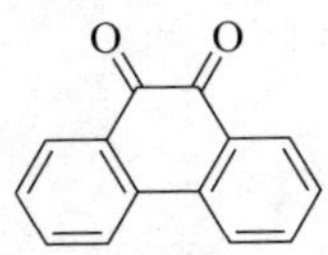

菲醌

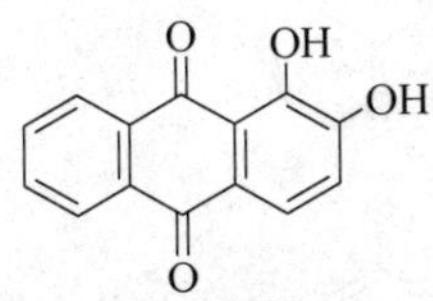

茜素
(1,2-二羟基蒽醌)

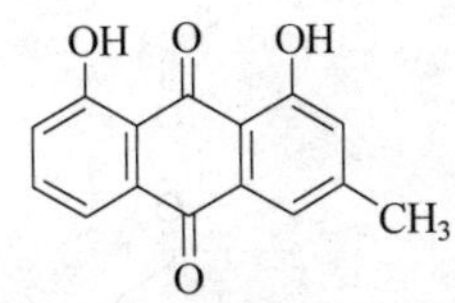

大黄素
(1,8-二羟基-3-甲基蒽醌)

9.9 醌的化学性质

醌环不是芳环，没有芳香性。蒽醌实际上是芳酮而不是醌。在醌分子中，由于两个羰基共同存在于一个不饱和的共轭环上，醌类化合物的热稳定性较差。醌环的化学性质与 α,β-不饱和醛、酮相似。

以苯醌为例，苯醌是醌类化合物中热稳定性最小的化合物，有两种异构体——邻位和对位异构体。苯醌分子中具有两个羰基和两个碳碳双键，因此既能发生羰基的反应，又能发生碳碳双键的反应。它还具有共轭结构，因此也可以发生1,4-共轭加成反应。

9.9.1 碳碳双键加成

苯醌与溴发生亲电加成反应，生成二溴化物和四溴化物。

9.9.2 羰基的亲核加成

苯醌能与羟胺、格氏试剂等亲核试剂发生典型的1,2-亲核加成反应。

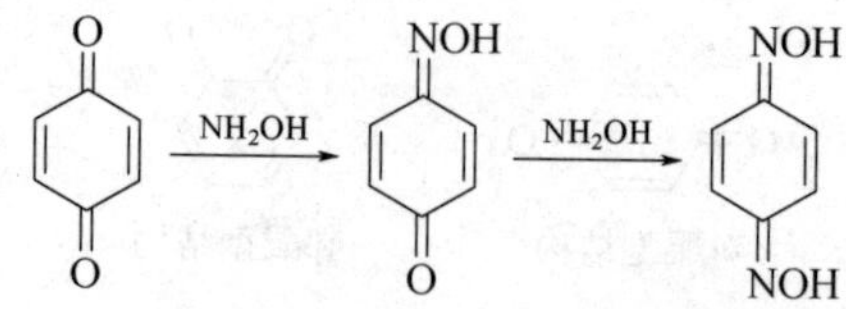

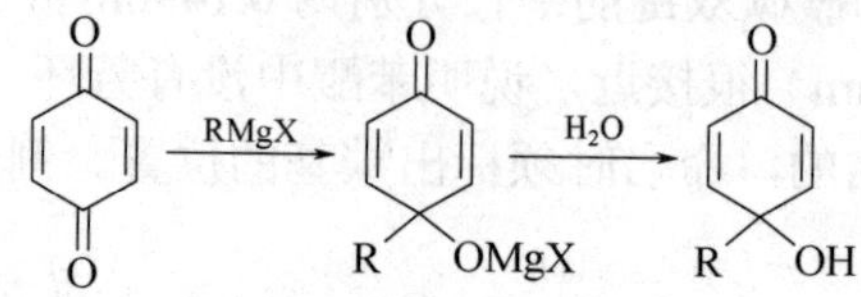

9.9.3 共轭加成

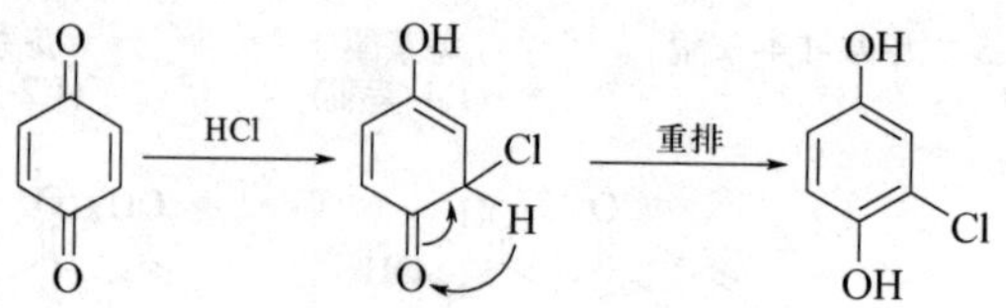

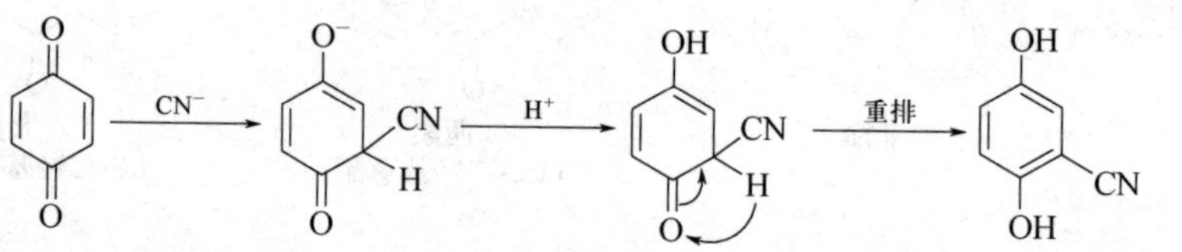

以上反应的模式都是：第一步是 1,4-加成反应，第二步经过一个互变异构。恢复苯环的稳定结构可能是互变异构的驱动力。甲醇也能与对苯醌进行 1,4-加成反应：

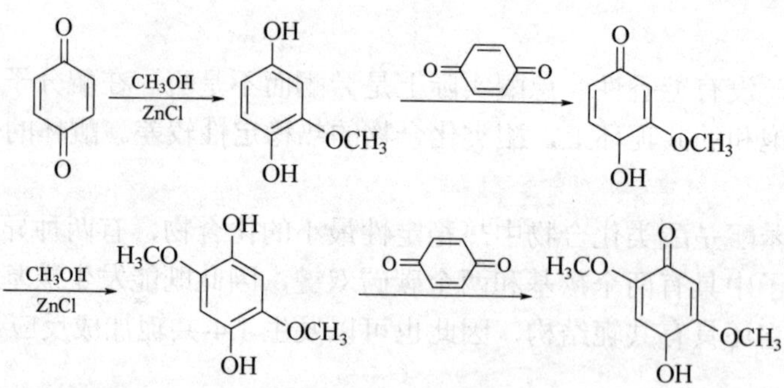

由于甲氧基的给电子效应，2-甲氧基苯-1,4-二酚的活性更大（更富电子），因此被对苯醌氧化。2-甲氧基苯醌再加一分子甲醇上去，最后的产物是 2,5-二甲氧基-1,4-苯醌。

9.9.4 还原反应

苯醌是氧化剂，还原时生成对苯二酚，苯醌和对苯二酚组成一个可逆的电化学氧化-还原体系。

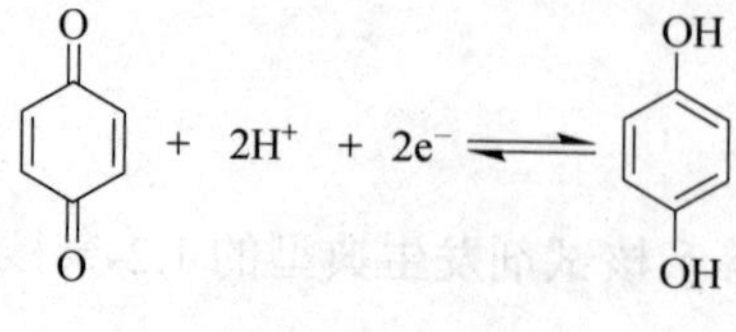

习惯上把对苯二酚称为氢醌。醌还原时，先接受一个电子生成半醌。半醌是一种负离子自由基。半醌再接受一个电子，生成对苯二酚的负离子。对苯二酚很容易被氧化，可以用作抗氧剂和阻止自由基聚合的阻聚剂。

9.9.5 狄尔斯-阿尔德反应

对苯醌中的双键由于受两个羰基的活化而成为一个典型的亲双烯体。

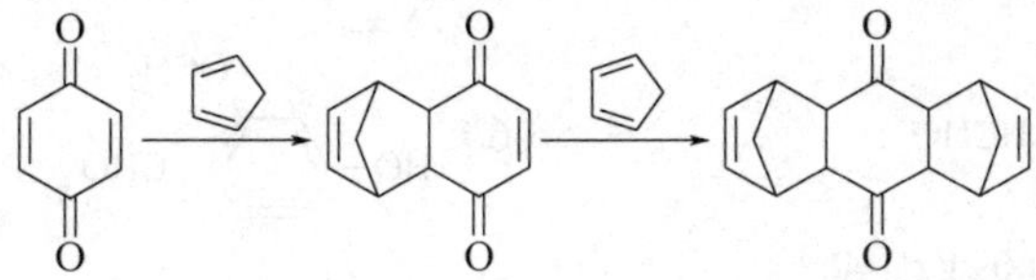

9.10 醌与染料

染料是能使纤维和其他材料着色的物质，分为天然和合成两大类。染料是有颜色的物质，但有颜色的物质并不一定是染料。作为染料的物质必须能够良好地附着在纤维上，且不易脱落和变色。蒽醌染料是一类重要的染料，蒽醌类活性染料具有广泛的用途。蒽醌中最重要的是 9,10-蒽醌，通常简称为蒽醌。蒽醌分子中的两个苯环受到两个羰基的影响而钝化，不易发生亲电取代反应。但使用发烟硫酸，蒽醌在 160℃条件下能发生磺化反应生成β-蒽醌磺酸。

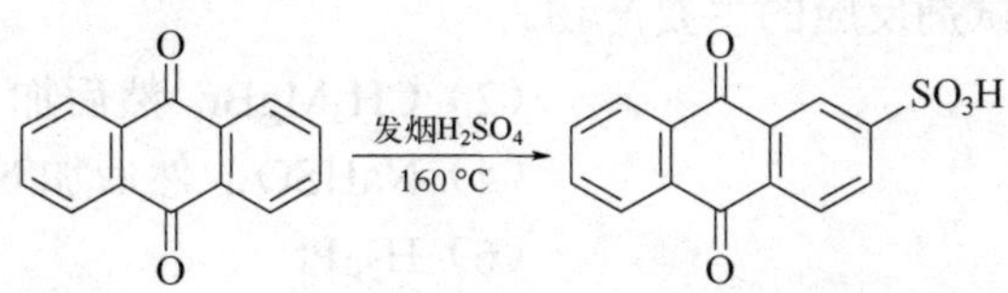

如果用 $HgSO_4$ 作催化剂，则蒽醌在 135℃时也能发生磺化反应，生成α-蒽醌磺酸。

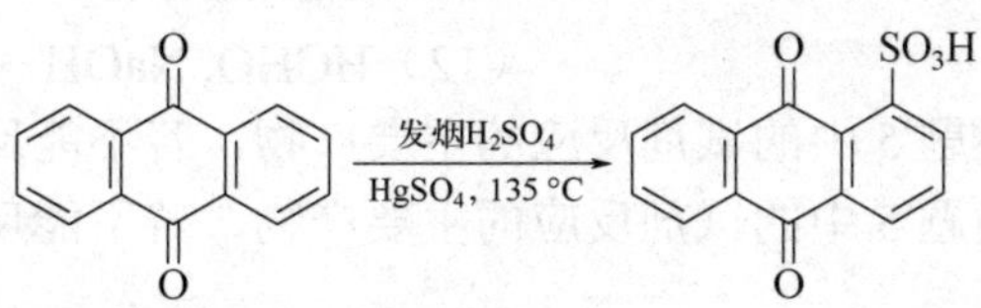

蒽醌是合成染料的原料，通过它可以合成多种染料，即蒽醌染料。据统计，蒽醌染料已达 400 多种。蒽醌类活性染料颜色鲜艳，亲和力较低，扩散性能好，耐日晒牢度较好，是一类重要的染料。例如：

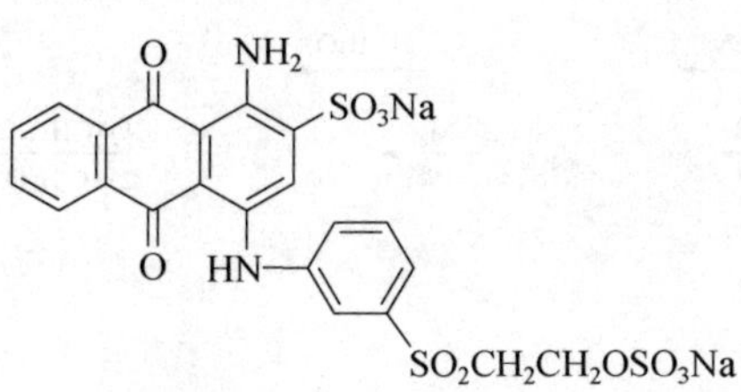

活性艳蓝KN-R

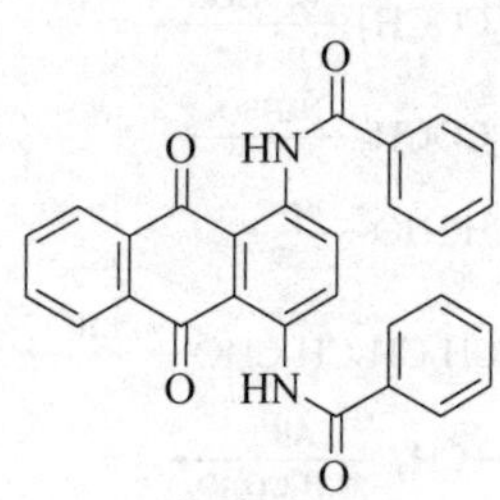

还原红5GK

习题

1．用系统命名法命名下列化合物。

（1）$CH_3CH_2CH(CH_3)CH_2CH_2CH(CH_3)CHO$　　　（2）$CH_3CH_2C(=O)CH(CH_3)_2$

（3）$CH_3CH_2CH(Cl)CHO$　　　（4）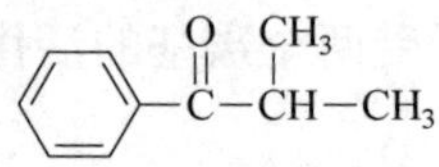

（5）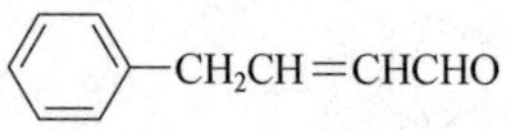　　　（6）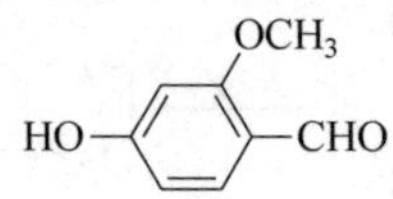

2．写出下列化合物的结构式。

（1）对羟基苯乙酮　　　（2）乙二醇缩甲醛

（3）苯甲醛-2,4-二硝基苯腙　　　（4）二苯甲酮

（5）2,2-二甲基环己酮　　　（6）丁-2-烯醛

3．写出分子式为 $C_5H_{10}O$ 的醛和酮的同分异构体，并加以命名。

4．比较下列化合物的理化性质。

（1）比较下列化合物的沸点，由高到低排列，并说明理由。

$CH_3CH_2CH_2CH_3$　　$CH_3CH_2CH_2CH_2OH$　　$CH_2CH_2CH_2CHO$

（2）比较下列化合物与 HCN 加成的反应活性，并说明理由。

CH_3CHO　　$C_6H_5COCH_3$　　CH_3COCH_3　　$C_6H_5COC_6H_5$

5．写出丙醛与下列试剂反应的主要产物。

（1）$NaBH_4$, CH_3OH　　　（2）CH_3MgBr，然后加 H_2O

（3）$NaHSO_3$　　　（4）$NaHSO_3$，然后加 NaCN

（5）稀 NaOH　　　（6）H_2, Pt

（7）$HOCH_2CH_2OH$, H^+　　　（8）Br_2，乙酸

（9）$[Ag(NH_3)_2]OH$　　　（10）$C_6H_5NHNH_2$

（11）Zn-Hg/HCl　　　（12）HCHO, NaOH

6．写出苯甲醛与上述题 5 中的试剂反应的主要产物，若不能反应，请写出原因。

7．写出苯乙酮与上述题 5 中的试剂反应的主要产物，若不能反应，请写出原因。

8．完成下列反应式。

（1）$CH_3CH_2COCH_3 \xrightarrow[OH^-]{HCN}$ 　　$\xrightarrow{稀H_2SO_4}$

（2）$CH_3CH_2COCH_3 \xrightarrow{CH_3MgBr}$ 　　$\xrightarrow{H_2O}$

（3）$CH_3CH_2COCH_3 \xrightarrow{I_2,\ NaOH}$ 　　$\xrightarrow{H^+/H_2O}$

（4）$CH_3CH_2COCH_3 \xrightarrow{NaHSO_3}$ 　　$\xrightarrow{NaCN}$ 　　$\xrightarrow{H^+/H_2O}$

（5）$(CH_3)_2CHCHO \xrightarrow[乙酸]{Br_2}$ 　　$\xrightarrow[无水HCl]{2\ CH_3OH}$ 　　$\xrightarrow[干醚]{Mg}$ 　　$\xrightarrow[2)\ H^+/H_2O]{1)\ (CH_3)_2CHCHO}$

（6）$HOCH_2CH_2CH_2CH_2CHO \xrightarrow{无水HCl}$

（7）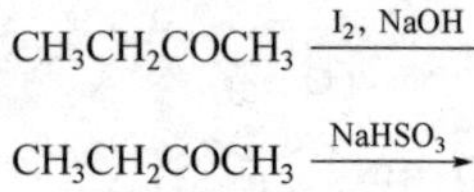

（8）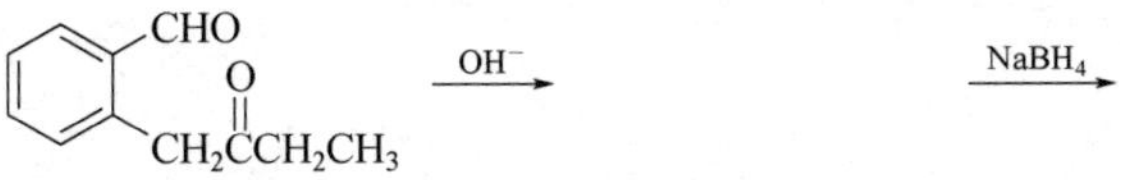

（9）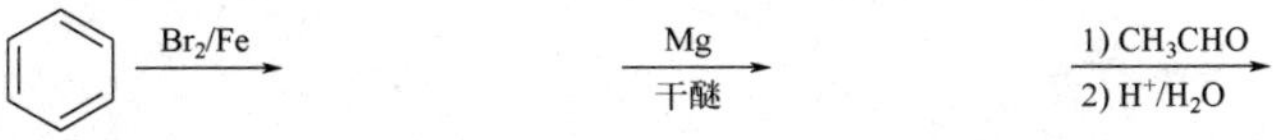

（10）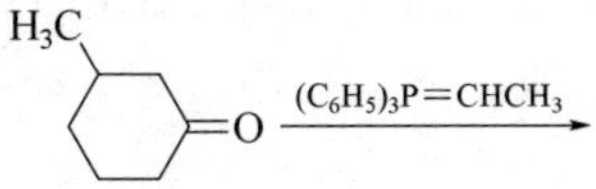

（11）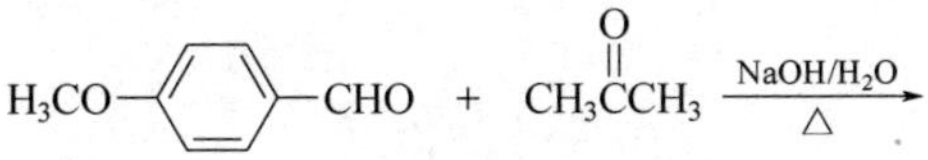

（12）

9．用简单化学方法鉴别下列各组化合物。

（1）$CH_3CH_2CH_2CHO$，$CH_3CH_2COCH_3$，$CH_3CH_2CH(OH)CH_3$，$CH_3CH_2CH_2CH_2OH$

（2）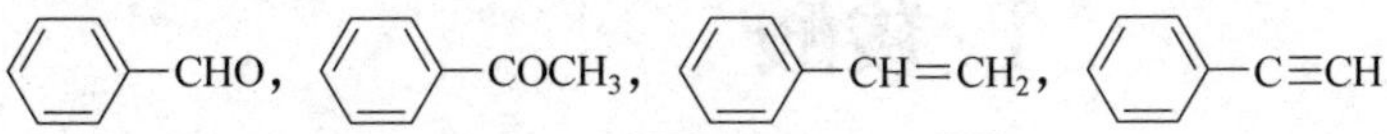

（3）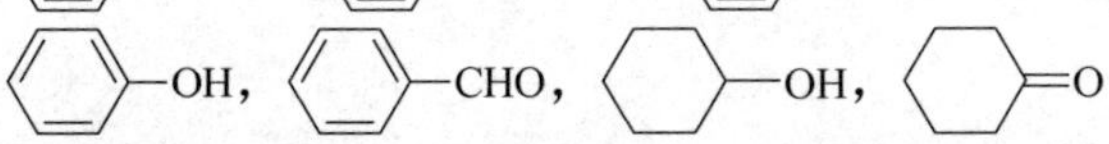

（4）环己烯，环己酮，环己醇，环己烷

10．由指定原料合成下列化合物（无机试剂和溶剂任选）。

（1）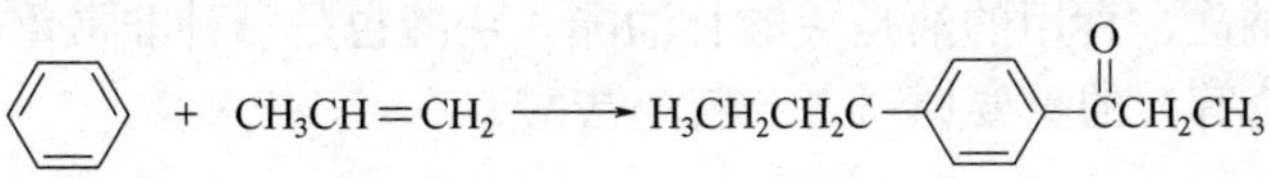

（2）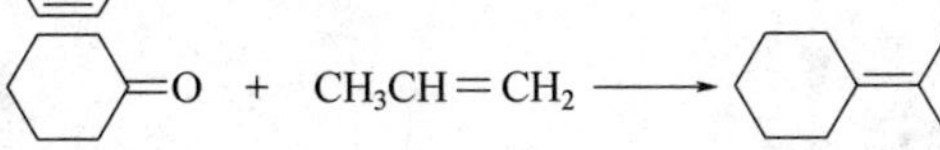

（3）用苯和分子中含 1 个或 2 个碳原子的有机化合物合成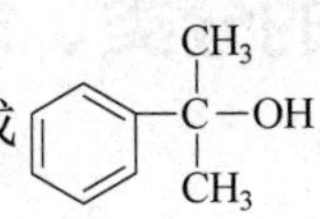。

（4）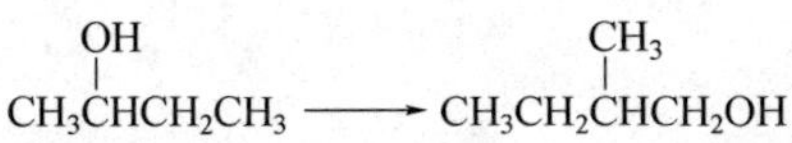（用Wittig试剂）

11．某化合物 A（$C_{12}H_{16}O_2$），不能与苯肼作用。将 A 用稀酸处理得到 B（$C_{10}H_{12}O_2$），B 与苯肼作用生成黄色沉淀。B 能与 I_2/NaOH 发生碘仿反应，酸化后得到 C（$C_9H_{10}O_2$）和碘仿 D。B 用 Zn-Hg、浓 HCl 加热处理得 E（$C_{10}H_{14}$）。A、B、C、D 用酸性高锰酸钾氧化都得到邻苯二甲酸。试写出 A～E 的结构式。

12．某化合物 A（$C_6H_{12}O$），能与羟氨作用生成肟 B，但不发生银镜反应。在铂的催化下进行加氢，则得到一种醇 C。此醇经过脱水、臭氧化-还原水解等反应后，得到两种液体 C 和 D。其中，C 能发生银镜反应，但不发生碘仿反应；D 能发生碘仿反应，而不能使 Fehling 试剂还原。试写出 A～E 的结构式。

第 10 章

羧酸和羧酸衍生物

课件

Ⅰ 羧酸

分子中含有羧基（—COOH，carboxy group）的化合物称为羧酸（carboxylic acid）。羧基是羧酸的官能团。羧酸在自然界广泛存在，对人类生活非常重要，如食用醋是2%的醋酸，日常使用的肥皂是高级脂肪酸的钠盐，食用的油是羧酸甘油酯。羧酸也是一种非常重要的工业原料，如合成纤维（尼龙、涤纶等）的重要原料之一就是羧酸。

10.1 羧酸的分类、命名和结构

羧酸衍的分类和命名

10.1.1 羧酸的分类

羧酸有不同的分类方法。根据与羧基相连的烃基的结构不同，羧酸可以分为脂肪酸（fatty acid）和芳香酸（aromatic acid），前者还可以分为饱和脂肪酸（saturated fatty acid）和不饱和脂肪酸（unsaturated fatty acid）。例如：

CH_3CH_2COOH
丙酸
（饱和脂肪酸）
propionic acid

$CH_2{=}CHCOOH$
丙烯酸
（不饱和脂肪酸）
acrylic acid

(a) 脂肪酸

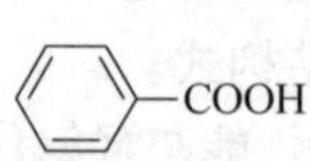
苯甲酸
benzoic acid

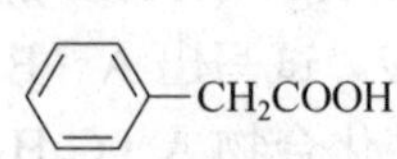
苯乙酸
2-phenylacetic acid

(b) 芳香酸

根据分子中所含羧基的数目不同，羧酸可以分为一元酸（monocarboxylic acid）、二元酸（dicarboxylic acid）或多元酸（polycarboxylic acid）。例如：

$CH_3CH_2CH_2COOH$
丁酸
（一元酸）
butyric acid

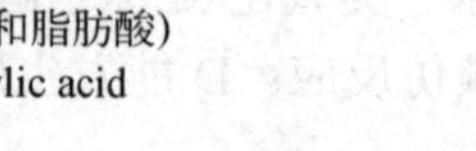
trans-环己基-1,4-二甲酸
（二元酸）
trans-cyclohexane-1,4-dicarboxylic acid

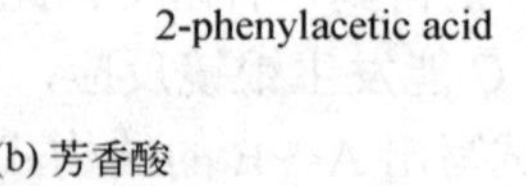
1,2,3-丙三羧酸
（三元酸）
propane-1,2,3-tricarboxylic acid

尽管有许多不同的类别，但羧基的性质基本上是相同的。自然界中存在的脂肪，含有大量高级的一元饱和羧酸，因此一元饱和羧酸亦称为脂肪酸。羧酸中和羟基相连的基团称为酰基（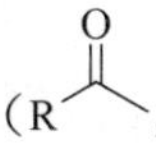，acyl group），羧基中的羰基可称为羧羰基。

10.1.2 羧酸的命名

（1）俗名

许多羧酸是从自然界得到的，因此常根据它们的来源命名（即俗名）。一些常见羧酸的俗名见表 10-1。

表 10-1 一些常见羧酸的命名和物理性质

化合物	普通命名法（俗名）	熔点/℃	沸点/℃	水中溶解度/(g·100g^{-1})	pK_{a1}	pK_{a2}
甲酸	蚁酸	8.4	101	∞	3.77	—
乙酸	醋酸	7	118	∞	4.74	—
丙酸	初油酸	−22	141	∞	4.88	—
丁酸	酪酸	−5	163	∞	4.82	—
戊酸	缬草酸	−35	187	3.7	4.85	—
十六酸	软脂酸	62.9	269/ 0.01MPa	不溶		—
十八酸	硬脂酸	69.9	287/ 0.01MPa	不溶	—	—
苯甲酸	苯甲酸	122	249	0.34	4.2	—
2-甲苯甲酸	邻甲基甲酸	106	259	0.12	3.91	—
3-甲苯甲酸	间甲苯甲酸	112	263	0.1	4.27	—
4-甲苯甲酸	对甲苯甲酸	180	275	0.3	4.38	—
乙二酸	草酸	189	—	8.6	1.27	4.27
丙二酸	缩苹果酸	135	—	73.5	2.85	5.7
丁二酸	琥珀酸	185	—	5.8	4.21	5.64
戊二酸	胶酸	98	—	63.9	4.34	5.41
己二酸	肥酸	151	—	1.5	4.43	5.4
顺丁烯二酸	马来酸①	131	—	79	1.9	6.5
反丁烯二酸	富马酸①	302	—	0.7	3	4.2
1,2-苯二甲酸	邻苯二甲酸	213	—	0.7	3	5.39
1,3-苯二甲酸	间苯二甲酸	349	—	0.01	3.28	4.6
1,4-苯二甲酸	对苯二甲酸	300(升华)	—	0.002	3.82	4.45

①中文曾用俗名，现不建议使用。

（2）羧酸法

羧酸的羧酸法命名是在分子中选择含有羧基的最长碳链为主链，按主链上碳原子的数目称为某酸。主链碳原子从羧基开始用阿拉伯数字编号（一些简单的羧酸也可用希腊字母编号，与羧基直接相连的碳原子编号为 α，其余依次编为 β，γ，δ，ε…，碳链末端有时编为 ω）以表明取代基的位次。例如：

$BrCH_2CH_2CH_2COOH$

4-溴丁酸
4-bromobutyric acid

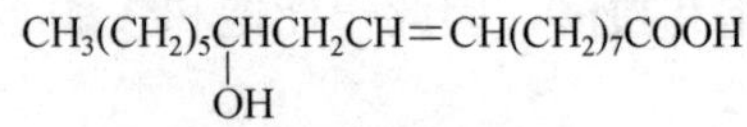

12-羟基十八碳-9-烯酸
12-hydroxyoctadec-9-enoic acid

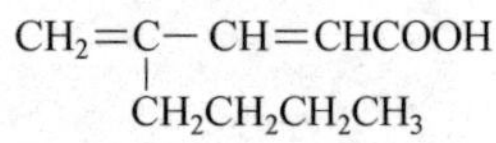

4-甲亚基辛-2-烯酸
4-methyleneoct-2-enoic acid

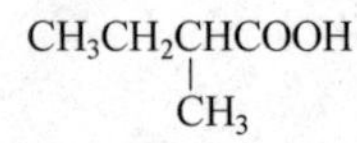

2-甲基丁酸(α-甲基丁酸)
2-methylbutyric acid

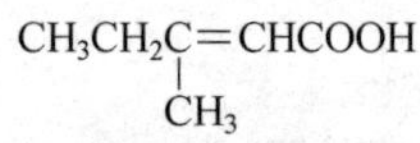

3-甲基戊-2-烯酸
3-methylpent-2-enoic acid

$HOCH_2CH_2CH_2CH_2COOH$

5-羟基戊酸(δ-羟基戊酸)
5-hydroxy pentyric acid

二元酸的命名是取分子中含有两个羧基的最长碳链为主链，称为某二酸。例如：

HOOC−COOH

乙二酸
oxalic acid

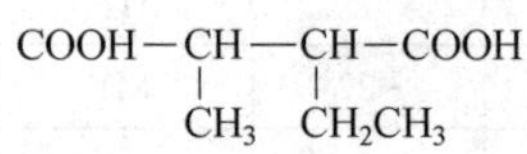

3-乙基-2-甲基丁二酸
3-ethyl-2-methyl butanedioic acid

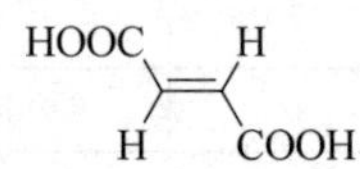

(*E*)-丁-2-烯二酸
(*E*)-but-2-enedioic acid

（3）连接命名法

分子中含有脂环或芳环的羧酸按羧基所连接位置的不同，母体的选择有两种方式。

① 羧基直接与环相连者，以脂环烃或芳烃的名称之后加“甲酸”二字为母体，其他基团则作为取代基来命名。

② 羧基与侧链相连者，通常以脂肪酸为母体，以脂环或芳环作为取代基命名。环上及侧链都连有羧基者，则以脂肪酸为母体命名。例如：

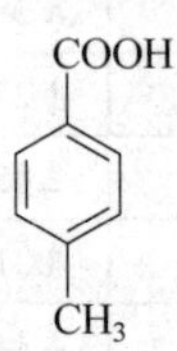

对甲基苯甲酸
4-methylbenzoic acid

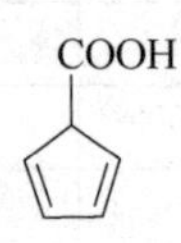

环戊-2,4-二烯甲酸
cyclopenta-2,4-diene-1-carboxylic acid

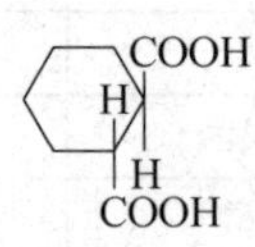

(1*R*,2*R*)-环己基-1,2-二甲酸
(1*R*,2*R*)-cyclohexane-1,2-dicarboxylic acid

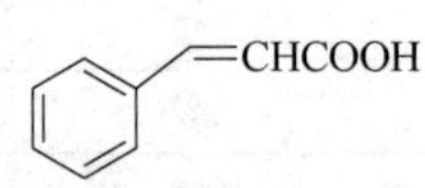

3-苯基丙-2-烯酸
3-phenyl prop-2-enoic acid

10.1.3 羧酸的结构

羧酸中，羧基碳呈 sp^2 杂化，三个 sp^2 杂化轨道处于同一平面，键角大约为 120°，其中一个杂化轨道与羰基氧成 σ 键，另一个杂化轨道与羟基氧成 σ 键，还有一个杂化轨道与氢或烃基碳成 σ 键。羧基碳上还剩一个 p 轨道，其与羰基氧上的 p 轨道经侧面重叠形成 π 键，因此羧基具有如图 10-1 所示的结构。

X 射线衍射实验证明，在甲酸中，一个碳氧键的键长为 123pm，另一个碳氧键的键长为 136pm，由此证明羧酸中的两个碳氧键是不一样的。当羧羟基中的氢解离后，氧上带有一个负电荷，这样就更容易提供电子和原来羰基的 π 电子发生共轭作用，因此在羧基负离子中，两个氧原子和一个碳原子各提供一个 p 轨道，形成一个具有四电子三中心的离域 π 分子轨道，如图 10-2 所示。

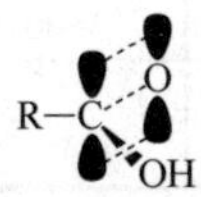

R = H或烃基

图 10-1　羧基的结构

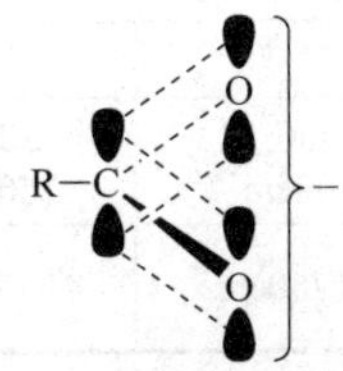

图 10-2　羧基负离子的结构

在这样的离域体系中，负电荷不再集中在一个氧上，而是分散在两个氧上。X 射线衍射及电子衍射实验证明，甲酸钠的两个 C—O 键的键长相等，均为 127pm，没有双键与单键的差别。

10.2　羧酸的物理性质和波谱特征

10.2.1　羧酸的物理性质

低级脂肪酸是液体，可溶于水，具有刺鼻的气味；中级脂肪酸也是液体，部分地溶于水，具有难闻的气味；高级脂肪酸是蜡状固体，无味，不溶于水。芳香酸是结晶固体，在水中的溶解度不大。

羧酸的沸点比分子量相当的烷烃、卤代烃的沸点要高，甚至比相近分子量的醇的沸点还高，这是因为羧羰基氧的电负性较强，使电子偏向羧羰基氧，其可以接近质子，形成二缔合体：

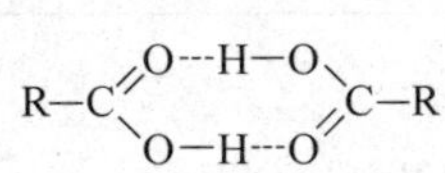

二缔合体有较高的稳定性。在固态及液态时，羧酸以二缔合体的形式存在，甚至在气态时，分子量较小的羧酸（如甲酸、乙酸）亦以二缔合体的形式存在，这些均已被冰点降低法测定分子量实验以及 X 射线衍射方法所证明。

所有二元酸都是结晶化合物，低级的二元酸溶于水，但随分子量的增加，二元酸在水中的溶解度减小。在脂肪二元酸系列中有这样一个规律，即单数碳原子的二元酸比少一个碳的双数碳原子的二元酸溶解度大、熔点低。一些常见羧酸的物理性质见表 10-1。

10.2.2　羧酸的波谱特征

羧酸的官能团是羧基$-\overset{O}{\overset{\|}{C}}-OH$，因而羧酸的红外光谱有羰基（C═O）和羟基（O—H）的特征吸收峰。羧酸容易通过氢键缔合成二聚体（二缔合体），因此其红外光谱通常是二聚体的谱图。只有在气态或稀的非极性溶剂中，才能观测到单体的谱图。羧酸的红外特征吸收峰的位置见表 10-2。

表 10-2　羧酸的红外特征吸收峰

振动类型	R—C(=O)—OH		>C=C<—C(=O)—OH		Ar—C(=O)—OH	
	单体	二聚体	单体	二聚体	单体	二聚体
O—H 伸缩振动	3560～3500cm^{-1}	3200～2500cm^{-1}	3560～3500cm^{-1}	3200～2500cm^{-1}	3560～3500cm^{-1}	3200～2500cm^{-1}
C═O 伸缩振动	约 1760cm^{-1}	约 1710cm^{-1}	约 1720cm^{-1}	1715～1690cm^{-1}	—	1700～1680cm^{-1}

羧酸的 C—O 键伸缩振动吸收峰在约 1250cm^{-1}，O—H 键弯曲振动吸收峰在约 1400cm^{-1}和约 900cm^{-1}，通过这些峰可以进一步确定羧基的存在。图 10-3 是正癸酸的红外光谱。

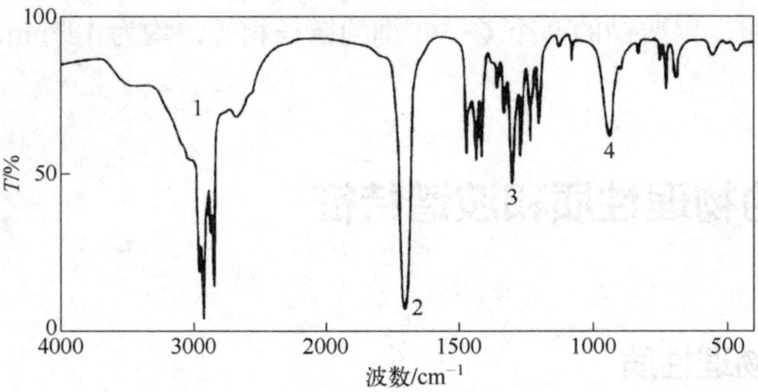

图 10-3　正癸酸的红外光谱（KBr 压片）

1—3200～2500cm^{-1}，羧酸二聚体的 O—H 伸缩振动吸收峰；2—1700cm^{-1}，C═O 伸缩振动吸收峰；3—1299cm^{-1}，C—O 伸缩振动吸收峰；4—934cm^{-1}，O—H 面外弯曲振动吸收峰

对于羧酸的 ^{1}H NMR 谱，由于电负性较大的羟基氧原子的吸电子效应、羰基的去屏蔽效应及氢键缔合作用，羧基中质子的振动峰出现在很远的低场，其化学位移为 10.5～13；乙酸及烷基取代乙酸分子中 α-碳原子上质子的化学位移为2～2.6。图 10-4 是异丁酸的 ^{1}H NMR 谱。

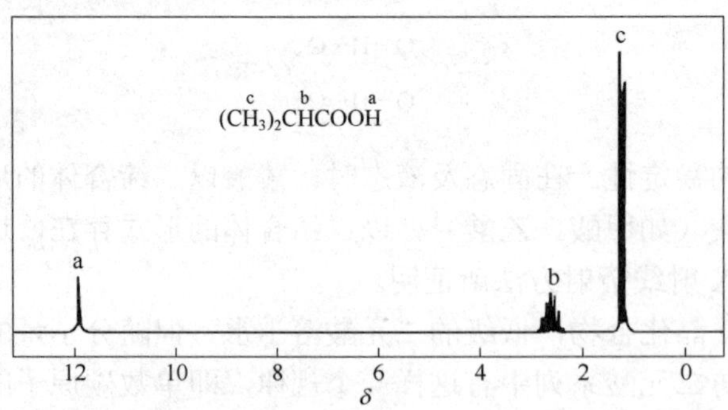

图 10-4　异丁酸的 ^{1}H NMR 谱（90MHz，$CDCl_3$）

10.3　羧酸的化学性质

羧酸的酸性

10.3.1　羧酸的酸性

羧酸都具有酸性。这是因为羧酸羟基氧上的孤对电子可以通过与碳氧双键共轭，使氧上

的电子云向碳氧双键转移。这种共轭会产生两种影响：

① 使氢氧键之间的电子云进一步向氧原子转移，使氢正离子更易离去；

② 使形成的羧酸根因电荷分散而更加稳定。

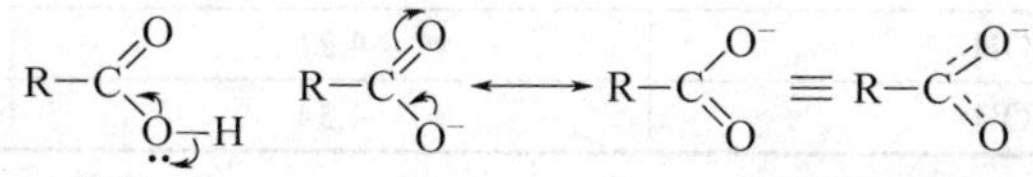

羧酸　　　　　　　　　　　　羧酸根

多数的羧酸是弱酸，pK_a 一般在 3～5 之间，因此大部分羧酸是以未解离的分子形式存在的。例如，乙酸在水中的解离常数 $K_a=1.75\times10^{-5}$，$pK_a=4.74$。这就是说，$0.1mol\cdot L^{-1}$ 的乙酸仅有 1.3%解离。表 10-3 列出了若干羧酸的 pK_a 值。

表 10-3　羧酸的 K_a 与 pK_a

羧酸	K_a	pK_a
HCOOH	1.77×10^{-4}	3.77
CH_3COOH	1.75×10^{-5}	4.74
CH_3CH_2COOH	1.32×10^{-5}	4.88
$CH_3CH_2CH_2COOH$	1.52×10^{-5}	4.82
C_6H_5COOH	6.3×10^{-5}	4.20

各种电子效应都对羧酸的酸性产生影响。例如，当乙酸甲基上的氢被氯取代后，由于诱导效应，电子将沿着原子链向氯原子方向偏移，因此氢离子更容易解离而增强酸性。氢离去后，氯的吸电子诱导使羧酸根的负电荷分散而稳定。如果乙酸甲基上的氢逐个被氯取代，酸性逐渐增强，如三氯乙酸是强酸。

	CH_3COOH	$ClCH_2COOH$	$Cl_2CHCOOH$	Cl_3CCOOH
pK_a	4.76	2.86	1.26	0.64

取代基的诱导效应随着距离的增加而迅速下降，如在 α-碳上的作用很明显，在 β-碳上的作用就明显下降，在 γ-碳上的作用已很小，一般在第四个碳上已没有什么作用，这从下列几个氯代酸就可以清楚地看出：

	$CH_3CH_2CHClCOOH$	$CH_3CHClCH_2COOH$	$ClCH_2CH_2CH_2COOH$	$CH_3CH_2CH_2COOH$
pK_a	2.82	4.41	4.7	4.82

二元酸中有两个可解离的氢。因此，二元酸有两个解离常数 K_{a1} 及 K_{a2}，且 K_{a1} 比 K_{a2} 大得多，这是由于羧基有强的吸电子效应，能对另一个羧基的解离产生影响。两个羧基越近，影响越大。表 10-4 所列草酸的 pK_{a1} 为 1.27，pK_{a2} 为 4. 27，相差 3.0；丙二酸的 pK_{a1} 为 2.85，pK_{a2} 为 5.70，相差 2.85；而丁二酸以上的 pK_{a1} 和 pK_{a2} 之间的差值就明显地减小了，而且接近于一个不变的数值，但它们的酸性均较乙酸的强。第一个羧基解离后，成为羧基负离子，有给电子诱导效应，使第二个羧基解离比较困难，因此，丙二酸以上的二元酸的 pK_{a2} 均较乙酸的 pK_a 大。可以看出，诱导效应相隔一个碳原子后，彼此影响减弱很多。因此，二元酸的酸性增强效应与酸性减弱效应，均与链的距离有关。

$$HOOC(CH_2)_nCOOH \xrightleftharpoons{K_{a1}} HOOC(CH_2)_nCOO^- + H^+$$

$$HOOC(CH_2)_nCOO^- \xrightleftharpoons{K_{a2}} {}^-OOC(CH_2)_nCOO^- + H^+$$

表 10-4　二元酸的 pK_{a1} 与 pK_{a2}

二元酸	pK_{a1}	pK_{a2}
HOOCCOOH	1.27	4.27
$HOOCCH_2COOH$	2.85	5.70
$HOOC(CH_2)_2COOH$	4.21	5.64
$HOOC(CH_2)_3COOH$	4.34	5.41

草酸的 pK_{a2} 为 4.27，比乙酸的 pK_a 小，这是个例外。通过 X 射线衍射对草酸盐的测定，证明草酸盐具有一个平面的八电子的 π 体系，电子稳定性特别突出：

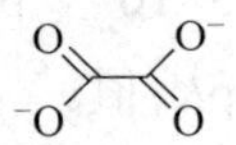

芳环上的取代基对于羧基的影响和在饱和碳链中传递的情形是完全不同的，因为苯环可以看作是一个连续不断的共轭体系，分子一端所受的作用可以沿着共轭体系交替地传递到另一端。在考虑处于芳环邻位的取代基对羧基的影响时，还需要将诱导效应、共轭效应、超共轭效应及空间效应的影响综合起来分析，有时还需要考虑氢键作用。例如，苯环上有一个硝基，硝基在苯环上有吸电子诱导效应，故在碳氮键上的一对电子偏向于氮，而在相邻的碳碳键上这种作用已很小。但硝基在苯环上还有吸电子的共轭效应，硝基上氮氧双键的 π 电子与苯环的 π 电子发生共轭作用而导致电子云向电负性很强的氧原子转移，这种电子转移可以传递很远，从而使与硝基直接相连的碳原子电子云密度较高，带负电性；硝基的邻位与对位碳原子的电子云密度降低，带有正电性。如此，此结构中电子云密度是一正一负交替着的：

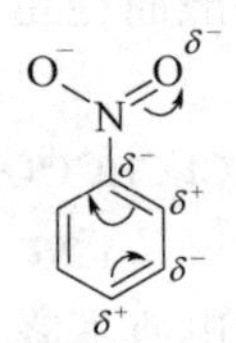

按照共振论的写法，硝基苯是由下列极限结构的叠加组成的：

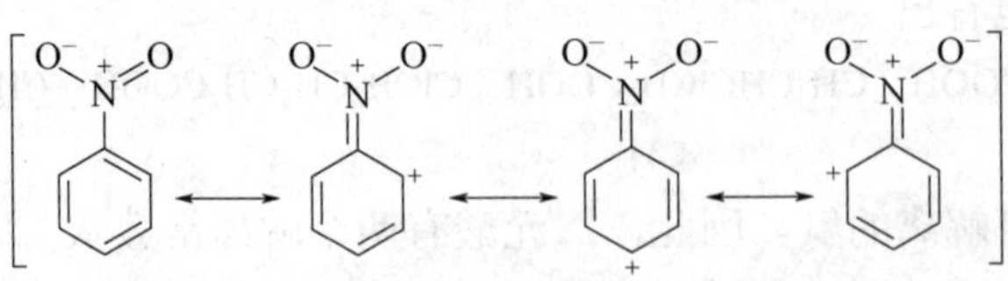

因为共振杂化体在邻、对位电荷密度较小，所以邻、对位具有吸电子能力。由于硝基苯在邻、间、对位上电子云密度不同，如分别带上羧基后，必然影响羧基的解离，所以邻、间、对三个硝基苯甲酸的解离稍有差别。这三个酸的 pK_a 如下：

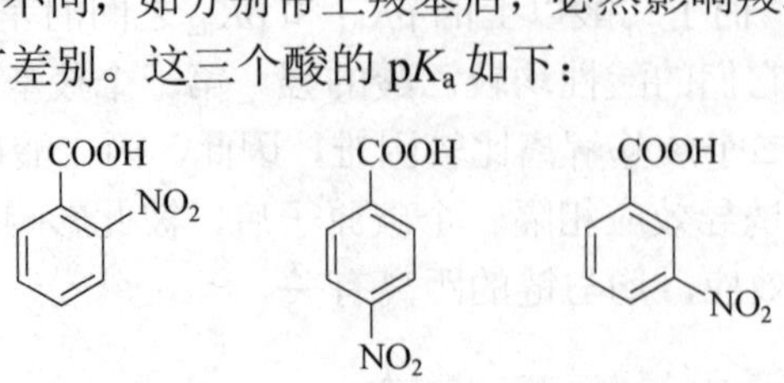

pK_a　　2.21　　3.42　　3.49

邻位异构体的酸性最强，一个原因是硝基与苯环共轭，邻位碳原子的电子云密度较低，对羧基上的电子有吸引作用，增加了酸的解离；另一个原因是硝基与羧基距离很近，由于空间位阻关系，羧基碳氧双键上的 π 电子不能与苯环上的 π 电子很好地共轭，共轭效应小（HCOOH，pK_a=3.77；PhCOOH，pK_a=4.20。苯环取代甲酸的氢后，酸性降低，故没有硝基存在时，苯环起的是给电子作用）；第三个原因是硝基的诱导效应，使苯环碳原子的电子云密度相应地降低，有利于羧基的解离，虽然这种效应很小，但邻位所受的影响比间位与对位大。

间位与对位异构体的诱导效应很微弱，对位主要受共轭效应的影响，而间位碳原子的电子云密度高，对羧基上电子的吸引力小，羧酸的解离变弱，故酸性较对位稍弱。表 10-5 是一些取代苯甲酸的 pK_a。

表 10-5 一些取代苯甲酸的 pK_a

取代基	pK_a		
	o	*m*	*p*
—H	4.2	4.2	4.2
$—CH_3$	3.91	4.27	4.38
—F	3.27	3.86	4.14
—Cl	2.92	3.83	3.97
—Br	2.85	3.81	3.97
—I	2.86	3.85	4.02
—OH	2.98	4.08	4.57
$—OCH_3$	4.09	4.09	4.47
$—NO_2$	2.21	3.49	3.42

从取代苯甲酸的 pK_a 可以看到，邻位取代苯甲酸的酸性，不管邻位基团是给电子基团或吸电子基团，酸性均较间位与对位的强。当卤素、羟基、烷氧基等取代基处在羧基对位时，这些基团上的孤对电子可以与苯环共轭。例如，在对烷氧基苯甲酸中，烷氧基氧上的电子通过苯环转向羧基，使质子不易离去，因此酸性较间位低。此外，烷基与苯环相连时，有给电子的超共轭效应，超共轭效应使间位和对位烷基苯甲酸的酸性比苯甲酸略低。邻位烷基苯甲酸由于邻位效应，其酸性比对位烷基苯甲酸的强。

羧酸和碱（如氢氧化钠、碳酸钠、碳酸氢钠等）的水溶液反应能转化为羧酸盐，羧酸是一个弱酸，将羧酸盐用无机酸酸化，又可转化为原来的羧酸：

$$RCOOH \underset{H^+}{\overset{OH^-}{\rightleftharpoons}} RCOO^-$$

羧酸盐是固体，熔点很高，常常在熔点分解。羧酸的钾盐、钠盐、铵盐可溶于水，这些盐除低级的外，一般均不溶于有机溶剂。因此，常常利用这些特性从混合物中分离提纯与鉴别羧酸盐。例如将羧酸与氢氧化钠水溶液作用，可以将其转化为易溶于水的盐，这样可以与很多不溶于氢氧化钠水溶液的有机化合物分离，然后用无机酸即可将羧酸盐转化为原来的羧酸。此羧酸如果为固体，可用过滤法得到；如为液体，可用溶剂提取，再将溶剂蒸除。羧酸的重金属盐不溶于水。

10.3.2 羧酸 α-H 的反应

赫尔-乌尔哈-泽林斯基（Hell-Volhard- Zelinsky）反应是在催化量的三氯化磷、三溴化磷等作用下，卤素取代羧酸 α-H 的反应。反应进行得很顺利，控制卤素用量，可分别得到一元或多元卤代酸：

$$CH_3CH_2CH_2COOH + Br_2 \xrightarrow[70\ ^\circ C]{PBr_3} CH_3CH_2\underset{}{\overset{Br}{\overset{|}{C}}}HCOOH + HBr$$

10.3.3 酯化反应

羧酸的酯化反应

10.3.3.1 概述

醇和酸的失水产物称为酯。醇和无机酸失水形成的产物称为无机酸酯。醇和有机酸失水形成的产物称为有机酸酯。羧酸与醇在酸催化下生成酯的反应称为酯化（esterification）反应。

$$CH_3COOH + HOC_2H_5 \xrightleftharpoons{H^+} CH_3COOC_2H_5 + H_2O$$

常用的催化剂是硫酸、氯化氢或苯磺酸等。这个反应进行得很慢，并且反应到一定程度时，产物不再增加，如用 1mol 酸和 1mol 醇发生反应，只能生成 2/3mol 的酯。这是一个可逆反应，当达到平衡时，仍有 1/3mol 的酸和醇没有发生反应。为提高产率，必须使反应尽量地向右方进行，一种方法是利用共沸混合物将水带走，或加合适的去水剂把反应中产生的水除去；另一种方法是在反应时加过量的醇或酸，以改变反应达到平衡时反应物和产物的组成。表 10-6 所列为乙酸与乙醇以不同浓度反应达到平衡时的组成。从表 10-6 中可以看出，用过量的醇可以把酸完全转变为酯，反过来，用过量的酸亦能把醇完全酯化。在有机合成中，常常选择最适合的原料比例，以最经济的价格来得到最好的产率。

表 10-6 乙酸与乙醇浓度不同时酯的产率

乙酸/mol	乙醇/mol	产物酯/mol	
		观察	计算
1	0.1	0.098	0.098
1	0.5	0.41	0.42
1	1	0.66	0.67
1	2	0.86	0.85
1	8	0.97	0.97

10.3.3.2 机理

酯化反应可以按三种不同的机理来进行。

(1) 加成-消除机理

当羧酸酯化时，羧酸是提供氢还是提供羟基？各种实验表明：在大多数情况下，由羧酸提供羟基，醇提供氢。当用含有 ^{18}O 的醇和羧酸酯化时，形成含有 ^{18}O 的酯：

$$C_6H_5\overset{O}{\overset{\|}{C}} \vdots\, OH + H \,\vdots\, {}^{18}OCH_3 \xrightleftharpoons{H^+} C_6H_5\overset{O}{\overset{\|}{C}}-{}^{18}OCH_3 + H_2O$$

还有，当羧酸和有旋光性的醇反应时，形成仍有旋光性的酯，这也证明反应时羧酸提供的是羟基。因为如果羧酸提供氢，醇提供羟基，则当羧酸的氧与醇的不对称碳结合时，会引起消旋，即所得的酯为消旋体。

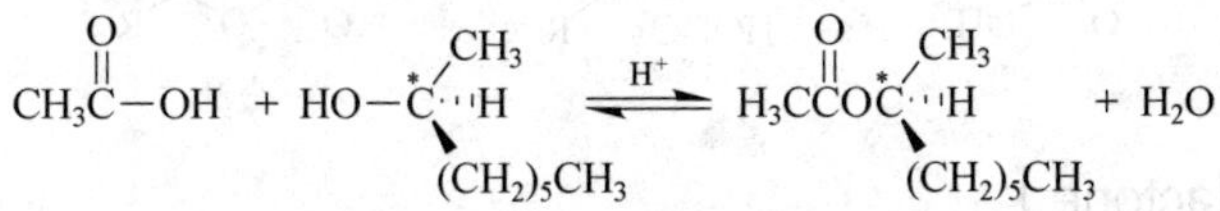

根据以上证据，可以认为酯化是由羧酸提供羟基的，且反应是经过形成四面体中间体（tetrahedral intermediate）的过程完成的。

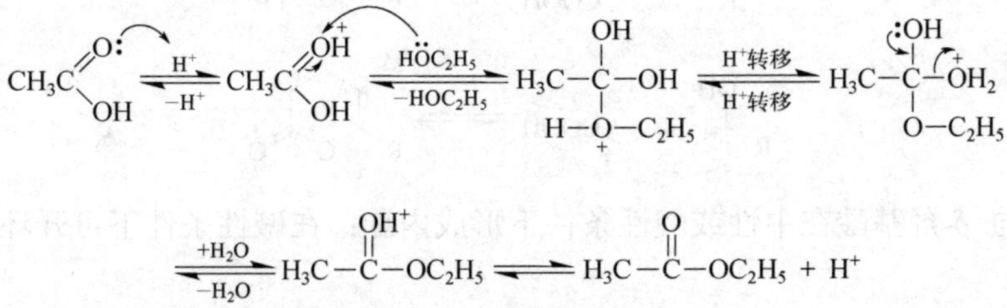

首先是把羧酸的羰基氧质子化，使羰基碳带有更多的正电性，这样醇就容易发生亲核进攻，使碳氧之间的 π 键打开，形成一个四面体中间体；然后质子转移，消除水，再消除质子，形成酯。这个反应过程，是羰基发生亲核加成再消除，所以称为加成-消除机理（addition-elimination mechanism），总的结果是一个亲核试剂置换羰基碳上的羟基。

羧酸与一级、二级醇酯化时，绝大多数属于这个反应机制，且反应速率如下：

$$CH_3OH > RCH_2OH > R_2CHOH$$

$$HCOOH > CH_3COOH > RCH_2COOH > R_2CHCOOH > R_3CCOOH$$

（2）碳正离子中间体机理

羧酸与三级醇发生酯化反应时，由于三级醇的体积较大，不易形成四面体中间体，而三级碳正离子又较易形成，因此可以认为这类酯化反应是经碳正离子中间体机理（carbocation intermediate mechanism）完成的。具体过程如下：

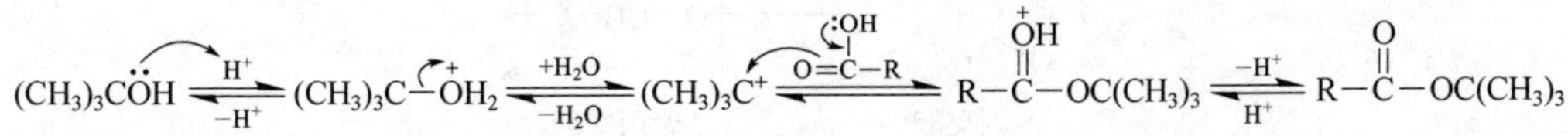

这一反应机理已被同位素跟踪（isotope tracer）实验所证明。

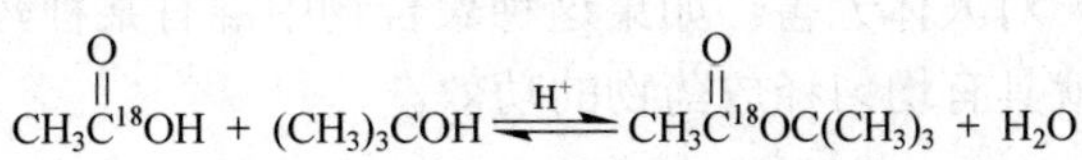

酯化反应是一个可逆反应。由于中间体三级碳正离子$(CH_3)_3C^+$在反应过程中易与碱性较强的水结合，不易与羧羰基氧结合，因此三级醇酯化反应的产率是很低的。

10.3.3.3 羟基酸的分子内酯化和分子间酯化

羟基酸分子内具有羟基、羧基这两个可以互相反应的基团，因此可以发生分子间酯化（intermolecular esterification）或分子内酯化（intramolecular esterification）。

（1）形成交酯（lactide）

两分子 α-羟基酸受热失水形成交酯：

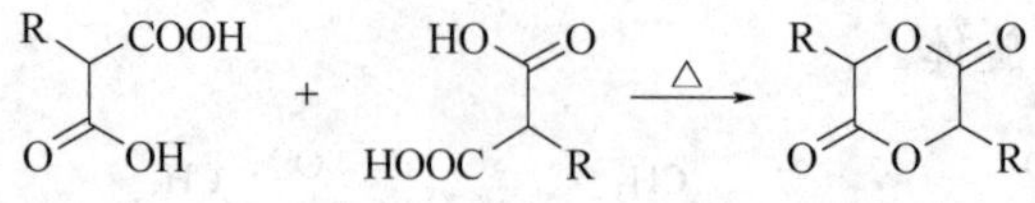

交酯

（2）形成内酯（lactone）

γ-与 δ-羟基酸易形成内酯：

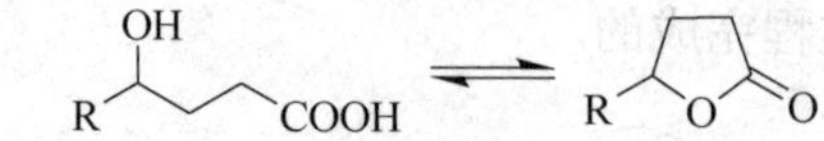

γ-羟基酸与 δ-羟基酸在中性或酸性条件下形成内酯；在碱性条件下可开环成羧酸盐，酸化后又成内酯。

环烷烃中，以环己烷张力最小，最稳定；但在内酯中，以五元环张力最小，最稳定，这与 γ-内酯键角大小有关。五元环与六元环的内酯易于形成，这是因为分子弯曲成类似五元环和六元环构象的概率很大，羟基与羧基接近的机会较多。

（3）聚合

在聚合反应中，除形成五元及六元环内酯倾向很大的羟基酸外，其他羟基酸在合适的酯化催化剂作用下，并在反应过程中不断将水除去，可得高分子量的聚酯。催化剂常用质子酸或 Lewis 酸等，如需高温，为避免羟基脱水，常用 Sb_2O_3、$Zn(OAc)_2$ 等碱性催化剂。

$$n\mathrm{HO(CH_2)_8COOH} \xrightarrow[\triangle]{Sb_2O_3} \mathrm{HO(CH_2)_8}\overset{O}{\overset{\|}{C}}\left[\mathrm{O(CH_2)_8}\overset{O}{\overset{\|}{C}}\right]_{n-1}\mathrm{OH} + (n-1)\mathrm{H_2O}$$

除五元环内酯外，其他内酯在催化剂作用下，均可开环聚合。例如：

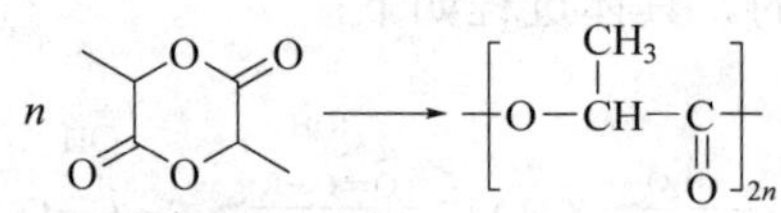

丙交酯　　　　聚丙交酯

聚丙交酯可抽丝作外科手术缝线，在体内可自动溶化而不需拆除，这是因为这种聚合物在体内缓缓分解为乳酸，对人体无害。如果这种聚合物中混有某种药物，并置入体内，在聚合物缓慢分解过程中，就具有均匀释放药物的功效。

10.3.4 形成酰胺、腈、酰卤和酸酐的反应

羧酸与氨或胺可以形成铵盐。这是一个平衡反应，低温利于铵盐的形成，加热时铵盐分解成羧酸和氨或胺。

$$\mathrm{R-\overset{O}{\overset{\|}{C}}-OH} + \mathrm{R'NH_2} \overset{\triangle}{\rightleftharpoons} \mathrm{RCO\overset{-}{O}\overset{+}{N}H_3R'}$$

在这个平衡体系中，氨或胺的氮上的孤对电子可以对羧基碳进行亲核进攻，通过与酯化反应的加成-消除机理相类似的过程，使羧酸脱去一分子水形成酰胺（amide）。

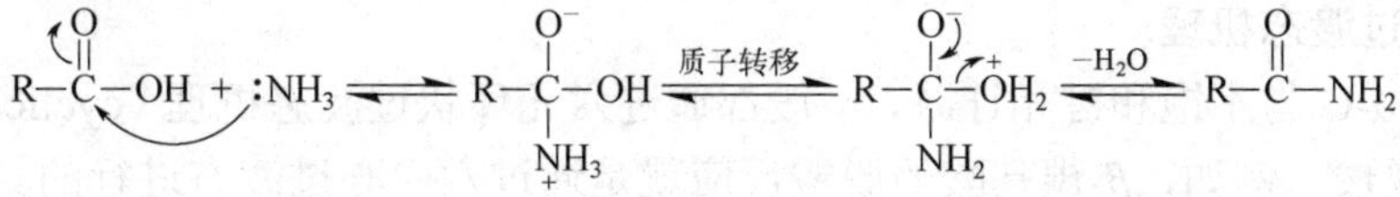

酰胺进一步加热，再失去一分子水形成腈（nitrile）。

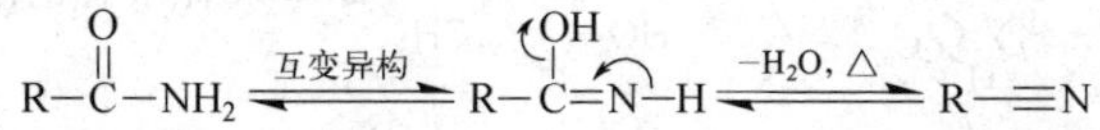

羧酸铵盐高温分解成酰胺的反应是一个可逆反应。若在反应过程中不断将水蒸发，移动平衡，可获得很好的产率。

$$CH_3COOH + NH_3 \longrightarrow CH_3COONH_4 \xrightleftharpoons{100\ ^\circ C} CH_3CONH_2 + H_2O$$

这个反应的一个重要应用就是二元酸与二元胺作用，形成线型聚酰胺。最重要的聚酰胺是尼龙-66，它以六个碳的二元酸与六个碳的二元胺为原料聚合而得，因而得名。

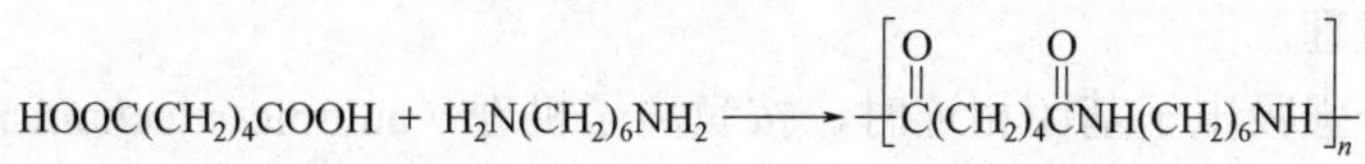

尼龙-66

上述反应严格要求酸与胺的比例为 1∶1，因此先使它们形成盐，以保证酸与胺的比例，然后将盐进行聚合反应。这个反应是一个可逆反应，为了使正反应顺利进行，要把产生的水除去，一般是在聚合到一定程度后，在减压下把水除去。尼龙-66 可以作合成纤维、工程塑料等。

由癸二酸及癸二胺缩聚而成的聚酰胺，称为尼龙-1010。这是一种性能良好的工程塑料，具有良好的耐磨性能、耐油性和绝缘性，可在−40～120℃范围内使用。

10.3.5 羧酸的还原

羧酸很难用催化氢化法还原，但氢化铝锂或乙硼烷能顺利地将羧酸还原成一级醇。

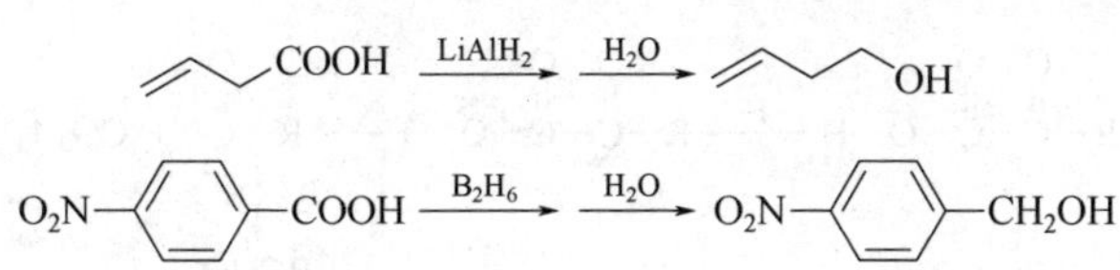

10.3.6 脱羧反应

羧酸的脱羧反应

10.3.6.1 脱羧反应的机理

在合适的条件下，羧酸一般都能发生脱羧（失去 CO_2）反应（decarboxylation）。

$$R-CH_2COOH \xrightarrow{\triangle,\ 碱} R-CH_3 + CO_2$$

能消除稳定的中性分子的反应往往是比较容易进行的，所以羧酸的脱羧反应比较容易进行。羧酸的脱羧反应可以按不同的机理进行，下面介绍几种常见的机理。

（1）环状过渡态机理

当羧酸的 α-C 与不饱和键相连时，一般都通过六元环状过渡态机理（cyclic transition state mechanism）脱羧。例如，β-羰基酸的脱羧反应就是通过六中心过渡态进行的。

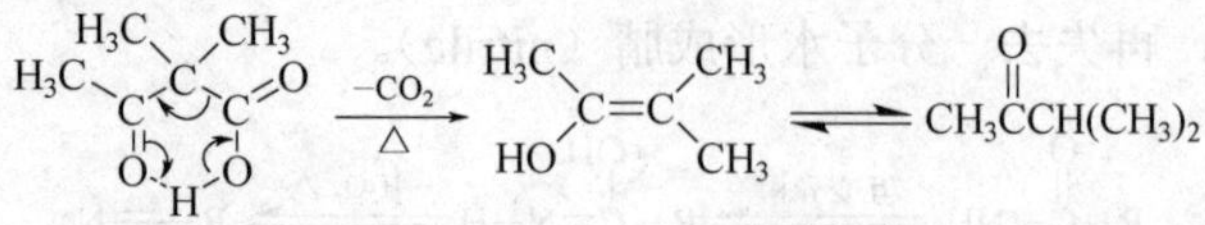

2,2-二甲基-3-氧代丁酸由于氢键螯合关系，首先形成螯合物，然后发生电子转移进行脱羧，先得烯醇，后得酮。这个反应在合成上很重要，丙二酸型化合物及 α 位有吸电子基团的羧酸（如 α-硝基羧酸等）的脱羧一般属于这一类型。

α,β-不饱和酸通过互变异构形成 β,γ-不饱和酸后进行的脱羧反应也是通过与 β-羰基酸类似的过程进行的：

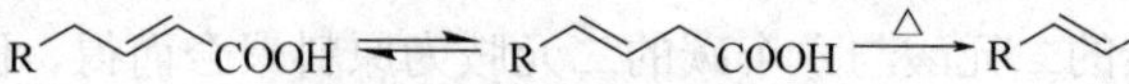

（2）负离子机理

当羧基和一个强吸电子基团相连时，按负离子机理（anionic mechanism）脱羧，如三氯乙酸的脱羧反应。

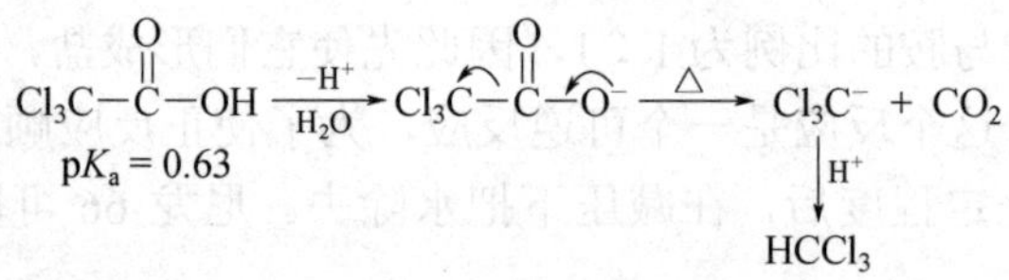

三氯乙酸在水中完全解离成负离子，三个氯有强的吸电子能力，使碳碳之间的电子偏向于有氯取代的碳一边。随着羧基根上的电子转移到碳氧之间，碳碳键异裂，释放出 CO_2，同时形成较稳定的碳负离子，后者与水中的质子结合形成氯仿。这就是通过负离子机理进行的脱羧反应，反应很容易进行。

α-羰基羧酸（carbonyl carboxylic acid）的脱羧及邻、对位有给电子基团的芳香羧酸在强酸（如 H_2SO_4）作用下的脱羧反应也是按负离子机理进行的。

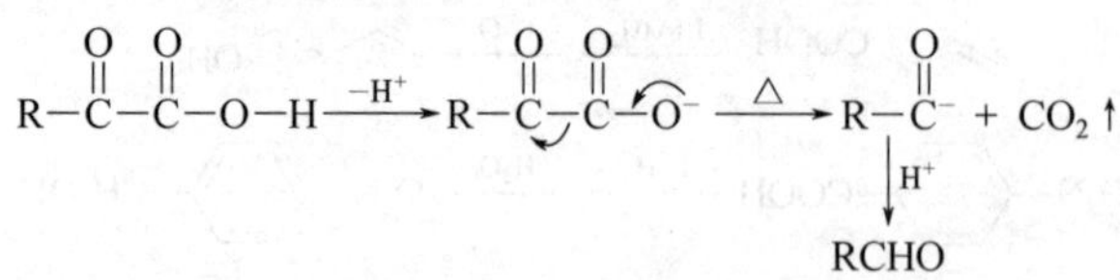

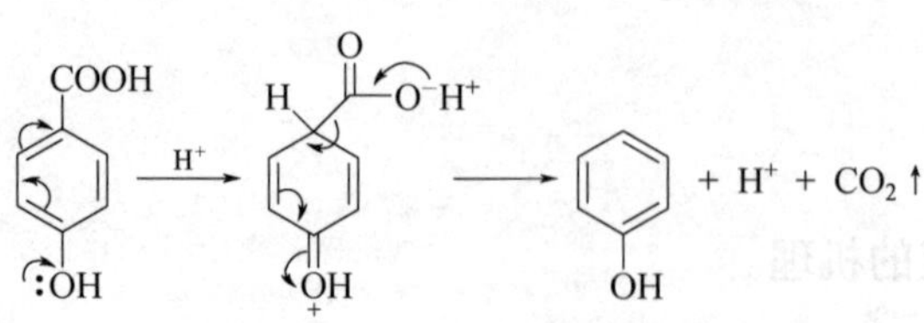

（3）自由基机理

Kolbe 法通过电解羧酸盐的方法制备烷烃。

$$2\,CH_3-\overset{\overset{\displaystyle O}{\|}}{C}-ONa + 2H_2O \xrightarrow{\text{电解}} \underbrace{C_2H_6 + 2CO_2}_{\text{阳极}} + \underbrace{2NaOH + H_2}_{\text{阴极}}$$

一般使用高浓度的羧酸钠盐，在中性或弱酸性溶液中进行电解，电极以铂制成，于较高的分解电压和较低的温度下进行反应。阳极处产生烷烃和二氧化碳；阴极处生成氢氧化钠和氢气。该电解法中所用的羧酸，其碳原子数不宜太多或太少，最好在 10 个左右。

整个电解反应是通过自由基进行的，即羧酸根移向阳极，失去一个电子，生成自由基(ⅰ)，(ⅰ)很快失去二氧化碳，形成新的烷基自由基(ⅱ)，两个自由基(ⅱ)彼此结合生成烷烃。

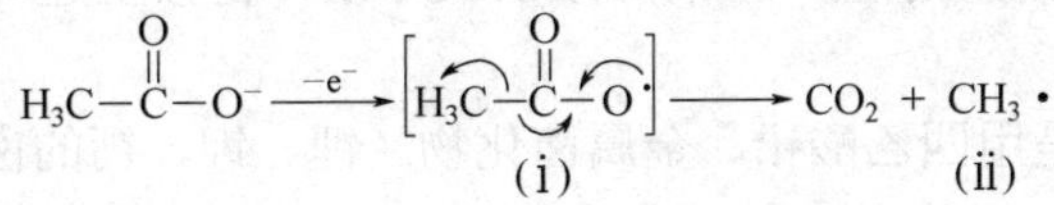

$$2CH_3\cdot \longrightarrow H_3C-CH_3$$

随着反应条件的不同，除了上一反应外，可以生成下列几种副产物：

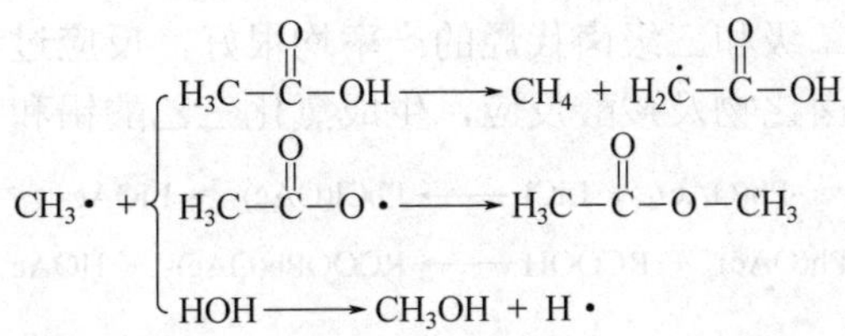

交叉的 Kolbe 反应在合成上非常有价值，因为其产物是其他方法无法代替的，如家蝇的外信息素的合成：

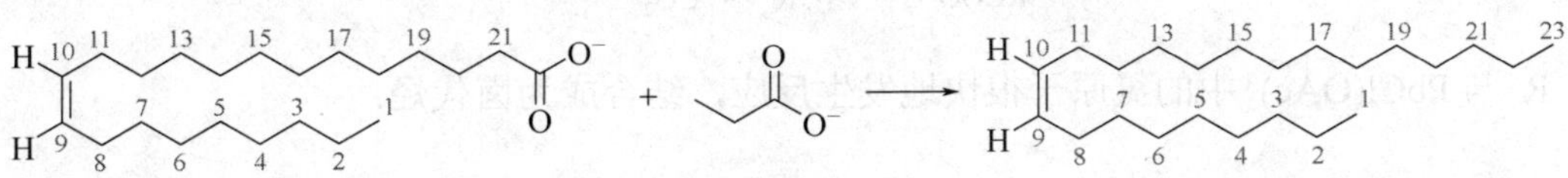

丙酸盐　　muscaluve

一个在合成上非常有用的脱羧反应，称为 Hunsdiecker（汉斯狄克）反应，其用羧酸的银盐在无水的惰性溶剂（如四氯化碳）中与一分子溴回流，失去二氧化碳并形成比羧酸少一个碳的溴代烃：

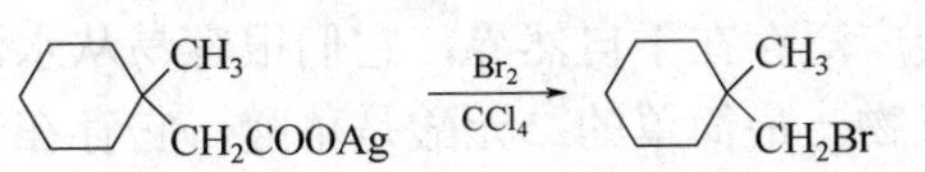

94%

(1-甲环己基)乙酸银　　1-甲基-1-溴甲基环己烷

这个反应广泛地用于制备脂肪族卤代烃，特别是从天然的含有双数碳原子的羧酸来制备单数碳的长链的卤代烃，产率以一级卤代烃最好，二级次之，三级最低，卤素中以溴反应最好。此反应是按自由基机理进行的，羧酸银盐先与 Br_2 反应转化为 RCOOBr：

$$RCOOH \xrightarrow[KOH]{AgNO_3} RCOOAg \xrightarrow{Br_2} RCOOBr$$

RCOOBr 在受热的作用下均裂为 RCOO·，再进一步分解、结合：

$$RCOOBr \xrightarrow{\triangle} RCOO\cdot + Br\cdot$$

$$RCOO\cdot \longrightarrow R\cdot + CO_2$$

$$R\cdot + Br\cdot \longrightarrow RBr$$

这个方法在制备无水银盐时比较麻烦，产率也不太理想，因此有许多改进的方法，其中克利斯脱（Cristol）的改进法直接用羧酸与红色氧化汞、溴在四氯化碳中反应：

$$n\text{-}C_{17}H_{35}COOH + HgO + Br_2 \xrightarrow{CCl_4} \underset{93\%}{n\text{-}C_{17}H_{35}Br}$$

反应过程可能是首先形成汞盐，然后形成 RCOOBr，再按上述均裂机理进行反应，产率也以一级卤代烃为最好。

柯齐（Kochi）反应是用四乙酸铅、金属卤化物（锂、钾、钙的卤化物）和羧酸反应，脱羧卤化（decarboxylative halogenation）而得卤代烃：

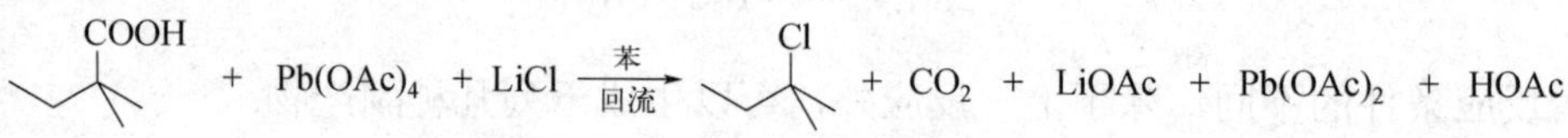

此法便宜，对一级、二级和三级卤代烃的产率均很好，反应过程大致如下：

四乙酸铅分别与金属卤化物及羧酸反应，生成氯化三乙酸铅和铅盐：

$$Pb(OAc)_4 + LiCl \longrightarrow PbCl(OAc)_3 + LiOAc$$

$$Pb(OAc)_4 + RCOOH \longrightarrow RCOOPb(OAc)_3 + HOAc$$

铅盐均裂分解，形成 RCOO·，然后裂解：

$$RCOOPb(OAc)_3 \longrightarrow RCOO\cdot + [\cdot Pb(OAc)_3]$$

$$RCOO\cdot \longrightarrow R\cdot + CO_2$$

R·与 $PbCl(OAc)_3$ 中的氯原子很快地发生反应，结合成为卤代烃：

$$R\cdot + PbCl(OAc)_3 \longrightarrow RCl + [\cdot Pb(OAc)_3]$$

[·$Pb(OAc)_3$]可以形成 $Pb(OAc)_4$ 及 $Pb(OAc)_2$，其中 $Pb(OAc)_4$ 可进一步使用。

10.3.6.2 二元羧酸的脱水、脱羧反应

简单脂肪族的二元羧酸广泛存在于自然界，它们很容易从水溶液中结晶出来，因此很易分离，也是最早知道的有机物。最简单的二元酸是草酸，它存在于许多植物中，如菠菜等，通常以钾盐形式存在；草酸的钙盐是不溶的，它存在于植物细胞内，人体内有的结石就是草酸的钙盐。草酸是有毒的。丁二酸（琥珀酸）存在于琥珀、化石、真菌、苔藓中，首次从蒸馏琥珀中分离得到。戊二酸存在于甜菜中，也存在于羊毛的水萃取液中。己二酸也可从甜菜中分离得到，但它通常是由环己烷合成的。

各种二元酸受热后，由于两个羧基的位置不同，而发生不同的作用，有的失水，有的失羧，有的同时失水失羧。例如：

$$HOOCCOOH \xrightarrow{160\sim180\ ^\circ C} HCOOH + CO_2$$

$$HOOCCH_2COOH \xrightarrow{140\sim160\ ^\circ C} CH_3COOH + CO_2$$

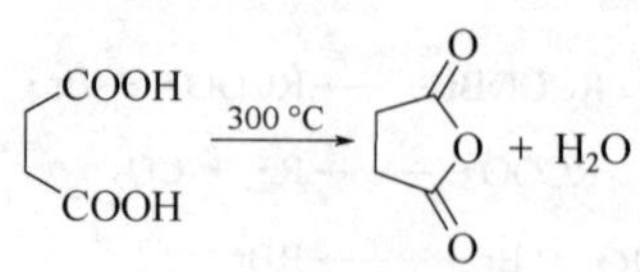

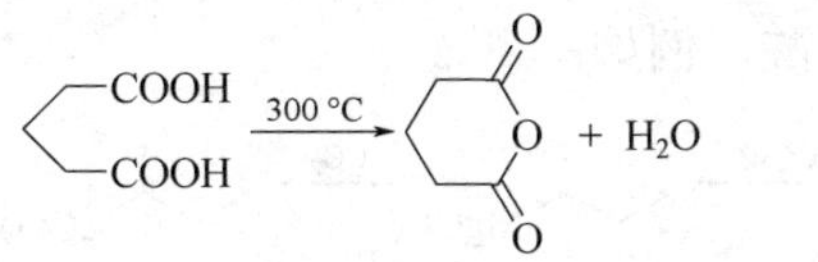

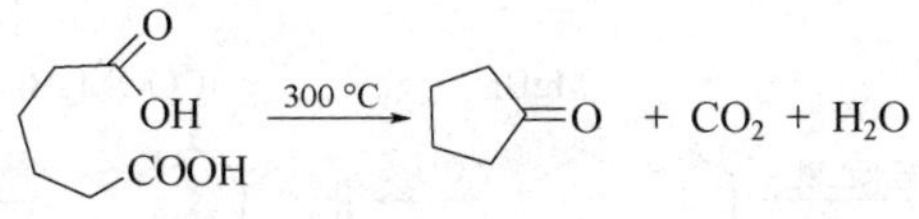

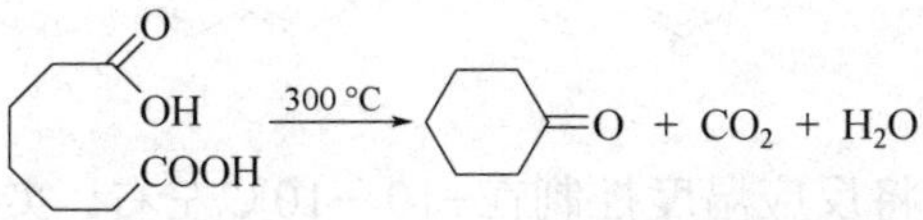

庚二酸以上的二元酸，在高温时发生分子间的失水作用，形成高分子的酸酐，不形成大于六元的环酮。根据以上反应，可以得出一个结论：在有机反应中有成环可能时，一般形成五元或六元环。这称为布朗克（Blanc）规则，是 Blanc 在用各种二元酸和乙酸酐加热时得到的。有硫酸存在时，草酸在 100℃左右就可进行脱羧反应。丙二酸或一取代、二取代的丙二酸一般在水溶液中加热即可脱羧，这在合成上非常有用。丁二酸以上的二元酸进行失水反应时常与去水剂共热，反应比较顺利，常用的去水剂有乙酰氯、乙酸酐、五氯化磷、三氯氧磷、五氧化二磷等。

芳香二元酸也能进行上述反应：

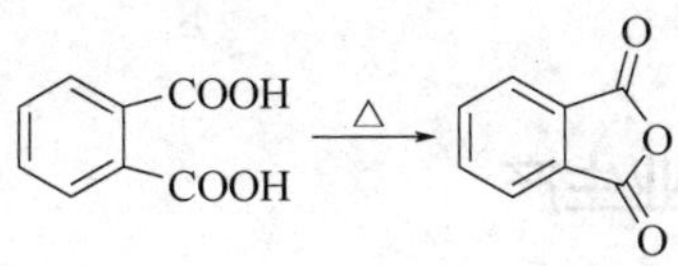

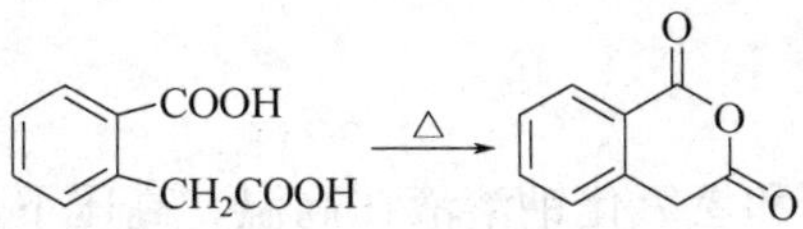

10.4 羧酸的制备

羧酸可用醇、醛、芳烃、烯、炔和酮（卤仿反应）的氧化来制备。下面介绍几种制备羧酸的常用方法。

10.4.1 羧酸衍生物、腈的水解

酰卤、酸酐、酯、酰胺水解均能得到羧酸，腈在酸性或碱性条件下回流水解，也可得到羧酸。

$$\mathrm{R{-}C{\equiv}N + H_2O \xrightarrow[\triangle]{酸或碱} RCOOH}$$

10.4.2 由有机金属化合物制备

格氏试剂和二氧化碳反应，再经水解即生成酸，此法可将一级、二级、三级和芳香卤代

烃制备成多一个碳原子的羧酸。例如：

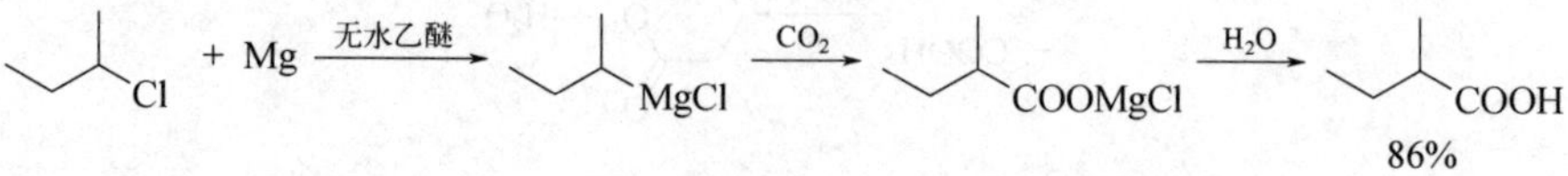

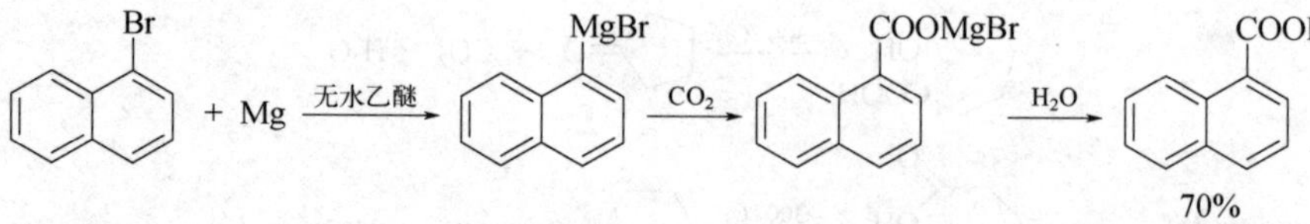

低温对反应有利，一般将反应温度控制在-10～10℃左右。实验时，可将格氏试剂的乙醚溶液在冷却下通入二氧化碳，也可以将格氏试剂的乙醚溶液倒入过量的干冰中，这时的干冰既是反应试剂又是冷冻剂。

有机锂试剂与等物质的量的二氧化碳反应生成羧酸锂盐，再水解也生成羧酸。但羧酸锂盐也能与有机锂试剂反应，生成物水解得酮。因此，有机锂试剂与二氧化碳的投料比将对生成哪种产物起决定作用。

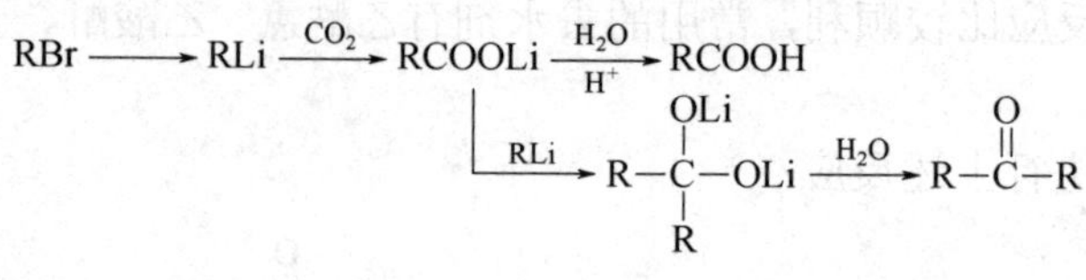

10.4.3　几种常用羧酸的工业生产

10.4.3.1　甲酸

工业上，首先用一氧化碳和氢氧化钠溶液在高温、高压下作用生成甲酸钠，然后用浓硫酸分解，把甲酸蒸馏出来：

$$NaOH + CO \longrightarrow HCOONa \xrightarrow{H_2SO_4} HCOOH$$

工业上甲酸可用作还原剂、防腐剂，或用在制备染料及橡胶生产。

10.4.3.2　乙酸

生产羧酸常用的工业方法是乙醛氧化法，即以乙酸锰为催化剂，用空气或氧将乙醛氧化：

$$CH_3CHO + O_2 \xrightarrow{Mn^{2+}} CH_3COOH$$

另一种方法是用甲醇在铑(Rh)的催化剂作用下（均相催化剂）和一氧化碳直接结合成乙酸：

$$CH_3OH + CO \xrightarrow[Rh]{I_2} CH_3COOH$$

乙酸是化学工业的重要原料，可以用来合成乙酸酐、乙酸酯类，它们又可以进一步生产乙酸纤维、电影胶片、喷漆溶剂、食品工业和化妆品工业的香精。由乙酸制成的乙酸乙烯酯是合成纤维维纶的主要原料。

10.4.3.3 苯甲酸

常用甲苯、邻二甲苯或萘为原料制备羧酸，这些原料来自煤焦油或石油：

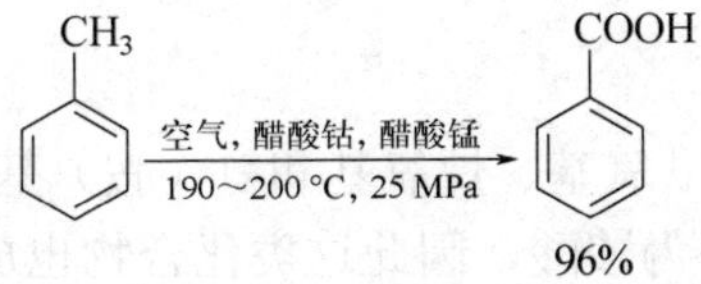

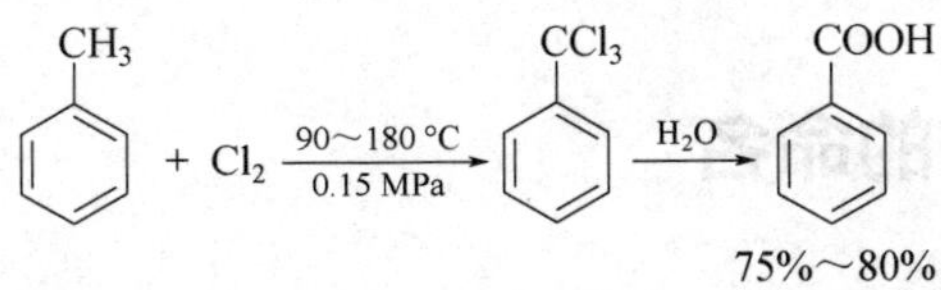

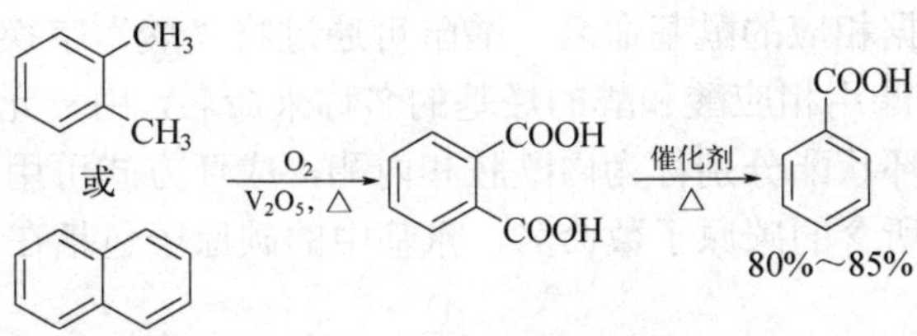

10.4.3.4 己二酸

以苯为原料，还原后再氧化可制得己二酸：

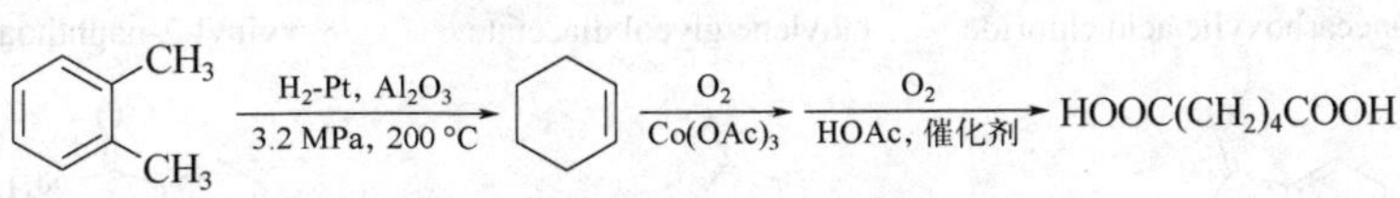

氧化时先产生环己酮及环己醇，然后进一步氧化为己二酸。

由于石油化学的发展，可用丁二烯为原料，与氯进行 1,4-加成，得 1,4-二氯丁-2-烯，然后其与氰化钠反应，得二腈化物。二腈化物水解、加氢，得己二酸：

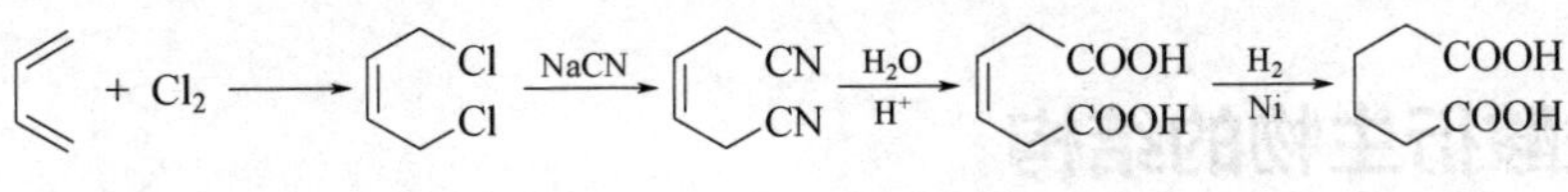

己二酸是合成尼龙-66 的原料。

10.4.3.5 对苯二甲酸

以对二甲苯为原料，第一步中其氧化成对甲苯甲酸，然后进一步氧化为对苯二甲酸：

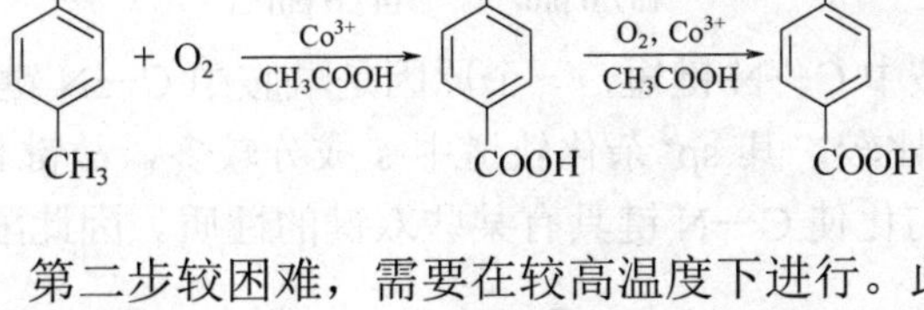

第一步氧化很容易，第二步较困难，需要在较高温度下进行。此方法在生产中的问题是乙酸的消耗和对反应容器的腐蚀。对苯二甲酸在国内外大量生产，是合成纤维涤纶的原料之一。

Ⅱ 羧酸衍生物

羧基中的—OH 被卤原子、酰氧基、烷氧基和氨（胺）基置换产生羧酸衍生物——酰卤、酸酐、酯、酰胺。由于腈可水解为羧酸，因此这类化合物也放在羧酸衍生物中一起讨论。

10.5 羧酸衍生物的命名

酰卤和酰胺通常根据相应的酰基命名。酸酐可通过将“酸”字换成“酸酐”来命名，但“酸”字一般可以省略。酯用相应酸和醇的烃基的名称来命名，由一元醇与羧酸构成的酯称为某酸某酯。环状酰胺和环状酯分别称为内酰胺和内酯，成环方式可用希腊字母（$\alpha,\beta,\gamma,\cdots$）注明。腈通常根据分子中所含的碳原子数命名，氰基中的碳原子包括在内，且编号为 1。例如：

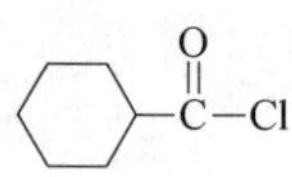

环己基甲酰氯
cyclohexanecarboxylic acid chloride

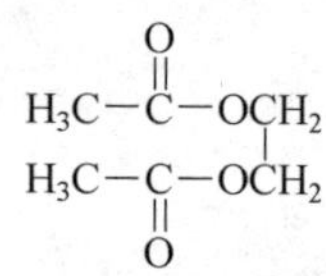

乙二醇二乙酸酯
ethylene glycol diacetate

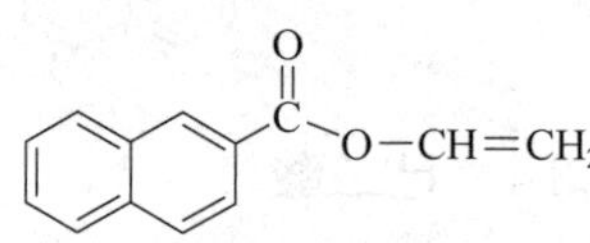

萘-2-甲酸乙烯酯
vinyl-2-naphthoate

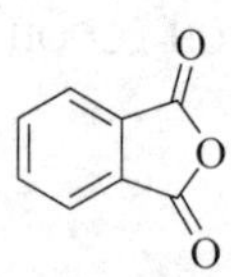

邻苯二甲酸酐
phthalic anhydride

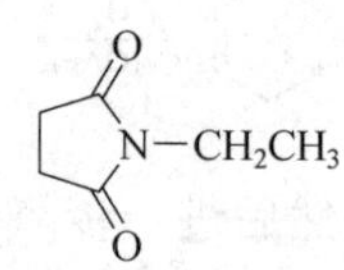

N-乙基丁二酰亚胺
N-ethylsuccinimide

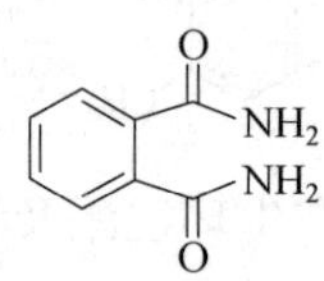

邻苯二甲酰二胺
phthalamide

10.6 羧酸衍生物的结构

酰卤、酸酐、酯、酰胺的结构与羧酸类似。在酰胺中，羰基与氨基相连，氨基氮上的孤电子对可以和羰基共轭，因此酰胺与胺中 C—N 键的键长有很大的不同：

$$H-\overset{\overset{\displaystyle O}{\|}}{C}-NH_2 \qquad H_3C-NH_2$$

137.6 pm　　147.6 pm

酰胺中 C—N 键较胺中 C—N 键短，一个原因是酰胺中 C—N 键的碳为 sp^2 杂化，与胺中 C—N 键的碳的 sp^3 杂化比较，其 sp^2 杂化轨道中 s 成分较多，故键长较短；另一个原因是羰基与氨基共轭，电子均匀化使 C—N 键具有某些双键的性质。因此酰胺的结构可表示如下：

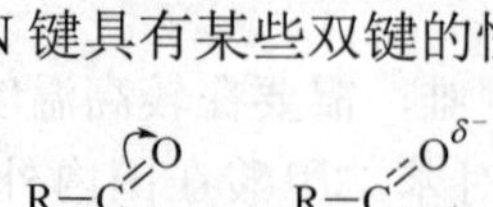

同样，在酯中羰基亦可与烷氧基氧的孤对电子共轭。比较酯和醇中的 C—O 键可知，酯中 C—O 键比醇中 C—O 键短：

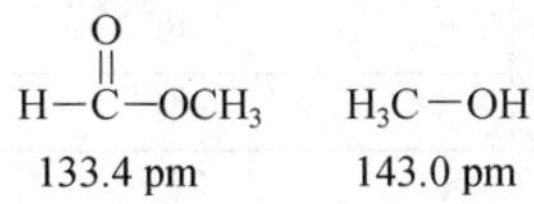

酯的结构也可以表示如下：

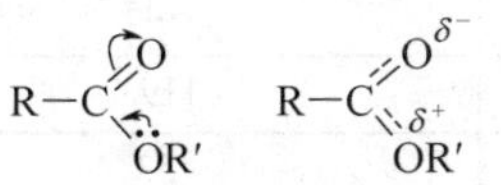

酰氯中的C—Cl键并不比氯代烃中的C—Cl键短，这从比较酰氯和氯代烃的键长中可以看到：

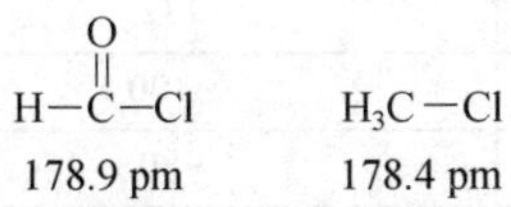

这是因为氯有较强的电负性，在酰氯中主要表现为强的吸电子诱导效应，而与羰基的共轭效应很弱。

从酰胺、酯、酰氯中 C—N 键、C—O 键、C—Cl 键的键长以及其他实验数据判断，这种具有相反电荷的偶极结构（dipolar structure）在酰胺中是主要的，在酯中次之，而在酰氯中这种偶极结构很少。

10.7 羧酸衍生物的物理性质和波谱特征

10.7.1 羧酸衍生物的物理性质

低级酰氯与酸酐是有刺鼻气味的液体，高级的为固体。低级酯具有芳香的气味，存在于水果中，可用作香料。十四碳以下的甲酯、乙酯均为液体。酰胺除甲酰胺外，均是固体，这是因为分子中形成氢键，如果氮上的氢逐个被取代，则氢键缔合减少，因此脂肪族的 *N*-取代酰胺常为液体。酰氯和酯的沸点因分子中没有缔合，比相应的羧酸的沸点低；酸酐与酰胺的沸点比相应的羧酸的沸点高。

酰氯与酸酐不溶于水，低级的酰氯遇水分解；酯在水中溶解度很小；低级的酰胺可溶于水，*N*,*N*-二甲基甲酰胺和 *N*,*N*-二甲基乙酰胺是很好的非质子极性溶剂（polar solvent），可与水以任意比例混合。这些羧酸衍生物都可溶于有机溶剂，而乙酸乙酯是很好的有机溶剂，大量用于油漆工业。

表 10-7 列出了羧酸衍生物的物理性质。

表 10-7　一些常见羧酸衍生物的物理性质

化合物	熔点/℃	沸点/℃
乙酰氯	−112	51
乙酰溴	—	76.7
丙酰氯	−94	80

续表

化合物	熔点/℃	沸点/℃
正丁酰氯	−89	102
苯甲酰氯	−1	197
对硝基苯甲酰氯	72	154 / 2kPa
乙酸酐	−73	140
丙酸酐	−45	169
丁二酸酐	119.6	261
顺丁烯二酸酐	53	202
苯甲酸酐	42	360
邻苯二甲酸酐	132	284.5
甲酸甲酯	−100	32
甲酸乙酯	−80	54
乙酸乙酯	−83	77

10.7.2 羧酸衍生物的波谱特性

羧酸衍生物（腈除外）与羧酸的红外光谱有相似之处，均含有 C═O 键伸缩振动吸收峰，但两者又有明显的区别。酰氯的 C═O 键伸缩振动在 1815～1770cm^{-1} 有强吸收峰，其 C—Cl 键的吸收峰在 645cm^{-1} 附近。酸酐的 C═O 键伸缩振动与其他羰基化合物明显不同，其在 1850～1780cm^{-1} 和 1790～1740cm^{-1} 有两个 C═O 键伸缩振动的强吸收峰，两吸收峰相距约 60cm^{-1}。线形酸酐的高频峰强于低频峰，而环状酸酐则相反。酸酐的 C—O 键伸缩振动在 1300～1050cm^{-1} 产生强吸收峰。图 10-5 是丙酸酐的红外光谱。

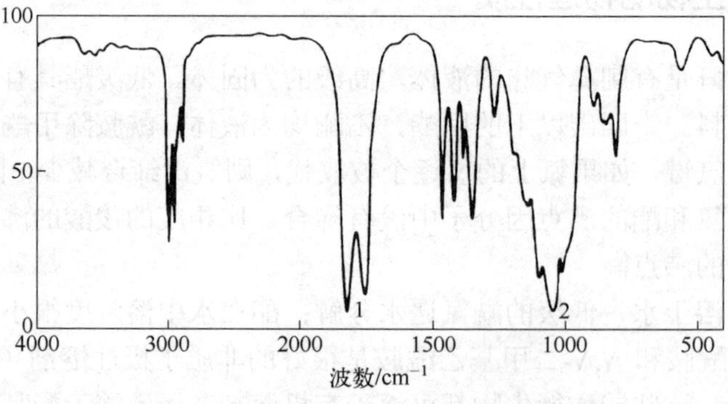

图 10-5 丙酸酐的红外光谱（液膜）

1—1820cm^{-1}、1752cm^{-1}，C═O 键伸缩振动；2—1042cm^{-1}，C—O 键伸缩振动

酯的 C═O 键伸缩振动在 1750～1735cm^{-1} 有强吸收峰，C—O 键伸缩振动在 1300～1000cm^{-1} 有两个强吸收峰，其中较高波数吸收峰的位置及强度比较特征，可用于鉴定酯的类型。图 10-6 是乙酸乙酯的红外光谱。

腈的 C≡N 键伸缩振动在 2280～2240cm^{-1} 有吸收峰。

对于羧酸衍生物的 ^{1}H NMR 谱，由于羰基碳原子带有部分正电荷，α-碳原子上的质子去屏蔽，其共振峰稍向低场位移，δ=2～3。酯中烷氧基 α-碳原子上质子的化学位移一般为 3.7～

5.0。酰胺中氮原子上质子 RCONHR 的化学位移 δ=5～9.4，往往显示宽而矮的峰。图 10-7 是乙酸乙酯的 ^{1}H NMR 谱。

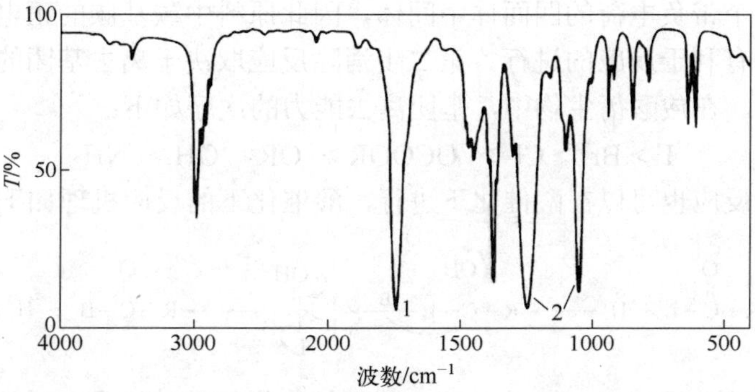

图 10-6　乙酸乙酯的红外光谱（液膜）

1—1743cm^{-1}，C═O 键伸缩振动；2—1243cm^{-1}，1048cm^{-1}，C—O 键伸缩振动

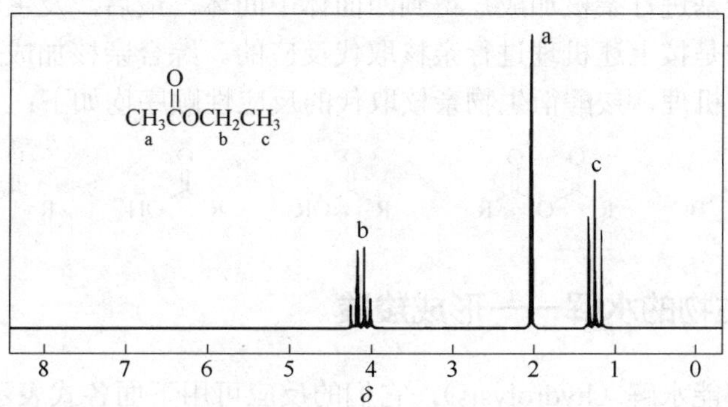

图 10-7　乙酸乙酯的 ^{1}H NMR 谱（90MHz，$CDCl_3$）

10.8　羧酸衍生物的化学性质

羧酸衍生物的结构和亲核加成消除反应历程

羧酸衍生物的反应有很多共同之处，其反应机理也大致相同，只是在反应活性上有所差别。下面首先讨论一些共有的性质，然后分别讨论各自独特的反应。

10.8.1　酰基碳上的亲核取代反应

羧酸衍生物的亲核取代反应可表示如下：

$$R-\overset{O}{\overset{\|}{C}}-L + :Nu \xrightleftharpoons{\text{催化剂}} R-\overset{O}{\overset{\|}{C}}-Nu + :L^-$$

反应的结果是酰基碳上的一个基团被亲核试剂所取代，因此这类反应称为酰基碳（acyl carbon）上的亲核取代反应。此类亲核取代可以在碱催化的条件下进行。碱催化下的反应机理如下所示：

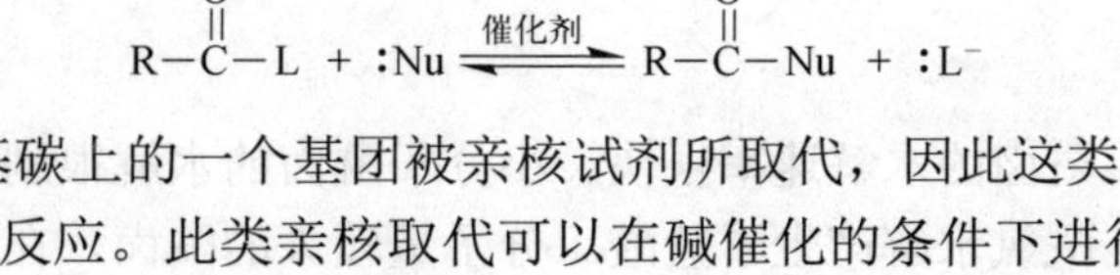

反应分两步进行，首先是亲核试剂在羰基碳上发生亲核加成，形成四面体中间体（tetrahedral intermediate），然后消除一个负离子，总的结果是取代。由于第一步反应是亲核加成，而形成的是一个带负电荷的四面体中间体，因此原料中羰基碳的正电性越大，其周围的空间位阻越小，越有利于反应的进行。第二步消除反应取决于离去基团的性质，基团越易离去，反应越易发生。在羧酸衍生物中，基团离去能力的次序如下：

$$I^- > Br^- > Cl^- > {}^-OCOOR > {}^-OR > {}^-OH > {}^-NH_2$$

此类亲核取代反应也可以在酸催化下进行，酸催化下的反应机理如下：

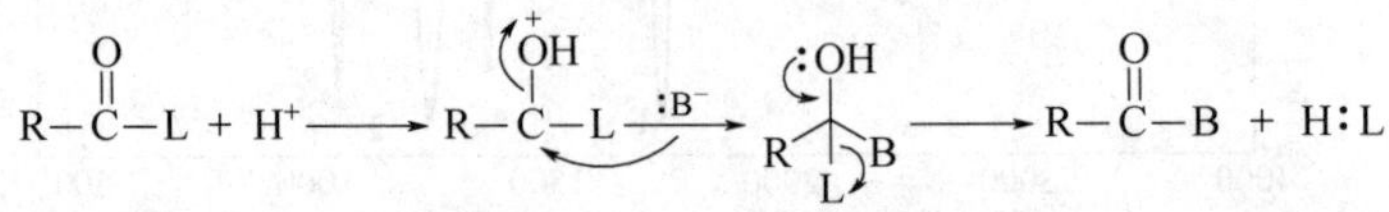

首先是羰基氧的质子化（protonation）。羧酸衍生物的羰基氧具有碱性，酸的作用就是通过羰基氧的质子化，使氧带有正电荷，从而吸引羰基碳上的电子，使碳更具正电性。接着，亲核试剂对活化的羰基进行亲核加成，得到四面体中间体。最后，发生消除反应生成产物。绝大多数羧酸衍生物是按上述机理进行亲核取代反应的。综合亲核加成及消除两步，不管是酸催化还是碱催化的机理，羧酸衍生物亲核取代的反应性顺序均如下：

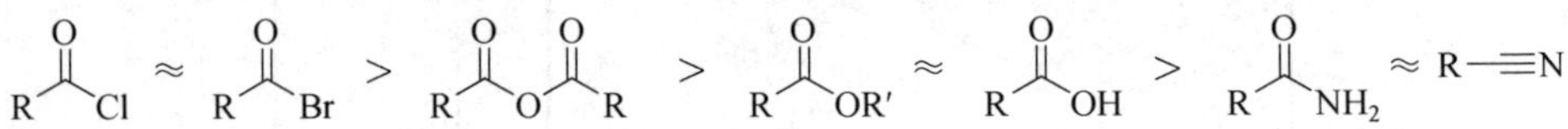

10.8.2 羧酸衍生物的水解——形成羧酸

羧酸的衍生物都能水解（hydrolysis），它们的反应可用下面各式表示。

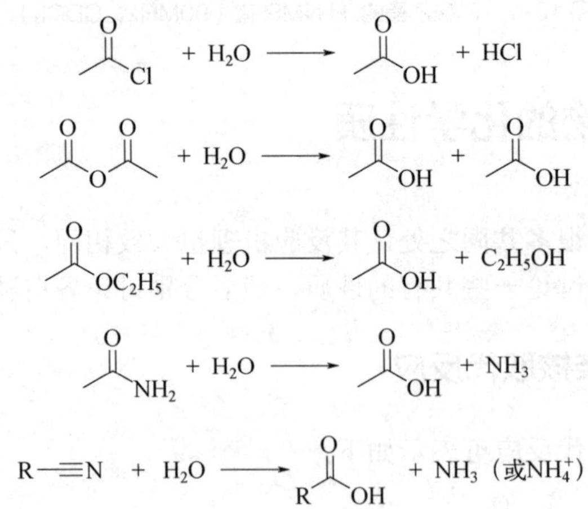

（1）酰卤的水解

在羧酸衍生物中，酰卤的水解速率很快。小分子酰卤的水解很剧烈，如乙酰氯在湿空气中会发烟，这是因为乙酰氯水解产生了盐酸。分子量较大的酰卤，在水中溶解度较小，反应速率很慢，如果加入使酰卤与水都能溶解的溶剂，反应就能顺利进行，这是因为卤离子是很好的离去基团。水作为亲核试剂时，在多数情况下，不需催化剂帮助即可进攻酰羰基碳以发生水解反应；在有些情况下，需要碱作催化剂。

酰卤由羧酸合成，因此水解反应的用处很少。

（2）酸酐的水解

酸酐可以在中性、酸性、碱性溶液中水解。酸酐不溶于水，在室温下水解很慢。如果选择一合适的溶剂使其成均相，或加热使其成均相，则不用酸碱催化，水解也能进行，如甲基丁烯二酸酐用理论量水加热至均相，放置、固化，得 2-甲基顺丁烯二酸：

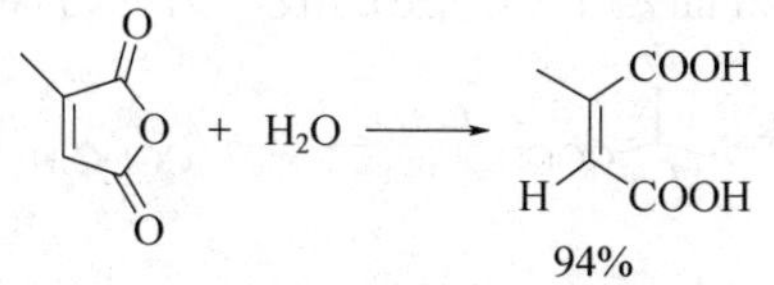

（3）酰胺的水解

酰胺在酸或碱催化下可以水解为酸和氨（或胺），反应条件比其他羧酸衍生物的条件更强烈，需要强酸或强碱以及比较长时间的加热回流：

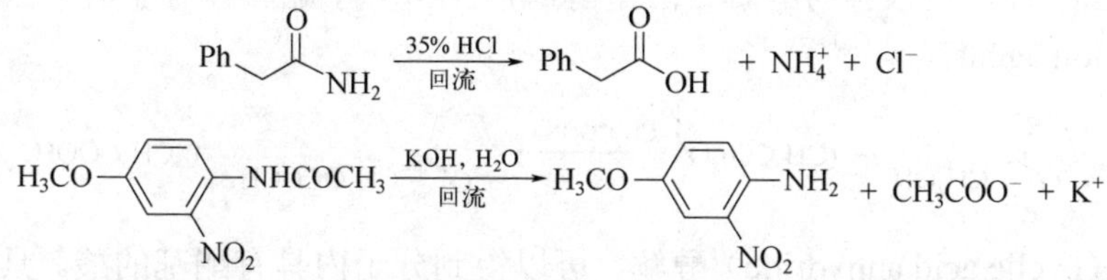

酸催化时，酸的作用除使酰胺的羰基质子化外，还可以中和平衡体系中产生的氨或胺，使它们成为铵盐，这样可使平衡向水解方向移动。碱催化时，OH^-进攻羰基碳，同时将形成的羧酸中和成盐。

（4）腈的水解

腈在酸或碱作用下加热，可先生成酰胺。酰胺加一分子水成为羧酸的铵盐，失一分子水即变为腈，它们之间的关系如下：

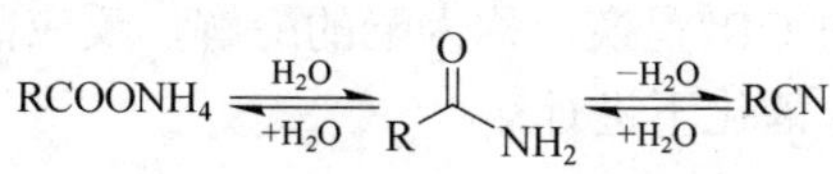

小心控制反应条件，可使腈水解为酰胺。

（5）酯的水解

酯水解产生一分子羧酸和一分子醇：

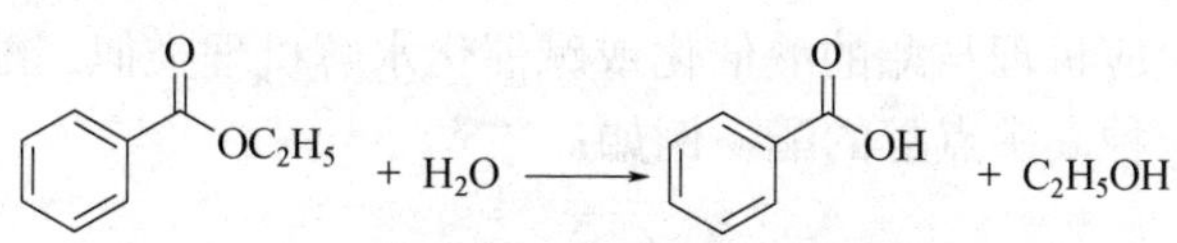

这是酯化反应的逆反应，因此酯水解反应最后也达到平衡。酯的水解比酰氯、酸酐困难，故需要酸或碱催化。一般常用碱作催化剂，因为 OH^- 是较强的亲核试剂，容易与酯羰基碳发生亲核反应，而且产生的酸可以与碱作用生成盐，有利于平衡反应的正向移动。因此碱催化时，碱的用量要比 1mol 多。碱实际上不仅是催化剂，也是试剂。

10.8.3 羧酸衍生物的醇解——形成酯

羧酸衍生物的醇解（alcoholysis）是合成酯的重要方法。

（1）酰卤的醇解

酰卤很容易醇解。将羧酸转化为酰氯，再与醇反应成酯，虽然经过两步，但结果往往比直接酯化好。对于反应性弱的芳香酰卤、有空间位阻的脂肪酰卤，以及三级醇或酚，促进反应进行的方法是在氢氧化钠或三级胺（如吡啶、三乙胺、二甲苯胺等）存在下反应，这样能得到较好的结果。碱的功能一方面是中和产生的酸，另一方面可能也起了催化作用：

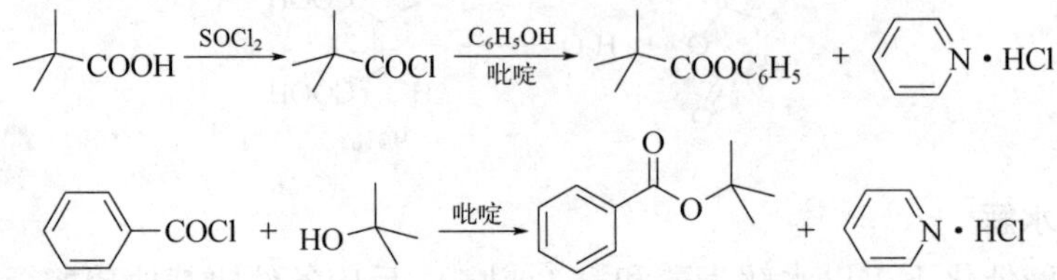

（2）酸酐的醇解

酸酐和酰卤一样，也很容易醇解。酸酐醇解产生一分子酯和一分子酸，因此是常用的酰化试剂（acylation agent）。

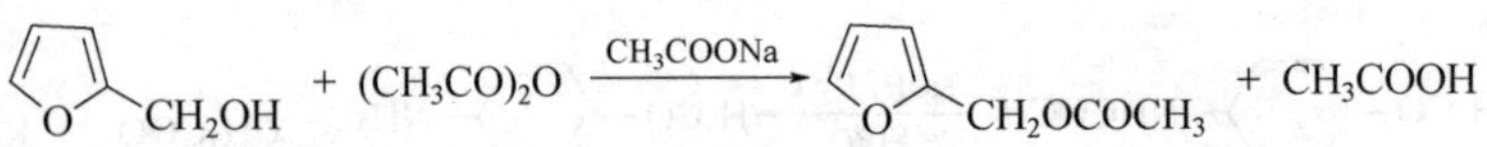

环状酸酐（cyclic acid anhydride）醇解，可以得到分子内具有酯基的酸。具有酯基的酸如欲进一步酯化，需用一般酯化条件，即用酸催化才能进行：

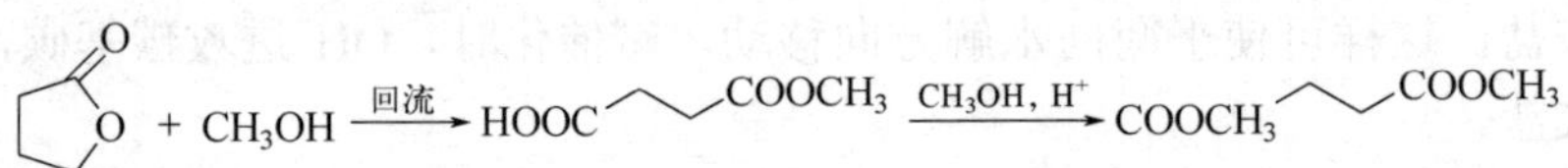

丁二酸一甲酯 95%～96%　　　　丁二酸二甲酯

（3）酯的醇解

酯中的 OR'被另一个醇的 OR"置换，称为酯的醇解，反应需在酸（盐酸、硫酸或对甲苯磺酸等）或碱（烷氧负离子）催化下进行：

$$\mathrm{RCOOR'} + \mathrm{R''OH} \xrightleftharpoons{\mathrm{H^+}或^-\mathrm{OR''}} \mathrm{RCOOR''} + \mathrm{R'OH}$$

这是从一个酯转变为另一个酯的反应，因此也称为酯交换反应（ester exchange reaction）。这是一个可逆反应，为使反应向右方进行，常用过量的所希望形成酯的醇，或将反应中产生的醇除掉。酯醇解的反应机理与酯的酸催化或碱催化水解机理类似。酯交换反应常用于将一种低沸点醇的酯转为一种高沸点醇的酯，例如：

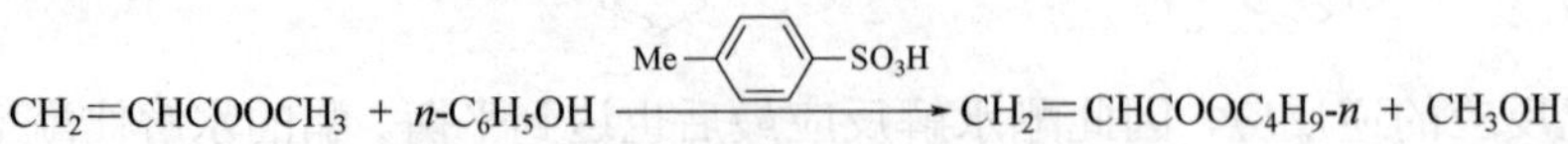

在反应过程中尽快把产生的甲醇除掉，使反应顺利进行。

酯交换反应可用于二酯化合物的选择性水解，如对于一个二酯化合物，要水解掉一个酯基而保存另一个酯基，用一般方法不易实现，而用酯交换方法就可顺利达到目的。例如：

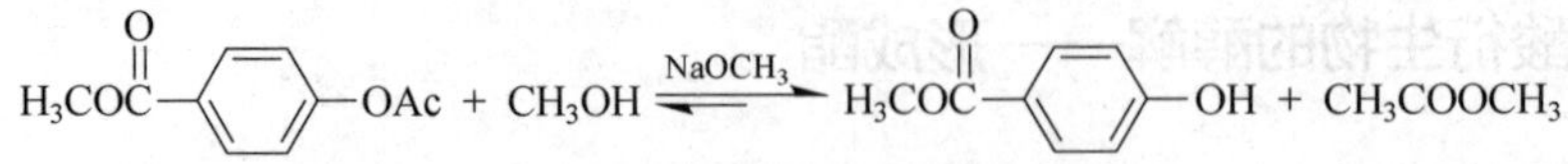

(i)

上面的反应要去掉乙酰基而保存甲酯基，可用少量甲醇钠作催化剂，且使用大量甲醇进行交换反应。甲酯在进行交换反应中，仍得到甲酯，而(ⅰ)可以被甲醇交换下来。由于使用大量的甲醇，反应接近于完全。

又如，维纶的中间产物聚乙酸乙烯酯（或称聚醋酸乙烯酯）不溶于水，因此不能在水溶液中进行水解，可以用过量甲醇在碱催化下进行交换反应：

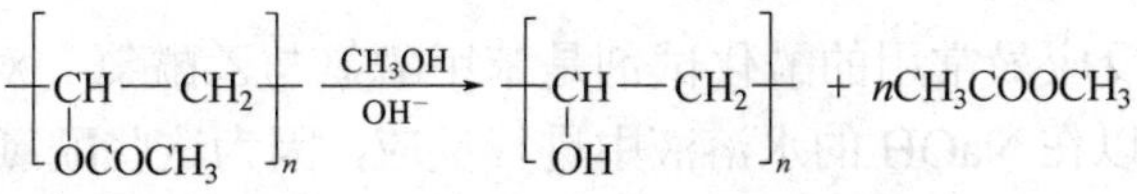

反应中，乙酰基变为乙酸甲酯，而聚乙烯醇就游离出来。

酯交换反应在工业上的另一个重要应用是涤纶的合成。涤纶是由对苯二甲酸与乙二醇缩聚（condensation polymerization）制得的，但这个反应对对苯二甲酸的纯度要求很高，而合成的对苯二甲酸不能达到要求，且很难提纯，因此通过转化为它的甲酯再分馏提纯。提纯后的对苯二甲酸二甲酯与乙二醇共熔，然后在催化剂作用下通过酯交换反应而得到聚酯涤纶：

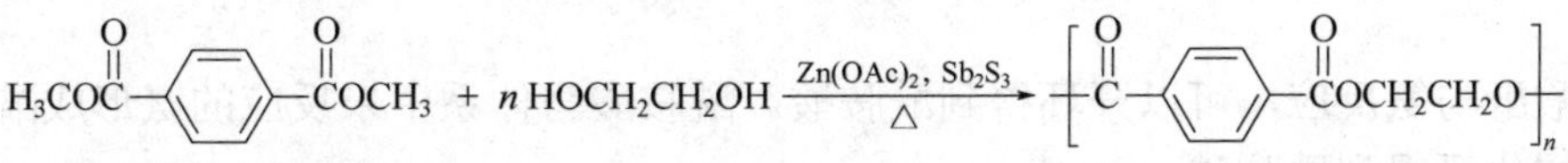

涤纶

现在可以制得比较纯的对苯二甲酸，因此涤纶可以直接用对苯二甲酸与乙二醇缩聚制得。

（4）酰胺的醇解

酰胺在酸性条件下醇解为酯：

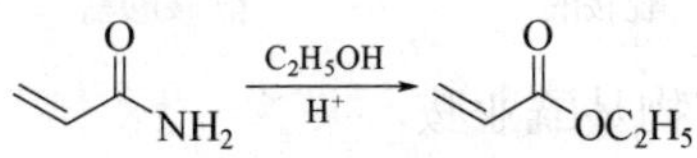

酰胺也可用少量醇钠在碱性条件下催化醇解。

（5）腈的醇解

腈在酸性条件下（如盐酸、硫酸）用醇处理，也可得到羧酸酯，例如：

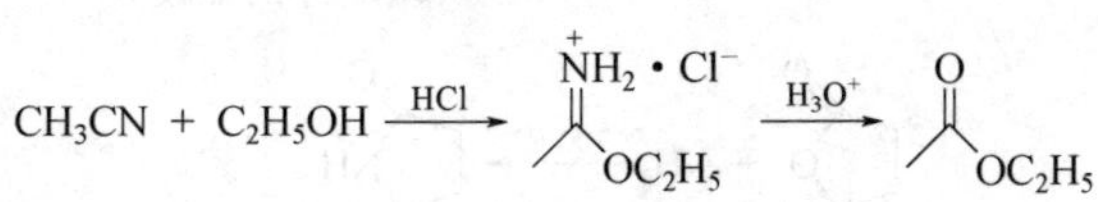

反应中间先生成亚胺酯的盐，如在无水条件下，可以分离得到；如有水存在，则可以直接得到酯。

10.8.4 羧酸衍生物的氨(胺)解——形成酰胺

羧酸衍生物的氨（胺）解（ammonolysis）是制备酰胺的常用方法。

（1）酰卤的氨（胺）解

酰氯很容易与氨、一级胺或二级胺反应形成酰胺。例如，酰氯遇冷的氨水即可进行反应，因为氨的亲核性比水强：

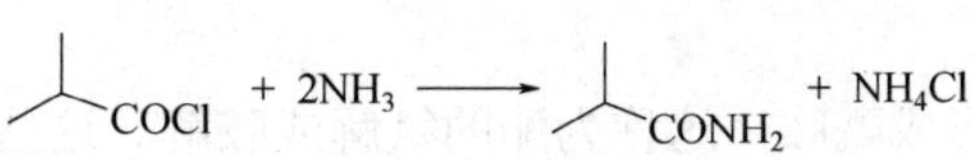

如用酰氯与胺进行反应，反应通常在碱性条件下进行，常用的碱有氢氧化钠、吡啶、三乙胺、*N*,*N*-二甲苯胺等，所用碱可中和反应产生的酸，以避免消耗与酰氯反应的胺：

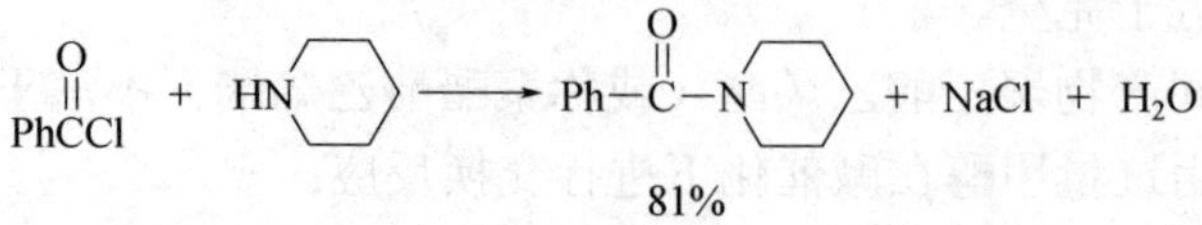

酰化（acylation）反应最常用的酰化试剂是苯甲酰氯与乙酰氯。对于芳香酰氯与 α-C 上有位阻的脂肪酰氯，可以在 NaOH 的水溶液中进行反应，因为这些酰氯在水中溶解度很小，而 NaOH 溶于水，反应体系为两相，酰氯不易被水解，胺与酰氯反应，产生的 HCl 被 NaOH 中和。

（2）酸酐的氨（胺）解

常用的酸酐是乙酸酐，与乙酰氯相比较，乙酸酐较不易水解。有些反应物易溶于水，氨（胺）解可以在水中进行，因为胺比水的亲核性大得多，如：

$$(CH_3CO)_2O + H_2NCH_2COOH \xrightarrow{H_2O} \underset{89\%\sim92\%}{CH_3CONHCH_2COOH} + CH_3COOH$$

环状酸酐与氨反应，可以开环得到酰胺酸。酰胺酸与体系中未反应的氨形成酰胺酸盐，经无机酸酸化又得到酰胺酸。

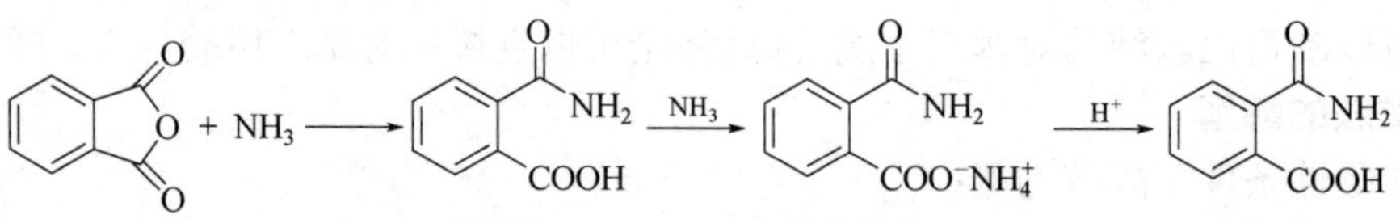

酰胺酸　　酰胺酸盐　　酰胺酸

若反应在高温下进行，则产物是酰亚胺。

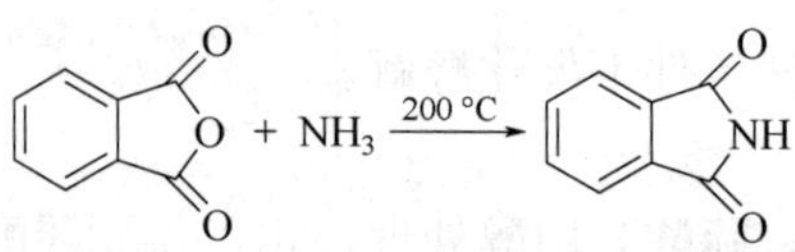

邻苯二甲酰亚胺

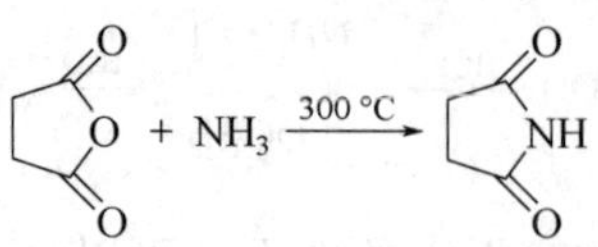

丁二酰亚胺, 83%

醋酐与胺反应，除产生酰胺外，还有一分子羧酸，因此反应中经常加入三级胺，以中和反应产生的酸。酸酐与胺反应，主要用于各种胺，特别是芳香一级胺或二级胺的乙酰化，反应可以在中性条件下或在少量酸或碱催化下进行。

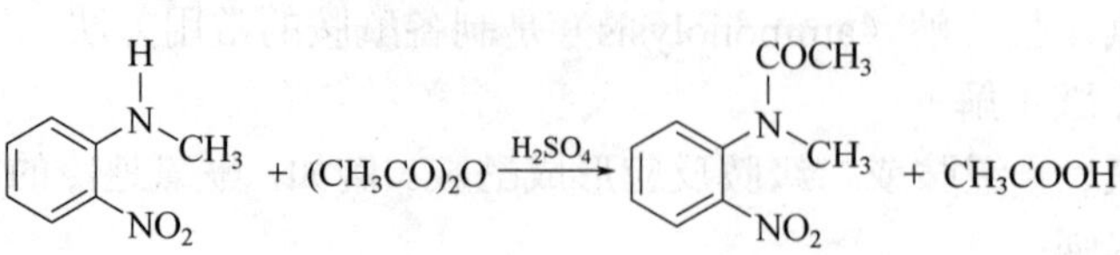

（3）酯的氨(胺)解

酯可以与氨或胺反应形成酰胺，这称为酯的氨解或胺解。这些氨或胺，本身作为亲核试剂，进攻酯羰基碳。肼和羟胺等胺的衍生物亦能与酯发生反应：

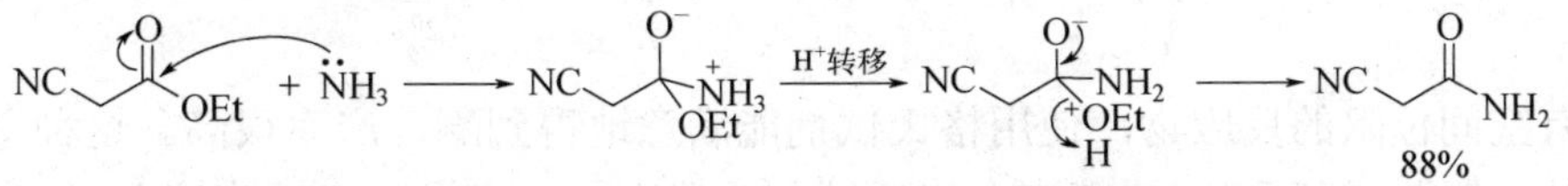

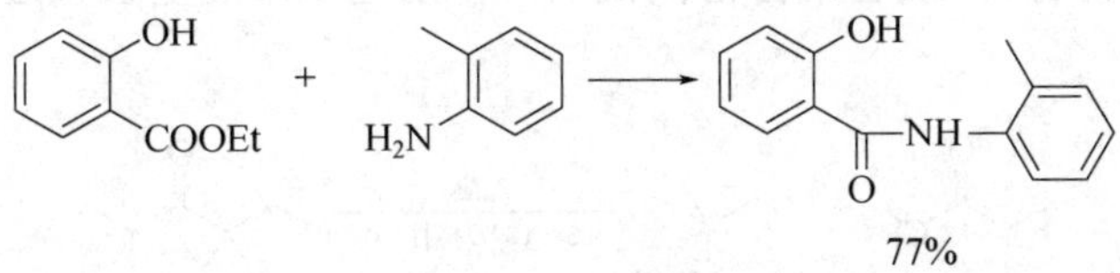

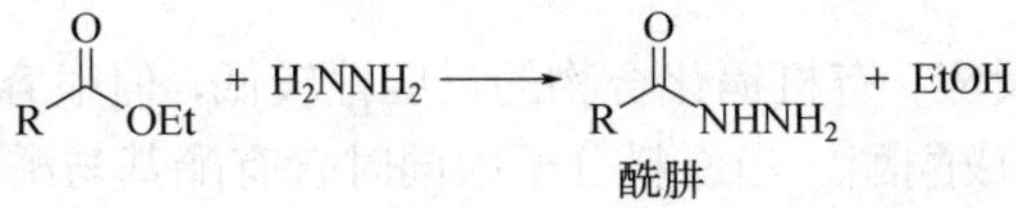

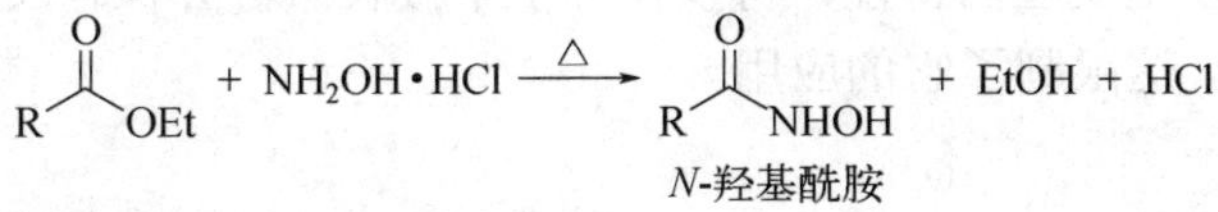

（4）酰胺的氨（胺）解

酰胺与氨（胺）反应，可以生成一个新的酰胺和一个新的胺，因此该反应也可以看作是酰胺的交换反应，例如：

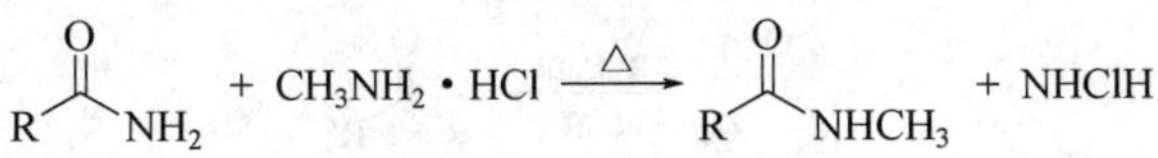

10.8.5 羧酸衍生物与有机金属化合物的反应

（1）一般过程

羧酸衍生物与有机金属化合物反应一般经历下面的过程：

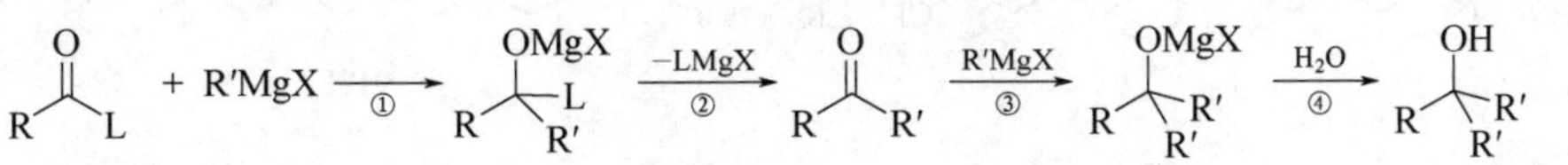

①、②、③步反应是在同一体系中完成的。

（2）酰卤与有机金属化合物反应

① 与格氏试剂、有机锂化合物反应。格氏试剂或有机锂化合物与酰卤反应得酮，但酮很容易进一步反应得三级醇，因此酮的产率很低。若用 2mol 以上的格氏试剂，主要产物为三级醇：

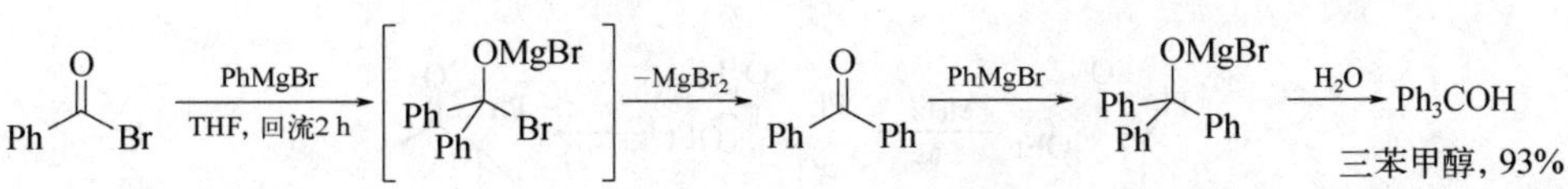

低温可以抑制格氏试剂与酮的反应，因此，如果将 1mol 的格氏试剂在低温下分批加到酰氯的溶液中，这样控制格氏试剂的量，以免生成的酮与格氏试剂发生作用，则可得到酮：

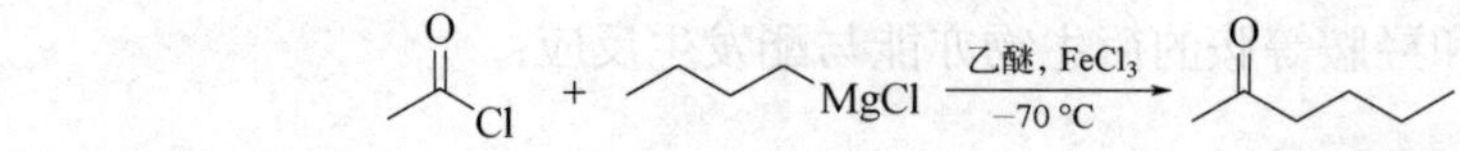

72%

对于有空间位阻的反应物，使用格氏试剂能满意地得到酮，产率很高。这种空间因素可以来自酰基（脂肪或芳香），或者来自格氏试剂，特别是二级烃基直接连接在 MgX 基团上时空间位阻很大。

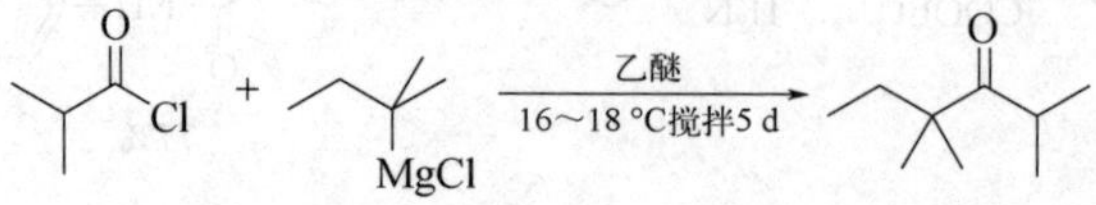

② 与有机镉化合物反应。有机镉化合物的反应性较低，但很容易与酰氯反应。有机镉化合物的一个重要用途是合成酮酯，当原料分子中同时含有酯基与酰氯时，利用酯基不与有机镉试剂反应而酰氯能发生反应的特性，可以在分子中接长碳链并保存反应性活泼的酯基。但有机镉试剂毒性太大，这限制了它的应用。

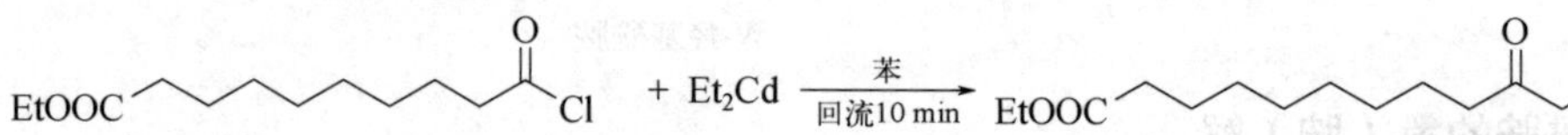

10-氧代十二碳酸乙酯，88%

③ 与二烷基铜锂反应。二烷基铜锂可以与酰氟、酰氯、酰溴反应生成酮。

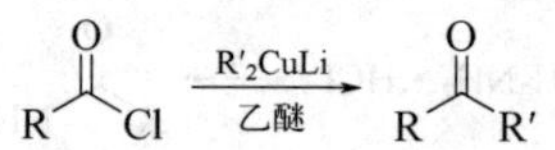

二烷基铜锂比格氏试剂反应性能低，它可以与醛、酰卤反应，与酮反应很慢，很多官能团如卤素、酯基、氰基等在低温下不与它反应，因此这个试剂常用于由酰氯合成酮，产率很高。

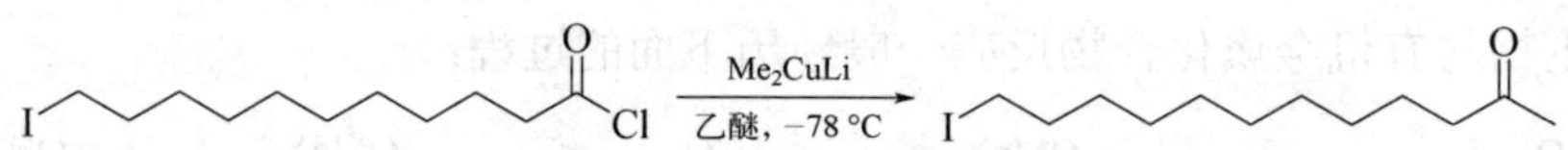

91%

（3）酯与有机金属化合物的反应

甲酸酯与格氏试剂反应先生成醛，醛比甲酸酯更活泼，进一步与格氏试剂反应得二级醇。整个反应共消耗两倍物质的量的格氏试剂。其他羧酸酯与格氏试剂反应先得酮，酮进一步与格氏试剂反应得三级醇，故整个反应也需要消耗两倍物质的量的格氏试剂。

有机锂化合物与格氏试剂一样，与酯反应得醇，但对于有空间位阻的酯（α-H 被取代），反应能停留在酮的阶段：

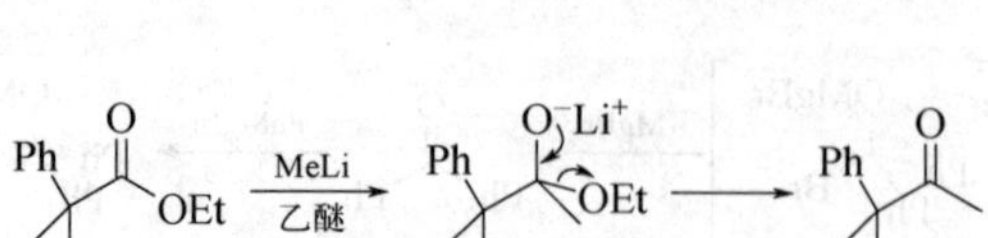

70%

（4）其他羧酸衍生物与有机金属化合物的反应

酸酐与有机金属化合物反应时，酸酐的一部分被浪费掉了，所以一般不采用，但二元酸的酸酐不存在这个问题，它们与格氏试剂反应可以用来制备酮酸，例如：

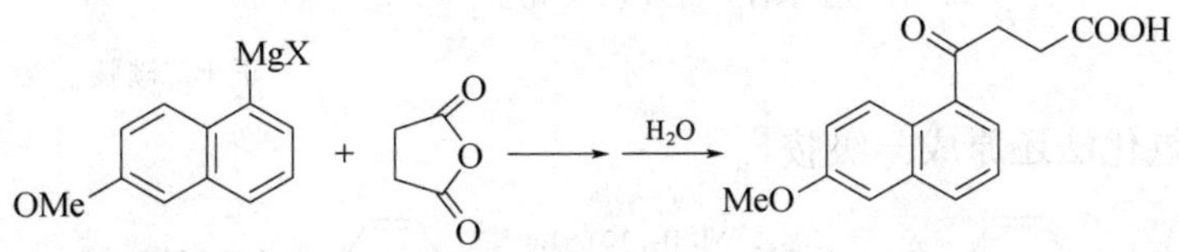

酰胺也能与有机金属化合物反应，但氮上的活泼氢将首先反应，然后发生亲核加成。由于消耗有机金属化合物较多，一般也不用它们来进行合成。

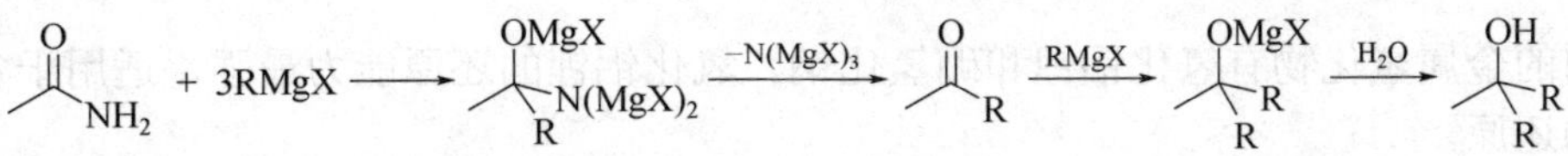

腈与有机金属化合物反应生成酮。

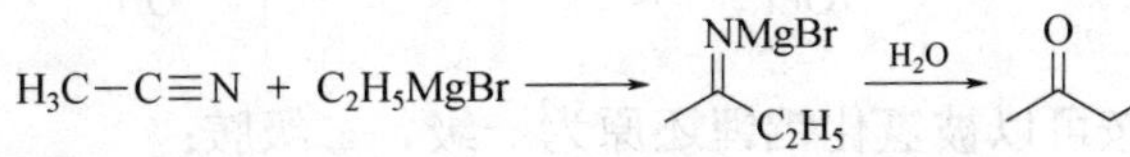

10.8.6 羧酸衍生物的还原

10.8.6.1 用催化氢化法还原

羧酸衍生物的催化氢化法还原归纳在表 10-8 中。

表 10-8 羧酸衍生物的催化氢化还原方法

反应物	酰卤		酸酐		酯		酰胺		腈
	一般情况	Rosenmund 法	链形酸酐	环状酸酐	一般情况	内酯	一般情况	内酰胺	
还原产物	醇	醛	醇	二元醇	两分子醇	二元醇	胺	环状胺	一级胺

酰卤的催化氢化还原得到醛或醇。

酸酐可以被催化氢化为两分子醇或一分子二元醇。

酯可以被催化分解为两分子醇，在工业中应用最广泛且最好的催化剂是铜铬氧化物($CuO{\cdot}CuCrO_3$)，反应的一般方程式如下：

$$RCOOR' + H_2 \xrightarrow[200\sim300\ ^\circ C,\ 10\sim30\ MPa]{CuO \cdot CuCrO_3} RCH_2OH + R'OH$$

这个反应大量应用于催化氢化植物油和脂肪，以取得长链醇类，如硬脂醇、软脂醇等混合物。此反应中不饱和脂肪酸酯的双键同时被饱和，它们可以用来作洗涤剂（去污剂）、化学试剂等。

苯基在此催化氢化过程中保持不变：

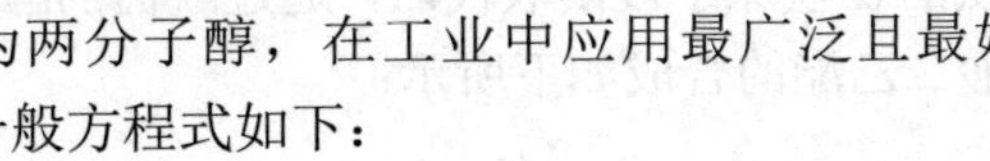

65%

酰胺很不易还原，用催化氢化法还原，需用特殊的催化剂并在高温、高压下进行：

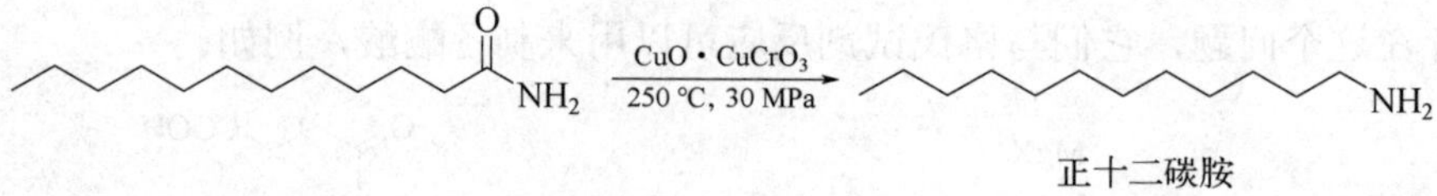

腈可用催化氢化法还原成一级胺。

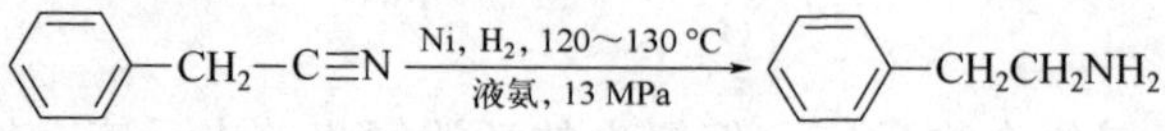

10.8.6.2 用金属氢化物还原

常用的金属氢化物有氢化铝锂和硼氢化钠。氢化铝锂的还原能力最强，适用于各种羧酸衍生物的还原。

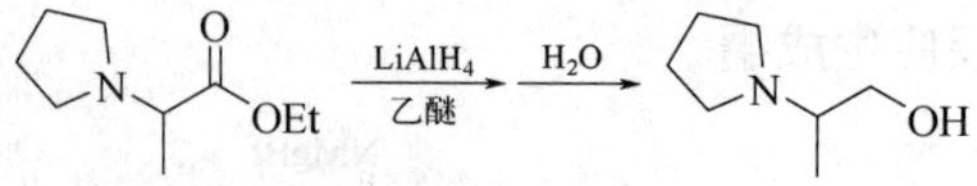

一级酰胺、二级酰胺可以被氢化铝锂还原为一级、二级胺：

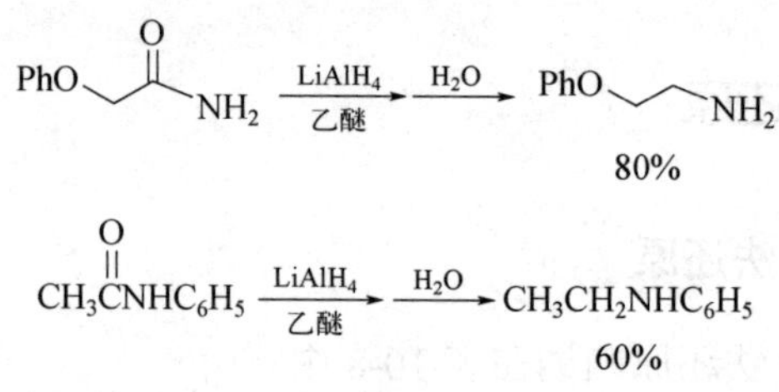

10.8.7 酰卤 α-H 的卤化

羧酸的α-卤化反应是通过酰卤进行的，因为酰卤比较倾向于形成烯醇负离子，然后烯醇负离子与卤素反应，得到α-卤化的酰卤，后者再与羧酸进行交换反应，得到α-卤代羧酸。从反应过程可以看出，羧酸的α-卤化反应中实际上已包含了酰卤的α-卤化。如果希望在二元羧酸的衍生物中只引入一个溴，那么可以将二元羧酸单酯用亚硫酰氯处理，将羧基转为酰氯，然后用一分子溴反应，酰氯的α-氢原子被溴取代后，通过酰卤的醇解再转变为α-溴代二元酸二酯。例如，α-溴代己二酸二乙酯的合成如下所示：

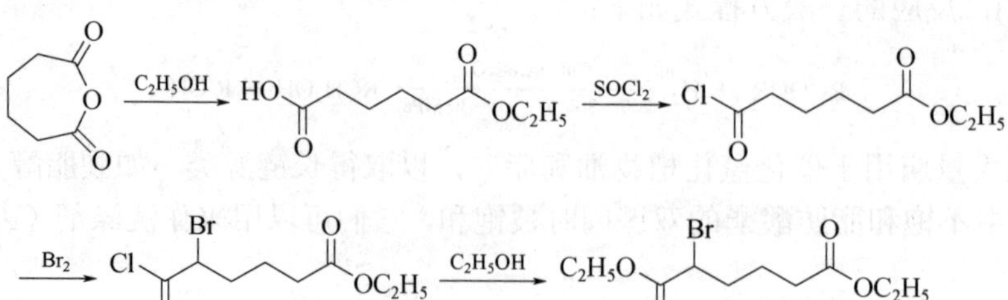

从这里也可看出，酰氯的α-H 比酯的α-H 更活泼。

10.8.8 酰亚胺的酸性

酰亚胺氮上的氢具有一定的酸性，其酸性的强弱可以根据其 pK_a 来衡量：

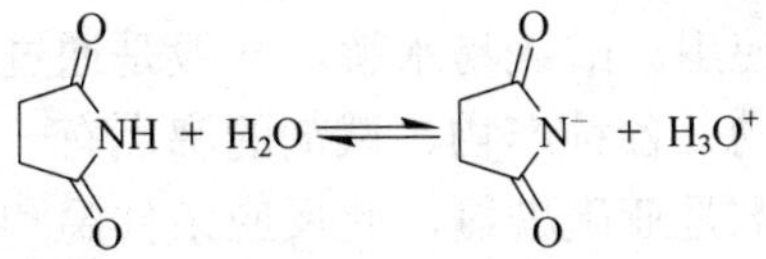

下面列出了氨及某些酰胺氮上质子的 pK_a。

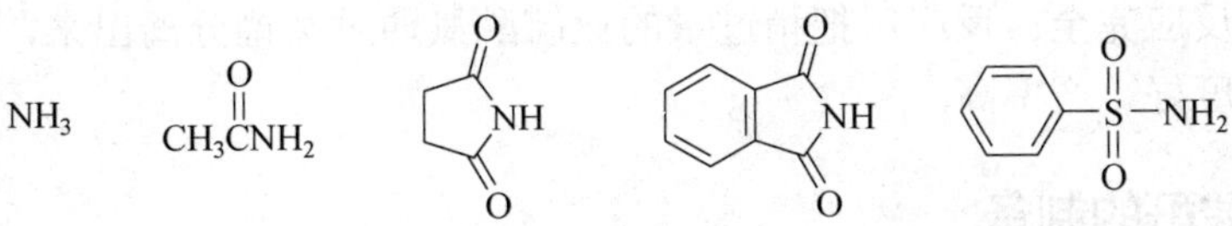

pK_a　　约34　　约15.1　　9.62　　8.3　　约10

氨的氮上有一对未共用的电子，所以氨的水溶液是碱性的，但上面的 pK_a 数据表明：当氨的氮上的氢被酰基取代后，氮上其他氢的酸性增大了。这是因为，酰胺中氮上的未共用电子对与羰基发生了共轭，共轭的结果是氮上的电子对部分地转移到了氧上，这使氮氢键上的一对电子更靠近氮原子，氢易以质子的形式离去。

由于酰亚胺具有酸性，因此它可以和碱发生成盐反应。

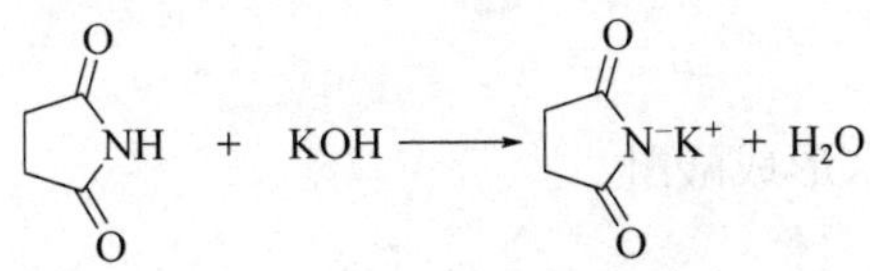

酰亚胺还可以与溴发生取代反应，如丁二酰亚胺与溴反应得到 *N*-溴代丁二酰亚胺 (*N*-bromosuccinimide，NBS)：

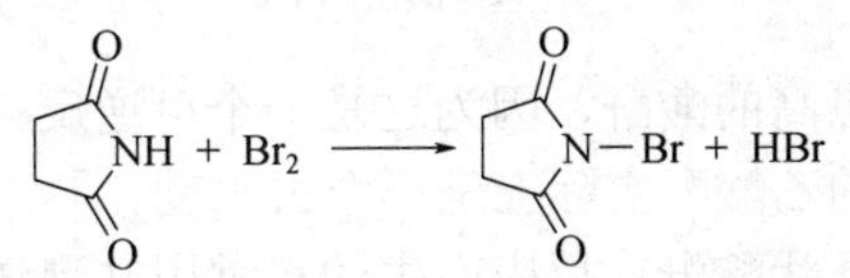

N-溴代丁二酰亚胺

N-溴代丁二酰亚胺是一个重要的溴化试剂，可用于烯类化合物 α 位的溴化。

10.9　羧酸衍生物的制备

10.9.1　酰卤的制备

酰卤是用羧酸和无机卤化物制备的。

酰卤中最重要的是酰氯。酰氯最常用的制备方法是用亚硫酰氯、三氯化磷、五氯化磷与羧酸反应。例如：

$$\mathrm{PhCOOH} \xrightarrow{\mathrm{SOCl_2}\,(\mathrm{b.p.}\ 79\ ^\circ\mathrm{C})} \mathrm{PhCOCl} + \mathrm{SO_2} + \mathrm{HCl}$$

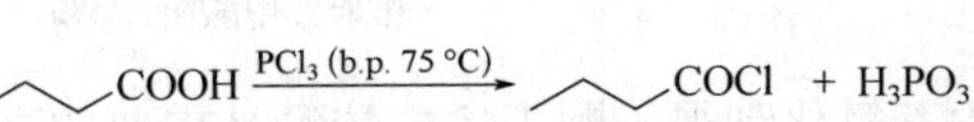

b.p. 98～102 °C

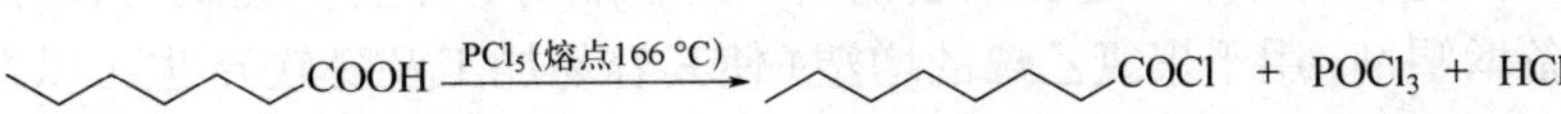

b.p. 196 °C　　b.p. 107 °C

这三种方法可以互相补充使用。酰氯易水解，一般是通过蒸馏将它与其他产物或未反应的反应物分离，因此要求反应物、各种产物、试剂的沸点有一定的差距，从而满足通过蒸馏方法分离的条件。最常用的试剂是亚硫酰氯，此反应条件温和，在室温或稍加热即可反应；产物除酰氯外，其他均为气体，在反应过程中即可分离出去；只要使用稍过量的亚硫酰氯，即可使羧酸反应完全；反应后把稍过量的亚硫酰氯通过蒸馏分离出来，产物往往不需提纯即可应用，纯度好，产率高。

10.9.2 酸酐的制备

（1）用干燥的羧酸钠盐与酰氯反应

这是实验室制备酸酐，也是制备混合酸酐的一个重要方法。例如：

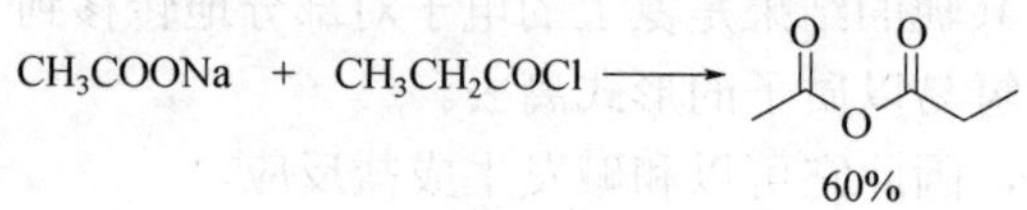

（2）羧酸失水

除甲酸外，羧酸均可失水形成酸酐。

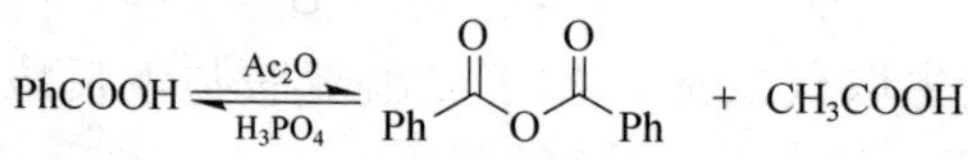

苯甲酸酐, 74%

此法适合制备比羧酸沸点高的酸酐，因为这是一个可逆反应，反应过程中把乙酸蒸出，反应才能向右进行，反应中的乙酸酐实际上是一个去水剂。

二元酸通过此法可合成环状酸酐，反应产生的水常用共沸法或真空蒸馏法除去，五元、六元环状酸酐常用此法制备。例如：

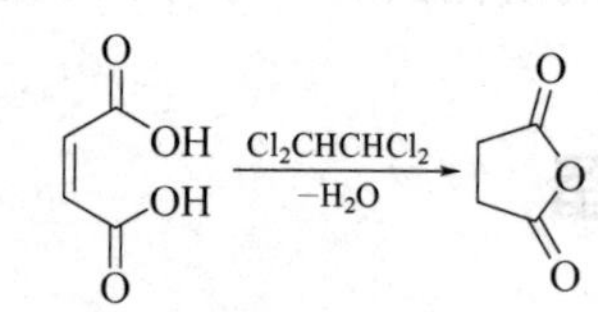

（3）芳烃氧化

一些工业上很重要的酸酐常用此法制备，如苯在高温及 V_2O_5 催化下氧化为顺丁烯酸酐，邻二甲苯可氧化为邻苯二甲酸酐。

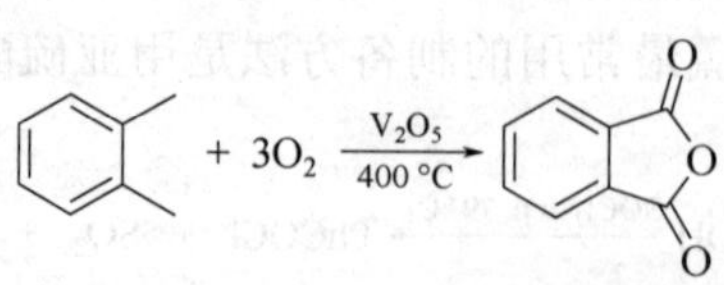

邻苯二甲酸酐, 75%

邻苯二甲酸酐也可由萘氧化制得。顺丁烯二酸酐是重要的高分子单体，如与乙二醇缩合生成不饱和聚酯；与玻璃纤维一起做成玻璃钢，用于船身、车身、建筑材料等。邻苯二甲酸酐主要用于制备增塑剂，用于聚氯乙烯的增塑（使其容易加工及变软）；也可以合成醇酸树脂，用于油漆工业等。

（4）乙酸酐(醋酐)的工业制法

工业上最重要的酸酐是乙酸酐，它的最重要的生产方法是用乙酸与乙烯酮反应制备：

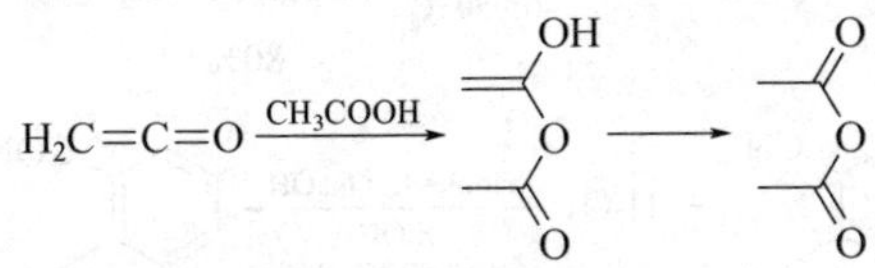

乙酸酐常用作乙酰化试剂，工业上用于制造乙酸纤维，然后加工成纤维、塑料、胶片及油漆。此外，乙酸酐亦可用于染料、医药和香料工业。

10.9.3 酯的制备

酯的制法很多，可以在酸的催化作用下通过羧酸和醇的直接酯化来制备，也可以通过羧酸盐与活泼卤代烃反应来制备，还可以通过羧酸衍生物的醇解来制备。羧酸与重氮甲烷反应可用来制备羧酸甲酯。

$$RCOOH + CH_2N_2 \longrightarrow RCOOCH_3$$

反应机理如下：

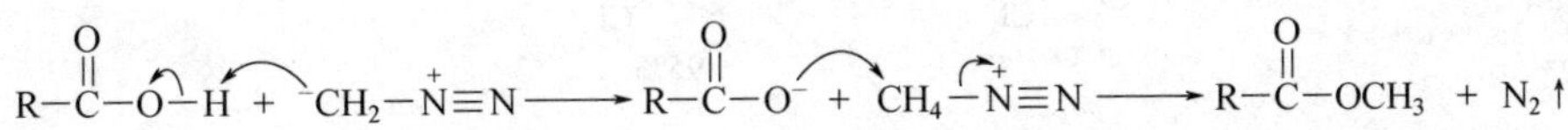

首先是重氮甲烷从羧酸中夺取一个质子，然后羧酸根对质子化的重氮甲烷进攻，经 S_N2 反应形成羧酸甲酯，同时放出氮气。

羧酸与烯、炔的加成也能用来制备酯，下面是几个反应实例。

$$CH_2(COOH)_2 + 2(CH_3)_2C{=}CH_2 \xrightarrow[\text{常温}]{\text{浓}H_2SO_4} CH_2(COOCMe_3)_2$$

58%～60%

$$CH_3COOH + HC{\equiv}CH \xrightarrow[75\sim80\ ^\circ C]{H^+,\ H_2SO_4} CH_3COOH{=}CH_2$$

醋酸乙烯酯(制尼纶的单体)

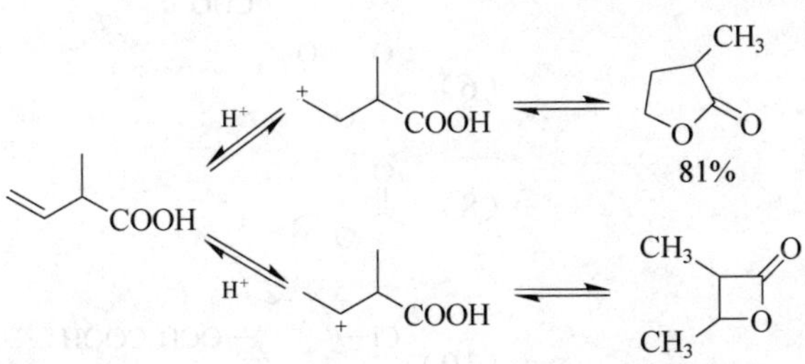

γ-丁内酯（主要产物）

β-丙内酯（次要产物）

10.9.4 酰胺和腈的制备

（1）酰胺的制备

酰胺可以通过羧酸衍生物的氨（胺）解来制备，也可以通过腈的控制水解或铵盐的部分失水来制备。例如：

$$CH_3CH_2COOH + NH_3 \rightleftharpoons CH_3CH_2COO^-NH_4^+ \xrightarrow{200\ °C} CH_3CH_2CONH_2 + H_2O$$

$$PhCH_2CN \xrightarrow[40\sim50\ °C]{35\%HCl} PhCH_2CONH_2$$

80%

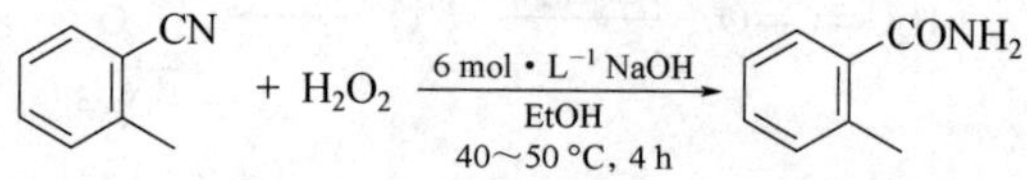

（2）腈的制备

最常用的方法是由卤代烷与氰化钾(钠)反应来制备腈：

$$RX + NaCN \longrightarrow RCN + NaX$$

酰胺失水是腈的一个实验室合成方法，通常的失水剂是五氧化二磷、三氯氧磷、亚硫酰氯等，其中以五氧化二磷为最好。将酰胺与五氧化二磷均匀混合后小心加热，反应完成后将腈从混合物中蒸出，产率很高：

$$(CH_3)_2CHCONH_2 \xrightarrow[200\sim220\ °C]{P_2O_5} (CH_3)_2CHCN + H_2O$$

86%

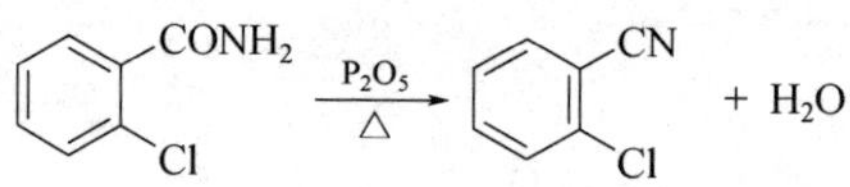

95%

习题

1．命名下列化合物。

（1）CH_3OCH_2COOH

（2）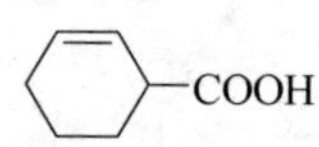

（3）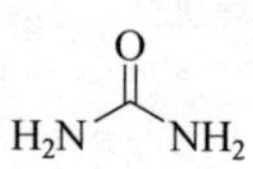

（4）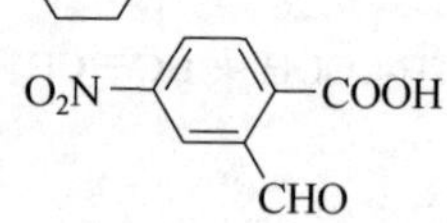

（5）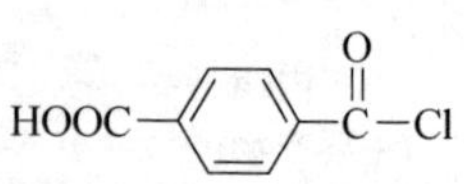

（6）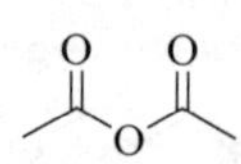

（7）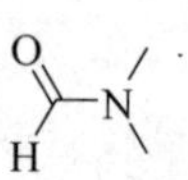

（8）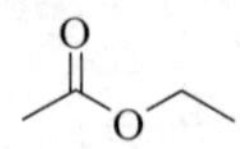

（9）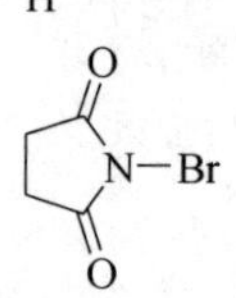

（10）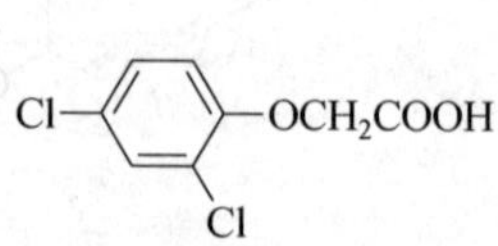

（11）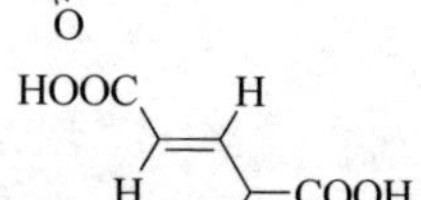

2．写出下列化合物的结构式。

（1）2,2-二甲基丁酸

（2）1-甲基环己烷-1-甲酸
（3）软脂酸
（4）己-2-烯-4-炔二酸
（5）3-苯基-2-羟基苯甲酸
（6）9,10-蒽醌-2-甲酸
（7）对硝基苯乙酸乙酯
（8）苯甲酰胺
（9）丙烯酰溴
（10）硝酸甘油酯
（11）乙酰苯胺
（12）*N*-甲基乙酰胺

3．试比较下列化合物的酸性强弱，并解释原因。
（1）乙醇，乙酸，丙二酸，乙二酸
（2）三氯乙酸，氯乙酸，乙酸，羟基乙酸
（3）对硝基苯甲酸，对甲基苯甲酸，苯甲酸，间硝基苯甲酸

4．用化学方法区分下列化合物。
（1）乙酸，乙醇，乙醛，乙醚，溴乙烷
（2）甲酸，草酸，丙二酸，丁二酸，反丁烯二酸

5．完成下列反应式。

（1）$\begin{matrix} CH_2CHO \\ | \\ CH_2COOH \end{matrix} \xrightarrow[H_2O]{KMnO_4} \qquad \xrightarrow{300\ ^\circ C}$

（2）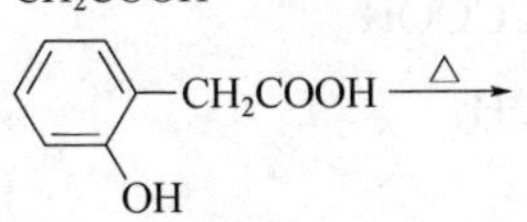

（3）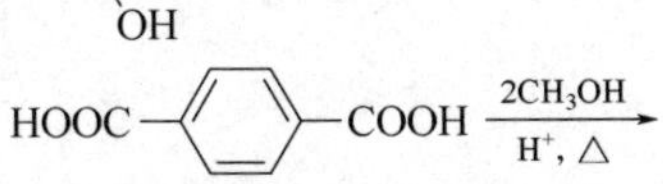

（4）$CH_3CH_2COOH + Cl_2 \xrightarrow{P} \qquad \xrightarrow[2)\ H^+]{1)\ NaOH,\ H_2O,\ \triangle}$

（5）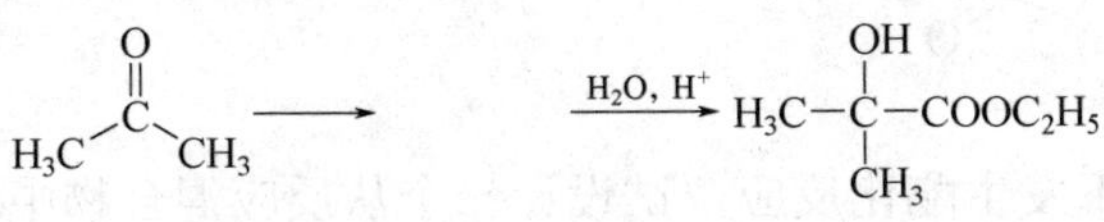

（6）$\overset{OH}{\overset{|}{(CH_3)_2CHCHCOOH}} \xrightarrow{稀H_2SO_4}$

（7）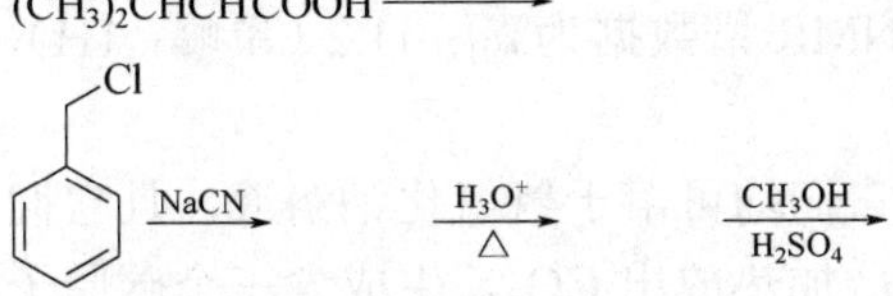

（8）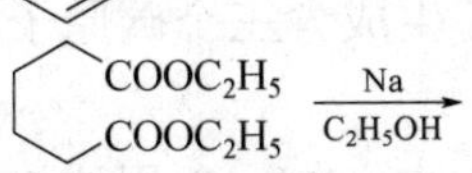

（9）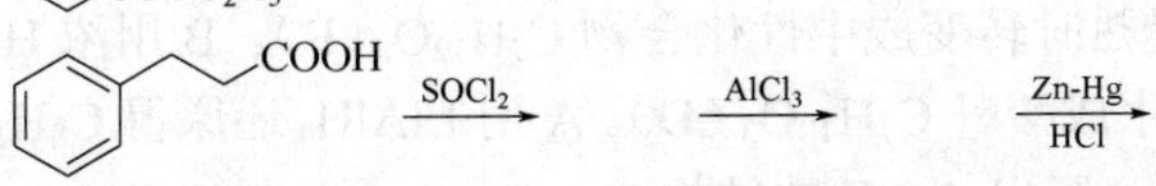

6．试写出在少量硫酸存在下，5-羟基己酸发生分子内酯化反应的机理。

7．怎样将苯甲醇、环己甲酸和对甲苯酚的混合物分离，得到各种纯的组分？

8．完成下列转化。

（1）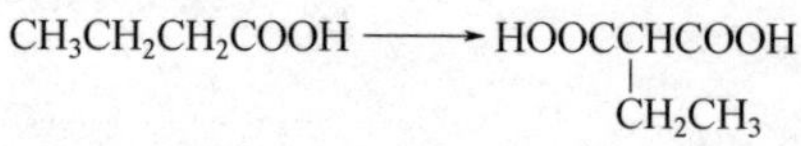

（2）

（3）丁-1-醇 ⟶ 戊-2-烯酸

（4）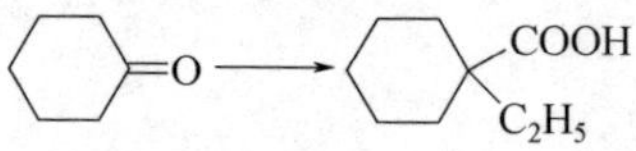

（5）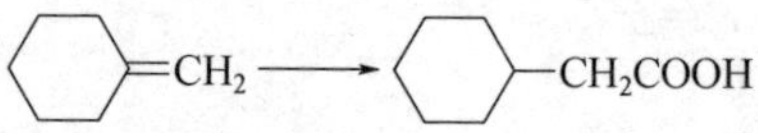

（6）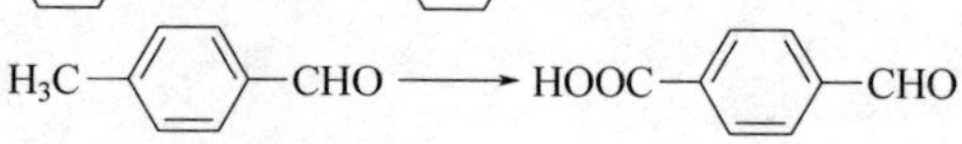

（7）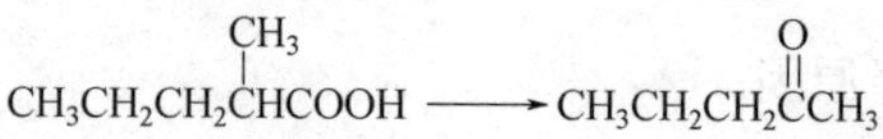

（8）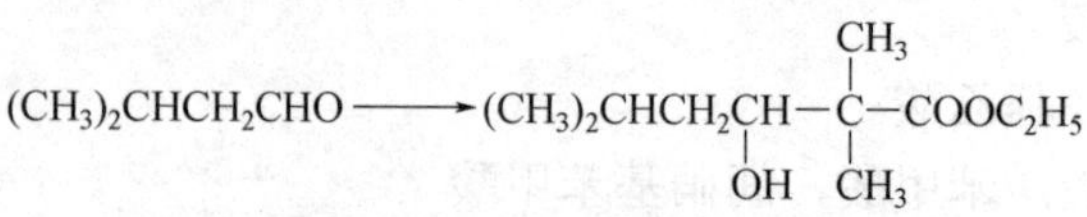

9．用反应式表示把丙酸转变成下列化合物。

（1）丁酸　（2）乙酸　（3）2-甲基-3-羟基戊酸乙酯

10．由指定原料合成下列化合物，无机试剂任选。

（1）由 $CH_3CH_2CH{=}CH_2$ 合成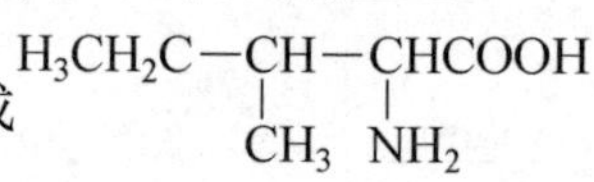

（2）由不超过三个碳原子的有机化合物合成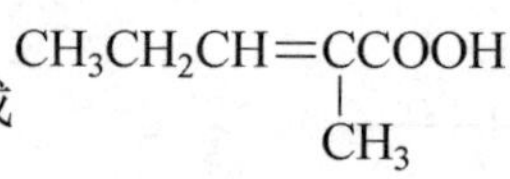

（3）由乙烯合成丙烯酸

（4）由乙炔和苯合成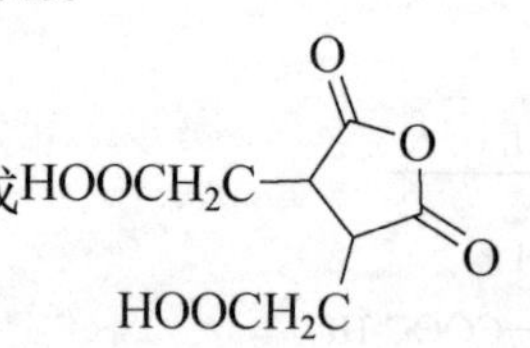

11．苯甲酸与乙醇在浓硫酸催化下发生酯化反应，试设计一个从反应混合物中获得纯的苯甲酸乙酯的方法（产物沸点为212.4℃）。

12．化合物A的分子式为 $C_3H_5ClO_2$ 其 ^1H NMR 谱数据为 δ_H：11.2（单峰，1H），4.47（四重峰，1H），1.73（双峰，3H）。试推测其结构。

13．化合物B、C的分子式均为 $C_4H_6O_4$，它们均可溶于氢氧化钠溶液，且它们与碳酸钠作用放出 CO_2。B加热失水生成酸酐 $C_4H_4O_3$；C加热放出 CO_2，生成含三个碳原子的酸。试写出B和C的结构式。

14．某二元酸 $C_8H_{14}O_4$（A），受热时转变成中性化合物 $C_7H_{12}O$（B）。B用浓 HNO_3 氧化生成二元酸 $C_7H_{12}O_4$（C），C受热脱水成酸酐 $C_7H_{10}O_3$（D）。A用 $LiAlH_4$ 还原得 $C_8H_{18}O_2$（E），E能脱水生成3,4-二甲基己-1,5-二烯。写出A～E的结构式。

15．化合物A的分子式为 $C_4H_6O_2$，它不溶于NaOH溶液，和 Na_2CO_3 没有作用，可使溴水褪色，有类似乙酸乙酯的香味。A和NaOH溶液共热后变成 CH_3CO_2Na 和 CH_3CHO。另一化合物 B 的分子式和 A 相同。它和 A 一样，不溶于 NaOH，和 Na_2CO_3 没有作用，可使溴水褪色，香味和 A 类似。但 B 与 NaOH 溶液共热后生成醇和羧酸钠盐，此钠盐用硫酸中和后蒸馏出的有机物可使溴水褪色。问 A 和 B 各为何物。

16．化合物 A 的分子式为 $C_6H_{12}O$，A 可与 NaOI 在碱中反应产生大量黄色沉淀，母液酸化后得到一种酸 B。B 在红磷存在下加入溴时，只形成一种单溴化合物 C。C 用 NaOH 的乙醇溶液处理时生成 D。D 可使溴水褪色，且 D 与 $KMnO_4$ 在 H_2SO_4 中加热氧化后，只得到一个无支链的二元酸 E，E 的分子量为 146。试写出 A～E 的结构式，并用反应式表示反应过程。

第 11 章 含氮有机化合物

课件

分子中含有氮原子的有机化合物称为有机含氮化合物，主要包括硝基化合物、胺、腈、异腈、异氰酸酯、重氮化合物和偶氮化合物等。有机含氮化合物在自然界和日常生活中应用广泛，许多有机含氮化合物具有生物活性，如生物碱；有些是生命活动不可缺少的物质，如氨基酸等；不少药物、染料等也都是有机含氮化合物。各类有机含氮化合物的化学性质各不相同，本章主要讨论硝基化合物、胺、重氮及偶氮化合物等。

11.1 硝基化合物

分子中含有硝基（—NO_2）的化合物称为硝基化合物（nitro compound）。

11.1.1 硝基化合物的结构、分类和命名

11.1.1.1 结构

硝基化合物中硝基氮原子上的 p 轨道和两个氧原子上的 p 轨道互相重叠，形成三中心四电子的离域大 π 键。

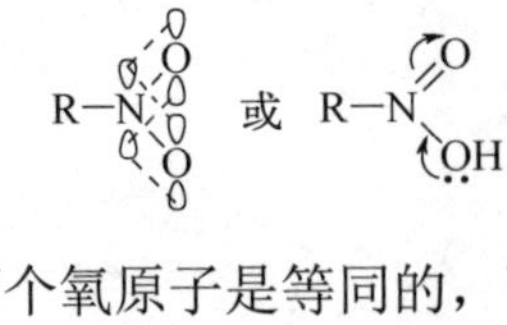

由于键的平均化，硝基中的两个氧原子是等同的，两个氮氧键的键长均等。硝基化合物的共振式如下：

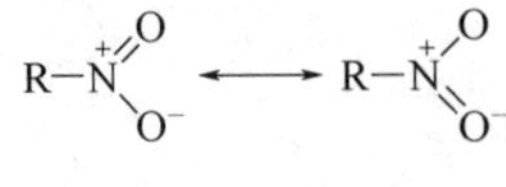

11.1.1.2 分类和命名

硝基化合物根据硝基所连烃基的类型，可分为脂肪族和芳香族硝基化合物；根据分子中所连硝基的数目，可分为一硝基化合物和多硝基化合物（表 11-1）。硝基化合物的命名与卤代烃相类似，其以烃为母体，以硝基作为取代基。

表 11-1　硝基化合物的分类

分类	脂肪族	芳香族
一硝基化合物	CH_3NO_2 硝基甲烷	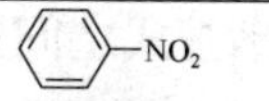 硝基苯
多硝基化合物	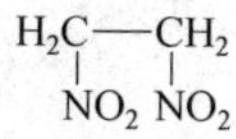 1,2-二硝基乙烷	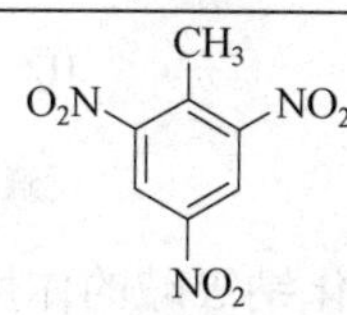 2,4,6-三硝基甲苯（TNT）

11.1.2　硝基化合物的物理性质和波谱特征

11.1.2.1　物理性质

脂肪族硝基化合物是无色有香味的液体，难溶于水，易溶于有机溶剂。芳香族硝基化合物多为淡黄色固体，有杏仁气味并有毒。多数硝基化合物受热易分解而发生爆炸。例如，硝基甲烷是良好的有机溶剂，但蒸馏时不能蒸干，以防爆炸；2,4,6-三硝基甲苯（TNT）和 2,4,6-三硝基苯酚（苦味酸）等可用作炸药。有的硝基化合物有香味，可作香料，如一些多硝基化合物具有类似麝香的气味，曾被用作人造麝香（硝基麝香）。常用的硝基麝香有葵子麝香（2,6-二硝基-3-甲氧基-4-叔丁基甲苯），但由于对人体皮肤及神经的毒性作用，其已不再用于香水、化妆品等的香精中。硝基为强极性基团，因此硝基化合物极性大，沸点较高。硝基化合物的相对密度大于 1，硝基越多，相对密度越大。

11.1.2.2　波谱特征

红外光谱中，硝基化合物最典型的特征吸收峰为硝基中氮氧键的对称和反对称伸缩振动吸收峰，其次为 C—N 键的伸缩振动吸收峰。表 11-2 列出了各种不同的硝基化合物的特征吸收峰位置。核磁共振谱中，直接与硝基相连的亚甲基上的氢原子因受硝基的强吸电子诱导效应影响，化学位移较大，一般 δ 为 4.28～4.34；随着与硝基的距离增大，信号逐渐向较高场移动。

表 11-2　不同硝基化合物的特征吸收峰位置

化合物	ν_{NO_2}（反对称）/cm^{-1}	ν_{NO_2}（对称）/cm^{-1}	ν_{C-N}/cm^{-1}
芳香族硝基化合物	1510～1550	1335～1365	约 870
伯、仲脂肪族硝基化合物	1545～1565	1360～1385	—
叔脂肪族硝基化合物	1530～1545	1340～1360	—

11.1.3　硝基化合物的化学性质

11.1.3.1　α-H 的反应

在脂肪族硝基化合物中，由于硝基的强吸电子诱导效应和共轭效应，α-H 具有一定的酸性，因此脂肪族硝基化合物能逐渐溶解于氢氧化钠溶液而形成钠盐。硝基化合物存在着硝基式和酸式的互变异构，室温下主要以硝基式存在。当遇到碱溶液时，酸式结构与碱作用而生成盐，破坏酸式和硝基式之间的平衡，使硝基式不断转化为酸式，直到全部与碱作用而生成酸式盐：

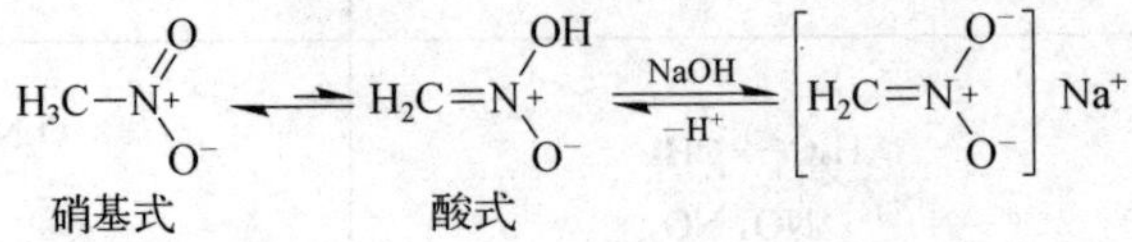

在氢氧化钠等碱的作用下，有 α-H 的脂肪族硝基化合物可与羰基等基团发生亲核加成反应，然后脱水，生成硝基烯。硝基烯经催化氢化还原可得到饱和胺：

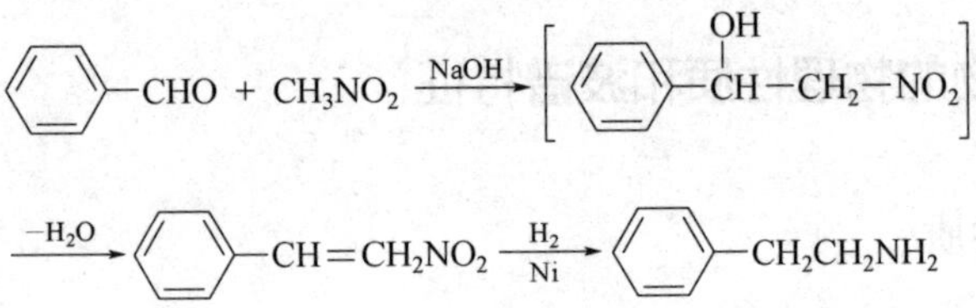

11.1.3.2 还原反应

在 Fe、Zn、Sn、$SnCl_2$ 和 Na_2S 等还原剂的作用下，硝基容易被还原。

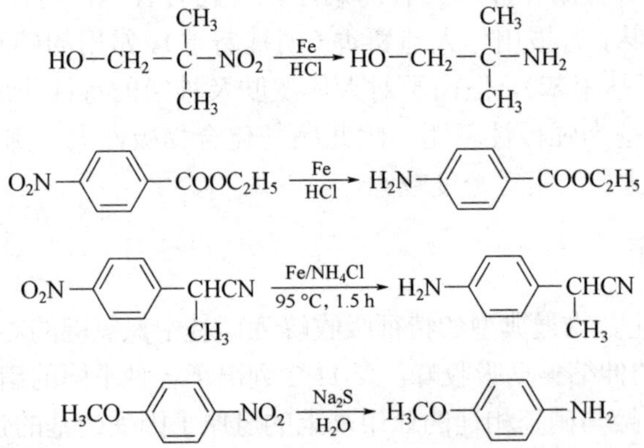

当苯环上含有多个硝基时，采用等量的 Na_2S、NaHS 和 NH_4HS 等硫化物为还原剂，可以选择性地将多硝基化合物中的一个硝基还原为氨基，得到硝基苯胺。该方法有一定的应用价值。

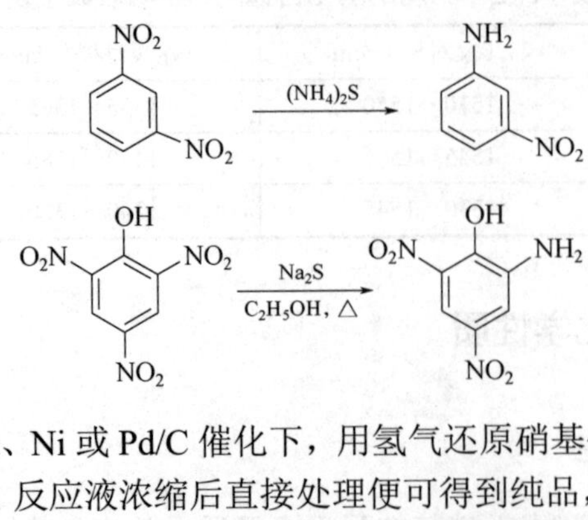

工业上常常采用在 Cu、Ni 或 Pd/C 催化下，用氢气还原硝基化合物，反应后直接将 Pd/C 等催化剂滤去。此方法中，反应液浓缩后直接处理便可得到纯品，对环境污染小，产率较高；而且 Pd/C 催化剂在活性降低后可再生继续使用，是一种绿色的合成方法，尤其适用于那些在

酸性或碱性条件下易发生变化的硝基化合物。

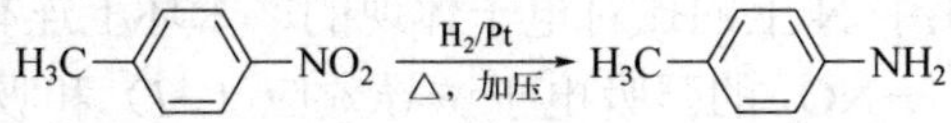

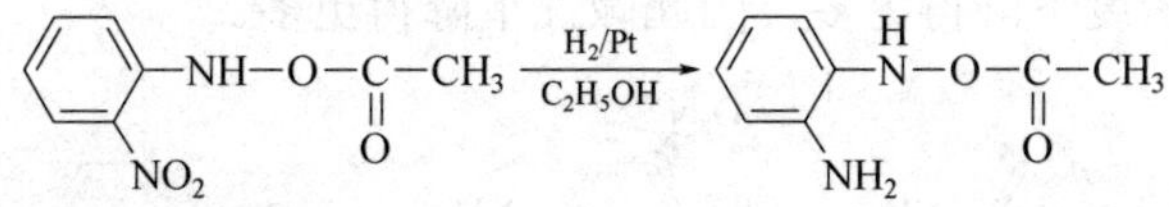

11.1.3.3 硝基对苯环的影响

硝基与苯环相连后，其强的吸电子诱导效应和吸电子共轭效应，使苯环上（尤其是硝基的邻、对位）的电子云密度大大降低，从而使苯环上的亲电取代反应（卤化、硝化、磺化等）变得困难。硝基苯不能发生傅-克烷基化和傅-克酰基化反应，因此被用作这类反应的溶剂。但硝基可使邻、对位基团的亲核取代反应活性增加。

（1）对卤原子的影响

氯苯分子中氯原子不活泼，将氯苯与氢氧化钠溶液共热到 200℃也不能水解成苯酚。但当氯苯的邻、对位存在硝基时，苯环上与氯原子相连的碳原子正电性增强，容易被亲核试剂进攻发生亲核取代反应。

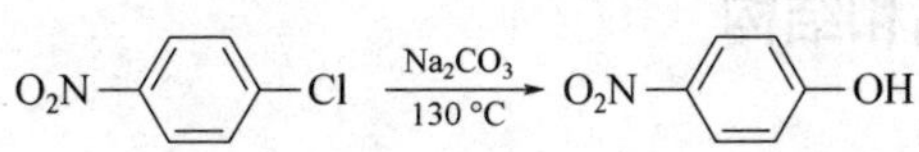

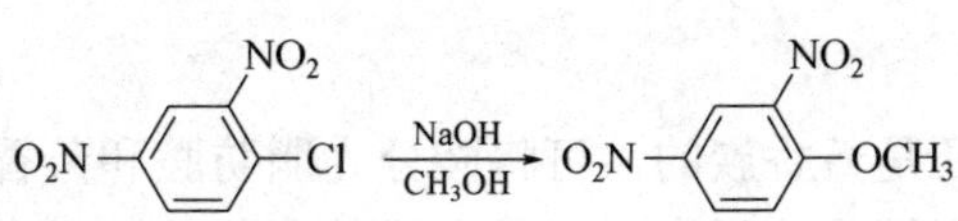

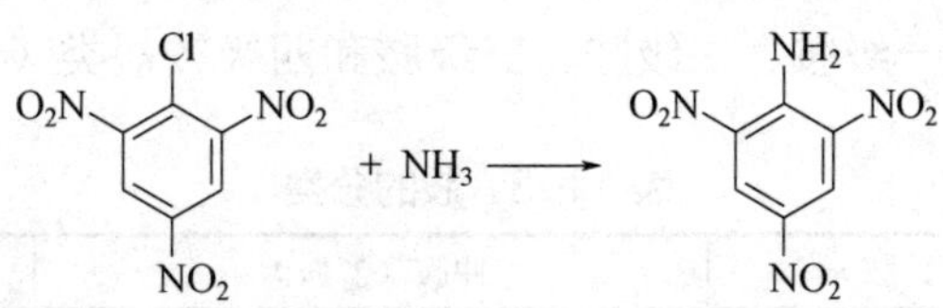

芳环上卤原子亲核取代反应的活性顺序如下：

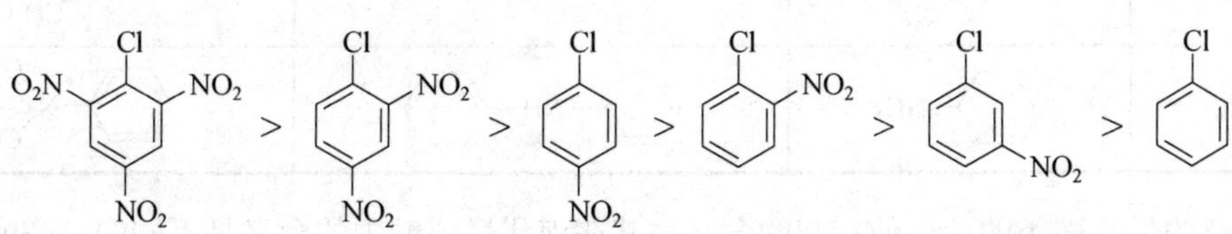

（2）对苯酚酸性的影响

苯酚具有弱酸性，当苯环上引入硝基时，酸性增强。当硝基处于酚羟基的邻位或对位时，其酸性要比硝基处于间位时增强得更多。羟基邻、对位连的硝基越多，酸性越强，例如：

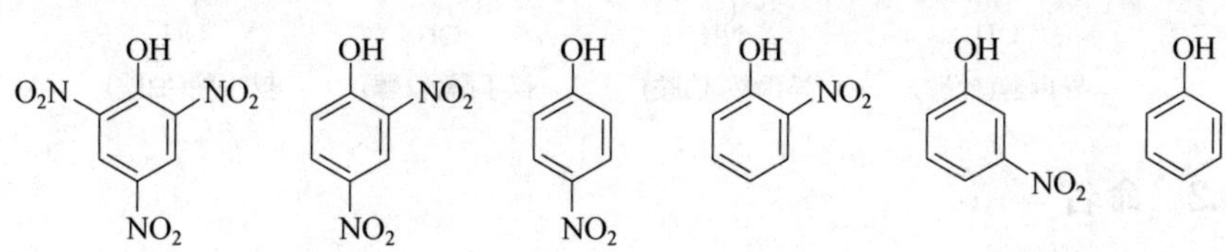

pK_a　0.38　4.0　7.15　7.23　8.40　9.89

（3）对芳胺碱性的影响

苯胺的碱性是由—NH_2中 N 上的孤对电子体现的，苯环上连有吸电子基时碱性下降。当—NO_2在—NH_2的间位时，—NO_2 的强吸电子诱导效应（$-I$）和吸电子共轭效应（$-C$）使—NH_2 中 N 上的电子云密度下降得更多，因此碱性下降得更多。

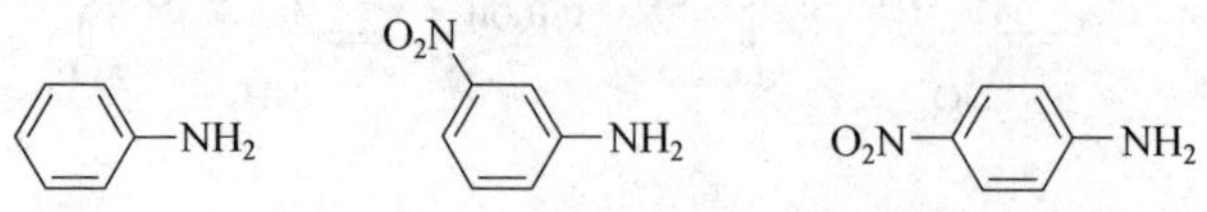

pK_b　9.7　11.5　13.0

11.2 胺

氨（NH_3）分子中的氢原子被烃基（饱和或不饱和的链烃基、脂环烃基、芳烃基）取代后的衍生物称为胺（amine）。胺广泛存在于自然界，具有重要的生理或药理作用。此外，许多胺还是重要的有机合成中间体。因此，掌握胺的性质与合成方法很有必要。

11.2.1 胺的分类、命名和结构

含氮化合物的分类

11.2.1.1 分类

依据烃基是脂肪族的还是芳香族的，可将胺分为脂肪胺和芳香胺。只有当氨基直接连在芳环上时，才是芳香胺。根据胺分子中氮原子上烃基取代的数目，胺可分为伯胺、仲胺、叔胺和季铵盐，或分别称为一级胺、二级胺、三级胺和四级铵盐类（表 11-3）。

表 11-3 胺的分类

胺	伯胺（1°胺）	仲胺（2°胺）	叔胺（3°胺）
脂肪胺	CH_3NH_2	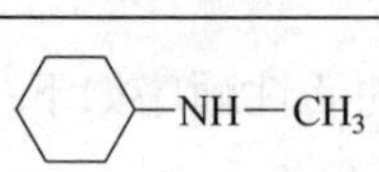	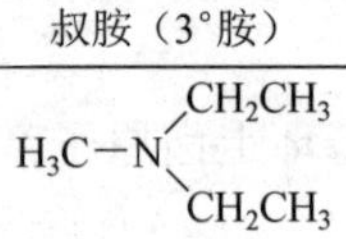
芳香胺	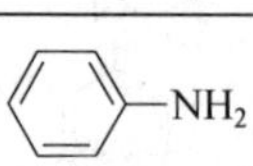	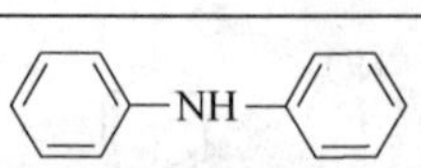	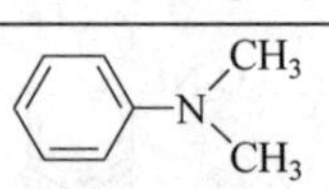

要注意的是，胺类的伯、仲、叔的含义与其在卤代烃或醇中的含义是不同的。胺的伯、仲、叔是指胺的氮原子被烃基取代的程度，而卤代烃和醇则是指卤素或羟基所连接的碳原子的类型。

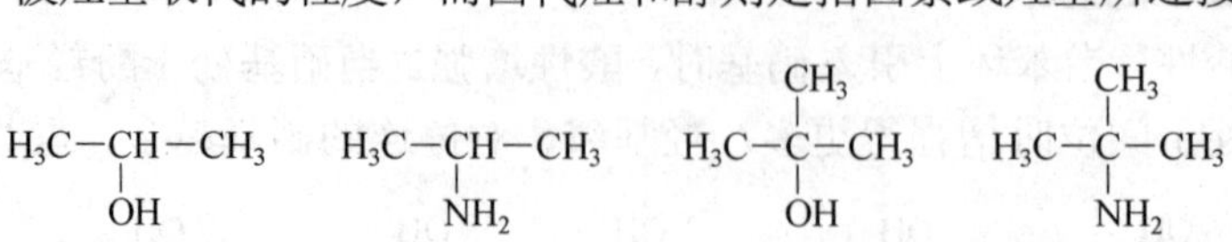

异丙醇(仲醇)　异丙胺(伯胺)　叔丁醇(叔醇)　叔丁胺(伯胺)

11.2.1.2 命名

简单胺的命名一般以胺为母体，先写出连于氮原子上的相同烃基的数目和名称，再以“胺”

字作词尾；如果与氮相连的烃基不相同，可看作伯胺或仲胺的*N*-取代衍生物。命名时首先选择连有氨基的最长碳链为主链，或以含氨基的环为母体，以其他烃基作为*N*-取代基，并置于母体名称之前；在后缀“胺”之前加上氨基的位次。不同的取代基则按照英文字母顺序先后排列。若芳香胺的氮原子上连有脂肪烃基，常以芳香胺为母体，以脂肪烃作为*N*-取代基。例如：

$CH_3CH_2NH_2$

乙胺
ethamine

$(CH_3CH_2)_3N$

三乙胺
triethylamine

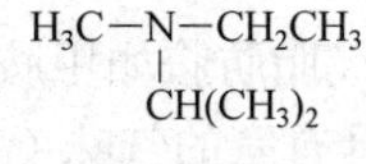

N-乙基-*N*-甲基丙-2-胺
N-ethyl-*N*-methylpropan-2-amine

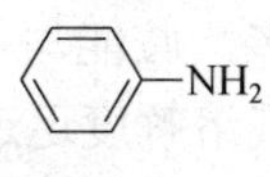

苯胺
aniline

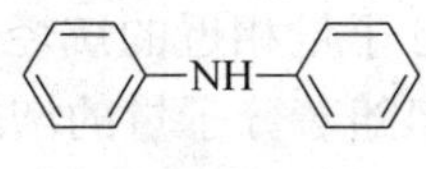

二苯胺
diphenylamine

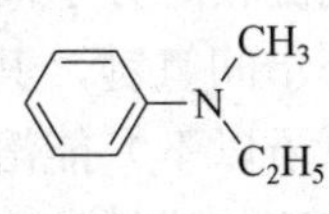

N-乙基-*N*-甲基苯胺
N-ethyl-*N*-methylaniline

结构复杂的胺可以烃或其他特性基团为母体，以氨基为取代基。当N上的两个取代基不同时，按英文字母顺序先后排列，且写在括号内。需要指出的是，当氨基作为取代基时，无论是—NH_2还是—NHR抑或是—NR_2，都只能称为“氨基”或“烃基氨基”。例如：

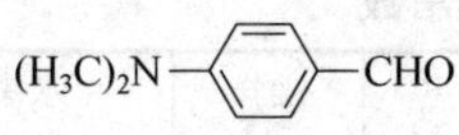

4-(二甲基氨基)苯甲醛
4-(dimethylamino)benzaldehyde

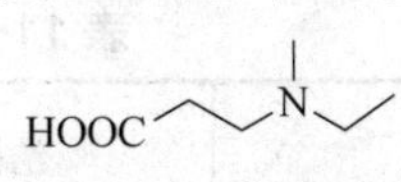

3-[乙基(甲基)氨基]丙酸
3-(ethyl(methyl)amino)propanoic acid

含氮化合物的命名

11.2.1.3 结构

胺的结构与氨相似，氮原子为不等性 sp^3 杂化，四个杂化轨道中的三个分别与氢原子或碳原子形成 σ 键，另一个 sp^3 杂化轨道被一对孤对电子占据。这样，氨和胺的空间排布与碳的四面体结构相似，但不是正四面体，整个分子结构呈三棱锥形。

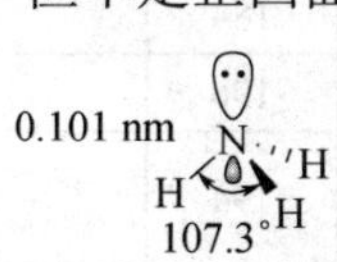

氨

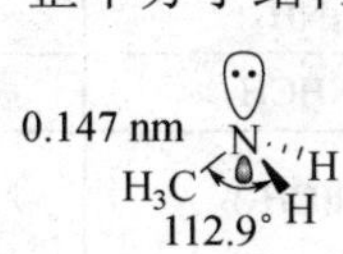

甲胺

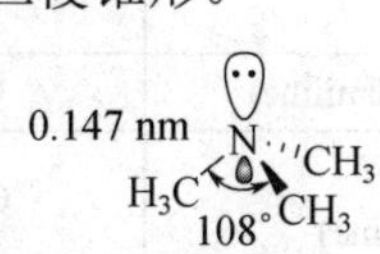

三甲胺

胺类化合物的结构

在芳香胺（如苯胺）中，氮原子仍为不等性的 sp^3杂化，但孤对电子所占据的轨道含有更多 p 轨道的成分。因此，以氮原子为中心的四面体比脂肪胺更扁平一些，H—N—H 键角较大，为 113.9°；H—N—H 键所处平面与苯环平面存在一个 142.5° 的夹角，并非处于同一平面内。尽管苯胺分子中氮原子的孤对电子所占据的 sp^3杂化轨道与苯环上的 p 轨道不平行，但可以共平面，即仍能与苯环的大 π 键互相重叠，形成共轭体系。因此，苯胺分子中 C—N 的键长（0.140nm）比甲胺和三甲胺的 C—N 的键长（0.147nm）短，且具有部分双键的性质。正是这种共轭体系的形成，使芳香胺与脂肪胺在性质上出现较大差异。

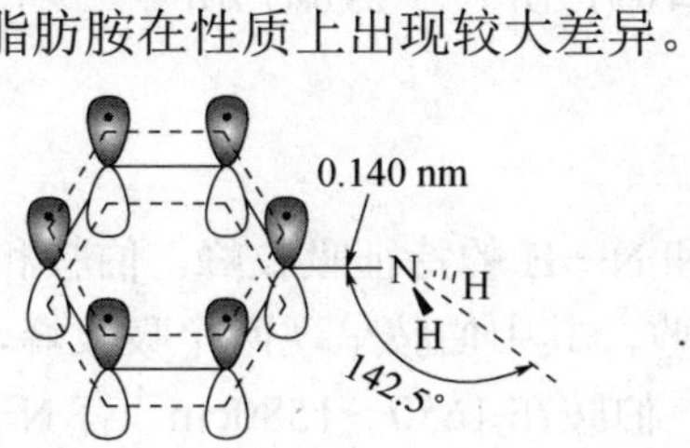

11.2.2 胺的物理性质和波谱特征

11.2.2.1 物理性质

在常温下，低级脂肪胺如甲胺、二甲胺、三甲胺和乙胺为无色气体，丙胺至十一胺以上均为固体。低级胺具有氨的气味（三甲胺有鱼腥气味）。胺和氨相似，为极性分子，除叔胺外，都能形成分子间氢键，所以它们的沸点比分子量相近的烷烃要高。另外，由于氮的电负性比氧小，胺分子间的氢键较醇分子间的氢键弱，所以胺的沸点比相应的醇低。

叔胺不能形成分子间氢键，其沸点与分子量相近的烷烃差不多。胺能与水形成氢键，因此低级胺（六个碳原子以下）能溶于水，但随着分子量的增加，其溶解度迅速降低。

芳香胺为高沸点液体或低熔点固体，虽然气味不浓，但毒性较大。例如，苯胺可通过消化道、呼吸道或经皮肤吸收而引起中毒；有些胺，如 3,4-二甲基苯胺、萘-β-胺、联苯胺等，具有致癌作用。

常见胺的物理常数见表 11-4。

表 11-4 一些胺的物理常数

名称	结构简式	熔点 /℃	沸点 /℃	水中溶解度 /（$g \cdot 100g^{-1}$）	pK_b (25℃)
甲胺(methylamine)	CH_3NH_2	−93.5	−6.3	易溶	3.34
二甲胺(dimethylamine)	$(CH_3)_2NH_2$	−93	7.4	易溶	3.27
三甲胺(trimethylamine)	$(CH_3)_3NH_2$	−117	3.0	91	4.19
乙胺(ethylamine)	$CH_3CH_2NH_2$	−81	16.6	易溶	3.36
二乙胺(diethylamine)	$(CH_3CH_2)_2NH_2$	−48	56.3	易溶	3.05
三乙胺(triethylamine)	$(CH_3CH_2)_3NH_2$	−115	89.3	14	3.25
苯胺(aniline)	$C_6H_5NH_2$	−6.3	184	3.7	9.38
N-甲基苯胺(*N*-methylaniline)	$C_6H_5NHCH_3$	−57	196	微溶	9.15
N,N-二甲基苯胺 (*N,N*-dimethylaniline)	$C_6H_5N(CH_3)_2$	2.45	194	1.4	8.85
对甲苯胺(*p*-methylaniline)	*p*-$C_6H_4(CH_3)(NH_2)$	44	200	0.7	8.92
对硝基苯胺(*p*-nitroaniline)	*p*-$C_6H_4(NO_2)(NH_2)$	147.5	331.7	0.05	13.00

脂肪胺分子的偶极矩比相应醇的小。由于芳胺分子中存在给电子的 p-π 共轭效应，芳香胺分子的偶极矩方向与脂肪胺的相反，且大小相近。

	$CH_3CH_2-NH_2$	CH_3CH_2-OH	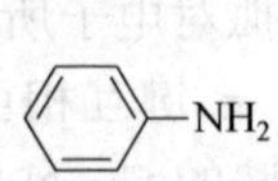	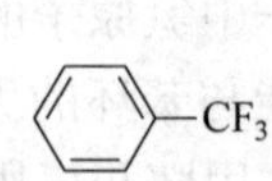
$\mu/(10^{-30}\ C \cdot m)$	4.00(1.2D)	5.68(1.7D)	4.34(1.3D)	9.68(2.9D)

11.2.2.2 光谱特征

胺的红外光谱有 C—N 和 N—H 的特征吸收峰。伯胺和仲胺在 3500～3300cm^{-1} 有弱的但很特征的 N—H 伸缩振动吸收，其中伯胺呈现两个吸收峰，仲胺则呈现一个。叔胺无 N—H 键，在该频区无吸收。此外，伯胺在 1650～1580cm^{-1} 有 N—H 弯曲振动吸收，这也常作为鉴定伯胺的依据。脂肪胺和芳胺的 C—N 伸缩振动吸收不同，分别为 1250～1020cm^{-1} 和 1370～1250cm^{-1}。

在核磁氢谱中，氮上的质子为一单峰，与醇羟基上的质子类似，一般不与相邻碳上的氢偶合。由于不同 N—H 键形成的程度不同，化学位移值变化较大，在 0.6～5 范围内。氮的电负性比碳大，它的吸电子作用使胺 α-C 上的质子的化学位移向低场移动，一般 δ 为 2.2～2.9。β-碳原子上的质子受氮原子的影响较小，δ 一般为 1.1～1.7。

11.2.3 胺的化学性质

胺类化合物的碱性

胺分子中氮原子上具有的孤对电子，使胺具有碱性和亲核性，可发生一系列相应的化学反应。胺是氮元素氧化态最低的含氮有机化合物，能被多种氧化剂氧化。芳香胺中氮与芳环的 p-π 共轭效应使芳环上电子云密度增大，容易发生亲电取代反应。

11.2.3.1 碱性

胺分子的氮原子上有一对孤对电子，能够接受质子而呈碱性。胺的碱性基于下列平衡：

$$RNH_2 + H_2O \rightleftharpoons RNH_3^+ + OH^-$$

胺类的碱性强度可用 K_b 或 pK_b 表示：

$$K_b = \frac{[RNH_3^+][OH^-]}{[RNH_2]}, \quad pK_b = -\lg K_b$$

常见胺的 pK_b 列于表 11-4。由表 11-4 可见，脂肪胺的碱性强于氨的碱性。这是因为烃基具有给电子的诱导效应，使氮原子上的电子云密度增大，接受质子的能力增强，或者说使质子化的铵离子更趋稳定。烃基越多，给电子能力越强，氮原子上的电子云密度越高，碱性越强。在气态或非质子溶剂中，脂肪胺的碱性强弱顺序为：叔胺>仲胺>伯胺>氨。

但在水溶液中观察到仲胺的碱性最强，而伯胺与叔胺的碱性都比仲胺的弱。这是因为在水溶液中，胺的碱性强弱不仅与烃基的给电子性质有关，还与烃基的空间位阻效应和质子化后铵离子的稳定性有关，是电子效应、立体效应和水溶剂化（水合）效应共同作用的结果。

（1）电子效应的影响

烃基是给电子基，其给电子诱导效应（+I）使氮原子上的电子云密度增高，使质子化的铵离子更趋稳定。芳香胺中氮原子上的孤对电子参与苯环共轭而分散到苯环，从而使氮原子结合质子的能力降低，即碱性降低。若只有单一的电子效应影响，胺的碱性强弱顺序为：脂肪叔胺>脂肪仲胺>脂肪伯胺>NH_3>芳香胺。

（2）空间效应的影响

胺的碱性表现为胺分子中氮原子上的孤对电子与质子结合，氮原子上连接的基团越多、越大，则对氮原子上的孤对电子的屏蔽作用越大，与水中质子结合并游离出羟基就越不易，碱性就越弱。若只有空间效应，胺的碱性强弱顺序为：伯胺>仲胺>叔胺。

（3）溶剂化效应的影响

胺在水溶液中的碱性主要取决于铵正离子的稳定性。铵正离子越稳定，胺在水溶液中的解离越偏向于生成铵正离子和氢氧根。而铵正离子的稳定性大小又取决于它与水形成氢键的机会的多少。伯胺氮上的氢最多，其铵正离子与水形成的氢键最多，水溶剂化效应最强，铵离子的正电荷分散最多，因此稳定性最高，胺的碱性也就最强。因此，在单一的水溶剂化效应下，胺的碱性强弱顺序为：伯胺>仲胺>叔胺。

上述三种因素对胺的碱性的影响，仲胺都处于居中的位置。这些因素共同作用的结果是：仲胺的碱性最强，伯胺和叔胺次之。

芳香胺的碱性比氨和脂肪胺弱得多，这是因为苯胺中氮上的未共用电子对与苯环有共轭作用，分散了氮上的孤对电子。在芳胺中，氮上的氢原子若被烃基取代，烃基的给电子作用会使氮上的电子云密度升高，碱性增强。给电子烃基越多，芳胺的碱性越强。若氮上的氢原子被芳环取代，则芳胺的碱性显著降低，这与苯胺碱性较弱的原因是一样的。芳基越多，芳胺的碱性越弱。

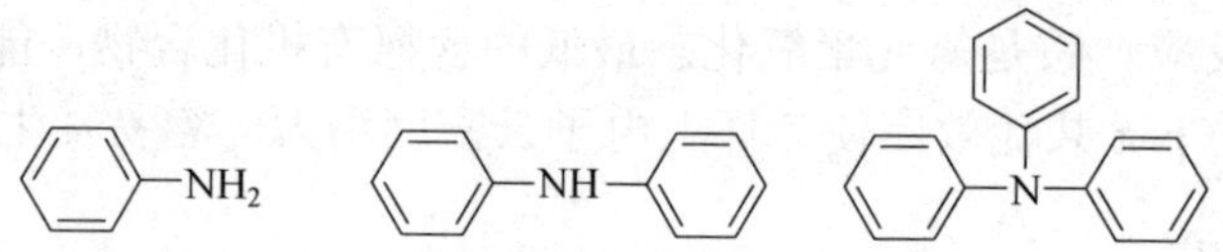

pK_b　9.38　13.8　中性

在苯胺中，若苯环上连有取代基，则取代基团的性质及其在苯环上的位置对碱性强弱也会产生影响。苯环上的给电子取代基（如甲基）使苯胺的碱性增强，而吸电子取代基（如硝基）使苯胺的碱性减弱。大多数取代基位于氨基的邻位时，无论是给电子基团还是吸电子基团都使苯胺的碱性减弱。带有孤对电子的杂原子基团（如—OCH、—Cl）使苯胺的碱性增强或减弱。

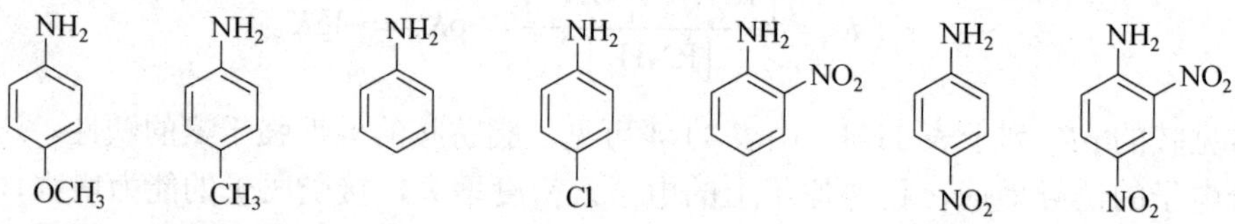

pK_b　8.66　8.92　9.38　10.48　11.53　13.0　13.82

胺是一种弱碱，能与无机酸作用生成盐，铵盐遇碱可游离出原来的胺。常利用胺的碱性来纯化胺。例如，如果将一种胺（碱性）和酮（中性）溶于有机溶剂中，加入盐酸水溶液，则碱性的胺形成铵盐溶于盐酸水溶液中，而酮仍留在有机溶剂中。将水层分出，在铵盐中加入 NaOH 中和，就能得到纯胺。

11.2.3.2　氧化

脂肪胺和芳香胺均容易被氧化。脂肪族伯胺的氧化产物很复杂且无合成应用价值；过氧化氢可将仲胺氧化为羟胺，但通常产率很低；过氧化氢或过氧酸可将叔胺氧化为氧化胺。

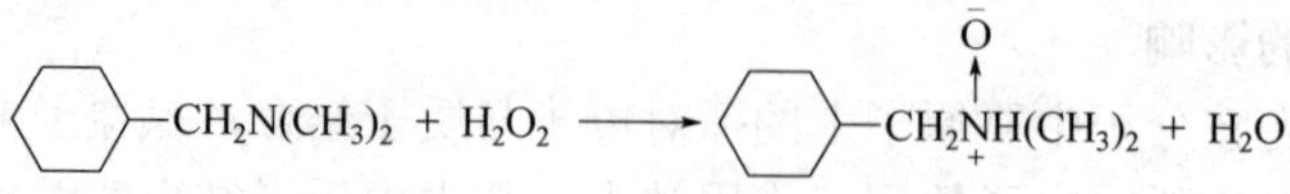

氧化胺极性极强，易溶于水，不溶于苯、乙醚等。具有 β-氢原子的氧化胺，加热时发生消除反应，生成烯烃。

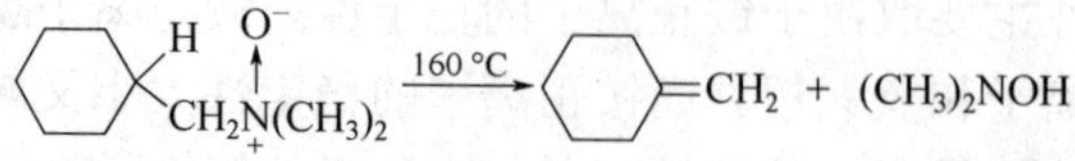

这一反应称为科普消除（Cope elimination）反应，该反应可用于烯烃的合成以及化合物上氮的去除。由于过程中形成平面的五元环，因此科普消除是具有立体选择性的顺式消除。

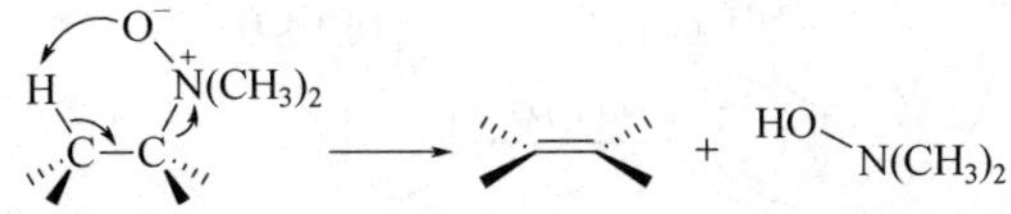

胺类化合物的
酰基化反应

11.2.3.3　烃基化反应

与无机铵相同，胺也是亲核试剂，能与卤代烃反应生成高一级的胺，反应中氨基上的氢原子逐步被烷基取代，最后产物为季铵盐。R′常为甲基，因此反应称为“彻底甲基化反应”。

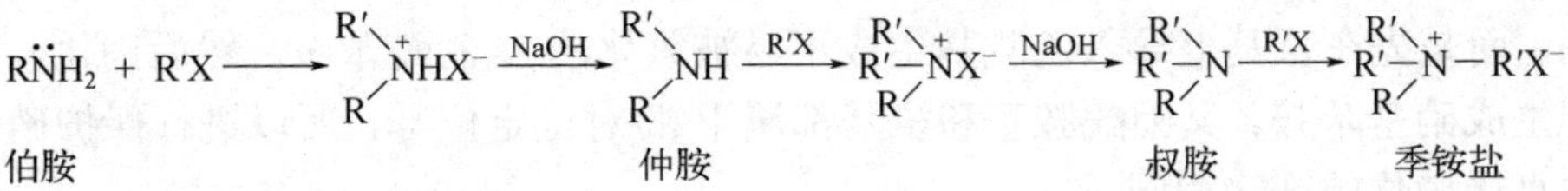

11.2.3.4　酰基化和磺酰化反应

伯胺和仲胺仍能像氨一样与酰卤、酸酐甚至酯等酰基化试剂作用生成酰胺。叔胺的氮上由于没有可以被取代的氢原子，不能发生酰基化反应。

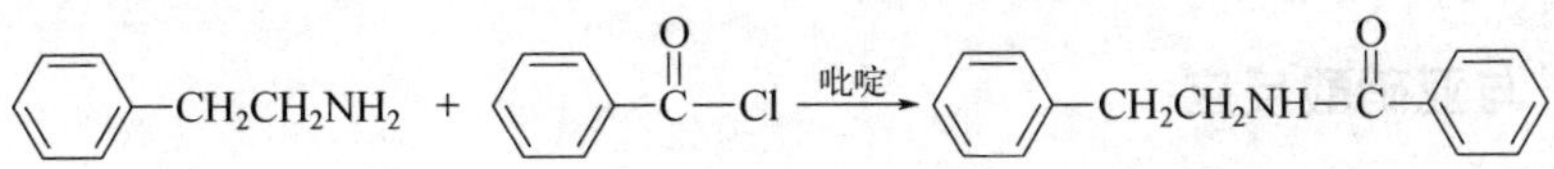

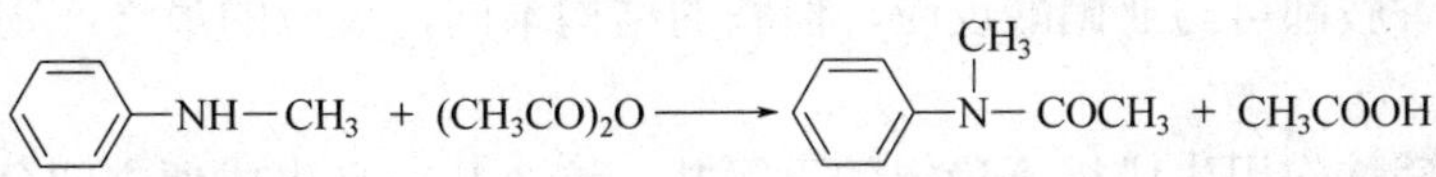

与胺的酰基化反应相似，如用磺酰化试剂（苯磺酰氯或对甲苯磺酰氯）代替酰卤与伯胺或仲胺反应，则结果是在胺分子中引入了磺酰基，生成相应的磺酰胺，此反应称为胺的磺酰化反应。由伯胺生成的磺酰胺的氮上的氢受磺酰基影响，呈弱酸性，可与碱成盐而溶于水；仲胺形成的磺酰胺的氮上无氢，不与碱成盐，呈固体析出；叔胺不能被磺酰化。

常用来作为胺的分离和鉴定的兴斯堡（Hinsberg）实验就是利用上述反应，即在氢氧化钠存在下，将伯、仲和叔胺的混合物用苯磺酰氯处理。伯胺磺酰化后生成的苯磺酰胺因受吸电子的苯磺酰基影响，氮上的氢呈酸性，在过量氢氧化钠存在下生成钠盐，溶于氢氧化钠溶液。仲胺磺酰化产物氮上无氢，不溶于氢氧化钠溶液。叔胺一般不进行磺酰化反应。反应混合物进行蒸馏分出叔胺(三乙胺)，然后油水两层分离且分别在强酸性条件下水解得到伯胺(乙胺）和仲胺（二乙胺）。

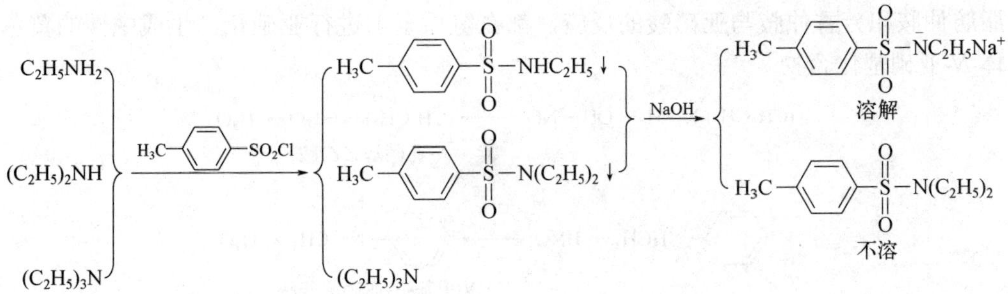

酰基化反应在有机合成中是非常重要的，如解热镇痛药物对乙酰氨基酚可由对氨基苯酚得到。此外，常用的磺胺类消炎药大多通过磺酰化反应制备。

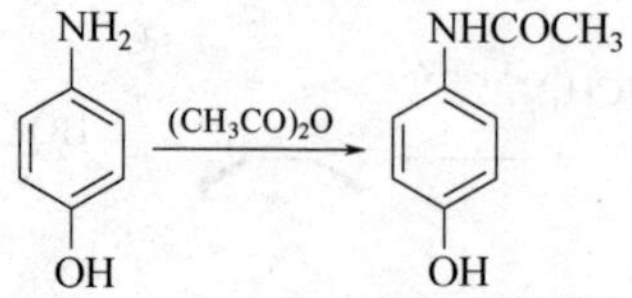

对乙酰氨基酚

胺的酰基化反应实际上就是羧酸衍生物的氨解反应，生成的酰胺为具有一定熔点的晶体，利用此性质可鉴定胺类。酰胺在酸或碱催化下水解，可以除去酰基而恢复氨基，因此常用酰基化反应来保护氨基，以避免芳胺在进行某些反应时氨基被氧化破坏。例如，苯胺一般不能直接硝化，而是先在氨基上导入乙酰基生成不易被氧化的*N*-乙酰苯胺，然后硝化，硝化产物经水解即生成硝基苯胺。又因酰胺基和氨基都属于邻/对位定位基，所以进行保护硝化的产物与想象中直接硝化的产物相同。

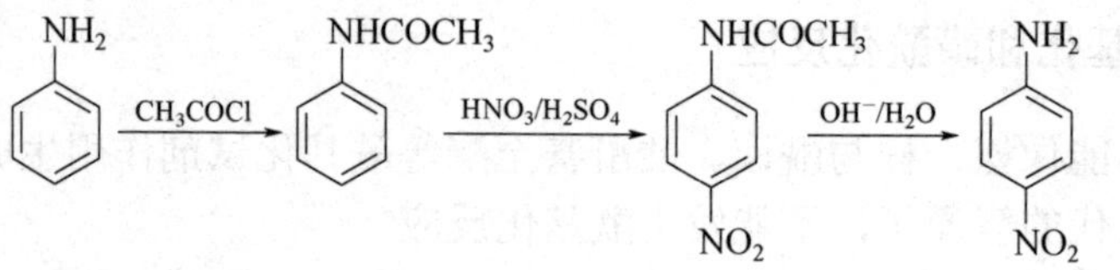

11.2.3.5 与亚硝酸反应

脂肪胺和芳香胺都可与亚硝酸反应，但胺的结构不同，反应的最终产物也不同。

（1）伯胺

脂肪伯与亚硝酸作用生成极不稳定的重氮盐，这个盐一旦生成便立即分解放出氮气，同时生成醇和烯的混合物。反应产生的重氮盐分解后生成伯碳正离子，这个碳正离子可脱质子成烯，也可与水作用成醇，还可重排为仲碳正离子。仲碳正离子同样脱质子或与水作用生成烯和醇。因产物过于复杂，此反应在合成上的使用价值不大。但反应中定量放出氮气，可用于氨基的定性和定量分析。

芳香族伯胺与亚硝酸在低温及过量强酸水溶液中反应生成相对稳定的重氮盐，这个反应称为重氮化反应。干燥的重氮盐一般极不稳定，受热或受震动时容易发生爆炸。因此，重氮盐的制备和使用都要在温度较低的酸性介质中进行。芳胺的重氮盐是非常有用的有机合成中间体。

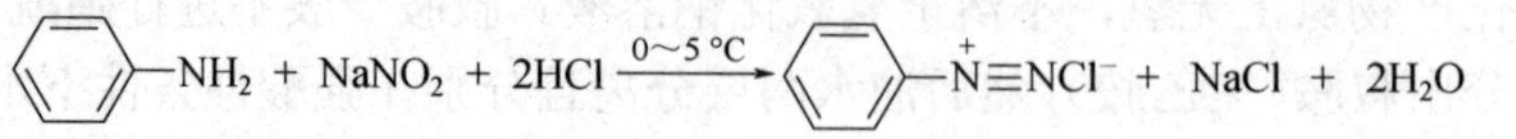

（2）仲胺

脂肪仲胺和芳香仲胺与亚硝酸的反应，都在氮原子上进行亚硝化，生成中性的黄色油状或固体*N*-亚硝基化合物。

$$(CH_3CH_2)_2N-H + OH-NO \longrightarrow (CH_3CH_2)_2N-NO + H_2O$$

N-亚硝基二乙胺

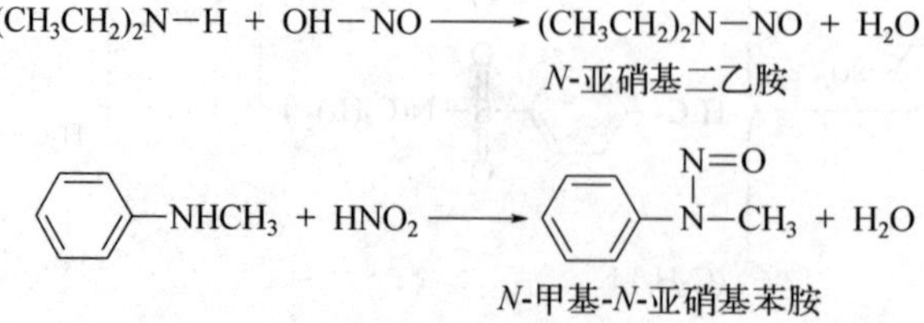

N-甲基-*N*-亚硝基苯胺

N-亚硝基化合物绝大多数不溶于水，而溶于有机溶剂；与稀酸共热时，会水解成原来的仲胺，这可用来分离或提纯仲胺。*N*-亚硝基胺类化合物有强烈的致癌作用。

（3）叔胺

脂肪叔胺与亚硝酸作用生成不稳定、易水解的亚硝酸盐，若以强碱处理，则重新游离析出叔胺。

$$R_3N + HNO_2 \longrightarrow R_3\overset{+}{N}HNO_2^- \xrightarrow{NaOH} R_3N$$

芳香叔胺与亚硝酸作用时，发生芳环上的亲电取代反应，生成对亚硝基取代产物。

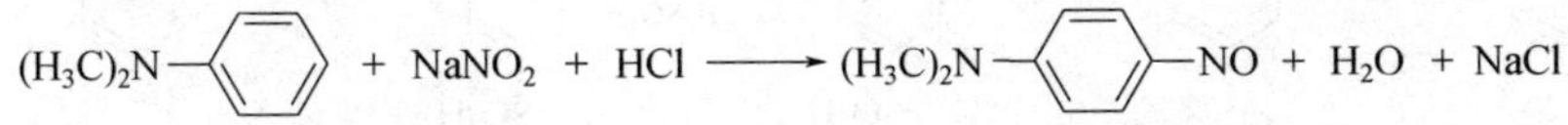

N,*N*-二甲基-4-亚硝基苯胺

11.2.3.6　芳环上的亲电取代反应

氨基是强的给电子基团，能活化苯环，它的存在使芳胺苯环上的亲电取代反应比苯更容易进行。新进入的基团主要在氨基的邻位和对位。

（1）卤化反应

芳胺与卤素（通常是氯或溴）容易发生亲电取代反应。例如，在苯胺的水溶液中加入少量溴水，则立即定量地生成2,4,6-三溴苯胺白色沉淀。利用此性质可对苯胺进行定性鉴别和定量分析。

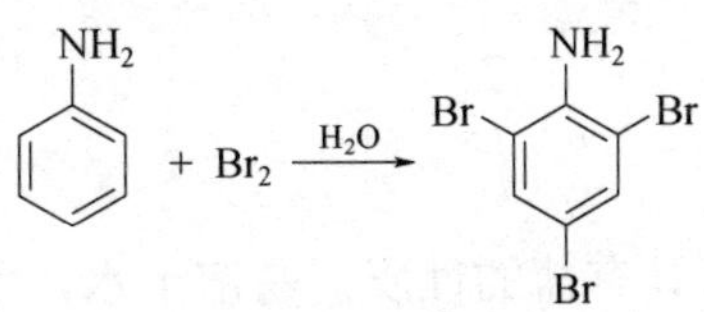

当芳胺环上有烃基存在时，反应也很容易进行，同样能得到多溴代芳胺。为得到一溴代芳胺，应减少氨基的给电子能力，方法是将氨基转为酰基以降低其对苯环的活化能力。由于乙酰氨基的空间位阻效应，取代主要发生在对位。溴化反应完成后，通过水解可恢复氨基。

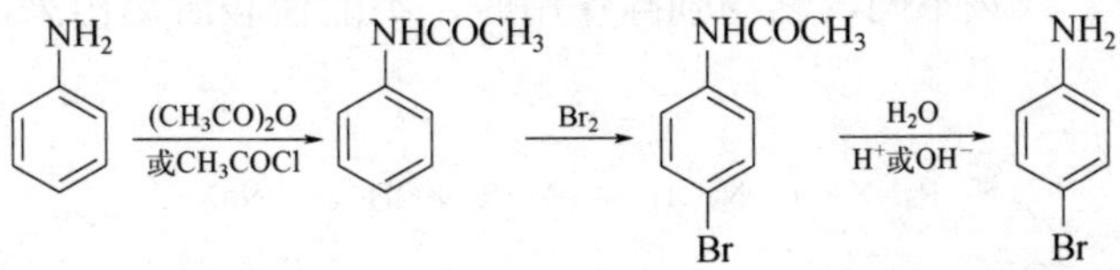

（2）硝化反应

苯胺硝化时，因硝酸有较强的氧化作用，故有氧化反应相伴发生。为了避免这一副反应发生，可先将芳胺溶于浓硫酸中，使之成为硫酸复盐，然后硝化。$—NH_3^+$的生成防止了芳胺的氧化，但$—NH_3^+$是钝化芳环的间位定位基，因此硝化产物主要是间硝基苯胺。

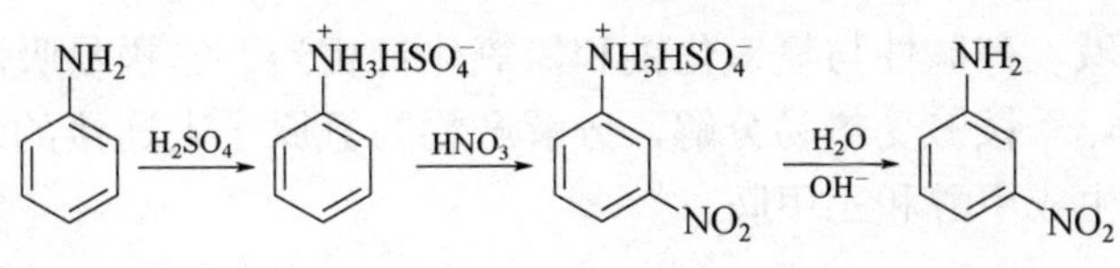

若要制备对硝基苯胺，则需要先将苯胺上的氨基酰基化，再硝化。

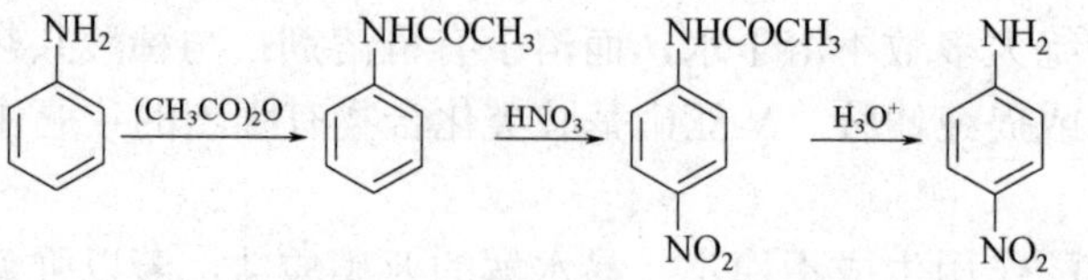

若要制备邻硝基苯胺，则需先利用磺酸基将酰基化后的苯胺的对位占据，再硝化，最后水解去除磺酸基和酰基。

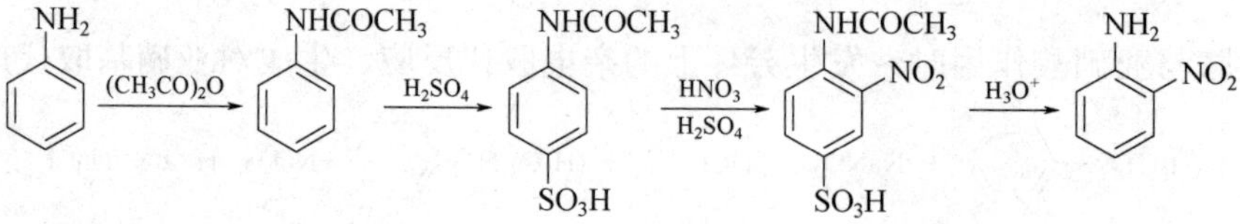

（3）磺化反应

苯胺环上可导入磺酸基，但反应不按一般的亲电取代历程进行。首先把硫酸和苯胺按 1∶1 混合得到相应的苯胺硫酸盐，再于 180℃烘焙脱水，而后发生重排得到对氨基苯磺酸，它往往以内盐形式存在，是重要的燃料中间体，也是防治麦锈病的农药（敌锈酸）。

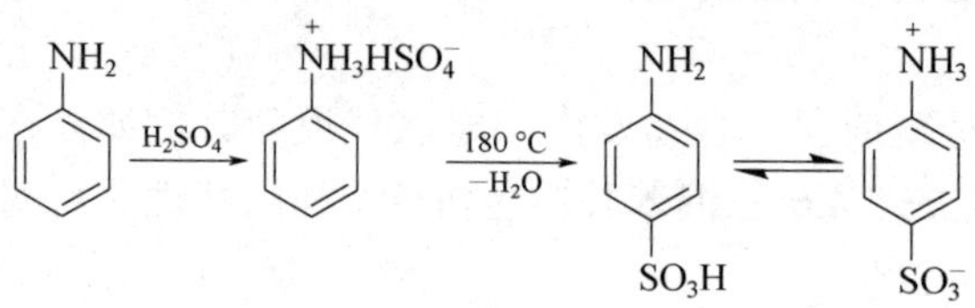

11.2.4 季铵盐和季铵碱

季铵盐为白色结晶性固体，具有盐的性质，易溶于水，而不溶于非极性的有机溶剂。具有长链的季铵盐可作为阳离子表面活性剂。季铵盐在加热时分解，生成叔胺和卤代烃。

$$R_4\overset{+}{N}X^- \xrightarrow{\triangle} R_3N + RX$$

季铵盐与伯、仲、叔胺不同，它与强碱作用时，不能使胺游离出来，而是得到含有季铵碱的平衡混合物。

$$R_4\overset{+}{N}X^- + NaOH \rightleftharpoons R_4N^+OH^- + NaX$$

如果反应在醇溶液中进行，由于碱金属卤化物不溶于醇，则反应可以进行完全。若用湿的氧化银与季铵盐作用，由于可以生成难溶性的卤化银沉淀，则反应也可以顺利进行，得到季铵碱。

$$R_4\overset{+}{N}X^- + AgOH \rightleftharpoons R_4N^+OH^- + AgX\downarrow$$

季铵碱是有机强碱，其碱性与氢氧化钠和氢氧化钾相当。它极易吸潮和溶于水，也会吸收空气中的二氧化碳。季铵碱受热易分解，分解产物与氮原子上连接的烃基有关。例如，加热氢氧化四甲基铵，生成甲醇和三甲胺。

$$(CH_3)_4N^+OH^- \xrightarrow{\triangle} N(CH_3)_3 + CH_3OH$$

分子中如果有比甲基大的烷基，且具有 β-氢原子，加热时则分解成叔胺和烯烃。这是由于 OH^-进攻 β-氢原子，发生消除反应（称为霍夫曼消除反应）。如果季铵碱分子中可供消除的 β-氢原子类型不止一种，则主要生成双键碳原子上连有较少烷基的烯烃，即氢原子通常从含氢较多的 β-碳原子上除去，这称为霍夫曼（Hofmann）规则（与扎伊采夫规则相反）。其原因是含氢较多的碳上相应氢的酸性相对较强。例如：

$$HO^- + H-CH_2-CH_2-\overset{+}{N}(CH_3)_3 \xrightarrow{\triangle} H_2O + H_2C=CH_2 + N(CH_3)_3$$

当 β-碳原子上连有苯基、乙烯基、羰基等有吸电子共轭作用的基团时，β-氢原子的酸性增大，容易接受碱的进攻而发生消除，可能得到反 Hofmann 规则的产物，得到的烯烃因共轭体系的形成而稳定。例如：

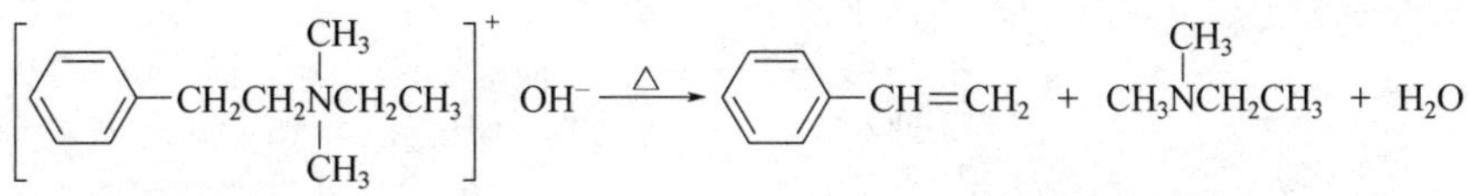

利用霍夫曼消除反应可以测定胺类异构体的结构。例如：

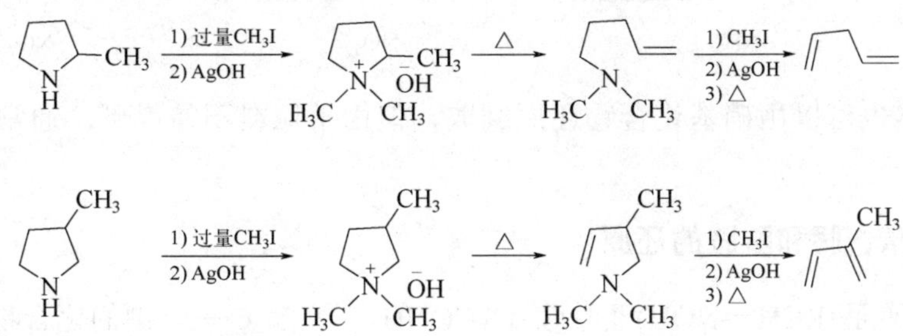

11.2.5 胺的制备

11.2.5.1 卤代烃或醇的氨解

卤代烷与氨的水溶液或乙醇溶液作用，首先生成伯胺的氢卤酸盐，其再与过量的氨作用，可使伯胺游离出来。

$$R-X \xrightarrow{NH_3} R-\overset{+}{N}H_3X^- \xrightarrow{NH_3} RNH_2 + NH_4X$$

伯胺可继续和卤代烃反应，生成仲胺、叔胺和季铵盐的混合物。可以利用原料的不同配比及控制反应条件，使其中之一为主要产物，但混合物分离困难使这一方法在应用上受到一定的限制。

卤苯类的氨解要比卤代烃的困难得多，只有当苯环上含有硝基等强吸电子基时，芳环上的亲核取代反应才较为容易。例如：

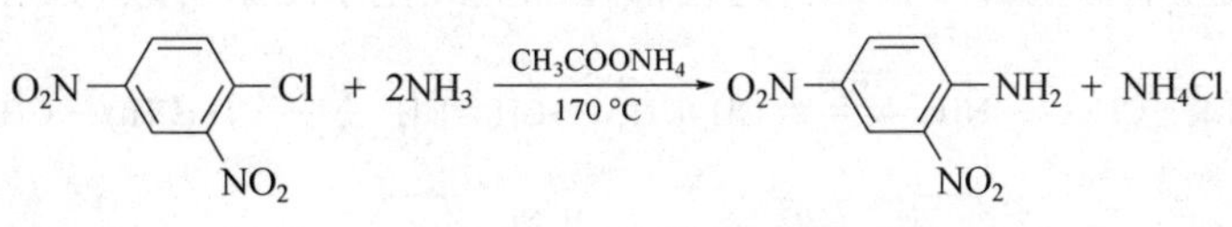

在工业生产中常用醇的氨解来制备脂肪族胺类。这是因为此方法的原料来源方便，生产

过程中的腐蚀问题不严重，对生产较为有利。例如，工业上用甲醇氨解法制备甲胺、二甲胺和三甲胺。

$$CH_3OH + NH_3 \xrightarrow[380\sim450\ ^\circ C,\ 5\ MPa]{Al_2O_3} CH_3NH_2 \xrightarrow{NH_3} (CH_3)_2NH \xrightarrow{NH_3} (CH_3)_3N$$

11.2.5.2 硝基化合物的还原

将硝基化合物还原可以得到伯胺，这是制备芳胺的常用方法。工业上常用催化加氢还原法，实验室则常用 Zn、Sn 或 $SnCl_2$ 加盐酸、硫酸或乙酸作还原剂。如用 $SnCl_2$ 加盐酸作还原剂，可以避免芳环上的醛羰基被还原，还可以使多硝基化合物部分还原。例如：

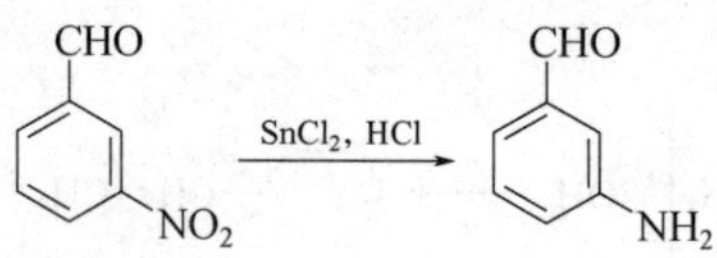

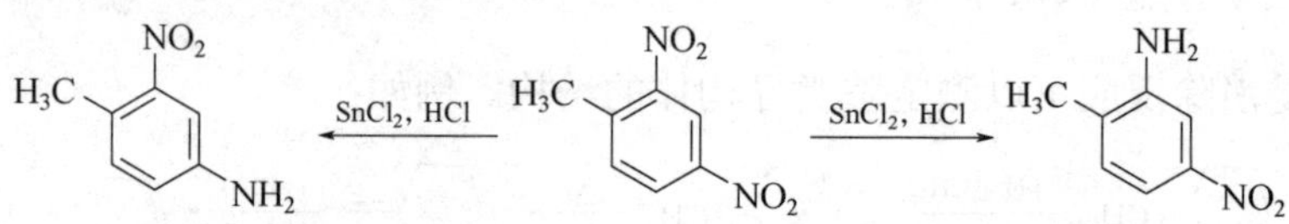

脂肪胺虽然也可以由硝基化合物还原制取，但由于原料不易得到，通常采用其他方法制取。

11.2.5.3 腈、肟和酰胺的还原

腈(RC≡N)、肟(RCH═NOH)及酰胺（$RCONH_2$）等含 C—N 键的化合物均可用催化加氢或 $LiAlH_4$、Na 加 C_2H_5OH 等化学试剂还原。

$$N{\equiv}C-CH_2CH_2CH_2CH_2-C{\equiv}N \xrightarrow{H_2/Ni} H_2N-CH_2-CH_2CH_2CH_2CH_2-CH_2-NH_2$$

$$CH_3CH_2CH_2CH_2CH_2-\underset{\underset{N-OH}{\|}}{C}-CH_3 \xrightarrow[75\sim80\ ^\circ C,\ 6.8\ MPa]{H_2/Ni} CH_3CH_2CH_2CH_2CH_2-\underset{\underset{NH_2}{|}}{CH}-CH_3$$

$$CH_3CH_2CH_2CH_2CH_2-CH{=}N-OH \xrightarrow{Na,\ C_2H_5OH} CH_3CH_2CH_2CH_2CH_2-CH_2-NH_2$$

$$CH_3(CH_2)_{10}-\overset{\overset{O}{\|}}{C}-NHCH_3 \xrightarrow{LiAlH_4} \xrightarrow{H_2O} CH_2(CH_2)_{10}-CH_2-NHCH_3$$

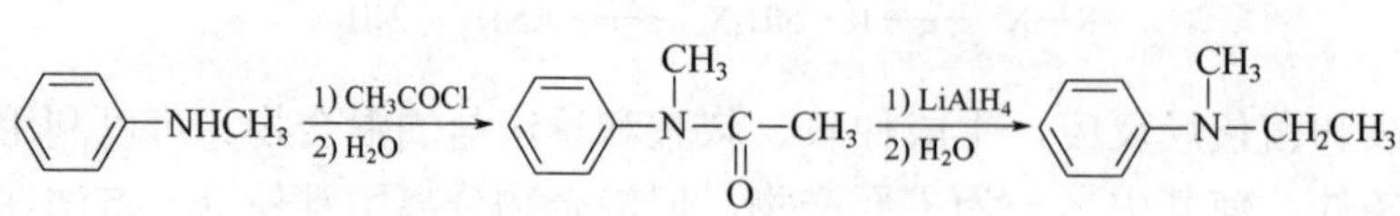

11.2.5.4 醛、酮的氨化还原

醛、酮与氨或胺缩合生成亚胺，再通过催化加氢或化学还原可顺利地得到伯胺。例如：

$$CH_2(CH_3)_5-CHO + NH_3 \xrightleftharpoons{-H_2O} CH_2(CH_3)_5-CH{=}NH \xrightarrow[Ni]{H_2} CH_2(CH_3)_5-CH_2-NH_2$$

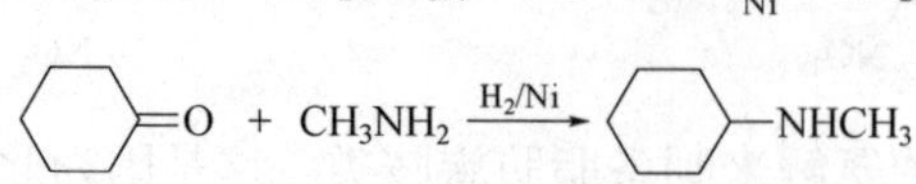

11.2.5.5 酰胺霍夫曼降级反应

酰胺与次卤酸钠溶液作用失去羰基，可得到比原来的酰胺少一个碳原子的伯胺，此为酰胺的霍夫曼（Hoffmann）降级反应。这个反应一般在过量碱存在下进行，产率较高。

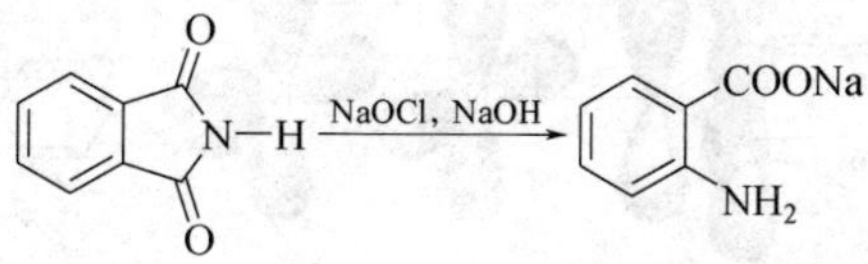

11.2.5.6 盖布瑞尔合成法

邻苯二甲酰亚胺分子中亚氨基上的氮原子受两个酰基的吸电子影响，有弱酸性，可以与碱作用形成盐，后者与卤代烃反应，生成 *N*-烃基邻苯二甲酰亚胺，其水解后得到伯胺。这是合成纯净伯胺的方法，称为盖布瑞尔（Gabriel）合成法。

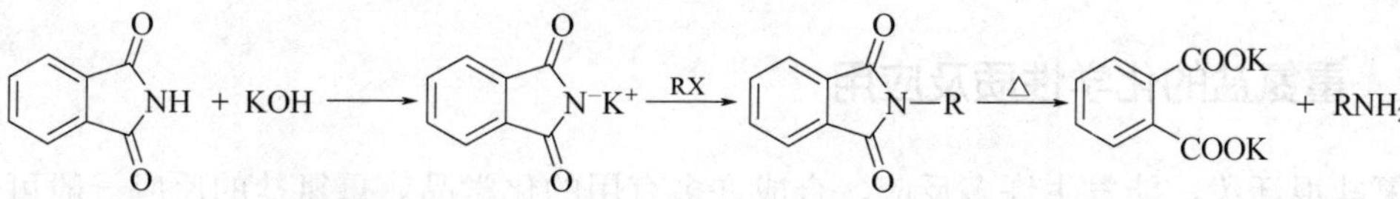

11.3 重氮和偶氮化合物

重氮（diazo）和偶氮化合物（azo compound）分子中都含有—N═N—基团。

若—N═N—基团的两端都与烃基相连，该分子则称为偶氮化合物。它们可以用通式 R—N═N—R 表示，其中 R 为脂肪烃基或芳香烃基。

$H_3C-N=N-CH_3$

二甲基乙氮烯（偶氮甲烷）

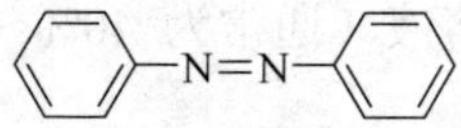

二苯基乙氮烯（偶氮苯）

若—N═N—基团的一端与烃基相连，另一端与其他非碳原子相连，该分子则称为重氮化合物。例如：

$$^{-}CH_2-\overset{+}{N}\equiv N \longleftrightarrow H_2C=\overset{+}{N}=N^{-}$$

11.3.1 重氮盐的制备及结构

重氮盐一般是通过重氮化反应来制备的。制备时一般是在 0～5℃的冰水浴中先将芳香族伯胺溶于过量的强酸（通常使用盐酸或硫酸）溶液中，然后在不断搅拌下逐渐加入亚硝酸钠溶液，直到溶液对淀粉-碘化钾试纸呈蓝色为止，这表明亚硝酸过量，反应已完成。例如，制备硫酸重氮苯的反应：

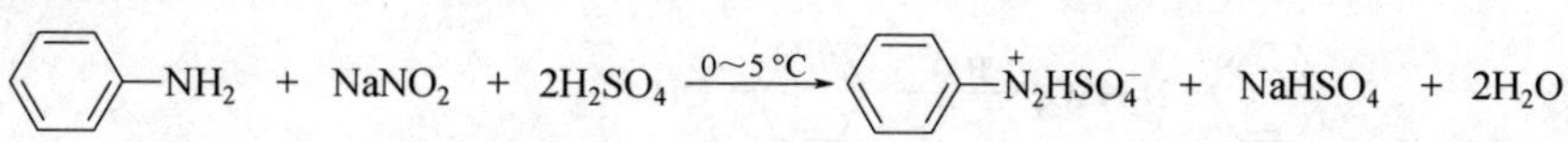

重氮盐是离子化合物，具有盐的特点和性质。绝大多数重氮盐易溶于水，而不溶于有机

溶剂。芳香族重氮盐之所以不像脂肪族重氮盐那样一旦生成后便立即分解，是因为在芳香族重氮盐的正离子中，C—N—N 键呈线形结构，其轨道与芳环中的轨道构成共轭体系，从而使其得以稳定。例如，苯重氮正离子的结构如图 11-1 所示。

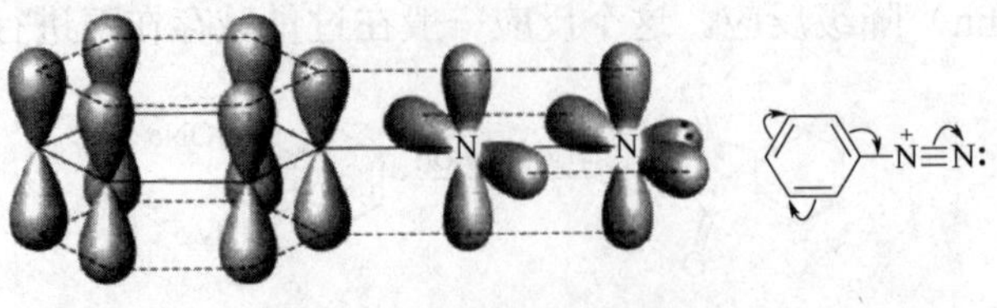

图 11-1　苯重氮正离子的结构

重氮盐的稳定性与它的酸根及苯环上的取代基有关，硫酸重氮盐比盐酸重氮盐更稳定，氟硼酸重氮盐的稳定性更高。苯环上连有吸电子基团会增加重氮盐的稳定性。干燥的重氮盐很不稳定，受热或受震动时容易分解放出氮气，甚至发生爆炸，但在低温的水溶液中比较稳定。因此，一般的重氮化反应需要在低温、酸性水溶液中进行，得到的重氮盐无需分离，直接用于下一步反应。

11.3.2　重氮盐的化学性质及应用

重氮盐很活泼，能发生许多反应，合成许多有用的化学品。重氮盐的反应一般可分为两类：失去氮的反应（放氮反应）和保留氮的反应（留氮反应）。

11.3.2.1　放氮反应

带正电荷的重氮基有较强的吸电子能力，使 C—N 键极性增强，容易异裂而放出氮气。在不同条件下，重氮基可以被烃基、卤原子、氨基、氢原子等取代，生成相应的芳烃衍生物。利用这一反应，可以从芳烃开始合成一系列芳香化合物。

（1）被羟基取代

将重氮盐的强酸性溶液（通常为 40%～50%的硫酸溶液）加热，重氮盐即发生水解，生成酚并放出氮气。

$$Ar-\overset{+}{N}\equiv N\ \ HSO_4^- + H_2O \xrightarrow[\triangle]{H^+} Ar-OH + N_2\uparrow + H_2SO_4$$

强酸性条件可以防止未水解的重氮盐和生成的酚发生偶联反应。若用盐酸重氮盐，则常有副产物氯苯生成。因为经重氮盐制取酚的路线较长，产率也不高，因此其不如通过磺化-碱熔制酚的方法便捷。但是当苯环上有卤素或硝基等取代基时，不易采用碱熔法制酚，而可通过重氮盐的途径。

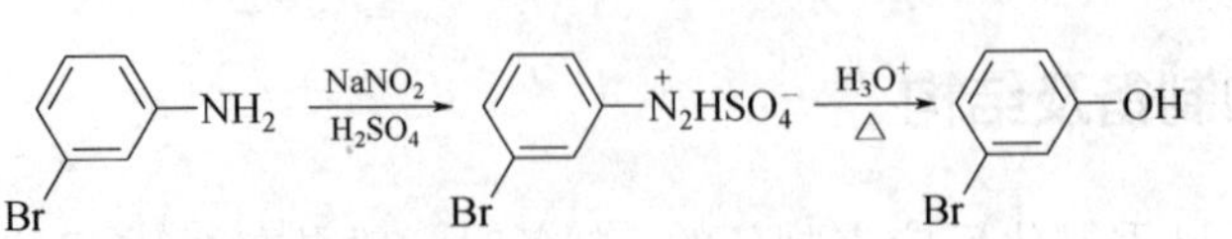

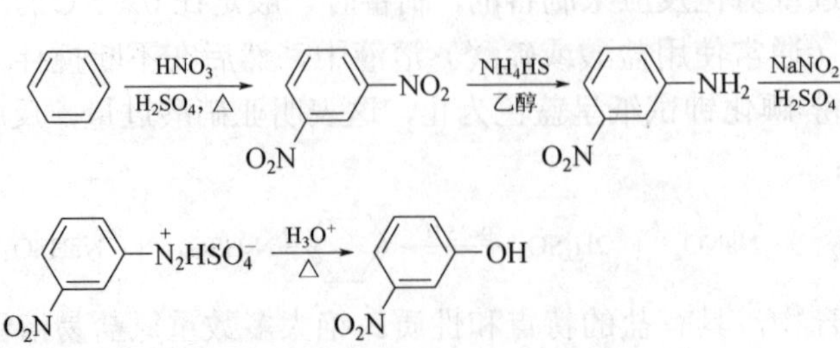

（2）被卤原子取代

重氮盐在氯化亚铜或溴化亚铜催化剂和相应的氢卤酸作用下，其重氮基可被氯原子或溴原子取代并放出氮气。此反应称为桑德迈尔（Sandmeyer）反应。如改用铜粉作催化剂，反应则称为盖特曼（Gattermann）反应，产率虽然不及前法，但操作简便。例如：

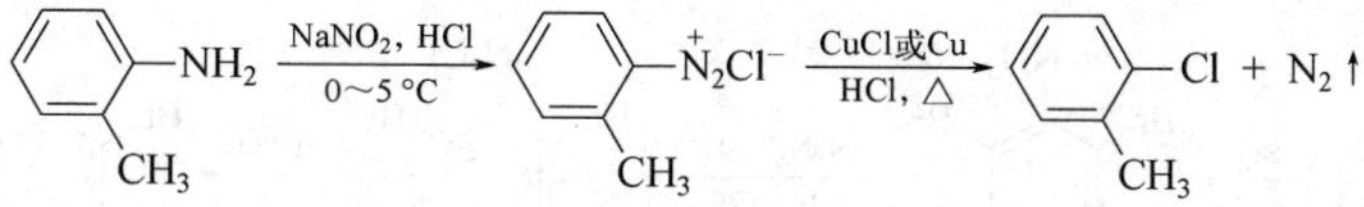

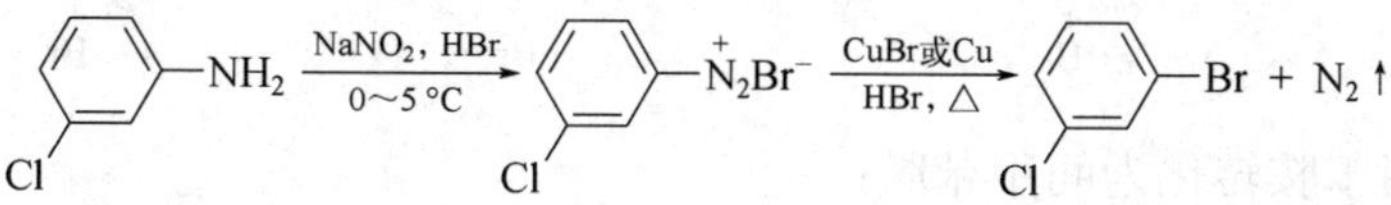

重氮盐与碘化钾水溶液共热，不需要催化剂就能生成产率良好的碘化物。例如：

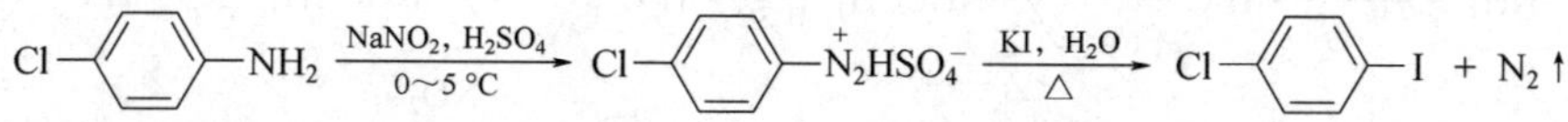

由于 F 的亲核性比 Cl 和 Br 更弱，因此不能采用上述方法制备氟代芳烃。一般是将氟硼酸（HBF_4）加到重氮盐溶液中，得到不溶性的氟硼酸重氮盐沉淀，其经分离并干燥后，小心加热使之分解，即可得到芳香氟化物。

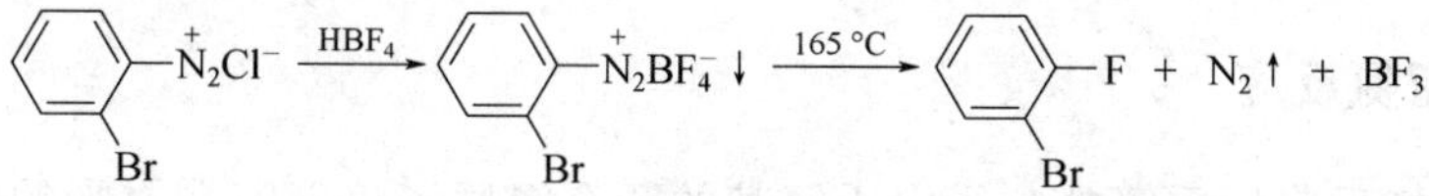

此反应又称为希曼(Schiemann)反应。由于碘化物和氟化物不易直接由芳烃的亲电取代反应制得，因此重氮盐的取代反应就有很大的合成价值。

（3）被氰基取代

重氮盐与氰化亚铜的氰化钾水溶液作用时，重氮基被氰基取代（也称为桑德迈尔反应）。例如：

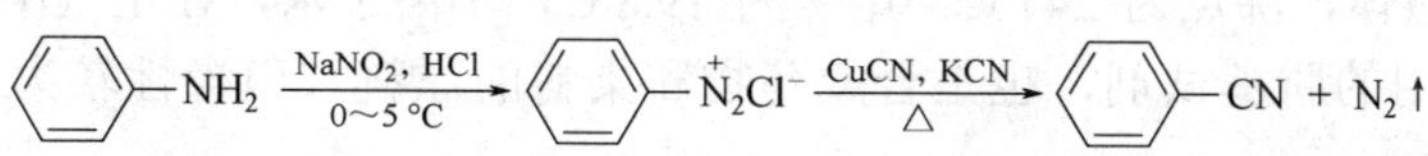

氰基可以通过水解而成为羧基，所以可利用此反应合成芳香羧酸。例如，2,4,6-三溴苯甲酸可按如下路线合成：

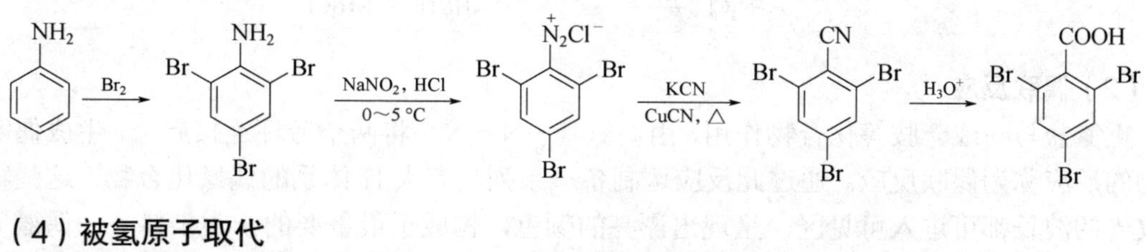

（4）被氢原子取代

重氮盐与次磷酸或乙醇等还原剂作用时，重氮基被氢原子取代。例如：

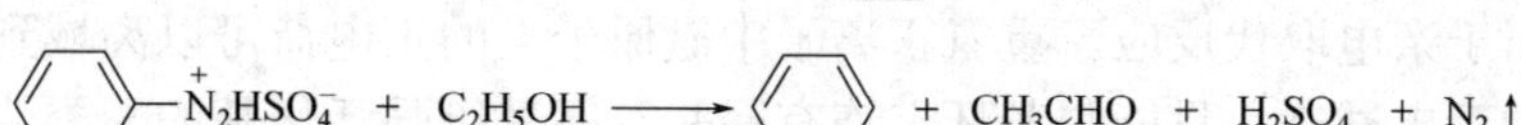

此反应提供了一个从芳环上除去—NH_2的方法，所以又称为去氨基反应。利用氨基的“占位、定位”作用，可将某些基团引入芳环上某个所需的位置，再通过重氮化反应去除氨基，即可合成一些用其他方法难以得到的芳香化合物。例如，1,3,5-三溴苯无法由苯溴化得到，但由苯胺经溴化、重氮化和去氨基反应可得到。

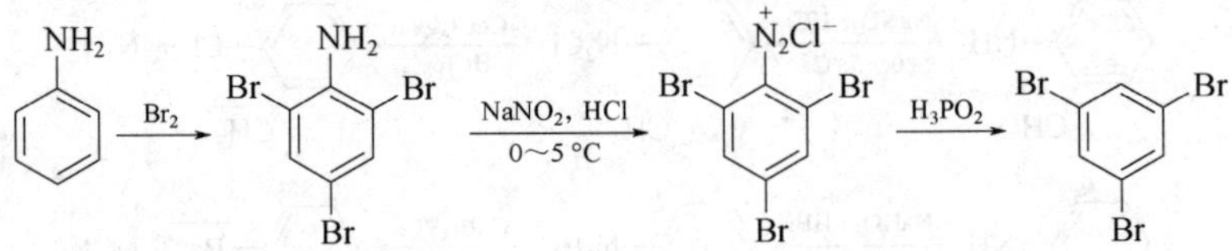

再如，将对甲苯胺转化为间甲苯胺：

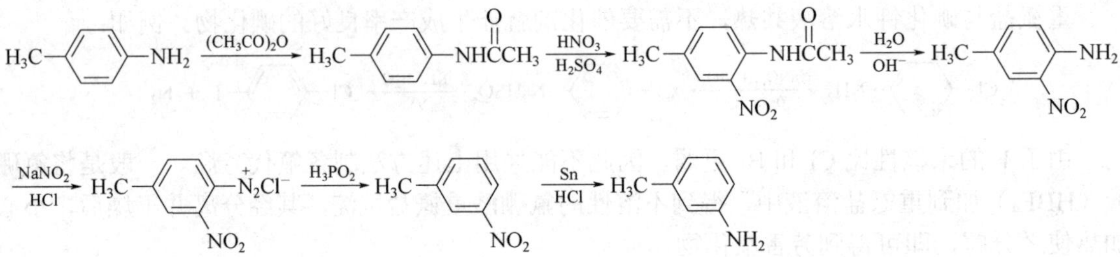

11.3.2.2　留氮反应

留氮反应是指反应后重氮盐分子中重氮基的两个氮原子仍保留在产物的分子中的反应。

（1）还原反应

在 $SnCl_2$、Zn、Na_2SO_4、$NaHSO_3$ 等还原剂作用下，芳香重氮盐可被还原为芳基肼。例如：

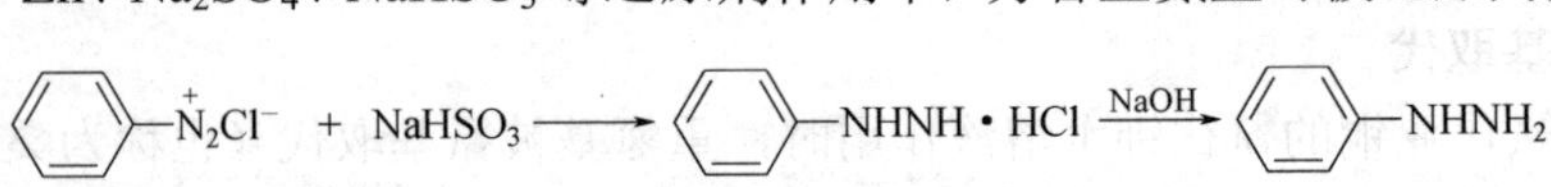

苯肼是无色液体，沸点为 241℃，熔点为 19.8℃，不溶于水，在空气中易被氧化而呈深黑色。苯肼是常用的肼基试剂，也是合成药物和染料的原料，但毒性较大，使用时应注意安全。

用锌加盐酸等强还原剂还原重氮盐可得到苯胺。

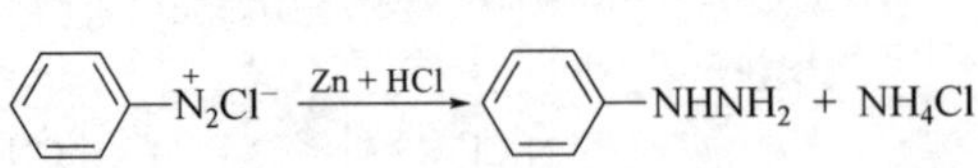

（2）偶联反应

重氮盐与酚或芳胺等化合物作用，由偶氮基—N═N—将两个芳环连接起来，生成偶氮化合物的反应称为偶联反应。通过此反应可制备一系列具有大 Π 体系的偶氮化合物。这些物质吸收光的波长都可进入可见区，呈现出漂亮的颜色，构成了最重要的一类染料——偶氮染料(azo dye)，该类染料中均含有—N═N—发色团和—SO_3Na、—NH_2、—OH 等助色团。它们的合成通过偶联反应，如早期的直接染料刚果红（Congo-red）是由联苯胺重氮盐与萘系芳胺偶联而得的。

偶联反应属于亲电取代反应。重氮正离子中氮原子上的正电荷可以离域到芳环上，因此它是一个很弱的亲电试剂，只能与芳环上连有羟基、氨基等强活化基的酚类或芳胺进行发生亲电取代反应偶联。

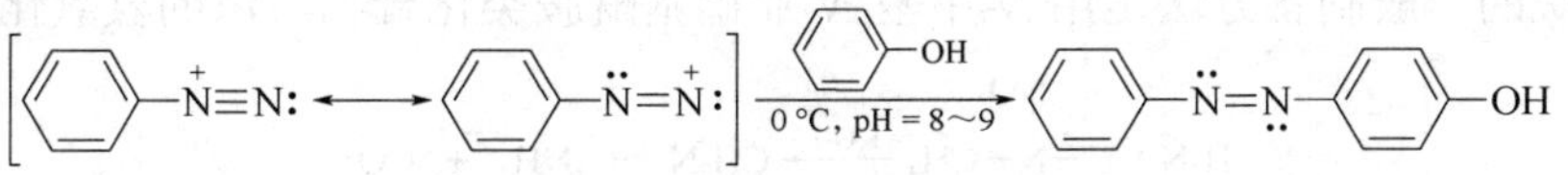

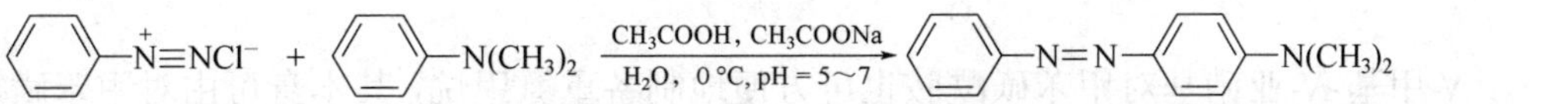

参与偶联反应的重氮盐称为重氮组分，酚或芳胺等称为偶联组分。偶联反应通常发生在酚羟基或二甲氨基的对位，当对位被其他取代基占据时，则发生在邻位，一般不发生在间位。例如：

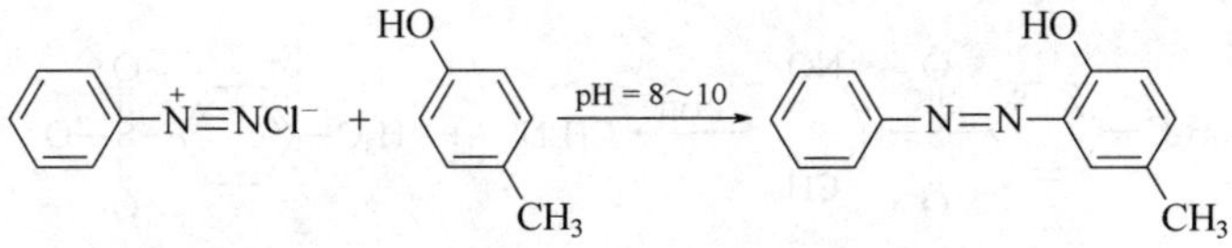

在重氮盐与芳胺的偶联反应中，若芳胺是伯胺或仲胺，则氨基进攻重氮基而生成重氮氨基化合物。生成的重氮氨基苯与盐酸或少量苯胺盐酸盐一起加热，则发生重排，生成偶氮化合物。例如：

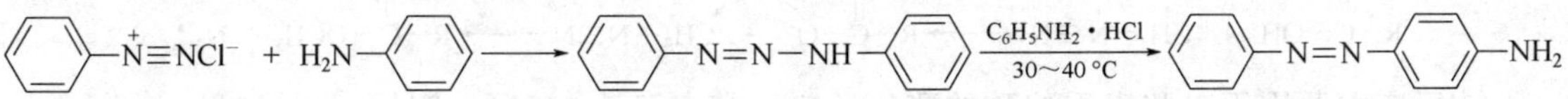

对于重氮组分来说，在重氮基的邻、对位有吸电子基团时，反应活性增强，如 2,4-二硝基苯重氮盐可与苯甲醚偶联，2,4,6-三硝基苯重氮盐甚至可以与 1,3,5-三甲苯偶联。相反，环上具有给电子基的重氮盐的偶联能力减弱。

对于偶联组分来说，除了芳环要有足够的亲电取代反应活性和具有能发生偶联反应的位点外，反应介质的酸碱性也非常重要。一般来说，重氮盐与芳胺的偶联反应的最佳 pH 为 5～7。pH<5 时芳胺形成盐，带正电荷的氨基（$—\overset{+}{N}H_3$、$—\overset{+}{N}H_2R$、$—\overset{+}{N}HR_2$）成为间位定位基和强的钝化基，使芳环上电子云密度降低，不利于重氮正离子的进攻。重氮盐与酚类的偶联反应则在弱碱性溶液中进行得最快，因为酚在弱碱性溶液中以芳氧负离子 $Ar—O^-$ 的形式参与反应，此氧负离子是比—OH 更强的活化基，有利于重氮离子对芳环的进攻。若在强碱性（pH>10）溶液中，则重氮盐转变成重氮酸（diazotic acid）及重氮酸盐（diazoate），就不能发生偶联反应。

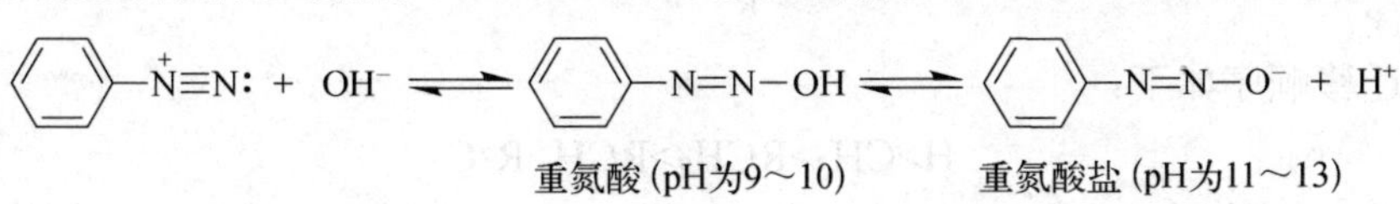

11.3.3 重要的重氮和偶氮化合物

11.3.3.1 重氮甲烷

重氮甲烷（diazomethane）是最简单且最重要的脂肪族重氮化合物，常温下为一黄色有毒气体，沸点为−23℃，加热或使其接触碱金属或粗糙的容器表面往往会发生爆炸。在有机合成中一般应用它的乙醚溶液。

（1）重氮甲烷的制备

重氮甲烷的一般制备方法是用*N*-甲基-*N*-亚硝基酰胺类化合物与浓的氢氧化钾溶液反应：

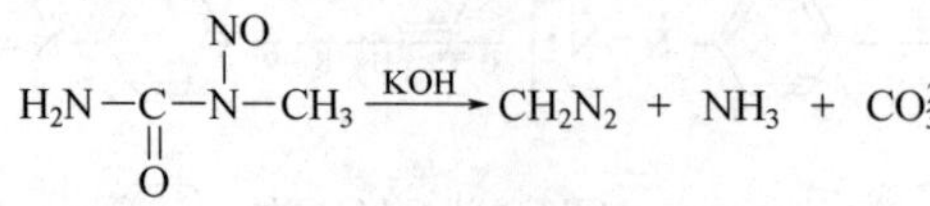

N-甲基-*N*-亚硝基对甲苯磺酰胺也可方便地制备重氮甲烷，其本身可由对甲苯磺氯为原料来制取。

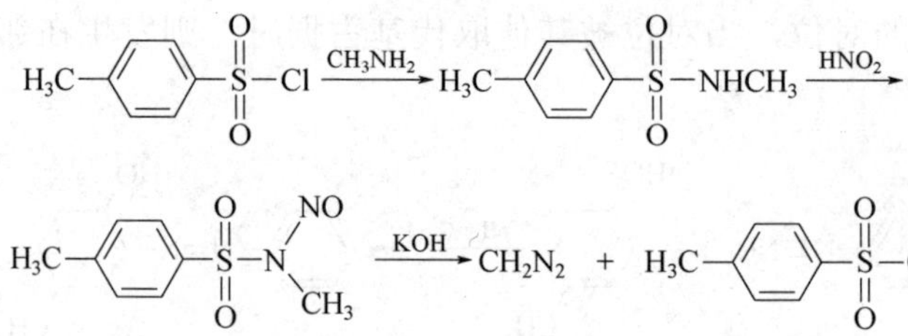

（2）重氮甲烷的反应

① 作为甲基化试剂。重氮甲烷分子中的碳原子有碱性，可以从羧酸中接受质子，转变为重氮甲基正离子，随后被亲核性的羧基负离子进攻，脱去 N_2 而生成羧酸甲酯。

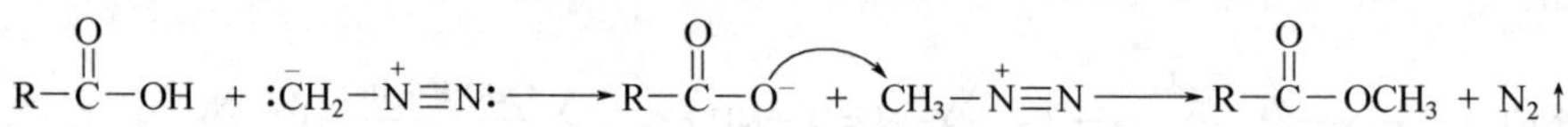

该反应主要用于一些贵重羧酸的酯化反应，产率可达 100%。例如：

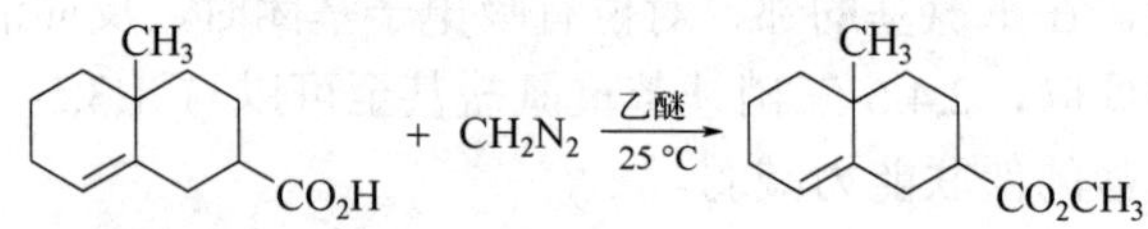

因此，重氮甲烷是一种应用广泛的甲基化试剂。

② 与醛、酮反应。重氮甲烷具有亲核性，能与醛、酮中的羰基进行亲核加成，反应生成的氧负离子中间体可通过重排生成多一个碳原子的羰基化合物，也可以发生分子内的亲核取代反应生成环氧化合物，在有些反应中后者是主要产物。

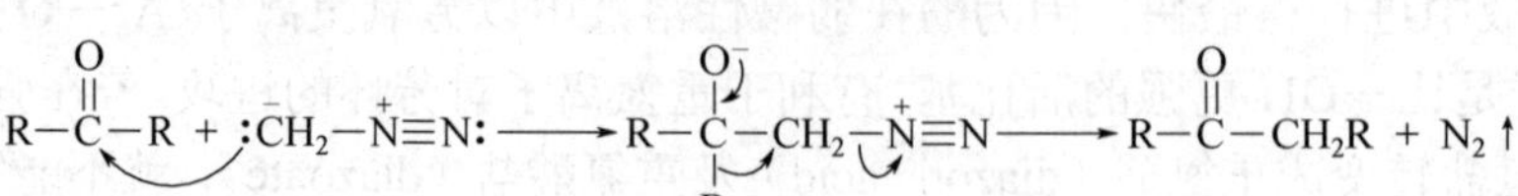

烃基的迁移顺序如下：

$$H>CH_3>RCH_2>RCH>R_3C$$

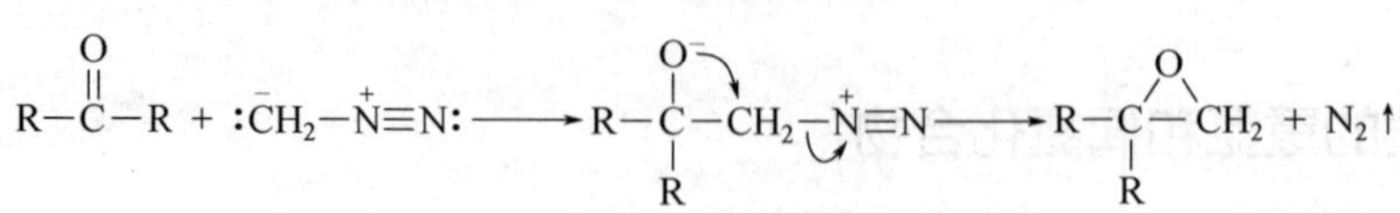

环酮与重氮甲烷反应可得到多一个碳原子的环酮。这是环酮扩环的一种方法。例如：

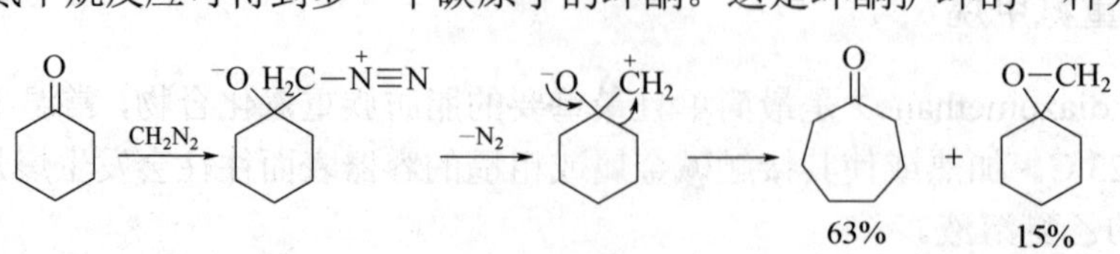

③ 与酰氯作用。重氮甲烷还可与酰氯作用生成重氮甲基酮。该反应采用过量的重氮甲烷，目的是消耗反应中产生的氯化氢。反应过程是不饱和碳上的亲核取代。重氮甲基酮在氧化银的催化下可以与水、醇或氨等作用，得到比原来的酰氯多一个碳原子的羧酸、酯或酰胺。

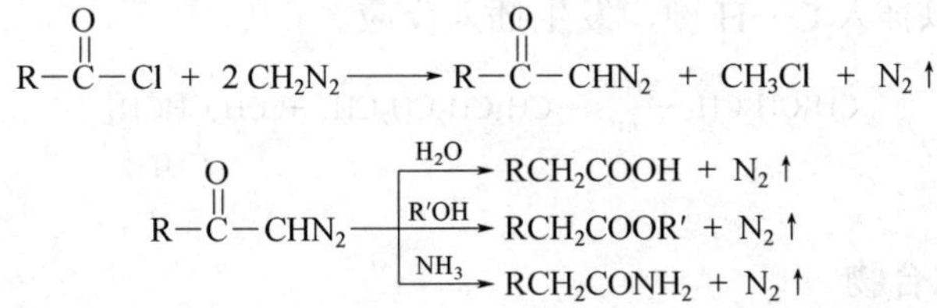

④ 卡宾生成。重氮甲烷受光或热作用，分解而生成卡宾。因此，重氮甲烷是卡宾的来源之一。

$$:\bar{C}H_2-\overset{+}{N}\equiv N: \longrightarrow :CH_2 + N_2\uparrow$$

卡宾

卡宾（通式为 R_2C:）是电中性的活泼中间体，只能在反应过程中短暂地存在（约 1s）。卡宾的碳原子只有六个电子，其中有两个是未成键的电子。由于这两个非键电子的自旋方向有相反和相同两种情况，因此存在两种不同电子状态的卡宾：单线态卡宾和三线态卡宾。它们的结构如图 11-2 所示。

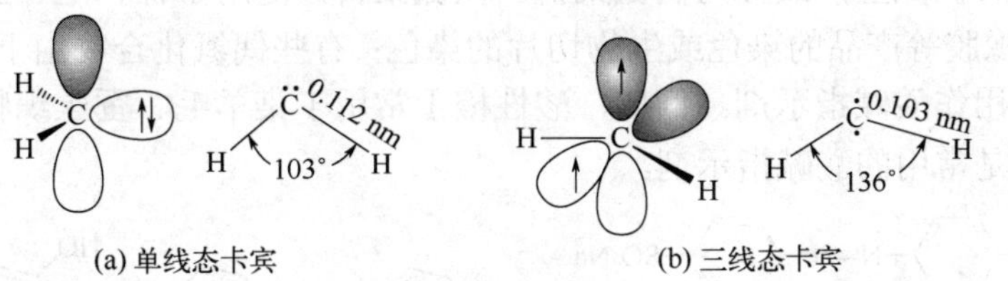

图 11-2　卡宾结构

单线态卡宾（激发态）的能量较高，性质更活泼，易失去能量而转变为能量较低的三线态卡宾（基态）。卡宾是缺电子中间体，具有强烈的亲电活性。例如，重氮甲烷在光照或加热时产生的卡宾立即与体系中的烯烃加成，生成环丙烷及其衍生物。此外，单线态卡宾与烯烃的加成为顺式协同过程，烯烃的构型保持不变。例如：

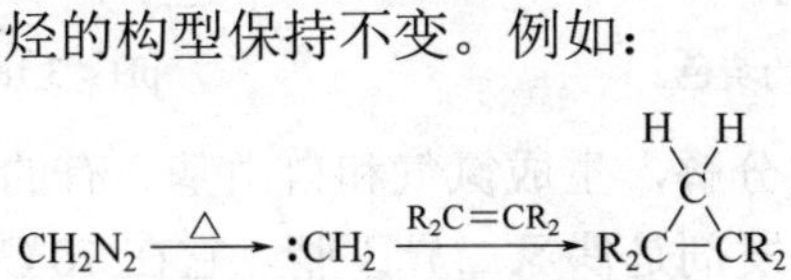

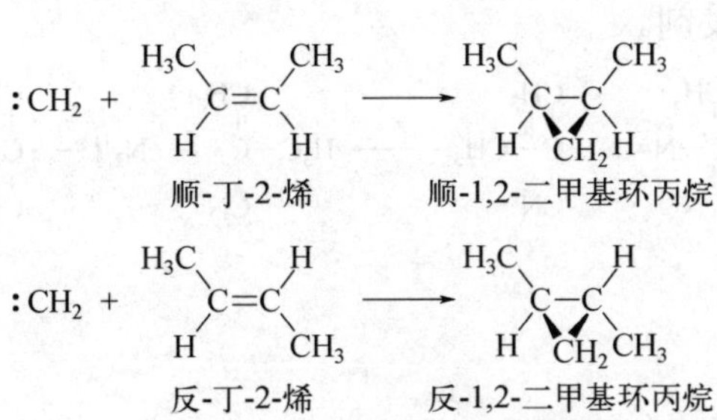

三线态卡宾与烯烃加成经过双自由基中间体，由于双自由基的碳碳单键能够旋转，因此最终产物有顺式和反式两种异构体。例如：

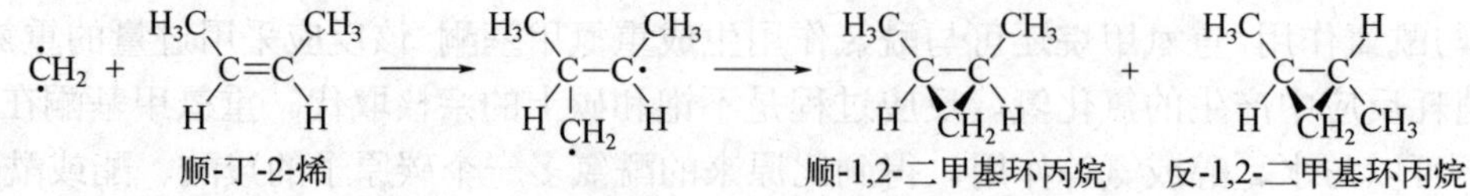

单线态卡宾还可以插入 C—H 键，发生插入反应。

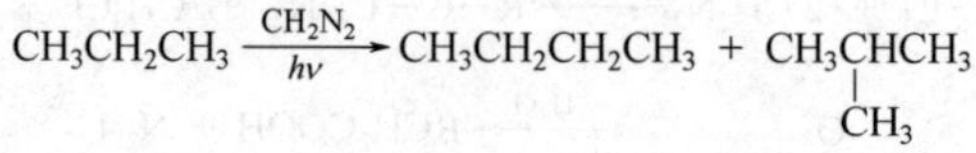

11.3.3.2 偶氮化合物

偶氮化合物分子中的氮原子为 sp^2 杂化，氮氮双键存在顺反异构。合成得到的偶氮苯主要是热力学稳定的 *E* 型，在光照下异构化为 *Z* 型，*Z* 型加热时又可转化成 *E* 型。

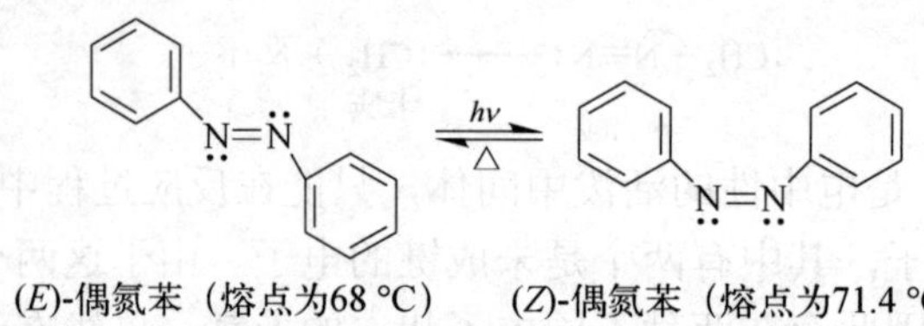

芳香族偶氮化合物具有高的热稳定性，分子中大的共轭体系使它们具有颜色，可作为染料，因分子中含有偶氮基，故称为偶氮染料。偶氮染料广泛用于棉、毛、丝、麻织品以及塑料、印刷、皮革橡胶等产品的染色或生物切片的染色；有些偶氮化合物由于颜色随溶液的 pH 变化而改变，可用作酸碱指示剂。例如，酸性橙Ⅰ常用于染羊毛、蚕丝织物，也可用作生物染色剂；甲基橙是常用的酸碱指示剂。

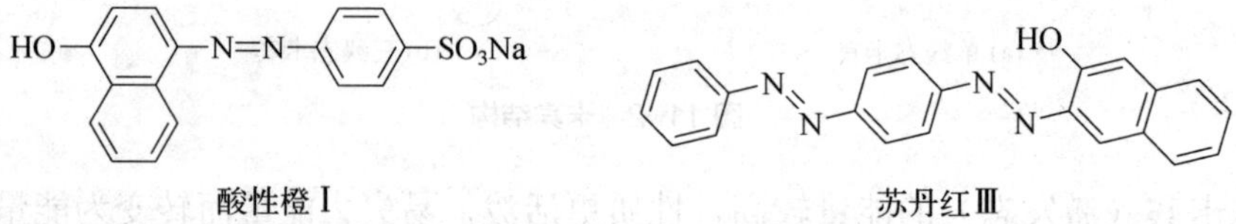

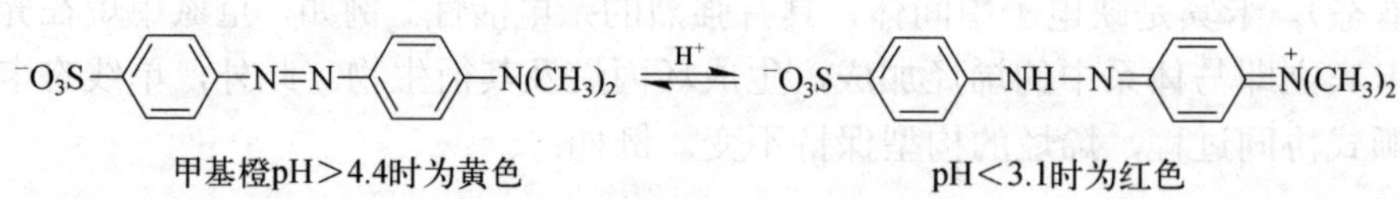

脂肪族偶氮化合物在加热时分解，生成氮气和自由基。有的脂肪族偶氮化合物可作为自由基反应的引发剂，最常见的引发剂是偶氮二异丁腈，它在 70℃左右分解，是甲基丙烯酸甲酯等自由基聚合反应的引发剂。

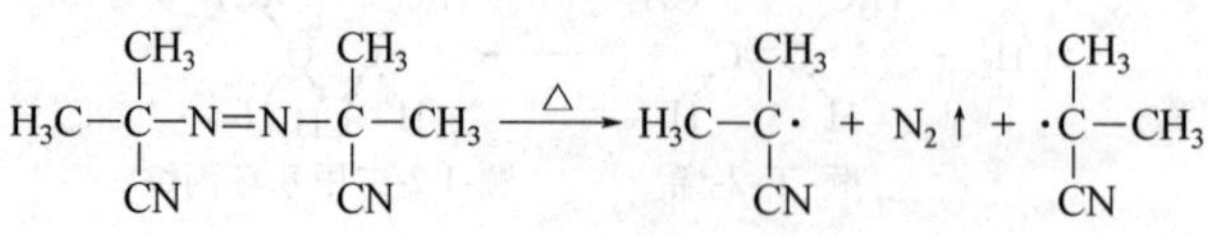

习题

1．写出下列化合物的名称或结构式。

（1）$CH_3CH_2\overset{NO_2}{\overset{|}{C}H}CH_2CH(CH_3)_2$　　　　（2）$CH_3\overset{NH_2}{\overset{|}{C}H}CH_2CH_2CH_2NH_2$

（3）$H_2NCH_2CH_2CH_2CH_2NH_2$　　　　（4）$H_3CH_2C\overset{CH_3}{\overset{|}{N}}CH_2CH_2CH_3$

（5）$CH_3(CH_2)_{15}-\overset{CH_3}{\underset{CH_3}{N^+}}-CH_3Br^-$　　　　（6）(*R*)-仲丁胺

2．把下列各组化合物按照碱性由强到弱的顺序排列。

（1）$CH_3CH_2CH_2NH_2$，$CH_3\overset{OH}{\overset{|}{C}H}CH_2NH_2$，$\overset{OH}{\overset{|}{C}H_2}CH_2CH_2NH_2$

（2）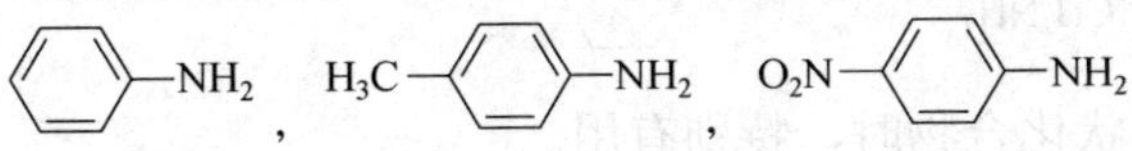

（3）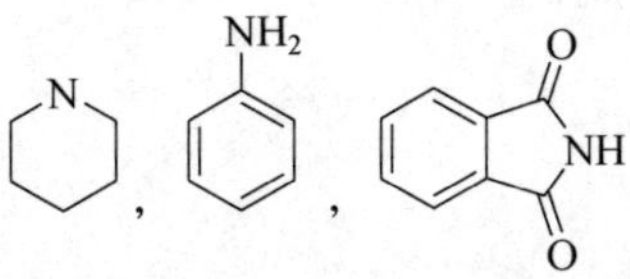

3．用简便的化学方法鉴别下列各组化合物。

（1）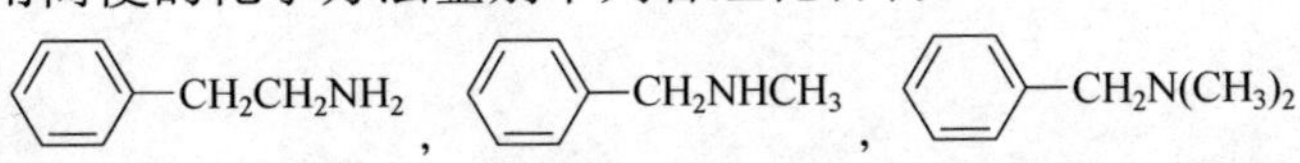

（2）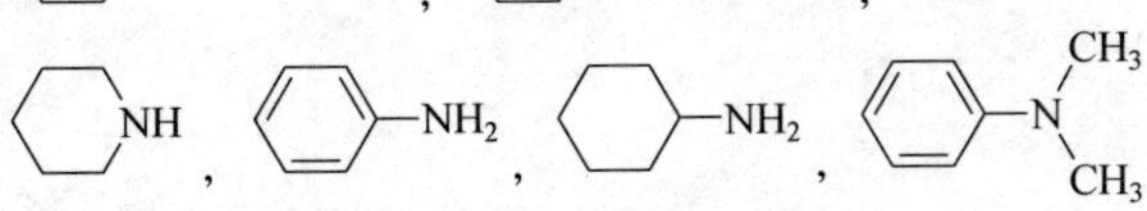

4．由指定原料合成化合物（所需溶剂和无机试剂任选）。

（1）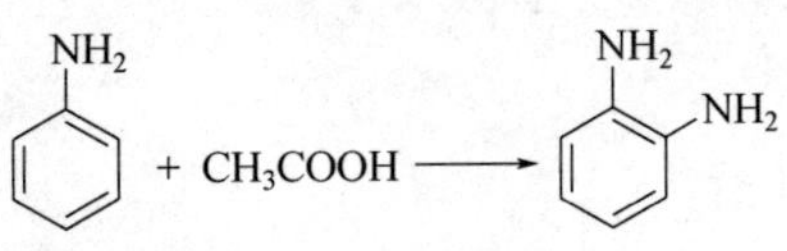

（2）$CH_3CH=CH_2 \longrightarrow CH_3CH_2NH_2$

（3）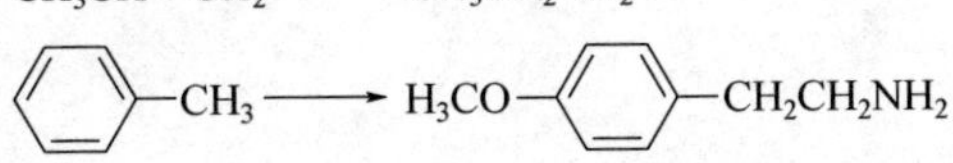

（4）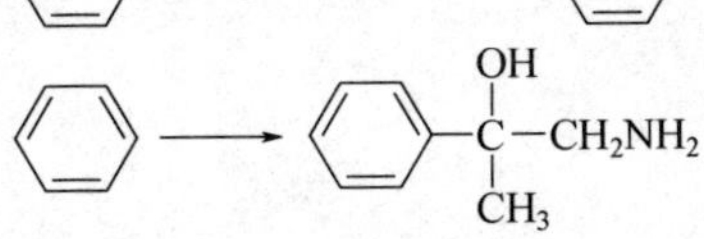

5．根据下列反应确定芳香化合物 A 及中间产物的结构。

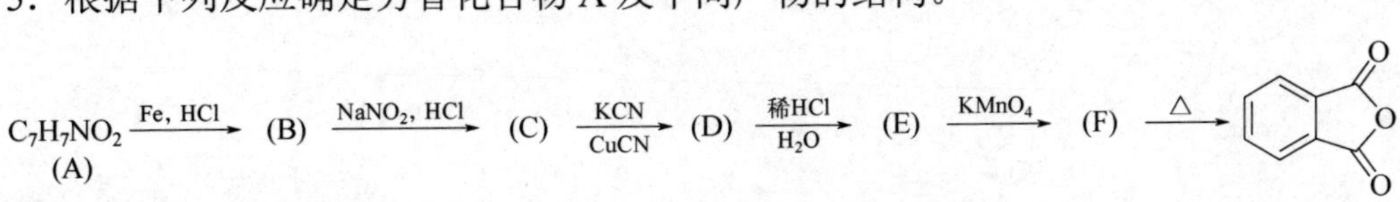

6．写出丁胺、苯胺与下列化合物反应的反应式。

（1）稀盐酸　　　　（2）稀硫酸

（3）乙酸　　　　（4）乙酸酐

（5）异丁酰氯　　　　（6）溴乙烷

（7）苯磺酰氯+KOH　　　　（8）过量 CH_3I，然后加潮湿 Ag_2O

（9）邻苯二甲酸酐　　　　（10）$NaNO_2$+HCl

7．化合物 A 分子式为 $C_5H_{13}N$，用过量 CH_3I 处理后再用 AgOH 处理，得到分子式为

$C_8H_{21}NO$ 的 B，B 加热生成三甲胺和 2-甲基丁-1-烯，试推测化合物 A、B 的结构，并写出相关的反应式。

8．化合物 A 分子式为 $C_6H_{13}N$，用过量 CH_3I 处理后与 AgOH 作用，再加热得化合物 B（$C_8H_{17}N$），B 与一分子 CH_3I 作用后再用 AgOH 处理得化合物 C（$C_9H_{21}NO$），C 经加热生成己-1,5-二烯，试推测化合物 A、B、C 可能的结构，并写出相关的反应式。

9．脂肪族伯胺与亚硝酸钠、盐酸作用，通常得到醇、烯和卤代烃等多种产物的混合物，合成上无实用价值，但 *β*-氨基醇与亚硝酸作用可主要得到酮。例如：

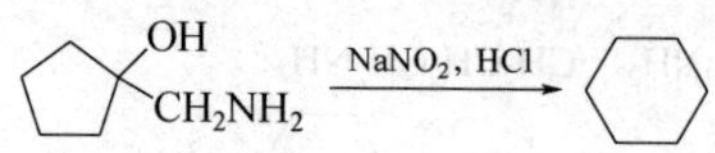

这种扩环反应在合成七～九元环状化合物时，特别有用。

（1）这种扩环反应与何种重排反应相似?

（2）试由环己酮合成环庚酮。

第 12 章

杂环化合物

课件

在环状有机化合物中，构成环的原子除碳原子外，还含有其他非碳原子，这类化合物统称为杂环化合物（heterocyclic compound）。环上除碳以外的原子称为杂原子，常见的杂原子有氧、硫、氮等。

杂环化合物应包括内酯、交酯和环状酸酐等，但它们由于与相应的开链化合物的性质相似，又容易开环变成开链化合物，所以一般不包括在杂环化合物之内，而是分别放在相关的章节中讨论。本章主要讨论那些环系比较稳定，并且有不同程度的芳香性的杂环化合物，这类化合物不易开环，而且它们的结构和反应活性与苯有相似之处，即它们是保留芳香结构闭合共轭体系的杂环，所以称之为芳杂环化合物。

杂环化合物广泛存在于自然界中，其数量几乎占已知有机化合物的三分之一以上，用途也很多。如核酸的碱基、植物的叶绿素和生物碱、动物的血红素等，它们在生命过程中起着重要作用。在现有的药物中，杂环化合物也占了相当大的比重。如青霉素、头孢菌素（先锋霉素）、喹喏酮类以及治疗肿瘤的 5-FU（5-fluorouracil）、喜树碱、紫杉醇等，都是含有杂环的化合物。因此，杂环化合物对生命科学有极为重要的意义。石油、煤焦油中也含有少量的杂环化合物，香料、染料、高分子材料等领域也都涉及杂环化合物。此外，人工合成了多种多样具有各种性能的杂环化合物，其中有些可用作药物、杀虫剂、除草剂、染料、塑料等。因此，杂环化合物是有机化学领域中的一个重要部分。

12.1 杂环化合物的分类、命名

12.1.1 杂环化合物的分类

杂环化合物根据杂环的骨架，可分为单杂环化合物和稠杂环化合物；根据环的大小，可分为五元杂环化合物和六元杂环化合物；根据杂原子数目，可分为单杂原子的杂环化合物和多杂原子的杂环化合物；根据所含杂原子的种类，可分为氧杂环、硫杂环、氮杂环等。

12.1.2 杂环化合物的命名

杂环化合物的命名比较复杂，国际上大多采用习惯名称。我国一般采用两种方法。一种是采用外文名称的音译法，即按照杂环化合物的英文译音，选用同音的汉字，再加“口”字旁，“口”表示环状化合物，例如：

呋喃 furan

噻吩 thiophene

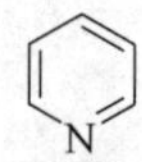
吡啶 pyridine

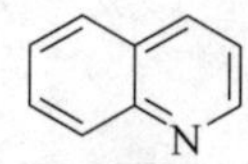
喹啉 quinoline

音译法较为简单，但不能给出结构上的信息。另一种命名方法则按环的大小和环上杂原子进行命名。例如，五元杂环可命名为“某杂茂”（“茂”字的草字头表示有芳香性，下边的“戊”表示为五元环，“某”为杂原子名称），其中吡咯可称为氮杂茂。此外，也可将杂环母核看作碳环母核的衍生物来命名，命名时写出杂原子和碳环的名称，再在中间加“杂”字，有时“杂”字可省略，如吡啶可称为氮杂苯，喹啉可称为 1-氮杂萘等。这种命名法可给出结构上信息，但过于复杂，也不便与外来文对照。我国目前习惯采用音译法。

当杂环化合物上有取代基时，通常以杂环为母体，对环上原子进行编号。

编号规则如下：从杂原子开始，将杂原子编为 1 号，其他依次为 2, 3, …；或将与杂原子相邻的碳原子编为 α，其他依次为 β, γ, …。当环上有两个或两个以上相同杂原子时，尽可能使杂原子编号最小；如果其中的一个杂原子上连有氢原子，则应从连有氢原子的杂原子开始编号。如果环上有多个不同种类的杂原子，则按 O、S、N 的次序编号。当环上有不同取代基时，编号时遵守次序规则及最低系列规则。例如：

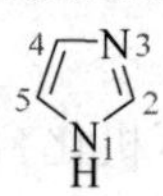
咪唑 imidazole

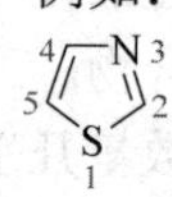
噻唑 thiazole

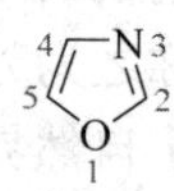
噁唑 oxazole

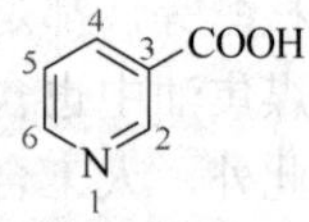
3-吡啶甲酸 (烟酸) 3-pyridinoic acid

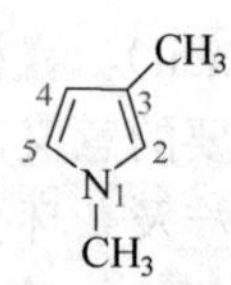
1,3-二甲基吡咯 1,3-dimethyl-1*H*-pyrrole

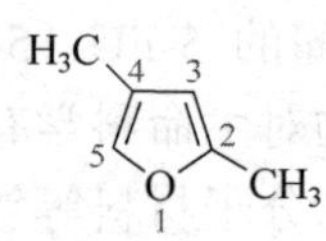
2,4-二甲基呋喃 2,4-dimethylfuran

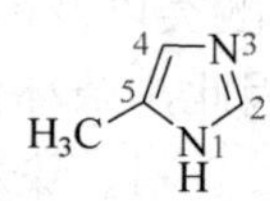
5-甲基咪唑 5-methyl-1*H*-imidazole

对于不同程度饱和的杂环化合物，命名时不但要标明氢化（饱和）程度，而且要标出氢化的位置。例如：

四氢呋喃 tetrahydrofuran

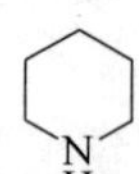
六氢吡啶 piperidine

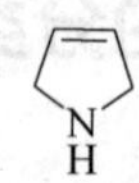
2,5-二氢吡咯 2,5-dihydro-1*H*-pyrrole

并杂环的编号，一般和并环芳烃相同，但少数并杂环另有一套编号次序，如嘌呤、异喹啉。杂环化合物的命名详见表 12-1。

表 12-1 杂环母体化合物的分类与命名

杂环的种类	杂环母体化合物
五元杂环	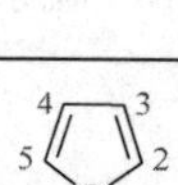 呋喃 furan 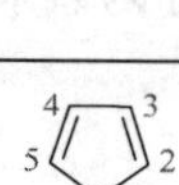 噻吩 thiophene 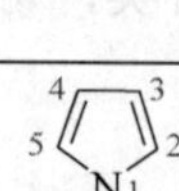 吡咯 pyrrole 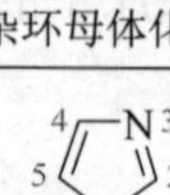 噻唑 thiazole 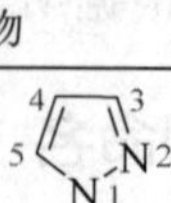 吡唑 imidazole 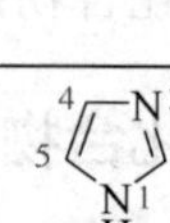 咪唑 imidazole 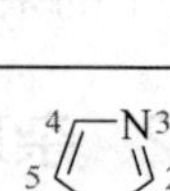 噁唑 oxazole

续表

杂环的种类	杂环母体化合物
六元杂环	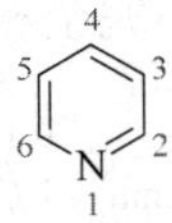 吡啶 pyridine 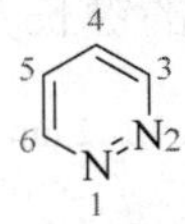 哒嗪 pyridazine 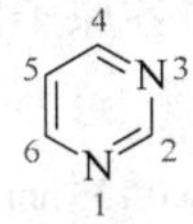 嘧啶 pyrimidine 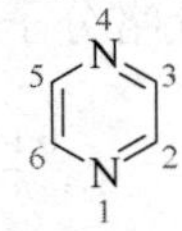 吡嗪 pyrazine
稠杂环	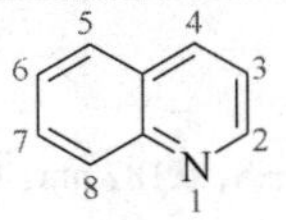 喹啉 quinoline 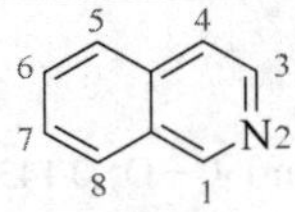 异喹啉 isoquinoline 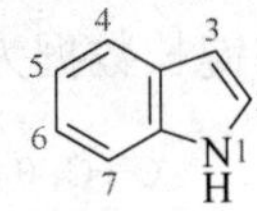 吲哚 indole 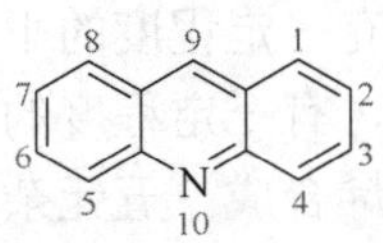 吖啶 acridine 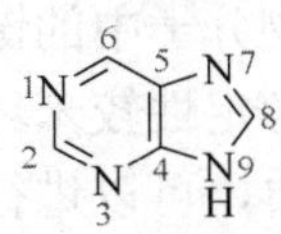 嘌呤 purine 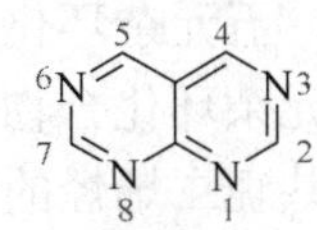 喋啶 pteridine

12.2 单杂环化合物的结构与芳香性

杂环的结构

12.2.1 五元单杂环化合物

吡咯、呋喃与噻吩是含一个杂原子的五元杂环，具有相似的电子结构，它们处在同一平面上的五个原子均以 sp^2 杂化轨道相互连接成 σ 键，四个碳原子各有一个电子在 p 轨道上，杂原子有两个电子在 p 轨道上，这五个 p 轨道都垂直于环所在的平面，相互平行重叠，形成了一个环状封闭共轭体系，即组成杂环的原子都在同一个平面内，而 p 电子云则分布在环平面的上下方。五元单杂环化合物的五原子六 π 电子的共轭体系，符合休克尔（Hückel）的“$4n+2$”规则，因此具有芳香性。对于杂原子的第三个 sp^2 杂化轨道中的电子，吡咯有一个电子，与氢原子形成 N—H 键；呋喃和噻吩有一对未共用电子，见图 12-1。

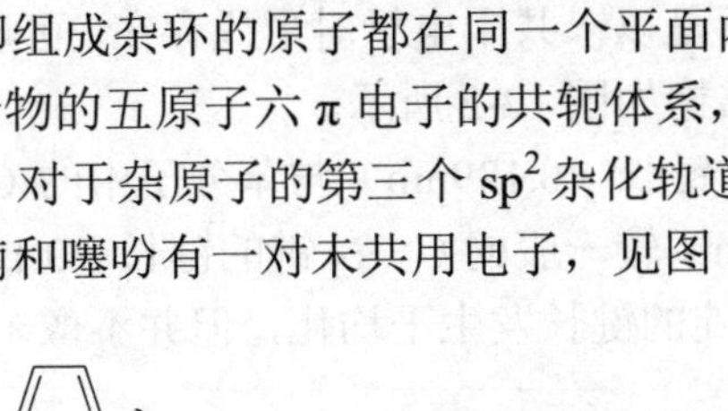

图 12-1　吡咯、呋喃和噻吩的轨道结构示意图

从图 12-1 可看出，呋喃、噻吩、吡咯的结构和苯结构相似，其 π 电子数符合 Hückel 规则，都是六电子闭合共轭体系，因此，它们都具有一定的芳香性。由于共轭体系中的 6 个 π

电子分散在 5 个原子上，整个环的 π 电子云密度比苯大，因此它们比苯容易发生亲电取代，反应活性相当于苯环上连接—OH、—SH、$—NH_2$时的活性。

呋喃、噻吩、吡咯分子中各原子间的键长并不完全相等。

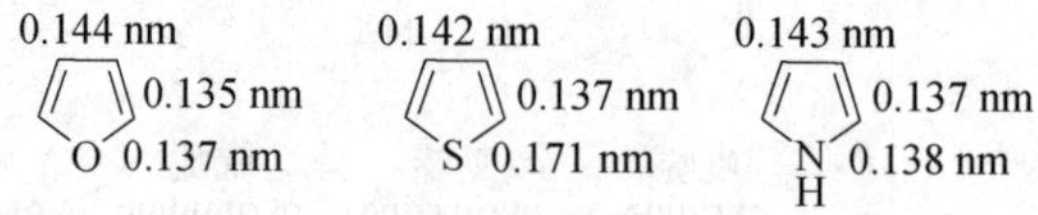

已知典型的键长数据为：

C−C, 0.154 nm；C−O, 0.143 nm；C−S, 0.182 nm；C−N, 0.147 nm

C=C, 0.134 nm；C=O, 0.122 nm；C=S, 0.160 nm；C=N, 0.128 nm

由此可见，五元杂环化合物分子中的键长有一定程度的平均化，但不像苯环那样完全平均化，因此五元杂环化合物的稳定性较苯环差，有一定程度的不饱和性和不稳定性。如呋喃就表现出某些共轭二烯烃的性质，可以进行双烯合成。五元杂环化合物的稳定性由大到小的次序为：苯>噻吩>吡咯>呋喃。这也与杂原子和碳原子的电负性有关，两者的电负性相差越小，芳香性越强。

12.2.2 六元杂环化合物

吡啶是重要的六元杂环化合物。吡啶的结构与苯相似，只是将苯中一个 CH 被氮原子取代。成环的五个碳原子和一个氮原子都以 sp^2 杂化轨道成键，处于同一平面，相互以 σ 键连接成环状结构。环上的六个原子各提供带一个电子的 p 轨道，这些 p 轨道相互平行重叠，形成闭合的共轭体系，π 电子数为 6，符合休克尔的“$4n+2$”规则，因而吡啶具有芳香性。

吡啶氮原子上的一对未共用电子对，占据在 sp^2 杂化轨道上，未参与成键，它与环平面共平面，因而不参与环的共轭体系，不是 6 电子大 Π 键体系的组成部分，而是以未共用电子对形式存在，可以表现出碱性和亲核性。吡啶轨道结构如图 12-2 所示。

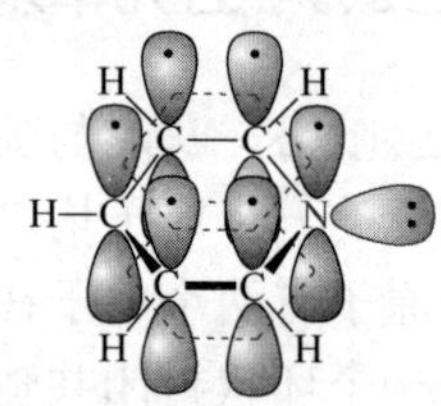

图 12-2 吡啶的轨道结构

吡啶分子中的 C—C 键的键长（0.139nm）与苯分子中的 C—C 键的键长（0.140nm）相似；C—N 键的键长（0.134nm）较一般的 C—N 键的键长（0.147nm）短，但比一般的 C═N 键（0.128nm）长。这说明吡啶的键长发生平均化，但并不像苯一样是完全平均化的。

12.3 杂环化合物的化学性质

12.3.1 五元杂环化合物

12.3.1.1 亲电取代反应概述

吡咯、呋喃和噻吩分子的Π_5^6共轭体系，使环上电子云密度增大，其亲电取代反应比苯容易进行，反应活性的强弱顺序为吡咯>呋喃>噻吩>苯。三种杂环化合物的亲电取代活性由于杂原子的不同而不同，因为从吸电子的诱导效应看，O（3.5）>N（3.0）>S（2.6），从共轭效应看，它们均有给电子的共轭效应，其给电子能力为N>O>S（因为硫的3p轨道与碳的2p轨道共轭相对较差），两种电子效应共同作用的结果是N对环的给电子能力最大，S最小。

五元杂环化合物的α位和β位的亲电取代活性不同，α位>β位，因为亲电试剂进攻α位形成的中间体的共振杂化体比进攻β位的稳定。此外，进攻α位，中间体的正电荷可在三个原子上离域，电子离域范围广；而进攻β位，中间体的正电荷只能在两个原子上离域。

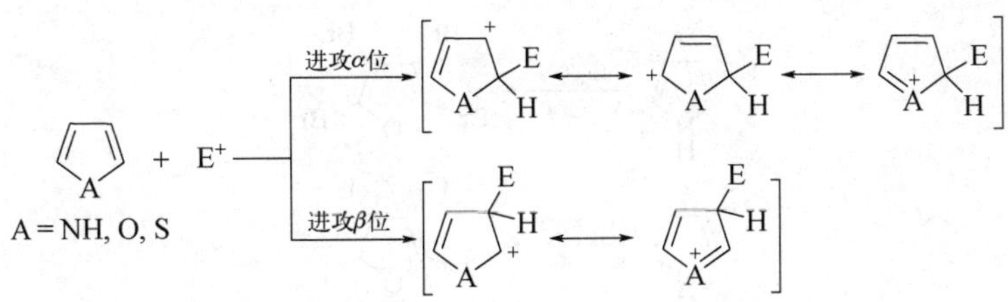

五元芳杂环的性质

12.3.1.2 亲电取代反应的定位规律

环上已有的取代基和杂原子均有定位作用，故二元取代产物较为复杂，其定位与反应条件密切相关：

（1）α位上有取代基

对于2-取代的噻吩、吡咯，若已有取代基是邻/对位定位基，反应主要发生在5位；若已有取代基是间位定位基，反应主要发生在4位。需要注意的是：对于2-取代呋喃，一般不管取代基是邻/对位定位基还是间位定位基，第二基团均优先进入5位。这说明呋喃α位的反应性强于噻吩、吡咯，但具体原因目前尚不清楚。

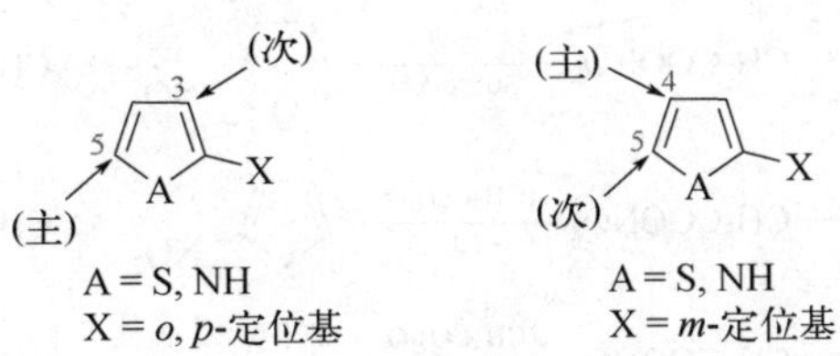

（2）β位上有取代基

对于3-取代的噻吩、吡咯、呋喃，第二基团进入α位，若已有取代基是邻/对位定位基，反应主要发生在2位；若已有取代基是间位定位基，反应主要发生在5位。

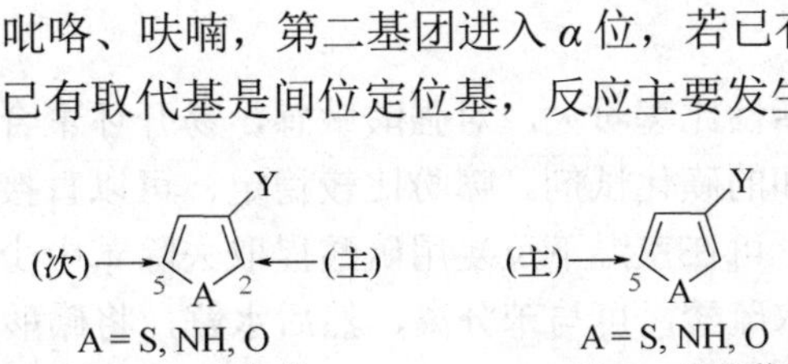

12.3.1.3 亲电取代反应的反应实例

（1）卤化反应

呋喃、噻吩在室温下与氯或溴反应很强烈，得到多卤化的产物，如希望得到一卤化的产物，需要在温和的条件（如用溶剂稀释及低温）下进行反应。碘不活泼，须在催化剂作用下才能进行反应。

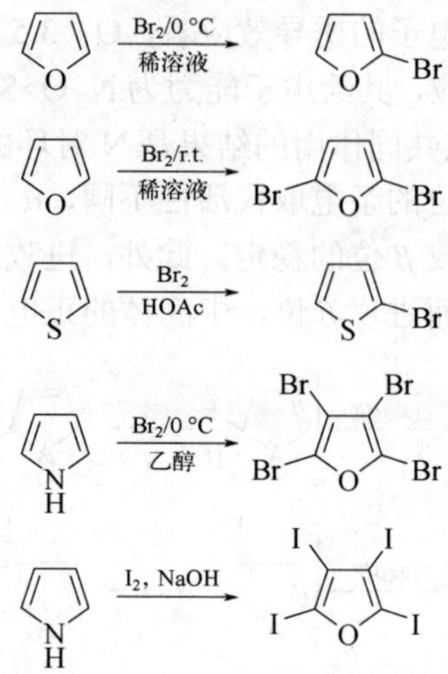

（2）硝化反应

呋喃、噻吩、吡咯很容易被氧化，甚至被空气氧化。此外，呋喃、吡咯在强酸性条件下，容易质子化而发生开环或聚合反应。噻吩用混酸硝化时反应剧烈。所以，五元杂环化合物一般不用硝酸而是直接硝化。五元杂环化合物的硝化一般采用比较温和的非质子硝化剂，即乙酰硝酸酯在低温下进行。乙酰硝酸酯是一种比较温和的硝化剂。它是易吸潮的无色发烟液体，易爆炸。因此，乙酰硝酸酯必须临用时现制，方法如下：将欲硝化的物质溶于乙酸酐中，冷却控制温度并滴入硝酸，此时按下式生成乙酰硝酸酯，并立即发生硝化反应。

$$(CH_3CO)_2O + HONO_2 \longrightarrow \underset{\text{乙酰硝酸酯}}{CH_3COONO_2} + CH_3COOH$$

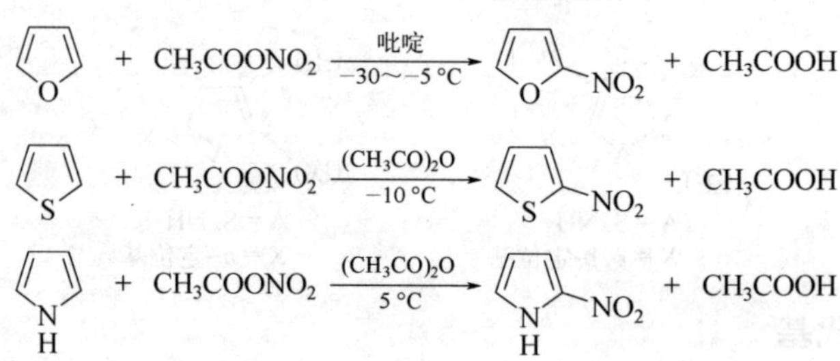

（3）磺化反应

吡咯、呋喃由于反应活性比噻吩大，对强酸敏感，易开环聚合，所以不能直接用硫酸进行磺化反应，通常采用温和的磺化试剂。噻吩比较稳定，可以直接用硫酸进行磺化。煤焦油中的苯通常含有少量噻吩，可在室温下反复用硫酸提取去除苯中少量噻吩。由于噻吩比苯容易磺化，磺化的噻吩溶于浓硫酸，可与苯分离，然后水解，将磺酸基去掉，可得噻吩。

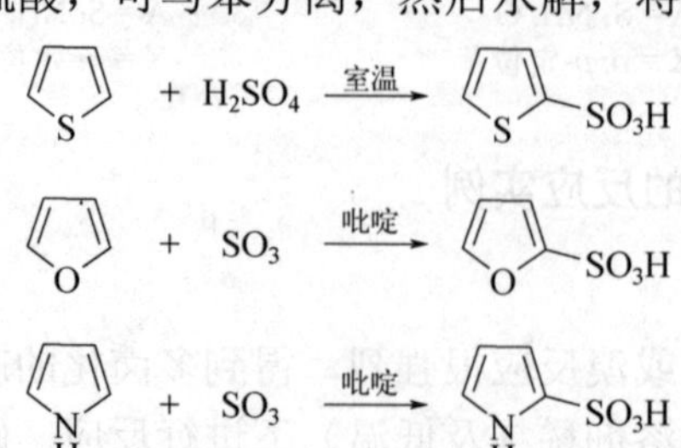

（4）Friedel-Crafts 反应

呋喃、噻吩、吡咯的烷基化反应很难得到一烷基取代的产物，常得到混合的多烷基取代物，因此应用不多。而它们的酰基化反应在 Friedel-Crafts 催化剂作用下可顺利进行。

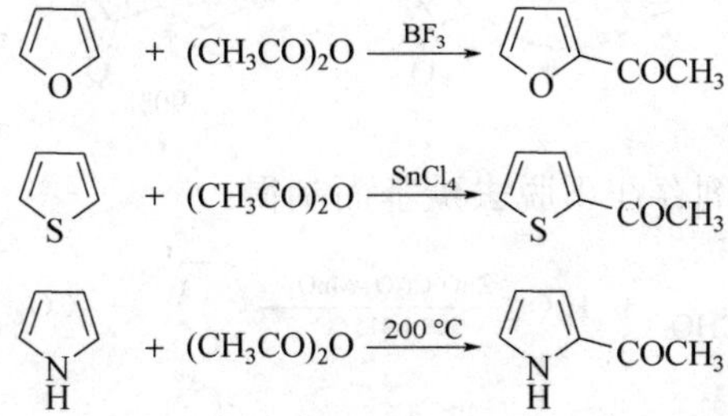

除上述反应外，对亲电取代反应高度活泼的吡咯环与苯酚的性质相似，如可以发生瑞穆尔-梯曼（Reimer-Tiemann）反应，还可以与重氮盐偶联，生成有色的偶氮化合物。

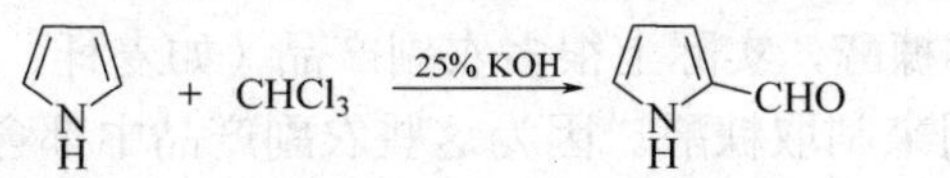

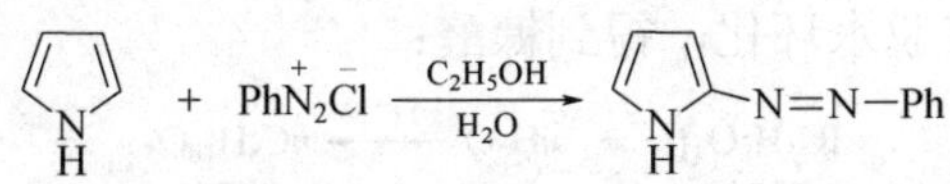

（5）加氢反应

呋喃、吡咯、噻吩均可进行催化氢化反应，呋喃和吡咯可用一般催化剂还原，而噻吩由于能使一般的催化剂中毒，需使用特殊的催化剂，如有时可用 Na-Hg/C_2H_5OH 体系还原。

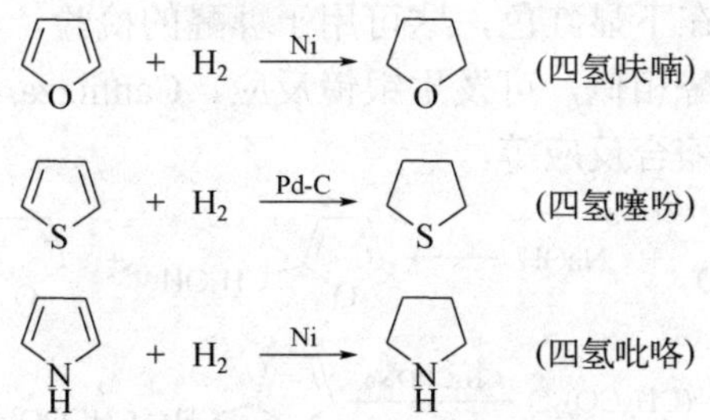

四氢呋喃的沸点为 65℃，是良好的溶剂，也是有机合成的原料，如可通过开环反应制备己二胺和己二酸，它们是制造尼龙-66 的原料。四氢吡咯有二级胺的性质；四氢噻吩具有硫醚的性质，可氧化成环丁亚砜（四甲基亚砜）和环丁砜。环丁砜是重要的溶剂，沸点为 287℃，熔点为 28℃。

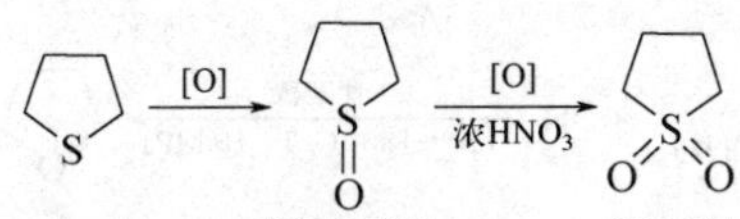

环丁亚砜　　环丁砜

12.3.1.4　重要的五元杂环化合物的反应

（1）呋喃

呋喃（furan）是无色液体，沸点为 31℃，难溶于水，易溶于有机溶剂。呋喃存在于松木焦油中，它的蒸气能使浸过盐酸的松木片显绿色，这个现象可用来检验呋喃的存在。呋喃除能进行亲电取代反应外，还可以进行加成反应，如 Diels-Alder 反应。

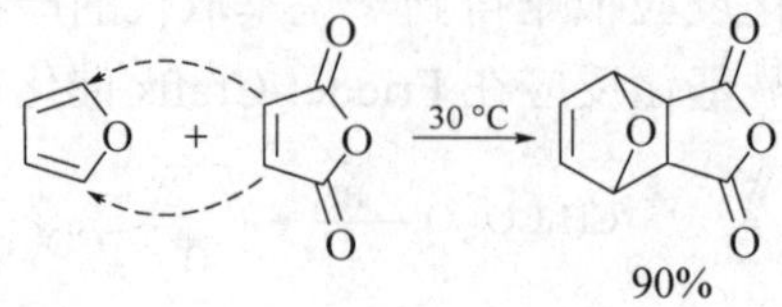

呋喃由呋喃甲醛在催化剂存在下脱去羰基而制得：

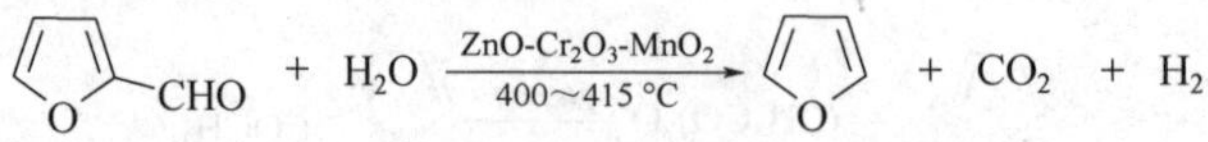

（2）α-呋喃甲醛

α-呋喃甲醛（2-furaldehyde）为无色液体，沸点为 162℃，可溶于水，也能溶于许多有机溶剂，如乙醇、乙醚、丙酮、苯、四氯化碳等，因此 α-呋喃甲醛是良好的溶剂。α-呋喃甲醛最初从米糠中得来，故俗称糠醛，实际上很多农副产品（如麦秆、玉米芯、棉籽壳、甘蔗渣、花生壳、高粱秆等）都可用来制取糠醛。因为这些农副产品中都含有戊聚糖，它在稀酸作用下水解成戊醛糖，再进一步脱水环化，得到糖醛：

$$\underset{\text{戊聚糖}}{[C_5H_8O_4]_n} + nH_2O \longrightarrow \underset{\text{戊醛糖}}{nC_5H_{10}O_5}$$

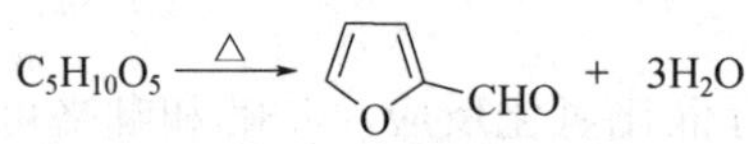

糠醛

糠醛与苯胺在乙酸的存在下显红色，这可用于糠醛的检验。

糠醛的化学性质与苯甲醛相似，可发生银镜反应、Cannizzaro 反应、Perkin 反应、氧化反应和还原反应、交叉羟醛缩合反应等。

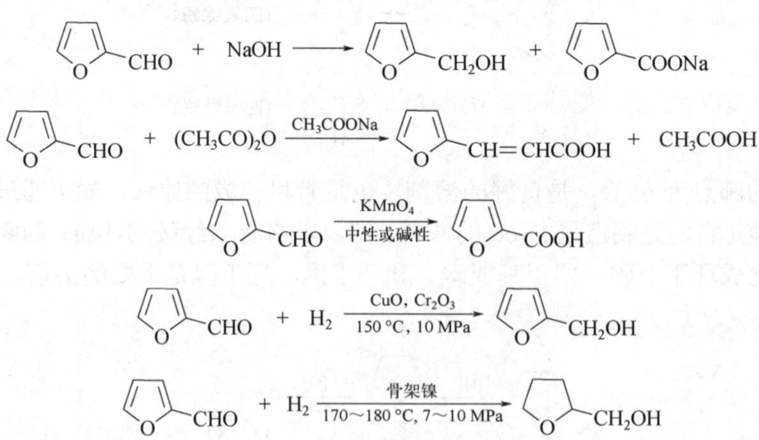

糠醛是常用的优良溶剂，也是有机合成的重要化工原料。它与水蒸气在催化剂作用下加热，可脱去醛基制得呋喃。此外，其还可用于酚醛树脂、电绝缘材料、药物及其他精细化工产品的制备。其衍生物如糠醇、糠酸、四氢糠醇等都是很好的合成原料。

（3）噻吩

噻吩（thiophene）是无色液体，沸点为 84℃，熔点为−38.2℃，不溶于水，溶于有机溶剂，主要存在于煤焦油的粗苯中，粗苯中约含 0.5%的噻吩。在浓 H_2SO_4 存在下，噻吩与靛红一同加热即发生靛吩咛反应，显出蓝色，且反应很灵敏，这可用来检验噻吩的存在。

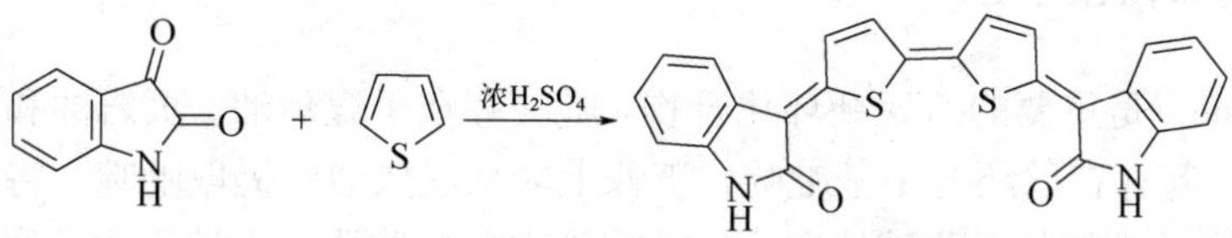

（4）吡咯

吡咯（pyrrole）及其同系物主要存在于煤焦油、骨油中，是无色油状液体，沸点为131℃。由于吡咯分子中氮原子上的一对未共用电子参与环的共轭，因此其难与质子结合，与相应的胺比较，碱性很弱（pK_b=13.6），而四氢吡咯的 pK_b 为 2.89。正因为如此，吡咯与水难形成氢键，致使它难溶于水，而易溶于有机溶剂。此外，共轭导致氮原子上的电子云密度降低，使 N—H 键极性增加，表现出弱酸性，如在强碱作用下，氮原子上的氢原子可以被取代：

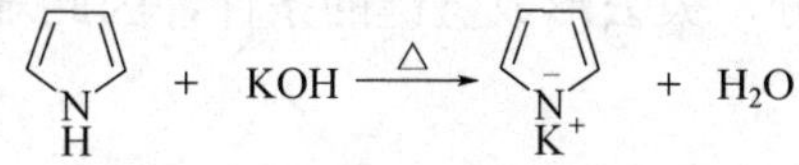

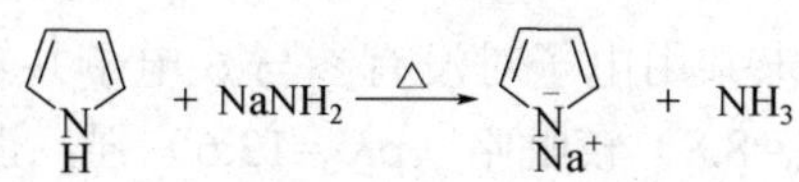

（5）吲哚

吲哚（indole）由苯环和吡咯环稠并而成，故又称苯并吡咯。吲哚仍具有芳香性，其亲电取代反应的活性比苯高，但比吡咯低。

吲哚是白色结晶，熔点为52.5℃。其极稀溶液有香味，可用作香料，浓的吲哚溶液有粪臭味。素馨花、柑橘花中含有吲哚。吲哚环的衍生物广泛存在于动植物体内，与人类的生命、生活有密切的关系。如：

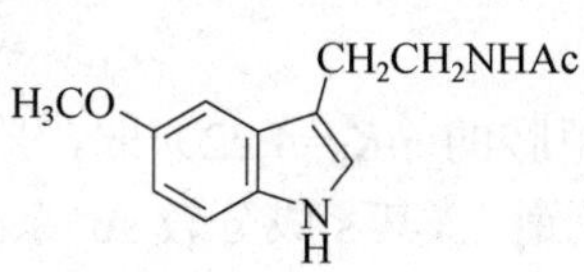
褪黑素
melatonine

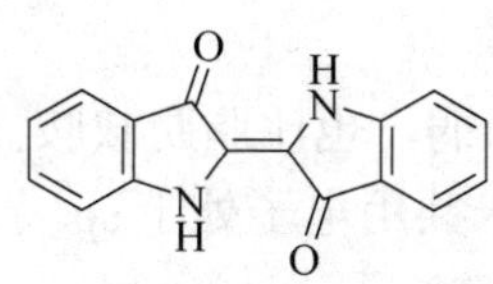
靛蓝
（一种染料）

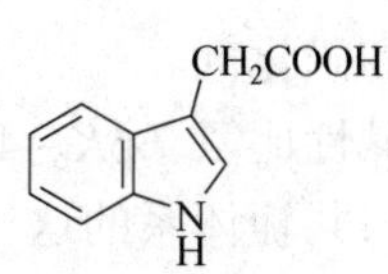
3-吲哚乙酸
（一种植物生长促进剂）

吲哚的性质与吡咯相似，也可发生亲电取代反应，取代基进入3位（即 β 位）。如：

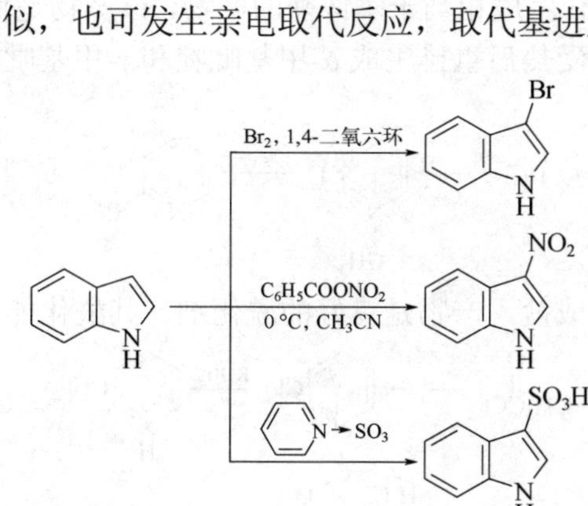

12.3.2 六元杂环化合物

六元芳杂环的性质

吡啶（pyridine）是重要的六元杂环化合物。吡啶存在于煤焦油、页岩油和骨焦油中，与它一起存在的还有甲基吡啶，工业上多从煤焦油中提取吡啶。将煤焦油中分馏出的轻油部分用硫酸处理，使吡啶生成吡啶硫酸盐而溶于水，用碱中和，吡啶游离出，再经蒸馏精制即可得吡啶。

吡啶是具有特殊臭味的无色液体，沸点为115.5℃，熔点为−42℃，相对密度为0.982，是常用的高沸点溶剂，也是非常重要的有机合成原料。许多重要的天然化合物，如维生素 B、生物碱等都含有吡啶环。

吡啶与水能以任意比例混溶，同时又能溶解大多数极性及非极性有机化合物和无机物，是良好的溶剂。吡啶具有高水溶性的原因除分子极性外，还由于其氮原子上一对未参与环共轭体系的未共用电子对与水分子易形成氢键。而吡咯、呋喃和噻吩杂原子的未共用电子对是6 电子闭合共轭体系的组成部分，失去形成氢键的条件，因此难溶于水。

12.3.2.1 碱性和亲核性

吡啶环上的氮原子有一对未共用电子对没有参与 6 电子共轭体系，此未共用电子对可与质子结合，故吡啶的碱性（pK_b=8.8）较吡咯（pK_b=13.6）强，也比苯胺（pK_b=9.3）强，能与强酸作用生成较稳定的盐。

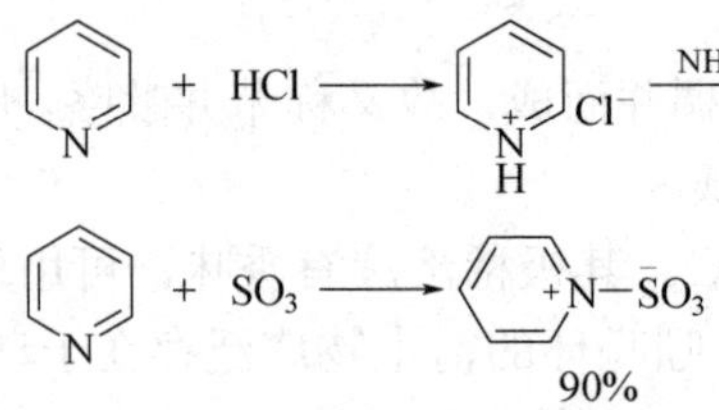

此类反应常用于在反应中吸收生成的气态酸。吡啶与三氧化硫作用，生成的 *N*-磺酸吡啶是常用的缓和磺化剂。

吡啶的碱性比氨（pK_b=4.75）弱，也比脂肪叔胺（三甲胺的 pK_b=4.22）弱，原因在于吡啶环上未参与共轭体系的这一对未共用电子处于 sp^2 杂化轨道上，其 s 成分较 sp^3 杂化轨道多，受原子核束缚强，与 H^+结合能力差。

由于吡啶环上氮原子的未共用电子对没有参与共轭，因此，吡啶也具有亲核性。吡啶与叔胺相似，也可与卤代烃结合生成相当于季铵盐的产物，该产物是良好的烷基化试剂。例如，吡啶与碘甲烷反应生成盐，受热后重排生成 *α*-甲基吡啶和 *γ*-甲基吡啶。

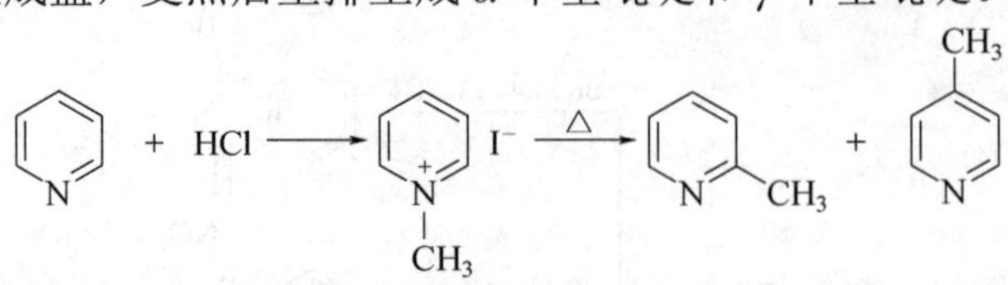

吡啶与酰氯作用也能生成盐，产物是良好的酰化剂，其酰化能力比酰卤还强。例如：

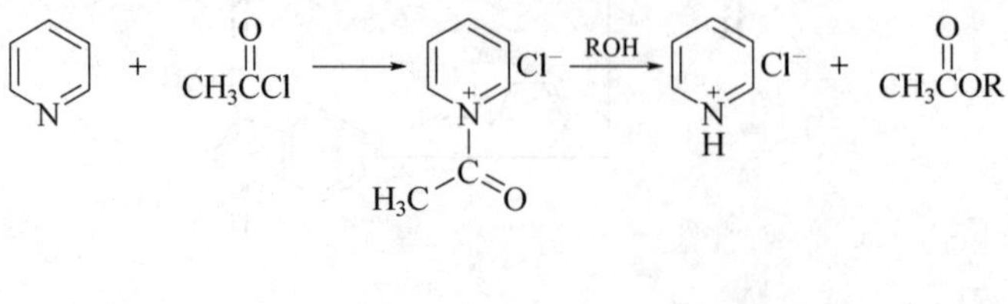

12.3.2.2　亲电取代反应

由于氮原子的电负性比碳原子大，所以氮原子附近电子云密度较高，环上碳原子的电子云密度有所降低。因此，吡啶与硝基苯相似，其发生亲电取代比苯困难，并且主要发生在 β 位上，反应条件要求较高。另外，吡啶也像硝基苯一样，不能发生 Friedel-Crafts 反应。这是因为环中氮原子的吸电子诱导效应使环上电子云密度降低。此外，当亲电试剂与吡啶作用成盐时，吡啶完全转化成正离子，提高了氮的吸电子能力，使环上的亲电取代反应难以发生，如果用路易斯酸来催化反应，它们也会和吡啶成盐，使亲电取代反应更难发生。

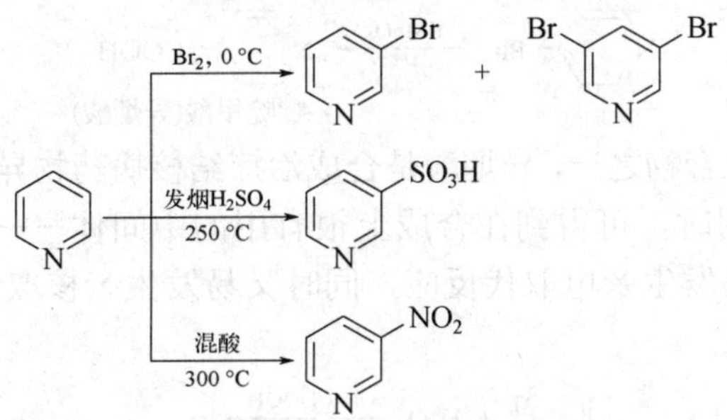

当吡啶环上连有给电子基团时，将有利于亲电取代反应的发生；反之，若连有吸电子基团，则吡啶更加难以进行亲电取代反应。

12.3.2.3　亲核取代反应

吡啶难以发生亲电取代反应，却比较容易发生亲核取代反应。亲核试剂主要进攻吡啶中电子云密度较低的 α 位和 γ 位。因为吡啶发生亲核取代反应时，H^+较难离去，所以需要使用强的亲核试剂，如 $NaNH_2$、PhLi 等。一般情况下，进攻几乎都发生在 α 位上，α 位的选择性超过 γ 位，这可能与相邻氮的吸电子诱导效应有关。

吡啶在亲电取代反应中失去的是质子，而在亲核取代反应中失去的是氢负离子。

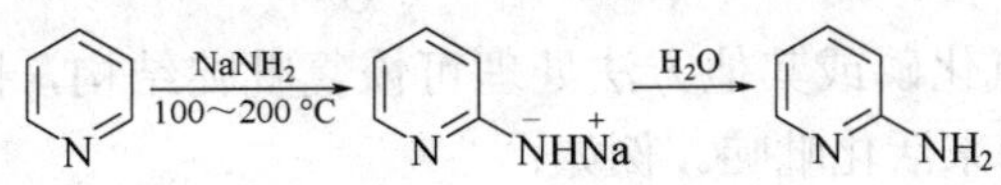

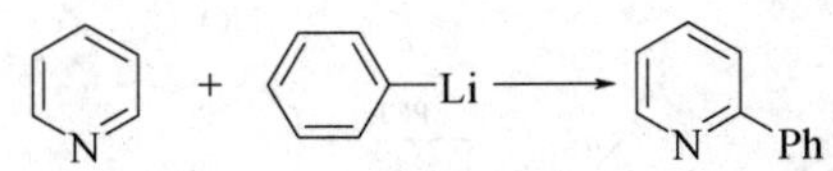

当 α 位和 γ 位有卤素时，由于它们是较好的离去基团，用较弱的亲核试剂，反应也很容易进行。这与形成的负离子中间体的稳定性有关。当亲核试剂在 α 位和 γ 位进攻时，可形成负电荷在电负性较强的氮原子上的共振极限结构，使共振结构更加稳定。吡啶环上卤素被亲核试剂取代的反应机理是加成-消除机理，反应活性是 γ 位强于 α 位，它们远强于 β 位。例如：

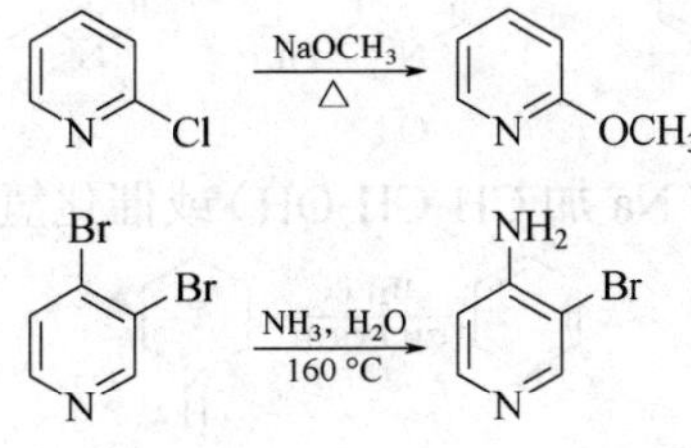

12.3.2.4 氧化和还原反应

吡啶环由于环上电子云密度较低，对氧化剂较苯稳定，不易被氧化剂氧化，如铬酸或硝酸都不能使它氧化。吡啶的同系物氧化时，总是侧链先氧化，而芳杂环不被破坏，结果是生成相应的吡啶甲酸。例如：

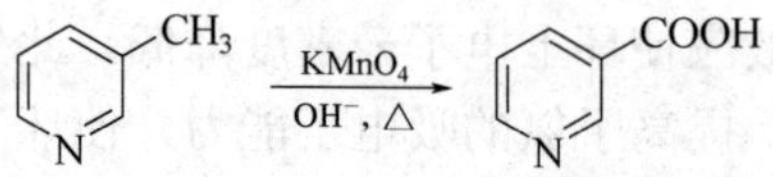

β-吡啶甲酸(烟酸)

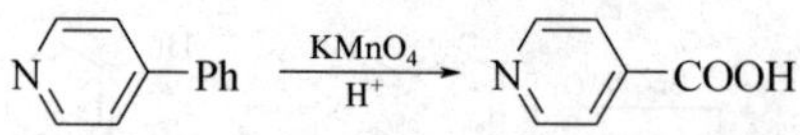

γ-吡啶甲酸(异烟酸)

烟酸是维生素 B 族化合物之一，异烟酸是合成治疗结核病药物异烟肼（雷米封）的中间体。

吡啶与过氧乙酸作用时，可得到在合成上很有用的中间体——吡啶 *N*-氧化物。吡啶 *N*-氧化物与吡啶不同，它易发生亲电取代反应，同时又易发生亲核取代反应，且取代反应都发生在 α 位或 γ 位。

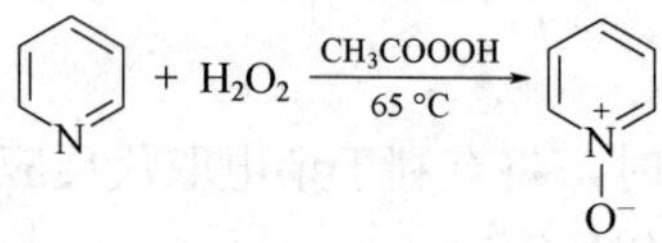

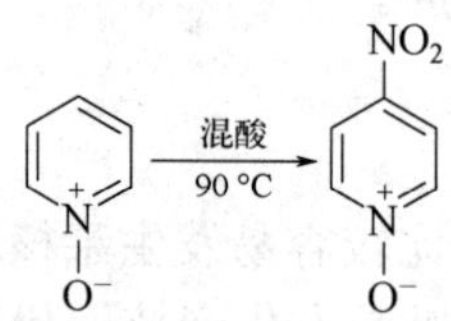

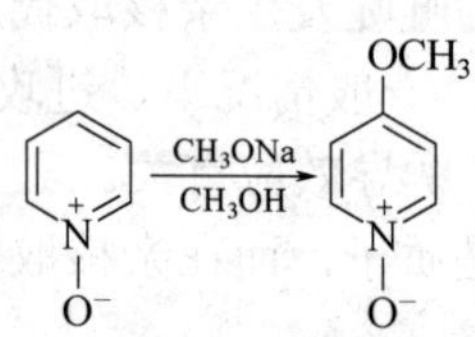

吡啶 *N*-氧化物用三氯化磷或其他方法处理可恢复吡啶结构，同时又可加速亲核取代反应，故吡啶 *N*-氧化物常用来活化吡啶。例如：

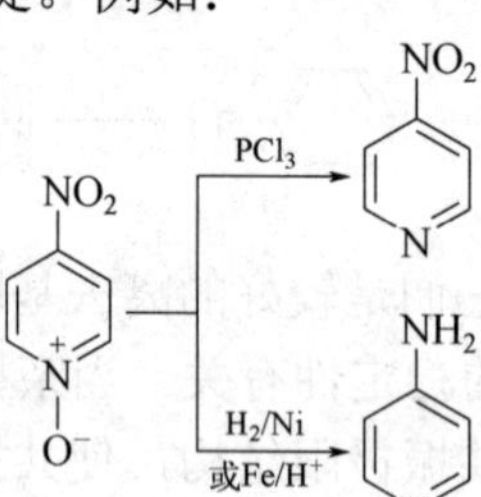

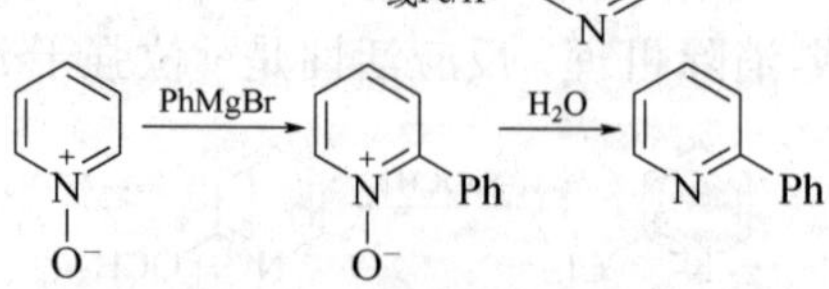

吡啶比苯易还原，用还原剂（Na 加 CH_3CH_2OH）或催化氢化都可使吡啶还原为六氢吡啶。

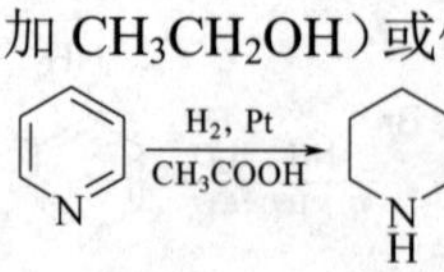

六氢吡啶又称哌啶（piperidine），是无色且具有特殊臭味的液体，沸点为106℃，熔点为−7℃，易溶于水。它的性质与脂肪族胺相似，碱性比吡啶大，pK_b=11.12，常用作溶剂和有机合成原料。吡啶和哌啶的衍生物在自然界及人工合成药物中广泛存在。例如，维生素 B_6 及吡啶环系生物碱中的烟碱、毒芹碱和颠茄碱等。

α-甲基吡啶和 γ-甲基吡啶是吡啶的重要衍生物。由于氮原子的吸电子诱导效应，其甲基上的氢原子较活泼，可以和羰基化合物发生缩合反应。例如：

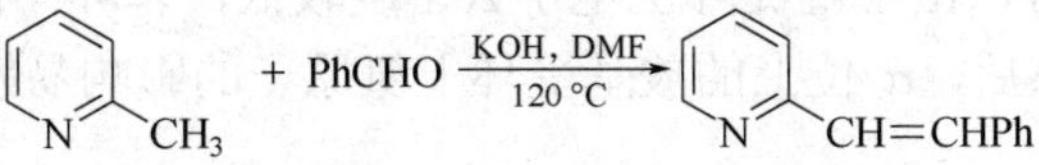

12.3.3 喹啉和异喹啉

喹啉、异喹啉都存在于煤焦油和骨油中。常温下，喹啉是无色油状液体，有恶臭味，气味与吡啶类似；沸点为238℃，相对密度为1.095，难溶于水，易溶于有机溶剂如乙醚等；能与大多数有机溶剂混溶，是一种高沸点溶剂；它在空气中放置逐渐变成黄色。异喹啉（isoquinoline）为低熔点的固体，熔点为26℃，沸点为243℃。喹啉的衍生物在自然界中存在很多，如奎宁、氯喹、罂粟碱、吗啡等。喹啉的许多衍生物在医药上具有重要意义，特别是作为抗疟疾类药物。

喹啉、异喹啉是三级胺，具有碱性。喹啉的碱性（pK_b=9.15）比吡啶的碱性（pK_b=8.8）弱。异喹啉的碱性（pK_b=8.6）比吡啶稍强。

喹啉可发生亲电取代反应，但由于吡啶环难以发生亲电取代反应，所以取代基多进入苯环（5 或 8 位）。异喹啉以 5 位产物为主。

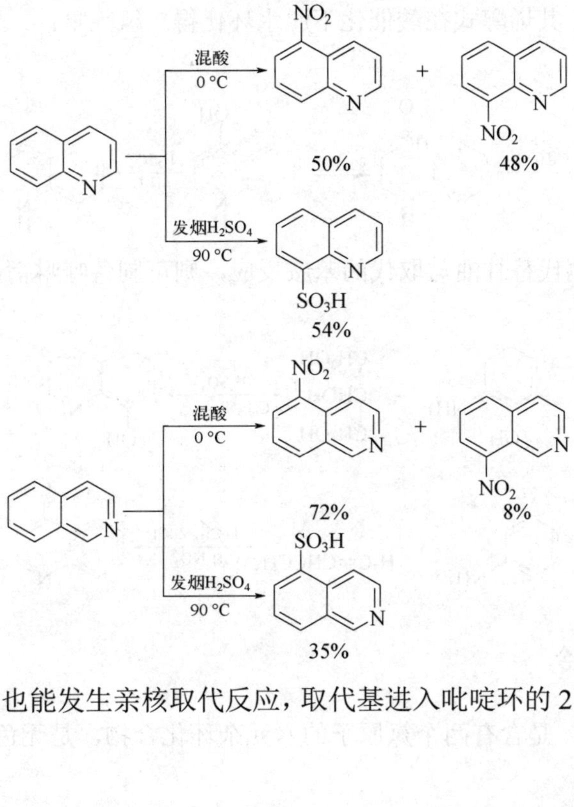

喹啉与吡啶一样，也能发生亲核取代反应，取代基进入吡啶环的 2 或 4 位（以 2 位为主），而异喹啉则在 1 位。

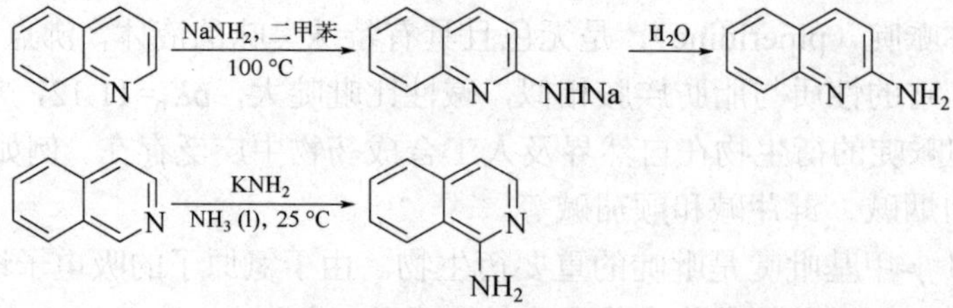

喹啉和异喹啉氧化时，由于吡啶环上电子云密度较低，苯环一侧易被氧化。喹啉氧化生成吡啶-2,3-二甲酸，加热后，α 位上的羧基受环上氮原子的影响易发生脱羧反应，生成 β-吡啶甲酸（烟酸）。例如：

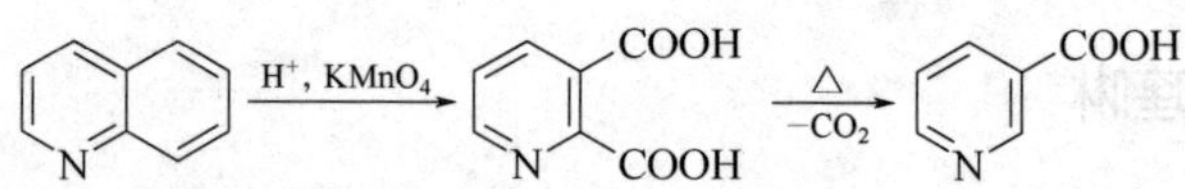

喹啉和异喹啉均可被还原，反应条件不同，产物亦不同：

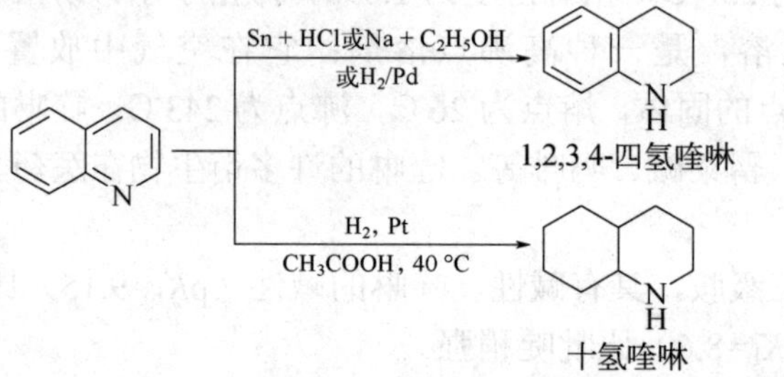

喹啉及其衍生物的合成常用 Skraup 合成法，用苯胺、甘油、硫酸和硝基苯共热制得。其反应过程如下：首先，甘油在浓硫酸作用下脱水生成丙烯醛；然后，丙烯醛与苯胺发生迈克尔加成得 β-苯胺丙醛，其烯醇式在酸催化下脱水环化得二氢喹啉；二氢喹啉被硝基苯氧化脱氢生成喹啉。

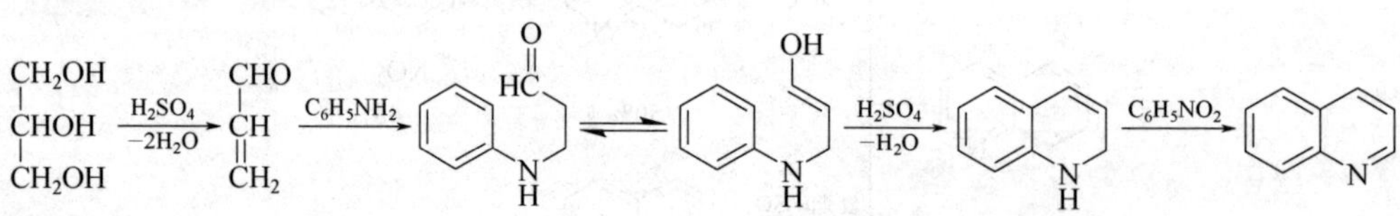

若以不饱和醛、酮代替甘油与取代的苯胺反应，则可制备喹啉衍生物。也可用磷酸或其他酸代替硫酸。例如：

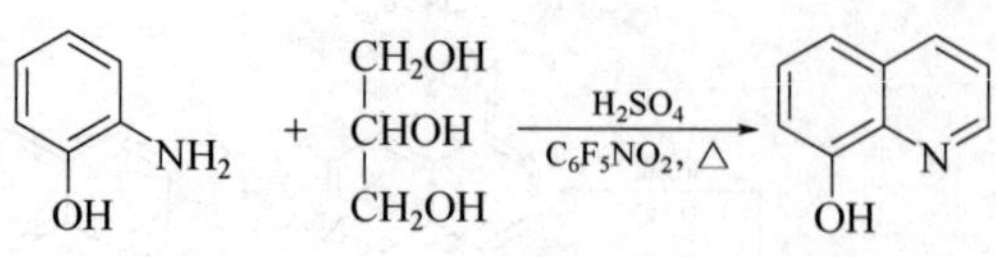

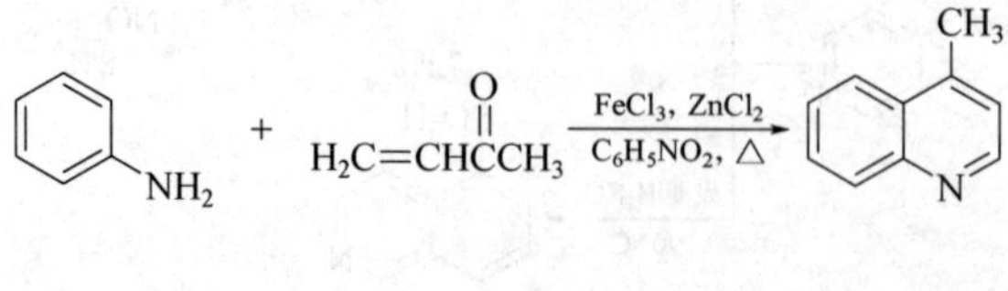

12.3.4 嘧啶和嘌呤

嘧啶（pyrimidine）是含有两个氮原子的六元杂环化合物，是无色固体，熔点为 22℃，易溶于水，具有碱性（pK_b=12.7），较难发生亲电取代反应。含嘧啶环的化合物广泛存在于生物体中，在生理和药理上具有重要作用，如核酸中的嘧啶碱。

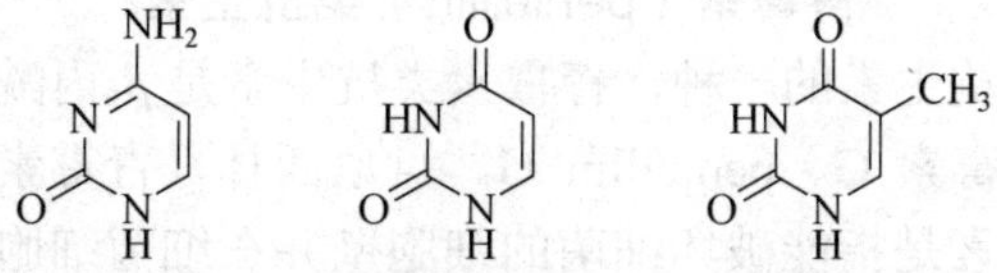

胞嘧啶(C)　　尿嘧啶(U)　　胸腺嘧啶(T)

嘧啶环也是某些维生素及合成药物（如磺胺类、巴比妥类、抗癌药物等）的重要结构部分。临床治疗癌症的药物氟尿嘧啶、盐酸阿糖胞苷的结构式如下：

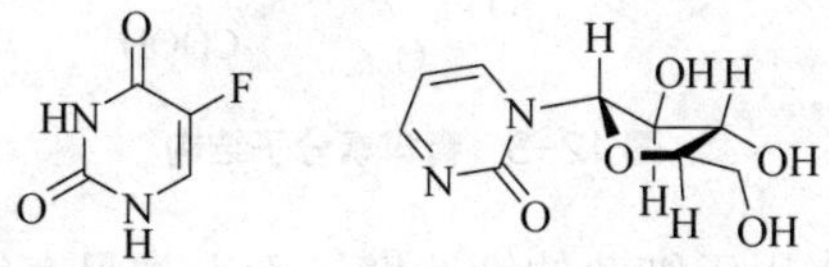

氟尿嘧啶　　阿糖胞苷

嘌呤（purine）是由一个嘧啶环和一个咪唑环稠合而成的并环体系。嘌呤是一对互变异构体形成的平衡体系，平衡主要在 9*H*-嘌呤一边。

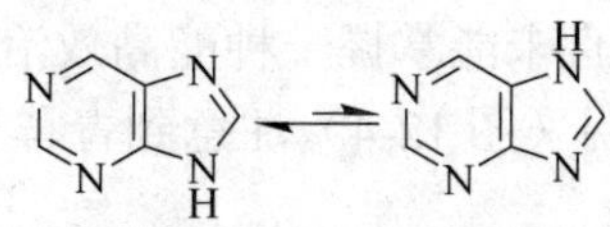

9*H*-嘌呤　　7*H*-嘌呤

嘌呤为无色晶体，熔点为 216～217℃，易溶于水。其水溶液呈中性，但能与酸或碱成盐。纯嘌呤环在自然界中不存在，而嘌呤的衍生物广泛存在于动植物体内。如腺嘌呤和鸟嘌呤是核酸的组成部分；茶碱、咖啡因、可可碱、尿酸等分子中都有嘌呤环。

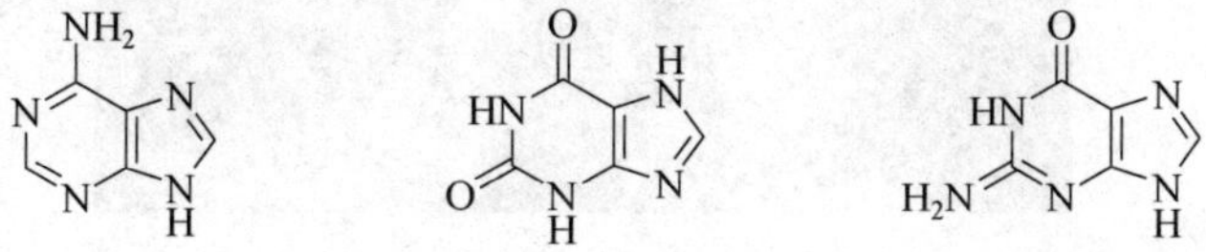

腺嘌呤　　黄嘌呤　　鸟嘌呤

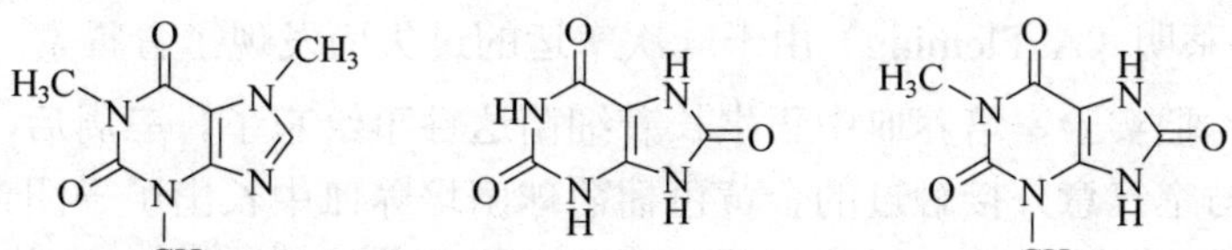

咖啡因　　尿酸　　茶碱

尿酸是人和高等动物的代谢产物，具有酮式和烯醇式两种互变异构体。在平衡体系中，何种形式占优势取决于溶液的 pH。在生理的 pH 范围内，尿酸多以酮式为主。

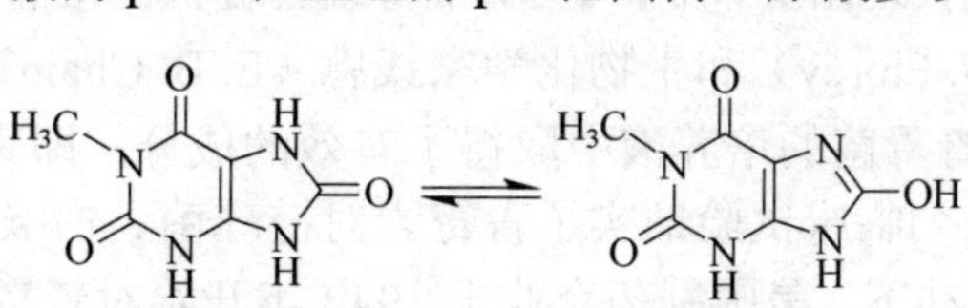

酮式　　烯醇式

阅读材料

青霉素（penicillin）类抗生素

青霉素（图 12-3）是抗生素的一种，青霉素类抗生素是β-内酰胺类中一大类抗生素的总称。青霉素又常被称为青霉素 G、penicillin G、盘尼西林、青霉素钠、苄青霉素钠、青霉素钾、苄青霉素钾等。青霉素是指能破坏细菌的细胞壁并在细菌细胞的繁殖期起杀菌作用的一类抗生素。

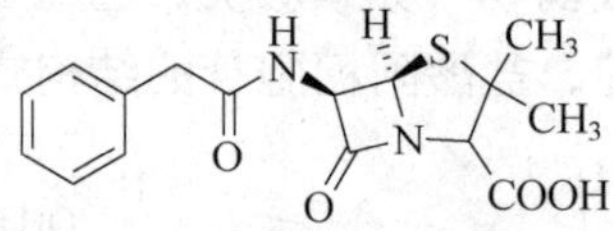

图 12-3　青霉素分子结构

由于β-内酰胺类抗生素作用于细菌的细胞壁，而人类只有细胞膜而无细胞壁，故青霉素类抗生素对人类的毒性较小，除能引起严重的过敏反应外，在一般用量下，其毒性不甚明显，是化疗指数最大的抗生素。但青霉素类抗生素常见的过敏反应在各种药物中居首位，发生率最高可达 5%～10%。

20 世纪 40 年代以前，人类一直未能掌握一种能高效治疗细菌性感染且副作用小的药物。1929 年，英国的微生物学家弗莱明（图 12-4）注意到青霉素有阻止链球菌生长的效能。

图 12-4　青霉素发明者——亚历山大·弗莱明

亚历山大·弗莱明（A. Fleming）由于一次幸运的过失而发现了青霉素。1928 年夏天，弗莱明外出度假时，把实验室培养皿中正生长着细菌这件事给忘了。三周后，当他回到实验室时，注意到一个与空气意外接触过的金黄色葡萄球菌培养皿中长出了一团青绿色霉菌。在用显微镜观察这只培养皿时发现，霉菌周围的葡萄球菌菌落已被溶解。这意味着霉菌的某种分泌物能抑制葡萄球菌的生长。此后的鉴定表明，上述霉菌为点青霉菌，因此弗莱明将其分泌的抑菌物质称为青霉素。然而遗憾的是，弗莱明一直未能找到提取高纯度青霉素的方法，于是他将点青霉菌菌株一代代地培养，并于 1939 年将菌种提供给准备系统研究青霉素的澳大利亚病理学家弗洛里（H. W. Florey）和生物化学家钱恩（E. B. Chain）。经过长期观察，弗洛里和钱恩终于在 1940 年由青霉菌的培养液中取得了有效的成分，即青霉素。

弗洛里、钱恩的一系列临床试验证实了青霉素对链球菌、白喉杆菌等多种细菌感染的疗效。在这些研究成果的推动下，美国制药企业于 1942 年开始对青霉素进行大批量生产。到了

1943 年，制药公司已经找到了批量生产青霉素的方法。1945 年，弗莱明、弗洛里和钱恩因“发现青霉素及其临床效用”而共同荣获了诺贝尔生理学或医学奖。1953 年 5 月，中国第一批国产青霉素诞生，揭开了中国生产抗生素的历史。

青霉素内含四氢噻唑与 β-内酰胺环系。不同种类的青霉素的差别在于 R 的不同，下面是 R 为苄基时青霉素 G 的结构：

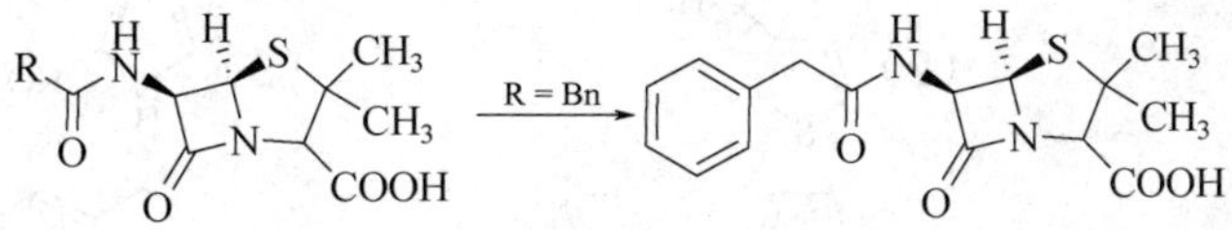

青霉素可制成钠盐或钾盐，如：

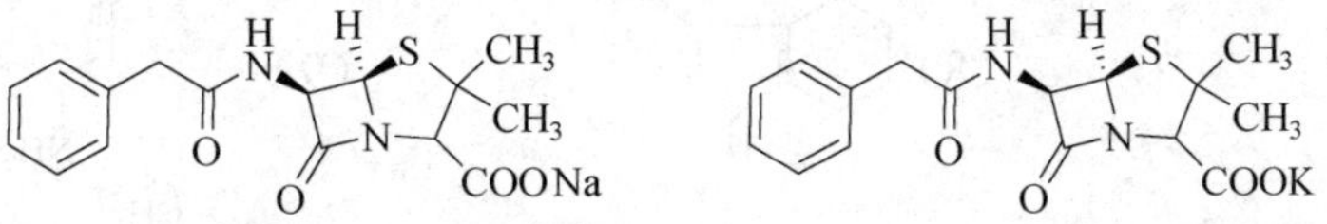

青霉素钠　　　　青霉素钾

关于青霉素结构的测定，主要争论的一点就是有关分子中的四元环内酰胺的结构，R.B.Woodward 首先提出了正确的结构，最后用 X 射线衍射方法测定，确定了青霉素 G 的结构。

青霉素能治疗由葡萄球菌、链球菌所引起的疾病，如肺炎、脑炎等，它毒性极小，远胜于磺胺药。工业生产的青霉素是青霉素 G，它是由青霉素培养液分离得到的。青霉素能阻止细菌的细胞壁的合成（因为它能与进行生物合成细胞壁的主要酶的氨基进行反应，使酶失去活性），从而起到杀菌作用。

席恩（J. C. Sheehan）于 1957 年合成了青霉素 V（$R=CH_2OC_6H_5$）。这是第一个合成的青霉素，但合成的青霉素的生理效能只有天然的 51.4 %，这说明立体异构体中只有一种有生理效能。

青霉素 G 只能注射，不能口服，这是因为 β-内酰胺很不稳定，对酸、对碱均很敏感，特别容易被酸水解而将 β-内酰胺环打开，失去活性。青霉素经水解后，得青霉氨基酸，它虽也是个氨基酸，但是和蛋白质水解所得的氨基酸不同，它是属于 D 型的。

常用青霉素会使细菌产生耐药性，因此需要寻找另外的药物来替代。人们后来发现，头孢霉素具有青霉素的活性，但疗效不到青霉素的百分之一。

青霉素是一种高效、低毒、临床应用广泛的重要抗生素。它的研制成功大大增强了人类抵抗细菌性感染的能力，带动了抗生素家族的发展，它的出现开创了用抗生素治疗疾病的新纪元。通过数十年的完善，青霉素针剂和口服青霉素已能分别治疗肺炎、肺结核、脑膜炎、心内膜炎、白喉、炭疽等病。继青霉素之后，链霉素、氯霉素、土霉素、四环素等抗生素不断产生，提高了人类治疗传染性疾病的能力。但与此同时，部分细菌的抗药性也在逐渐增强。为了解决这一问题，科研人员目前正在开发药效更强的抗生素，探索如何阻止病菌获得抵抗基因，并以植物为原料开发抗菌类药物。

习题

1．写出下列化合物的结构式。

（1）3-甲基吡咯　　（2）α-噻吩磺酸　　（3）γ-吡啶甲酸

（4）β-氯代呋喃　　（5）β-吲哚乙酸　　（6）糠醛

（7）四氢呋喃　　（8）β-吡啶甲酰胺　　（9）尿酸

（10）四氢吡咯　　（11）8-羟基喹啉　　（12）烟酸

2．命名下列化合物。

（1）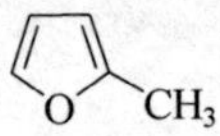　　（2）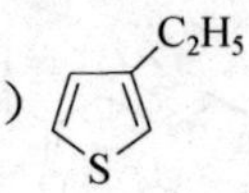　　（3）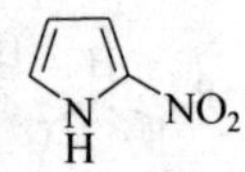

（4）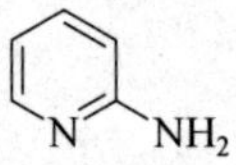　　（5）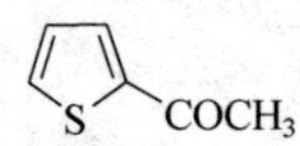　　（6）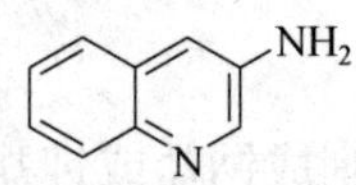

（7）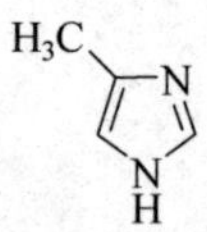　　（8）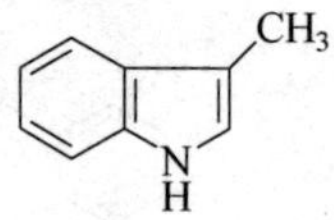　　（9）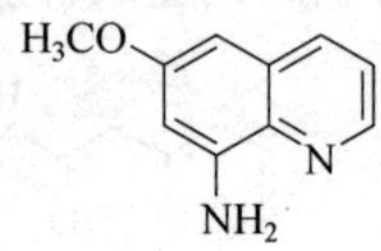

（10）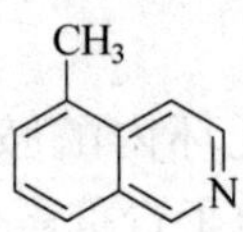　　（11）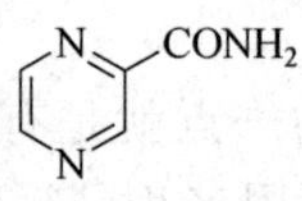　　（12）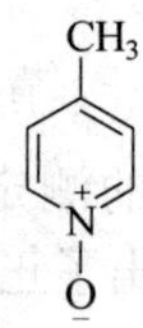

3．比较下列化合物的碱性强弱。

（1）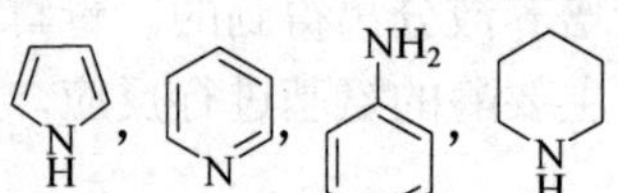

（2）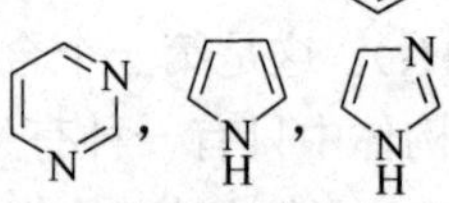

4．比较下列化合物亲电取代反应活性的强弱。

（1）呋喃　　（2）噻吩　　（3）吡咯

（4）吡啶　　（5）苯

5．写出下列反应的主要产物。

（1）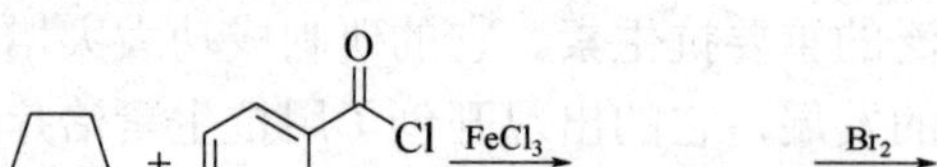

（2）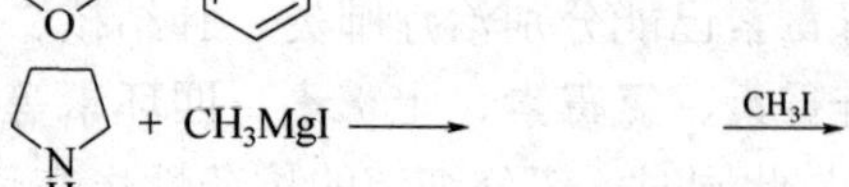

（3）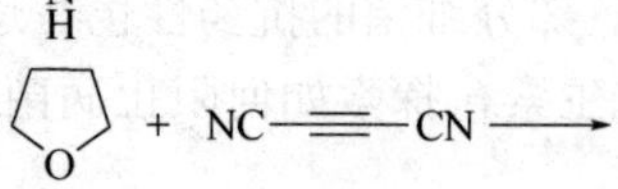

（4）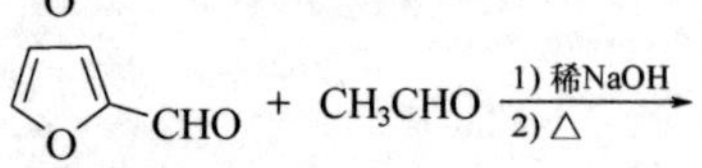

（5）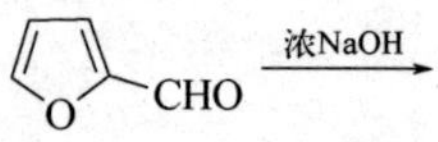

（6）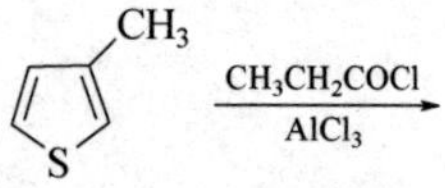

（7）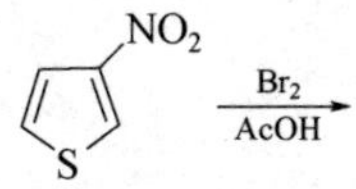

（8）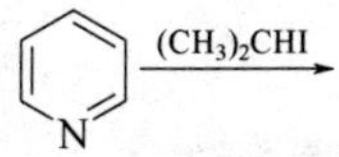

（9）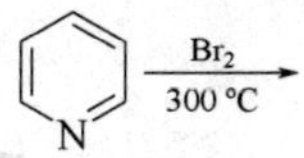

（10）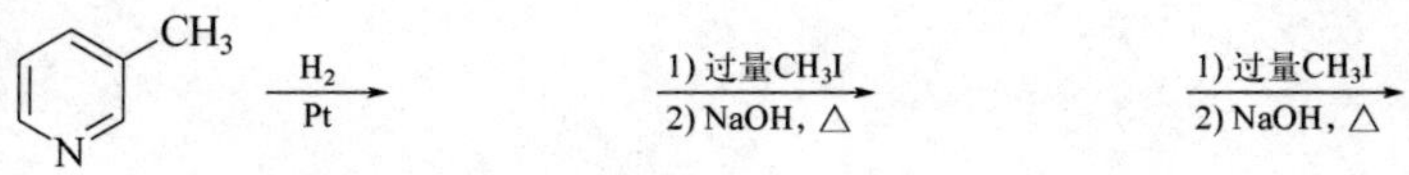

（11）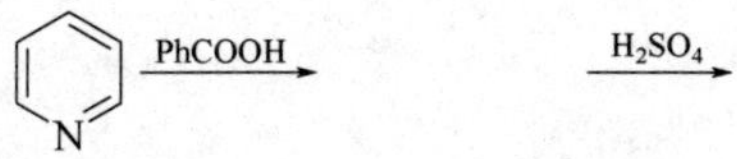

6．用化学方法鉴别下列化合物。

（1）苯，噻吩，苯酚

（2）呋喃，吡咯，噻吩，糠醛

（3）苯胺，*N*-甲基苯胺，*N*,*N*-二甲基苯胺

7．化合物A的分子式为C_6H_9N，不溶于酸。A经催化氢化得到B（$C_6H_{13}N$），B溶于酸且与等物质的量的CH_3I反应得到C，C与AgOH共热得化合物D（$C_7H_{15}N$），D经彻底甲基化再与潮湿的Ag_2O反应，然后发生消除，得2-甲基-丁-1,3-二烯。试推测A、B、C、D的结构并写出相应的反应式。

8．某杂环化合物A（$C_5H_4O_2$）经氧化生成羧酸B（$C_5H_4O_3$）。B与NaOH反应后生成的产物C与碱石灰作用生成D（C_4H_4O）。D既不与金属钠作用也不具有醛、酮的性质。试推测A、B、C、D的结构并写出相应的反应式。

第 13 章

糖类化合物

课件

糖类化合物又称碳水化合物，是一类重要的天然有机化合物，对维持动植物的生命起着重要的作用。例如，粮食（主要成分是淀粉）、棉、麻、竹（主要成分是纤维素）、蔗糖、果糖、肝糖原等都是人们熟悉的糖类。糖类化合物是人类生存的三大营养素之一，除了直接应用于生命活动外，也是许多行业（纺织、造纸、食品、发酵工业等）的原料。在立体化学发展初期，对糖类化合物结构的研究曾极大地推动了立体化学的发展。

很早以前，人们就发现葡萄糖、果糖、淀粉和纤维素等化合物分子中，除碳原子以外，氢原子和氧原子数之比与水相同，都是 2∶1。例如，葡萄糖分子式为 $C_6H_{12}O_6$，可用通式 $C_m(H_2O)_n$（m 和 n 为正整数）表示。于是，人们就认为这类化合物是由碳和水化合而成的，并把这类化合物称为碳水化合物。

实际上，这类化合物不是由碳和水直接化合而成的，有些化合物按其结构和性质应属于碳水化合物，但其组成并不符合 $C_m(H_2O)_n$ 的通式，例如鼠李糖（$C_6H_{12}O_5$）、脱氧核糖（$C_5H_{10}O_4$）。有些化合物虽然组成上符合上述通式，但从结构和性质来看，其不属于碳水化合物，例如甲醛(CH_2O)、乙酸（$C_2H_4O_2$）、乳酸($C_3H_6O_3$)。可见碳水化合物这一名称并不确切，但因沿用已久，至今仍采用。

糖类化合物广泛存在于自然界中，是绿色植物进行光合作用（photosynthesis）的产物。植物利用叶绿素在日光的作用下，将空气中的二氧化碳和水转化成葡萄糖，并释放出氧气。

$$6CO_2 + 6H_2O \xrightarrow[\text{叶绿素}]{\text{光}} C_6H_{12}O_6 + 6O_2$$

糖类化合物在植物或动物体内的代谢中，又被氧化成二氧化碳和水，同时释放出能量。这些能量一部分变成热，而另一大部分以别的形式储存在体内，为生命活动所需的各种化合物的生物合成提供能量。因此，糖类化合物是储存太阳能的物质，是人类和动植物维持生命不可缺少的一类化合物。

在植物体内，葡萄糖进一步转化成多糖——淀粉及纤维素。地球上每年由绿色植物经光合作用合成的糖类物质达数千亿吨，它是人类、动物以及许多微生物赖以生存的物质基础，也为人类提供如粮、棉、麻、竹、木等众多的有机原料。

13.1 糖类化合物的分类

从分子结构和性质上讲，糖类化合物是多羟基醛和多羟基酮及其缩合物，或水解后能产生多羟基醛、酮的一类有机化合物。

糖类化合物常根据它能否水解和水解以后产生的物质的多少分为单糖、低聚糖和多糖三类。

① 单糖（monosaccharide）。不能水解的多羟基醛或多羟基酮称为单糖，如葡萄糖、果糖、核糖等。它们都是无色晶体，易溶于水，有甜味。

② 低聚糖（oligosaccharide）。由 2～10 个单糖分子失水缩合而成，即能水解成两个、三个或几个单糖分子的糖类化合物称为低聚糖或寡糖。按照水解后生成单糖的数目，低聚糖又可分为二糖、三糖等，如麦芽糖、蔗糖等。低聚糖也易溶于水，有甜味。

③ 多糖（polysaccharide）。由很多个单糖分子失水缩合而成的糖类化合物称为多糖或高聚糖，它们属于天然高分子化合物，如淀粉、纤维素等。每一个多糖分子可水解成许多个单糖分子，它们一般由 100～300 个单糖组成。多糖大多是无定形固体，都不溶于水，无甜味。

13.2 单糖

单糖分为醛糖（aldose）和酮糖（ketose）。分子中含有醛羰基的称为醛糖，含有酮羰基的称为酮糖。按分子中所含碳原子的数目，单糖又分为丙醛（酮）糖、丁醛（酮）糖、戊醛（酮）糖、己醛（酮）糖和庚醛（酮）糖等。碳原子数相同的醛糖和酮糖互为同分异构体。自然界中存在最广泛的是戊醛糖、己醛糖和己酮糖。最重要的戊糖是核糖，最重要的己糖是葡萄糖和果糖。

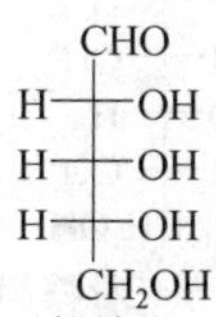
核糖

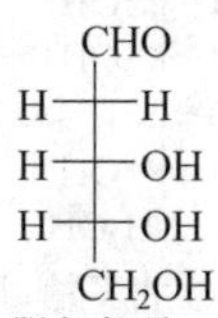
脱氧核糖

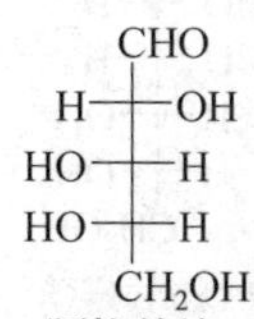
阿拉伯糖

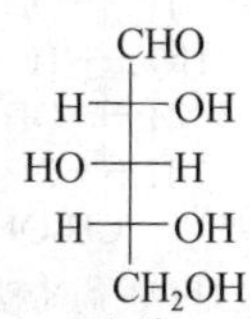
木糖

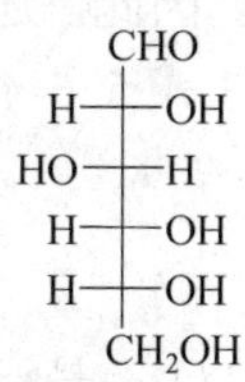
葡萄糖

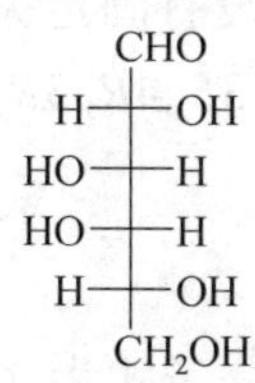
半乳糖

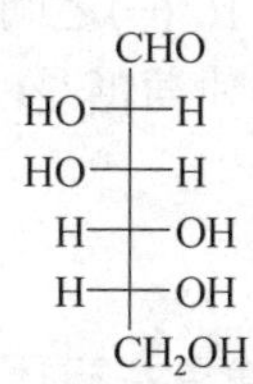
甘露糖

13.2.1 单糖的构型

除丙酮糖外，单糖分子都含有手性碳原子，因此都有旋光异构体。例如，葡萄糖分子中有四个手性碳原子，因此，它有 $2^4=16$ 个立体异构体。由此可见，只测定糖的结构式是不够的，还必须确定它的构型。

单糖的构型可用 R/S 法标记，但常见的是 D/L 标记法，即以 D-(＋)-甘油醛和 L-(−)-甘油醛作为标准，凡由 D-(+)-甘油醛通过化学反应而得到的醛糖称为 D 型糖，凡由 L-(−)-甘油醛通过化学反应而得到的醛糖称为 L 型糖。自然界中存在的单糖大部分是 D 型的。

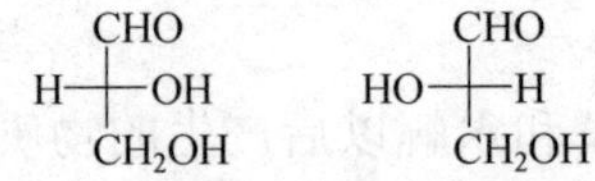

D-(+)-甘油醛　L-(−)-甘油醛

在使用 D/L 标记法时，只考虑距羰基最远的手性碳原子的构型，若此手性碳原子的羟基处于右侧，则为 D 型糖，若处于左侧，则为 L 型糖。

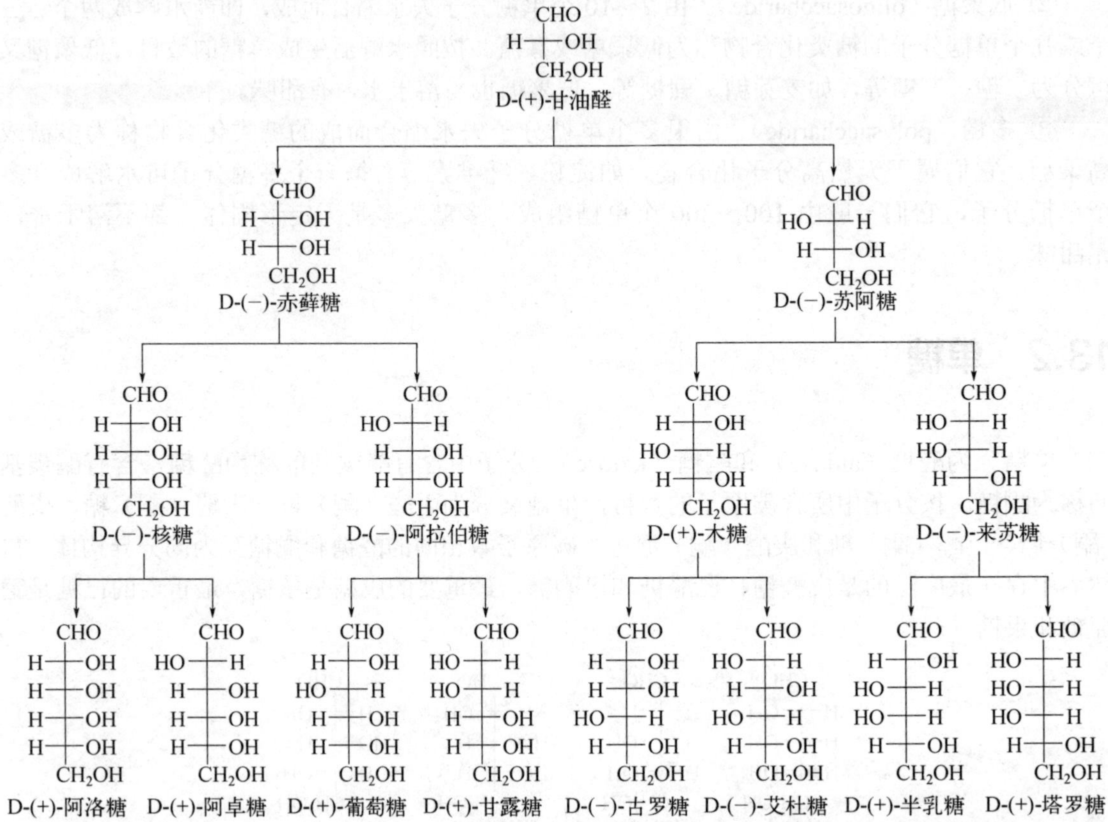

构型 D、L 与旋光方向(+)、(−)之间并没有固定关系。因此，还需用 R/S 标记法来标记其他手性碳原子。例如，D-(+)-葡萄糖是(2*R*, 3*S* ,4*R*, 5*R*)-2, 3, 4, 5, 6-五羟基己醛。

13.2.2 单糖的结构

实验证明，天然的葡萄糖是右旋体，分子式为 $C_6H_{12}O_6$，是己醛糖。但是，在化学发展初期，要想证明天然葡萄糖是 16 个己醛糖中的哪一个，就要把葡萄糖分子中四个手性碳原子的构型都一一确定出来，这是一项极不容易的工作。德国化学家费歇尔（E.Fischer）经过多年的研究，在 19 世纪末才用化学方法确定了天然葡萄糖的构型。

费歇尔是当时最著名的化学家，他从 1884 年起，断断续续地花费了 10 年时间，系统地研究了各种糖类，合成了 50 多种糖分子，并确定了许多糖类的构型。其中，己醛糖的 16 个旋光异构体中，有 12 个是由他确定的。费歇尔也因此荣获 1902 年诺贝尔化学奖。

葡萄糖的构型确定后，它的命名可用 D/L 标记法加俗名，也可用 R/S 标记法加系统命名法。

如果用 D/L 标记法命名，则是将单糖分子中距羰基最远的手性碳原子，即编号最大的手性碳原子的构型与甘油醛相比较，如果与 D-甘油醛构型相同，则该糖为 D 构型，反之为 L 构型。

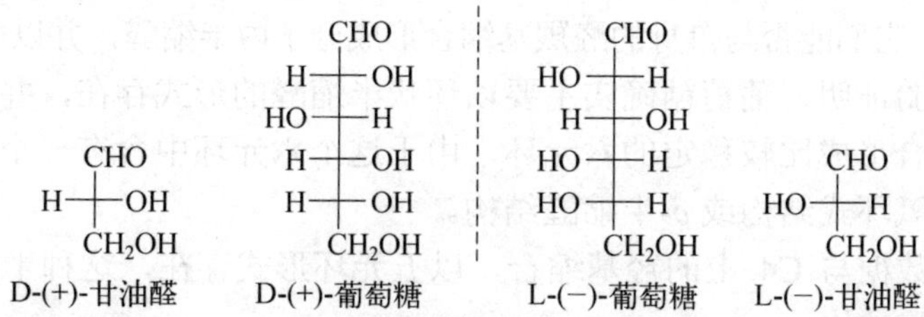

如果要用 R/S 标记法，那么，天然葡萄糖的名称应为(2*R*, 3*S* ,4*R*, 5*R*)-2, 3, 4, 5, 6-五羟基己醛。可见，用系统命名法虽然精确，但用起来比较麻烦。因此，对糖类化合物一般用 D/L 标记法加俗名来命名。

费歇尔确定的葡萄糖结构用费歇尔投影式表示出来是一条链状的结构，所以称为开链式结构。开链式结构解释了许多单糖的化学性质。例如，单糖具有醛羰基，因此能发生银镜反应、氧化反应、还原反应等；具有醇羟基，因此能发生成酯、成醚的反应。但是随着研究的深入，人们发现葡萄糖的许多性质用上述开链式结构解释不了。例如：

① 葡萄糖是一种己醛糖，可是在其固体样品的红外光谱、核磁共振谱中没有醛羰基的特征吸收峰。

② 醛在干燥的 HCl 催化下，可与两分子甲醇反应生成缩醛。但是，葡萄糖只能与一分子甲醇作用，并且生成含一个甲氧基的两种物理性质不同的异构体。

③ 如果葡萄糖主要以开链式存在，那么葡萄糖在碱催化下与$(CH_3)_2SO_4$作用完全甲基化后，生成的五甲基葡萄糖应该还具有醛的性质。

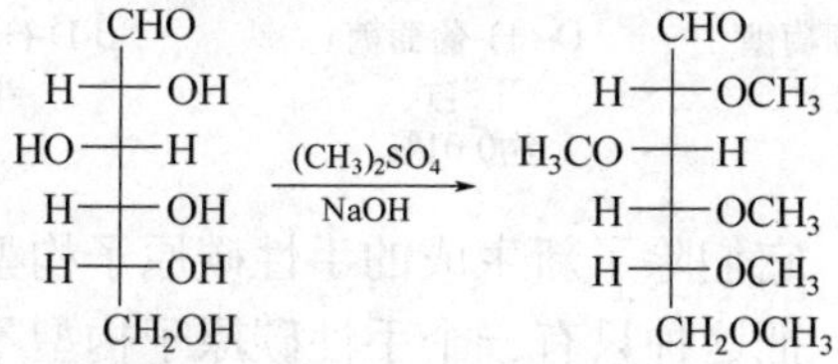

可实际上，葡萄糖完全甲基化后，生成的五甲基葡萄糖没有醛的性质，并且在稀盐酸中水解时，只有一个甲氧基容易水解。

④ 无法解释单糖的变旋光现象。

13.2.2.1 变旋光现象

一般旋光性物质的比旋光度在一定条件下是固定值。葡萄糖则不然，同样使用 D-(+)-葡萄糖，对其用不同的方法结晶，得到的却是具有不同旋光性质的葡萄糖。

从 50℃的温水或乙醇溶液中结晶得到的 D-葡萄糖的熔点为 146℃（分解），用其新配制的水溶液的比旋光度$[\alpha]_D^{20} = +112°$。将溶液放置一段时间后再测定，其$[\alpha]_D^{20}$逐渐减少，达到 52.7° 后不再变化。

从 98℃以上的热水溶液或从吡啶中结晶得到的 D-葡萄糖的熔点为 150℃，用其新配制的水溶液的比旋光度$[\alpha]_D^{20} = +18.7°$。放置一段时间后再测定，其$[\alpha]_D^{20}$会逐渐增大，达到 52.7° 后也不再变化。

在糖化学中，把这种新配制的糖溶液的比旋光度发生变化的现象称为变旋光现象。

变旋光现象用开链式结构无法解释，这说明开链式结构没有完全反映出葡萄糖的真实结构。那么，葡萄糖究竟还以什么形式存在呢？进一步的研究表明，醛可以和醇形成半缩醛。在葡萄糖分子中有五个羟基，它们能否与自身的醛羰基缩合形成分子内半缩醛，并以此形式存在呢？

X 射线衍射实验证明，葡萄糖确实主要以环状半缩醛的形式存在，并且发现醛羰基主要与 C5 上的羟基缩合形成比较稳定的六元环，由于这个六元环中含有一个氧原子，因此把这种环状结构称为 δ-氧环式结构或 δ-半缩醛结构。

另外，也有少数糖与 C4 上的羟基缩合，以五元环形式存在，这种半缩醛结构称为 γ-氧环式结构或 γ-半缩醛结构。

13.2.2.2 氧环式结构

在葡萄糖中，醛羰基主要与 δ-羟基缩合形成具有六元环的 δ-氧环式结构，γ-氧环式结构较少，无 β-氧环式结构，这是因为六元环最稳定，五元环稳定性次之，四元环最不稳定。

在形成 δ-氧环式时，由于 δ-羟基可以从羰基的两侧缩合，因此新形成的手性碳原子就有两种构型。一种称为 α 型，其熔点为 146℃（分解），$[\alpha]_D^{20}=+112°$；另一种称为 β 型，其熔点为 150℃，$[\alpha]_D^{20}=+18.7°$。

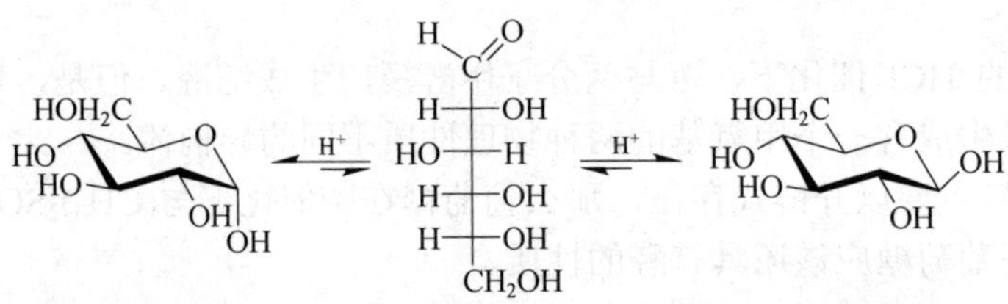

α-D-(+)-吡喃葡萄糖 半缩醛式 36.4%　　D-(+)-葡萄糖 开链式 约0.01%　　β-D-(+)-吡喃葡萄糖 半缩醛式 63.6%

α 型和 β 型是非对映体，它们除了新生成的手性碳原子构型不同外，其他手性碳原子的构型都相同。在立体化学中，把这种只有一个手性碳原子构型不同，其他手性碳原子构型都相同的非对映体称为差向异构体。在糖类中，只有 C1 构型不同，其他手性碳原子构型都相同的差向异构体又称“异头物”，这个 C1 原子又称“异头碳”，与之相连的羟基称为苷羟基。

其他单糖如核糖、脱氧核糖、果糖、甘露糖和半乳糖等也有环状结构，以及变旋光现象。例如，对于果糖：

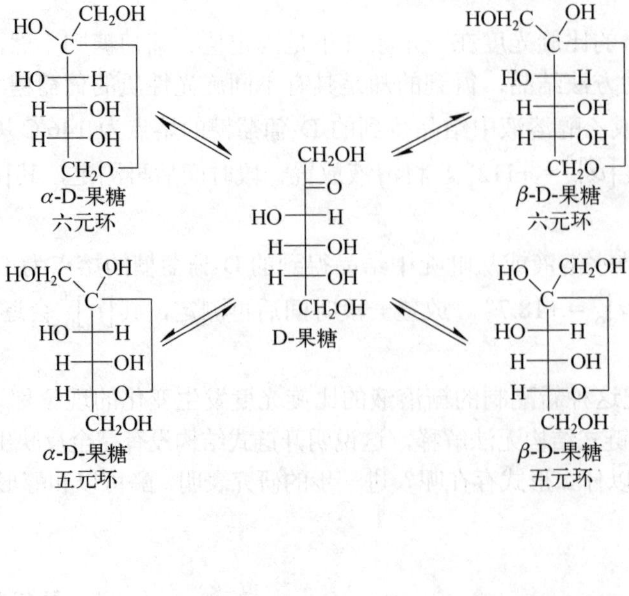

α-D-果糖 六元环　　β-D-果糖 六元环　　D-果糖　　α-D-果糖 五元环　　β-D-果糖 五元环

但是，用费歇尔投影式来表示氧环式，不能正确地反映化学键和各原子之间的相对位置。为此，英国化学家哈沃斯（N. Haworth）提出了一种平面环状结构的表示方法，这种环状结构式就称为哈沃斯式。将费歇尔投影式改写成哈沃斯式的过程如下：

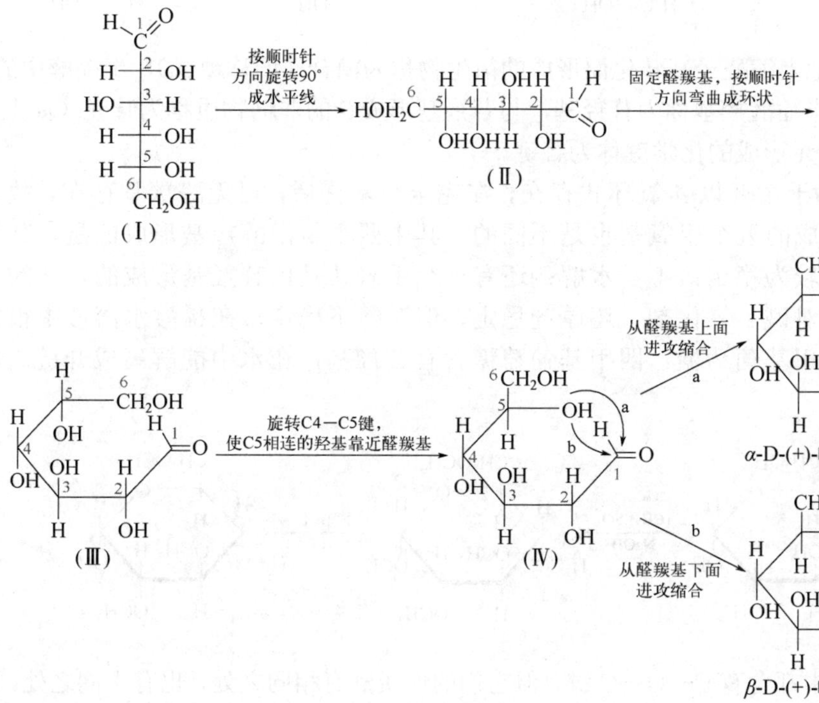

在书写哈沃斯式时，通常把环上的氧原子写在右上角，使碳原子的编号按顺时针方向排列。这样得到的六元环平面在空间上垂直于纸面，即 C2、C3 处于外侧。当不需要标出 C1 的构型时，D-葡萄糖的氧环式可写成：

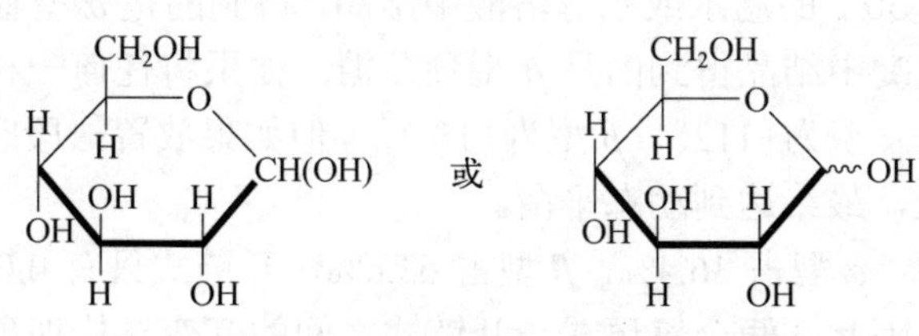

哈沃斯式在结构上与吡喃环相似。在命名时，为了区别开链式、δ-氧环式、γ-氧环式，通常把这种具有六元环结构的单糖称为吡喃糖。例如，上述葡萄糖的两个异头物分别称为 α-D-(+)-吡喃葡萄糖和 β-D-(+)-吡喃葡萄糖。

利用葡萄糖的哈沃斯式可以圆满地解释上述用开链式无法解释的现象。

① 在葡萄糖晶体中，分子主要以 δ-氧环式存在。由于它是半缩醛，无醛羰基存在，故在红外光谱、核磁共振谱中，无醛羰基的特征吸收峰。

② 由于 δ-氧环式结构是半缩醛结构，故葡萄糖只能再与一分子甲醇作用形成缩醛。由于葡萄糖的半缩醛有两种构型，即 α 型和 β 型，因此在形成缩醛时，形成构型不同的两种化合物。

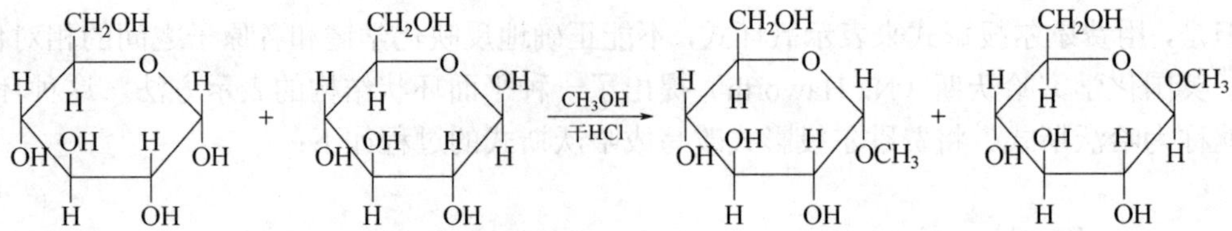

糖化学中，把半缩醛羟基转化而形成的衍生物称为糖苷（旧称糖甙），半缩醛中的C1原子称为苷原子，半缩醛羟基称为苷羟基，与苷羟基形成苷的非糖物质称为苷元（如上面的甲醇），苷羟基与苷元形成的化学键称为苷键。

③ 葡萄糖由于主要以δ-氧环式存在，在完全甲基化后，已无醛羰基存在，故无醛的性质。另外，形成的五个甲氧基也是不同的，其中四个是由醇羟基形成的醚，其性质和通常的醚一样，较为稳定，不易水解；还有一个甲氧基是由苷羟基形成的，它的性质像缩醛一样，虽然对碱、氧化剂、还原剂稳定，但对酸不稳定，在稀酸水溶液中很容易水解，从而生成四甲基葡萄糖。四甲基葡萄糖含有苷羟基，在水中能解离成开链式，具有醛的性质。

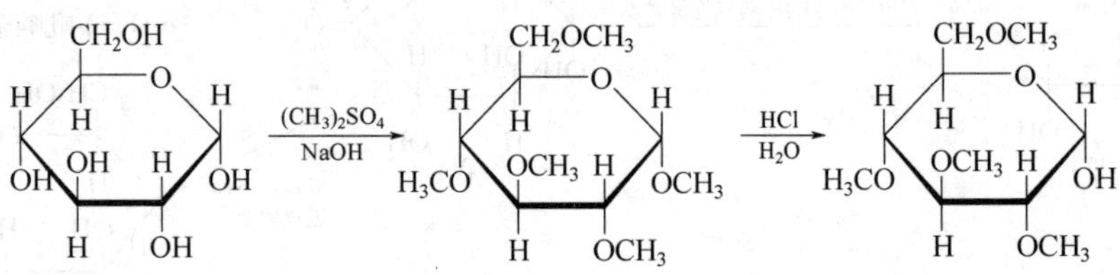

醚键和苷键中都含有C—O—C键，但它们的性质既有相同之处，也有不同之处。相同之处是，醚键和苷键都对碱、氧化剂、还原剂稳定；不同之处是，它们在酸溶液中水解的活性不同，苷键在稀酸溶液中就很容易水解，而醚键则要用强酸（如HI）才能水解，如用氢溴酸水解时则须用浓硫酸催化，用浓盐酸水解时则须用无水$ZnCl_2$催化。

④ 哈沃斯式可以合理地解释变旋光现象。D-葡萄糖在形成氧环式时，会生成两个异头物，即α型和β型。一般在50℃的温水或乙醇溶液中结晶，得到的是α型葡萄糖；在98℃以上的热水溶液中结晶或从吡啶中结晶得到的是β型葡萄糖。如果将任何一种异头物溶于水中，立即测定其比旋光度，则α型为+112°，β型为+18.7°。但如果放置一段时间，两种异头物都会通过开链式而相互转化，最终达到动态平衡。

平衡时的混合物中，α型占36.4%，β型占63.6%，开链式只有0.01%。这个平衡混合物的比旋光度为+52.7°。因此，两个氧环式与开链式之间的互变异构现象正是葡萄糖产生变旋光现象的原因。

α型和β型并不能直接互变，只能在水溶液中通过开链式才能间接地转化，如果是纯净的固态，两者是不可能互变的。由于两者是非对映体关系，故它们的物理性质是不一样的。

另外，在葡萄糖的水溶液平衡中，它的β型含量明显高于α型，这一点从哈沃斯式中难以解释，但是只要研究一下它的构象即可找到原因。

13.2.2.3 葡萄糖的构象

研究发现，葡萄糖的δ-氧环式与环己烷的构象相似，也是椅式构象较稳定，取代基处于平伏键上较稳定。α型和β型葡萄糖最稳定的构象如下：

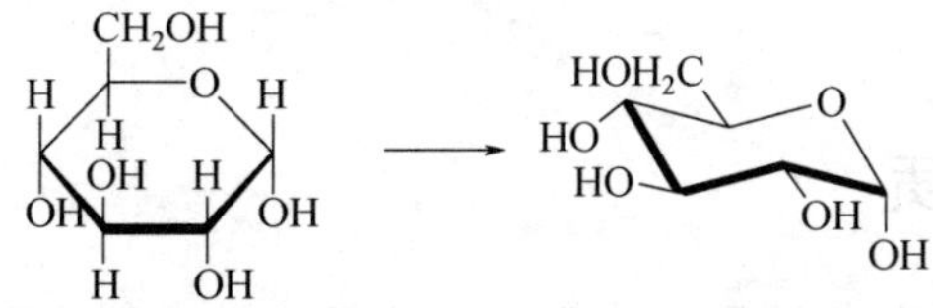

α-D-(+)-吡喃葡萄糖

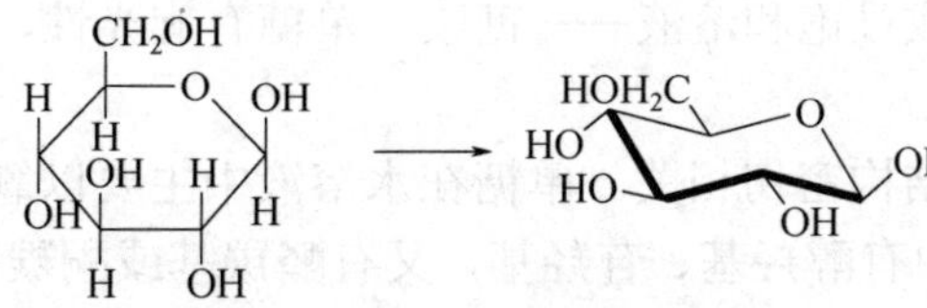

β-D-(+)-吡喃葡萄糖

从 D-(+)-吡喃葡萄糖的构象可以清楚地看到，在 β-D-(+)-吡喃葡萄糖中，体积大的取代基—OH 和—CH_2OH 都在 e 键上；而在 α-D-(+)-吡喃葡萄糖中，有一个—OH 在 a 键上。故 β 型是比较稳定的构象，因而在平衡体系中的含量也较多。

天然存在的单糖大都是 D 型的，在 D 型的己醛糖中，仅有 D-(+)-葡萄糖的五个取代基均在 e 键上，具有很稳定的构象。由此可见，单糖中葡萄糖在自然界中的存在量最多、分布最广是有原因的。

果糖是典型的己酮糖，天然果糖只是八个异构体中的一个，它是 D 构型的，为左旋体。在自然界中，游离的果糖也主要以 δ-氧环式结构存在，称为 D-(−)-吡喃果糖，其同样也有 α 型和 β 型。但与葡萄糖不同的是，它是 C6 位的羟基与 2 位的酮羰基缩合形成的半缩酮。

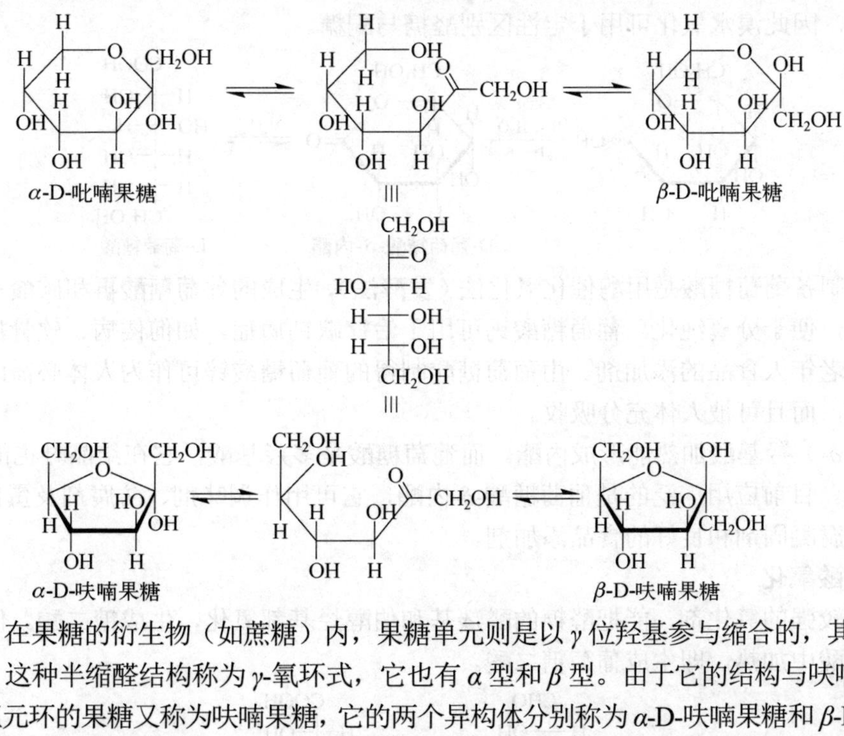

α-D-吡喃果糖　　β-D-吡喃果糖

α-D-呋喃果糖　　β-D-呋喃果糖

但是，在果糖的衍生物（如蔗糖）内，果糖单元则是以 γ 位羟基参与缩合的，其以五元环的形式存在，这种半缩醛结构称为 γ-氧环式，它也有 α 型和 β 型。由于它的结构与呋喃环很相似，因此这种五元环的果糖又称为呋喃果糖，它的两个异构体分别称为 α-D-呋喃果糖和 β-D-呋喃果糖。

由葡萄糖和果糖的结构可知，在单糖水溶液中，都存在着开链式与氧环式之间的互变异构平衡，所以单糖都有变旋光现象。根据环稳定性大小的一般规律可知，自然界中的单糖以戊糖、己糖较为丰富。由构象的稳定性可知，β-异头物比 α-异头物稳定。由于在 β-D-吡喃葡萄糖的最稳定构象中，所有的取代基都处于平伏键上，因此可以解释单糖中为什么葡萄糖在自然界中存在最多。

糖的性质.

13.2.3 单糖的化学性质

单糖在常温下是无色或白色结晶，味甜，难溶于乙醇，不溶于乙醚，在水中的溶解度非常大，常可形成过饱和溶液——糖浆。单糖有旋光性，其溶液有变旋光现象。天然的单糖大多是 D 构型的。

单糖的化学性质与其结构密切相关。单糖在水溶液中主要以氧环式存在，同时也存在少量的开链式。因此，单糖中有醇羟基、苷羟基，又有醛羰基或酮羰基，即单糖应同时具有醇、半缩醛（酮）以及醛（酮）的性质。单糖可以进行一般羰基和羟基的化学反应：具有羰基时，能发生羰基的某些反应，如氧化、还原，以及与 HCN、NH_2OH、苯肼等羰基试剂反应；具有醇羟基时，又能发生羟基的反应，如成醚、成酯等。

13.2.3.1 氧化反应

醛糖的开链式含有醛羰基，很容易被氧化，但氧化剂不同，产物也不同。

（1）溴水氧化

在弱酸性条件下，溴水可将己醛糖氧化为糖酸的内酯。β-D-葡萄糖的氧化速率是 α-D-葡萄糖的 250 倍。由此可知，氧化反应是在醛糖的氧环式半缩醛碳上进行的。氧化时先生成葡萄糖酸-δ-内酯，其在水溶液中可缓慢水解成葡萄糖酸。溴水在弱酸中只能氧化醛糖，而酮糖不能被氧化，因此溴水氧化可用于定性区别醛糖与酮糖。

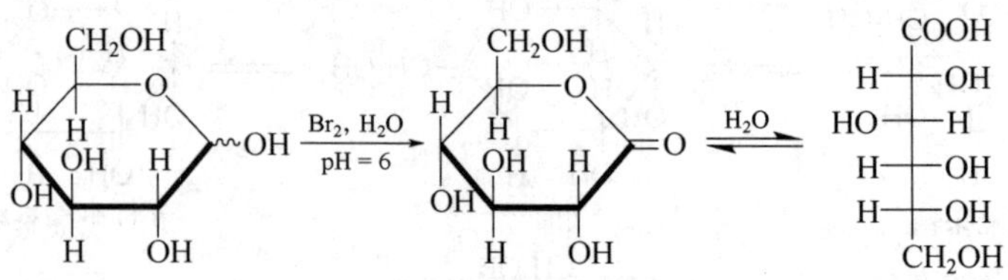
D-葡萄糖酸-δ-内酯　　D-葡萄糖酸

工业上制备葡萄糖酸是用酶催化氧化法（发酵法），生成的葡萄糖酸再和碳酸钙反应生成葡萄糖酸钙，便于分离纯化。葡萄糖酸钙可用于治疗缺钙病症，如佝偻病、软骨病等，也常用作儿童和老年人食品的添加剂。由葡萄糖酸制得的葡萄糖酸锌可作为人体必需的微量元素锌的补充源，而且可被人体充分吸收。

γ-（或 δ-）羟基酸加热能形成内酯。而葡萄糖酸是多羟基酸，它在结晶时也能形成 γ-内酯或 δ-内酯。目前应用广泛的是葡萄糖酸-δ-内酯，它可用作调味剂、防腐剂及蛋白凝固剂，是很好的豆腐凝固剂和良好的食品添加剂。

（2）硝酸氧化

硝酸是较强的氧化剂，能把醛糖的醛羰基和伯醇烃基都氧化，生成糖二酸。例如，D-葡萄糖在稀硝酸中加热，即生成葡萄糖二酸。

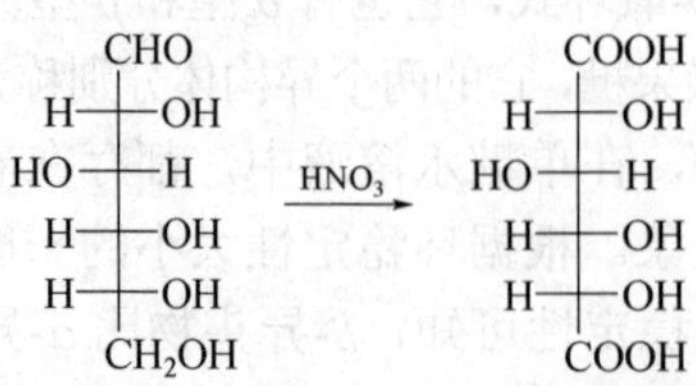
D-葡萄糖　　D-葡萄糖二酸

葡萄糖的环状结构没有游离的醛羰基，不能发生醛的典型反应。在葡萄糖水溶液中，氧环式和开链式同时存在，虽然开链式在平衡混合物中含量很少，但当遇到氧化剂或羰基试剂时，这些少量的开链式结构就能与氧化剂或羰基试剂发生反应，打破平衡，使氧环式不断向开链式转变，所以葡萄糖水溶液能显示出醛羰基的特性。

在结构推测中，利用醛糖被硝酸氧化成二酸的反应，可得到一些有用的立体结构信息。有些醛糖（如 D-半乳糖）被硝酸氧化后，得到没有旋光性的糖二酸，说明该二酸分子中有对称面，是个内消旋体。而有些醛糖（如 D-葡萄糖）被硝酸氧化后，得到有旋光性的糖二酸，说明分子内没有对称因素。

（3）高碘酸氧化

具有邻二醇结构或 α-羟基醛（酮）结构的化合物，都可被高碘酸氧化断键，反应常是定量的，每断裂一个 C—C 键消耗一分子的高碘酸。

单糖是多羟基醛（酮），因此也能被高碘酸氧化。1mol D-葡萄糖氧化时，消耗 5mol 高碘酸，生成 5mol 甲酸和 1mol 甲醛。

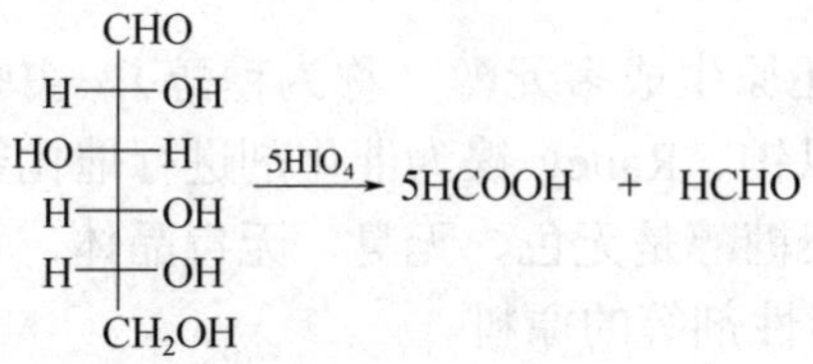

糖苷也可被高碘酸氧化，但只从邻二醇处断键。例如，1mol 甲基 α-D-吡喃葡萄糖苷消耗 2mol 高碘酸，同时生成 1mol 甲酸。

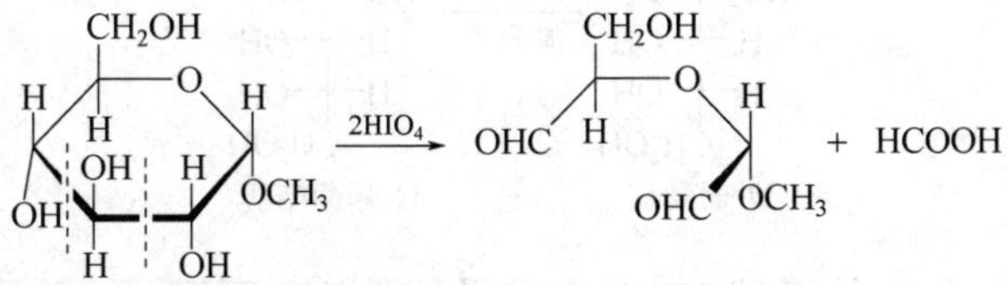

（4）Tollens 试剂和 Fehling 试剂氧化

在醛、酮一章学过，托伦斯（Tollens）试剂和费林（Fehling）试剂都是较温和的氧化剂，只能氧化醛，不能氧化酮。但是，在糖化学中比较特殊，无论是醛糖还是酮糖都能被托伦试剂和费林试剂氧化。在碱性溶液中，单糖（醛糖和酮糖）都可以被 Tollens 试剂（氢氧化银的氨溶液）、Fehling 试剂（由硫酸铜溶液和酒石酸钾钠碱溶液混合而成）、Benedict 试剂（由硫酸铜、碳酸钠和柠檬酸钠配制而成，溶液呈蓝色）氧化，分别生成银镜或氧化亚铜（Cu_2O）砖红色沉淀。

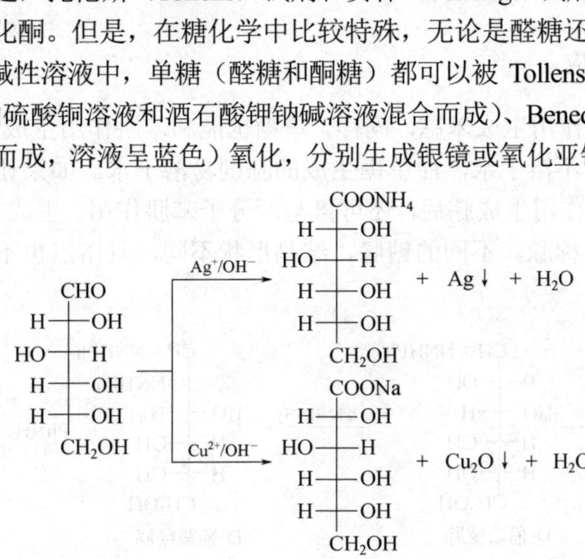

酮糖也可以被 Tollens 试剂、Fehling 试剂和 Benedict 试剂氧化，这是由于酮糖的 α-碳原子上连有羟基，在碱的作用下，酮糖经酮-烯醇的互变异构而转变成醛糖。

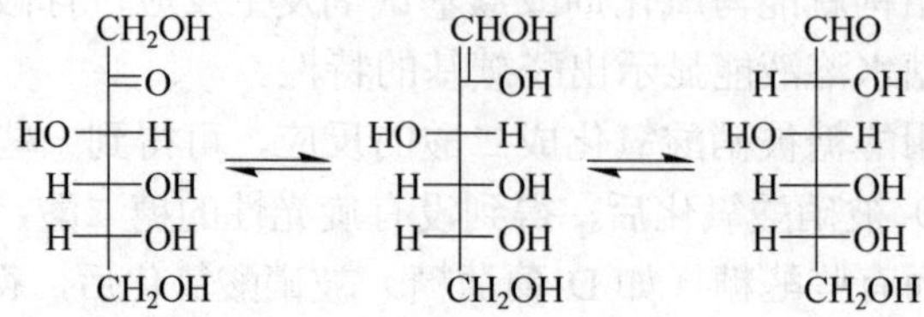

在有机化学和生物化学中，把能还原 Tollens 试剂、Fehling 试剂或 Benedict 试剂等弱氧化剂的性质，称为还原性。具有还原性的糖称为还原糖，不具有还原性的糖称为非还原糖。单糖都是还原糖。在糖类化合物中，所有的单糖和大多数低聚糖是还原性糖，多糖和少数低聚糖是非还原性糖。

13.2.3.2 还原反应

糖分子中的羰基可以被还原生成多元醇（称为糖醇）。实验室中可使用 Na/C_2H_5OH 或 $NaBH_4$ 为还原剂；工业上则以铂、Raney 镍为催化剂进行催化氢化。例如，D-葡萄糖用催化氢化还原生成山梨糖醇，山梨糖醇是无色、无臭、无毒晶体，稍有甜味和吸湿性，是合成树脂、维生素 C、炸药和表面活性剂等的原料。

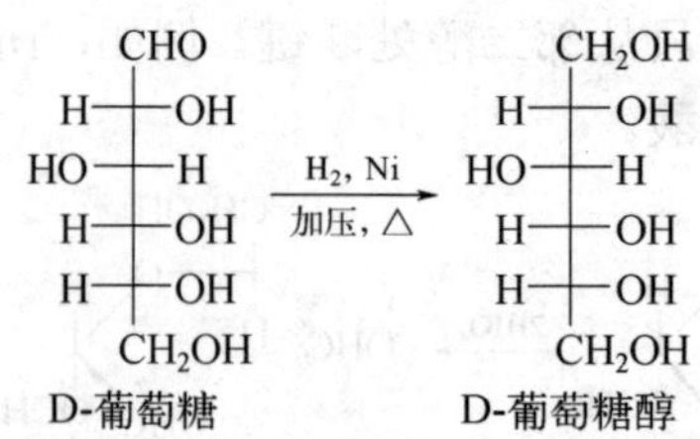

D-甘露糖则还原生成 D-甘露醇，D-甘露醇是柿霜的主要组分，它具有清肺、利咽、养阴、润燥等功能。D-果糖还原生成甘露醇和山梨醇的混合物。山梨醇、甘露醇等多元醇广泛存在于植物中。

13.2.3.3 成脎反应

醛、酮可以和苯肼作用生成苯腙，同样，单糖也能和苯肼作用生成腙。但不同的是，醛、酮生成的腙多为晶体，不溶于水，而单糖生成的腙则易溶于水。如果让单糖与过量的苯肼作用，单糖与一分子苯肼作用生成腙后，还可再与两分子苯肼作用，生成不溶于水的黄色晶体，这种产物称为糖脎，简称脎。不同的糖脎，结晶形状不同，且熔点也不一样，可以通过此反应对糖进行定性鉴定。

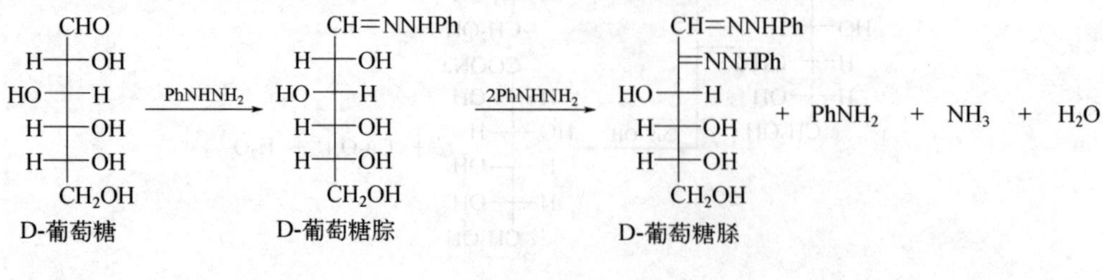

在第二步反应中，两分子苯肼的作用是不同的，一分子苯肼作为氧化剂，把 α-羟基氧化成酮羰基，而本身被还原成苯胺；另一分子苯肼用于缩合。

酮糖也能与三分子的苯肼作用生成脎。

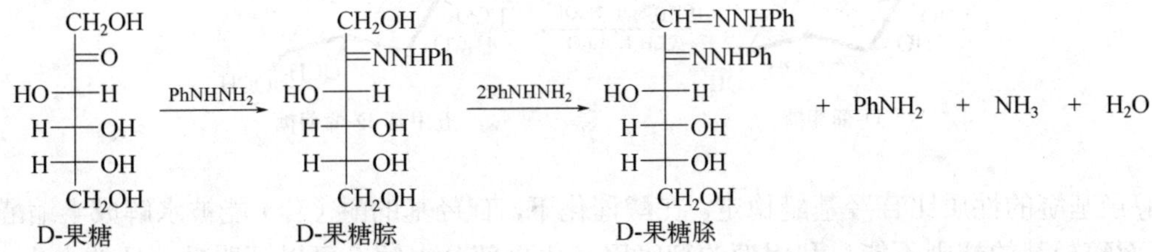

醛糖或酮糖的成脎反应都只发生在 C1 及 C2 上，因此，碳原子数相同的单糖，当仅 C1 和 C2 不同，而其他碳原子的构型完全相同时，与过量苯肼反应都将得到相同的脎。也就是说，凡是生成相同脎的己糖，它们的 C3、C4 和 C5 的构型是相同的。例如，D-葡萄糖和 D-果糖经成脎反应后得到的 D-葡萄糖脎和 D-果糖脎实际上是同一个脎。

13.2.3.4　成苷反应

单糖的氧环式结构中的半缩醛羟基（苷羟基）较分子内的其他羟基活泼，与其他羟基化合物（如醇、酚）、含氮杂环化合物作用，脱水形成缩醛型物质，这种苷羟基上的氢原子被其他基团取代后生成的化合物称为配糖体或糖苷，此反应称为成苷反应。例如，在氯化氢存在下，D-(+)-葡萄糖与热的甲醇反应生成 D-(+)-甲基葡萄糖苷。

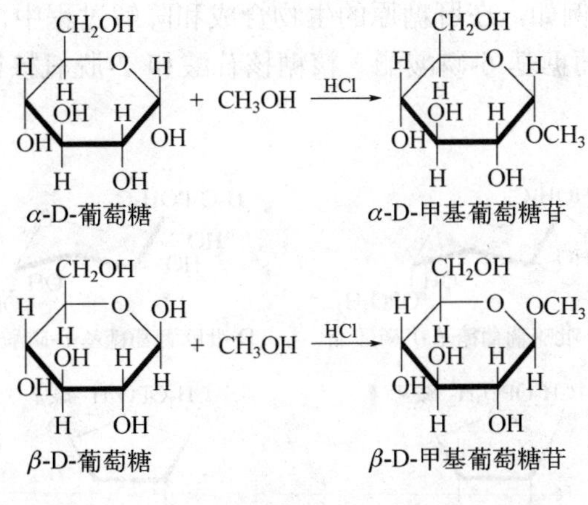

糖苷是一种缩醛或缩酮，分子中无苷羟基，不能再转变成开链式结构，因此不能被 Tollens 试剂、Fehling 试剂和 Benedict 试剂等氧化，不与过量苯肼成脎，也无变旋光现象。糖苷对碱稳定，但在酶或稀酸的存在时，其又可水解成原来的糖，并恢复苷羟基和氧环式半缩醛结构，可通过开链式进行互变，从而具有还原糖的性质。

糖苷在自然界中的分布极广，与人类的生命和生活密切相关，天然染料靛蓝和茜素就是两种糖苷。

13.2.3.5　成醚反应

单糖的羟基除苷羟基外，都是醇羟基。这些醇羟基不如苷羟基活泼，在氯化氢存在下，不能转化成醚，但与适当的试剂作用，也可成醚。例如，在氧化银存在下，D-葡萄糖与碘甲烷作用，或在碱的存在下，与硫酸二甲酯作用，都生成五甲基-D-葡萄糖。

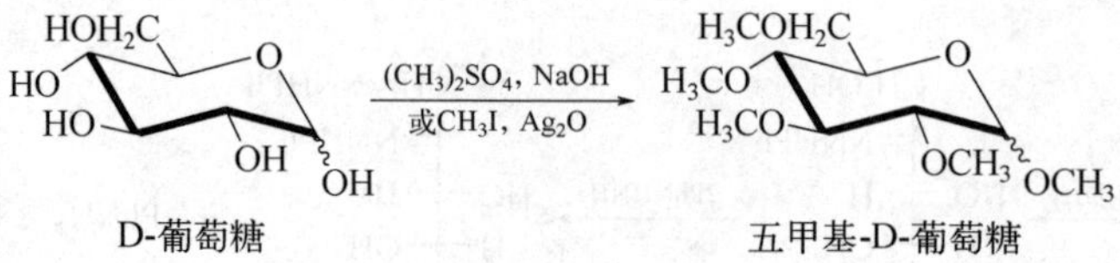

醇羟基醚的性质比苷羟基醚稳定。在酸催化下，苷羟基的醚（苷）能被水解成半缩醛（或酮），而醇羟基的醚则不能。利用糖的彻底甲基化再部分水解，可以证明糖苷环的大小。

13.2.3.6　成酯的反应

糖分子中的羟基在弱碱（如乙酸钠、吡啶等）存在下，与乙酸（或乙酸酐、乙酰氯）作用，发生酯化反应生成糖酯。例如：

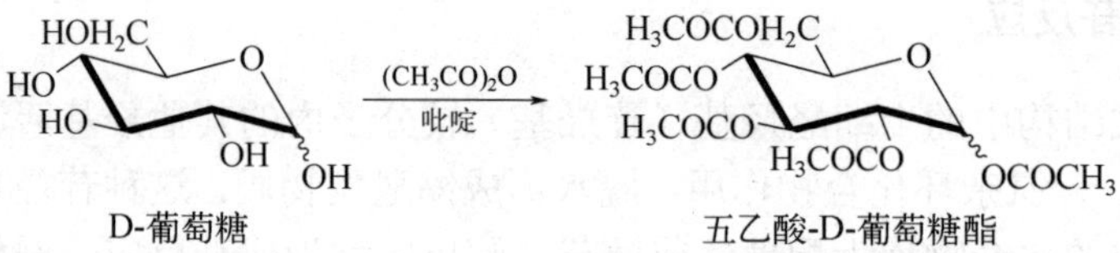

单糖还可以与无机酸（如硝酸、硫酸、磷酸等）作用生成相应的酯，其中磷酸酯在生命活动中具有重要的意义。例如，在肝糖原的生物合成和降解过程中，都含有 α-D-吡喃葡萄糖基-1-磷酸酯和 D-吡喃葡萄糖基-6-磷酸酯。核糖核苷酸和 2-脱氧核糖核苷酸分别是 RNA 和 DNA 的组成单元。

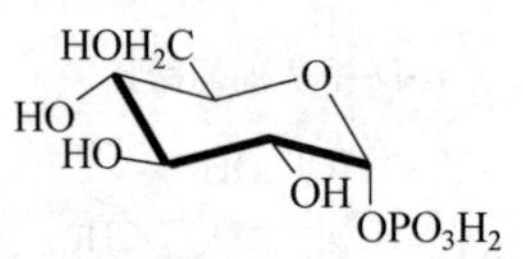

α-D-吡喃葡萄糖基-1-磷酸酯

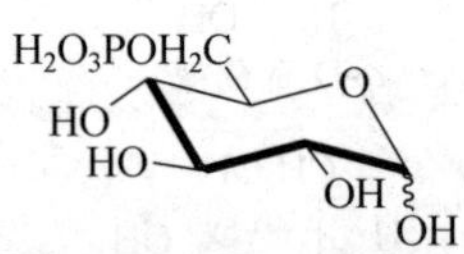

D-吡喃葡萄糖基-6-磷酸酯

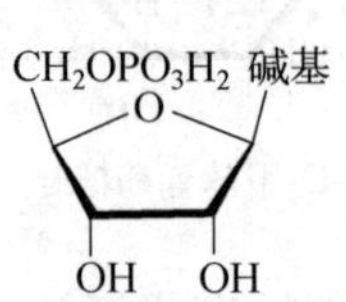

核糖核苷酸

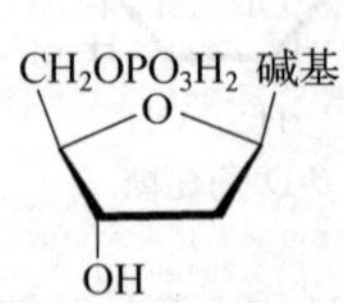

2-脱氧核糖核苷酸

13.2.3.7　递升与递降反应

将一个醛糖变成高一级醛糖的过程称为递升，变为低一级醛糖的过程称为递降。递升、递降反应是研究单糖结构的重要方法。

（1）递升反应

递升反应是将醛糖与 HCN 作用，得到分子中多一个手性碳原子的氰醇，将其水解生成糖酸，再用钠汞齐和水还原就得到了比原糖高一级的醛糖。

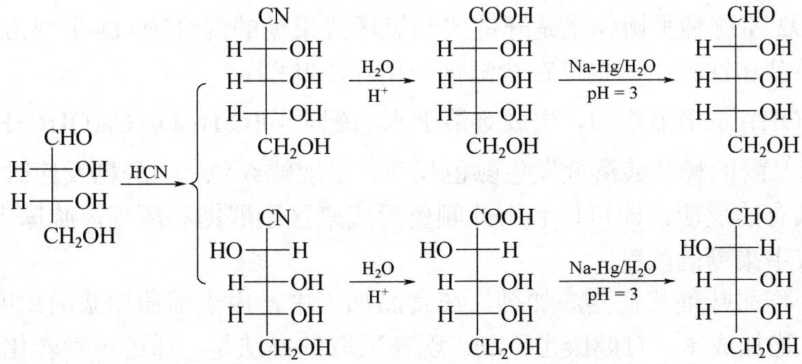

如果按上述过程再进行一个循环反应，又会得到分子中多一个碳原子的醛糖。

（2）递降反应

递降反应是先将醛糖氧化生成糖酸钙，然后在三价铁的催化下用过氧化氢氧化，生成不稳定的 α-羰基酸，脱羧后得到低一级的醛糖。

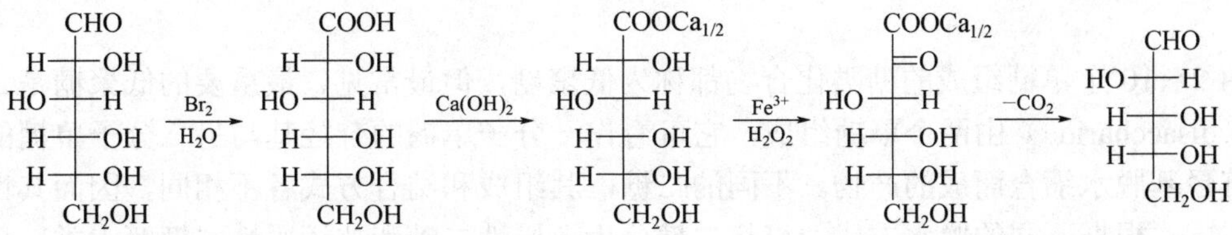

13.2.4 重要的单糖

（1）葡萄糖

葡萄糖（glucose）在自然界中分布极广，尤以葡萄中含量较多，因此得名。其也存在于其他种类的果汁，以及动物的血液、淋巴液、脊髓液等中。当其存在于人的血液中（3.9～6.1mmol·L^{-1}）时，称为血糖。糖尿病患者的尿中含有葡萄糖，含糖量随病情的轻重而不同。葡萄糖以多糖或糖苷的形式存在于许多植物的种子、根、叶或花中。D-葡萄糖是一种无色晶体或白色结晶性粉末，熔点为146℃，易溶于水，微溶于乙醇，不溶于乙醚和烃类，有甜味，其甜度是蔗糖的70%。天然的葡萄糖具有右旋性，故又称右旋糖。

葡萄糖是生物体内新陈代谢不可缺少的营养物质。它的氧化反应放出的热量是人类生命活动所需能量的重要来源。工业上，葡萄糖是合成维生素C（抗坏血酸）等药物的重要原料，其在医药上作为营养剂，具有强心、利尿、解毒等功效。葡萄糖在食品工业上可直接使用，如生产糖浆、糖果等；在印染制革工业中作还原剂。在制镜工业和热水瓶胆镀银工艺中常用葡萄糖作还原剂。

对于葡萄糖的生产方法，工业上通常用淀粉在淀粉酶和糖化酶的作用下水解、脱色、浓缩、结晶；如果将其用于食品加工，常是将糖浆纯化、浓缩后直接使用。

（2）果糖

果糖（fructose）以游离状态存在于水果和蜂蜜中，在动物的前列腺和精液中也含有相当量的果糖。果糖为白色晶体，熔点为102～104℃，易溶于水、热丙酮，溶于吡啶、乙胺和甲胺，微溶于冷丙酮，也可溶于乙醇和乙醚中，是糖类中最甜的糖，其甜度约为蔗糖的1.5倍、葡萄糖的2倍。天然果糖都是D型的左旋体，故又称左旋糖。果糖也有变旋光现象，平衡时的比旋光度为−92°，这种平衡体系是开链式和氧环式果糖的混合物。D-果糖常用作生化试剂，还可用于高级果糖和饮料中，也可在含漱剂中用作甜味剂。

果糖与 $Ca(OH)_2$ 水溶液作用，生成难溶于水的配合物[$C_6H_{12}O_6 \cdot Ca(OH)_2 \cdot H_2O$]。果糖（酮糖）能够与间苯二酚的稀盐酸溶液发生颜色反应，呈现鲜红色，但醛糖反应时呈很浅的颜色，因此这是酮糖共有的反应，即可以利用此颜色反应来区别醛糖和酮糖。临床上常用间苯二酚显色法测定精液中果糖的浓度。

果糖主要用作甜味剂和营养添加剂。在食品加工中，由于葡萄糖浆的甜度不够，常要加入大量的蔗糖，增加成本，对健康也不利。现在采取的办法是，通过一种转化酶的催化作用，使葡萄糖浆发生异构，从而使部分葡萄糖转化为果糖。这样，糖浆的甜度就明显提高了，这种转化的糖浆就称为果葡糖浆。

13.3 二糖

由 2～10 个单糖组成的糖类化合物都称为低聚糖，但最常见、最重要的低聚糖是二糖。二糖（disaccharide）由两个单糖组成，它可看作一分子单糖的苷羟基与另一分子单糖的醇羟基或苷羟基脱水缩合而成的产物。不同的二糖，其组成和结合方式各不相同，因而其性质也有所不同。根据不同的脱水方式，可将二糖分为还原性二糖和非还原性二糖两大类。还原性二糖是由一分子单糖的苷羟基与另一分子糖的醇羟基（常是 C4 上的羟基）缩合而成的。非还原性二糖则是由一分子单糖的苷羟基与另一分子糖的苷羟基缩合而成的。

13.3.1 还原性二糖

在还原性二糖分子中，有一个单糖单位形成苷，而另一个单糖单位仍然保留有苷羟基，存在着氧环式与开链式的互变平衡。这类二糖的开链式结构中，由于有羰基的存在，故有一般单糖的性质。最常见的还原性二糖有麦芽糖、纤维二糖、乳糖等。

（1）麦芽糖

麦芽糖（maltose）在自然界中并不以游离状态存在，它是淀粉在 β-淀粉酶的存在下部分水解的产物，β-淀粉酶通常存在于大麦芽中。麦芽糖为无色结晶，熔点为 160～165℃，其甜度是蔗糖的 40%左右，是饴糖的主要成分。麦芽糖可用作营养剂，也可供配制培养基用。

麦芽糖的分子式是 $C_{12}H_{22}O_{11}$，在无机酸或麦芽糖酶存在下，1mol 麦芽糖可水解生成 2mol D-葡萄糖，这表明麦芽糖是两个 D-葡萄糖分子间的脱水缩合产物。许多事实说明，麦芽糖分子是由一分子 D-葡萄糖的苷羟基与另一分子 D-葡萄糖 4 位上的醇羟基脱水缩合而成的，一般把分子中形成的 C—O—C 键称为糖苷键，又称为 α-1,4-苷键。由于麦芽糖分子中还存在苷羟基，故存在 α-和 β-两种构型，即 α-和 β-差向异构体，其结构式分别如下：

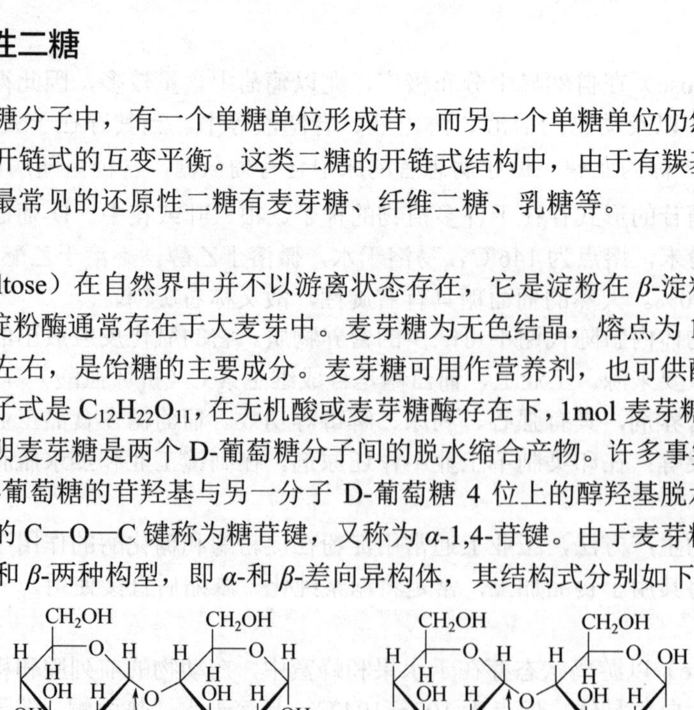

α-(+)-麦芽糖 β-(+)-麦芽糖

由于麦芽糖中仍然含有苷羟基，在水中仍能通过开链式发生互变异构，故具有单糖的化学性质：能被 Tollens 试剂、Fehling 试剂和 Benedict 试剂等氧化，可被溴水氧化成糖酸，与过量苯肼生成糖脎，有变旋光现象。D-麦芽糖的 α 型和 β 型的比旋光度分别是+168°和+112°，经变旋光达到平衡状态后，其比旋光度恒定在+136°。所以，麦芽糖是一种还原性二糖。

（2）纤维二糖

纤维二糖（cellobiose）在自然界中也不以游离状态存在，它是纤维素水解过程的中间产物，为无色晶体，熔点为 225℃，是右旋糖。

纤维二糖的分子式为 $C_{12}H_{22}O_{11}$，其也是还原性二糖，它与纤维素的关系如同麦芽糖与淀粉的关系一样，且经酸水解也可得到两分子 D-葡萄糖。其化学性质与麦芽糖相似，纤维二糖与麦芽糖的唯一区别是苷键的构型不同，麦芽糖为 α-1,4-苷键，而纤维二糖为 β-1,4-苷键。纤维二糖结构如下：

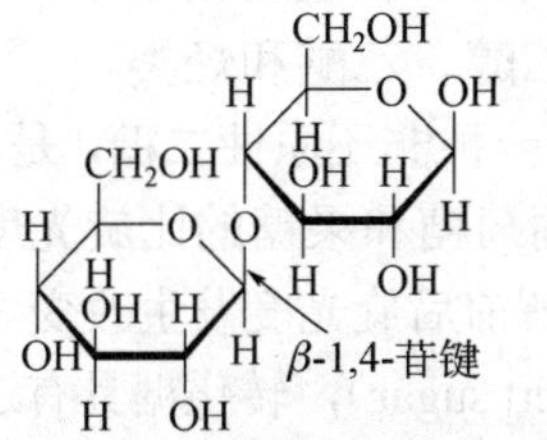

纤维二糖

β-纤维二糖又可命名为 4-*O*-(β-D-吡喃葡萄糖苷基)-D-吡喃葡萄糖。纤维二糖和麦芽糖在组成和结构上既有相同之处，又有不同之处。相同之处：①都是由两个 D-葡萄糖组成；②都是 1,4-苷键；③都存在一个游离的苷羟基，且都是还原性二糖。不同之处：①麦芽糖是 α-葡萄糖苷，纤维二糖是 β-葡萄糖苷；②麦芽糖只能被麦芽糖酶催化水解，纤维二糖只能被苦杏仁酶催化水解；③在生理上，麦芽糖有甜味，能被人体消化吸收，纤维二糖无甜味，不能被人体消化吸收。

（3）乳糖

乳糖（lactose）存在于哺乳动物的乳汁中，因此而得名。人乳中含乳糖 5%～8%，牛乳中含乳糖 4%～6%。牛乳变酸就是因为其中的乳糖在乳酸杆菌作用下氧化成乳酸。乳糖的甜度只有蔗糖的 70%。它为无色晶体，无水物的熔点为 201～202℃，易溶于水，微溶于乙醇，不溶于乙醚和氯仿。乳糖在食品工业中，用作婴儿食品及炼乳的原料；在医药工业中，用于药品的甜味剂和赋形剂；此外，还可作细菌培养基。

乳糖的分子式为 $C_{12}H_{22}O_{11}$，也是还原性二糖，是右旋糖，具有还原糖的通性，有变旋光现象，这说明乳糖的分子中也存在着游离的苷羟基（在葡萄糖基一端）。α 型和 β 型异构体的比旋光度分别为+90°和+35°，水溶液平衡后的比旋光度为+55.4°。它是 β-D-半乳糖的苷羟基与 D-葡萄糖 C4 上的羟基缩合而成的半乳糖苷。乳糖的结构如下：

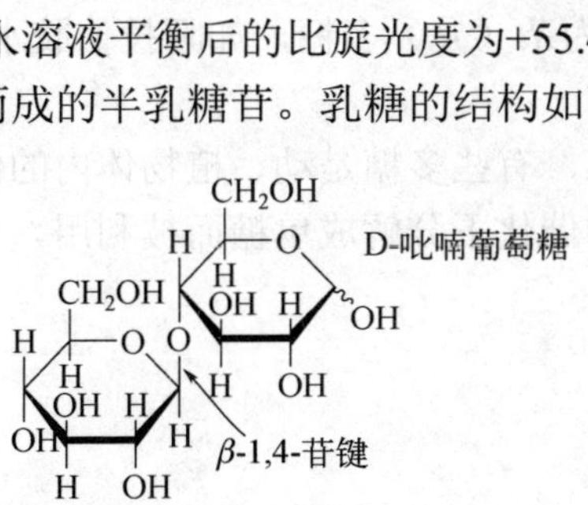

β-D-吡喃半乳糖

在服用含有乳糖的乳制品后，要消化乳糖，小肠内必须产生足够量的乳糖酶。乳糖酶是催化乳糖转化成葡萄糖（能被人体吸收并利用的糖）这一生化反应的酶。如果人体内没有足够的乳糖酶，乳糖会积聚在消化道，并导致乳糖不耐症状，轻者会产生腹泻，重者还会导致腹部痉挛、恶心、体重减轻、脱水和电解质异常等症状。

13.3.2 非还原性二糖

非还原性二糖主要是蔗糖（sucrose），蔗糖广泛存在于自然界中，利用光合作用合成的植物的各个部分都含有蔗糖。例如，甘蔗含蔗糖 14%以上，北方甜菜含蔗糖 16%～20%，常见的蔗糖及其加工品主要包括红糖、白砂糖、绵白糖、单晶冰糖、多晶冰糖、方糖等。但蔗糖一般不存在于动物体内。它的甜味强于葡萄糖和麦芽糖，仅次于果糖。它为无色晶体，熔点为 180℃，加热到 200℃时会变为褐色。蔗糖易溶于水，可溶于 *N*, *N*-二甲基甲酰胺（DMF）和二甲基亚砜（DMSO），不溶于乙醇、乙醚和烃类。

蔗糖的分子式为 $C_{12}H_{22}O_{11}$，是一种非还原性二糖，是右旋糖。它经酸性水解可得到等量的 D-葡萄糖和 D-果糖。由于蔗糖、葡萄糖和果糖的比旋光度分别为+66.5°、+52.7°和−92°，因此，水解混合物是左旋的。由于水解前后旋光度发生改变（由右旋变为左旋），该水解过程称为转化，其水解产物称为转化糖（invert sugar），转化糖具有还原糖的一切性质。蔗糖的结构如下：

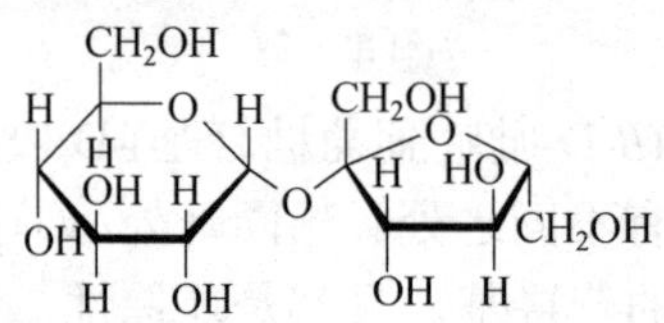

13.4 多糖

多糖（polysaccharide）是重要的天然高分子化合物，是由单糖通过苷键连接而成的高聚体，水解的最终产物是单糖。其通式为$(C_6H_{10}O_5)_x$。多糖可看作是许多单糖的苷羟基与醇羟基脱水缩合而成的糖苷。与单糖不同，尽管在多糖的分子链端仍含有苷羟基，但由于多糖分子量太大，苷羟基所占的比例极低，不足以使托伦斯试剂和费林试剂还原，因此，多糖都是非还原性糖，也无变旋光现象，无甜味，大多难溶于水，有的能和水形成胶体溶液。

多糖分子量较大，水解后能生成几百到几千个单糖分子。若水解产物只有一种单糖分子，则这种多糖称为均聚糖，如淀粉、纤维素都是均聚糖。若水解产物不止一种单糖（有些还含有其他物质），则这种多糖称为杂（异）多糖，如阿拉伯胶水解后能得到 D-半乳糖、L-阿拉伯糖、L-鼠李糖和葡萄糖酸。

多糖在自然界中广泛存在，有些多糖是动、植物体内的储备养料，如淀粉、肝糖原等，当需要时，它们会在有关酶的催化下分解成单糖而被利用。自然界中分布最广、最重要的多糖是淀粉和纤维素。

13.4.1 淀粉

淀粉（starch）大量存在于植物的种子和地下块茎中，在米、麦、红薯、玉米和土豆等农作物中含量丰富。它是绿色植物光合作用的产物，是人类的三大食物之一。淀粉经淀粉酶水解通常分为几个阶段：在酸作用下首先生成分子量较小的糊精，继续水解得到麦芽糖和异麦芽糖，最终水解成 D-(+)-葡萄糖。故淀粉是麦芽糖或葡萄糖的高聚物。

$$(C_6H_{10}O_5)_n \xrightarrow[H^+]{H_2O} (C_6H_{10}O_5)_m \xrightarrow[H^+]{H_2O} C_{12}H_{22}O_{11} \xrightarrow[H^+]{H_2O} C_6H_{12}O_6$$

$$(n>m)$$

$$\text{淀粉} \xrightarrow{\text{水解}} \text{糊精} \xrightarrow{\text{水解}} \text{麦芽糖} \xrightarrow{\text{水解}} \text{葡萄糖}$$

工业上就是利用这种原理生产麦芽糖、葡萄糖及葡萄糖浆。淀粉水解的程度不同，所得糊精的分子大小也不同，当它们遇碘作用时，分别呈现蓝紫、紫、红、橙等不同颜色。当淀粉完全水解成麦芽糖和葡萄糖时，就没有这种颜色反应。因此，根据水解产物对碘所呈颜色可以判断水解反应的进程。

如果在异构酶催化下，利用葡萄糖浆使部分葡萄糖异构化成果糖，就得到甜度更高的果葡糖浆。

淀粉是一种无色、无味、无定形固体粉末，没有还原性，不溶于一般的有机溶剂。其分子式为$(C_6H_{10}O_5)_n$，是一种混合物，由可溶性淀粉（称为支链淀粉）和不溶性淀粉（称为直链淀粉）两部分构成，二者的分子在结构和性质上都有一定的不同，在淀粉中所占的比例也随植物的种类而异。一般淀粉中，10%～20%为直链淀粉，80%～90%为支链淀粉。直链淀粉与支链淀粉的差异见表 13-1。

表 13-1　直链淀粉和支链淀粉的差异

项目	直链淀粉	支链淀粉
在淀粉中的含量	10%～20%	80%～90%
分子量	1.5×10^5～6×10^5	1×10^6～6×10^6
一级结构	由吡喃葡萄糖通过 α-1,4-苷键连接起来的一种线型高聚物	主要是通过 α-1,4-苷键相连，但每隔 20～25 个葡萄糖单元，有一个通过 α-1,6-苷键相连的支链
二级结构	直链分子再卷曲成螺旋状	呈树枝状
水溶性	溶于热水，难溶于冷水，为不溶性淀粉	溶于冷水，与热水膨胀成糊，为可溶性淀粉
遇碘显色	蓝色	紫红色

（1）直链淀粉

直链淀粉（amylose）在稀酸中水解可得到一种二糖（即麦芽糖）和一种单糖[D-(+)-葡萄糖]，这说明它是由 α-D-(+)-葡萄糖通过 α-1,4-苷键连接而成的链状高聚物，其分子量一般比支链淀粉小。其结构可用哈沃斯式表示如下：

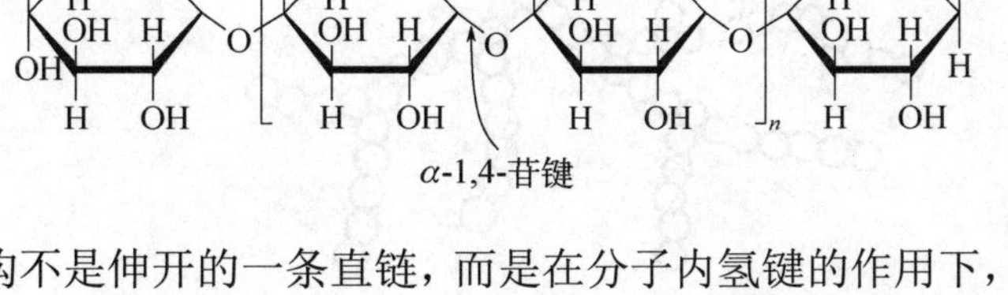

直链淀粉的结构不是伸开的一条直链，而是在分子内氢键的作用下，卷曲成螺旋状结构，该结构每盘旋一周约需六个葡萄糖单元。直链淀粉的螺旋状空穴正好与碘的直径相匹配，允

许碘分子进入空穴中，借助于范德华力吸引形成蓝色淀粉-碘络合物（图 13-1），加热时解除吸附，蓝色褪去。淀粉遇碘显蓝色，这可用于鉴定碘。此外，该螺旋结构似紧密堆积的线圈，不利于水分子的接近，故直链淀粉难溶于水。

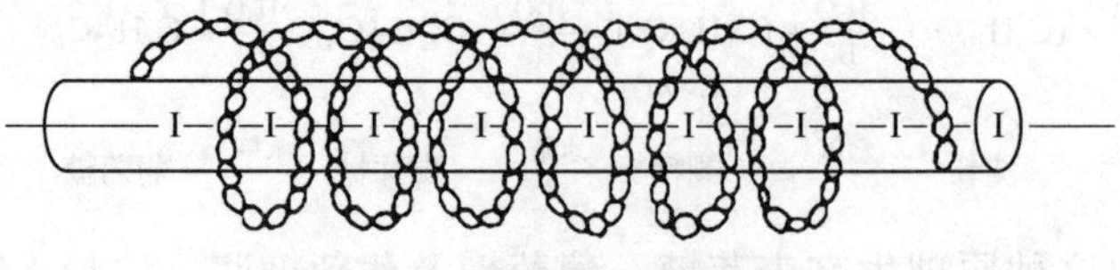

图 13-1　直链淀粉的螺旋形状

（2）支链淀粉

支链淀粉（amylopectin）在稀酸中部分水解时，产物除 D-(+)-葡萄糖外，还有麦芽糖和异麦芽糖，其最终水解得到 D-(+)-葡萄糖。其中，异麦芽糖是两个 D-(+)-葡萄糖单元通过 α-1,6 苷键相连而成的，所以支链淀粉在结构上除了由 D-(+)-葡萄糖分子以 α-1,4-苷键连接成主链外，每隔 20～25 个葡萄糖单元，还有一个以 α-1,6-苷键相连而形成的支链。其一级结构可用哈沃斯式表示如下：

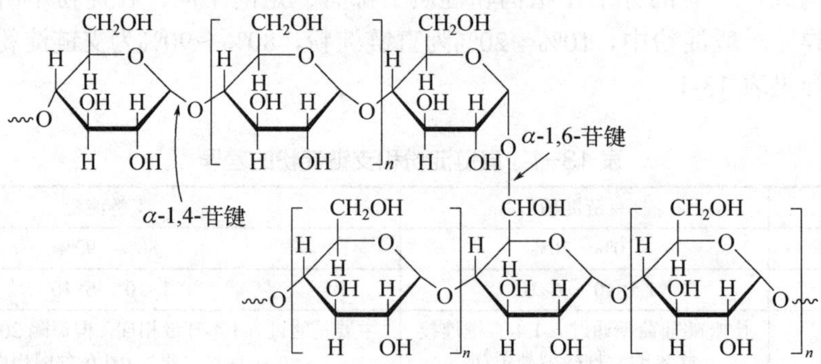

由此可见，支链淀粉与直链淀粉相比，不但含有更多的葡萄糖单元，而且具有高度分支（图 13-2）。支链淀粉不像直链淀粉那样结构紧密，有利于与水分子接近，能溶于水。支链淀粉遇碘呈紫红色，这可用于区别直链淀粉。

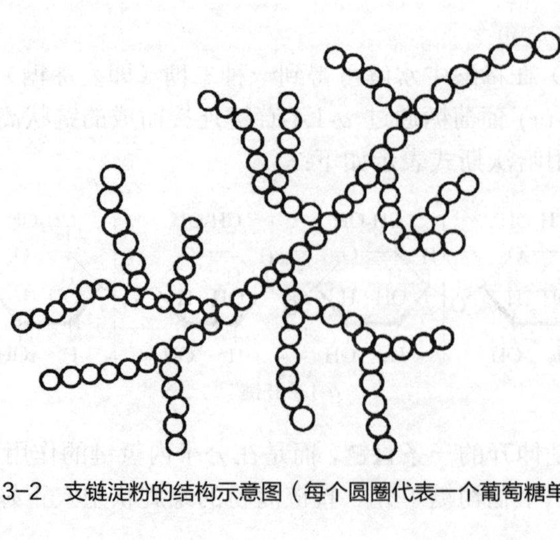

图 13-2　支链淀粉的结构示意图（每个圆圈代表一个葡萄糖单元）

直链淀粉和支链淀粉都是无色、无味、无定形的粉状固体，都能在酸性水溶液或 α-糖苷酶催化下水解。

13.4.2 纤维素

纤维素（cellulose）是由葡萄糖组成的大分子多糖，是构成植物细胞壁的主要成分，也是构成植物骨骼的物质基础。纤维素是自然界中分布最广、含量最多的一种多糖，占植物界碳含量的50%以上。棉花中纤维素的含量最高，可达98%，几乎是纯的纤维素，为天然的最纯纤维素来源；其次是亚麻，纤维素的含量为80%；木材中纤维素的含量为50%，一般植物的茎和叶中的纤维素含量约为15%。

纤维素是无色、无味、无臭且具有不同形态的固体纤维状物质，不溶于水和乙醇、乙醚等有机溶剂。纤维素加热到约 150℃时不发生显著变化，超过此温度会脱水而逐渐焦化。与淀粉一样，纤维素也不具有还原性，其分子式为$(C_6H_{10}O_5)_n$。纤维素的分子量要比淀粉大很多，水解比淀粉困难，一般在浓酸中或用稀酸在加压下进行，其部分水解得到纤维四糖、纤维三糖、纤维二糖等，最终产物是 D(+)-葡萄糖。

$$(C_6H_{10}O_5)_n \xrightarrow[H^+]{H_2O} (C_6H_{10}O_5)_4 \xrightarrow[H^+]{H_2O} (C_6H_{10}O_5)_3 \xrightarrow[H^+]{H_2O} C_{12}H_{22}O_{11} \xrightarrow[H^+]{H_2O} C_6H_{12}O_6$$

$$(n>m)$$

纤维二糖是 β-1,4-糖苷，且纤维素用纤维素酶水解可生成 D(+)-葡萄糖。由此推断，纤维素是由许多葡萄糖单元以 β-1,4-苷键互相连接而成的。其结构可用哈沃斯式表示如下：

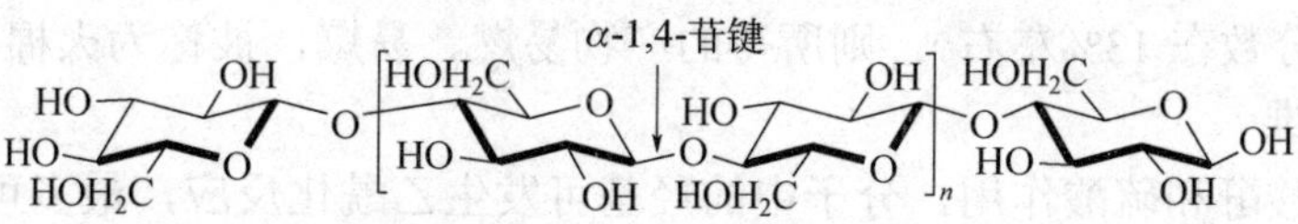

纤维素虽然与直链淀粉一样，是没有分支的链状分子，但 X 射线衍射和电子显微镜分析表明，这些长链并不卷曲成螺旋状，而是并排成束。纤维分子链借助分子间氢键缠绕形成像绳索一样的结构，后者再聚集起来，形成坚硬的、不溶于水的纤维，如图 13-3 所示。

图 13-3 纤维素的结构

纤维素和淀粉的共同点是其最终水解产物都是 D-(+)-葡萄糖，不同的是连接各葡萄糖分子间的糖苷键，在纤维素分子中以 β-1,4-苷键相连，而在淀粉分子中以 α-1,4-苷键相连。

淀粉酶或人体内的酶（如唾液酶）只能水解 α-1,4-苷键，人体内没有能水解 β-1,4-葡萄糖苷键的纤维素的酶，所以人不能消化纤维素。但纤维素对人体又是必不可少的，因为纤维素可帮助肠胃蠕动，提高消化和排泄能力。食草类动物（如马、牛、羊等）的消化道中存在一些能水解 β-1,4-苷键的酶或微生物，可使纤维素水解成 D-葡萄糖，因而这类动物能够以纤维素作为食物来获取营养。

纤维素是很重要的工业原料，具有广泛的应用。纤维素本身可直接用于造纸和纺织品。将植物用碱溶液在 120～160℃温度下处理，溶解掉木质素、半纤维素（即多缩戊糖）等，剩下纯的木纤维素可作滤纸，其加入其他填充剂可作为书写用纸张。

纤维素除了直接用于纺织和造纸外，经再生、衍生等改性处理，可得到性能更好、应用更广泛的材料。

（1）铜氨人造丝

纤维素可溶于铜氨溶液（氢氧化铜的氨溶液）中，如果将这种溶液从一个细孔中喷到稀酸中，就形成纤维素细丝，称为铜氨人造丝。其性能优于原纤维和黏胶纤维。

（2）黏胶人造丝

木浆或棉短绒用氢氧化钠溶液处理时，纤维素中的部分羟基形成钠盐，后者再与 CS_2 反应生成纤维素黄原酸酯的钠盐，其碱溶液呈黏稠状，很像胶水。若将其通过细孔挤压到稀硫酸、硫酸钠和少量硫酸锌的溶液中进行水解，则得到黏胶人造丝。若将其通过狭缝压入酸性凝固液中，则生成薄膜状制品，称为玻璃纸，亦名赛璐玢。

（3）硝酸纤维

纤维素与浓混酸反应，分子中的醇羟基都可发生酯化，最多可形成三硝酸纤维素酯。

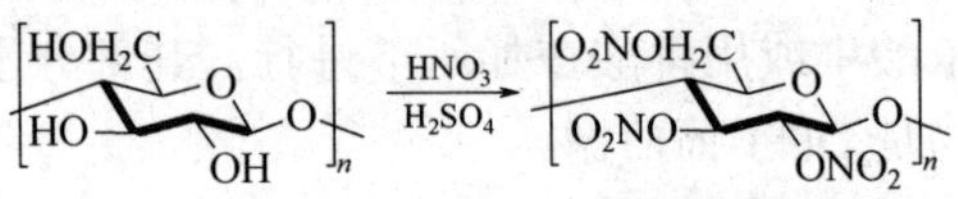

三硝酸纤维素酯

根据混酸的组成和反应时间的不同，纤维素酯化的程度也不同。如果平均每个葡萄糖单元有 2.1～2.5 个硝基（N 的质量分数在 11%左右），则所得的产物易燃、不易爆，被称为胶棉，它可用于制胶片、喷漆，与樟脑等一起加热得到坚韧的塑料——硝酸纤维素（赛璐珞），硝酸纤维素塑料是制备乒乓球、钢笔杆和玩具等的原料。如果平均每个葡萄糖单元有 2.5～2.7 个硝基（N 的质量分数在 13%左右），则所得的产物易燃、易爆，被称为火棉，可用于制火药。

（4）乙酸纤维

纤维素与乙酸酐和硫酸作用，分子中的羟基可发生乙酰化反应，最多可形成三乙酸纤维素酯。

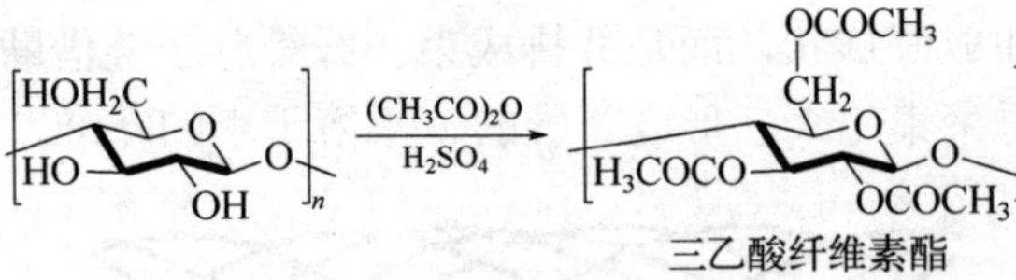

三乙酸纤维素酯

三乙酸纤维素酯部分水解可得到二乙酸纤维素酯，后者不易燃，溶于乙醇和丙酮，可用于制造人造丝、胶片和塑料等。

（5）纤维素醚

纤维素在氢氧化钠溶液中与卤代烃反应生成纤维素醚，最常见的有甲基纤维素醚、乙基纤维素醚等。如果纤维素在碱溶液中与氯乙酸作用，则在羟基上引入羧甲基，生成羧甲基纤维素钠（简称 CMC）。

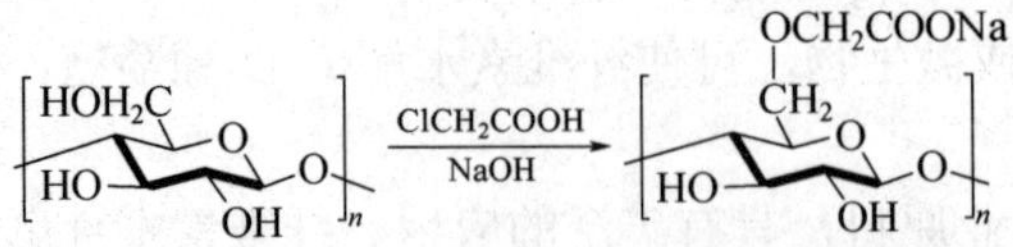

羧甲基纤维素钠

CMC 是白色粉状物，对热、光相当稳定，在水中能形成透明的黏性胶状物质。CMC 大量用作油田钻井泥浆处理剂，在纺织、印染工业上可代替淀粉用于上浆，在造纸、医药和食品工业中用作增强剂、黏合剂、增稠剂、胶体保护剂等。

习题

1．D-葡萄糖按照 IUPAC 命名法应称为(2*R*,3*S*,4*R*,5*R*)-2,3,4,5,6-五羟基己醛。据此，试命名 D-果糖和 D-甘露糖。

2．试写出下列各化合物的结构式，并说明它们之间属于对映体、非对映体还是差向异构体。

（1）D-葡萄糖和 L-葡萄糖的开链式　（2）α-D-吡喃葡萄糖和 β-D-吡喃葡萄糖

（3）α-麦芽糖和 β-麦芽糖　（4）D-葡萄糖和 D-半乳糖的开链式

3．写出下列化合物的哈沃斯式和最稳定的构象式。

（1）β-D-呋喃半乳糖　（2）α-D-吡喃葡萄糖

（3）β-D-呋喃果糖　（4）甲基-β-D-呋喃半乳糖苷

（5）β-纤维二糖　（6）2-乙酰氧基-β-D-吡喃葡萄糖

4．用化学方法鉴别下列各组化合物。

（1）蔗糖、麦芽糖　（2）纤维素、淀粉

（3）葡萄糖、果糖　（4）甘油、麦芽糖、淀粉

（5）乳糖、纤维二糖　（6）葡萄糖、甲基-β-D-呋喃葡萄糖苷

5．写出 β-D-核糖与下列试剂反应的反应式。

（1）异丙醇（干燥 HCl）　（2）过量的苯肼

（3）稀硝酸　（4）溴水

（5）H_2/Ni

6．某化合物 A 的分子式为 $C_5H_{10}O_5$，其性质和一些反应的结果如下：

① 无色、能溶于水而不被水解的中性物质；

② 能被 Na-Hg 和 HI 彻底还原成正戊烷；

③ 能与过量苯肼作用生成黄色沉淀；

④ 能被氧化成含 5 个碳原子的羧酸；

⑤ 可以与 4 分子乙酰氯作用生成 1 分子四元乙酸酯；

⑥ A 被稀硝酸氧化，得到无旋光性的二糖酸；

⑦ 将 A 进行递降反应得到丁醛糖 B，B 经 Na-Hg 小心还原，得到无旋光性的丁四醇；

⑧ 将 B 重复⑦的反应，得到右旋的甘油醛。

(1) 如何从①～⑤推出 A 是一个戊醛糖？①～⑤的结论可以肯定或否定 A 中有哪些结构或官能团？

(2) 在（1）的基础上，由⑥可以推出 A 有哪四种构型？

(3) 在（2）的基础上，由⑦可以推测出 B 有哪两种构型？

(4) 在（3）的基础上，由⑧可以判断出 A 是什么糖？

7．某糖 A 是一种非还原性的二糖，没有变旋光现象，不能被溴水氧化成糖酸，用酸水

解只生成D-葡萄糖。此外，A只能被α-葡萄糖苷酶水解。试推断此二糖的结构式。

8. A是一种D-己醛糖，用硝酸氧化可以生成具有旋光性的糖二酸B。A经递降反应得戊醛糖C，C经还原反应得具有旋光性的糖醇D。C经递降反应生成丁醛糖E，E被硝酸氧化生成具有旋光性的糖二酸F。试推测出A～F的结构式（用Fischer投影式表示），并写出相应的反应式。

9. A、B和C都是D-己醛糖，A和B用$NaBH_4$还原生成相同的具有旋光性的糖醇。A、B分别与过量的苯肼作用生成不同的糖脎。B、C用$NaBH_4$还原生成不同的糖醇，但与过量的苯肼作用能生成相同的脎。试推测出A、B、C的结构式（用Fischer投影式表示）。

第 14 章

蛋白质和核酸

课件

蛋白质（protein）存在于一切细胞中，它是生命现象的最基本的物质基础。生命是物质运动的高级形式，这种运动形式是通过蛋白质来实现的。蛋白质在有机体中承担着多种生物功能，它们能供给机体营养、输送氧气、控制代谢过程、防御疾病、传递遗传信息、负责机械运动、执行保护机能等。所有蛋白质均含 C、H、N、O，大多数蛋白质还含少量的 S，除此之外，有些蛋白质还含磷、铁、镍、铜、碘等。蛋白质彻底水解得到氨基酸（amino acid）的混合物，氨基酸是蛋白质的基本组成单位。从化学上看，蛋白质是氨基酸以肽键（peptide bond）结合而成的高聚物；肽（peptide）是氨基酸分子间脱水后以肽键相互结合的物质。因此要讨论蛋白质的结构和性质，首先要了解氨基酸。

核酸是遗传的物质基础，在生物体的生长、繁殖、遗传、变异和转化等生命现象中，核酸起着决定性的作用。因此在本章介绍与蛋白质有密切关系的另一类生物高分子化合物——核酸。

14.1 氨基酸

14.1.1 氨基酸的结构、分类和命名

14.1.1.1 氨基酸的结构

氨基酸为取代羧酸，是羧酸分子中烃基上的氢原子被氨基取代的产物。如果氨基在羧基的 α 位，则称为 α-氨基酸。

蛋白质水解所得到的 α-氨基酸除甘氨酸外，其他 α-氨基酸的 α-碳原子都是不对称碳原子，具有旋光性。α-氨基酸中的手性碳原子可以用 *R/S* 标记法标记，但与糖一样，更习惯用 D/L 标记法标记，D 或 L 也是以甘油醛为标准来确定的。用 Fischer 投影式表示氨基酸时，羧基写在竖线的上方，R 基写在竖线的下方，氨基和氢原子写在横线的两侧，它们的相对构型都属于 L 型。根据次序规则，这些氨基酸的绝对构型都是 *S* 型的，但半胱氨酸中由于 CH_2SH 比 CH_2OH 有更高的优先权，因此半胱氨酸的绝对构型是 *R* 型的。

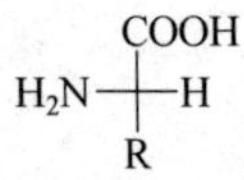

L-氨基酸

L-amino acid

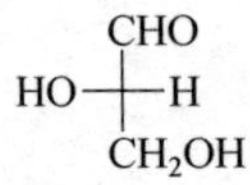

L-甘油醛

L-glyceraldehyde

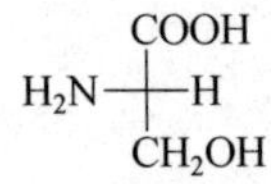

L-丝氨酸

(*S*)-丝氨酸

L-serine

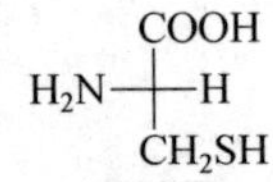

L-半胱氨酸

(*R*)-半胱氨酸

L-cysteine

14.1.1.2　氨基酸的分类

根据氨基和羧基在分子中的相对位置不同，氨基酸可分为 *α*-氨基酸、*β*-氨基酸、*γ*-氨基酸等。

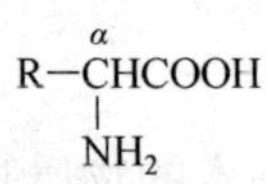

α-氨基酸

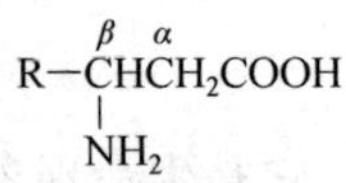

β-氨基酸

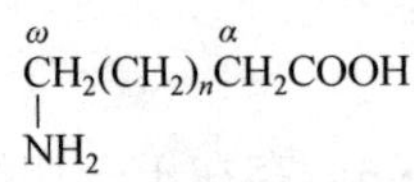

ω-氨基酸

根据烷基的结构，氨基酸可分为：

① 脂肪氨基酸：丙氨酸、缬氨酸、亮氨酸、异亮氨酸、蛋氨酸（甲硫氨酸）、天冬氨酸等。

② 芳香氨基酸：苯丙氨酸、酪氨酸等。

③ 杂环氨基酸：组氨酸、色氨酸等。

根据分子中氨基和羧基的相对数目，氨基酸可分为：

① 中性氨基酸：氨基和羧基的数目相等，如丙氨酸、甘氨酸和亮氨酸等。

② 酸性氨基酸：羧基数大于氨基数，如天冬氨酸和谷氨酸等。

③ 碱性氨基酸：氨基数大于羧基数，如精氨酸、组氨酸和赖氨酸等。

14.1.1.3　氨基酸的命名

天然氨基酸多用俗名，即根据其来源或性质命名，如天冬氨酸最初是在天冬的幼苗中发现的；甘氨酸是由于具有甜味而得名的。

氨基酸的系统命名法是将氨基作为羧酸的取代基进行命名的。1975 年，IUPAC 对蛋白质中的 20 多种氨基酸分别给予了一个正式命名及用一个字母或三个字母组成的通用缩写符号，并规定了它们的碳架结构。缩写符号由其英文名称的前三个字母组成，这种符号在表示蛋白质和肽链的结构时被广泛采用（表 14-1）。

14.1.2　氨基酸的物理性质

α-氨基酸都是无色晶体，易溶于水而难溶于苯、乙醚等非极性有机溶剂，易溶于强酸、强碱等极性溶剂。它们具有较高的熔点，且大多在熔化的同时发生分解。由蛋白质水解所得的 *α*-氨基酸，除甘氨酸外，都具有旋光性。

14.1.3　氨基酸的化学性质

氨基酸具有氨基和羧基的典型反应，如氨基可以烷基化、酰基化，可与亚硝酸作用；羧基可以成酯、酰氯或酰胺等。有些氨基酸分子中还含有羟基、巯基等其他官能团，因此还可以发生它们特有的反应。此外，氨基酸由于分子中同时具有碱性的氨基与酸性的羧基，所以还有其自身所特有的性质。

表 14-1 常见的 α-氨基酸及其性质

	名称	中文缩写	英文缩写		结构式	pI	$[\alpha]_D^{25}$
			三字码	一字码			
非极性氨基酸	甘氨酸(α-氨基乙酸) glycine	甘	Gly	G	H_2C-COO^- ($-{}^+NH_3$ 连于 C)	5.97	—
	丙氨酸(α-氨基丙酸) alanine	丙	Ala	A	$H_3C-HC(^+NH_3)-COO^-$	6.02	+8.5
	缬氨酸(β-甲基-α-氨基丁酸)* valine	缬	Val	V	$(CH_3)_2CH-CH(^+NH_3)COO^-$	5.97	+13.9
	亮氨酸(γ-甲基-α-氨基戊酸)* leucine	亮	Leu	L	$(CH_3)_2CHCH_2-CH(^+NH_3)COO^-$	5.98	−10.8
	异亮氨酸(β-甲基-α-氨基戊酸)* isoleucine	异亮	Ile	I	$CH_3CH_2CH(CH_3)-CH(^+NH_3)COO^-$	6.02	+11.3
	蛋(甲硫)氨酸(α-甲基-γ-甲硫基戊酸）* methionine	蛋	Met	M	$CH_3SCH_2CH_2-CH(^+NH_3)CH_2OO^-$	5.75	−8.2
	苯丙氨酸(β-苯基-α-氨基丙酸)* phenylalanine	苯丙	Phe	F	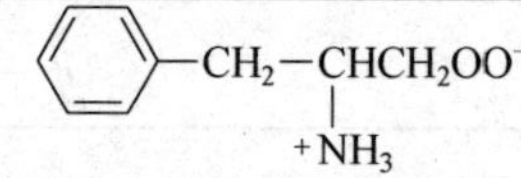	5.48	−35.1
	脯氨酸(α-四氢吡咯甲酸) proline	脯	Pro	P	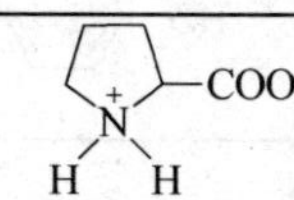	6.48	−85.0
非离解的极性氨基酸	丝氨酸 (α-氨基-β-羟基丙酸) serine	丝	Ser	S	$HOCH_2-CH(NH_3^+)COO^-$	5.68	−6.8
	苏氨酸 (α-氨基-β-羟基丁酸)* threonine	苏	Thr	T	$H_3CHC(OH)-CH(NH_3^+)COO^-$	5.60	−28.3
	半胱氨酸 (α-氨基-β-巯基丙酸) cysteine	半胱	Cys	C	$HSH_2C-CH(NH_3^+)COO^-$	5.07	+6.5

续表

	名称	中文缩写	英文缩写		结构式	pI	$[\alpha]_D^{25}$
			三字码	一字码			
非离解的极性氨基酸	天冬酰胺 (α-氨基丁酰胺酸) asparagine	天胺	Asn	N	$H_2N-C(=O)-CH_2-CH(NH_3^+)COO^-$	5.41	−5.4
	谷氨酰胺 (α-氨基戊酰胺酸) glutamine	谷胺	Gln	Q	$H_2N-C(=O)-CH_2CH_2-CH(NH_3^+)COO^-$	5.65	+6.1
	酪氨酸 (α-氨基-β-对羟苯基丙酸) tyrosine	酪	Tyr	Y	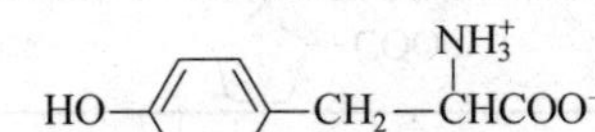	5.66	−10.6
	色氨酸 (α-氨基-β-(3-吲哚基)丙酸)* tryptophan	色	Trp	W	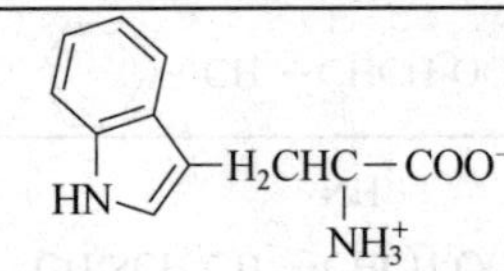	5.89	−31.5
酸性氨基酸	天冬氨酸 （α-氨基丁二酸） aspartic acid	天	Asp	D	$HOOCCH_2-CH(NH_3^+)COO^-$	2.98	+25.0
	谷氨酸 (α-氨基戊二酸) glutamic acid	谷	Glu	E	$HOOCCH_2CH_2-CH(NH_3^+)COO^-$	3.22	+31.4
碱性氨基酸	赖氨酸 (α,ω-二氨基己酸)* lysine	赖	Lys	K	$^+H_3N(CH_2)_4-CH(NH_2)COO^-$	9.74	+14.6
	精氨酸 (α-氨基-δ-胍基戊酸) arginine	精	Arg	R	$CH_3-C(=\overset{+}{N}H_2)-NHCH_2CH_2CH_2-CH(NH_2)COO^-$	10.76	+12.5
	组氨酸 [α-氨基-β-(4-咪唑基)丙酸] histidine	组	His	H	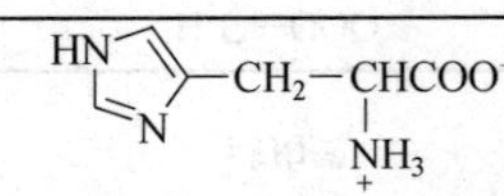	7.59	−39.7

注：带“*”的氨基酸为必需氨基酸，是人体内不能够合成，必须依靠食物获得的氨基酸。

14.1.3.1　酸碱性和等电点

氨基酸既含有氨基又含有羧基，它可以和酸生成盐，也可以和碱生成盐，所以氨基酸是两性物质。含有一个氨基和一个羧基的 α-氨基酸可以用通式 $NH_2—\underset{|}{\overset{R}{C}}HCOOH$ 表示。但实际上，氨基酸的晶体是以偶极离子的形式存在的：

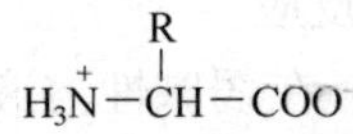

这种偶极离子是分子内的氨基与羧基成盐的结果，称为内盐。氨基酸之所以具有相当高的熔点，且难溶于有机溶剂，是因为它们以内盐形式存在，因而具有盐的性质。

在水溶液中，氨基酸的偶极离子既可以与一个 H^+结合成为正离子，又可以失去一个 H^+成为负离子。这三种离子在水溶液中通过得到 H^+或失去 H^+相互转换而同时存在。

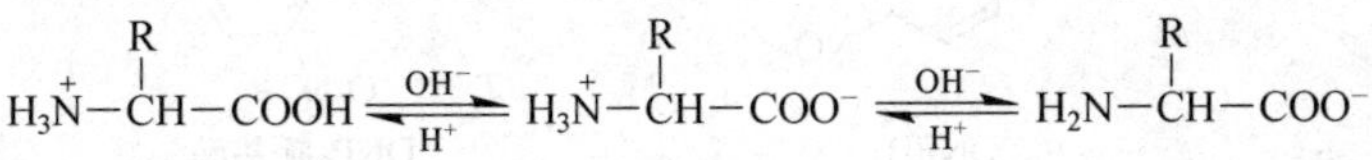

(Ⅰ)　　(Ⅱ)　　(Ⅲ)

pH＜pI　　pH = pI　　pH＞pI

氨基酸的电荷状态取决于溶液的 pH，通过调节溶液的 pH 可使氨基酸的酸性解离与碱性解离达到平衡，此时氨基酸所带的正、负电荷相等。这种处于等电状态的溶液的 pH 称为该氨基酸的等电点，通常用 pI 表示。在等电点时，氨基酸溶液的 pH=pI，氨基酸主要以电中性的两性离子存在，在电场中不向任何电极移动；溶液的 pH>pI 时，氨基酸带负电荷，在电场中向阳极迁移；溶液的 pH<pI 时，氨基酸带正电荷，在电场中向阴极迁移。等电点时，氨基酸的溶解度最小，容易沉淀，利用这一性质可以分离、制备某些氨基酸。利用各种氨基酸等电点的不同，可以通过电泳法、离子交换法等在实验室或工业生产中进行混合氨基酸的分离或制备。

在中性氨基酸中，由于$—NH_3^+$解离 H^+的能力比$—COO^-$获得 H^+的能力强，溶液需在偏酸的情况下才达到平衡，因此中性氨基酸的 pI 一般小于 7；在酸性氨基酸中，溶液一定呈酸性，故溶液 pH 较低，pI 较低；在碱性氨基酸中，溶液呈碱性，故溶液 pH 较高，pI 较高。一般来说，中性氨基酸 pI=5.5～6.3，酸性氨基酸 pI=2.8～3.2，碱性氨基酸 pI=7.6～10.6。

14.1.3.2　氨基的反应

（1）酰化反应

氨基可与酰化试剂，如酰氯或酸酐在碱性溶液中反应，生成酰胺。该反应在多肽合成中可用于保护氨基。

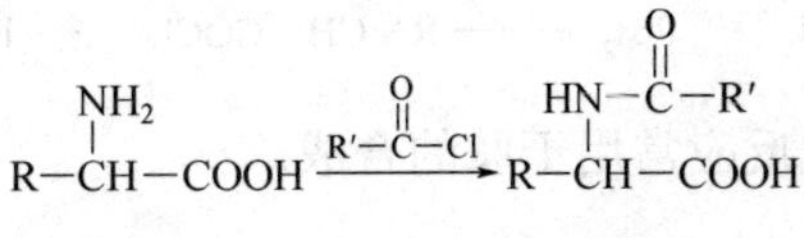

（2）与亚硝酸反应

除脯氨酸外，α-氨基酸在室温下与亚硝酸反应，生成羟基羧酸和氮气。此反应常用于蛋白质的化学修饰、蛋白质的水解程度测定及氨基酸的定量分析。

（3）与甲醛反应

甲醛能与氨基酸中的氨基发生亲核加成反应，然后脱水生成碳氮双键，使氨基酸的碱性消失，这样就可以用碱来滴定羧基的含量。

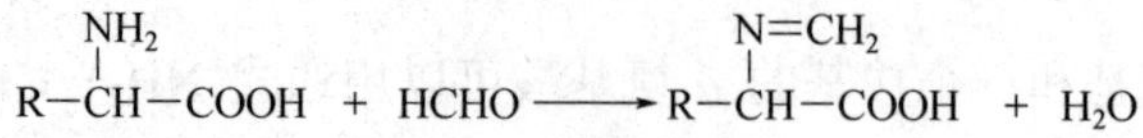

（4）与2,4-二硝基氟苯（DNFB）反应

氨基酸与 2,4-二硝基氟苯（DNFB）在弱碱性溶液中作用生成二硝基苯基氨基酸（DNP-氨基酸）。这一反应是定量转变的，产物为黄色。该反应曾被桑格（F.Sanger）用来测定胰岛素的氨基酸顺序，故 DNFB 也被称为 Sanger 试剂。此反应已应用于蛋白质的 N-末端测定。

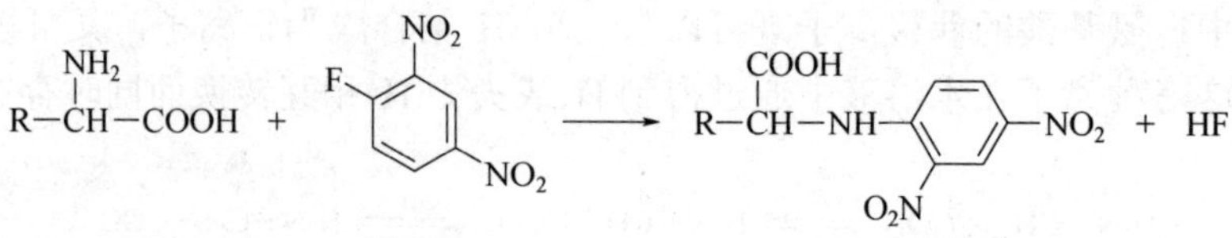

DNFB　　　　DNP-氨基酸

14.1.3.3　羧基的反应

氨基酸中的羧基表现出的主要反应与通常的羧基相似，在一定的条件下也可以发生酯化、酰化、脱羧等反应。

（1）酯化反应

在干燥的 HCl 气体存在下，氨基酸可与甲醇或乙醇作用生成氨基酸甲酯或氨基酸乙酯：

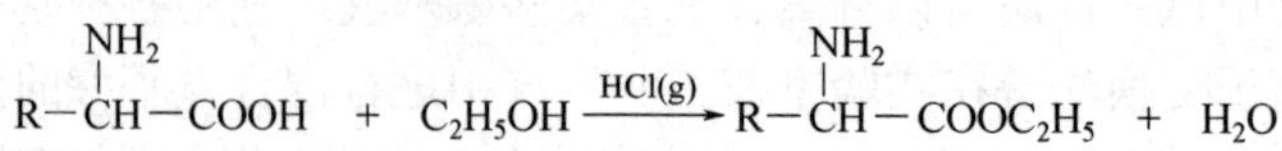

（2）酰化反应

氨基酸中的氨基与羧基相邻，难以直接形成酰卤，故一般需先用一种酰化试剂将氨基保护起来，再用另一种酰化试剂使羧基酰化。

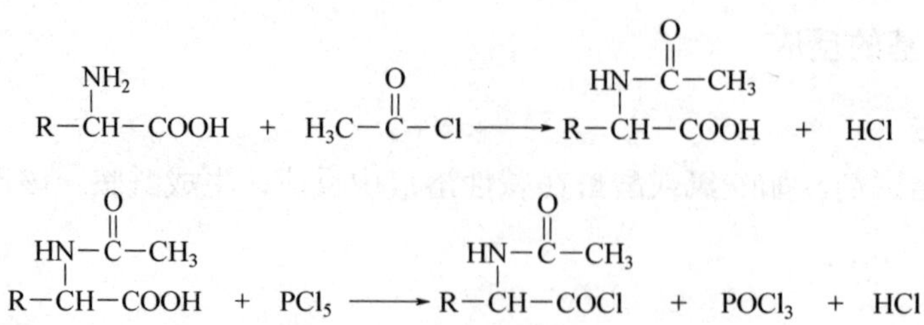

生成的酰氯活性很高，此反应常用于肽的合成。

（3）脱羧反应

氨基酸在生物体内能够脱羧形成相应的胺。此反应需在脱羧酶的催化下进行，也可在一种弱碱，如 $Ba(OH)_2$ 存在下加热发生脱羧反应。

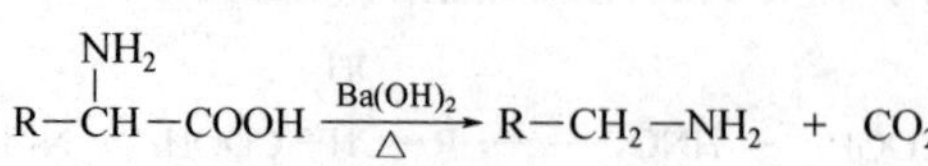

14.1.3.4 受热反应

氨基酸受热，可以发生脱水或脱氨反应，因氨基和羧基的相对位置不同，生成的产物也不同。

一般说来，α-氨基酸受热后，分子间发生脱水反应，生成环状的交酰胺。例如：

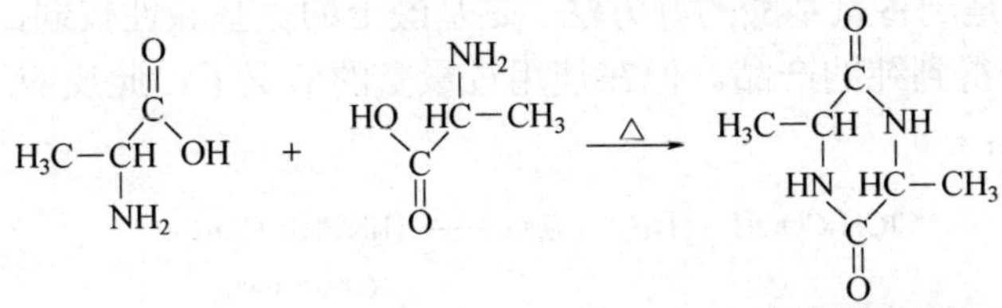

3,6-二甲基哌嗪-2,5-二酮

3,6-dimethyl piperazine-2,5-dione

β-氨基酸受热后，容易发生分子内消除，脱去一分子氨，生成α,β-不饱和羧酸。例如：

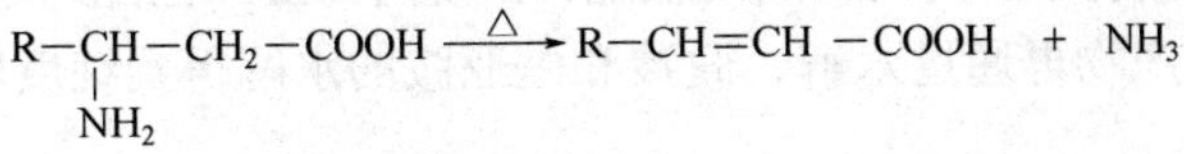

γ-或δ-氨基酸受热，分子内氨基与羧基脱水形成γ-或δ-内酰胺(lactam)。例如：

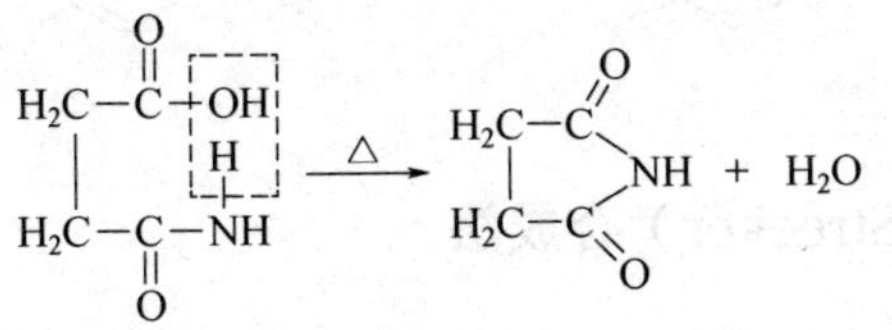

14.1.3.5 与茚三酮的显色反应

α-氨基酸与水合茚三酮在碱性溶液中共热，发生氧化、脱氨、脱羧反应，最终生成紫色物质。这是α-氨基酸特有的反应，常被用于α-氨基酸的定性或定量分析。

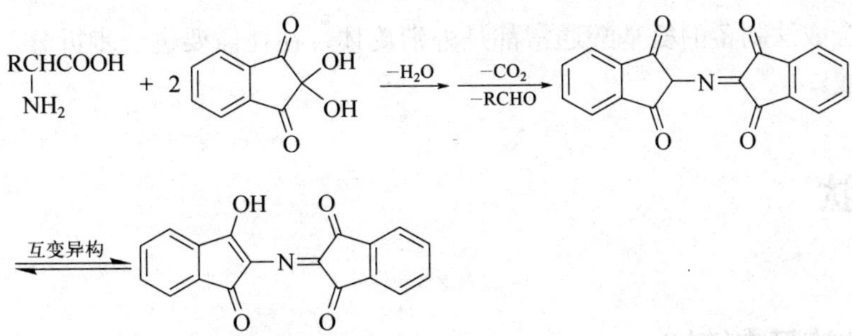

紫色

14.1.4 氨基酸的制备

14.1.4.1 蛋白质的水解

由蛋白质水解制备氨基酸是从1820年开始的，这是一个古老的方法。蛋白质在酸、碱或酶的作用下水解，最后生成多种 α-氨基酸的混合物。运用各种手段对混合物进行分离，可得到纯净的氨基酸。蛋白质水解法的缺点是分离比较困难，因为水解时得到的总是各种氨基酸的混合物。

14.1.4.2 卤代酸的氨解

α-卤代酸的氨解也是制备氨基酸的好方法。氨基酸上的氨基碱性较弱，反应中常常有仲、叔胺衍生物生成，不易得到纯的产品。但在使用过量氨的情况下，此反应还是可以得到一定产率的氨基酸的。例如：

$$ClCH_2COOH + NH_3(\text{过量}) \longrightarrow \underset{60\%\sim64\%}{H_2NCH_2COOH}$$

14.1.4.3 盖布瑞尔（Gabriel）合成法

丙二酸二乙酯溴化得到 2-溴丙二酸二乙酯，2-溴丙二酸二乙酯与邻苯二甲酰亚胺钾盐进行 Gabriel 反应，所得产物再通过水解、脱羧和酰亚胺的水解得到纯度较高的氨基酸。

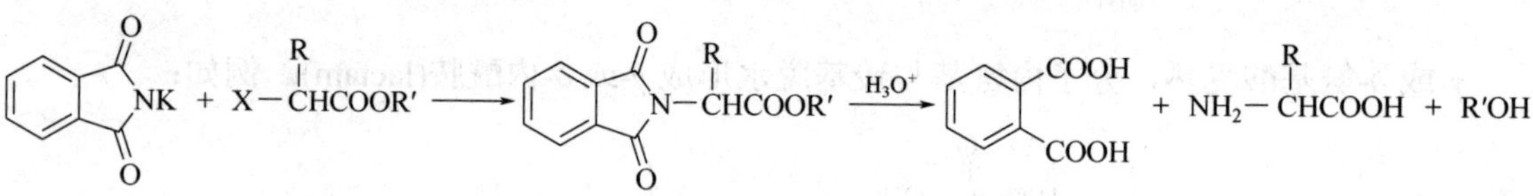

14.1.4.4 斯特雷克（Strecker）合成法

醛与氨和氢氰酸反应，再水解可得到 α-氨基酸，此反应称为斯特雷克（Strecker）反应。例如：

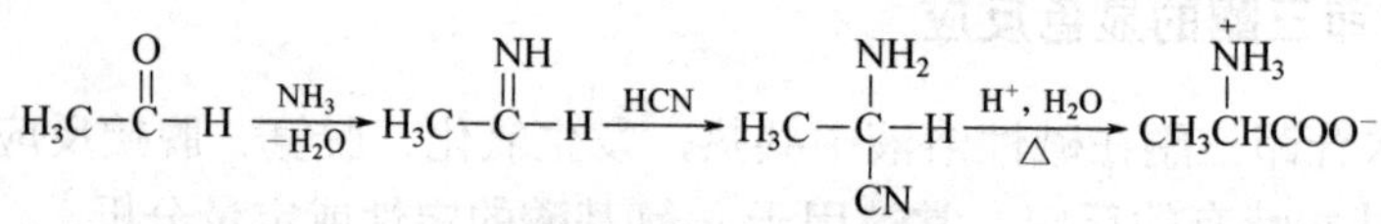

亚胺　　　2-氨基丙腈

通过化学合成法制备的氨基酸通常都是外消旋体，往往需要进一步拆分，才能得到 L 或 D 构型的氨基酸。

14.2 多肽

14.2.1 多肽的基本结构

肽是由两个或两个以上的氨基酸通过酰胺键连接所形成的化合物。肽分子中的酰胺键（—CO—NH—）称为肽键。肽键是氨基酸在蛋白质分子中的主要连接方式。

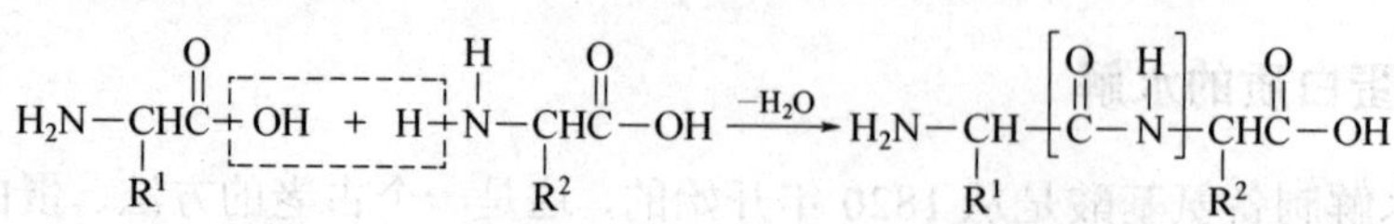

两分子氨基酸形成的肽称为二肽。二肽仍有自由的氨基和羧基，可以继续形成三肽、四肽、五肽等。多个氨基酸由多个肽键结合起来形成的肽称为多肽（polypeptide），分子量大于 10000 的肽通常称为蛋白质。形成肽键的氨基酸可以是相同的，也可以是不同的。多肽的通式如下：

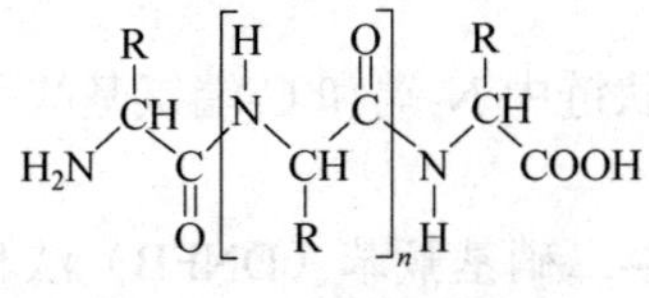

在肽链中，有氨基的一端称为 N-端；有羧基的一端称为 C-端。在写多肽结构时，通常把 N-端写在左边，C-端写在右边。

14.2.2 多肽的命名

多肽的命名以含 C-端的氨基酸为母体，以肽链其他部分作为酰基取代基，酰基排列顺序由 N 端开始。把肽链中其他氨基酸中的“酸”字改为“酰”字，按它们在链中的顺序依次写在母体名称之前。为了书写简便，也常用中文简写或缩写符号来表示氨基酸的名称，连接氨基酸残基的肽键用“-”或“·”表示。例如：

$NH_2CH_2CO-NHCH_2COOH$

甘氨酰-甘氨酸

甘·甘(Gly·Gly)

甘氨酰-丙氨酸

甘·丙(Gly·Ala)

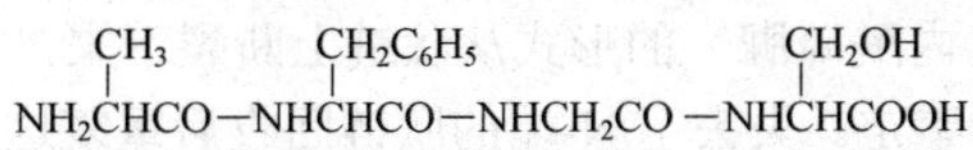

丙氨酰-苯丙氨酰-甘氨酰-丝氨酸

丙·苯丙·甘·丝(Ala·Phe·Gly·Ser)

14.2.3 多肽的结构测定

多肽一般指 10 个以上氨基酸脱水形成的肽链。

要了解一个多肽的结构，必须了解它是由哪些氨基酸组成的，以及这些氨基酸是按照怎样的顺序相结合的。因为 n 种不同的氨基酸形成多肽时可以有 $n!$ 种不同的排列方式，若要研究肽及由肽组成的蛋白质，则首先必须测定肽的结构。

为了确定肽的结构，通常需要测定多肽的组成，包括氨基酸的种类、数目、在肽链中的排列顺序等。

14.2.3.1 氨基酸的种类、数目

首先用超离心法、渗透法和 X 射线衍射法测定多肽的分子量，然后将多肽在 $6mol \cdot mol^{-1}$ 的盐酸中，于 100～120℃下加热，使多肽完全水解成氨基酸。完全水解的目的是测定组成多肽的氨基酸的种类。用电泳、色谱法或氨基酸自动分析仪将水解混合物进行分离，然后用茚三酮显色的方法与已知氨基酸进行比较，对氨基酸进行鉴定，并用比色法测定其相对含量。根据分子量（用物理化学方法测定）计算出各氨基酸可能的分子数目。

14.2.3.2 氨基酸的排序

多肽中氨基酸排序的测定可通过末端残基分析与氨基酸部分水解法结合完成。

14.2.3.2.1 末端残基分析

末端残基分析就是一种确定肽链中N-端和C-端氨基酸残基的方法。

(1)N-端氨基酸的分析

N-端氨基酸的分析主要用2,4-二硝基氟苯(DNFB)法和异硫氰酸苯酯(PITC)法。

① 2,4-二硝基氟苯(DNFB)法。也叫桑格法(Sanger method)。在碱性条件下,肽链N-端和2,4-二硝基氟苯(DNFB)反应生成N-端带有2,4-二硝基氟苯肽的衍生物(DNP-肽),DNP-肽用酸彻底水解后生成DNP-氨基酸和其他氨基酸的混合物,因为只有DNP-氨基酸带有DNFB取代基团,而且各种带有DNFB的氨基酸都是黄色的,所以通过色谱比较比移值R_f的不同,即可识别肽中的N-端是哪种氨基酸。

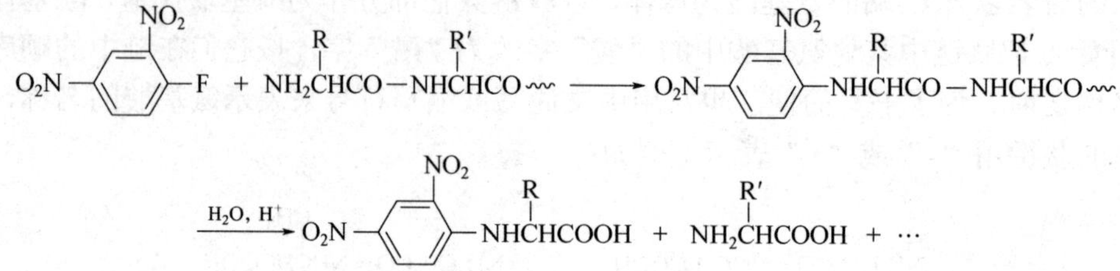

② 异硫氰酸苯酯(PITC)法。也称爱德曼(Edman)降解法。异硫氰酸苯酯和N-端的氨基酸反应生成苯氨基硫代甲酸衍生物,该化合物在有机溶剂中用无水氯化氢处理,N-端氨基酸以咪唑衍生物(苯基乙内酰硫脲)的形式从肽链上断裂下来,分离后用色谱或质谱方法与标准样品比较,即可进行鉴定。失去了N-端的肽链回收后重复这个程序,可以再进行第二个N-端氨基酸的标记和鉴别。

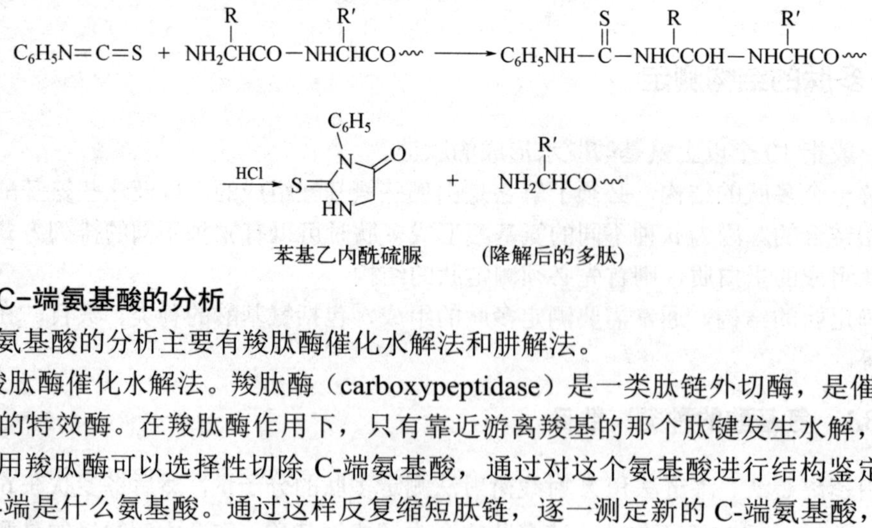

(2)C-端氨基酸的分析

C-端氨基酸的分析主要有羧肽酶催化水解法和肼解法。

① 羧肽酶催化水解法。羧肽酶(carboxypeptidase)是一类肽链外切酶,是催化C-端氨基酸水解的特效酶。在羧肽酶作用下,只有靠近游离羧基的那个肽键发生水解,而其他肽键不变。用羧肽酶可以选择性切除C-端氨基酸,通过对这个氨基酸进行结构鉴定,即可推断原来C-端是什么氨基酸。通过这样反复缩短肽链,逐一测定新的C-端氨基酸,最后确定多肽的结构。

② 肼解法。利用过量的无水肼和多肽反应，在105℃加热一段时间后，不在C-端的氨基酸都形成相应的氨基酸酰肼化物。它们继续与苯甲醛反应，生成不溶于水的苯腙衍生物而被除去，C-端氨基酸得以鉴定。

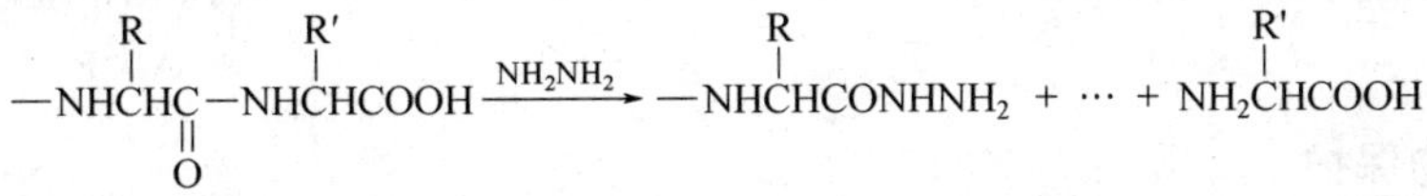

14.2.3.2.2 氨基酸部分水解

对于很长的肽链来说，要完全靠末端分析的方法确定所有氨基酸的连接次序是难以实现的，所以一般还要结合使用部分水解的方法。即先将多肽部分水解成较短的肽链，然后对这些较小的多肽进行末端分析，最后推断出原多肽分子中各种氨基酸的排列次序。

许多蛋白水解酶有高度的选择性，它们往往只水解一种特殊的肽键。例如，糜蛋白酶只水解由精氨酸或赖氨酸的羧基形成的酰胺键。其他的蛋白水解酶则能水解其他氨基酸间形成的肽键。这样，利用不同的酶，就可将肽链水解为较小的片段。

14.2.4 多肽的合成

14.2.4.1 基团的保护

要合成一种与天然多肽相同的化合物，就必须把各种有旋光性的氨基酸按一定的顺序连接成一定长度的肽链。在使一种氨基酸的羧基和另一种氨基酸的氨基相结合时，要防止同一种氨基酸分子之间相互结合。因此，在合成时，要使氨基酸在指定的羧基和氨基之间形成肽键，以合成所需要的肽，就必须把某些氨基或羧基保护起来，以便反应能按要求的方式进行，所用的保护试剂必须满足两个条件：

① 易于接到被保护的基团上去；

② 完成保护任务后，保护基团易于脱掉而不影响肽键。

此外，若氨基酸上有侧链，其中的官能团也会干扰反应，因此也需要保护。

（1）氨基的保护

氨基通常用氯甲酸苯甲酯和氯甲酸叔丁酯保护。

① 氯甲酸苯甲酯。氨基和氯甲酸苯甲酯反应后，得到氨基保护的酰胺，它可以和另一种氨基酸的氨基反应成肽。肽键形成后，此保护基可由催化氢化法或在醋酸中用冷HBr水解的方法还原分解出氨基。

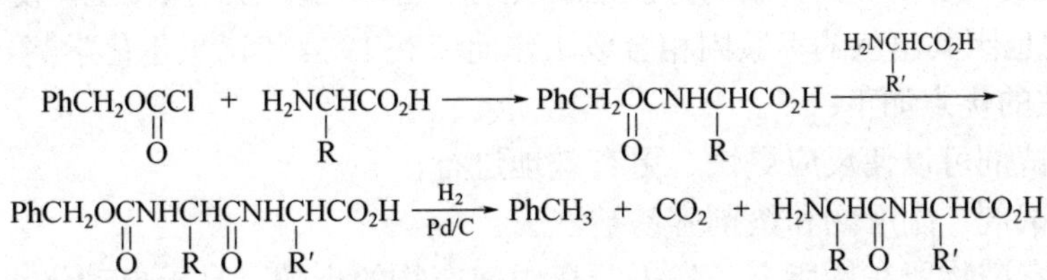

② 氯甲酸叔丁酯。氯甲酸叔丁酯与氨基酸生成的酰胺，对催化氢化稳定，而在强酸中不稳定，可分解出叔丁基正离子和氨基甲酸，前者转变成异丁烯逸出，后者失去二氧化碳恢复为氨基酸。

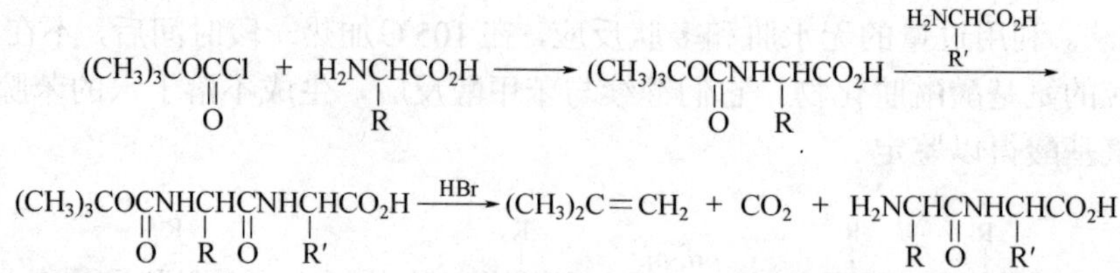

（2）羧基的保护

羧基一般可通过生成酯保护起来，常见的如甲酯、乙酯和苄酯等。酯键比酰胺键易于水解，可由稀碱催化水解为羧酸盐。此外，苄酯还可以用催化氢化的方法除去，叔丁酯则用温和的酸性水解方法除去。

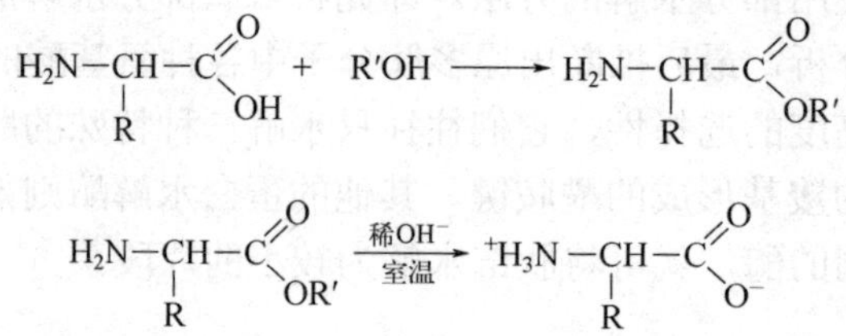

（3）侧链的保护

可将氨基酸侧链中的巯基、羟基转化为苄硫和苄基醚的形式，反应后分别用 Na/NH_3 和催化氢化的方法除去苄基保护基。而侧链中的氨基可转变为对甲基苯磺酰基，反应成肽后也可以用 Na/NH_3 作用分解除去对甲苯磺酰基。

反复使用这样的方法，每次形成一个肽键，就可以把各种氨基酸按一定的顺序连接起来。

14.2.4.2 多肽的固相合成

多肽的合成是一项艰巨而耗时的工作，而且产品的产率随着分离提纯等操作逐步下降，最终所需多肽的产率极低。20 世纪 60 年代，梅里菲尔德（R. B. Merrifield, 美国）发展了多肽固相合成法（solid - phase synthesis of polypeptide），大大地缩短了合成所需的时间并提高了产率。该方法主要在不溶的苯乙烯-对苯二乙烯共聚树脂（P）的表面上进行。在树脂表面上进行氯甲基（$—CH_2Cl$）化生成苄基氯，它和一个氨基酸反应时，生成苄酯并将一个氨基酸接在树脂上。然后将该树脂和氨基已用 Boc 基团保护过的另一种氨基酸在 DCC 存在下振荡，可生成一个仍挂在树脂上的氨基被保护的二肽。用三氟乙酸或 HOAc/HCl 去掉 Boc 基团后再和另一个氨基酸反应，如此重复，不断形成新的肽键，直到达到所需的肽的氨基酸数目和类型。最后用三氟乙酸处理，使肽链从树脂上分离下来，原来的树脂也恢复为氯甲基化的树脂，可以继续用于固相合成。固相多肽合成的方法已经应用于自动化仪器的操作上，使合成速率大大加快。梅里菲尔德也因其出色的多肽固相合成工作而荣获 1984 年诺贝尔化学奖。

固相合成法的优点如下：

① 过量的试剂可以使反应更快、更有效地进行；

② 过量的试剂、副产物和溶剂容易被洗去；

③ 最后只有产物留在树脂上，省去分离中间产物的步骤，易于自动化。

但是固相合成法生成的多肽在最后一步完成后才进行提纯，即使每步的产率都达到 99%，也有 1%未发生反应，而且得到的多肽中会混有缺少一个或多个所需氨基酸的杂质肽，这给提纯工作带来很大的困难。

14.3 蛋白质

通常将分子量较大、结构较复杂的多肽称为蛋白质（protein）。因此，蛋白质用酸彻底水解后得到的产物也是各种 α-氨基酸。但蛋白质还具有更复杂且特殊的空间构象。因此蛋白质的定义可以这样表述：多肽的分子量达到一定的程度且具有一定的空间结构就被称为蛋白质。

14.3.1 蛋白质的分类、组成和性质

14.3.1.1 蛋白质的分类

蛋白质结构复杂，有多种分类方法。

（1）根据蛋白质的形状分类

① 纤维蛋白质：如丝蛋白、角蛋白、胶原蛋白等。它们的分子呈细长形，排列成纤维状，一般不溶于水。

② 球蛋白：如蛋清蛋白、酪蛋白、胰岛素、酶等。它们的分子折叠、卷曲成球形或椭球形，一般能溶于水。

（2）根据蛋白质的化学组成分类

① 单纯蛋白：仅由氨基酸组成的蛋白质。如球蛋白、谷蛋白等。

② 结合蛋白质：由单纯蛋白质与非蛋白质部分结合而成，非蛋白质部分称为辅基。按辅基种类不同，结合蛋白质又可分为：脂蛋白、糖蛋白、磷蛋白、色蛋白、核蛋白、血红蛋白、金属蛋白等。

（3）根据蛋白质在机体新陈代谢中所起的作用分类

① 酶：起催化作用。

② 激素：起调节作用。

③ 抗体：起免疫作用。

④ 运输（转运）蛋白：起输送作用。

⑤ 收缩蛋白质：主管机体的运动。

14.3.1.2 蛋白质的组成

蛋白质主要是由 C、H、O、N 四种元素组成。还有大部分蛋白质含有 S，少数蛋白质含有 P、Fe、Cu、Mn 等元素。一般蛋白质中主要元素的含量为：C，50%～55%；O，20%～23%；H，6%～7%；N，15%～17%；S，0%～3%。

蛋白质的氮元素含量较为稳定，多种蛋白质的平均含氮量约为 16%。在任何生物样品中，1g 氮元素相当于 6.25g 蛋白质。因此，测定生物样品中的蛋白质含量时，可以用测定每克生物样品中氮元素含量（$g\cdot g^{-1}$）的方法间接求得蛋白质的大致含量（g）。

$$100g\text{ 样品中的蛋白质含量}=\text{每克样品中的氮元素含量}\times 100g\times 6.25$$

14.3.1.3 蛋白质的性质

蛋白质由氨基酸组成，其理化性质有一部分与氨基酸相同或相关。但蛋白质又是由许多

氨基酸组成的高分子化合物，因此也有一部分化学性质与氨基酸完全不同，从而表现出单个氨基酸分子所没有的性质。

（1）酸碱性质和等电点

蛋白质和氨基酸一样，也是两性物质（在肽链中有 C-端的—COOH，N-端的—NH_2），有各自的等电点。不同蛋白质，其等电点也不相同。在 pH 不同于等电点的溶液中，蛋白质带有电荷，在电场中可向不同的电极移动，因此，可用电泳法对蛋白质进行分离和鉴定。在等电点时，蛋白质的溶解度最小，因此可以通过调节溶液的 pH，使蛋白质从溶液中析出，达到分离或提纯的目的。

（2）胶体性质

蛋白质是高分子化合物，分子量大，在水溶液中所形成的颗粒具有胶体溶液的特征。蛋白质水溶液是一种比较稳定的亲水胶体，这是因为蛋白质与水有亲和性，很容易在表面形成水化层，使蛋白质颗粒相互隔开。水化膜是维持蛋白质胶体稳定的重要因素之一。另外，蛋白质颗粒在非等电点状态时带有相同的电荷，使蛋白质颗粒之间相互排斥，保持一定距离，不致互相凝聚沉淀。

蛋白质溶液具有黏度大、扩散速率慢等高分子溶液的特点，一般不能透过半透膜。利用半透膜分离、纯化蛋白质的方法称为透析法。

（3）蛋白质的盐析

在蛋白质胶体溶液中加入一定量的中性盐，如硫酸铵、硫酸钠、氯化钠等时，蛋白质可从溶液中沉淀出来，这种现象称为盐析。它的实质是盐溶液中的异性离子中和了蛋白质颗粒的表面电荷，破坏了蛋白质颗粒表面的水化层，影响了蛋白质胶体溶液的稳定性，降低了蛋白质在水中的溶解度。

若把溶液 pH 调节至该蛋白质的等电点，则沉淀效果更好。各种蛋白质的颗粒大小、亲水性的程度不同，在盐析时需要的盐的浓度也不一致。因此，调节中性盐的浓度，可使蛋白溶液中的几种蛋白质分段析出，这种方法称为分段盐析法。盐析所得蛋白质，其分子内部结构未发生变化，加水稀释尚可复溶，并恢复其生理活性，临床检验中常用此法来分离和纯化蛋白质。

（4）蛋白质的变性

蛋白质在某些物理因素（如加热、加压、超声、光照、辐射、振荡、搅拌、干燥、脱水）和化学因素（在强酸、强碱、重金属，以及有机溶剂乙醇、丙酮等作用下）影响下，缔合的肽链松展开来，导致它的多级空间结构被破坏而不复存在，使蛋白质的物理性质、化学性质和生物特性都发生了改变，这种现象称为蛋白质的变性。变性后的蛋白质称变性蛋白质，常表现为亲水性降低、溶解度降低、不易结晶、活性丧失等特点。

天然蛋白质变性后，所得的变性蛋白质分子互相凝聚或互相穿插结合在一起的现象称为蛋白质凝固。蛋白质凝固后一般都不能再溶解。蛋白质的变性并不一定发生沉淀，即有些变性蛋白质在溶液中不出现沉淀，而凝固的蛋白质必定发生变性并出现沉淀，但沉淀的蛋白质不一定发生凝固。

在现实生活中，有时希望发生蛋白质的变性。例如，医疗器皿用酒精消毒，或在高温高压下蒸煮，都是为了使细菌蛋白质变性而被杀灭。临床上急救重金属汞盐中毒时，可以给病人吃大量乳品或鸡蛋清，使蛋白质在消化道中与汞盐结合成为变性的不溶性物质，从而阻止有毒的汞离子被吸收。但有时则需要避免蛋白质变性，如预防接种的疫苗需储存在冰箱中，以免温度过高，使蛋白质变性而失去生物活性。

（5）蛋白质的颜色反应

蛋白质分子中的肽链和氨基酸残基能与某些试剂发生反应，形成有颜色的化合物，利用蛋白质这一特性可对蛋白质进行定性鉴定和定量分析。

① 茚三酮反应：蛋白质溶液与水合茚三酮溶液作用，产生紫色化合物的反应。

② 缩二脲反应：蛋白质与碱性硫酸铜溶液反应，呈现紫色，此反应被称为缩二脲反应，因缩二脲也有这种颜色反应而得名。

③ 蛋白黄反应：一些含有芳香环氨基酸，如苯丙氨酸、酪氨酸和色氨酸的蛋白质，遇浓硝酸后产生白色沉淀，加热时白色沉淀变为黄色，此反应被称为蛋白黄反应。这实际上是蛋白质分子中芳香环上的硝化反应，生成了黄色的硝基化合物。

④ 米伦反应：含有酪氨酸的蛋白加入米伦（Millon）试剂（硝酸汞、硝酸亚汞和硝酸的混合物），加热后析出砖红色沉淀，含酪氨酸的蛋白质可用该颜色反应进行鉴别。

⑤ 亚硝酰铁氰化钠反应：含巯基的蛋白质可以和亚硝酰铁氰化钠反应，形成红色配合物，此反应用于该类蛋白质的鉴别。

14.3.2 蛋白质的结构

蛋白质分子的结构复杂，它是由各种 α-氨基酸以肽键结合而成的高聚物，多肽链中氨基酸的种类、数目和排列顺序决定了每一种蛋白质的空间结构，从而决定了蛋白质的各种生物功能。蛋白质有不同的结构层次，一般分为一级结构、二级结构、三级结构和四级结构。一级结构又称为初级结构或基本结构，后三者统称为高级结构或空间构象。蛋白质的空间构象涵盖了蛋白质分子中每一个原子在三维空间的相对位置。此外，并非所有蛋白质都有四级结构，由两条或两条以上多肽链形成的蛋白质才有四级结构。

14.3.2.1 蛋白质的一级结构

蛋白质的一级结构是指肽链中氨基酸的连接方式和排列顺序，主要连接键为肽键和二硫键。一级结构是蛋白质的基本结构，决定了蛋白质的性质及生物活性。任何特定的蛋白质都有其特定的氨基酸排列顺序。例如，牛胰岛素（图 14-1）是由两个多肽链共 51 条氨基酸残基组成的，即一条由 21 个氨基酸残基组成的 A 链和另一条由 30 个氨基酸残基组成的 B 链，它们通过两对二硫键连接成一个双链分子，而且 A 链本身还有一对二硫键。

1965 年，我国采用液相合成法在世界上首次人工合成了结晶牛胰岛素。这一创举开辟了人工合成蛋白质的新时代，是人类在认识生命、探索生命奥秘的征途中的又一个里程碑。

14.3.2.2 蛋白质的二级结构

蛋白质的二级结构是蛋白质分子中某一段肽链的局部空间结构，即多肽链本身的折叠和环绕的方式。接下来主要讨论该段肽链主链的构象，而不讨论侧链的构象。维系二级结构的化学键主要是氢键，二级结构的主要形式包括 α-螺旋、β-折叠、β-转角以及无规卷曲。

（1）α-螺旋

α-螺旋是一种右螺旋结构，轴心距为 0.5nm。在 α-螺旋中，每轮螺旋包含约 3.6 个氨基酸残基，相当于沿中心轴上升约 0.54nm。氨基酸侧链伸向外侧，同一肽链上的每个残基的酰胺氢和位于它之后的第 4 个残基上的羰基氧间形成氢键（大致与螺旋轴平行），这就是形成 α-螺旋构象的推动力。由于肽链中的每个氨基酸都参与形成氢键，因此 α-螺旋是稳定的构象，同时也是蛋白质中最常见且含量最多的二级结构（图 14-2）。

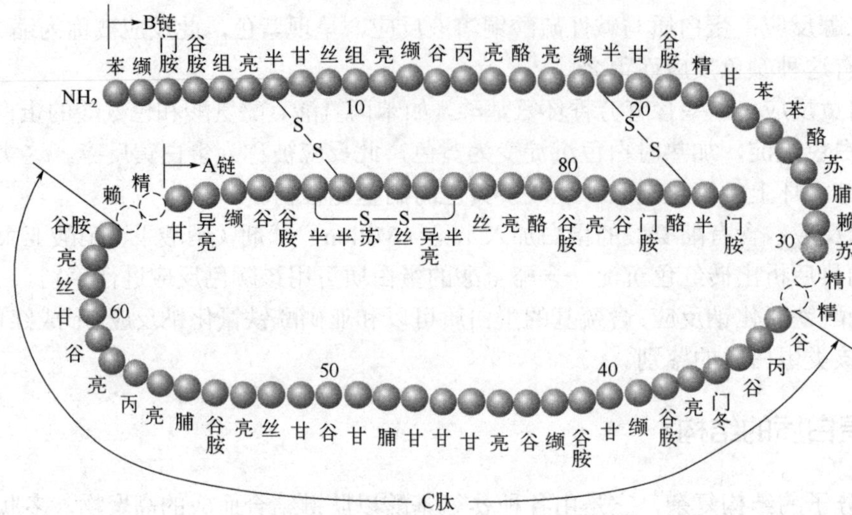

图 14-1　牛胰岛素的一级结构

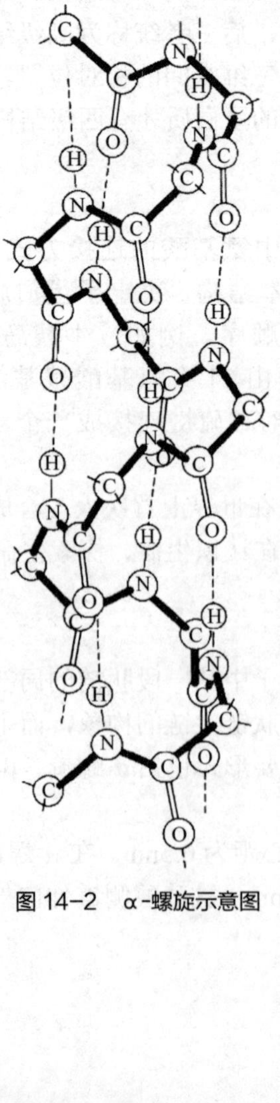

图 14-2　α-螺旋示意图

（2）β-折叠

β-折叠（图 14-3）由鲍林等人于 1951 年提出，最早发现于纤维状蛋白中，也是一种重复的稳定结构。它与 α-螺旋的不同之处在于：β-折叠的肽主链沿纸条形成锯齿状，是最伸展的构象；β-折叠在链间形成氢键。β-折叠的氢键在两条肽链或一条肽链的两段之间，它的主链骨架进行了一定的折叠，两条肽链可以是平行的（N-端到 C-端是同向的），也可以是反平行的。从能量上看，反平行比较稳定。

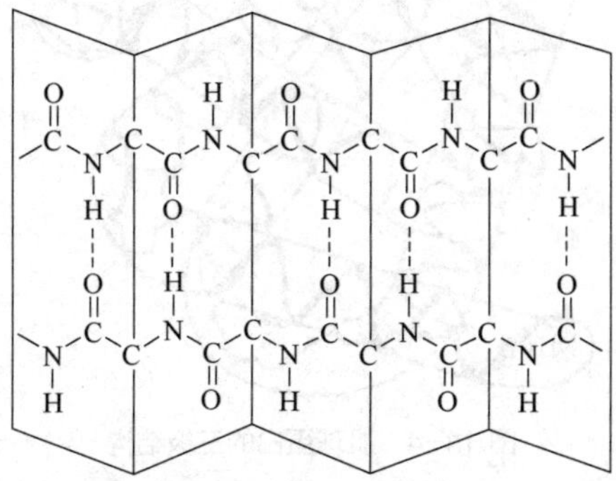

图 14-3　β-折叠的反平行结构

（3）β-转角

在蛋白质分子的多肽链中，氨基酸残基的 C═O 键的氧原子与其后第三个氨基酸残基的 N—H 键的氢原子形成的氢键构成 180° 的回折转角，此回折转角就称为 β-转角。β-转角连接二级结构单元，对确定肽链的走向起决定作用。

（4）无规卷曲

无规卷曲指不能被归入明确的二级结构（如折叠或螺旋）的多肽区段。实际上，这些区段大多数既不是卷曲的，也不是完全无规则的。它们也像其他二级结构那样，是明确而稳定的结构，否则蛋白质就不可能形成三维空间上的周期性结构的晶体。

14.3.2.3　蛋白质的三级结构

三级结构是指整条多肽链通过氢键、二硫键、疏水键、范德华力及配位键等的作用，在二级结构基础上再按一定空间取向盘绕交联成一定形状的高级结构，包括一级结构中相距远的肽段之间的空间相互关系、骨架和侧链在内的所有原子的空间排列。蛋白质的三级结构是由氨基酸的排列顺序决定的，是多肽链主链上各个单键旋转自由度受到限制的总结果。多肽链经卷曲折叠形成三级结构，使分子表面形成某些具有生物功能的特定区域，如酶的活性中心等。如果蛋白质分子仅由一条多肽链组成，三级结构就是它的最高结构层次。肌球蛋白的三级结构如图 14-4 所示。

14.3.2.4　蛋白质的四级结构

蛋白质的四级结构由有生物活性的两条或多条肽链组成，肽链与肽链之间不通过共价键相连，而由非共价键维系。每条多肽链都有其完整的三级结构，称为蛋白质的亚基（subunit），这种蛋白质分子中各个亚基的空间排布及亚基接触部位的布局和相互作用，称为蛋白质的四级结构。在四级结构中，各亚基之间的结合力主要是疏水作用，氢键和离子键也参与维持四级结构。单独的亚基一般没有生物学功能，只有含有完整的四级结构的蛋白质才有生物学功能。血红蛋白的四级结构如图 14-5 所示。

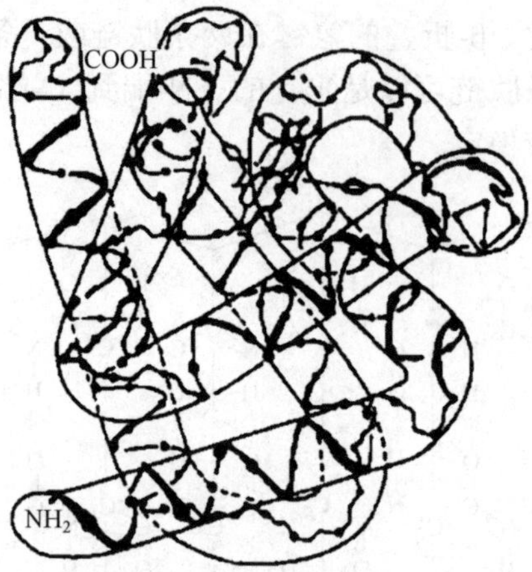

图 14-4 肌球蛋白的三级结构

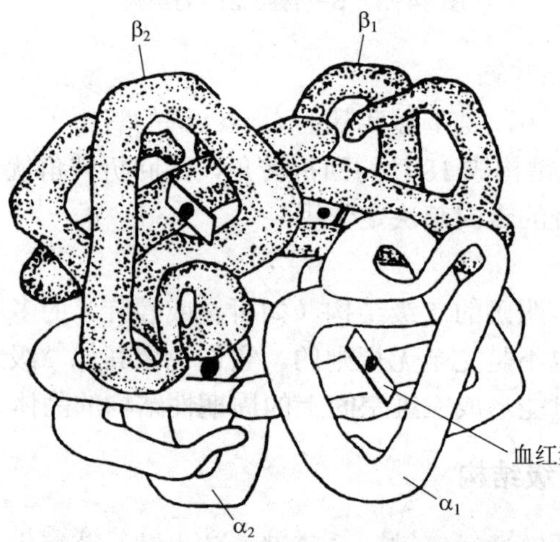

图 14-5 血红蛋白分子的四级结构

血红蛋白是含有两种不同亚基的四聚体，每一个亚基都有一个三级结构的肽链和一个血红素相连，它们以四面体的方式排列起来，形成一个非常紧凑的结构。α_1、α_2，β_1、β_2 分别代表血红蛋白分子中的四条肽链，α 链由 141 个氨基酸组成，β 链由 146 个氨基酸组成，它们各自都有一定的排列顺序。α 链和 β 链的一级结构相差较大，但三级结构大致相同，类似于肌红蛋白。

14.4 酶

含碳化合物在实验室中的化学反应一般称为有机化学反应，在有生命的细胞中的化学反应一般称为生物化学反应。生物化学中的反应往往是有机化学中所熟知的反应，但生物化学反应的过程常常是温和的，在 pH=7 时就能很快进行反应，产率很高，且反应是立体专一性的。生物化学反应具有这些优点是因为生物化学反应是在酶的作用下进行的。下面对酶作一些简单的介绍。

14.4.1 酶的命名和分类

（1）酶的命名

每一种酶都包含一个习惯名称（recommended name）和一个系统名称（systematic name）。酶的习惯命名法可以根据底物来命名，如水解淀粉的酶称为淀粉酶（amylase），水解蛋白质的酶称为蛋白酶（protcinase）。有时还要加上酶的来源或酶的其他特点，如胃蛋白酶和胰蛋白酶，以及酸性磷酸酶或碱性磷酸酶等。酶也可以根据所催化的反应性质来命名，如水解酶。有时也可以将两者结合起来，如琥珀酸脱氢酶。

系统名称要求标明酶的底物及催化反应的性质。例如，“草酸：氧氧化酶”表示该酶有草酸和氧两个底物，它催化氧化反应。

（2）酶的分类

酶按其组成成分可以分为简单蛋白质和结合蛋白质两类。简单蛋白质的催化活性仅取决于其本身的结构。结合蛋白质由酶蛋白和辅助因子（cofactor）或辅酶（coenzyme）共同组成。前者是蛋白质部分，后者是非蛋白部分。

酶按其催化性能可以分为：

① 氧化还原酶（oxido-reductase）：能促进底物氧化-还原反应的酶，如细胞色素氧化酶。

② 转移酶（transferase）：催化底物分子中的某一基团转移到另一底物上去，如转氨酶。

③ 水解酶（hydrolase）：催化水解反应，如淀粉酶、酯酶、胃蛋白酶。

④ 裂解酶（lyasc）：促进一种化合物分裂为两种化合物或由两种化合物合成一种化合物的反应，如碳酸酐酶。

⑤ 异构酶（isomerase）：促进异构化反应，如磷酸葡萄糖异构酶。

⑥ 连接酶（ligase）：促进两分子底物连接起来，如谷氨酰胺合成酶等。

14.4.2 酶的催化

酶是一种生物催化剂，在体外合适的环境下仍有催化活性。酶的催化效力很高，一般远远超过化学催化剂（高 10^8～10^9 倍）。除了高效之外，酶还有高度的专一性（立体选择性和区域选择性），能从混合物中选择特定异构体进行催化反应。例如，蛋白酶只催化水解蛋白质，淀粉酶只对淀粉起催化水解作用。酶对反应环境的要求比较苛刻，pH、温度等都有特定的范围，如果超出该范围，可引起酶的变性、失效。

（1）酶催化的区域选择性

酶催化反应首先与底物发生特定的键合，同时使反应官能团处于酶催化的活化位置，这就决定了酶催化反应的区域选择性。

羧肽酶 A 只催化水解 C-端氨基酸氨基上的肽键，这也是由酶对多肽键合位置和催化位置的专一性所决定的。羧肽酶 A 是一个含锌的金属酶，它对多肽链 C-端氨基酸的水解过程见图 14-6。羧肽酶 A 中，145 位精氨酸和 248 位酪氨酸对 C-端氨基酸羟基有络合作用，C-端氨基酸的侧链可装入酶的非极性袋中。催化反应的主要位置和方式如下：69 位组氨酸、72 位谷氨酸和 196 位组氨酸络合的 Zn^{2+}活化与 C-端氨基酸的氨基成键的羰基，同时 270 位谷氨酸络合水分子，增强水的亲核性，使 C-端氨基酸氨基上的肽键容易水解断键。该酶对 C-端为精氨酸或赖氨酸的多肽是不活泼的，这是由于非极性袋不易装入带电荷的侧链。

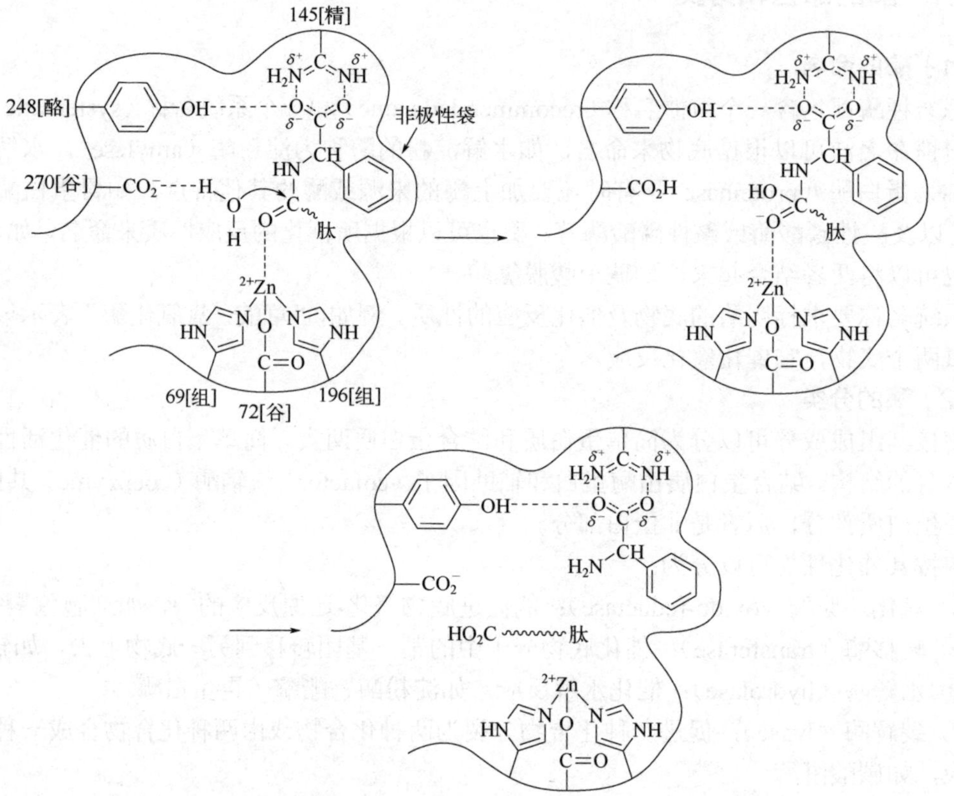

图 14–6　羧肽酶 A 的催化过程

（2）酶催化的立体专一性

酶催化反应的另一重要特点是具有高度立体专一性（stereospecificity）。例如，外消旋的 *α*-氟代己酸乙酯在酯酶（lipase）存在下水解，结果只有 *S*-构型的酯水解生成相应的氟代酸，而 *R*-构型的酯仍以酯的形式存在。

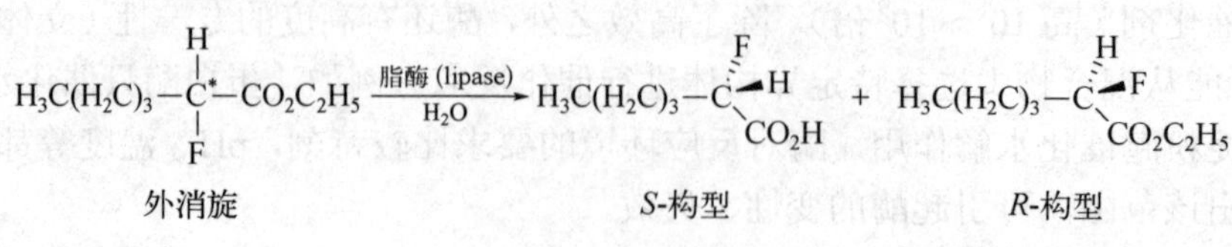

14.5　核酸

核酸最早是由瑞士生理学家米舍尔（F. Miescher）提出的，他于 1869 年从细胞核中首次分离得到一种具有酸性的新物质，也就是现在的核酸（nucleicacid）。核酸对遗传信息的储存和蛋白质的合成起着决定性作用，是一类非常重要的生物高分子化合物。

14.5.1 核酸的分类

根据分子所含戊糖的不同，核酸可以分为核糖核酸（ribonucleic acid，RNA）和脱氧核糖核酸（deoxyribonucleic acid，DNA）。RNA 主要存在于细胞质和细胞核内，DNA 主要存在于线粒体和细胞核内。DNA 是生物遗传的主要物质基础，RNA 则直接参与 DNA 在细胞内的遗传信息表达，即蛋白质的生物合成。

根据 RNA 在合成蛋白质的过程中所起的作用不同，RNA 分成三类：

① 核糖体 RNA（rRNA）：它是核蛋白的主要成分，是蛋白质的合成场所，参与蛋白质合成的各种成分必须在核糖体上将氨基酸按特定顺序合成多肽链。

② 信使 RNA（mRNA）：它属于蛋白质合成的模板，直接控制着氨基酸的排列顺序。

③ 转运 RNA（tRNA）：它属于氨基酸的载体，在蛋白质合成中，它将 mRNA 携带的遗传密码翻译成氨基酸信息，并转运到核糖体上。

14.5.2 核酸的组成

组成核酸的主要元素有 C、H、O、N、P 等。核酸一般不含 S，但 P 的含量较多并且较恒定，通常为 9%～10%。核酸的基本组成单元是核苷酸，核苷酸经过水解，可得到磷酸、戊糖和碱基。

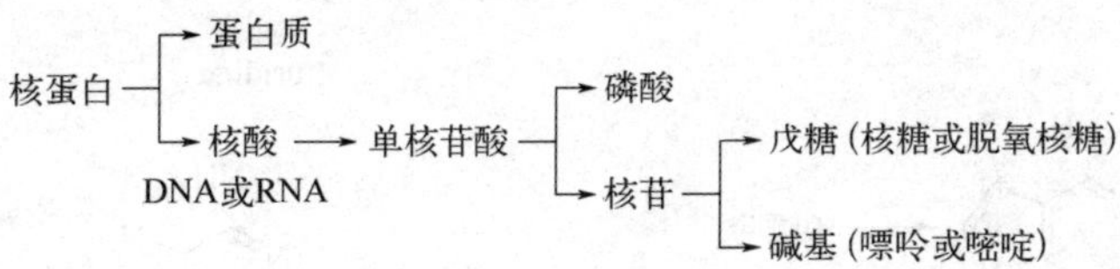

14.5.2.1 戊糖

核酸中的戊糖分为 D-核糖和 D-2-去氧核糖两种类型，它们均以 *β*-呋喃型存在。

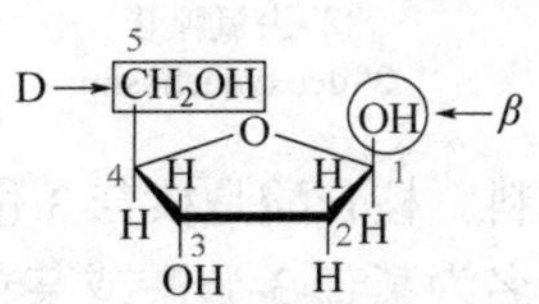

β-D-2-去氧核糖

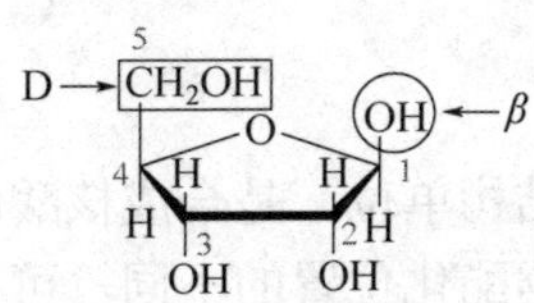

β-D-核糖

为了区别碱基中的碳原子，在编号时将 D-核糖和 D-2-去氧核糖中的碳原子标为 C1′、C2′等。D-2-去氧核糖与 D-核糖两者的差别只在于去氧核糖中与 C2′连接的不是羟基而是氢原子，这也是 DNA 在化学性质上比 RNA 稳定得多的原因。

14.5.2.2 碱基

核酸中所含的杂环碱称为碱基，它可以分为嘌呤（purine）碱和嘧啶（pyrimidine）碱。嘌呤碱主要有腺嘌呤（adenine，A）和鸟嘌呤（guanine，G）；嘧啶碱主要包含胞嘧啶（cytosine，C）、胸腺嘧啶（thymine，T）和尿嘧啶（uracil，U）等。A、G、C、T、U 分别为这些碱基的代号。

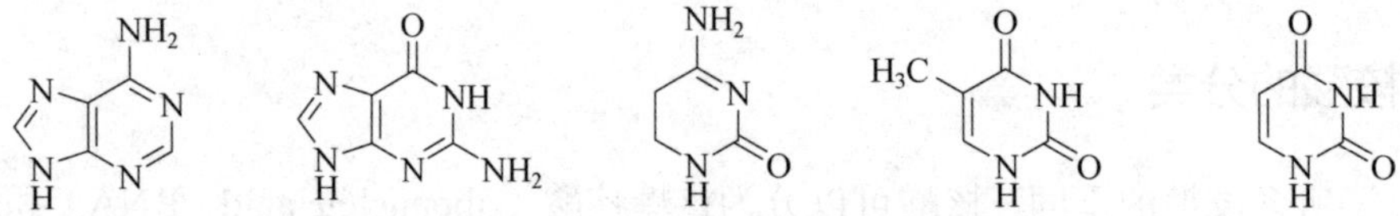

腺嘌呤　　鸟嘌呤　　胞嘧啶　　胸腺嘧啶 (DNA)　　尿嘧啶 (RNA)

adenine　　guanine　　cytosine　　thymine　　uracil

14.5.2.3 核苷

核苷是一种糖苷，由戊糖和碱基以糖苷键相连而成，是核苷酸水解的产物。戊糖的第一位碳原子（C1′）与嘧啶碱的第一位氮原子（N1）或与嘌呤碱的第九位氮原子（N9）连接。核苷命名时，如果糖组分是核糖，词尾用“苷”字并在前面加上碱基名称（如尿苷）；如为去氧核糖，则在词首加上“去氧”（如 2′-去氧腺苷）。

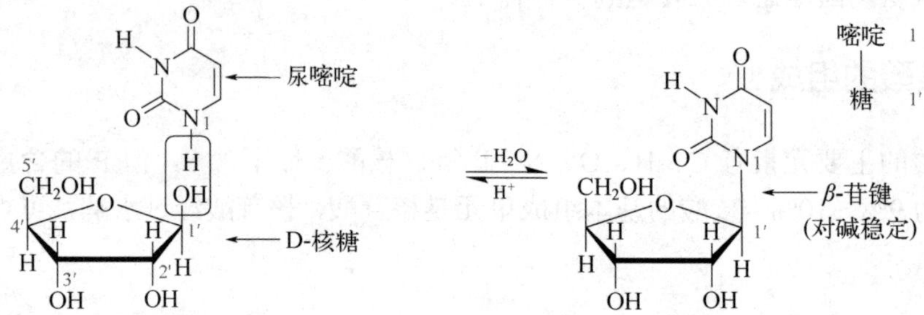

尿苷
uridine

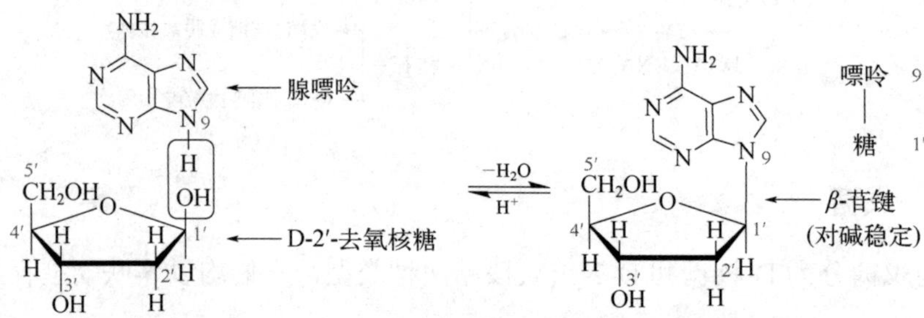

2′-去氧腺苷
2′-deoxyadenosine

核苷酸是核酸的结构单位，是合成核酸的原料。核苷酸是核苷 3 位或 5 位的羟基与磷酸进行酯化形成的，根据酯化位置的不同，可以命名为某苷-3-磷酸或某苷-5-磷酸。例如：

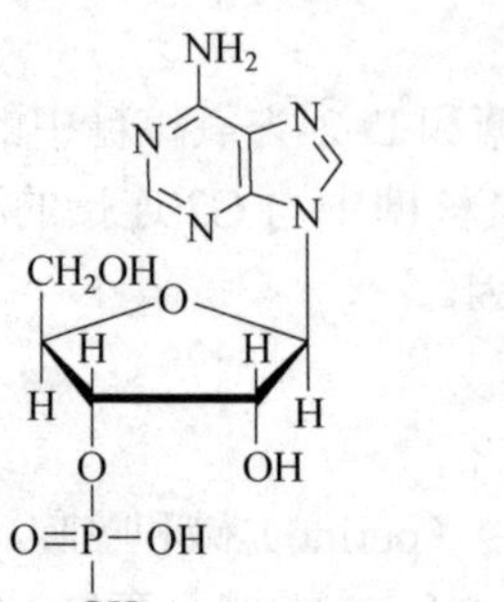

腺苷-3′-磷酸

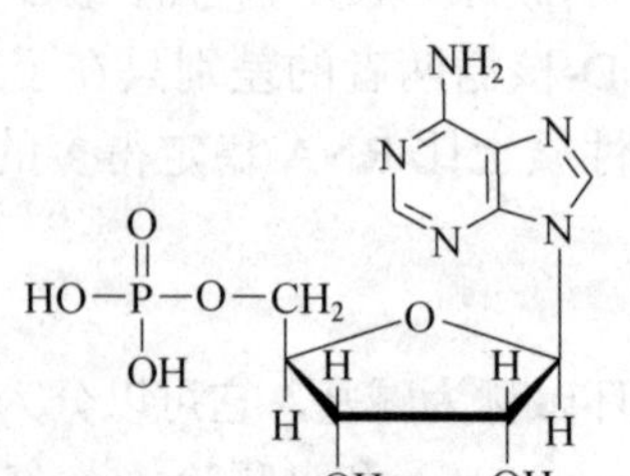

腺苷-5′-磷酸

在生物体内以游离形式存在的单核苷酸为核苷-5′-磷酸，单磷酸腺苷（AMP）与一分子磷酸结合成二磷酸腺苷（ADP），二磷酸腺苷再与一分子磷酸结合成三磷酸腺苷（ATP）。

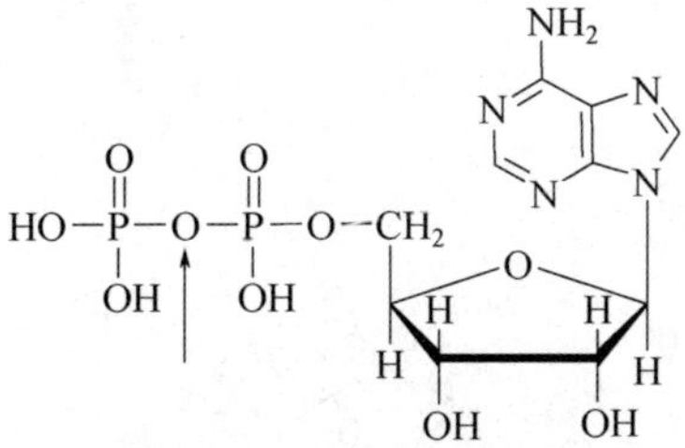

腺苷-5′-二磷酸 (ADP)

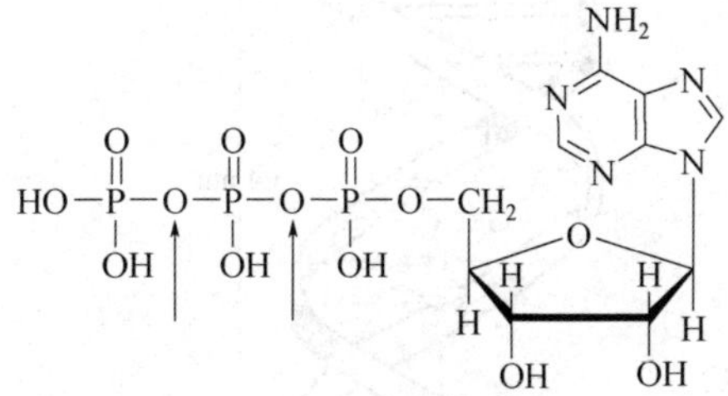

腺苷-5′-三磷酸 (ATP)

14.5.3 核酸的结构

核酸的结构复杂多样，主要可分为一级结构和二级结构。

14.5.3.1 一级结构

核酸的一级结构是指核酸分子中不同碱基的核苷酸排列顺序。一级结构决定了核酸的基本性质。由于书写多核苷酸的结构式比较麻烦，故常用速记法：糖-磷酸酯骨架用封在两条平行线之中的字母 S 和 P 表示，用短横线表示连接糖体和碱基的 β-苷键。磷酸二酯键的方向用头尾有数字的箭头表示。

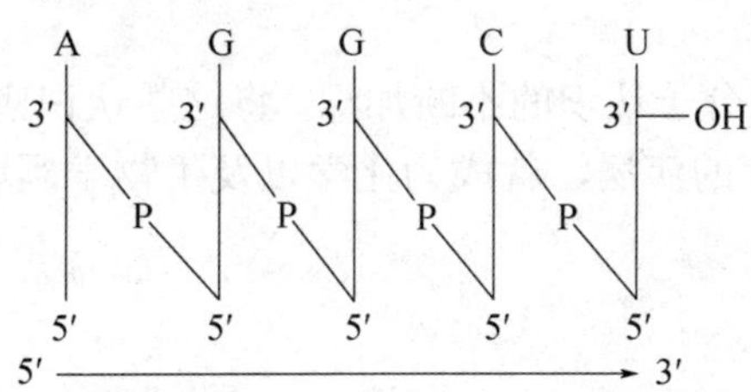

pApGpGpCpU

A → G → G → C → U

AGGCU

天然的、完整的核苷酸链 5′-端常是游离的磷酸基，3′-端则是游离的羟基。

14.5.3.2 二级结构

1953 年，沃森（J. D. Watson）和克里克（F. Crick）首次提出了 DNA 的右手双螺旋模型。他们认为 DNA 分子是由两条多核苷酸链以相反的方向平行围绕同一中心轴形成的右手螺旋结构（图 14-7）。这两条链称为主链，主链由脱氧核糖和磷酸组成，其位于双螺旋体的外侧，碱基位于双螺旋体的内侧，与轴心垂直，两条主链通过碱基间形成的氢键结合。碱基之间存在着构造互补性：腺嘌呤与胸腺嘧啶成对，形成两条氢键；鸟嘌呤与胞嘧啶成对，形成三条氢键，这种规律称为“碱基配对”规律。只要确定了 DNA 中一条主链的核苷酸的连接顺序，另一条主链的核苷酸连接顺序也就确定了。

RNA 与 DNA 的不同之处在于，RNA 常以单链形式存在，单链的 RNA 分子通过自身回折实现核苷链的碱基配对，形成短的双螺旋区域（图 14-8）。

核糖核酸一般分为三种，即转运 RNA（tRNA）、信使 RNA（mRNA）以及核糖体 RNA（rRNA）。通常，不同核糖核酸分子的二级结构差别较大，某些核糖核酸分子含有部分双链螺旋结构，某些则完全为单链螺旋结构。

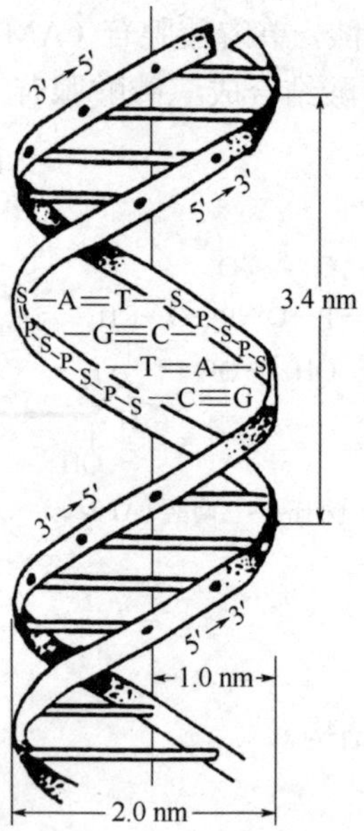

图 14-7　DNA 的双螺旋结构

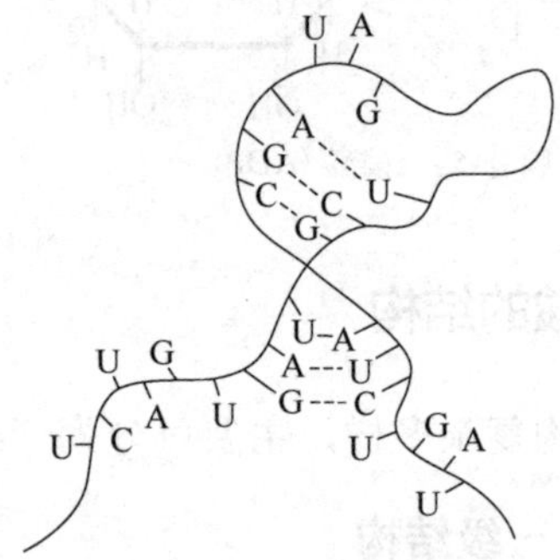

图 14-8　RNA 的二级结构

14.6　生物技术和生物技术药物

伴随着人类对蛋白质、核酸等生物大分子认识的不断加深，将这些认识应用于医学领域，以开发新型药物或治疗传统方法无法治疗的疾病，就成为化学以及生物学领域的研究热点。

14.6.1　生物技术——基因工程

基因工程利用 DNA 重组技术在体外重组 DNA，并将其引入受体细胞，从而达到修复受损基因及表达新基因的目的。研究表明，许多外源环境影响（如核辐射、紫外线照射以及一些化学物质）和人体自身的代谢活动（如 ATP 代谢的副产物自由基）都会导致基因损伤。这些基因损伤是导致细胞癌变的重要因素，因此，修复基因损伤可能会成为人类攻克癌症的重要手段之一。

14.6.2　生物技术药物

（1）干扰素

20 世纪 50 年代，科学家发现细胞在受到某些病毒感染后会分泌具有抗病毒功能的特异性蛋白质，这类蛋白质能够与周围未感染细胞上的相关受体作用，促使这些细胞合成抗病毒蛋白，防止进一步的感染。这种物质被命名为干扰素（interferon）。

干扰素属于糖蛋白，具有宿主特异性。因此，应用于人体的干扰素必须是人体细胞产生的干扰素。目前在人类身上共发现了三种类型的干扰素：α 型干扰素由白细胞产生，β 型干扰素由成纤维细胞产生，γ 型干扰素由淋巴细胞产生。这三种干扰素都是有效的病毒抑制剂。20 世纪 80 年代后，人类利用生物工程手段批量生产干扰素，并在乙肝等疾病的临床治疗方面取得了一定的成果。

（2）多肽类药物

许多多肽类药物是具有生物活性的内源肽，在生物体内种类繁多，但浓度很低。例如，在人的大脑中就有近 40 种多肽类激素，但它们在血液中的浓度往往低于 $10^{-10}mol\cdot L^{-1}$。它们的生理活性很强，在生命活动中起着重要的调控作用。常见的用于人类疾病治疗的多肽类激素药物包括：治疗糖尿病的胰岛素，治疗骨质疏松的降钙素，促性腺激素生成的绒促性素，刺激生长的生长激素，刺激肾上腺皮质合成和分泌的促肾上腺皮质激素，具有抗利尿和升高血压作用的加压素，用于增强和调整机体免疫功能、参与机体细胞免疫反应、促进淋巴细胞分化成熟的胸腺素等。

目前，人们已开发出各类非内源性的具有治疗作用的多肽，多肽类药物正在被广泛研究。例如，抗肿瘤多肽、抗病毒多肽、多肽疫苗、多肽导向药物、抗菌活性肽、诊断用多肽等都是国内外研究的热点。如何增强多肽的稳定性、发挥多肽药物在人体内的功能也成为化学家和药物开发者关注的问题。

（3）抗体药

抗体是指有机体在外源物质（抗原，如细菌、病毒、毒素等）刺激下所产生的一种免疫球蛋白。抗体通过识别并结合特定的目标抗原，起到抑制抗原入侵细胞、消灭抗原或引导其他免疫细胞清除抗原的作用。抗体是免疫系统发挥预防、治疗疾病的重要物质，因此利用人工制备抗体对抗疾病也就成为医学领域的热门课题之一。

抗体类药物具有高特异性、有效性和安全性的特点，目前发展已经历了三代。第一代抗体药物源于动物多价抗血清，主要用于细菌感染疾病的早期被动免疫治疗。第二代抗体药物是利用杂交瘤技术制备的单克隆抗体及其衍生物。第三代抗体药物已经进入了基因工程抗体时代。随着技术的进步，抗体药物正逐渐发展成为国际药品市场上的一大类新型药物。其中，单克隆抗体作为医药生物技术产品的杰出代表，已经成功用于治疗乙肝、癌症等多种疾病。

习题

1．写出下列化合物的稳定构象式。

（1）α-D-吡喃半乳糖　　（2）β-D-吡喃葡萄糖

2．用反应机理表示为什么一分子果糖与苯肼反应形成脎时要消耗三分子苯肼。

3．将 D-果糖从开链式的费歇尔投影式改写为 α-及 β-吡喃果糖的哈沃斯式。

4．完成下列反应式。

（1）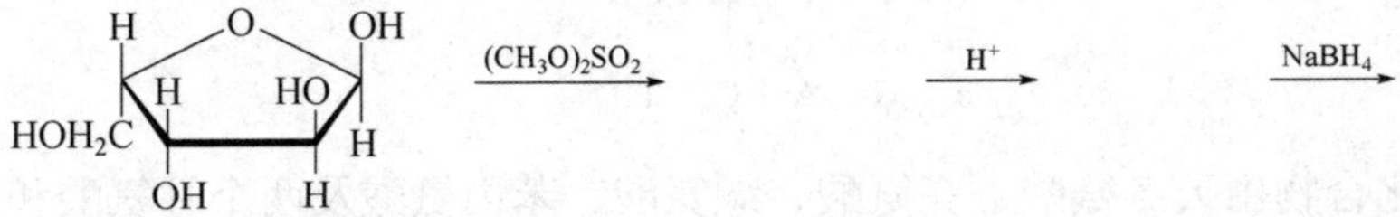

（2）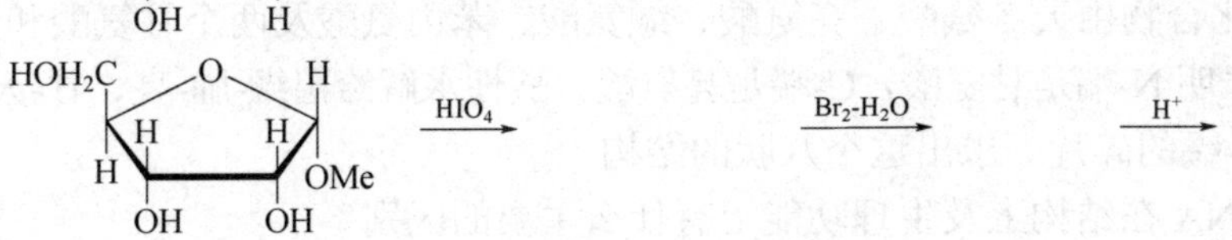

（3）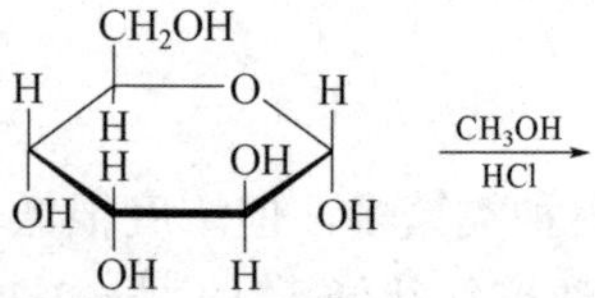

5．用实验证明葡萄糖的半缩醛结构是由分子中 5 位羟基与醛羰基缩合而成的。

6．请解释葡萄糖的变旋光现象。

7．海藻糖是一种非还原性二糖，没有变旋光现象，不能生成脎，也不能用溴水氧化成糖酸；用酸水解只生成 D-葡萄糖，可以用 α-葡萄糖苷酶水解，但不能用 β-葡萄糖苷酶水解；甲基化后水解生成两分子 2,3,4,6-四-*O*-甲基-D-葡萄糖。试推测海藻糖的结构（提示：不同的酶水解不同类型的键，如 α-葡萄糖苷酶只水解 α-糖苷键）。

8．苯甲醚用次氯酸氯化时，生成 60%的对位异构体和 40%的邻位异构体。但在反应中加入一定量的 α-环糊精，则得到 9%以上的对位异构体，而所得邻位异构体不到 1%，试解释之。

9．用化学方法区别下列各组化合物。

（1）蔗糖与淀粉　　（2）麦芽糖与蔗糖

（3）甲基葡萄糖苷与麦芽糖　　（4）甲基葡萄糖苷、2-甲基葡萄糖和 3-甲基葡萄糖

10．某己醛糖 A 氧化得有旋光性的二酸 B，将 A 递降为戊醛糖后再氧化得无旋光性的二酸 C。与 A 生成相同糖脎的另一己醛糖 D 氧化得无旋光性的二酸 E。试推测 A～E 的构型。若将 A 与硫酸二甲酯作用，再水解，然后用硝酸氧化得两个二酸，其构型分别如下，试推测 A 的环状结构。

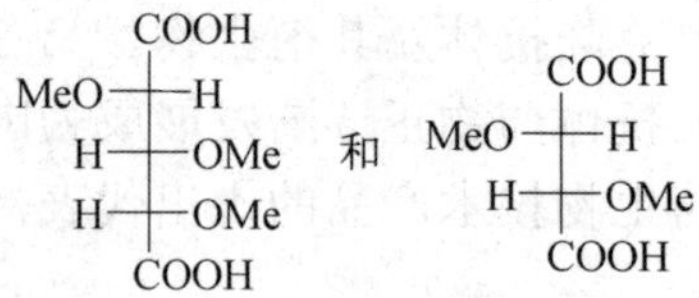

11．一化学式为 $C_{11}H_{20}O_{10}$ 的双糖 A，可被 α-葡萄糖苷酶或 β-核糖苷酶水解，生成 D-葡萄糖及 D-核糖。A 不能还原费林试剂，其用硫酸二甲酯甲基化生成七甲基醚 B，B 酸性水解生成 2,3,4,6-四-*O*-甲基-D-葡萄糖及 2,3,5-三-*O*-甲基-D-核糖。分别写出 A 和 B 的哈沃斯式。

12．用化学方法鉴别下列各组化合物。

（1）苹果酸和谷氨酸

（2）色氨酸乙酯和苯丙氨酸

13．完成 DNA 的双螺旋结构，并注明 3′和 5′。

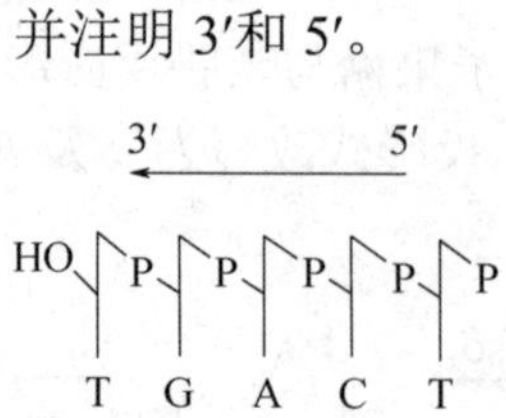

14．一个八肽化合物由天冬氨酸、亮氨酸、缬氨酸、苯丙氨酸及两个甘氨酸和两个脯氨酸组成，末端分析表明 N-端是甘氨酸，C-端是亮氨酸；酸性水解给出缬-脯-亮、甘-天冬-苯丙-脯、甘以及苯丙-脯-缬的碎片。求出这个八肽的结构。

15．DNA 和 RNA 在结构上及生理功能上有什么主要的区别？

第 15 章

周环反应

课件

环状化合物可通过不同的方法合成，前面所学到的成环（环化）反应一般是通过离子型、自由基型或卡宾等反应历程完成的。本章所讨论的成环反应不属于上述反应历程，而是由含一个或多个不饱和键（如双键或三键）的化合物通过协同反应完成的，反应过程中无离子或自由基中间体生成，而是经由环状过渡态，这种反应称为周环反应（pericyclic reaction）。它主要包含三类反应：电环化反应、环加成反应和 σ 迁移重排反应。以前学过的狄尔斯-阿尔德反应就属于环加成反应，它是制备六元环化合物的一种重要方法。

周环反应有其特殊的反应规律。首先，它一般是在加热或光的作用下进行的，溶剂极性对反应的影响很小或几乎没有影响；其次，反应产物具有很强的立体选择性；再者，反应过程中成键和断键同时发生，即通过环状过渡态协同进行。周环反应的这些特殊规律曾作为化学家面临的一个很棘手的问题，化学家多年来把它作为反应机理的朦胧区，有人甚至称周环反应为无机理反应。有机化学家伍德沃德（R.B. Woodward）和霍夫曼（R. Hoffmann）在系统地研究了许多周环反应的基础上，提出了用分子轨道对称性来说明周环反应的过程，预言了周环反应的产物，后来的实验事实都支持了他们的预言。1965 年，伍德沃德和霍夫曼正式提出了著名的化学反应分子轨道对称性守恒原理。这一原理运用前线轨道理论（frontier orbital theory）和能量相关理论（energy correlation theory）来分析周环反应，总结出了周环反应的立体选择规则，并应用这些规则来判断周环反应进行的可能性，以及反应的立体化学进程。这一原理是近代理论有机化学和量子化学的重要成就之一，代表了化学理论的重大进展。本章着重应用前线轨道法分析周环反应可能发生的途径及反应结果。

15.1 前线轨道理论

前线轨道理论将分子周围分布的电子云根据能量细分为不同能级的分子轨道，有电子排布的能量最高的分子轨道（即最高占据轨道，HOMO）和没有被电子占据的能量最低的分子轨道（即最低未占据轨道，LUMO）是决定一个体系发生化学反应的关键，其他能量的分子轨道对于化学反应虽然有影响但是影响很小，可以暂时忽略。HOMO 和 LUMO 便是所谓的前线轨道。前线轨道理论认为，反应物分子的前线轨道在化学反应过程中起决定作用。因此，在考虑对称性时，只考虑前线轨道的对称性。例如，丁-1,3-二烯分子有四个 π 轨道，即 ψ_1、ψ_2、ψ_3 和 ψ_4，这四个轨道按能量高低顺序排列如图 15-1 所示。根据能量最低原理和泡利不相容原理，丁-1,3-二烯处于基态时，ψ_1 和 ψ_2 两个成键轨道各有两个电子占据着，它们是占有轨道，其中 ψ_2 能量较高，所以 ψ_2 是最高占据轨道（HOMO）；ψ_3 和 ψ_4 两个反键轨道中没有电子，它们是空轨道，其中 ψ_3 能量较低，所以 ψ_3 是最低未占据轨道（LUMO）。ψ_2 和 ψ_3 就是丁二烯基态时的前线轨道。

在 HOMO 中能量较高的电子离核最远，受核的束缚最小，最容易离去；LUMO 是空轨道中能量最低的，最容易接受电子。因此，在分子发生化学反应时，前线轨道起着关键作用。当两个反应物分子互相接近时，电子从一个分子的 HOMO“流入”另一分子的 LUMO，引起有关化学键的断裂或形成，从而发生化学反应。只有当 HOMO 和 LUMO 的对称性守恒时，反应才是允许的，否则是禁阻的。这里所指的对称性守恒主要是指 HOMO 的 p 轨道两瓣与 LUMO 的 p 轨道两瓣的位相一致，也就是只有 HOMO 的正的一瓣与 LUMO 的正的一瓣相互作用，或 HOMO 的负的一瓣与 LUMO 的负的一瓣相互作用，反应才可能发生。当参加反应的分子只有一个共轭体系时，例如电环化反应，则只需要考虑 HOMO。

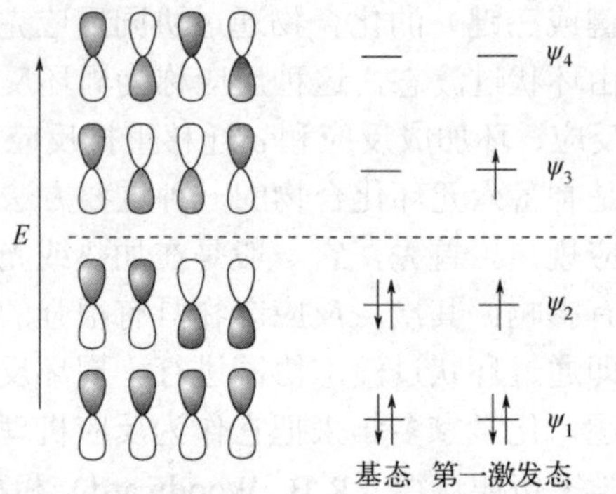

图 15-1 丁-1,3-二烯的 π 分子轨道和它的 HOMO 与 LUMO

15.2 电环化反应

在加热或光照下，共轭烯烃末端的两个碳原子的 π 电子环合成一个 σ 键，从而形成比原来分子少一个双键的环烯烃或其逆反应（即环烯烃开环变成共轭烯烃），这类反应都称为电环化反应。例如，丁二烯与环丁烯、己三烯与环己二烯之间的转变。

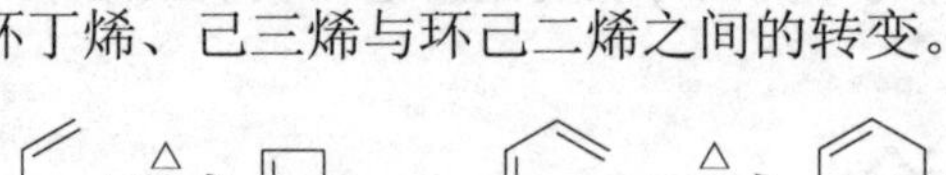

反应中丁二烯或己三烯的一个 π 键消失，余下的双键迁移了位置，两端碳原子间形成一个新的 σ 键。无论是开环还是闭环，反应都通过环状过渡态协同进行，这种正、逆反应都经过相同过渡态的性质就是微观可逆性。

按照多烯烃参与反应的电子数目，可将电环化反应体系分为两类：$4n$ 体系和 $4n+2$ 体系。丁二烯为 $4n$ 体系，己三烯为 $4n+2$ 体系。两种反应体系的反应条件和立体化学都有所不同。

15.2.1 含 $4n+2$ 个 π 电子的体系

在开链的己三烯分子中，末端的两个亚甲基与其他碳原子处于共平面状态。而在环己二烯分子中，两个亚甲基形成了环的一部分，它们不再与其他碳原子共平面，这说明由己三烯异构化为环己二烯时，末端亚甲基必须旋转离开共平面才能形成新的σ键。

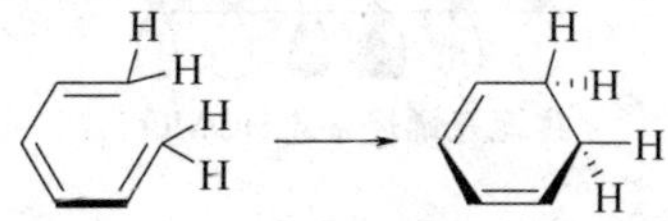

原则上，这种旋转有两种可能的方式：一种是绕着两根键沿同一方向旋转，称为顺旋运动；另一种是绕着两根键沿相反方向旋转，称为对旋运动。不同的旋转运动并不使己三烯本身产生立体化学异构体，而使取代的己三烯产生不同的立体异构体。以(*E*,*Z*,*E*)-辛-2,4,6-三烯化合物为例，如果两端基团对旋，产物为顺 5,6-二甲基环己-1,3-二烯，而它的顺旋产物则为反 5,6-二甲基环己-1,3-二烯。

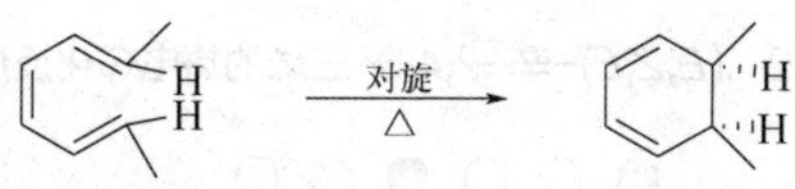

(*E*,*Z*,*E*)-辛-2,4,6-三烯　　顺5,6-二甲基环己-1,3-二烯

(*E*,*Z*,*E*)-辛-2,4,6-三烯　　反5,6-二甲基环己-1,3-二烯

实验证明，电环化反应完全是立体专一的。上述(*E*,*Z*,*E*)-辛-2,4,6-三烯在加热条件下得到顺式产物，而在光照下得到反式产物。

分子轨道对称性守恒原理的成就在于它能解释以上所有事实，而且在已知的例子中，大多数是在事实被弄清楚以前就由伍德沃德和霍夫曼预测到了。根据微观可逆原理，正反应和逆反应所经过的途径是相同的，分析辛三烯的成环反应，其结果也适用于它的逆反应——开环反应。在电环化反应中，共轭烯烃分子中的π键转变成环烯烃分子中的σ键，因此，必须考虑轨道的对称性。按照前线轨道理论，在反应中起关键作用的是HOMO，因此需要着重分析HOMO的对称性。并且，正是由HOMO中的电子形成键而使之闭环的。

电环化反应若以热反应进行，则只与分子的基态有关。取代己三烯基态时的HOMO为ψ_3。根据分子轨道对称性守恒原理，协同反应中从反应物到产物的轨道对称性保持不变。这样，当辛三烯分子中C2和C7的p轨道变成环己二烯分子中的sp^3轨道时，其对称性保持不变，p轨道的波函数为(+)的一瓣仍变成sp^3轨道的波函数为(+)的一瓣。从图15-2可以看出，在对旋时，(*E*,*Z*,*E*)-辛-2,4,6-三烯C2上p轨道波函数为(+)的一瓣始终接近C7上p轨道波函数符号相同的一瓣，它们重叠成键。随着p轨道逐渐变成sp^3杂化轨道，重叠程度增加。最后π键断裂、σ键形成，两者协同进行，使反应物顺利变成产物。因此，对旋是轨道对称性允许的途径。在顺旋时，C2上p轨道波函数为(+)的一瓣始终接近C7上p轨道波函数符号相反的一瓣，与分子轨道对称性守恒原理不一致，轨道不能重叠成键。因此，顺旋是轨道对称性禁阻的途径。

如何解释(*E*,*Z*,*E*)-辛-2,4,6-三烯进行光电环化反应时产生相反的立体化学呢？共轭三烯吸收光以后，转变成图15-3所示的激发态，其中有一个电子从ψ_3迁移到ψ_4，这样ψ_4变成HOMO，这里的电子就成为成键电子。在ψ_4中，两端碳原子的相对对称性与ψ_3相反，顺旋运动使同符号的瓣接近成键，这是轨道对称性允许的途径。而对旋运动使符号相反的瓣接近成键，这是轨道对称性禁阻的途径。因此，产物的立体化学不同于热电环化反应，如图 15-3 所示。

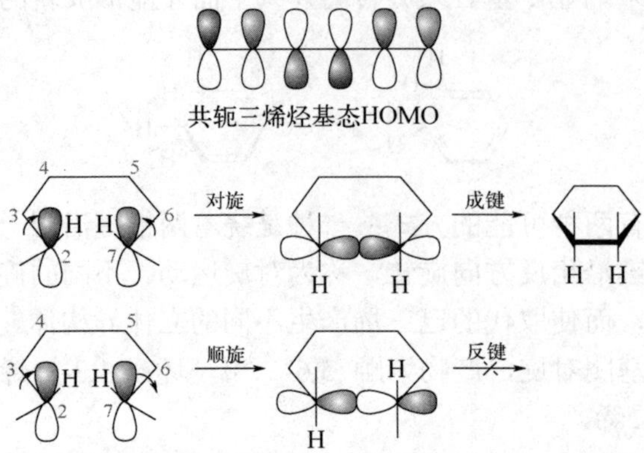

图 15-2　(*E*,*Z*,*E*)-辛-2,4,6-三烯的热电环化反应

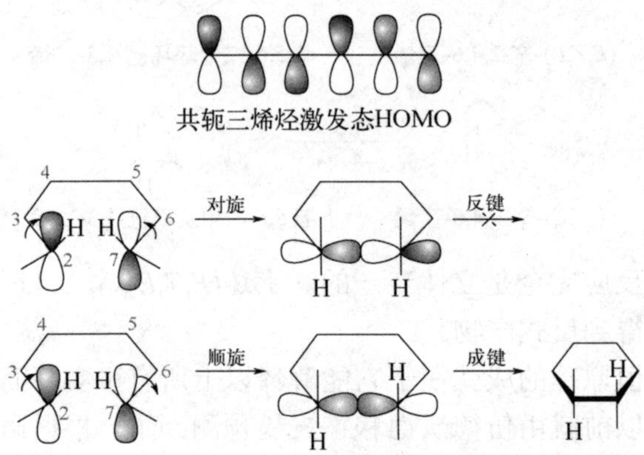

图 15-3　(*E*,*Z*,*E*)-辛-2,4,6-三烯的光电环化反应

其他含 4*n*+2 个 π 电子的体系的轨道对称性与辛-2,4,6-三烯相似，因此电环化反应可归纳为以下的选择规律：含 4*n*+2 个 π 电子的体系的热电环化反应按对旋方式进行，光电环化反应按顺旋方式进行。

15.2.2　含 4*n* 个 π 电子的体系

在加热条件下，顺 3,4-二甲基环丁烯开环产生(*Z*,*E*)-己-2,4-二烯，而反 3,4-二甲基环丁烯开环产生 (*E*,*E*)-己-2,4-二烯，反应完全是立体专一性的。

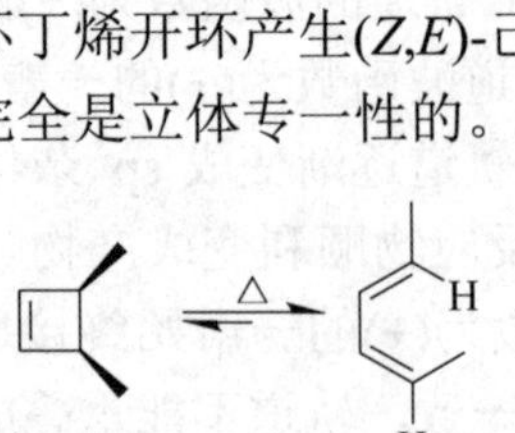

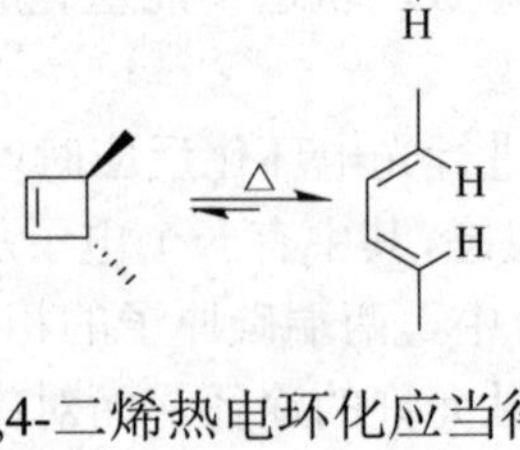

根据微观可逆原理，(*Z*,*E*)-己-2,4-二烯热电环化应当得到顺 3,4-二甲基环丁烯，(*E*,*E*)-己-

2,4-二烯热电环化应当得到反 3,4-二甲基环丁烯。但实际上，(*Z,E*)-己-2,4-二烯光电环化得到反 3,4-二甲基环丁烯，(*E,E*)-己-2,4-二烯光电环化得到顺 3,4-二甲基环丁烯。

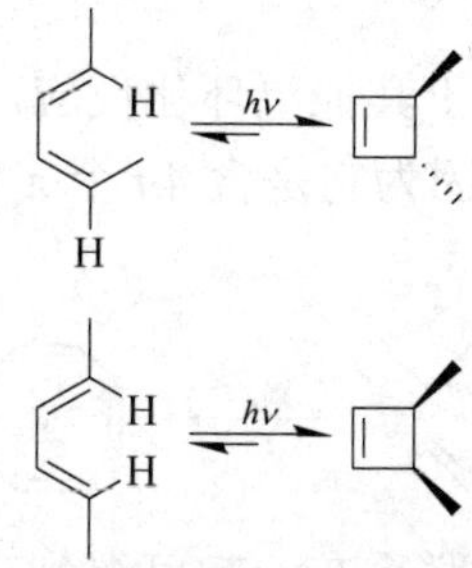

上述立体专一性现象同样可以运用前线轨道理论进行解释。对于己-2,4-二烯的成环反应，在热电环化反应中共轭二烯烃的 HOMO 是 ψ_2（见图 15-1），其两端碳原子的对称性不同，顺旋时两端碳原子之间可以成键，是轨道对称性允许途径；而对旋时是轨道对称性禁阻途径。因此，(*Z,E*)-己-2,4-二烯和(*E,E*)-己-2,4-二烯的顺旋热电环化反应分别得到不同的立体异构体（见图 15-4）。

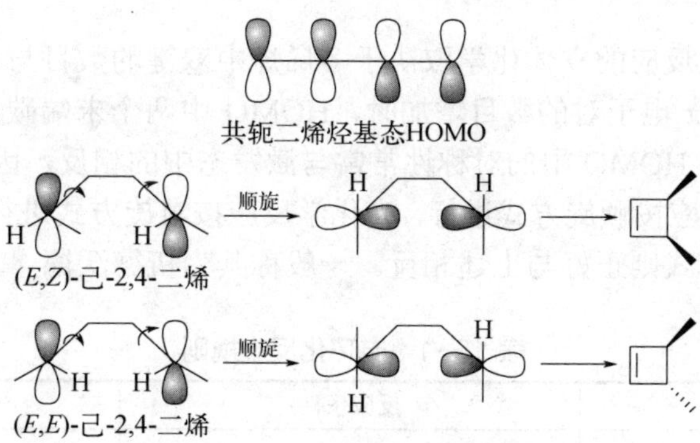

图 15-4　己-2,4-二烯的热电环化反应

在光电环化反应中，分子处于激发态，共轭二烯烃的原 HOMO 轨道 ψ_2 中的电子激发到原 LUMO 轨道 ψ_3 中，ψ_3 成为 HOMO 轨道，其两端碳原子的对称性相同，因此对旋是轨道对称性允许途径，顺旋是轨道对称性禁阻途径，结果是产生了不同于热反应的立体化学现象（见图 15-5）。

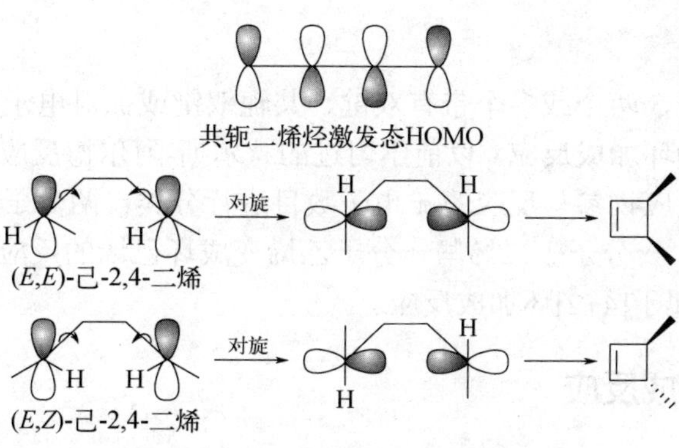

图 15-5　己-2,4-二烯的光电环化反应

其他 π 电子数为 4*n* 的共轭多烯烃的轨道对称性与己-2,4-二烯相似，因此，可以归纳为以下的选择性规律：含有 4*n* 个 π 电子的共轭体系发生电环化反应时，加热条件下按顺旋方式进行，光照条件下按对旋方式进行。

上述得到的选择性规律同样适用于其他电环化反应。(*E*,*Z*,*Z*,*E*)-癸-2,4,6,8-四烯的热环化反应的唯一产物是反二甲基环辛三烯。因为它是含 4*n* 个 π 电子的体系，热反应时，只有顺旋才是对称性允许途径。

有时，热电环化和光电环化反应联系在一起可得到有趣的结果。

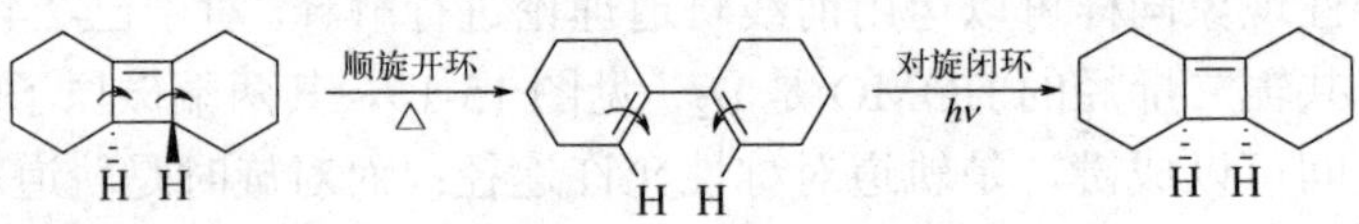

15.2.3 电环化反应的立体选择规则

综上所述，电环化反应的立体化学取决于多烯烃中双键的数目与反应条件（加热还是光照）。由于当多烯烃中 π 电子对的数目增加时，HOMO 中两个末端碳原子的相对对称性有规律地变换，而且基态的 HOMO 中的对称性常常与激发态中的相反，因此对于 4*n* 个 π 电子的共轭体系，其热化学反应按顺旋方式进行，光化学反应按对旋方式进行；对于 4*n*+2 个 π 电子的共轭体系，进行的方式则正好与上述相反。一般称其为伍德沃德-霍夫曼规则，见表 15-1。

表 15-1　电环化反应规则

π 电子数	反应条件	旋转方式
4*n*	热	顺旋
	光	对旋
4*n*+2	热	对旋
	光	顺旋

15.3 环加成反应

在光或热的作用下，两个或多个带有双键、共轭双键或孤对电子的分子相互作用，生成环状化合物的反应称为环加成反应。以前学习过的狄尔斯-阿尔德反应就属于环加成反应。环加成反应也可以根据反应物参与反应的 π 电子数目进行分类：两分子乙烯变成环丁烷的反应称为[2+2]环加成反应；一分子丁二烯与一分子乙烯变成环己烯的反应称为[4+2]环加成反应。狄尔斯-阿尔德反应就属于[4+2]环加成反应。

15.3.1 [4+2]环加成反应

最简单的[4+2]环加成反应是丁-1,3-二烯和乙烯的加成反应。它由共轭二烯烃的两个 π 键

和亲双烯体的一个 π 键转变为两个 σ 键和一个新的 π 键。

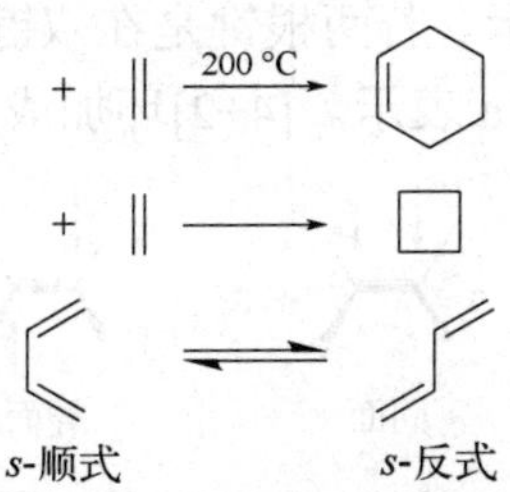

热反应很容易进行，光反应难以进行。大量实验事实证明，狄尔斯-阿尔德反应空间定向性很强，二烯烃应具有 *s*-顺式构象，其与亲双烯体发生顺式加成反应。

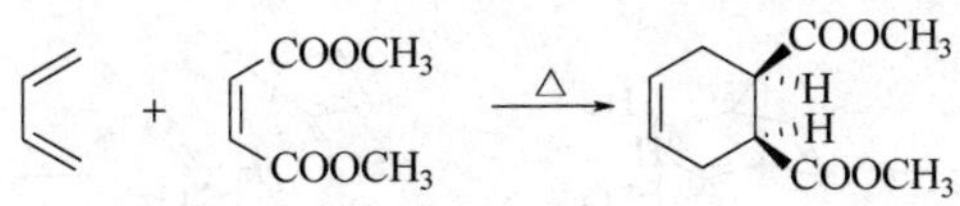

狄尔斯-阿尔德反应的立体定向性还表现在另一方面，即环加成主要按内型（*endo*-）而不是按外型（*exo*-）进行，也就是亲双烯体中任何不饱和基团倾向于位于靠近二烯烃中新形成的双键处。

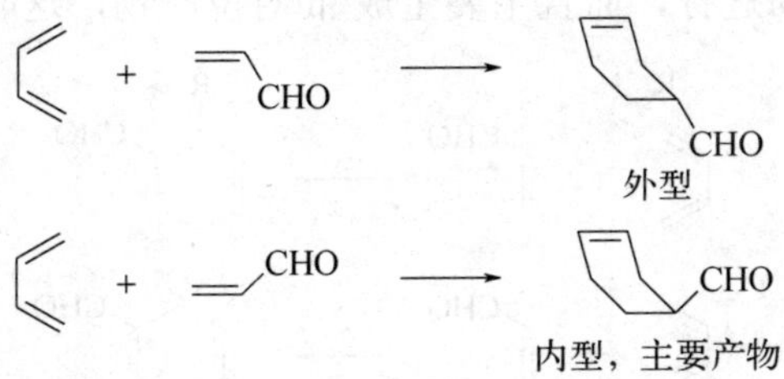

例如，环戊二烯与亲双烯体发生狄尔斯-阿尔德加成，生成双环产物——双环[2.2.1]-庚-5-烯-2-羧酸甲酯。亲双烯体的取代基在双环桥键的相反方向的为内型化合物，在同一边的为外型化合物。

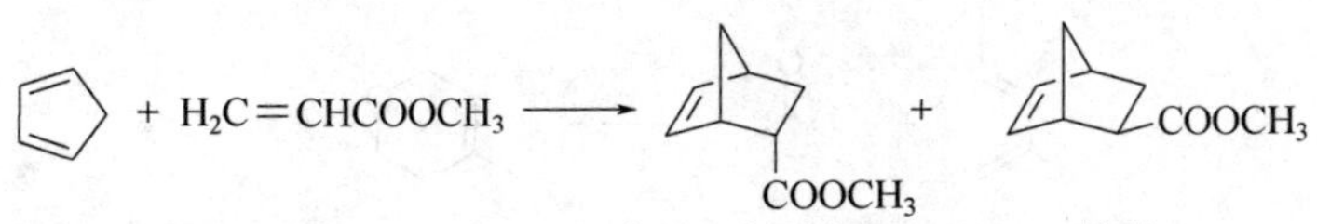

狄尔斯-阿尔德反应是一种热反应，可以应用前线轨道理论进行分析。以丁二烯和乙烯反应为例，环加成时，如果丁二烯分子和乙烯分子面对面接近，只有当丁二烯分子的 HOMO 和乙烯分子的 LUMO 或者丁二烯分子的 LUMO 和乙烯分子的 HOMO 重叠成键时，才是轨道对称性允许的（见图 15-6）。反应物的 HOMO 中含有两个电子，它必须和另一反应物的 LUMO 空轨道重叠，使电子从 HOMO 流向 LUMO，从而发生成键。

(a) 丁二烯的HOMO (ψ_2)+ 乙烯的LUMO (ψ^*)　　(b) 丁二烯的LUMO (ψ_3)+ 乙烯的HOMO (ψ)

图 15-6　对称性允许的[4+2]热环加成反应

上述协同反应中，连到一组分上去的两根键都是在双键的同一面上形成的，这种过程为同面（synfacial）的，用下标 s 表示。若两根键是在双键的相反两面上形成的，则这个过程称为异面（antarafacial）的，用下标 a 表示。[4+2]环加成反应是同面过程，可表示为$[4\pi_s+2\pi_s]$。

同面　　　　异面

在形成内型产物的过渡态中，二烯烃分子的 π 轨道体系可以与亲双烯体分子的 π 轨道体系相互接近，它们之间的轨道相互作用使过渡态能量降低。例如，环戊二烯与丁烯二酸酐的环加成反应：

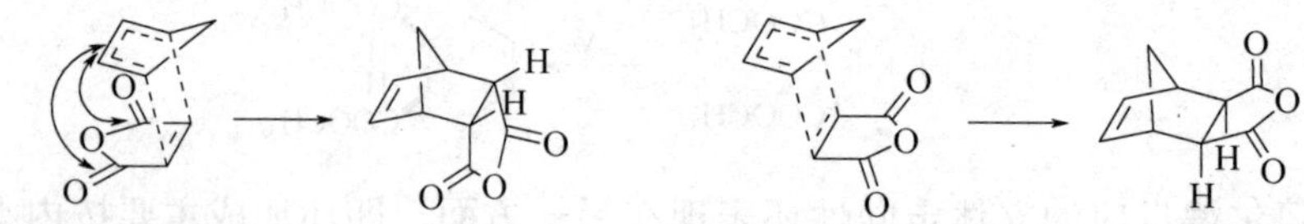

次级轨道相互作用　　内型　　无次级轨道相互作用　　外型

在狄尔斯-阿尔德反应中，当双烯体带有给电子基团，亲双烯体的双键上连有吸电子基团时，不仅能使反应变得容易进行，而且主要生成邻/对位产物，这叫邻/对位加成规律。

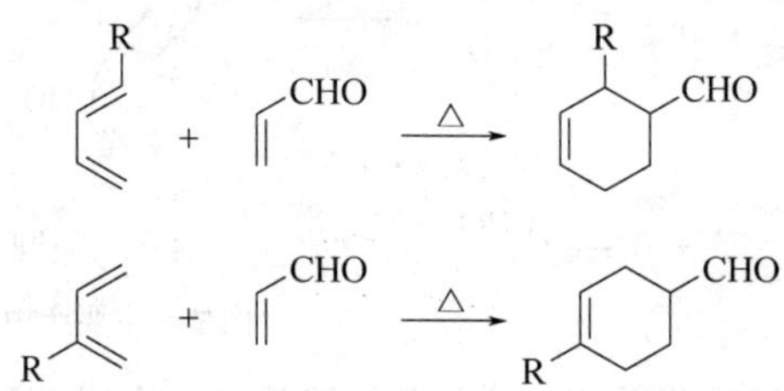

含有—C═O—、—N═O、—N═N—键的化合物也可以作为亲双烯体发生[4+2]环加成反应。

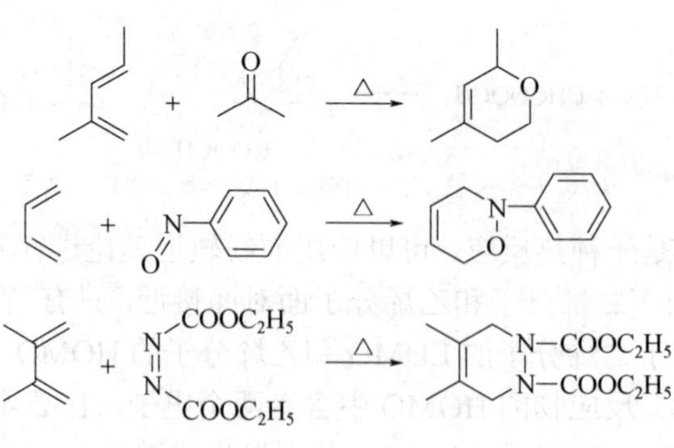

15.3.2　[2+2]环加成反应

乙烯的二聚反应是最简单的[2+2]环加成反应。在加热条件下，一个乙烯分子的 HOMO 与另一乙烯分子的 LUMO 面对面地同面接近重叠。然而，它们的对称性相反，相互作用是反键的，不能发生协同反应，因此是轨道对称性禁阻的，见图 15-7（a）。如果在光照作用下，一个激发态分子的 HOMO 与另一基态分子的 LUMO 面对面地接近重叠，它们的对称性相同，因而是轨道对称性允许的，见图 15-7（b）。

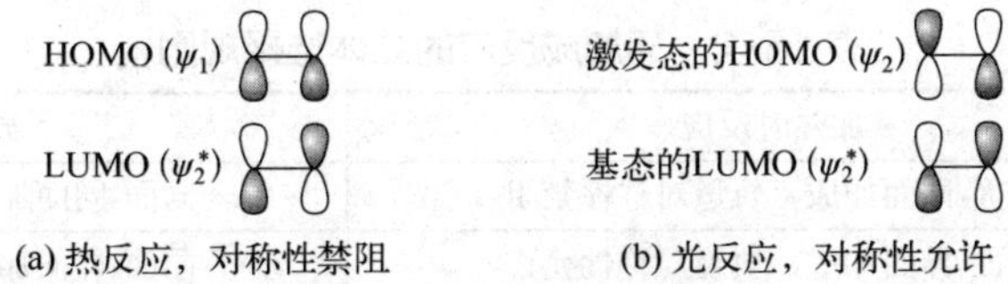

图 15-7 乙烯二聚反应的对称性

实验事实与上述理论推测完全符合。例如，(*Z*)-丁-2-烯在光照作用下，生成 1,2,3,4-四甲基环丁烷的两种异构体。

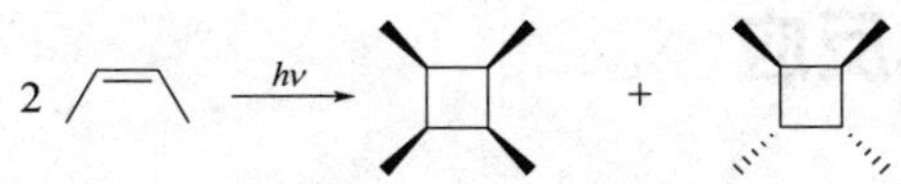

轨道对称性禁阻的含义是指协同反应进行时所需的活化能很大，但不排除反应按照其他途径（如自由基历程）进行的可能。某些[2+2]热环加成反应在一定条件下以双自由基历程进行。

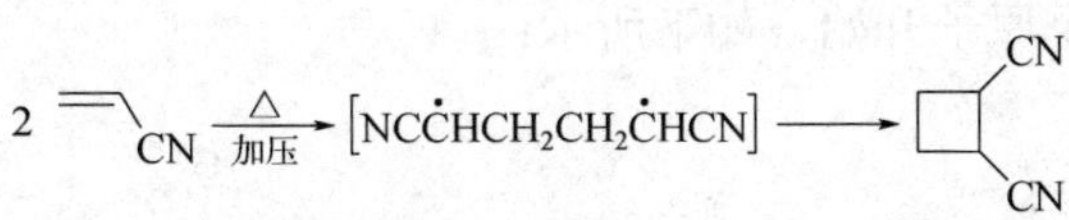

[2+2]的同面热电环化反应虽然是轨道对称性禁阻的，然而，如果一个组分是同面的，另一个组分是异面的，那么热电环化反应是能够发生的，见图 15-8（a）。可是从几何的观点看，这种同面-异面过程对乙烯分子来说是不可能的，见图 15-8（b）。

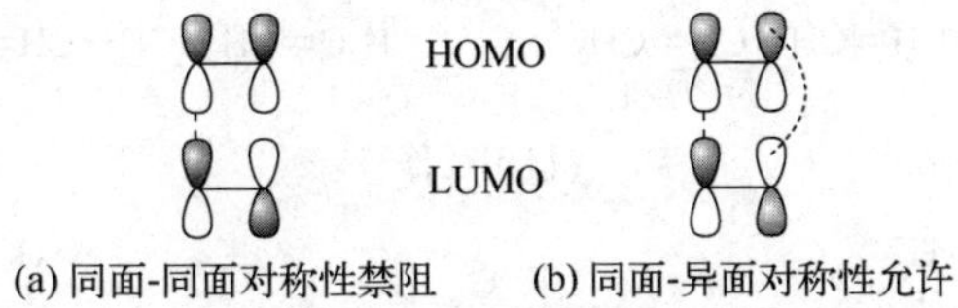

图 15-8 [2+2]的热电环化反应

只有当生成的环足够大时，这种过程在几何上才成为可能。

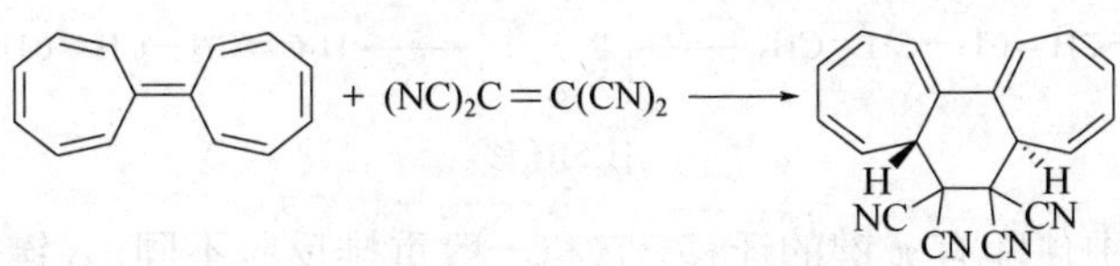

按同样的原理，对具有[4*n*+2]环状过渡态的加成反应，同面-异面的光化学过程是轨道对称性允许的。

15.3.3 环加成反应的立体选择规则

综上所述，环加成反应有两种类型。一种是[2+2]环加成，其 π 电子总数为 4*n*（*n*=1,2,⋯），在加热条件下，同面-异面加成是轨道对称性允许的；在光照条件下，同面-同面加成是轨道对称性允许的。另一种是[4+2]环加成，其电子总数为 4*n*+2（*n*=1,2,⋯）。在加热条件下，同面-同面加成是轨道对称性允许的；在光照条件下，同面-异面加成是轨道对称性允许的。环加成的伍德沃德-霍夫曼规则见表 15-2。

表 15-2　环加成反应的立体选择规则

π 电子数	加热时反应	光照时反应
$4n$	同面-同面加成，轨道对称性禁阻	同面-同面加成，轨道对称性允许
	同面-异面加成，轨道对称性允许	同面-异面加成，轨道对称性禁阻
$4n+2$	同面-同面加成，轨道对称性允许	同面-同面加成，轨道对称性禁阻
	同面-异面加成，轨道对称性禁阻	同面-异面加成，轨道对称性允许

15.4　σ 迁移重排反应

原子或基团在 π 骨架内带着它的 σ 键从一个碳原子上迁移到另一个碳原子上，称为$[i,j]$σ 迁移重排反应。其中标号$[i,j]$表示 σ 键迁移后所连接的两个原子的位置，i、j 的编号分别从作用物中以 σ 键连接的两个原子开始，如下所示：

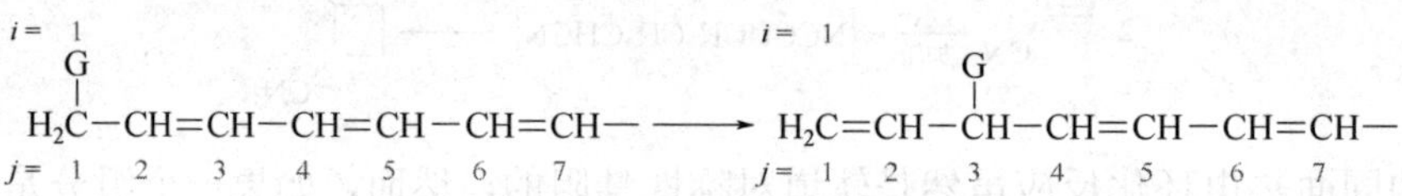

[1,3]迁移

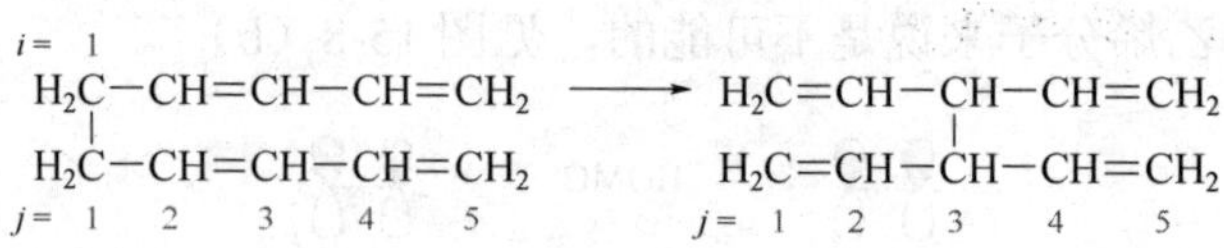

[3,3]迁移

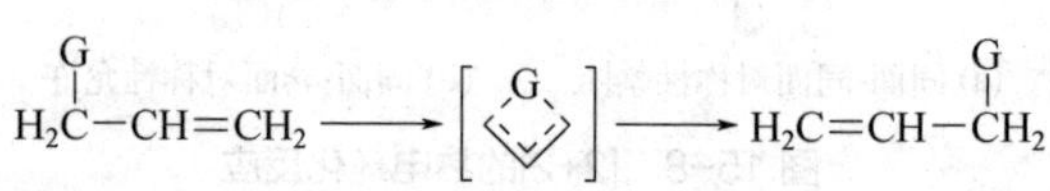

[1,3]迁移

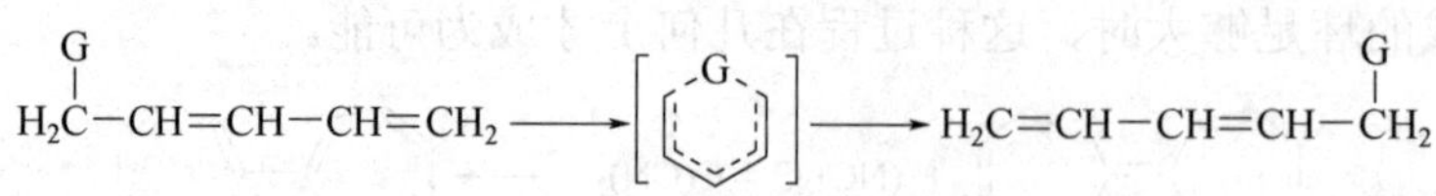

[1,5]迁移

σ 迁移重排反应中伴随有 π 键的迁移，它和一般重排反应不同。σ 键迁移过程中不存在任何通常的正离子、负离子和自由基等中间体，是通过协同反应即环状过渡态来实现的。也就是说，旧的 σ 键破裂、新的 σ 键生成和键的移动是协同进行的。在反应过渡态中，迁移基团与迁移起点、迁移终点都键合着。

15.4.1　氢原子的迁移反应

氢原子的迁移反应是 σ 迁移重排反应中最简单的例子，是通过协同反应来实现的。为了便于理解，可以假定 C—H 键破裂后生成氢原子和烯丙基型自由基，迁移反应中的过渡态就是由氢原子轨道和烯丙基型自由基轨道之间重叠而成的。如果是[1,3]迁移，则自由基为烯丙基；如果是[1,5]迁移，则自由基为戊二烯基；如果是[1,7]迁移，则自由基为庚三烯基；依此类推。在过渡态中，氢原子和自由基都以 HOMO 发生重叠，每个 HOMO 都只被一个电子所占据，重叠以后，就有一对电子。烯丙基型自由基的 HOMO 与 π 骨架中碳原子的数目有关，从图 15-9 可以看到，从 C3 到 C7 的两端碳原子的对称性有规律地交替变化。

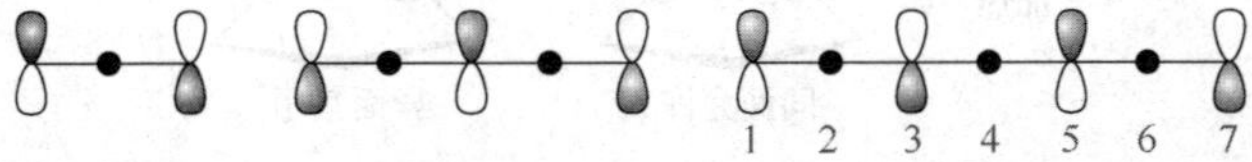

图 15-9　烯丙基型自由基的 HOMO

从立体化学上看，氢的迁移反应可以分为两种类型：一种称为同面迁移（suprafacial shift）反应，迁移前后的 σ 键在共轭平面的同一侧；另一种称为异面迁移（antarafacial shift）反应，迁移前后的 σ 键在共轭平面的两侧。在迁移反应中，氢原子的 s 轨道与两端碳原子的 p 轨道重叠形成具有三中心键的过渡态。究竟允许同面迁移还是异面迁移，就必须涉及氢原子的 s 轨道与自由基两端碳原子的 p 轨道的对称性。在加热条件下，氢原子发生[1,3]σ 键迁移时，有两种迁移方式，如图 15-10 所示。对于同面迁移，烯丙基两端碳原子轨道的对称性不同，氢原子的 s 轨道不能在同一边同时和 C1 和 C3 的 p 轨道重叠，因此氢原子的[1,3]同面迁移是轨道对称性禁阻的。氢原子的[1,3]异面迁移是轨道对称性允许的，然而异面迁移要求 π 骨架扭曲，这样过渡态的活化能很大。因此，氢原子的[1,3]异面迁移在几何上是不可能的。

图 15-10　加热条件下氢原子的[1,3]σ 键迁移

在光照条件下，烯丙基自由基的 HOMO 如图 15-11 所示，此时，氢原子的[1,3]同面迁移是轨道对称性允许的，而氢原子的[1,3]异面迁移却是轨道对称性禁阻的。

图 15-11　光照条件下氢原子的[1,3]σ 键迁移

下面的反应为氢原子的[1,3]同面迁移，其在光照下容易进行。

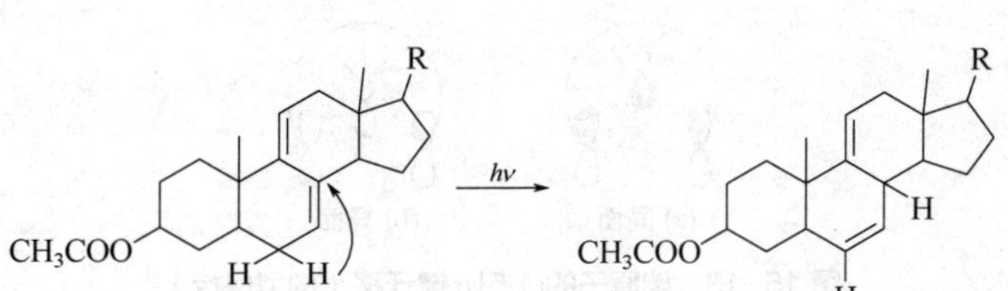

不难看出，若体系多一个 π 键，则氢原子迁移变为[1,5]键迁移，该情形应该与[1,3]σ 键迁移恰恰相反：在加热条件下，同面迁移是轨道对称性允许的，异面迁移是轨道对称性禁阻

的；而在光照条件下，戊二烯自由基 π 体系的 HOMO 为 ψ_4 分子轨道，异面迁移是轨道对称性允许的，如图 15-12 所示。

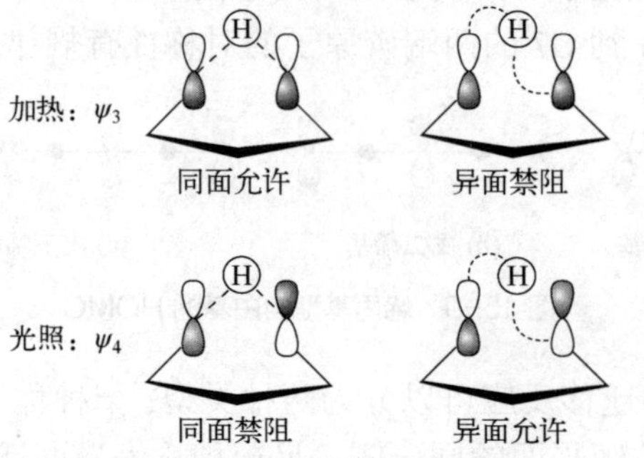

图 15-12　氢原子的[1,5]σ 键迁移

下面的反应是氢原子的[1,5]σ 键迁移，其结果与上面的预测是一致的。

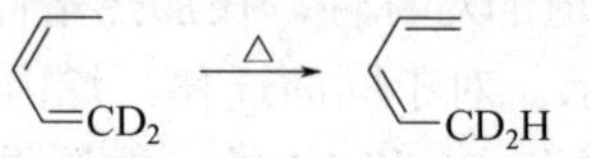

下面的反应中，5-甲基环戊-1,3-二烯进行了两次[1,5]σ 键迁移，其首先重排为 1-甲基环戊-1,3-二烯，然后重排为 2-甲基环戊-1,3-二烯。

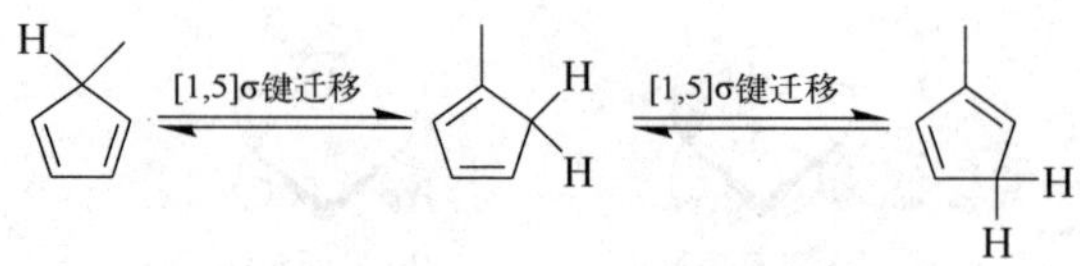

对较大的 π 骨架来说，同面和异面迁移从几何上看都是可能的，迁移反应的立体化学只与轨道对称性有关。例如，[1,7]氢原子迁移是异面的，在几何上是可行的；[1,9]氢原子迁移是同面的。对光化学反应来说，结果恰好与热反应相反。

15.4.2　碳原子的迁移反应

氢原子的迁移只受到一个 s 轨道交叠的限制，但是碳原子参加的迁移，情况就比较复杂。除了涉及氢原子迁移时的同面或异面成键问题外，碳原子迁移还有碳原子轨道是以原有的一瓣去成键，还是以不成键的另一瓣去形成新键的问题。以碳原子上原有的一瓣成键，这时迁移基团的构型保持不变，如图 15-13 所示。

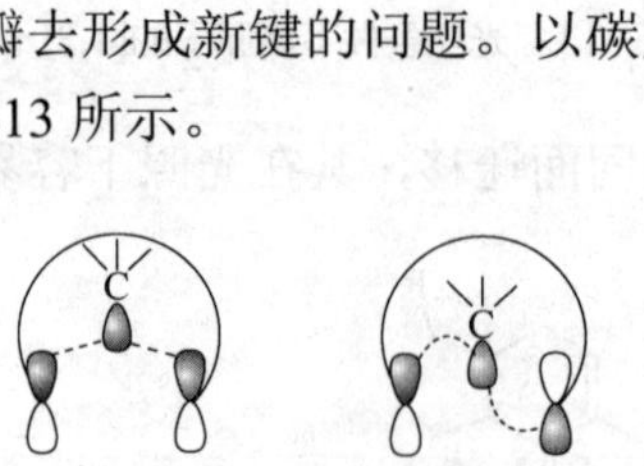

(a) 同面　　(b) 异面

图 15-13　碳原子的[1,5]σ 键迁移（构型保持）

若碳原子以不成键的另一瓣去成键，即碳原子上 p 轨道的两个位相不同的瓣与骨架两端成键，则结果使迁移基团的构型发生转化，如图 15-14 所示。

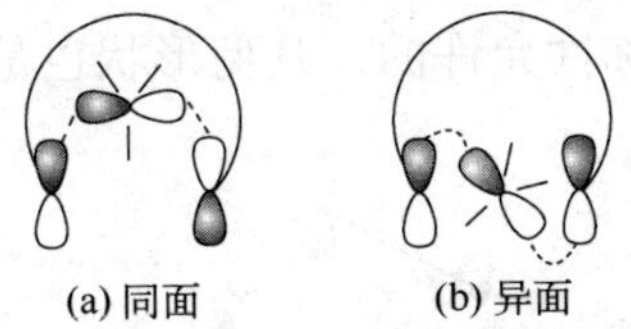

图 15-14　碳原子的[1,3]σ 键迁移（构型翻转）

对于碳原子的[1,3]和[1,5]迁移来说，几何形状有效地阻止了异面迁移，于是讨论只限于同面迁移。这样可以作出预测：[1,3]迁移伴有构型转化，[1,5]迁移构型保持不变，如图 15-15 所示。

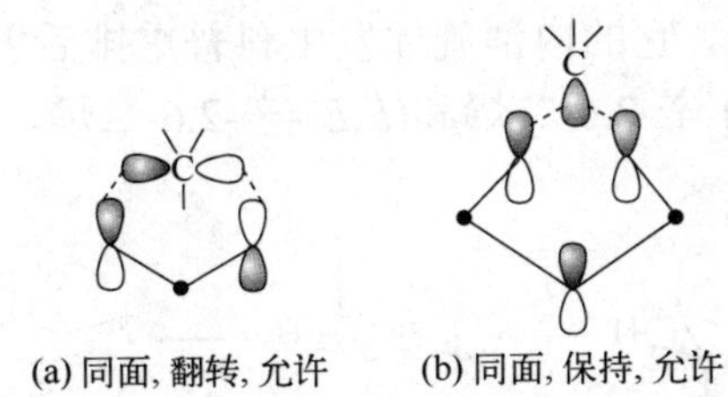

图 15-15　碳原子的[1,3]σ键迁移（构型翻转）和[1,5]σ键迁移（构型保持）

这些预测都已被实验事实所证实。1968 年，J. A. Berson 报道了标记的二环[3.2.0]庚-2-烯在加热条件下立体专一地转变为外型降冰片烯的反应。这个反应是通过[1,3]迁移而进行的，迁移基团中的构型完全转化了，C7 的构型从 *R* 转化为 *S*。

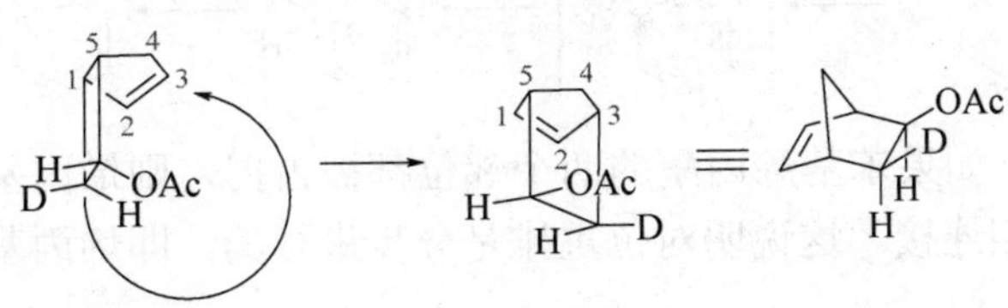

1970 年，H.Kloosterzied 报道了非对映的顺-6,9-二甲基螺环[4.4]壬-1,3-二烯重排成二甲基二环[4.3.0]-壬-6,9-二烯的研究。这些反应完全是立体专一的，是通过[1,5]迁移进行的，迁移基团中的构型完全保持不变。

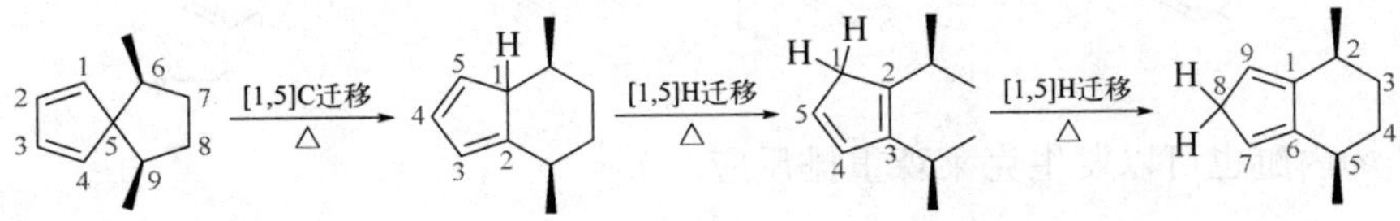

15.4.3　[3,3]σ 键迁移

最简单的[3,3]σ 键迁移是己-1,5-二烯的科普重排反应。

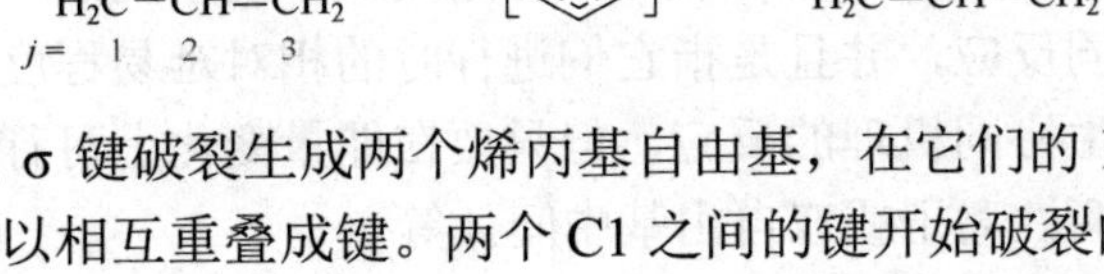

上述反应可以假定 σ 键破裂生成两个烯丙基自由基，在它们的 HOMO 中，两端碳原子的 p 轨道符号相同，可以相互重叠成键。两个 C1 之间的键开始破裂的同时，两个 C3 之间的

键开始形成，其过渡态是轨道对称性允许的，几何形状也是可能的，如图 15-16 所示。

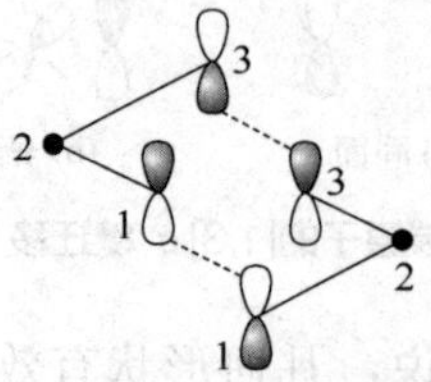

图 15-16 [3,3]σ 键迁移（轨道对称性允许）

科普重排与其他周环反应的特点一样，具有高度的立体选择性。例如，3,4-二甲基己-1,5-二烯分子中有两个手性碳原子，它的内消旋体发生科普重排后主要生成(*Z*,*E*)-辛-2,6-二烯（占 99.7%），只有少量副产物(*Z*,*Z*)-辛-2,6-二烯和(*E*,*E*)-辛-2,6-二烯，这说明反应的过渡态为椅式，是符合芳香性的休克尔体系。

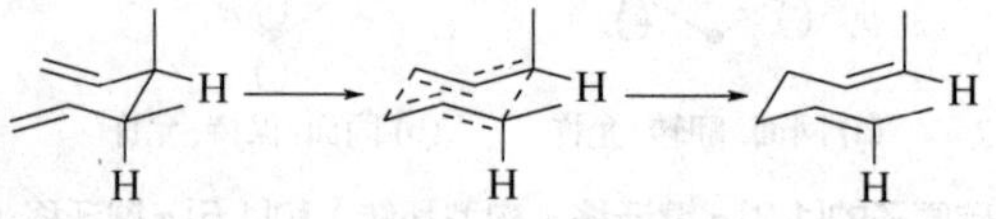

克莱森重排也是通过[3,3]σ 键迁移实现的。例如，苯基烯丙醚的克莱森重排是一种有碳氧键参加的[3,3]σ 键迁移反应。

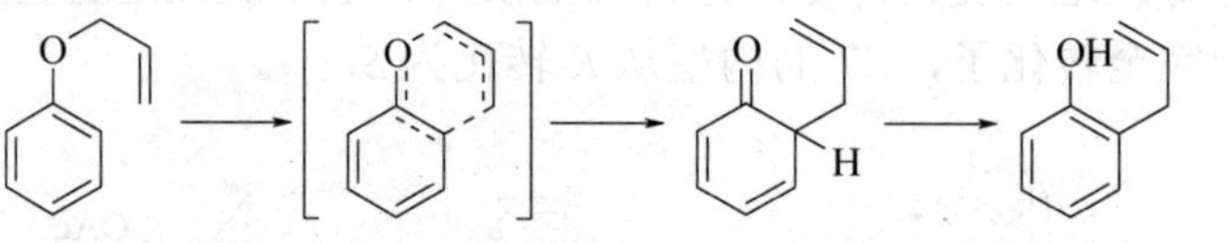

在克莱森重排中，如果苯基烯丙醚的两个邻位都被占据，则烯丙基迁移到对位上，并且仍以 α-碳原子与苯环相连接。这说明对位重排是分步进行的，即烯丙基先迁移至邻位，然后迁移至对位。

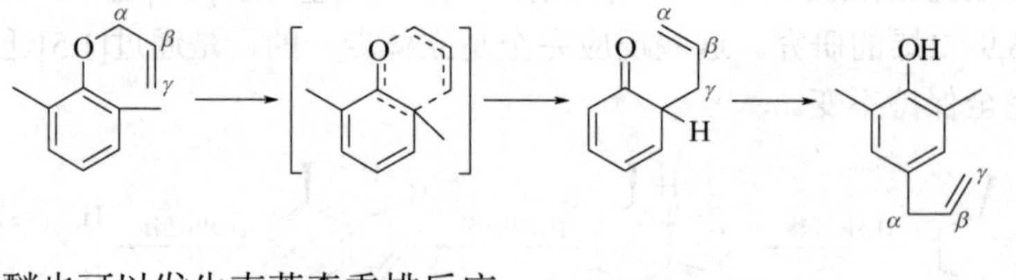

乙烯基烯丙醚也可以发生克莱森重排反应。

从上面的讨论可知，应用前线轨道理论来解释周环反应的优点是简单、直观，但也有一定的局限性，因为它只考虑前线轨道，而且只考虑了前线轨道两端的对称性，显然这是不全面的。在实际的反应过程中，整个分子轨道都在发生变化。

最后必须强调的是，轨道对称性效应是在协同反应中观察到的。伍德沃德和霍夫曼制定的一些规则只适用于协同反应，并且是指它们进行时的相对难易程度。一个轨道对称性禁阻的反应只是一个很难发生协同机理的反应，但只要在能量变化上可行，它也可能通过非协同的机理进行，例如通过两性离子或双自由基中间体等。

习题

完成下列反应。

(1) 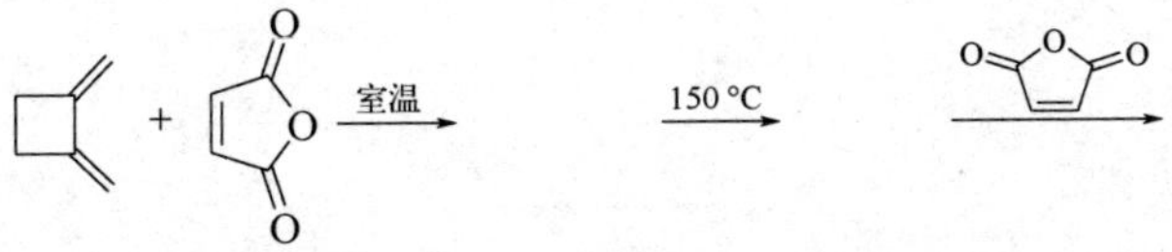

(2) 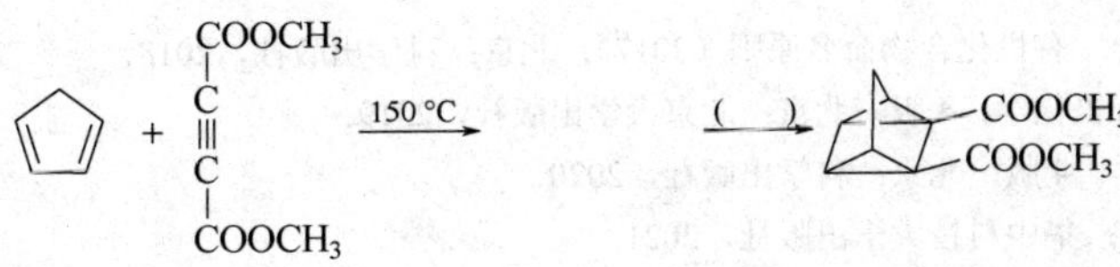

(3) 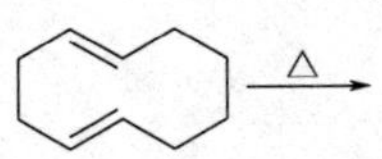

(4) 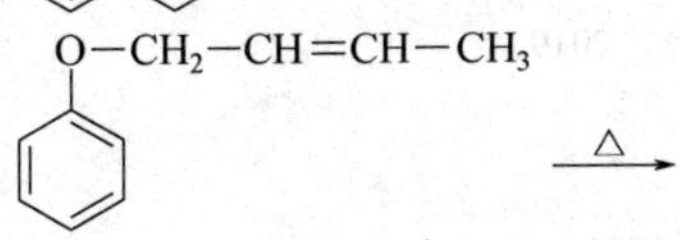

参考文献

[1] 中国化学会有机化合物命名审定委员会．有机化合物命名原则（2017）．北京：科学出版社，2018．

[2] 邢其毅，裴伟伟，徐瑞秋，等．基础有机化学．4 版．北京：北京大学出版社，2019．

[3] 王彦广，吕萍，傅春玲，等．有机化学．4 版．北京：科学出版社，2020．

[4] 李东风，易兵．有机化学．3 版．武汉：华中科技大学出版社，2021．

[5] 李景宁．有机化学．6 版．北京：高等教育出版社，2018．

[6] 王积涛，王永梅，张宝申，等．有机化学．3 版．天津：南开大学出版社，2009．

[7] 赵温涛，郑艳，王光伟，等．有机化学．6 版．北京：高等教育出版社，2019．

[8] 汪小兰．有机化学．5 版．北京：高等教育出版社，2017．

[9] 胡宏纹．有机化学．5 版．北京：高等教育出版社，2020．

[10] 刘治国，张园园，王启卫，等．有机化学．北京：化学工业出版社，2023．

[11] 罗美明．有机化学．5 版．北京：高等教育出版社，2020．